BKI Baukosten 2018 Altbau

26. SEP. 2018

Statistische Kostenkennwerte für Gebäude

BKI Baukosten 2018 Altbau:
Statistische Kostenkennwerte für Gebäude

BKI Baukosteninformationszentrum (Hrsg.)
Stuttgart: BKI, 2018

Mitarbeit:
Hannes Spielbauer (Geschäftsführer)
Klaus-Peter Ruland (Prokurist)
Michael Blank
Anna Bertling
Annette Dyckmans
Heike Elsäßer
Sabine Egenberger
Brigitte Kleinmann
Sibylle Vogelmann
Jeannette Wähner
Yvonne Walz

Fachautoren:
Univ.-Prof. Dr.-Ing. Wolfdietrich Kalusche
Sebastian Herke M.Sc.

Layout, Satz:
Hans-Peter Freund
Thomas Fütterer

Fachliche Begleitung:
Beirat Baukosteninformationszentrum
Stephan Weber (Vorsitzender)
Markus Lehrmann (stellv. Vorsitzender)
Prof. Dr. Bert Bielefeld
Markus Fehrs
Andrea Geister-Herbolzheimer
Oliver Heiss
Prof. Dr. Wolfdietrich Kalusche
Martin Müller

Alle Rechte, auch das der Übersetzung vorbehalten. Ohne ausdrückliche Genehmigung des Herausgebers ist es auch nicht gestattet, dieses Buch oder Teile daraus auf fotomechanischem Wege (Fotokopie, Mikrokopie) zu vervielfältigen sowie die Einspeisung und Verarbeitung in elektronischen Systemen vorzunehmen. Zahlenangaben ohne Gewähr.

© Baukosteninformationszentrum Deutscher Architektenkammern GmbH

Anschrift:
Seelbergstraße 4, 70372 Stuttgart
Kundenbetreuung: (0711) 954 854-0
Baukosten-Hotline: (0711) 954 854-41
Telefax: (0711) 954 854-54
info@bki.de, www.bki.de

Für etwaige Fehler, Irrtümer usw. kann der Herausgeber keine Verantwortung übernehmen.

Vorwort

Kompetente Kostenermittlung im Altbau, insbesondere in frühen Planungsphasen, bildet einen wichtigen Bestandteil der heutigen Architektenleistungen. Den Kostenermittlungen kommt zudem seitens der Bauherren und Auftraggeber eine entscheidende Bedeutung zu. Gerade im Altbau entstehen durch die besonderen Rahmenbedingungen spezielle Einflüsse auf die Baukosten, z. B. Denkmalschutz-Anforderungen, beengter Bauraum und Kleinmengen.

Wertvolle Baukosten-Erfahrungswerte für den Altbau liegen in Form von abgerechneten Bauleistungen oder Kostenfeststellungen in den Architekturbüros vor. Oft fehlt jedoch die Zeit, diese qualifiziert zu dokumentieren, um sie für Folgeprojekte zu verwenden. Diese Dienstleistung erbringt das BKI mit der Bereitstellung aktueller Baukosten-Fachinformationen und unterstützt damit sowohl die Datenlieferanten als auch die Nutzer der BKI Datenbank.

Da BKI jedes Jahr zahlreiche neue Altbauten auswertet, zeichnet sich der neue Band durch besondere Aktualität aus. Im nachfolgenden Innenteil des Fachbuchs befindet sich eine Fotopräsentation der neu dokumentierten Objekte im Zeitraum der Jahre 2017 und 2018. Zu jeder Altbau-Gebäudeart gehört auch eine BKI-Objekt-Referenzliste – eine Auflistung der jeweils ausgewerteten Objekte mit Fotos und textlichen Erläuterungen. Bezüglich der Bezugsgrößen nach DIN 277 berücksichtigt die Neuerscheinung auch die Änderungen nach neuer DIN 277 – Ausgabe Januar 2016. Alle Kostenangaben wurden auf den Bundesdurchschnitt normiert, mit den integrierten BKI-Regionalfaktoren können die Anwender diese Werte an den jeweiligen Stadt- bzw. Landkreis anpassen.

Die Fachbuchreihe BKI Baukosten Altbau 2018 (Statistische Kostenkennwerte) besteht aus den zwei Teilen:
BKI Baukosten Gebäude Altbau 2018
BKI Baukosten Positionen Altbau 2018

Die Bände sind aufeinander abgestimmt und unterstützen die Anwender in allen Planungsphasen. Am Beginn des jeweiligen Fachbuchs erhalten die Nutzer eine ausführliche Erläuterung zur fachgerechten Anwendung.

Weitergehende Praxistipps und wertvolle Hinweise zur sicheren Kostenplanung werden auch in den BKI-Workshops vermittelt. Zudem steht für Anwendungsfragen eine kompetente Fach-Hotline zur Verfügung.

Der Dank des BKI gilt allen Architektinnen und Architekten, die Daten und Unterlagen zur Verfügung stellen. Sie profitieren von der Dokumentationsarbeit des BKI und unterstützen nebenbei den eigenen Berufsstand. Die in Buchform veröffentlichten Architekten-Projekte bilden eine fundierte und anschauliche Dokumentation gebauter Architektur, die sich zur Kostenermittlung von Folgeobjekten und zu Akquisitionszwecken hervorragend eignet.

Zur Pflege der Baukostendatenbank sucht BKI weitere Altbau-Objekte aus allen Bundesländern. Bewerbungsbögen zur Objekt-Veröffentlichung werden im Internet unter www.bki.de/projekt-veroeffentlichung zur Verfügung gestellt. Auch die Bereitstellung von Leistungsverzeichnissen mit Positionen und Vergabepreisen ist jetzt möglich, weitere Informationen dazu finden Sie unter www.bki.de/lv-daten. BKI berät Sie gerne auch persönlich über alle Möglichkeiten, Objektdaten zu veröffentlichen. Für die Lieferung von Daten erhalten Sie eine Vergütung und weitere Vorteile.

Besonderer Dank gilt abschließend auch dem BKI-Beirat, der mit seinem Expertenwissen aus der Architektenpraxis, den Architekten- und Ingenieurkammern, Normausschüssen und Universitäten zum Gelingen der BKI-Fachinformationen beiträgt.

Wir wünschen allen Anwendern des Fachbuchs viel Erfolg in allen Phasen der Kostenplanung und vor allem eine große Übereinstimmung zwischen geplanten und realisierten Baukosten im Sinne zufriedener Bauherren

Hannes Spielbauer *Klaus-Peter Ruland*
Geschäftsführer *Prokurist*

Baukosteninformationszentrum
Deutscher Architektenkammern GmbH
Stuttgart, im September 2018

Inhalt	Seite

Benutzerhinweise

Einführung	8
Benutzerhinweise	8
Neue BKI Dokumentationen 2017-2018	14
Erläuterungen der Seitentypen (Musterseiten)	
Übersicht Kostenkennwerte der 1. und 2. Ebene DIN 276 für Gebäudearten	20
Kostenkennwerte für Kosten des Bauwerks	22
Kostenkennwerte für Kostengruppen der 1. und 2. Ebene DIN 276	24
Kostenkennwerte für Kostengruppen der 3. Ebene nach DIN 276	26
Kostenkennwerte für Leistungsbereiche nach StLB	28
Objektübersicht	30
Gebäudearten-bezogene Kostenkennwerte (3. Ebene DIN 276)	32
Ausführungsarten-bezogene Kostenkennwerte (3. Ebene DIN 276)	34
Häufig gestellte Fragen	
Fragen zur Flächenberechnung	36
Fragen zur Wohnflächenberechnung	37
Fragen zur Kostengruppenzuordnung	38
Fragen zu Kosteneinflussfaktoren	39
Fragen zur Handhabung der von BKI herausgegebenen Bücher	40
Fragen zu weiteren BKI Produkten	42
Fachartikel von Univ.-Prof. Dr.-Ing. Wolfdietrich Kalusche und Sebastian Herke M.Sc.	
„Bauen im Bestand – Regelwerke, Begriffe, Verfahren und Beispiele"	46
Abkürzungsverzeichnis	64
Gliederung in Leistungsbereiche nach STLB-Bau	66

Übersicht Gebäudearten nach 1. und 2. Ebene DIN 276

KG	300 Bauwerk - Baukonstruktion nach BRI	68
	400 Bauwerk - Technische Anlagen nach BRI	69
	300 Bauwerk - Baukonstruktion nach BGF	70
	400 Bauwerk - Technische Anlagen nach BGF	71
KG	310 Baugrube	72
	320 Gründung	73
	330 Außenwände	74
	340 Innenwände	75
	350 Decke	76
	360 Dach	77
	370 Baukonstruktive Einbauten	78
	390 Sonstige Maßnahmen in Baukonstruktionen	79
KG	410 Abwasser-, Wasser-, Gasanlagen	80
	420 Wärmeversorgungsanlagen	81
	430 Lufttechnische Anlagen	82
	440 Starkstromanlagen	83
	450 Fernmelde- und informationstechnische Anlagen	84
	460 Förderanlagen	85

Übersicht Gebäudearten nach 1. und 2. Ebene DIN 276 (Fortsetzung)

470 Nutzungsspezifische Anlagen	86
480 Gebäudeautomation	87
490 Sonstige Maßnahmen für Technische Anlagen	88

Gebäudearten mit Kostenkennwerten bis 3. Ebene DIN 276

1. **Erweiterungen**

Büro- und Verwaltungsgebäude	90
Schulen	100
Kindergärten	112
Wohngebäude	
Anbau	124
Aufstockung	136
Dachausbau	148
Gewerbegebäude	156
Gebäude anderer Art	168

2. **Umbauten**

Büro- und Verwaltungsgebäude	180
Schulen	188
Kindergärten	196
Ein- und Zweifamilienhäuser	204
Mehrfamilienhäuser	214
Wohnungen	226
Gewerbegebäude	232
Gebäude anderer Art	240

3. **Modernisierungen**

Büro- und Verwaltungsgebäude	248
Schulen und Kindergärten	256
Sporthallen	270
Ein- und Zweifamilienhäuser	
vor 1945	278
nach 1945	290
Wohngebäude	
vor 1945	304
nach 1945, nur Oberflächen	314
nach 1945, mit Tragkonstruktion	330
Fachwerkhäuser	342
Gewerbegebäude	350

4. **Instandsetzungen**

Wohngebäude	358
Nichtwohngebäude	370
mit Restaurierungsarbeiten	380

5. **Neue Objekte ohne Gebäudeartenzuordnung**   392

Kostenkennwerte für die 3. Ebene DIN 276 300+400 - Bauelemente

310	Baugrube	396
320	Gründung	398
330	Außenwände	405
340	Innenwände	414
350	Decken	421
360	Dach	425
370	Baukonstruktive Einbauten	430
390	Sonstige Maßnahmen für Baukonstruktionen	433
410	Abwasser-, Wasser-, Gasanlagen	442
420	Wärmeversorgungsanlagen	444
430	Lufttechnische Anlagen	448
440	Starkstromanlagen	449
450	Fernmelde- und informationstechnische Anlagen	454
460	Förderanlagen	459
470	Nutzungsspezifische Anlagen	460

Ausführungsarten für die 3. Ebene DIN 276 300+400+500 - Abbrechen

320	Gründung	466
330	Außenwände	470
340	Innenwände	478
350	Decken	484
360	Dach	490
390	Sonstige Maßnahmen für Baukonstruktionen	495
410	Abwasser-, Wasser-, Gasanlagen	497
420	Wärmeversorgungsanlagen	499
440	Starkstromanlagen	503
520	Befestigte Flächen	506

Ausführungsarten für die 3. Ebene DIN 276 300+400+500 - Wiederherstellen

320	Gründung	510
330	Außenwände	513
340	Innenwände	522
350	Decken	528
360	Dach	533
390	Sonstige Maßnahmen für Baukonstruktionen	536
420	Wärmeversorgungsanlagen	539
520	Befestigte Flächen	540

Ausführungsarten für die 3. Ebene DIN 276 300+400 - Herstellen

310	Baugrube	542
320	Gründung	543
330	Außenwände	551
340	Innenwände	559
350	Decken	567
360	Dach	571
410	Abwasser-, Wasser-, Gasanlagen	575
420	Wärmeversorgungsanlagen	579
430	Lufttechnische Anlagen	581
440	Starkstromanlagen	582
450	Fernmelde- und informationstechnische Anlagen	584
470	Nutzungsspezifische Anlagen	586

Anhang

Regionalfaktoren Deutschland und Österreich	588

Einführung

Dieses Fachbuch wendet sich an Architekten, Ingenieure, Sachverständige und an alle sonstigen Fachleute, die mit Kostenermittlungen von Hochbaumaßnahmen befasst sind. Es beinhaltet Orientierungswerte, die vor Planungsbeginn oder bei der Grundlagenermittlung, Vorplanung, Entwurfsplanung benötigt werden, um Baukosten bei Altbauten zu ermitteln. Alle Kennwerte basieren auf der Analyse realer, abgerechneter Vergleichsobjekte, die in der BKI-Baukostendatenbank verfügbar sind. Das Baukosteninformationszentrum erhebt kontinuierlich Daten in allen Bundesländern, um die Datenbank zu erweitern und zu aktualisieren. BKI bietet Vergütungen für Datenlieferungen und weitere Vorteile für die kooperierenden Architekten.

Im Tabellenteil werden Kostenkennwerte für 29 Gebäudearten angegeben. Zu jeder Gebäudeart sind alle Objekte dargestellt, die zur Kennwertbildung herangezogen wurden. Dies erlaubt es dem Anwender, bei der Kostenermittlung von der Kostenkennwertmethode zur Objektvergleichsmethode zu wechseln, bzw. die ermittelten Kosten anhand ausgewählter Objekte auf Plausibilität zu prüfen. Die ausführlichen Dokumentationen dieser Objekte können beim Herausgeber angefordert werden. Ergänzend zum vorliegenden Fachbuch erscheint zeitgleich das Fachbuch BKI Baukosten Altbau Positionen, in dem für differenzierte Kostenermittlungen und Ausschreibungen die Bauleistungen in leistungsbereichsorientierter Anordnung veröffentlicht werden.

Ergänzend zu den Fachbüchern aus dem Bereich Altbau bringt BKI jährlich drei Fachbücher mit statistischen Kostenkennwerten für den Neubau heraus:
BKI Baukosten Gebäude (Teil 1),
BKI Baukosten Bauelemente (Teil 2),
BKI Baukosten Positionen (Teil 3).

Benutzerhinweise

1. Definitionen
Kostenkennwerte sind Werte, die das Verhältnis von Kosten bestimmter Kostengruppen nach DIN 276-1:2008-12 zu bestimmten Bezugseinheiten nach DIN 277-1:2016-01 darstellen.

2. Kostenstand und Mehrwertsteuer
Kostenstand aller Kennwerte ist das 2.Quartal 2018. Alle Kostenkennwerte dieser Fachbuchreihe enthalten die Mehrwertsteuer. Die Angabe aller Kostenkennwerte erfolgt in Euro. Die vorliegenden Kosten- und Planungskennwerte sind Orientierungswerte, Sie können nicht als Richtwerte im Sinne einer verpflichtenden Obergrenze angewendet werden.

3. Datengrundlage
Grundlage der Tabellen sind abgerechnete Bauvorhaben. Die Daten wurden mit größtmöglicher Sorgfalt von uns erhoben. Dies entbindet den Benutzer aber nicht davon, angesichts der vielfältigen Kosteneinflussfaktoren die genannten Orientierungswerte eigenverantwortlich zu prüfen und entsprechend dem jeweiligen Verwendungszweck anzupassen. Für die Richtigkeit der im Rahmen einer Kostenermittlung eingesetzten Werte können daher weder Herausgeber noch Verlag eine Haftung übernehmen.

4. Anwendungsbereiche
Kostenermittlungen für das Bauen im Bestand sind komplexer als für Neubauten, da auch die Beschaffenheit des Gebäudes vor der Baumaßnahme mit einbezogen werden muss. Grundsätzlich steigt die Genauigkeit der Kostenaussage nach dem Gaus`schen Fehlerausgleichgesetz durch die Verwendung mehrerer Rechensätze.
Je höher der Anspruch an die Genauigkeit der Kostenaussage, desto mehr Rechenansätze sollten ihr zu Grunde liegen. Der Anspruch an die Genauigkeit der Kostenaussage ist wiederum abhängig vom Verwendungszweck der Kostenermittlung.

Insofern ist grundsätzlich vom Anwender zu beurteilen, welche Methode gerade auch im Hinblick auf die Zuverlässigkeit des Ergebnisses angewendet werden kann.

Die Kostenkennwerte der ersten und zweiten Ebene dienen im Allgemeinen als Orientierungswerte für Planungsüberlegungen oder Kostenermittlungen vor oder in den ersten Planungsphasen, für Mittelbedarfsplanungen von Investoren, für Plausibilitätsprüfungen von Kostenermittlungen, für Begutachtungen von Beleihungsanträgen durch Kreditinstitute, für Wertermittlungsgutachten u. ä. Zwecke.

Die formalen Mindestanforderungen hinsichtlich der Darstellung der Ergebnisse einer Kostenermittlung sind in DIN 276-1:2008-12 unter Ziffer 3 Grundsätze der Kostenplanung festgelegt.

5. Geltungsbereiche

Die genannten Kostenkennwerte spiegeln in etwa das durchschnittliche Baukostenniveau in Deutschland für die jeweilige Kategorie von Gebäudearten wider. Die Geltungsbereiche der Tabellenwerte sind fließend. Die „von-/bis-Werte" markieren weder nach oben noch nach unten absolute Grenzwerte. Um diesen Sachverhalt zu verdeutlichen, werden von den dokumentierten Objekten objektbezogene Kostenkennwerte angegeben, die teilweise außerhalb des statistisch ermittelten „Streubereichs" (Standardabweichung) liegen. Es empfiehlt sich daher, ergänzend die Kostendokumentationen bestimmter Objekte beim BKI zu beschaffen, um die Ermittlungsergebnisse ggf. anhand der Daten dieser Vergleichsobjekte zu überprüfen.

6. Berechnung der „von-/bis-Werte"

Im vorliegendem Fachbuch wird eine Berechnung der Streubereiche (auch als „von-/bis-Werte" bezeichnet) durchgeführt. Der Streubereich wird in der Grafik „Vergleichsobjekte" mit ungefüllten Dreiecken markiert.
Um dem Umstand Rechnung zu tragen, dass im Bauwesen Abweichungen nach oben wahrscheinlicher sind als Abweichungen nach unten, werden die Werte oberhalb des Mittelwertes getrennt von den Werten unterhalb des Mittelwertes betrachtet. Besonders teure Gebäude haben somit keinen Einfluss auf die statistischen Werte unterhalb des Mittelwertes.

Der Mittelwert liegt daher nicht zwingend in der Mitte des Streubereichs. Der Vorteil dieser Betrachtungsweise liegt in der genaueren Wiedergabe der Realitäten im Bauwesen.

7. Kosteneinflüsse

In den Bandbreiten der Kostenkennwerte spiegeln sich die vielfältigen Kosteneinflüsse aus Nutzung, Markt, Gebäudegeometrie, Ausführungsstandard, Projektgröße etc. wider. Die Orientierungswerte können nicht schematisch übernommen werden, sondern müssen entsprechend den spezifischen Planungsbedingungen überprüft und ggf. angepasst werden. Mögliche Einflüsse, die eine Anpassung der Orientierungswerte erforderlich machen, können sein:

– besondere Nutzungsanforderungen
– Bauzustand vor der geplanten Baumaßnahme
– Standortbedingungen (Erschließung, Immission, Topographie)
– Bauwerksgeometrie (Grundrissform, Geschosszahlen, Geschosshöhen, Dachform, Dachaufbauten)
– Bauwerksqualität (gestalterische, funktionale und konstruktive Besonderheiten),
– Baumarkt (Zeit, regionaler Baumarkt, Vergabeart).

8. Budgetierung nach Kostengruppen

Die in den Tabellen „Kostenkennwerte für die Kostengruppen der 1. und 2. Ebene DIN 276" genannten Prozentanteile ermöglichen eine erste grobe Aufteilung der ermittelten Bauwerkskosten in „Teilbudgets". Solche geschätzten „Teilbudgets" können als Kontrollgrößen dienen für die entsprechenden, zu einem späteren Zeitpunkt und anhand genauerer Planungsunterlagen ermittelten Kosten (Kostenkontrolle).

Aus Prozentsätzen abgeleitete Kostenaussagen können ferner zur Überprüfung von

Kostenermittlungen dienen, die auf büroeigenen Kostendaten oder den Angaben Dritter basieren (Plausibilitätskontrolle). Die Ableitung von überschlägig geschätzten Teilbudgets schafft auch die Voraussetzung, dass die kostenplanerisch relevanten Kostenanteile erkennbar werden, bei denen z.B. die Entwicklung kostensparender Alternativen primär Erfolg verspricht (Kostentransparenz, Kostenplanung, Kostensteuerung).

9. Budgetierung nach Vergabeeinheiten

In den Tabellen „Kostenkennwerte für Leistungsbereiche" sind nur die Leistungsbereichskosten in die Prozentsätze eingegangen, die den Kostengruppen 300 und 400 zuzuordnen sind; also nicht z.B. Erdarbeiten nach LB 002, die nach DIN 276 ggf. zur Kostengruppe 500 (Außenanlagen) gehören. Die unter „Rohbau" und „Ausbau" zusammengefassten Leistungsbereiche sind nicht exakt der Kostengruppe 300 gleichzusetzen (nur näherungsweise!). Mit Hilfe der angegebenen Prozentsätze lassen sich die ermittelten Bauwerkskosten in Teilbudgets für einzelne Leistungsbereiche aufteilen. Man sollte jedoch nicht den Eindruck erwecken, die Kosten solcher Teilbudgets nach Leistungsbereichen seien bereits (wie später unerlässlich) aus Einzelansätzen „Menge x Einheitspreis" positionsweise ermittelt worden. Die auf diese Weise überschlägig ermittelten Leistungsbereichskosten können aber zur Kostenkontrolle der späteren Ausschreibungsergebnisse herangezogen werden.

10. Normierung der Daten

Grundlage der BKI Regionalfaktoren, die auch der Normierung der Baukosten der dokumentierten Objekte auf Bundesniveau zu Grunde liegen, sind Daten aus der amtliche Bautätigkeitsstatistik der statistischen Landesämter. Zu allen deutschen Land- und Stadtkreisen sind Angaben aus der Bautätigkeitsstatistik der statistischen Landesämter zum Bauvolumen (m^3 BRI) und Angaben zu den veranschlagten Baukosten (in Euro) erhältlich. Diese Informationen stammen aus statistischen Meldebögen, die mit jedem Bauantrag vom Antragsteller abzugeben sind. Während die Angaben zum Brutto-Rauminhalt als sehr verlässlich eingestuft werden können, da in diesem Bereich kaum Änderungen während der Bauzeit zu erwarten sind, müssen die Angaben zu den Baukosten als Prognosen eingestuft werden. Schließlich stehen die Baukosten beim Einreichen des Bauantrages noch nicht fest. Es ist jedoch davon auszugehen, dass durch die Vielzahl der Datensätze und gleiche Vorgehensweise bei der Baukostennennung brauchbare Durchschnittswerte entstehen. Zusätzlich wurden von BKI Verfahren entwickelt, um die Daten prüfen und Plausibilitätsprüfungen unterziehen zu können.

Aus den Kosten und Mengenangaben lassen sich durchschnittliche Herstellungskosten von Bauwerken pro Brutto-Rauminhalt und Land- oder Stadtkreis berechnen. Diese Berechnungen hat BKI durchgeführt und aus den Ergebnissen einen bundesdeutschen Mittelwert gebildet. Anhand des Mittelwertes lassen sich die einzelnen Land- und Stadtkreise prozentual einordnen (Diese Prozentwerte wurden die Grundlage der BKI Deutschlandkarte mit „Regionalfaktoren für Deutschland und Europa"). Anhand dieser Daten lässt sich jedes Objekt der BKI Datenbank normieren, d.h. so berechnen, als ob es nicht an seinem speziellen Bauort gebaut worden wäre, sondern an einem Bauort der bezüglich seines Regionalfaktors genau dem Bundesdurchschnitt entspricht. Für den Anwender bedeutet die regionale Normierung der Daten auf einen Bundesdurchschnitt, dass einzelne Kostenkennwerte oder das Ergebnis einer Kostenermittlung mit dem Regionalfaktor des Standorts des geplanten Objekts zu multiplizieren ist. Die landkreisbezogenen Regionalfaktoren finden sich im Anhang des Buches.

11. ABC-Analyse

Die Kostengruppen der 3. Ebene nach DIN 276 wurden bei der Objektübersicht (s. S. 30-31, Punkt 6) im Sinne einer ABC-Analyse ausgewertet.
Empirische Untersuchungen des Mengen-Wert-Verhältnisses von Teilen eines Ganzen

zeigen häufig, dass auf einen mengenmäßig geringen Umfang der Teile ein hoher Wertanteil entfällt. Dagegen machen die anderen Teile einen geringeren Wert aus.

Übertragen auf die hier vorliegende Auswertung bedeutet dies, dass mit einer relativ geringen Anzahl von Kostengruppen ein sehr großer Anteil der Baukosten berechnet werden kann. Es werden die Kostengruppen ausgewiesen, die in der Summe 80% der Kosten der Baukonstruktion oder der Technischen Anlagen ausmachen. Wenn weniger als drei Kostengruppen zur Erreichung der 80%-Grenze nötig wären, werden jedoch zumindest diese drei ausgewiesen. Es wird jeweils angegeben, wie groß der Anteil der übrigen Kostengruppen ist.

12. Baunebenkosten
Durch in Kraft treten der HOAI 2013 mit deutlicher Anhebung der Honorarsätze sind die bisher in der KG 700 dokumentierten Kosten evtl. nicht ausreichend, um die Kosten zukünftiger Projekte abzuleiten. Daher hat BKI entschieden, auf die Ausweisung der KG 700 zunächst zu verzichten. Die überschlägige Ermittlung der Baunebenkosten wird in dem Fachartikel „Orientierungswerte und frühzeitige Ermittlung der Baunebenkosten ausgewählter Gebäudearten" von Univ.-Prof. Dr.-Ing. Wolfdietrich Kalusche erläutert (erschienen im Fachbuch „BKI Baukosten Gebäude Neubau 2018"). Für eine genauere Ermittlung der Honorare empfehlen wir den BKI Honorarplaner 8. Die Tabellenwerte der aktuellen HOAI sind hier integriert. Näheres dazu erfahren Sie unter: www.bki.de/honorarplaner

13. Objekte ohne Gebäudeartenzuordnung
Gerade im Altbau gelingt es nicht immer, alle Objekte den Gebäudearten für sinnvolle statistischen Auswertung zuzuordnen. Dafür sind viele Maßnahmen beim Bauen im Bestand zu individuell. Diese Objekte werden jedoch in verschiedenen Verzeichnissen dargestellt, um den Nutzer auf die verfügbaren Einzeldokumentationen hinzuweisen. Unter anderem erscheinen die Objekte in der Fotopräsentation "Neue BKI Dokumentationen 2017/2018", im Kapitel "Neue Objekte ohne Gebäudeartenzuordnung".

14. Urheberrechte
Alle Objektinformationen und die daraus abgeleiteten Auswertungen (Statistiken) sind urheberrechtlich geschützt.
Die Urheberrechte liegen bei den jeweiligen Büros, Personen bzw. beim BKI. Es ist ausschließlich eine Anwendung der Daten im Rahmen der praktischen Kostenplanung im Hochbau zugelassen. Für eine anderweitige Nutzung oder weiterführende Auswertungen behält sich das BKI alle Rechte vor.

Neue BKI Dokumentationen 2017-2018

Fotopräsentation der Objekte

1300-0232 Bürogebäude (57 AP) - Effizienzhaus ~66%
Erweiterungen; Büro- und Verwaltungsgebäude
⌂ Martin Faßauer Bürogemeinschaft Baukomplex
Leipzig

3200-0024 Notfall- u. Diagnostikzentrum, Eingangshalle
Ohne Gebäudeartenzuordnung
⌂ Reichardt + Partner Architekten
Hamburg

4100-0180 Gymnasium (6 Klassen, 150 Schüler)
Erweiterungen; Schulen
⌂ CLEMENS FROSCH DIPL.-ING. ARCHITEKT
Pappenheim

4100-0184 Grundschule (9 Klassen, 173 Schüler), Hort
Erweiterungen; Schulen
⌂ acollage architektur urbanistik
Hamburg

4200-0033 Ausbildungsstätte Abbundhalle
Erweiterungen; Schulen
⌂ BAS Architekten GmbH
Bad Segeberg

4400-0276 Kindertagesstätte, Entwässerungsarbeiten
Instandsetzungen; Nichtwohngebäude
⌂ heine l reichold architekten Partnerschafts-
gesellschaft mbB, Lichtenstein

Fotopräsentation der Objekte

4400-0295 Kindertagesstätte, Nebenräume (40 Kinder)
Erweiterungen; Kindergärten
KILTZ KAZMAIER ARCHITEKTEN
Kirchheim unter Teck

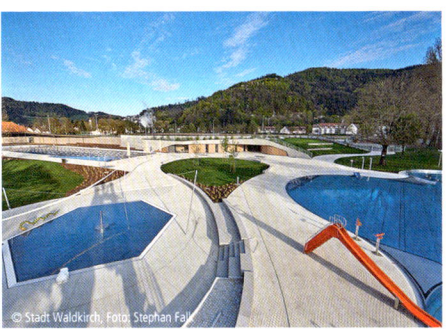

5200-0013 Freibad
Ohne Gebäudeartenzuordnung
Kauffmann Theilig & Partner Freie Architekten BDA
Ostfildern

6100-1286 Mehrfamilienhaus, Dachgeschoss
Erweiterungen; Wohngebäude: Dachausbau
rundzwei Architekten
Berlin

6100-1293 Einfamilienhaus
Umbauten; Ein- und Zweifamilienhäuser
.rott .schirmer .partner
Großburgwedel

6100-1308 Dreizimmerwohnung
Modernisierungen; Wohngebäude vor 1945
Mannott + Mannott Dipl. Ingenieure, Architekten
Hamburg

6100-1329 Reihenendhaus
Modernisierungen; Ein- und Zweifamilienhäuser vor 1945
AMUNT Nagel Theissen Architekten und
Designer PartG mbB, Stuttgart

Fotopräsentation der Objekte

6100-1346 Wohnung, Dachaufstockung
Erweiterungen; Wohngebäude: Aufstockung
⌂ Stefan Giers Architekt und Stadtplaner
  München

6100-1372 Mehrfamilienhaus (12 WE) - Effizienzhaus 70
Umbauten; Mehrfamilienhäuser
⌂ rutsch+rutsch architektur+szenografie
  Schwerin

6400-0092 Familienzentrum
Umbauten; Gebäude anderer Art
⌂ °pha Architekten BDA Banniza, Hermann,
  Öchsner PartGmbB, Potsdam

9100-0125 Bürgerheim, Gaststätte, Veranstaltungsraum
Ohne Gebäudeartenzuordnung
⌂ Büro ArchitektenGrundRiss Gerhard Ringler
  Landsberg am Lech

9100-0132 Kirche
Instandsetzungen; Nichtwohngebäude
⌂ Architektur- und Ingenieurbüro Jörg Sauer
  Hildesheim

9100-0138 Veranstaltungsraum, ehem. Friedhofskapelle
Instandsetzungen mit Restaurierungsarbeiten
⌂ Atelier Donsbach
  Hamburg

Fotopräsentation der Objekte

9100-0154 Fluchttreppe
Erweiterungen; Gebäude anderer Art
BERGHAUS ARCHITEKTEN
Düsseldorf

Erläuterungen

300 Bauwerk - Baukonstruktionen in €/m²

Einheit: m²
Brutto-Grundfläche

Kosten:
Stand 2.Quartal 2018
Bundesdurchschnitt
inkl. 19% MwSt.

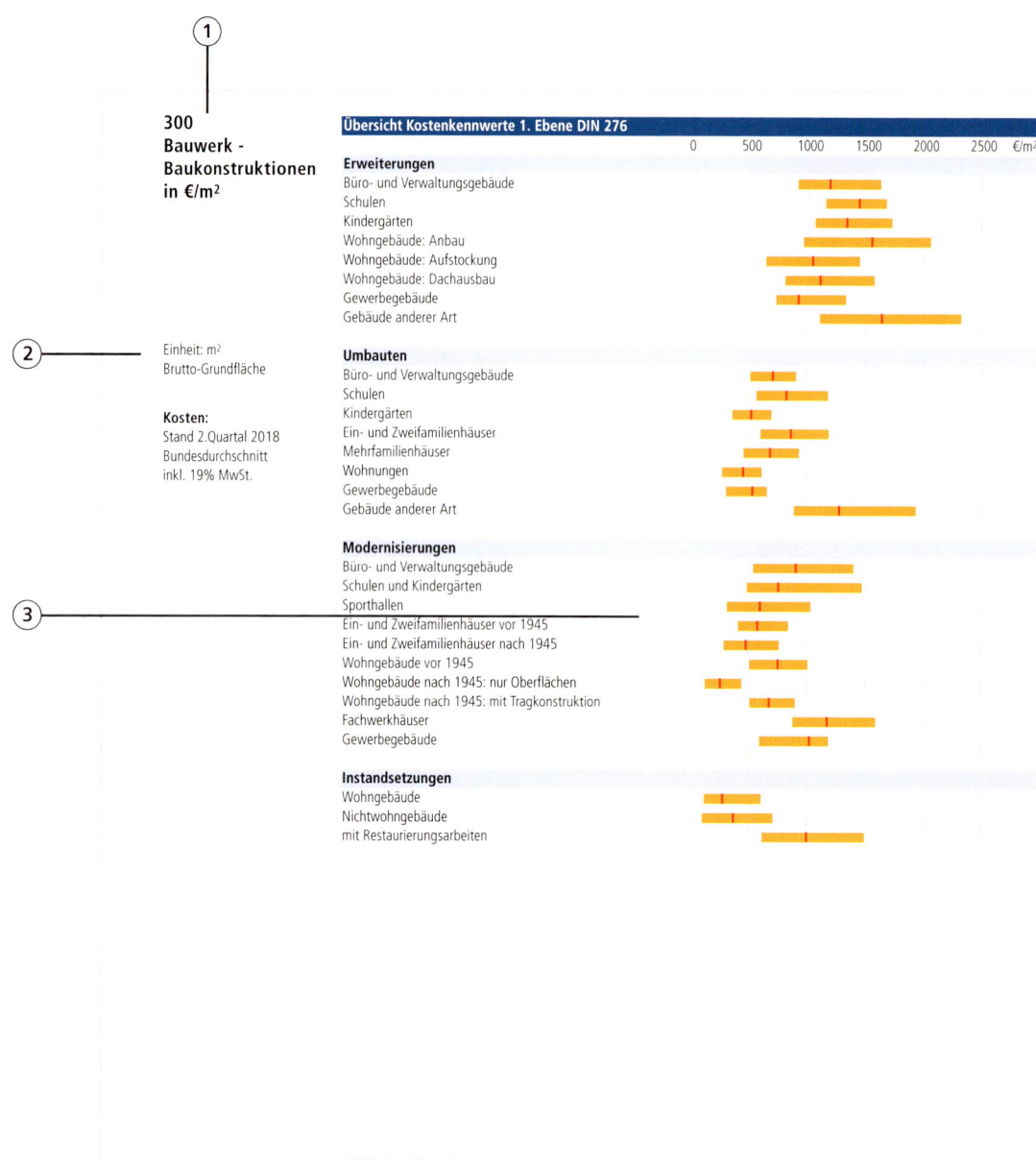

Erläuterung nebenstehender Tabellen und Abbildungen

Alle Kostenkennwerte enthalten die Mehrwertsteuer. Kostenstand: 2.Quartal 2018.
Kosten und Kostenkennwerte umgerechnet auf den Bundesdurchschnitt.

Übersicht Kostenkennwerte der 1. und 2. Ebene DIN 276 für Gebäudearten im Altbau

①

Kostengruppen der 1. und 2. Ebene nach DIN 276-1:2008-12 mit Nummer und Bezeichnung

②

Anzeige der Bezugseinheit. Die Bezugseinheiten der Kostenkennwerte entsprechen der DIN 277-3:2005-04: Mengen und Bezugseinheiten.

③

Kostenkennwerte der Gebäudearten mit Angabe von Streubereich (dunkler Balken) und Mittelwert (roter Mittelstrich).

Die Skalierung der Kostengruppe wurde den Wertebereichen angepasst. Daher gibt es unterschiedliche Skalierung in den verschiedenen Kostengruppen. Der Mittelwert liegt nicht zwingend in der Mitte des Streubereichs. Nähere Erläuterungen hierzu enthält das Kapitel Benutzerhinweise unter: 6. Berechnung der „von-/bis-Werte".

① **Modernisierungen**

Wohngebäude nach 1945 nur Oberflächen

Kostenkennwerte für die Kosten des Bauwerks (Kostengruppen 300+400 nach DIN 276)

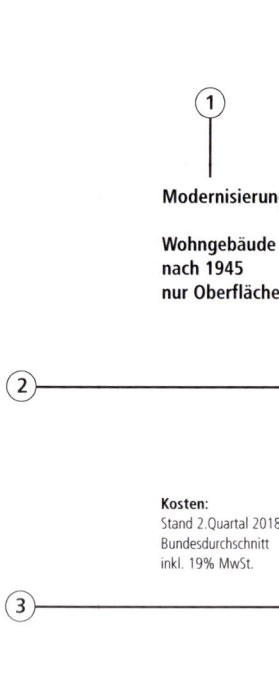   

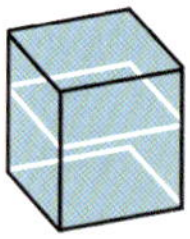

② **BRI** 120 €/m³ **BGF** 330 €/m² **NUF** 480 €/m² **NE** 680 €/NE
von 50 €/m³   von 170 €/m²   von 220 €/m²   von 280 €/NE
bis 210 €/m³ bis 600 €/m²   bis 830 €/m²   bis 1.240 €/NE
                                            NE: Wohnfläche

Objektbeispiele

Kosten:
Stand 2.Quartal 2018
Bundesdurchschnitt
inkl. 19% MwSt.

③

6100-1111   6100-1050   6100-0857

6100-0537   6100-0460   6100-0782

Kosten der 19 Vergleichsobjekte Seiten 318 bis 328

④

- KKW
▶ min
▷ von
| Mittelwert
◁ bis
◀ max

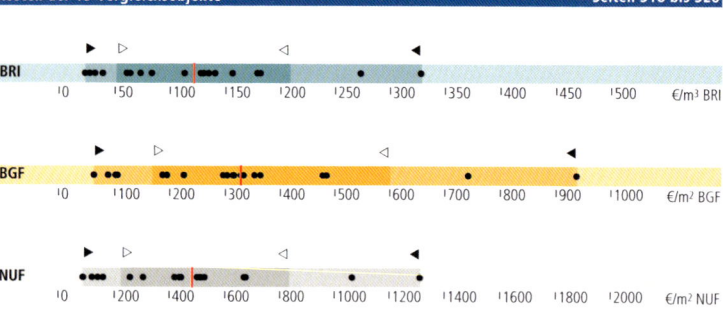

© **BKI** Baukosteninformationszentrum Kosten: 2.Quartal 2018, Bundesdurchschnitt, **inkl. 19% MwSt.**

Erläuterung nebenstehender Tabellen und Abbildungen

Alle Kostenkennwerte enthalten die Mehrwertsteuer. Kostenstand: 2.Quartal 2018.
Kosten und Kostenkennwerte umgerechnet auf den Bundesdurchschnitt.

Kostenkennwerte für die Kosten des Bauwerks (Kostengruppe 300+400 DIN 276)

Bezeichnung der Gebäudeart

Kostenkennwerte für die Kosten des Bauwerks (KG 300 + 400)
Angabe von Streubereich (Standardabweichung; „von-/bis"-Werte) und Mittelwert (Fettdruck).
- Bauwerkskosten   : Summe der Kostengruppen 300 und 400 (DIN 276)
- Kostengruppe 300: Bauwerk-Baukonstruktionen
- Kostengruppe 400: Bauwerk-Technische Anlagen
- BRI : Brutto-Rauminhalt (DIN 277, R+S);   BRI DG : Brutto-Rauminhalt des Dachgeschosses
- BGF: Brutto-Grundfläche (DIN 277, R+S);   BGF DG : Brutto-Grundfläche des Dachgeschosses
- NUF: Nutzungsfläche (DIN 277, R+S);   NUF DG: Nutzungsfläche des Dachgeschosses
Auf volle 5 bzw. 10€ gerundete Werte

Zeigt Abbildungen beispielhaft ausgewählter Vergleichsobjekte aus der jeweiligen Gebäudeart. Die Objektnummer verweist auf die in der BKI-Baukostendatenbank verfügbare Objektdokumentation.

Vergleichsobjekte

Die Punkte zeigen auf die objektbezogenen Kostenkennwerte €/m² BGF der Vergleichsobjekte. Diese Tabelle verdeutlicht den Sachverhalt, dass die Kostenkennwerte realer und abgerechneter Einzelobjekte auch außerhalb des statistisch ermittelten Streubereichs (Standardabweichung) liegen können. Der farbintensive innere Bereich stellt diesen Streubereich (von-bis) grafisch mit der Angabe des Mittelwerts dar. Von den statistisch ausgewerteten Vergleichsobjekten können beim BKI bei Bedarf die ausführlichen Kostendokumentationen angefordert werden. Die Breiten der Streubereiche variieren bei den unterschiedlichen Gebäudearten.

Kostenkennwerte für die Kostengruppen der 1. und 2. Ebene DIN 276

①

KG	Kostengruppen der 1. Ebene	Einheit	▷	€/Einheit	◁	▷	% an 300+400	◁
100	Grundstück	m² GF	–	–	–	–	–	–
200	Herrichten und Erschließen	m² GF	–	3	–	–	0,2	–
300	Bauwerk - Baukonstruktionen	m² BGF	135	**257**	432	65,0	**83,9**	95,6
400	Bauwerk - Technische Anlagen	m² BGF	21	**83**	180	7,3	**19,1**	36,8
	Bauwerk (300+400)	m² BGF	169	**327**	599		**100,0**	
500	Außenanlagen	m² AF	20	**68**	153	0,8	**3,0**	4,3
600	Ausstattung und Kunstwerke	m² BGF	0	**0**	0	0,0	**0,1**	0,1
700	Baunebenkosten	m² BGF	–	–	–	–	–	–

②

KG	Kostengruppen der 2. Ebene	Einheit	▷	€/Einheit	◁	▷	% an 300	◁
310	Baugrube	m³ BGI	34	**61**	109	0,0	**0,3**	1,3
320	Gründung	m² GRF	34	**166**	709	0,0	**0,4**	1,4
330	Außenwände	m² AWF	123	**242**	370	37,5	**56,5**	72,8
340	Innenwände	m² IWF	69	**213**	1.863	1,0	**7,0**	19,4
350	Decken	m² DEF	61	**131**	215	3,7	**11,3**	18,4
360	Dächer	m² DAF	101	**198**	301	6,4	**18,5**	43,5
370	Baukonstruktive Einbauten	m² BGF	0	**1**	2	0,0	**0,1**	0,5
390	Sonstige Baukonstruktionen	m² BGF	7	**15**	26	3,2	**6,1**	8,9
300	**Bauwerk Baukonstruktionen**	**m² BGF**					**100,0**	

KG	Kostengruppen der 2. Ebene	Einheit	▷	€/Einheit	◁	▷	% an 400	◁
410	Abwasser, Wasser, Gas	m² BGF	4	**21**	59	11,3	**31,2**	69,2
420	Wärmeversorgungsanlagen	m² BGF	14	**37**	79	8,6	**38,2**	57,6
430	Lufttechnische Anlagen	m² BGF	4	**19**	48	0,6	**7,9**	42,3
440	Starkstromanlagen	m² BGF	5	**17**	34	2,3	**13,6**	19,6
450	Fernmeldeanlagen	m² BGF	1	**5**	8	1,8	**7,0**	19,3
460	Förderanlagen	m² BGF	1	**21**	42	0,0	**2,0**	21,5
470	Nutzungsspezifische Anlagen	m² BGF	–	**0**	–	–	**0,0**	–
480	Gebäudeautomation	m² BGF	–	**13**	–	–	**0,3**	–
490	Sonstige Technische Anlagen	m² BGF	0	**1**	1	0,0	**0,1**	0,4
400	**Bauwerk Technische Anlagen**	**m² BGF**					**100,0**	

③ **Prozentanteile der Kosten der 2. Ebene an den Kosten des Bauwerks nach DIN 276** (Von-, Mittel-, Bis-Werte)

KG		%
310	Baugrube	0,2
320	Gründung	0,3
330	Außenwände	47,9
340	Innenwände	4,7
350	Decken	9,3
360	Dächer	16,0
370	Baukonstruktive Einbauten	0,1
390	Sonstige Baukonstruktionen	5,4
410	Abwasser, Wasser, Gas	4,7
420	Wärmeversorgungsanlagen	8,0
430	Lufttechnische Anlagen	1,5
440	Starkstromanlagen	3,0
450	Fernmeldeanlagen	1,0
460	Förderanlagen	0,8
470	Nutzungsspezifische Anlagen	
480	Gebäudeautomation	0,1
490	Sonstige Technische Anlagen	0,0

© BKI Baukosteninformationszentrum

Kosten: 2.Quartal 2018, Bundesdurchschnitt, inkl. 19% MwSt.

Erläuterung nebenstehender Baukostentabellen

Alle Kostenkennwerte enthalten die Mehrwertsteuer. Kostenstand: 2.Quartal 2018.
Kosten und Kostenkennwerte umgerechnet auf den Bundesdurchschnitt.
Die Bezugseinheiten der Kostenkennwerte entsprechen der DIN 277-3:2005-04: Mengen und Bezugseinheiten.

Kostenkennwerte für die Kostengruppen der 1. und 2. Ebene DIN 276

Kostenkennwerte in €/Einheit für die Kostengruppen 200 bis 600 der 1. Ebene DIN 276 mit Angabe von Mittelwert (Spalte: €/Einheit) und Standardabweichung („von-/bis"-Werte). Anteil der jeweiligen Kostengruppen in Prozent der Bauwerkskosten (100%) mit Angabe von Mittelwert (Spalte: % an 300 + 400) und Streubereich („von-/bis"-Werte). Die Werte in den Spalten „von" bzw. „bis" sind aus statistischen Gründen nicht addierbar, sonstige Abweichungen sind rundungsbedingt.

Angaben zum Bauwerk, jedoch für Kostengruppen der 2. Ebene DIN 276. Die Kostenkennwerte zur Kostengruppe 300 (Bauwerk-Baukonstruktionen) sind wegen den unterschiedlichen Bezugseinheiten nicht addierbar.
Bei der Ermittlung der Kostenkennwerte dieser Tabelle variiert der Stichprobenumfang von Kostengruppe zu Kostengruppe und auch gegenüber dem Stichprobenumfang der Tabelle der 1. Ebene. Um kostenplanerisch realistische Kostenkennwerte für die einzelnen Kostengruppen angeben zu können, wurden bei jeder Kostengruppe nur diejenigen Objekte einbezogen, bei denen für die betreffende Kostengruppe auch tatsächlich Kosten angefallen sind.
Zur Berechnung der Prozentanteile wurden jedoch alle Objekte herangezogen, zwischen den Kostenkennwerten und den Prozentanteilen kann daher kein direkter Bezug hergeleitet werden. Beispiel: Da Wohngebäude nicht immer eine Förderanlage enthalten, ergibt sich bezogen auf die gesamte Stichprobe der geringe mittlere Prozentanteil von nur 2,0% an den Kosten der Technischen Anlagen. Diesem Prozentsatz steht der Kostenkennwert von 21€/m² BGF gegenüber, ermittelt aus den wenigen Objekten, bei denen Kosten für Förderanlagen abgerechnet worden sind.

Prozentualer Anteil der Kostengruppen der 2. Ebene an den Kosten des Bauwerks nach DIN 276

Die grafische Darstellung verdeutlicht, welchen durchschnittlichen Anteil die Kostengruppen der 2. Ebene DIN 276 an den Bauwerkskosten (Kostengruppe 300 + 400 = 100%) haben. Für Kostenermittlungen werden die kostenplanerisch besonders relevanten Kostengruppen auch optisch sofort erkennbar. Der rote Strich markiert den durchschnittlichen Prozentanteil; der farbige Balken visualisiert den „Streubereich" (Standardabweichung). Bei der Aufsummierung aller Prozentanteile der Kostengruppen sind Abweichungen zu 100% rundungsbedingt.

Modernisierungen

Wohngebäude nach 1945 nur Oberflächen

Kostenkennwerte für die Kostengruppen der 3. Ebene DIN 276

KG	Kostengruppen der 3. Ebene	Einheit	▷	Ø €/Einheit	◁	▷	Ø €/m² BGF	◁
335	Außenwandbekleidungen außen	m²	88,79	132,90	193,98	33,57	66,69	98,67
334	Außentüren und -fenster	m²	181,77	435,02	597,57	17,54	42,31	80,41
363	Dachbeläge	m²	95,96	152,20	280,98	9,11	27,65	51,44
461	Aufzugsanlagen	m²	0,50	21,48	42,46	0,50	21,48	42,46
421	Wärmeerzeugungsanlagen	m²	6,68	19,95	62,09	6,68	19,95	62,09
352	Deckenbeläge	m²	56,22	111,52	166,06	8,75	19,75	54,09
345	Innenwandbekleidungen	m²	23,70	43,67	70,08	6,98	19,30	52,40
431	Lüftungsanlagen	m²	3,58	18,51	48,12	3,58	18,51	48,12
412	Wasseranlagen	m²	3,15	17,77	43,79	3,15	17,77	43,79
339	Außenwände, sonstiges	m²	8,02	31,10	110,80	4,96	17,06	56,10
351	Deckenkonstruktionen	m²	119,66	400,39	637,71	6,31	16,92	29,15
444	Niederspannungsinstallationsanl.	m²	2,10	13,94	30,79	2,10	13,94	30,79
481	Automationssysteme	m²	–	12,83	–	–	12,83	–
337	Elementierte Außenwände	m²	865,60	1.237,51	1.695,01	3,57	12,24	37,48
331	Tragende Außenwände	m²	98,89	237,35	540,33	3,09	11,10	26,01
344	Innentüren und -fenster	m²	46,53	205,29	445,93	1,35	10,11	30,36
338	Sonnenschutz	m²	59,08	237,97	353,42	1,39	10,06	16,84
361	Dachkonstruktionen	m²	29,13	118,54	270,12	2,25	9,82	23,82
392	Gerüste	m²	6,42	9,77	16,76	6,42	9,77	16,76
353	Deckenbekleidungen	m²	23,86	46,88	75,15	4,76	9,66	14,96
336	Außenwandbekleidungen innen	m²	30,74	47,30	66,02	4,81	9,37	19,14
422	Wärmeverteilnetze	m²	1,41	9,36	20,80	1,41	9,36	20,80
423	Raumheizflächen	m²	2,37	8,30	13,74	2,37	8,30	13,74
342	Nichttragende Innenwände	m²	88,17	288,67	643,68	2,01	7,90	16,96
364	Dachbekleidungen	m²	36,35	69,01	98,57	1,71	7,86	21,34
359	Decken, sonstiges	m²	4,55	29,80	78,19	1,01	7,51	22,53
411	Abwasseranlagen	m²	3,33	7,32	20,38	3,33	7,32	20,38
341	Tragende Innenwände	m²	60,91	226,16	371,42	3,12	7,03	13,21
429	Wärmeversorgungsanl., sonstiges	m²	1,74	5,05	9,53	1,74	5,05	9,53
419	Abwasser-, Wasser- und Gasanlagen, sonstiges	m²	3,34	4,48	5,62	3,34	4,48	5,62
442	Eigenstromversorgungsanlagen	m²	–	4,35	–	–	4,35	–
332	Nichttragende Außenwände	m²	294,11	2.268,16	12.068,94	2,56	3,98	5,36
362	Dachfenster, Dachöffnungen	m²	588,95	1.010,56	2.064,35	1,16	3,28	5,73
445	Beleuchtungsanlagen	m²	0,99	3,26	7,00	0,99	3,26	7,00
452	Such- und Signalanlagen	m²	1,34	3,14	4,61	1,34	3,14	4,61
397	Zusätzliche Maßnahmen	m²	0,83	3,11	6,60	0,83	3,11	6,60
391	Baustelleneinrichtung	m²	0,95	3,09	7,69	0,95	3,09	7,69
311	Baugrubenherstellung	m³	33,99	60,81	109,34	1,48	2,87	5,31
456	Gefahrenmelde- und Alarmanlagen	m²	0,84	2,12	3,40	0,84	2,12	3,40
322	Flachgründungen	m²	130,37	297,32	615,31	0,67	2,03	7,06
369	Dächer, sonstiges	m²	2,88	8,54	21,49	0,72	1,99	7,66
457	Übertragungsnetze	m²	–	1,80	–	–	1,80	–
396	Materialentsorgung	m²	0,61	1,73	3,81	0,61	1,73	3,81
349	Innenwände, sonstiges	m²	0,03	1,50	2,96	0,06	1,54	3,02
451	Telekommunikationsanlagen	m²	0,68	1,52	2,33	0,68	1,52	2,33
325	Bodenbeläge	m²	13,49	22,68	50,79	0,52	1,51	4,13
327	Dränagen	m²	–	512,36	–	–	1,41	–
324	Unterböden und Bodenplatten	m²	64,73	106,62	143,42	0,25	1,27	2,35
446	Blitzschutz- und Erdungsanlagen	m²	0,14	0,92	1,79	0,14	0,92	1,79

Kosten:
Stand 2. Quartal 2018
Bundesdurchschnitt
inkl. 19% MwSt.

▷ von
Ø Mittel
◁ bis

© **BKI** Baukosteninformationszentrum

Kosten: 2.Quartal 2018, Bundesdurchschnitt, **inkl. 19% MwSt.**

Erläuterung nebenstehender Baukostentabelle

Alle Kostenkennwerte enthalten die Mehrwertsteuer. Kostenstand: 2.Quartal 2018.
Kosten und Kostenkennwerte umgerechnet auf den Bundesdurchschnitt.

Kostenkennwerte für Kostengruppen der 3. Ebene nach DIN 276, absteigend sortiert

①

Kostengruppen-Nummer nach DIN 276-1:2008-12

②

Kostengruppen-Bezeichnung nach DIN 276-1:2008-12 (zum Teil abgekürzt)

③

Einheit der Kostengruppe nach DIN 277-3:2005-04: Mengen und Bezugseinheiten

④

Kostenkennwerte der jeweiligen Kostengruppen in € bezogen auf die Einheit
Mittelwerte: siehe Spalte „€/Einheit"
Standardabweichung: siehe Spalten „von/bis"

⑤

Kostenkennwerte der jeweiligen Kostengruppen in € bezogen auf die BGF
Mittelwerte: siehe Spalte „€/Einheit"
Standardabweichung: siehe Spalten „von/bis"

Die Kostengruppen wurden nach dem Mittelwert der Spalte €/m² BGF absteigend sortiert. Dadurch ergibt sich eine Gewichtung. Die unter Kostengesichtspunkten wichtigsten Kostengruppen erscheinen zu Beginn der Tabelle. Der Anwender hat dadurch die Möglichkeit schnell zu erkennen, in welchen Kostengruppen die meisten Kosten angefallen sind. Es werden auch Kostenaussagen in einem sehr frühen Planungsstadium ermöglicht, da nur die BGF als Bezugsgröße vorliegen muss.

Bei manchen Kostengruppen, vor allem aus der Gebäudetechnik, ist als Bezugsmenge die BGF vorgegeben. In diesen Fällen sind die Kostenkennwerte in den linken Spalten (€/Einheit) und in den rechten Spalten (€/m² BGF) identisch.

Kostenkennwerte für Leistungsbereiche nach StLB (Kosten des Bauwerks nach DIN 276)

LB	Leistungsbereiche	▷	€/m² BGF	◁	▷	% an 300+400	◁
000	Sicherheits-, Baustelleneinrichtungen inkl. 001	8	16	26	2,4	5,0	8,1
002	Erdarbeiten	0	1	4	0,0	0,3	1,3
006	Spezialtiefbauarbeiten inkl. 005	–	–	–	–	–	–
009	Entwässerungskanalarbeiten inkl. 011	0	0	3	0,0	0,1	1,0
010	Drän- und Versickerungsarbeiten	0	0	1	0,0	0,0	0,3
012	Mauerarbeiten	1	5	18	0,3	1,4	5,5
013	Betonarbeiten	0	4	17	0,1	1,3	5,3
014	Natur-, Betonwerksteinarbeiten	0	0	3	0,0	0,1	0,9
016	Zimmer- und Holzbauarbeiten	1	8	16	0,2	2,3	5,0
017	Stahlbauarbeiten	0	3	15	0,0	0,8	4,7
018	Abdichtungsarbeiten	0	1	2	0,0	0,3	0,8
020	Dachdeckungsarbeiten	3	20	66	0,9	6,2	20,1
021	Dachabdichtungsarbeiten	1	5	20	0,2	1,4	6,2
022	Klempnerarbeiten	4	12	23	1,2	3,8	7,0
	Rohbau	44	76	126	13,5	23,1	38,7
023	Putz- und Stuckarbeiten, Wärmedämmsysteme	44	89	187	13,4	27,3	57,2
024	Fliesen- und Plattenarbeiten	0	3	12	0,1	1,0	3,8
025	Estricharbeiten	0	1	5	0,1	0,4	1,7
026	Fenster, Außentüren inkl. 029, 032	12	32	57	3,7	9,7	17,4
027	Tischlerarbeiten	0	4	17	0,1	1,2	5,3
028	Parkettarbeiten, Holzpflasterarbeiten	–	1	–	–	0,2	–
030	Rollladenarbeiten	0	3	11	0,0	0,8	3,3
031	Metallbauarbeiten inkl. 035	3	13	34	0,8	3,9	10,5
034	Maler- und Lackiererarbeiten inkl. 037	8	16	27	2,3	5,0	8,4
036	Bodenbelagarbeiten	0	3	14	0,1	0,9	4,2
038	Vorgehängte hinterlüftete Fassaden	0	5	54	0,0	1,5	16,5
039	Trockenbauarbeiten	3	14	39	1,0	4,4	12,0
	Ausbau	125	185	246	38,2	56,5	75,3
040	Wärmeversorgungsanl. - Betriebseinr. inkl. 041	4	19	51	1,3	5,9	15,6
042	Gas- und Wasserinstallation, Leitungen inkl. 043	0	5	15	0,1	1,4	4,5
044	Abwasserinstallationsarbeiten - Leitungen	0	3	7	0,0	0,8	2,2
045	GWA-Einrichtungsgegenstände inkl. 046	0	2	11	0,0	0,8	3,3
047	Dämmarbeiten an betriebstechnischen Anlagen	0	1	5	0,0	0,4	1,4
049	Feuerlöschanlagen, Feuerlöschgeräte	–	–	–	–	–	–
050	Blitzschutz- und Erdungsanlagen	0	0	2	0,0	0,1	0,5
053	Niederspannungsanlagen inkl. 052, 054	1	6	17	0,2	1,9	5,3
055	Ersatzstromversorgungsanlagen	–	0	–	–	0,1	–
057	Gebäudesystemtechnik	–	–	–	–	–	–
058	Leuchten und Lampen inkl. 059	0	2	5	0,0	0,5	1,5
060	Elektroakustische Anlagen, Sprechanlagen	0	2	4	0,1	0,5	1,3
061	Kommunikationsnetze, inkl. 062	0	1	2	0,0	0,2	0,6
063	Gefahrenmeldeanlagen	0	0	2	0,0	0,0	0,6
069	Aufzüge	0	2	2	0,0	0,7	0,7
070	Gebäudeautomation	–	0	–	–	0,1	–
075	Raumlufttechnische Anlagen	0	4	18	0,1	1,2	5,6
	Technische Anlagen	11	47	114	3,4	14,5	34,7
084	Abbruch- und Rückbauarbeiten	8	18	31	2,3	5,5	9,6
	Sonstige Leistungsbereiche inkl. 008, 033, 051	0	2	10	0,1	0,6	3,1

© BKI Baukosteninformationszentrum

Kosten: 2.Quartal 2018, Bundesdurchschnitt, **inkl. 19% MwSt.**

Erläuterung nebenstehender Baukostentabelle

Alle Kostenkennwerte enthalten die Mehrwertsteuer. Kostenstand: 2.Quartal 2018.
Kosten und Kostenkennwerte umgerechnet auf den Bundesdurchschnitt.

Kostenkennwerte für Leistungsbereiche nach StLB (Kosten des Bauwerks DIN 276)

LB-Nummer nach Standardleistungsbuch (StLB).
Bezeichnung des Leistungsbereichs (zum Teil abgekürzt).

Kostenkennwerte für Bauwerkskosten (Kostengruppe 300 + 400 nach DIN 276) je Leistungsbereich in €/m² Brutto-Grundfläche (nach DIN 277):
Mittelwerte: siehe Spalte „€/m² BGF"
Standardabweichung: siehe Spalten „von/bis".

Anteil der jeweiligen Leistungsbereiche in Prozent der Bauwerkskosten (100%):
Mittelwerte: siehe Spalte „% an 300 + 400"
Standardabweichung: siehe Spalten „von/bis".

Kostenkennwerte und Prozentanteile für „Leistungsbereichspakete" als Zusammenfassung bestimmter Leistungsbereiche. Leistungsbereiche mit relativ geringem Kostenanteil wurden in Einzelfällen mit anderen Leistungsbereichen zusammengefasst.

Beispiel:
LB 000 Baustelleneinrichtung zusammengefasst mit
LB 001 Gerüstarbeiten (Angabe: inkl. 001).
vollständige Leistungsbereichsgliederung siehe Seite 66.

Ergänzende, den StLB-Leistungsbereichen nicht zuordenbare Leistungsbereiche, zusammengefasst mit den LB-Nr. 008, 033, 051 u.a.

Anmerkung:
Die Werte in den Spalten „von" bzw. „bis" sind aus statistischen Gründen nicht addierbar, sonstige Abweichungen sind rundungsbedingt.
Bei zu geringem Stichprobenumfang entfällt bei einzelnen Leistungsbereichen die Angabe „von/bis".

Modernisierungen

Objektübersicht zur Gebäudeart

Wohngebäude
nach 1945
nur Oberflächen

€/m² BGF
min 63 €/m²
von 170 €/m²
Mittel 330 €/m²
bis 600 €/m²
max 940 €/m²

Kosten:
Stand 2.Quartal 2018
Bundesdurchschnitt
inkl. 19% MwSt.

6100-0859 Mehrfamilienhaus (21 WE)   BRI 6.988m³   BGF 2.588m²   NUF 1.829m²

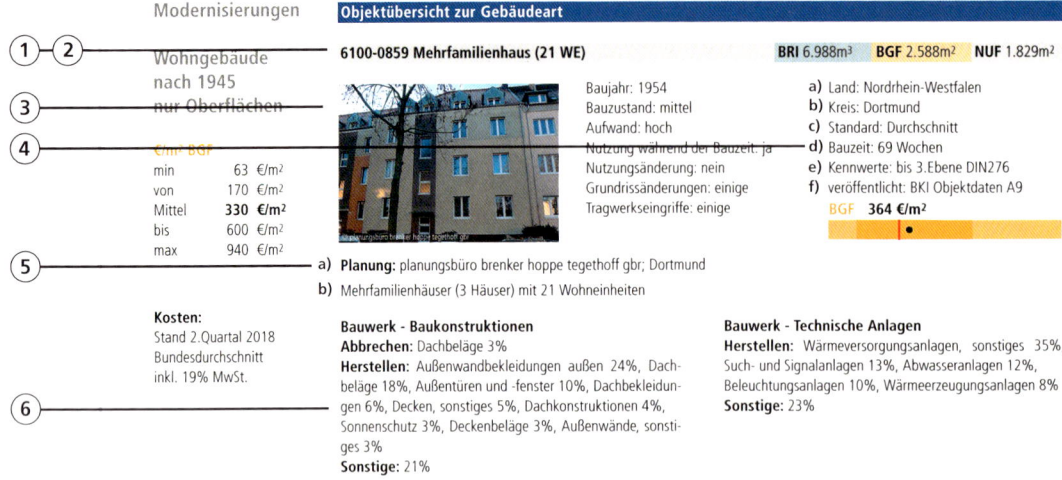

Baujahr: 1954
Bauzustand: mittel
Aufwand: hoch
Nutzung während der Bauzeit: ja
Nutzungsänderung: nein
Grundrissänderungen: einige
Tragwerkseingriffe: einige

a) Land: Nordrhein-Westfalen
b) Kreis: Dortmund
c) Standard: Durchschnitt
d) Bauzeit: 69 Wochen
e) Kennwerte: bis 3.Ebene DIN276
f) veröffentlicht: BKI Objektdaten A9

BGF   364 €/m²

a) **Planung:** planungsbüro brenker hoppe tegethoff gbr; Dortmund
b) Mehrfamilienhäuser (3 Häuser) mit 21 Wohneinheiten

Bauwerk - Baukonstruktionen
Abbrechen: Dachbeläge 3%
Herstellen: Außenwandbekleidungen außen 24%, Dachbeläge 18%, Außentüren und -fenster 10%, Dachbekleidungen 6%, Decken, sonstiges 5%, Dachkonstruktionen 4%, Sonnenschutz 3%, Deckenbeläge 3%, Außenwände, sonstiges 3%
Sonstige: 21%

Bauwerk - Technische Anlagen
Herstellen: Wärmeversorgungsanlagen, sonstiges 35%, Such- und Signalanlagen 13%, Abwasseranlagen 12%, Beleuchtungsanlagen 10%, Wärmeerzeugungsanlagen 8%
Sonstige: 23%

6100-0931 Mehrfamilienhäuser (3 St, 18 WE)   BRI 6.698m³   BGF 2.705m²   NUF 2.039m²

Baujahr: 1965
Bauzustand: mittel
Aufwand: mittel
Nutzung während der Bauzeit: ja
Nutzungsänderung: nein
Grundrissänderungen: wenige
Tragwerkseingriffe: keine

Land: Niedersachsen
Kreis: Hildesheim
Standard: Durchschnitt
Bauzeit: 30 Wochen
Kennwerte: bis 3.Ebene DIN276
veröffentlicht: BKI Objektdaten E5

BGF   333 €/m²

Planung: Planungsgruppe Kammerer + Koenig Melanie Kammerer; Alfeld
Drei Mehrfamilienhäuser mit 18 Wohnungen wurden energetisch modernisiert.

Bauwerk - Baukonstruktionen
Abbrechen: Außenwände, sonstiges 5%
Herstellen: Außenwände, sonstiges 24%, Außenwandbekleidungen außen 23%, Außentüren und -fenster 16%, Deckenbeläge 4%, Dachbeläge 3%, Deckenbekleidungen 3%
Sonstige: 22%

Bauwerk - Technische Anlagen
Herstellen: Wärmeerzeugungsanlagen 34%, Niederspannungsinstallationsanlagen 24%, Raumheizflächen 11%, Abwasseranlagen 8%
Sonstige: 23%

© **BKI** Baukosteninformationszentrum

Erläuterung nebenstehender Baukostentabellen

Alle Kostenkennwerte enthalten die Mehrwertsteuer. Kostenstand: 2.Quartal 2018.
Kosten und Kostenkennwerte umgerechnet auf den Bundesdurchschnitt.

Tabellen zur Objektübersicht

(1)
Objektnummer und Objektbezeichnung

(2)
Angaben zu Brutto-Rauminhalt (BRI), Brutto-Grundfläche (BGF) und Nutzungsfläche (NUF) nach DIN 277

(3)
Abbildung des Objekts mit Nennung wichtiger Kosteneinflussfaktoren beim Bauen im Bestand. (Baujahr bezeichnet den Erstellungszeitpunkt des Objekts, nicht die Bauzeit der dokumentierten Maßnahme)

(4)
a) Angaben zum Bundesland b) Angaben zum Kreis; c) Angaben zum Standard d) Angaben zur Bauzeit e) „Kennwerte" gibt die Kostengliederungstiefe nach DIN 276 an. Die BKI Objekte sind unterschiedlich detailliert dokumentiert. f) Hinweis auf das BKI Fachbuch, in dem dieses Objekt veröffentlicht wurde (siehe Abkürzungsverzeichnis). Der frühere BKI Webshop wurde in die BKI Internetseiten integriert.

(5)
a) Planendes und/oder ausführendes Architekturbüro. b) Beschreibung der Nutzung des Objekts und zusätzliche Hinweise bei besonderen Kosteneinflüssen durch spezielle Nutzungsanforderungen oder spezielle Grundstückssituationen.

(6)
Angaben zu den kostenintensivsten Kostengruppen bei Baukonstruktionen und technischen Anlagen mit Ausweisung des prozentualen Kostenanteils. Die Auswertungen zeigen, welche Bauleistungen beim jeweiligen Objekt am kostenintensivsten waren und erleichtern damit die Suche nach passenden Vergleichsobjekten.

(7)
Kosten des Bauwerks (KG 300+400) in €/m² BGF.

(8)
Lineare Skala mit Angabe der Kosten des Objekts (KG 300+400 in €/m² BGF) als schwarzer Punkt und Angabe der „min-/max-"-Werte und des Mittelwertes (Ø) der zugehörigen Gebäudeart als farbige Bereiche.

325 Bodenbeläge

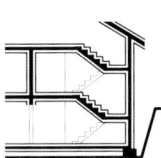

Kosten:
Stand 2.Quartal 2018
Bundesdurchschnitt
inkl. 19% MwSt.

Einheit: m²
Bodenbelagsfläche

Gebäudeart	▷	€/Einheit ø	◁	KG an 300
Erweiterungen				
Büro- und Verwaltungsgebäude	96,00	**118,00**	141,00	2,4%
Schulen	81,00	**144,00**	196,00	3,5%
Kindergärten	106,00	**129,00**	140,00	7,7%
Wohngebäude: Anbau	95,00	**157,00**	228,00	4,2%
Wohngebäude: Aufstockung	–	**40,00**	–	0,1%
Wohngebäude: Dachausbau	–	–	–	–
Gewerbegebäude	52,00	**87,00**	131,00	5,4%
Gebäude anderer Art	115,00	**189,00**	334,00	4,3%
Umbauten				
Büro- und Verwaltungsgebäude	64,00	**119,00**	202,00	4,6%
Schulen	82,00	**129,00**	268,00	4,0%
Kindergärten	71,00	**110,00**	147,00	9,6%
Ein- und Zweifamilienhäuser	69,00	**143,00**	168,00	2,9%
Mehrfamilienhäuser	28,00	**68,00**	111,00	0,9%
Wohnungen	–	**151,00**	–	1,2%
Gewerbegebäude	10,00	**75,00**	107,00	8,7%
Gebäude anderer Art	120,00	**188,00**	372,00	2,3%
Modernisierungen				
Büro- und Verwaltungsgebäude	104,00	**130,00**	183,00	2,9%
Schulen und Kindergärten	73,00	**119,00**	169,00	2,7%
Sporthallen	68,00	**130,00**	192,00	10,8%
Ein- und Zweifamilienhäuser vor 1945	72,00	**137,00**	259,00	3,4%
Ein- und Zweifamilienhäuser nach 1945	48,00	**117,00**	182,00	1,7%
Wohngebäude vor 1945	63,00	**132,00**	181,00	2,4%
Wohngebäude nach 1945: nur Oberflächen	13,00	**23,00**	51,00	0,1%
Wohngebäude nach 1945: mit Tragkonstruktion	52,00	**82,00**	135,00	1,3%
Fachwerkhäuser	70,00	**70,00**	70,00	0,3%
Gewerbegebäude	52,00	**65,00**	78,00	0,1%
Instandsetzungen				
Wohngebäude	22,00	**43,00**	65,00	0,3%
Nichtwohngebäude	126,00	**212,00**	511,00	5,9%
mit Restaurierungsarbeiten	88,00	**208,00**	430,00	4,8%

▷ von
ø Mittel
◁ bis

© **BKI** Baukosteninformationszentrum

Kosten: 2.Quartal 2018, Bundesdurchschnitt, **inkl. 19% MwSt.**

Erläuterung nebenstehender Tabelle

Alle Kostenkennwerte enthalten die Mehrwertsteuer. Kostenstand: 2.Quartal 2018.
Kosten und Kostenkennwerte umgerechnet auf den Bundesdurchschnitt.

Gebäudearten-bezogene Kostenkennwerte für die Kostengruppen der 3. Ebene DIN 276

①

Ordnungszahl und Bezeichnung der Kostengruppe nach DIN 276:2008-12. Einheit und Mengenbezeichnung der Bezugseinheit nach DIN 277-3:2005-04, auf die die Kostenkennwerte in der Spalte „€/Einheit" bezogen sind.

DIN 277-3:2005-04: Mengen und Bezugseinheiten

②

Bezeichnung der Gebäudearten, gegliedert nach der Bauwerksartensystematik der BKI-Baukostendatenbank.

③

Kostenkennwerte für die jeweilige Gebäudeart und die jeweilige Kostengruppe (Bauelement) mit Angabe von Mittelwert (Spalte: €/Einheit) und Streubereich (Spalten: von-/bis-Werte unter Berücksichtigung der Standardabweichung).
Bei Gebäudearten mit noch schmaler Datenbasis wird nur der Mittelwert angegeben. Insbesondere in diesen Fällen wird empfohlen, die Kosten projektbezogen über Ausführungsarten bzw. positionsweise zu ermitteln.

④

Durchschnittlicher Anteil der Kosten der jeweiligen Kostengruppe in Prozent der Kosten für Baukonstruktionen (Kostengruppe 300 nach DIN 276 = 100%) bzw. Technische Anlagen (Kostengruppe 400 nach DIN 276 = 100%).

325 Bodenbeläge

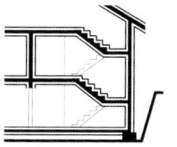

Kosten:
Stand 2.Quartal 2018
Bundesdurchschnitt
inkl. 19% MwSt.

▷ von
ø Mittel
◁ bis

KG.AK.AA - Abbrechen	▷	€/Einheit	◁	LB an AA
325.21.00 Estrich				
06 **Abbruch von Zementverbundestrich, d=5-10cm; Entsorgung, Deponiegebühren (10 Objekte)**	23,00	**25,00**	27,00	
Einheit: m² Abgebrochene Fläche				
084 Abbruch- und Rückbauarbeiten				100,0%
325.31.00 Fliesen und Platten				
05 **Abbruch von Plattenbelägen; Entsorgung, Deponiegebühren (6 Objekte)**	19,00	**25,00**	34,00	
Einheit: m² Abgebrochene Fläche				
084 Abbruch- und Rückbauarbeiten				100,0%
06 **Abbruch von Plattenbelägen, Mörtelbett, d=5-7cm; Entsorgung, Deponiegebühren (7 Objekte)**	13,00	**27,00**	47,00	
Einheit: m² Abgebrochene Fläche				
084 Abbruch- und Rückbauarbeiten				100,0%
325.41.00 Naturstein				
04 **Abbruch von Natursteinbelag, Unterbau; Entsorgung, Deponiegebühren (2 Objekte)**	39,00	**48,00**	57,00	
Einheit: m² Abgebrochene Fläche				
084 Abbruch- und Rückbauarbeiten				100,0%
325.51.00 Betonwerkstein				
04 **Abbruch von Betonwerksteinbelag, Terrazzobelag; Entsorgung, Deponiegebühren (4 Objekte)**	13,00	**17,00**	30,00	
Einheit: m² Belegte Fläche				
084 Abbruch- und Rückbauarbeiten				100,0%
325.61.00 Textil				
03 **Abbruch von Textilbelägen; Entsorgung, Deponiegebühren (5 Objekte)**	7,20	**9,60**	17,00	
Einheit: m² Abgebrochene Fläche				
084 Abbruch- und Rückbauarbeiten				100,0%
325.71.00 Holz				
07 **Abbruch von Holzdielen; Entsorgung, Deponiegebühren (4 Objekte)**	8,00	**12,00**	25,00	
Einheit: m² Abgebrochene Fläche				
084 Abbruch- und Rückbauarbeiten				100,0%
08 **Abbruch von Holzparkett; Entsorgung, Deponiegebühren (5 Objekte)**	13,00	**18,00**	29,00	
Einheit: m² Abgebrochene Fläche				
084 Abbruch- und Rückbauarbeiten				100,0%
325.81.00 Hartbeläge				
02 **Abbruch von PVC-Belag oder Linoleum; Entsorgung, Deponiegebühren (17 Objekte)**	5,00	**6,80**	10,00	
Einheit: m² Abgebrochene Fläche				
084 Abbruch- und Rückbauarbeiten				100,0%

© **BKI** Baukosteninformationszentrum

Kostenstand: 2.Quartal 2018, Bundesdurchschnitt, **inkl. 19% MwSt.**

Erläuterung nebenstehender Tabelle

Alle Kostenkennwerte enthalten die Mehrwertsteuer. Kostenstand: 2.Quartal 2018.
Kosten und Kostenkennwerte umgerechnet auf den Bundesdurchschnitt.

Ausführungsarten-bezogene Kostenkennwerte für die Kostengruppen der 3. Ebene DIN 276

(1)

Ordnungszahl und Bezeichnung der Kostengruppe nach DIN 276:2008-12.

(2)

Ordnungszahl (7-stellig) für Ausführungsarten (AA), darin bedeutet

KG	Kostengruppe 3. Ebene DIN 276 (Bauelement):	3-stellige Ordnungszahl
AK	Ausführungsklasse von Bauelementen (nach BKI):	2-stellige Ordnungszahl
AA	Ausführungsart von Bauelementen:	2-stellige BKI-Identnummer

(3)

Angaben zu Ausführungsklassen und Ausführungsarten in der Reihenfolge von oben nach unten

- Bezeichnung der Ausführungsklasse
- Beschreibung der Ausführungsart
- Einheit und Mengenbezeichnung der Bezugseinheit, auf die die Kostenkennwerte in der Spalte „€/Einheit" bezogen sind (je nach Ausführungsart ggf. unterschiedliche Bezugseinheiten!).
- Ordnungszahl und Bezeichnung der Leistungsbereiche (nach StLB), die im Regelfall bei der Ausführung der jeweiligen Ausführungsart beteiligt sind.

(4)

Kostenkennwerte für die jeweiligen Ausführungsarten mit Angabe von Mittelwert (Spalte: €/Einheit) und Streubereich (Spalten: von-/bis-Werte unter Berücksichtigung der Standardabweichung).

(5)

Anteil der Leistungsbereiche in Prozent der Kosten für die jeweilige Ausführungsart (Kosten AA = 100%) als Orientierungswert für die Überführung in eine vergabeorientierte Kostengliederung. Je nach Einzelfall und Vergabepraxis können ggf. auch andere Leistungsbereiche beteiligt sein und die Prozentanteile von den Orientierungswerten entsprechend abweichen.

Häufig gestellte Fragen

Fragen zur Flächenberechnung (DIN 277):

1. Wie wird die BGF berechnet?

Die Brutto-Grundfläche ist die Summe der Grundflächen aller Grundrissebenen. Nicht dazu gehören die Grundflächen von nicht nutzbaren Dachflächen (Kriechböden) und von konstruktiv bedingten Hohlräumen (z. B. über abgehängter Decke).
(DIN 277 : 2016-01)
Bei den Gebäudearten Dachausbau und Aufstockung nur bezogen auf die Grundrissebene des Dachs. Weitere Erläuterungen im BKI Bildkommentar DIN 276 / DIN 277 (Ausgabe 2016).

2. Gehört der Keller bzw. eine Tiefgarage mit zur BGF?

Ja, im Gegensatz zur Geschossfläche nach § 20 Baunutzungsverordnung (Bau NVo) gehört auch der Keller bzw. die Tiefgarage zur BGF.

3. Wie werden Luftgeschosse (z. B. Züblinhaus) nach DIN 277 berechnet?

Die Rauminhalte der Luftgeschosse zählen zum Regelfall der Raumumschließung (R) BRI (R). Die Grundflächen der untersten Ebene der Luftgeschosse und Stege, Treppen, Galerien etc. innerhalb der Luftgeschosse zählen zur Brutto-Grundfläche BGF (R). Vorsicht ist vor allem bei Kostenermittlungen mit Kostenkennwerten des Brutto-Rauminhalts geboten.

4. Welchen Flächen ist die Garage zuzurechnen?

Die Stellplatzflächen von Garagen werden zur Nutzungsfläche gezählt, die Fahrbahn ist Verkehrsfläche.

5. Wird die Diele oder ein Flur zur Nutzungsfläche gezählt?

Normalerweise nicht, da eine Diele oder ein Flur zur Verkehrsfläche gezählt wird. Wenn die Diele aber als Wohnraum genutzt werden kann, z. B. als Essplatz, wird sie zur Nutzungsfläche gezählt.

6. Zählt eine nicht umschlossene oder nicht überdeckte Terrasse einer Sporthalle, die als Eingang und Fluchtweg dient, zur Nutzungsfläche?

Die Terrasse ist nicht Bestandteil der Grundflächen des Bauwerks nach DIN 277. Sie bildet daher keine BGF und damit auch keine Nutzungsfläche. Die Funktion als Eingang oder Fluchtweg ändert daran nichts.

7. Zählt eine Außentreppe zum Keller zur BGF?	Wenn die Treppe allseitig umschlossen ist, z. B. mit einem Geländer, ist sie als Verkehrsfläche zu werten. Nach DIN 277 : 2016-01 gilt: Grundflächen und Rauminhalte sind nach ihrer Zugehörigkeit zu den folgenden Bereichen getrennt zu ermitteln: Regelfall der Raumumschließung (R): Räume und Grundflächen, die Nutzungen der Netto-Raumfläche entsprechend Tabelle 1 aufweisen und die bei allen Begrenzungsflächen des Raums (Boden, Decke, Wand) vollständig umschlossen sind. Dazu gehören nicht nur Innenräume, die von der Witterung geschützt sind, sondern auch solche allseitig umschlossenen Räume, die über Öffnungen mit dem Außenklima verbunden sind; Sonderfall der Raumumschließung (S): Räume und Grundflächen, die Nutzungen der Netto-Raumfläche entsprechend Tabelle 1 aufweisen und mit dem Bauwerk konstruktiv verbunden sind, jedoch nicht bei allen Begrenzungsflächen des Raums (Boden, Decke, Wand) vollständig umschlossen sind (z. B. Loggien, Balkone, Terrassen auf Flachdächern, unterbaute Innenhöfe, Eingangsbereiche, Außentreppen). Die Außentreppe stellt also demnach einen Sonderfall der Raumumschließung (S) dar. Wenn die Treppe allerdings über einen Tiefgarten ins UG führt, wird sie zu den Außenanlagen gezählt. Sie bildet dann keine BGF. Die Kosten für den Tiefgarten mit Treppe sind bei den Außenanlagen zu erfassen.
8. Ist eine Abstellkammer mit Heizung eine Technikfläche?	Es kommt auf die überwiegende Nutzung an. Wenn über 50% der Kammer zum Abstellen genutzt werden können, wird sie als Abstellraum gezählt. Es kann also Gebäude ohne Technikfläche geben.
9. Ist die NUF gleich der Wohnfläche?	Nein, die DIN 277 kennt den Begriff Wohnfläche nicht. Zur Nutzungsfläche gehören grundsätzlich keine Verkehrsflächen, während bei der Wohnfläche zumindest die Verkehrsflächen innerhalb der Wohnung hinzugerechnet werden. Die Abweichungen sind dadurch meistens nicht unerheblich.

Fragen zur Wohnflächenberechnung (WoFIV):

10. Wird ein Hobbyraum im Keller zur Wohnfläche gezählt?	Wenn der Hobbyraum nicht innerhalb der Wohnung liegt, wird er nicht zur Wohnfläche gezählt. Beim Einfamilienhaus gilt: Das ganze Haus stellt die Wohnung dar. Der Hobbyraum liegt also innerhalb der Wohnung und wird mitgezählt, wenn er die Qualitäten eines Aufenthaltsraums nach LBO aufweist.

11. Wird eine Diele oder ein Flur zur Wohnfläche gezählt?	Wenn die Diele oder der Flur in der Wohnung liegt ja, ansonsten nicht.
12. In welchem Umfang sind Balkone oder Terrassen bei der Wohnfläche zu rechnen?	Balkone und Terrassen werden von BKI zu einem Viertel zur Wohnfläche gerechnet. Die Anrechnung zur Hälfte wird nicht verwendet, da sie in der WoFlV als Ausnahme definiert ist.
13. Zählt eine Empore/Galerie im Zimmer als eigene Wohnfläche oder Nutzungsfläche?	Wenn es sich um ein unlösbar mit dem Baukörper verbundenes Bauteil handelt, zählt die Empore mit. Anders beim nachträglich eingebauten Hochbett, das zählt zum Mobiliar. Für die verbleibende Höhe über der Empore ist die 1 bis 2m Regel nach WoFlV anzuwenden: „Die Grundflächen von Räumen und Raumteilen mit einer lichten Höhe von mindestens zwei Metern sind vollständig, von Räumen und Raumteilen mit einer lichten Höhe von mindestens einem Meter und weniger als zwei Metern sind zur Hälfte anzurechnen."

Fragen zur Kostengruppenzuordnung (DIN 276):

14. Wo werden Abbruchkosten zugeordnet?	Abbruchkosten ganzer Gebäude im Sinne von „Bebaubarkeit des Grundstücks herstellen" werden der KG 212 Abbruchmaßnahmen zugeordnet. Abbruchkosten einzelner Bauteile, insbesondere bei Sanierungen werden den jeweilgen Kostengruppen der 2. oder 3. Ebene (Wände, Decken, Dächer) zugeordnet. Analog gilt dies auch für die Kostengruppen 400 und 500. Wo diese Aufteilung nicht möglich ist, werden die Abbruchkosten der KG 394 Abbruchmaßnahmen zugeordnet, weil z. B. die Abbruchkosten verschiedenster Bauteile pauschal abgerechnet wurden.
15. Wo muss ich die Kosten des Aushubs für Abwasser- oder Wasserleitungen zuordnen?	Diese Kosten werden nach dem Verursacherprinzip der jeweiligen Kostengruppe zugeordnet Aushub für Abwasserleitungen: KG 411 Aushub für Wasserleitungen: KG 412 Aushub für Brennstoffversorgung: KG 421 Aushub für Heizleitungen: KG 422 Aushub für Elektroleitungen: KG 444 etc., sofern der Aushub unterhalb des Gebäudes anfällt. Die Kosten des Aushubs für Abwasser- oder Wasserleitungen in den Außenanlagen gehören zu KG 540 ff, die Kosten des Aushubs für Abwasser- oder Wasserleitungen innerhalb der Erschließungsfläche in KG 220 ff oder KG 230 ff

16. Wie werden Eigenleistungen bewertet?

Nach DIN 276 : 2008-12, gilt:
3.3.6 Wiederverwendete Teile, Eigenleistungen
Der Wert von vorhandener Bausubstanz und wiederverwendeter Teile müssen bei den betreffenden Kostengruppen gesondert ausgewiesen werden.
3.3.7 Der Wert von Eigenleistungen ist bei den betreffenden Kostengruppen gesondert auszuweisen. Für Eigenleistungen sind die Personal- und Sachkosten einzusetzen, die für entsprechende Unternehmerleistungen entstehen würden.
Nach HOAI §4 (2) gilt: Als anrechenbare Kosten nach Absatz 2 gelten ortsübliche Preise, wenn der Auftraggeber:
- selbst Lieferungen oder Leistungen übernimmt
- von bauausführenden Unternehmern oder von Lieferanten sonst nicht übliche Vergünstigungen erhält
- Lieferungen oder Leistungen in Gegenrechnung ausführt oder
- vorhandene oder vorbeschaffte Baustoffe oder Bauteile einbauen lässt.

Fragen zu Kosteneinflussfaktoren:

17. Gibt es beim BKI Regionalfaktoren?

Der Anhang dieser Ausgabe enthält eine Liste der Regionalfaktoren aller deutschen Land- und Stadtkreise. Die Faktoren wurden auf Grundlage von Daten aus den statistischen Landesämtern gebildet, die wiederum aus den Angaben der Antragsteller von Bauanträgen entstammen. Die Regionalfaktoren werden von BKI zusätzlich als farbiges Poster im DIN A1 Format angeboten.
Die Faktoren geben Aufschluss darüber, inwiefern die Baukosten in einer bestimmten Region Deutschlands teurer oder günstiger liegen als im Bundesdurchschnitt. Sie können dazu verwendet werden, die BKI Baukosten an das besondere Baupreisniveau einer Region anzupassen.
Die Angaben wurden durch Untersuchungen des BKI weitgehend verifiziert. Dennoch können Abweichungen zu den angegebenen Werten entstehen. In Grenznähe zu einem Land-Stadtkreis mit anderen Baupreisfaktoren sollte dessen Baupreisniveau mit berücksichtigt werden, da die Übergänge zwischen den Land-Stadtkreisen fließend sind. Die Besonderheiten des Einzelfalls können ebenfalls zu Abweichungen führen.

18.	Welchen Einfluss hat die Konjunktur auf die Baukosten?	Der Einfluss der Konjunktur auf die Baukosten wird häufig überschätzt. Er ist meist geringer als der anderer Kosteneinflussfaktoren. BKI Untersuchungen haben ergeben, dass die Baukosten bei mittlerer Konjunktur manchmal höher sind als bei hoher Konjunktur.

Fragen zur Handhabung der von BKI herausgegebenen Bücher:

19.	Ist die MwSt. in den Kostenkennwerten enthalten?	Bei allen Kostenkennwerten in „BKI Baukosten" ist die gültige MwSt. enthalten (zum Zeitpunkt der Herausgabe 19%). In „BKI Baukosten Positionen Neubau, Statistische Kostenkennwerte" und „BKI Baukosten Positionen Altbau, Statistische Kostenkennwerte" werden die Kostenkennwerte, wie bei Positionspreisen üblich, zusätzlich ohne MwSt. dargestellt. Kostenstand und MwSt. wird auf jeder Seite als Fußzeile angegeben.
20.	Hat das Baujahr der Objekte einen Einfluss auf die angegebenen Kosten?	Nein, alle Kosten wurden über den Baupreisindex auf einen einheitlichen zum Zeitpunkt der Herausgabe aktuellen Kostenstand umgerechnet. Der Kostenstand wird auf jeder Seite als Fußzeile angegeben. Allenfalls sind Korrekturen zwischen dem Kostenstand zum Zeitpunkt der Herausgabe und dem aktuellen Kostenstand durchzuführen.
21.	Wo finde ich weitere Informationen zu den einzelnen Objekten einer Gebäudeart?	Alle Objekte einer Gebäudeart sind einzeln mit Kurzbeschreibung, Angabe der BGF und anderer wichtiger Kostenfaktoren aufgeführt. Die Objektdokumentationen sind veröffentlicht in den Fachbüchern „Objektdaten".
22.	Was mache ich, wenn ich keine passende Gebäudeart finde?	In aller Regel findet man verwandte Gebäudearten, deren Kostenkennwerte der 2. Ebene (Grobelemente) wegen ähnlicher Konstruktionsart übernommen werden können.

23.	Wo findet man Kostenkennwerte für Abbruch?	Im Fachbuch „BKI Baukosten Gebäude Altbau - Statistische Kostenkennwerte" gibt es Ausführungsarten zu Abbruch und Demontagearbeiten. Im Fachbuch „BKI Baukosten Positionen Altbau - Statistische Kostenkennwerte" gibt es Mustertexte für Teilleistungen zu „LB 384 - Abbruch und Rückbauarbeiten". Im Fachbuch „BKI Baupreise kompakt Altbau" gibt es Positionspreise und Kurztexte zu „LB 384 - Abbruch und Rückbauarbeiten". Die Mustertexte für Teilleistungen zu „LB 384 - Abbruch und Rückbauarbeiten" und deren Positionspreise sind auch auf der CD BKI Positionen und im BKI Kostenplaner enthalten.
24.	Warum ist die Summe der Kostenkennwerte in der Kostengruppen (KG) 310-390 nicht gleich dem Kostenkennwert der KG 300, aber bei der KG 400 ist eine Summenbildung möglich?	In den Kostengruppen 310-390 ändern sich die Einheiten (310 Baugrube gemessen in m^3, 320 Gründung gemessen in m^2); eine Addition der Kostenkennwerte ist nicht möglich. In den Kostengruppen 410-490 ist die Bezugsgröße immer BGF, dadurch ist eine Addition prinzipiell möglich.
25.	Manchmal stimmt die Summe der Kostenkennwerte der 2. Ebene der Kostengruppe 400 trotzdem nicht mit dem Kostenkennwert der 1. Ebene überein; warum nicht?	Die Anzahl der Objekte, die auf der 1. Ebene dokumentiert werden, kann von der Anzahl der Objekte der 2. Ebene abweichen. Dann weichen auch die Kostenkennwerte voneinander ab, da es sich um unterschiedliche Stichproben handelt. Es fallen auch nicht bei allen Objekten Kosten in jeder Kostengruppe an (Beispiel KG 461 Aufzugsanlagen).
26.	Baupreise im Ausland	BKI dokumentiert nur Objekte aus Deutschland. Anhand von Daten der Eurostat-Datenbank „New Cronos" lassen sich jedoch überschlägige Umrechnungen in die meisten Staaten des europäischen Auslandes vornehmen. Die Werte sind Bestandteil des Posters „BKI Regionalfaktoren 2018".
27.	Nutzungskosten, Lebenszykluskosten	Seit 2010 bringt BKI in Zusammenarbeit mit dem Institut für Bauökonomie der Universität Stuttgart ein Fachbuch mit Nutzungskosten ausgewählter Objekte heraus. Die Reihe wird kontinuierlich erweitert. Das Fachbuch Nutzungskosten Gebäude 2017/2018 fasst einzelne Objekte zu statistischen Auswertungen zusammen.
28.	Lohn und Materialkosten	BKI dokumentiert Baukosten nicht getrennt nach Lohn- und Materialanteil.

29. Gibt es Angaben zu Kostenflächenarten?	Nein, BKI hält die Grobelementmethode für geeigneter. Solange Grobelementmengen nicht vorliegen, besteht die Möglichkeit der Ableitung der Grobelementmengen aus den Verhältniszahlen von Vergleichsobjekten (siehe Planungskennwerte und Baukostensimulation).

Fragen zu weiteren BKI Produkten:

30. Sind die Inhalte von „BKI Baukosten Gebäude (Teil 1), Statistische Kostenkennwerte" und „BKI Baukosten Bauelemente (Teil 2), Statistische Kostenkennwerte" auch im Kostenplaner enthalten?	Ja, im Kostenplaner Basisversion sind alle Objekte mit den Kosten bis zur 2. Ebene nach DIN 276 enthalten. Im Kostenplaner Komplettversion sind ebenfalls die Kosten der 3. Ebene nach DIN 276 und die vom BKI gebildeten Ausführungsklassen und Ausführungsarten enthalten. Darüber hinaus ermöglicht der BKI Kostenplaner den Zugriff auf alle Einzeldokumentationen von über 3.000 Objekten.
31. Worin unterscheiden sich die Fachbuchreihen „BKI Baukosten" und „BKI Objektdaten"	In der Fachbuchreihe BKI Objektdaten erscheinen abgerechnete Einzelobjekte eines bestimmten Teilbereichs des Bauens (A=Altbau, N=Neubau, E=energieeffizientes Bauen, IR=Innenräume, F=Freianlagen). In der Fachbuchreihe BKI Baukosten erscheinen hingegen statistische Kostenkennwerte von Gebäudearten, die aus den Einzelobjekten gebildet werden. Die Kostenplanung mit Einzelobjekten oder mit statistischen Kostenkennwerten haben spezifische Vor- und Nachteile: Planung mit Objektdaten (BKI Objektdaten): • Vorteil: Wenn es gelingt ein vergleichbares Einzelobjekt oder passende Bauausführungen zu finden ist die Genauigkeit besser als mit statistischen Kostenkennwerten. Die Unsicherheit, die der Streubereich (von-bis-Werte) mit sich bringt, entfällt. • Nachteil: Passende Vergleichsobjekte oder Bauausführungen zu finden kann mühsam oder erfolglos sein. Planung mit statistischen Kostenkennwerten (BKI Baukosten): • Vorteil: Über die BKI Gebäudearten ist man recht schnell am Ziel, aufwändiges Suchen entfällt. • Nachteil: Genauere Prüfung, ob die Mittelwerte übernommen werden können oder noch nach oben oder unten angepasst werden müssen, ist unerlässlich.

32. In welchen Produkten dokumentiert BKI Positionspreise?	Positionspreise mit statistischer Auswertung und Einzelbeispielen werden in „BKI Baukosten Positionen, Statistische Kostenkennwerte Neu- und Altbau" und „BKI Baupreise kompakt Neu- und Altbau" herausgegeben. Ausgewählte Positionspreise zu bestimmten Details enthalten die Fachbücher „Konstruktionsdetails mit Baupreisen K1, K2, K3 und K4". Außerdem gibt es Positionspreise in EDV-Form im „Modul Baupreise, Positionen mit AVA-Schnittstelle" für den Kostenplaner und die Software „BKI Positionen". Im Sonderband Objektdaten S2 - Barrierefreies Bauen erscheint eine Auswahl von besonderen Positionen zum barrierefreien Bauen.
33. Worin unterscheiden sich die Bände A1 bis A10 (N1 bis N16)	Die Bücher unterscheiden sich lediglich durch die Auswahl der dokumentierten Einzelobjekte. Der Aufbau der Bände ist gleich. In der BKI Fachbuchreihe Objektdaten erscheinen in unregelmäßigen Abständen Folgebände mit neu dokumentierten Einzelobjekten. Speziell bei den Altbaubänden A1 bis A10 ist es nützlich, alle Bände zu besitzen, da es im Bereich Altbau notwendig ist, mit passenden Vergleichsobjekten zu planen. Je mehr Vergleichsobjekte vorhanden sind, desto höher ist die „Trefferquote". Bände der Fachbuchreihe Objektdaten sollten deshalb langfristig aufbewahrt werden.

Diese Liste wird laufend erweitert und im Internet unter www.bki.de/faq-kostenplanung.html veröffentlicht.

Bauen im Bestand – Regelwerke, Begriffe, Verfahren und Beispiele

von Univ.-Prof. Dr.-Ing. Wolfdietrich Kalusche und Sebastian Herke M.Sc.

Bauen im Bestand – Regelwerke, Begriffe, Verfahren und Beispiele

von Univ.-Prof. Dr.-Ing. Wolfdietrich Kalusche und Sebastian Herke, BTU Cottbus-Senftenberg
7. Fassung, Juli 2018

Das Fachbuch „BKI Baukosten Gebäude, Statistische Kostenkennwerte Altbau" und die Reihe BKI Objektdaten Altbau A1 bis A10 enthalten Kostenkennwerte, Erläuterungen und Abbildungen zu den Maßnahmen im Bestand. Die vorhandenen Daten wurden auf Objektebene der jeweiligen hauptsächlichen Maßnahme, also Erweiterung, Umbau, Modernisierung oder Instandsetzung zugeordnet. Das schließt nicht aus, dass im Einzelnen auch andere Maßnahmen durchgeführt wurden.

Die Kostenkennwerte und die nach Kostengruppen zusammengefassten Teilleistungen (Positionen) werden weiter unterschieden in:

– Herstellen; das sind Teilleistungen, die sowohl bei Umbauten, Erweiterungen als auch Modernisierungen vorkommen.
– Wiederherstellen; hierbei handelt es sich überwiegend um Instandsetzungen, teilweise auch um Verbesserung.
– Abbrechen; enthält nicht nur den Abbruch, sondern auch die Beseitigung von Bauteilen.

Für die Kostenplanung von Maßnahmen im Bestand ist diese Unterscheidung ausreichend. Wenn der Architekt zusätzlich die Baunebenkosten ermittelt, kann der Bauherr die Höhe der Investition gut einschätzen. [1]

Für weitergehende Fragestellungen im Zusammenhang mit der Finanzierung, insbesondere für die Beantragung von Zuschüssen bei Modernisierungen oder zur Ermittlung der zulässigen Modernisierungsumlage im Mietwohnungsbau ist es bei der Abrechnung von Bauleistungen erforderlich, nach weiteren Gesichtspunkten zu differenzieren. Das Augenmerk liegt hierbei auf der Abgrenzung von Maßnahmen der Modernisierung und Instandsetzung.

Denn anders als bei Instandsetzungen kann der Eigentümer für Modernisierungsarbeiten Zuschüsse beantragen oder es kann nach dem geltenden Mietrecht eine Modernisierungsumlage erfolgen. Die möglichen Zuschüsse beim Bauen im Bestand sind bei jeder Maßnahme erneut zu prüfen. Es kann abschließend keine Auflistung erfolgen, da die gesetzlichen Bestimmungen von Jahr zu Jahr variieren. Instandsetzungen hingegen sind vom Eigentümer im Rahmen der Verpflichtungen eines Mietvertrags nach BGB (Bürgerliches Gesetzbuch) selbst zu tragen. Daher kommt es bei den Maßnahmen im Bestand nicht nur auf die sorgfältige Planung und Überwachung der Maßnahmen, sondern im Hinblick auf die Finanzierung auch auf die genaue und nachvollziehbare Abrechnung an. Grundlage hierfür sind die Abrechnungsdaten auf Positionsebene und Eigenberechnungen.

331 Tragende Außenwände

Kosten:
Stand 2.Quartal 2018
Bundesdurchschnitt
inkl. 19% MwSt.

KG.AK.AA - Herstellen	▷	€/Einheit	◁	LB an AA
331.14.00 Mauerwerkswand, Kalksandsteine				
06 Öffnungen in KS-Außenmauerwerk herstellen, d=38-64cm (2 Objekte)	52,00	**53,00**	55,00	
Einheit: m² Wandfläche				
012 Mauerarbeiten				100,0%
07 Öffnungen mit KS-Mauerwerk schließen, d=30-51cm (2 Objekte)	310,00	**330,00**	340,00	
Einheit: m² Wandfläche				
012 Mauerarbeiten				100,0%
09 KS-Leichtmauerwerk, d=24-30cm, Leichtmörtel LM 21 (2 Objekte)	100,00	**120,00**	130,00	
Einheit: m² Wandfläche				
012 Mauerarbeiten				100,0%
10 KS-Mauerwerk, d=24cm, min. Abstand zum vorhandenen Mauerwerk 3cm, Ringbalken, Ankerschienen, l=40-180cm (4 Objekte)	100,00	**110,00**	130,00	
Einheit: m² Wandfläche				
012 Mauerarbeiten				86,0%
013 Betonarbeiten				14,0%

Abb. 1a: BKI-Kennwerte für Herstellen – Beispiele

344 Innentüren und -fenster

Kosten:
Stand 2.Quartal 2018
Bundesdurchschnitt
inkl. 19% MwSt.

KG.AK.AA - Wiederherstellen	▷	€/Einheit	◁	LB an AA
344.12.00 Türen, Holz				
01 Demontieren von Vollholztüren, komplett mit Blendrahmen ausbauen, zur Aufarbeitung abtransportieren, Anschläge säubern; Aufarbeitung, Beschichtung entfernen, Fehlstellen ergänzen, spachteln, Holzprofile und Fitschenbänder instandsetzen, neue Schlösser einbauen, Wiedereinbau (3 Objekte)	310,00	**450,00**	660,00	
Einheit: m² Türfläche				
012 Mauerarbeiten				7,0%
027 Tischlerarbeiten				93,0%
82 Beidseitige Erneuerungsbeschichtung, notwendige Vorarbeiten (2 Objekte)	51,00	**63,00**	75,00	
Einheit: m² Türfläche				
034 Maler- und Lackierarbeiten - Beschichtungen				100,0%
83 Beidseitige Erneuerungsbeschichtung, notwendige Vorarbeiten, gangbar machen, Beschläge erneuern (4 Objekte)	160,00	**200,00**	280,00	
Einheit: m² Türfläche				
027 Tischlerarbeiten				51,0%

Abb. 1b: BKI-Kennwerte für Wiederherstellen – Beispiele

363 Dachbeläge

Kosten:
Stand 2.Quartal 2018
Bundesdurchschnitt
inkl. 19% MwSt.

KG.AK.AA - Abbrechen	▷	€/Einheit	◁	LB an AA
363.47.00 Schindeln, Schiefer				
01 Abbruch von Schieferdeckungen, Vordeckung, Pappe; Entsorgung, Deponiegebühren (2 Objekte)	10,00	**16,00**	22,00	
Einheit: m² Abgebrochene Fläche				
084 Abbruch- und Rückbauarbeiten				100,0%
363.57.00 Zink				
02 Abbruch von Zinkeindeckung; Entsorgung, Deponiegebühren (3 Objekte)	12,00	**19,00**	33,00	
Einheit: m² Abgebrochene Fläche				
084 Abbruch- und Rückbauarbeiten				100,0%
363.63.00 Wellabdeckungen, Faserzement				
01 Abbruch von Wellasbestplatten, Unterkonstruktion; Entsorgung, Deponiegebühren (2 Objekte)	20,00	**21,00**	21,00	
Einheit: m² Abgebrochene Fläche				
084 Abbruch- und Rückbauarbeiten				100,0%

Abb. 1c: BKI-Kennwerte für Abbrechen – Beispiele

Der Immobilienbestand in der Bundesrepublik Deutschland wird durch Altbauten geprägt. 80 Prozent des Wohnungsbestandes wurde vor 1990 errichtet. 50 Prozent des Wohnungsbestandes entstand in den Nachkriegsjahrzehnten zwischen 1949 bis 1978 und ist somit zum größten Teil vor Inkrafttreten der ersten Wärmeschutzverordnung gebaut worden. [2] Über zwei Drittel der Bautätigkeit im Hochbau werden bereits seit mehreren Jahren im Bestand durchgeführt. Maßnahmen im Bestand sind danach zu unterscheiden, ob sie der Erhaltung oder der Veränderung eines Objekts dienen. Zu einer Veränderung zählen Umbauten, Erweiterungen und Modernisierungen mit wesentlichen Eingriffen in die Bausubstanz. Zur Erhaltung eines Bauwerks sind die Instandhaltung mit Wartung (Verzögerung des Abnutzungsvorrats und regelmäßige Pflege), Inspektion (Feststellung des Ist-Zustands), Instandsetzung (Wiederherstellung eines Soll-Zustands) und Verbesserung (Anpassung eines Ist-Zustands an erhöhte Anforderungen) erforderlich.

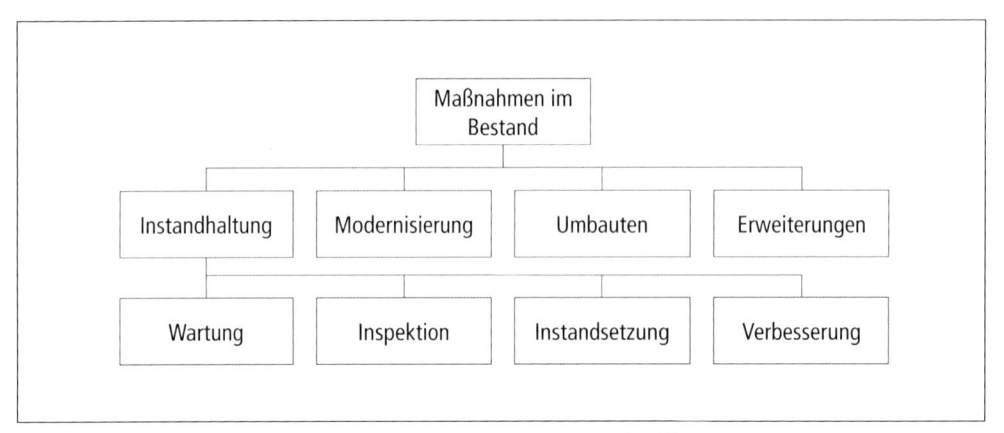

Abb. 2: Maßnahmen im Bestand zur Erhaltung und Veränderung eines Gebäudes [3]

Die in der Abbildung genannten Maßnahmen werden in der Verordnung über die Honorare für Architekten- und Ingenieurleistungen (HOAI 2013), in der DIN 31051:2012-09, Grundlagen der Instandhaltung, und in den Modernisierungsrichtlinien der Länder definiert. Ihre möglichst genaue Unterscheidung ist nicht nur für die Kennwertbildung, sondern auch für die Objektplanung mit der Kostenplanung, für den Architektenvertrag und die Vergütung der Planungsleistungen sowie für die Finanzierung der Maßnahmen von Bedeutung. Das Bauen im Bestand wird nach den geltenden Regelwerken definiert und mit einem Beispiel erläutert.
Die einzelnen Maßnahmen spiegeln sich im Lebenszyklus eines Objekts in Projekten wider.
Der Begriff des Lebenszyklus wurde in der DIN 31051:2012-09 neu aufgenommen und bezeichnet die „Anzahl von Phasen, die eine Einheit durchläuft, beginnend mit der Konzeption und endend mit der Entsorgung". Der Lebenszyklus eines Objekts kann neben den verschiedenen Projekten aus einer oder mehreren Phasen der Nutzung bestehen, die teilweise durch vorübergehenden Leerstand unterbrochen werden. [4]

Neubau (Projekt)	DIN 276-1:2008-12
Leerstand vor der Nutzung	DIN 18960:2008-02
Nutzung	DIN 18960:2008-02
Modernisierung/Verbesserung (Projekt)	DIN 276-1:2008-12
Nutzung	DIN 18960:2008-02
Umbau, Erweiterung (Projekt)	DIN 276-1:2008-12
Nutzung	DIN 18960:2008-02
Leerstand bis Abbruch	DIN 18960:2008-02
Abbruch und Beseitigung (Projekt)	DIN 276-1:2008-12

Abb. 3: Lebenszyklus eines Gebäudes und die Grundlagen der Kostenermittlung [5]

Instandhaltung

Eine Instandhaltung umfasst die „Kombination aller technischen und administrativen Maßnahmen sowie Maßnahmen des Managements während des Lebenszyklus einer Betrachtungseinheit zur Erhaltung des funktionsfähigen Zustandes oder der Rückführung in diesen, so dass sie die geforderte Funktion erfüllen kann." [6]

Sie schließt ein:
– die Berücksichtigung der inner- und außerbetrieblichen Forderungen,
– die Abstimmung der Instandhaltungsziele mit den Unternehmenszielen,
– die Berücksichtigung entsprechender Instandhaltungsstrategien.

Zum besseren Verständnis wird der sehr allgemein gehaltene, teilweise sogar schwer verständliche Normtext durch beispielhafte Maßnahmen am Bauteil Holz-Kastenfenster veranschaulicht. Holz-Kastenfenster sind eine der bewährtesten Fensterkonstruktionen, da sie durch hohe Gebrauchs- und Funktionseigenschaften überzeugen und viele Vorteile für den Nutzer bieten. Der Bestand verbauter Holz-Kastenfenster in Deutschland liegt nach Aussage des Verbandes der Fenster- und Fassadenhersteller e.V. bei etwa 50 Millionen Stück. Beim Eingriff in den Bestand und im Fall denkmalrechtlicher Vorgaben bei einem Austausch von Fenstern sind Instandhaltungsmaßnahmen an Holz-Kastenfenstern allerdings sehr aufwendig. [7]

Wartung

„Maßnahmen zur Verzögerung des Abbaus des vorhandenen Abnutzungsvorrats", so lautet der Normtext der DIN 31051:2012-09, in Form der Wartung sind unbedingt erforderlich.
Zur Wartung eines Holz-Kastenfensters gehören beispielsweise:
– Reinigen des Fensters (Reinigen der Glas- und der farbbeschichteten Oberfläche, Entfernen von Verschmutzungen an den Dichtstoffen),
– Herstellen der Gangbarkeit (schleifende, klemmende Stellen des Flügelrahmens),
– Herstellen der Schließbarkeit (Funktion der Verriegelungselemente in eine wirksame Verriegelungsposition),
– Erneuern der Glasfalz (Entfernen der Kittreste, Herstellen der Glasfalz),
– Nachverkleben defekter Eckverbindungen,
– Erneuern von Fensterecken,
– Verschließen offener Brüstungsfugen und von Rissen. [8]

Inspektion

Das sind nach DIN 31051:2012-09 „Maßnahmen zur Feststellung und Beurteilung des Ist-Zustandes einer Einheit einschließlich der Bestimmung der Ursachen der Abnutzung und dem Ableiten der notwendigen Konsequenzen für eine künftige Nutzung".
Das kann an einem Holz-Kastenfenster sein:
– Überprüfen (optisch) der Oberflächen auf Risse und Spannungen im Holz, insbesondere im Randbereich und an den An- und Abschlüssen,
– Überprüfen der mechanischen Festigkeit von Profilen,
– Überprüfen der Funktionsfähigkeit der mechanischen Elemente wie Scharniere und Beschläge. [9]

Inspektion und Wartung werden oft in einem Arbeitsgang durchgeführt.

Instandsetzung

Gemäß DIN 31051:2012-09 ist das eine „physische Maßnahme, die ausgeführt wird, um die Funktion einer fehlerhaften Einheit wiederherzustellen". Dabei wird der zum bestimmungsgemäßen Gebrauch geeignete Zustand wiederhergestellt.

Bei der Instandsetzung eines Holz-Kastenfensters geht es um eine vollständige Überarbeitung (Runderneuerung) des gesamten Bauteils. Schadhafte Elemente, wie Falzprofilierungen und Beschläge, werden durch solche aus gleichem Material und mit gleichen Querschnitten ersetzt. Hinzu kommt das Entlacken und Neubeschichten aller wetterseitigen Elemente. Dies ist im Allgemeinen nach 7 Jahren zu empfehlen.

Zur Instandsetzung zählen alle Maßnahmen, die zur Erhaltung oder Wiederherstellung der Flügel- bzw. Blendrahmenfunktion erforderlich sind. Dabei wird hauptsächlich eine tischlermäßige Überarbeitung des Fensters vorgenommen:
– Erneuern der Falzprofilierung am Unterstück (Stufenfalz),
– Erneuern defekter oder unzureichend dimensionierter Wassernasen,
– Erneuern von stark geschädigten Rahmenteilen,
– Schleifen und Kantenrunden,
– Überarbeiten der Beschläge,
– Entlacken und Neubeschichten der Holzteile,
– Entglasen und Neuverglasen. [10]

Verbesserung

Das ist die „Kombination aller technischen und administrativen Maßnahmen sowie Maßnahmen des Managements zur Steigerung der Zuverlässigkeit und/oder Instandhaltbarkeit und/oder Sicherheit einer Einheit, ohne ihre ursprüngliche Funktion zu ändern", so der Wortlaut der Norm DIN 31051:2012-09.

Es empfiehlt sich bei der Definition der Verbesserung auch die gesteigerte Funktionsfähigkeit einzubeziehen, wenn also nach der durchgeführten Maßnahme die Funktionsfähigkeit über dem ursprünglichen Niveau liegt. Das ist dann der Fall, wenn beispielsweise ein Bauteil nicht nur in den funktionsfähigen Zustand zurückgeführt wird, sondern den aktuellen Anforderungen, den allgemein anerkannten Regeln der Technik, angepasst wird.

Wenn die Bauteile eines Holz-Kastenfensters erhebliche Schäden aufweisen und eine Instandsetzung (Runderneuerung) erforderlich wird, ist es ratsam, zusätzliche Maßnahmen zur Verbesserung der Fenstereigenschaften durchzuführen. Dazu gehört die Erhöhung der Dichtigkeit (Luftdurchlässigkeit, Tauwasserbildung und Dampfdruckausgleich) sowie des Wärme- und Schallschutzes. Das erfolgt am besten durch den nachträglichen Einbau von Lüftungsöffnungen nach Anforderungen des Wärmeschutzes oder das Anbringen eines Sichtschutzes oder spezieller Folien für den sommerlichen Wärmeschutz. Bei einer Verbesserung nach der Energieeinsparverordnung (EnEV 2014) wird ein U_W-Wert von < 1,3 W/(m^{2}K) gefordert. [11,12]

Zur administrativen Verbesserung der Funktionssicherheit zählt z. B. die Vereinbarung einer regelmäßigen Wartung und Inspektion oder vorhandener Wartungszyklen in kürzeren Zeitabständen.

Wird eine Runderneuerung in Folge einer Kosten-Nutzen-Analyse als nicht vorteilhaft angesehen, kann eine vollständige Erneuerung und damit der Austausch des Holz-Kastenfensters in Betracht gezogen werden. Dabei wird, um denkmalrechtlichen Aspekten gerecht zu werden, in der Praxis häufig ein optisch ähnliches Fenster aus anderen Baumaterialien (Kunststoff oder Aluminium) eingebaut. Ein solches Fenster hat verbesserte Dämm- und Schalleigenschaften. Somit stellt diese Maßnahme in Abgrenzung zur Instandhaltung eine Modernisierung dar. Die Verfasser dieses Beitrages befürworten allerdings in solchen Fällen einen Materialwechsel aus gestalterischen Gründen eher nicht.

Modernisierung

Der Begriff der Modernisierung wird ganz wesentlich durch seine Anwendung im deutschen Miet- und Förderrecht geprägt.

Als Modernisierungen gelten bauliche Maßnahmen:
– die Endenergie nachhaltig einsparen,
– die nicht erneuerbare Primärenergie nachhaltig einsparen oder das Klima nachhaltig schützen,
– die den Wasserverbrauch nachhaltig reduzieren,
– die den Gebrauchswert der Mietsache bzw. des Wohnraums oder des Wohngebäudes nachhaltig erhöhen,
– die allgemeinen Wohnverhältnisse auf Dauer verbessern,
– die keine Erhaltungsmaßnahmen sind oder
– die neuen Wohnraum schaffen. [13,14,15]

Es liegt z. B. eine Modernisierung vor, wenn der Wärme-, Schall- oder Brandschutz erhöht wird. Zu den Modernisierungen können aber auch die Steigerungen der Wohnqualität durch bessere Raumausnutzung, Belichtung und Belüftung zählen sowie bauliche Maßnahmen zur Verbesserung der Verkehrswege, wie Aufzüge und Ausstattungen für Behinderte oder ältere Menschen. Die nachhaltige Erhöhung des Gebrauchswertes bezieht sich dabei nicht nur auf Wohngebäude, sondern zum Beispiel auch auf Grünanlagen oder raumbildende Ausbauten.

Art und Umfang einer Modernisierung können sehr unterschiedlich sein. Deshalb ist vorab und im Hinblick auf die Nutzung zu klären, welchen Anforderungen das modernisierte Objekt genügen soll und welche rechtlichen, wirtschaftlichen und organisatorischen Bedingungen zu beachten sind. Vor allem unter dem Gesichtspunkt der finanziellen Förderung sind die Maßnahmen von Bedeutung, welche in den Programmen und Richtlinien zur Förderung der Modernisierung und Instandsetzung der einzelnen Bundesländer beschrieben werden.

Als Maßnahmen zur Erhöhung des Gebrauchswertes von Wohnraum und Verbesserung der Wohnverhältnisse sind beispielsweise im Einzelnen förderfähig:
– Maßnahmen der Verbesserung des Zuschnitts, des Zugangs zu Wohnungen und Wohngebäuden sowie der Beweglichkeit in Wohnungen (Barrierefreies Bauen), der natürlichen Belichtung und Belüftung und des Schallschutzes, der Energie- und Wasserversorgung sowie Entwässerung, der sanitären Einrichtungen.

Und:
– Maßnahmen zur Herstellung der Barrierefreiheit von Wohnungen nach DIN 18040-2:2011-09, Barrierefreies Bauen - Planungsgrundlagen - Teil 2: Wohnungen, einschließlich der barrierefreien Zugänglichkeit zur Wohnung und zum Wohngebäude, [...].

Zu den Maßnahmen, die der Einsparung von Energie und Wasser dienen, zählen:
– bauliche Maßnahmen zum Wärmeschutz oder zur Einsparung von Heizenergie, zum Beispiel die nachträgliche Wärmedämmung von Außenwänden, Kellerdecken oder Dächern, die Erneuerung von Fenstern, die Erneuerung der Heizungstechnik auf Basis fossiler Brennstoffe (Brennwertkessel, Klein-Blockheizkraftwerke), Maßnahmen zur Nutzung erneuerbarer Energien, [...]. [16,17]

Maßnahmen, die der Verbesserung dienen, können den Maßnahmen der Modernisierung zugeordnet werden, wenn Sie entsprechend den Modernisierungsrichtlinien der Länder als Modernisierungsmaßnahmen eingestuft werden.

Umbauten und Erweiterungen

Umbauten sind Umgestaltungen eines vorhandenen Objekts mit wesentlichen Eingriffen in Konstruktion oder Bestand. Bei einem Umbau handelt es sich somit um einen teilweisen Neubau nach einem teilweisen Abbruch von Baukonstruktionen und Technischen Anlagen. Erweiterungen können als Ergänzung eines vorhandenen Bauwerkes durch Aufstockung oder Anbau erfolgen. [18]

Im Rahmen des hier behandelten Themas ist eine Abgrenzung der Begriffe Instandhaltung, Modernisierung und Umbau erforderlich. Modernisierung und Umbau gehören insoweit zusammen, als sie gemäß § 36 der HOAI 2013 zu den Leistungen im Bestand zählen. So sind Umbauten und Erweiterungen zu den Modernisierungsmaßnahmen zu zählen, wenn z. B. Umbaumaßnahmen zur Schaffung von Barrierefreiheit durchgeführt werden. [19]

Abbruch und Beseitigung

Gebäude oder Teile davon werden abgebrochen, wenn sie nicht mehr den Anforderungen entsprechen oder einer anderen Nutzung, z. B. einer Straßenverbreiterung, im Wege sind. Abbruch ist die „planvolle Teilung eines vorherigen Ganzen in zwei oder mehrere Teile, bei Anwendung geeigneter Verfahren zum ganzen oder partiellen Zerlegen von baulichen oder technischen Anlagen". [20] Der Abbruch und die Beseitigung von Bauteilen fallen auch im Zusammenhang mit Instandsetzungen und Modernisierungen an. Sie sind meist zeitaufwendig und kostenintensiv. Die VDI-Richtlinie 6210:2016-02 unterscheidet dabei in Demontage und Entkernung. So findet häufig die Demontage, ein sogenannter zerstörungsarmer Abbruch von Anlagen, durch „Lösen der Verbindungen und/oder Herstellen von Trennschlitzen und Abheben der Bauteile [...] mit dem Ziel der Wieder- oder Weiterverwendung der ausgebauten Bauteile", statt. Die Entkernung hingegen bezeichnet den „Abbruch von Bauteilen [...] eines Gebäudes bis auf den Rohbauzustand." Die Entkernung dient einer umfangreichen Vorbereitung der Modernisierung von Objekten.

Architektenvertrag und Vergütung beim Bauen im Bestand

In der Praxis werden Instandsetzungen, Verbesserungen und Modernisierungen an einem Objekt oft gleichzeitig durchgeführt. Für die ausführenden Firmen ist die Unterscheidung dieser Leistungen insoweit interessant, als sie nicht wie Neubauleistungen kalkuliert werden können. Für den Architekten geht es einerseits darum, den eigenen Aufwand für Planung und Überwachung richtig einzuschätzen und anderseits darum, die Leistungen im Architektenvertrag richtig zuzuordnen und mit dem Auftraggeber die angemessene Vergütung zu regeln.

Dabei ist zu beachten, dass im Unterschied zur HOAI 2009 in der seit Juli 2013 gültigen Verordnung über die Honorare für Architekten- und Ingenieurleistungen (HOAI 2013) die baulichen Maßnahmen im Bestand in vier Paragraphen zusammengefasst werden:

– § 2 Begriffsbestimmungen, es werden unter anderem die Begriffe Umbauten, Modernisierungen, Instandsetzungen und Instandhaltung erklärt und gegenüber anderen Maßnahmen abgegrenzt.
  – Abs. 5 „Umbauten" sind Umgestaltungen eines vorhandenen Objekts mit Eingriffen in Konstruktion oder Bestand.
  – Abs. 6 „Modernisierungen" sind bauliche Maßnahmen zur nachhaltigen Erhöhung des Gebrauchswertes eines Objekts, soweit sie nicht als Erweiterungsbauten, Umbauten oder Instandsetzungen anzusehen sind.
  – Abs. 8 „Instandsetzungen" sind Maßnahmen zur Wiederherstellung des zum bestimmungsgemäßen Gebrauch geeigneten Zustandes (Soll-Zustands) eines Objekts, soweit sie nicht zu Wiederaufbauten zählen.
  – Abs. 9 „Instandhaltungen" sind Maßnahmen zur Erhaltung des Soll-Zustandes eines Objekts.

– § 4 Abs. 3, die „mitzuverarbeitende Bausubstanz" (mvB) wurde wieder in die HOAI 2013 aufgenommen. Der Begriff existierte als „vorhandene Bausubstanz" schon in der HOAI 1996 und wurde mit der Novellierung der HOAI 2009 gestrichen.

– § 12 Instandsetzungen und Instandhaltungen, entspricht dem § 36 der HOAI 2009, wobei die Möglichkeit der Erhöhung des Honorars für die Leistungsphase 8 Objektüberwachung - Bauüberwachung und Dokumentation um bis zu 50 Prozent erhalten geblieben ist.

– § 36 Umbauten und Modernisierungen von Gebäuden und Innenräumen, entspricht dem § 35 Leistungen im Bestand nach HOAI 2009. Die Maßnahmen im Bestand werden konkret als Umbau und Modernisierung benannt. Der Begriff „Leistungen im Bestand" ist entfallen. Der Umbauzuschlag, der bisher 20 bis 80 Prozent betragen konnte, ist auf bis zu 33 Prozent bei Maßnahmen an Gebäuden festgelegt. Bei Maßnahmen im Innenausbau ist der Umbauzuschlag auf bis zu 50 Prozent festgelegt. Eine Festlegung zum Mindestsatz gibt es nicht. Sollte jedoch bei Vertragsgestaltung keine schriftliche Vereinbarung zum Umbauzuschlag erfolgen, gilt in diesem Fall ein Zuschlag von 20 Prozent als vereinbart.

Die genannten Änderungen sind der Anwendung in der Praxis geschuldet, in der Umbauzuschläge nach HOAI 2009 von bis zu 80 Prozent selten gewährt wurden. Dem Mehraufwand in der Objektplanung konnte somit nicht genügend Rechnung getragen werden. Die Erhöhung der Honorare beim Bauen im Bestand ergibt sich auch durch die Anpassungen der Mindest- und Höchstsätze der Honorartafeln.

```
                            ┌─────────────┐
                            │   § 2 HOAI  │
                            └──────┬──────┘
         ┌───────────────┬─────────┴─────────┬───────────────┐
   Modernisierung      Umbau         Instandhaltung   Instandsetzung
   (§ 2 Abs. 5)     (§ 2 Abs. 6)      (§ 2 Abs. 8)    (§ 2 Abs. 9)
            § 6 Abs. 2                       § 12 Abs. 1
```

- anrechenbare Kosten (nach § 4 Abs. 1)   anrechenbare Kosten (nach § 4 Abs. 1)
- mitzuverarbeitende Bausubstanz (mvB) (nach § 4 Abs. 3)
- Honorarzone¹ (nach § 5 Abs. 1)   Honorarzone (nach § 5 Abs. 1)
- Leistungsphase (nach § 34 Abs. 3)   Leistungsphase (nach § 34 Abs. 3)
- Honorartafeln² (nach § 35 Abs. 1)   Honorartafeln² (nach § 35 Abs. 1)

Gebäude | Innenausbau   LPH 1–7 | LPH 8 - Objektüberw. Bauüberw. u. Doku. | LPH 9

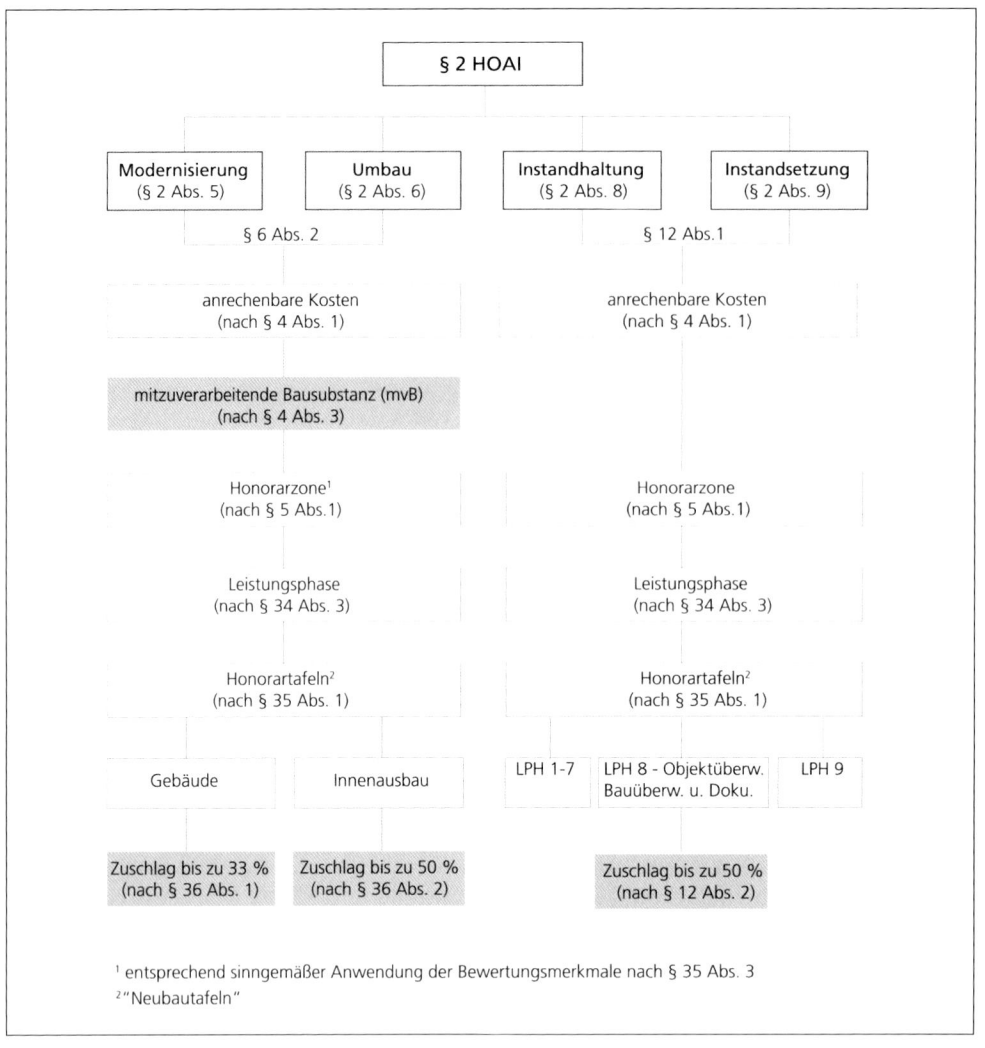

Zuschlag bis zu 33 % (nach § 36 Abs. 1) | Zuschlag bis zu 50 % (nach § 36 Abs. 2)   Zuschlag bis zu 50 % (nach § 12 Abs. 2)

¹ entsprechend sinngemäßer Anwendung der Bewertungsmerkmale nach § 35 Abs. 3
² "Neubautafeln"

Abb. 4: Anwendung der HOAI 2013 beim Bauen im Bestand [21]

Die HOAI 2013 sieht zwei Möglichkeiten vor, die Honorare für das Bauen im Bestand anzupassen:
– die mitzuverarbeitende Bausubstanz (mvB) und
– den Umbauzuschlag.

Die vertragliche Vereinbarung des Umbauzuschlags ist dabei abhängig vom Verhandlungsgeschick des Objektplaners. Der Umbauzuschlag ist individuell entsprechend dem Schwierigkeitsgrad des Objekts zu bestimmen. Es werden dem Bauherrn hierbei besondere Kenntnisse der Bauprozesse abverlangt. Die mitzuverarbeitende Bausubstanz ist hingegen gesondert zu ermitteln und durch den Objektplaner detailliert auszuweisen. Die DIN 276:2008-12, Kosten im Bauwesen – Teil 1: Hochbau, stellt dabei ein geeignetes Mittel zur Anwendung dar. Die Abgrenzung der mvB stellt die Objektplaner in der Praxis jedoch immer wieder vor große Probleme.

Grundsätzlich zählt die gebaute Umgebung nicht automatisch zur mvB. Die HOAI 2013 beschreibt die mitzuverarbeitende Bausubstanz in § 2 Absatz 7 als „der Teil des zu planenden Objekts, der bereits durch Bauleistungen hergestellt ist und durch Planungs- oder Überwachungsleistungen technisch oder gestalterisch mitverarbeitet wird."

Die zeichnerische Darstellung des Bauteils berechtigt also noch nicht zur Anrechnung. Vielmehr sind die Bauteile in die Planung einzubeziehen. Der konstruktive oder aber der gestalterische Eingriff allein ist dabei entscheidend. Die technische Anwendung ist dabei leicht nachzuweisen, etwa durch statische oder konstruktive Maßnahmen, die am entsprechenden Bauteil durchgeführt werden. Der gestalterische Aspekt lässt sich hingegen schwieriger abgrenzen.
So ist fraglich, ob eine zeichnerische Verarbeitung allein genügt, um nach Definition der HOAI 2013 als mitzuverarbeitende Bausubstanz zu gelten. [22]

Abgrenzung der Maßnahmen in Beispielen

Welche einzelnen Maßnahmen bei Wohnbauten und den dazu gehörenden Außenanlagen anfallen und wie diese zuzuordnen sind, zeigt Abbildung 5. Die Zuordnung ist nicht immer ganz einfach, häufig ist sie auch Gegenstand von Rechtsstreitigkeiten.

Die in der nachfolgenden Abbildung gezeigten Beispiele sind eine Auswahl von häufig vorkommenden Maßnahmen. Ihre genaue Unterscheidung ist weniger von wissenschaftlicher Bedeutung als vielmehr vom wirtschaftlichen Interesse des Eigentümers in Bezug auf die Finanzierung von Maßnahmen und die Mietpreisbildung.

Für eine (förderfähige) Modernisierung kann der Eigentümer des Objekts zum einen Fördermittel erhalten und zum anderen als Vermieter nach § 559 Absatz 1 BGB 11 Prozent der Modernisierungskosten auf die Jahresmiete umlegen. [23]
Die Kosten einer Instandsetzung und einer Verbesserung, wenn sie nicht als Modernisierungsmaßnahme förderfähig ist, hat der Vermieter eines Wohngebäudes dagegen aus der so genannten Nettokaltmiete zu finanzieren. [24]

Instandsetzungskosten sind Ausgaben des Vermieters in unregelmäßigen Zeitabständen. Einnahmen hierfür erfolgen periodisch über die Nettokaltmiete. Der Vermieter muss Rücklagen bilden, um bei notwendigen Instandsetzungsmaßnahmen zu reagieren. Eine entsprechende Instandhaltungsstrategie ist dabei von entscheidender Bedeutung.

Nr.	Maßnahmen am Gebäude und an den Außenanlagen	Instand-setzung	Verbes-serung	Moderni-sierung
1	Der Anstrich des Treppenhausgeländers wird erneuert.	x		
2	In das Treppenhaus eines Wohngebäudes wird nachträglich ein Personenaufzug eingebaut.			x
3	Eine Wohnungseingangstür in einem Mehrfamilienhaus wird nicht ausgebessert und neu gestrichen, sondern durch eine neue, den derzeitigen Schallschutzanforderungen entsprechende Tür ersetzt.			x
4	Eine defekte Klingelanlage wird nicht repariert, sondern durch einen Türöffner mit Gegensprechanlage ersetzt.			x
5	Defekte Ziegel der Dachkonstruktion eines Wohnhauses werden ersetzt.	x		
6	Eine schadhafte Fassade wird ausgebessert und darüber hinaus entsprechend der gültigen EnEV wärmegedämmt.			x
7	Einfachverglaste Holzfenster werden durch doppelverglaste Wärme- und Schallschutzfenster aus Kunststoff ersetzt.			x
8	In den Bädern eines Wohnhauses werden die alten Toilettenspülkästen auf 6l-Wasserkästen umgerüstet und Spartasten eingebaut.			x
9	Einlassen von Schläuchen in ein Unterdach zum Einblasen von Helium, um mittels eines Gassensors Undichtigkeiten leichter feststellen zu können.		x	
10	In einem Wohnhaus werden alle Ofenheizungen entfernt und durch eine moderne Zentralheizung, welche die Anforderungen der gültigen EnEV erfüllt, ersetzt.			x
11	In jeder Wohnung eines Mehrfamilienhauses werden (eichpflichtige) Wasserzähler eingebaut, damit eine verbrauchsabhängige Wasserabrechnung möglich ist.			x
12	An einem Mehrfamilienhaus werden nachträglich neue Balkone angebracht.			x
13	Lose, beschädigte oder ausgetretene Treppenstufen werden abgebrochen und durch neue ersetzt.	x		
14	Schadhafte Gehwegplatten auf dem Grundstück einer Wohnanlage werden ersetzt.	x		
15	Im Hinterhof eines Wohngebäudes wird ein Kinderspielplatz errichtet.			x
16	Kleine Kratzer und ein stumpfer Belag in der Badewanne werden ausgebessert.	x		
17	Ein Frostschaden in den wasserführenden Leitungen wird behoben.	x		
18	In einem Altbau werden die Bleirohre der Abwasser- und Wasserinstallationen durch Kunststoffrohre ersetzt.	x		
19	Alte, innenliegende Briefkästen eines Mehrfamilienhauses werden durch eine moderne Briefkastenanlage ersetzt.			x
20	Die Kellerdecke wird entsprechend der gültigen EnEV wärmegedämmt.			x

Abb. 5: Zwanzig Beispiele zu Instandsetzung, Verbesserung und Modernisierung [25, 26, 27]

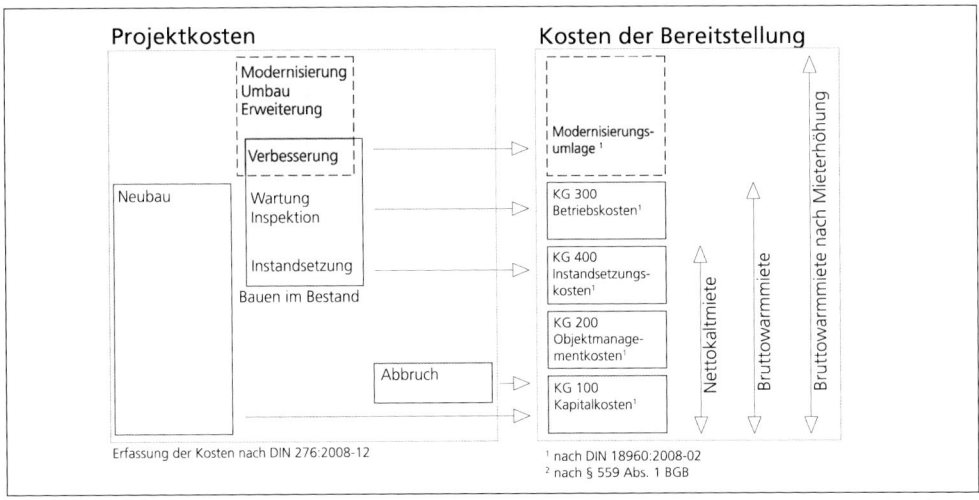

Abb. 6: Kostenumlage von Bauen, Erhalten und Verbessern zu Kosten der Bereitstellung eines Objekts als Grundlage für Nutzung und Erlöse (Mieten)

Folgende bauliche Maßnahmen nach DIN 31051:2012-09 sind Ausnahmen zur oben beschriebenen Regel und durch den Mieter gesondert zu tragen. Dabei sind aktuelle Rechtsprechungen sowie vertragliche Regelungen im Mietvertrag zu beachten:
– Schönheitsreparaturen (z. B. Streichen der Wände, Heizkörper, Innentüren und Innenbereiche der Fenster),
– Kleinreparaturen (z. B. Reparatur der Installationsgegenstände wie Mischbatterien und Druckspüler),
– Kosten nach Betriebskostenverordnung (z. B. für Wartung der Aufzugsanlage, Überprüfen der Betriebsbereitschaft und -sicherheit der Etagenheizung). [28, 29]

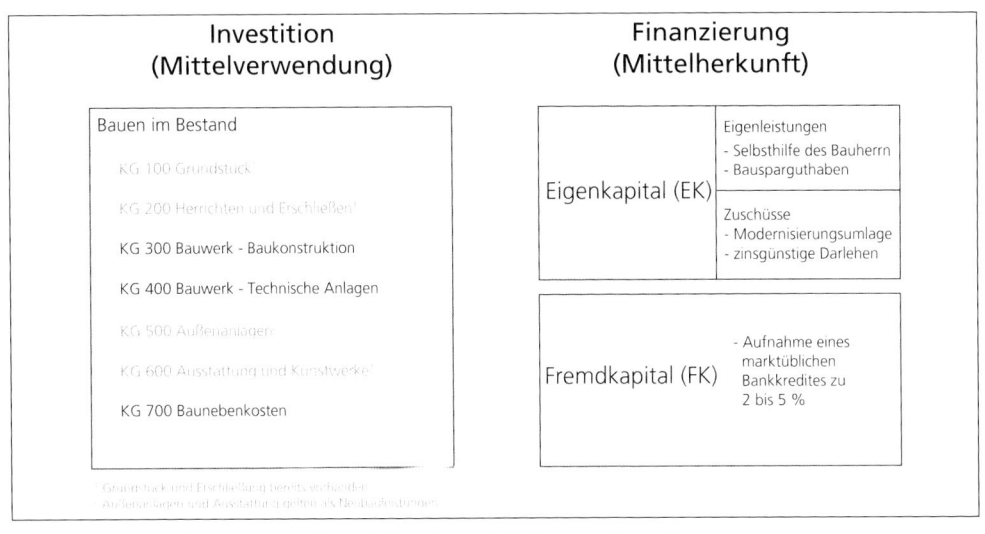

Abb. 7: Gegenüberstellung von Investition und Finanzierung beim Bauen im Bestand

Beispiel – Kosten der energetischen Modernisierung

Im folgenden Beispiel wird exemplarisch die energetische Modernisierung eines Mehrfamilienhauses betrachtet. Der Schwerpunkt der Berechnung liegt auf den entstandenen Baukosten, dem umlagefähigen Modernisierungsanteil und der Modernisierungsumlage auf die Nettokaltmiete.

Die verwendeten Kostenkennwerte sind einer Maßnahme entnommen, die im Jahr 2012 durchgeführt wurde. Das Vorhaben ist unter der Objektnummer 6100-0781 in der BKI-Reihe Objektdaten Altbau A8 dokumentiert worden. Das Gebäude enthält insgesamt 8 Wohneinheiten (WE). Ausstattung und Lage wurden als mittlerer Standard bewertet.

Kostengruppe (KG)	Bauelement	Maßnahme	Kosten in €/m² BGF	Kosten in €/m² WFL	umlagefähiger Modernisierungsanteil	umlagefähige Kosten in €/m² WFL
334	Außentüren und -fenster	Austausch Fenster	63,19	114,89	50% [1]	57,45
335	Außenwandbekleidung außen	Dämmung Fassade	48,86	88,84	85% [1]	75,51
336	Außenwandbekleidung innen	Dämmung Kellerwand	11,33	20,60	90% [1]	18,54
344	Innentüren und -fenster	Austausch WE-Türen	5,26	9,56	50% [1]	4,78
353	Deckenbekleidung	Dämmung Kellerdecke	10,88	19,78	95% [1]	18,79
364	Dachbekleidung	Dämmung Dachgeschoss	2,60	4,73	95% [1]	4,49
391	Baustelleneinrichtung	–	2,70	4,91	70% [2]	3,44
392	Gerüste	Fassadengerüst	6,12	11,13	85% [3]	9,46
300	**Bauwerk – Baukonstruktion**		150,94 [4]	274,44	ca. 70% [2]	192,46
700	**Baunebenkosten**		30,19 [5]	54,89	ca. 70% [2]	38,49
Summe (KG 300+700)						230,95

1 Werte eines, den Autoren bekannten, Wohnungsunternehmens
2 entspricht dem Mittelwert der umlagefähigen Kosten der KG 300 (gerundet)
3 entspricht dem umlagefähigen Modernisierungsanteil der KG 331 – Dämmung Fassade
4 entspricht den Kosten der ausgewählten Teilleistungen nach BKI Objektdaten Altbau A8 – Objektnummer 6100-0781
5 entspricht 20% der KG 300

Abb. 8: Baukosten der Kostengruppen 300 und 700 einer energetischen Modernisierung inkl. Modernisierungsanteil (4. Quartal 2012, inkl. MwSt.) [30]

Die Kostenkennwerte der 3. Ebene nach DIN 276:2008-12 ergeben sich aus den Teilleistungen (Positionen) der KG 300 Bauwerk – Baukonstruktion, zuzüglich der Annahme für die KG 700 Baunebenkosten. Als Grundlage der Baunebenkosten (KG 700) dient vorbehaltlich einer genaueren Ermittlung ein Kostenwert von 20 Prozent der Bauwerkskosten (Auf-Hundert-Rechnung) für die Aufwendungen der Bauherrenaufgaben, Architekten- und Ingenieurleistungen, Gutachten und Beratung sowie Allgemeine Baunebenkosten. [31]

Die Kostenkennwerte, welche nach BKI auf die Brutto-Grundflächen (BGF nach DIN 277:2016-01) bezogen sind, werden auf die Wohnfläche (WFL nach WoFlV) umgerechnet. [32, 33] Dabei wird ein Planungskennwert aus dem Verhältnis der Wohnfläche zur Brutto-Grundfläche angewendet. Dieser Wert lässt Rückschlüsse über die wirtschaftliche Flächenausnutzung des Objekts zu. Im vorliegenden Beispiel wird auf der Grundlage statistischer Daten ein Verhältniswert von 0,55 WFL/BGF für ein unterkellertes Mehrfamilienhaus mit 6 bis 19 Wohneinheiten gewählt. [34]

Bestimmte Prozentwerte zum umlagefähigen Modernisierungsanteil bei baulichen Maßnahmen werden in der Praxis diskutiert, sie resultieren aus Erfahrungen oder der Rechtsprechung. Für die weitere Berechnung werden Erfahrungswerte der Autoren angewendet. Deren Übertragbarkeit auf andere Projekte ist in jedem Fall sorgfältig zu überprüfen.

So sind zum Beispiel die Kosten des Wärmedämmverbundsystems (WDV-System) der KG 335 Außenwandbekleidung in Instandsetzungs- und Modernisierungskosten aufzuteilen. Die Kosten der energetischen Maßnahmen, wie der Dämmung, sind vollständig umzulegen. Die Kosten für den anschließenden Anstrich sind als Instandsetzungsmaßnahme gesondert zu betrachten. Die Autoren sehen im vorliegenden Fall einen Anteil von 85 Prozent für das WDV-System der Fassade als ausreichend an. Entsprechend dieser Aufteilung sind die Kosten der KG 392 Gerüste, welche ausschließlich bei Fassadenarbeiten anfallen, mit demselben Prozentwert umzulegen.

Der umlagefähige Modernisierungsanteil der Kosten der Baukonstruktion (KG 300) beträgt im Mittel etwa 70 Prozent. Dieser dient als eine Grundlage auch für die Modernisierungsumlage der KG 700.

Eine detaillierte Aufschlüsselung und Abgrenzung der einzelnen Kosten ist im Sinne der Vermieter. Andernfalls kann der Mieter Widerspruch gegen eine ungenügend begründete Modernisierungsmaßnahme und der damit einhergehenden Modernisierungsumlage sowie Mieterhöhung einlegen.

Beispiel – Mieterhöhung nach Modernisierung

Erläuterung	Wert	Einheit	Berechnung
umlagefähige Kosten (2012, BRD)	230,95	€/m² WFL	siehe Beispiel 1
Baupreisindex IV Quartal 2012	106,00		Baupreisindizes Stat. Bundesamt
Baupreisindex II Quartal 2018	121,20		Baupreisindizes Stat. Bundesamt
Faktor Baupreissteigerung	1,143		121,20/106,00
Regionalfaktor Berlin	1,036		BKI 2018
umlagefähige Kosten (2018, Berlin)	273,48	€/m² WFL	230,95 €/m² WFL x 1,143 x 1,036

Abb. 9: Berechnung der Mieterhöhung nach Modernisierung

Die ermittelten Kosten aus dem Beispiel werden für die Berechnung der Modernisierungsumlage exemplarisch auf ein Objekt mit dem Standort Berlin bezogen. Dazu erfolgt, wie in Abbildung 9 dargestellt, die Aktualisierung der Kostenwerte mittels Baupreisindex (Preissteigerung vom 4. Quartal 2012 bis zum 2. Quartal 2018 = 14,3 Prozent) und dem Regionalfaktor von Berlin (Faktor 1,036) im Vergleich zum Bundesdurchschnitt (BKI-Daten = 1,000).

Erläuterung	Wert	Einheit	Berechnung
Modernisierungsumlage pro Jahr	30,08	€/m² WFL	273,48 €/m² WFL x 0,11
zinsverbilligte Darlehen	2,00	%	Kreditanstalt für Wiederaufbau (KfW)
Nominalzins	5,00	%	Kreditinstitut (Laufzeit 10 Jahre)
Zinsvergünstigung	3,00	%	Differenz Darlehen und Nominalzins
Zinsvergünstigung	8,20	€/m² WFL	273,48 €/m² WFL x 0,03
Modernisierungsumlage pro Jahr	21,88	€/m² WFL	(30,08 - 8,20) €/m² WFL
Modernisierungsumlage pro Monat	1,82	€/m² WFL	21,88 €/m² WFL / 12 Monate
Nettokaltmiete vor Modernisierung	3,60	€/m² WFL	entsprechend Mietvertrag
Nettokaltmiete nach Modernisierung	5,42	€/m² WFL	(3,60 + 1,82) €/m² WFL
Nettokaltmiete Mietspiegel Berlin	6,09	€/m² WFL	Mietspiegel Berlin, Pankow

Abb. 10: Berechnung der Mieterhöhung nach Modernisierung

In einem zweiten Schritt werden die umlagefähigen Kosten in Höhe von 273,48 €/m² WFL mittels der gesetzlich zulässigen Modernisierungsumlage von 11 Prozent pro Jahr auf die Nettokaltmiete umgelegt. Zu berücksichtigen sind des Weiteren Vergünstigungen in Form von zinsverbilligten Darlehen, wie sie zum Beispiel die Kreditanstalt für Wiederaufbau (KfW) vergibt. Auch Eigenleistungen der Mieter sind anteilig zu berücksichtigen und verringern die umlagefähigen Modernisierungskosten. Im aktuellen Beispiel wird ein zinsverbilligtes Darlehen der KfW von 2 Prozent gewählt. Die Zinsvergünstigung gegenüber einem marktüblichen Zinssatz liegt bei etwa 3 Prozent. Diese sind den umlagefähigen Modernisierungskosten gegenzurechnen. [35, 36]

Bei der Modernisierung ist zu beachten, dass die Kosten der Energieeinsparmaßnahmen in einem angemessenen Verhältnis zur tatsächlichen Energieeinsparung stehen. Bei der Mieterhöhung durch Modernisierung gilt die Kappungsgrenze nicht. Die Mieterhöhung sollte aber nicht unangemessen hoch sein und sich mit dem Wirtschaftsstrafgesetzt (WiStrG) vereinbaren lassen. [37]

Neben der Modernisierungsumlage von 11 Prozent kann entsprechend § 558 BGB eine zusätzliche Mieterhöhung folgen, wenn die Miete:
– in den letzten 15 Monaten unverändert ist,
– in den letzten 36 Monaten nicht um mehr als 20 Prozent erhöht wurde und
– die ortsübliche Vergleichsmiete nicht übersteigt.

Bei Mieterhöhungen sind des Weiteren mögliche Kappungsgrenzen und regionale Mietpreisspiegel, die nicht überschritten werden dürfen, zu beachten. Die Grundlage der Mieterhöhung nach § 558 BGB bildet die Nettokaltmiete, welche vor drei Jahren zur folgenden Mieterhöhung bestand. Mieterhöhungen in Folge von Modernisierungsmaßnahmen oder einer Betriebskostenerhöhung bleiben unberücksichtigt. Die Kappungsgrenze von 20 Prozent kann hierbei durch landesrechtliche Regelungen auf 15 Prozent herabgesetzt werden. Die Voraussetzung dafür ist gegeben, „wenn die ausreichende Versorgung der Bevölkerung mit Mietwohnungen zu angemessenen Bedingungen [...] besonders gefährdet ist". [38]

Fazit

Die Notwendigkeit einer nachvollziehbaren Unterscheidung der Erhaltung (Wartung, Inspektion, Instandsetzung und Verbesserung, wenn letztere nicht als Modernisierungsmaßnahme geltend gemacht werden kann) einerseits und der Veränderung eines Gebäudes (durch Modernisierung) andererseits ist in der Praxis von großer Bedeutung.

An die Vorbereitung und Durchführung entsprechender Maßnahmen im Bestand, insbesondere die Kostenplanung von Instandsetzungen und Modernisierungen sowie die Wirtschaftlichkeitsermittlung für das Objekt insgesamt werden hohe Anforderungen gestellt. Sie müssen von allen am Projekt Beteiligten entsprechend berücksichtigt werden. Es stehen damit vielfältige und anspruchsvolle Aufgaben für Architekten, Ingenieure und ausführende Firmen in den nächsten Jahrzehnten an. Die BKI-Kennwerte sollen hierbei eine wertvolle Arbeitshilfe sein.

Literatur

[1] Kalusche, Wolfdietrich; Herke, Sebastian: Orientierungswerte und frühzeitige Ermittlung der Baunebenkosten ausgewählter Gebäudearten, In: Baukosteninformationszentrum Deutscher Architektenkammern (Hrsg.): BKI Baukosten Gebäude 2018 – Statistische Kostenkennwerte Teil 1, Stuttgart 2018, Seiten 80 bis 99

[2] Statistisches Bundesamt – Destatis (Hrsg.): Zensus 9. Mai 2011 – Gebäude und Wohnungen Bundesrepublik Deutschland, Stand Mai 2013

[3] Kalusche, Wolfdietrich: Kostenplanung beim Altbau, In: Deutsches Architektenblatt 05/2007, Seiten 64 bis 66

[4] Kalusche, Wolfdietrich: Die neue DIN 18960 – Nutzungskosten im Hochbau, In: GEFMA (Hrsg.): Facility Management 2008 – Tagungsband, VDE Verlag GmbH, Berlin 2008, Seiten 115 bis 126

[5] Kalusche, Wolfdietrich: Lebenszykluskosten von Gebäuden – Grundlage ist die neue DIN 18960:2008-02, Nutzungskosten im Hochbau, In: Bauingenieur 11/2008, Band 83, Seiten 495 bis 501

[6] DIN 31051:2012-09, Grundlagen der Instandhaltung

[7] Verband der Fenster- und Fassadenhersteller e.V. (Hrsg.): VFF Leitfaden HO.09 – Runderneuerung von Kastenfenster aus Holz, Frankfurt am Main 2003

[8] ebd.

[9] ebd.

[10] ebd.

[11] Verordnung über energiesparenden Wärmeschutz und energiesparende Anlagentechnik bei Gebäuden (Energieeinsparverordnung – EnEV), Fassung von 2007, zuletzt geändert 2015, Anlage 3 zu § 9

[12] Fachabteilung Holzfenster im Verband der Fenster- und Fassadenhersteller e.V. (Hrsg.): Zusätzliche Technische Vertragsbedingungen (ZTV) zur Ausschreibung der Aufarbeitung und Instandsetzung (Runderneuerung) von Kastenfenstern aus Holz, Frankfurt am Main 2003

[13] Bürgerliches Gesetzbuch (BGB), Fassung von 2002, zuletzt geändert 2018, § 555b

[14] Wohnraumförderungsgesetz (WoFG), Fassung von 2001, zuletzt geändert 2015, § 16

[15] Verordnung über wohnungswirtschaftliche Berechnungen nach dem Zweiten Wohnungsbaugesetz (Zweite Berechnungsverordnung – II. BV), Fassung von 1990, zuletzt geändert 2007, § 11

[16] Landeswohnraumförderungsprogramm – Förderung selbstgenutzten Wohneigentums, Baden-Württemberg 2012

[17] Richtlinie zur Förderung der energetischen Sanierung von Wohngebäuden in Baden-Württemberg 2012

[18] Verordnung über die Honorare für Architekten- und Ingenieurleistungen (Honorarordnung für Architekten und Ingenieure – HOAI), Fassung von 2013, § 2
[19] Locher, Ulrich; Koeble, Wolfgang; Zahn, Alexander (Hrsg.): Kommentar zur HOAI 2013, 12. Aufl., Köln 2014, Seiten 410 ff.
[20] VDI 6210:2016-02, Abbruch von baulichen und technischen Anlagen
[21] Lechner, Hans; Herke, Sebastian: Bauen im Bestand – Grundlagen und Beispiele, In: Kalusche, Wolfdietrich (Hrsg.): Handbuch HOAI 2013, Stuttgart 2013, Seiten 159 bis 186
[22] Locher, a. a. O., Seiten 410 ff.
[23] Bürgerliches Gesetzbuch (BGB), Fassung von 2002, zuletzt geändert 2018, § 559
[24] DIN 18960:2008-12, Nutzungskosten im Hochbau
[25] www.mieterverein-muenchen.de, aufgerufen am 10.07.2014
[26] Kalusche, Wolfdietrich: Instandsetzung und Modernisierung im Wohnungsbau, In: Altinger, Gernot; Heegemann, Ingo; Jurecka, Andreas (Hrsg.): Festschrift Hans Georg Jodl, Selbstverlag Institut für interdisziplinäres Bauprozessmanagement TU Wien 2007, Seiten 123 bis 140
[27] www.bmgev.de, aufgerufen am 10.07.2014
[28] Kinne, Harald; Schach, Klaus; Bieber, Hans-Jürgen: Miet- und Mietprozessrecht, 7. Aufl., Freiburg 2013, Seiten 146 ff.
[29] Verordnung über die Aufstellung von Betriebskosten (Betriebskostenverordnung – BetrKV), Fassung von 2003, zuletzt geändert 2012, § 2
[30] Baukosteninformationszentrum Deutscher Architektenkammern (Hrsg.): BKI Objektdaten A8 Altbau – Kosten abgerechneter Bauwerke, Stuttgart 2013, Seiten 420 bis 425
[31] Kalusche, a. a. O., 2014, Seiten 44 bis 55
[32] DIN 277-1:2016-01, Grundflächen und Rauminhalte im Bauwesen – Teil 1: Hochbau
[33] Verordnung zur Berechnung der Wohnfläche (Wohnflächenverordnung – WoFlV), Fassung von 2004
[34] Kalusche, Wolfdietrich: Grundflächen und Planungskennwerte von Wohngebäuden, In: Gralla, Mike; Sundermeier, Matthias (Hrsg.): Innovation im Baubetrieb. Wirtschaft – Technik – Recht. Festschrift für Universitätsprofessor Dr.-Ing. Udo Blecken, Technische Universität Dortmund, Werner Verlag, Köln 2011, Seiten 35 bis 47
[35] Bürgerliches Gesetzbuch (BGB), Fassung von 2002, zuletzt geändert 2018, § 559a Abs. 2
[36] Deutscher Mieterbund (Hrsg.): Modernisierung durch den Vermieter – Alles über Modernisierung, Sanierung und Energieeinsparung, Frankfurt am Main 2013
[37] Gesetz zur weiteren Vereinfachung des Wirtschaftsstrafrechts (WiStrG), Fassung von 1975, zuletzt geändert 2017, § 5
[38] Bürgerliches Gesetzbuch (BGB), Fassung von 2002, zuletzt geändert 2018, § 558 Abs. 3

Abkürzungsverzeichnis

Abkürzung	Bezeichnung
AF	Außenanlagenfläche
AP	Arbeitsplätze
APP	Appartement
AWF	Außenwandfläche
BGF	Brutto-Grundfläche (Summe der Regelfall (R)- und Sonderfall (S)-Flächen nach DIN 277)
BGI	Baugrubeninhalt
bis	oberer Grenzwert des Streubereichs um einen Mittelwert
BRI	Brutto-Rauminhalt (Summe der Regelfall (R)- und Sonderfall (S)-Rauminhalte nach DIN 277)
BRI/BGF (m)	Verhältnis von Brutto-Rauminhalt zur Brutto-Grundfläche angegeben in Meter
BRI/NUF (m)	Verhältnis von Brutto-Rauminhalt zur Nutzungsfläche angegeben in Meter
DAF	Dachfläche
DEF	Deckenfläche
DHH	Doppelhaushälfte
DIN 276	Kosten im Bauwesen - Teil 1 Hochbau (DIN 276-1:2008-12)
DIN 277	Grundflächen und Rauminhalte von Bauwerken im Hochbau (DIN 277:2016-01)
ELW	Einliegerwohnung
ETW	Etagenwohnung
€/Einheit	Spaltenbezeichnung für Mittelwerte zu den Kosten bezogen auf eine Einheit der Bezugsgröße
€/m² BGF	Spaltenbezeichnung für Mittelwerte zu den Kosten bezogen auf Brutto-Grundfläche
GF	Grundstücksfläche
Fläche/BGF (%)	Anteil der angegebenen Fläche zur Brutto-Grundfläche in Prozent
Fläche/NUF (%)	Anteil der angegebenen Fläche zur Nutzungsfläche in Prozent
GRF	Gründungsfläche
inkl.	einschließlich
IWF	Innenwandfläche
KFZ	Kraftfahrzeug
KITA	Kindertagesstätte
KG	Kostengruppe
KGF	Konstruktions-Grundfläche (Summe der Regelfall (R)- und Sonderfall (S)-Flächen nach DIN 277)
LB	Leistungsbereich
Menge/BGF	Menge der genannten Kostengruppen-Bezugsgröße bezogen auf die Menge der Brutto-Grundfläche
Menge/NUF	Menge der genannten Kostengruppen-Bezugsgröße bezogen auf die Menge der Nutzungsfläche
NE	Nutzeinheit
NUF	Nutzungsfläche (Summe der Regelfall (R)- und Sonderfall (S)-Flächen nach DIN 277)
NRF	Netto-Raumfläche (Summe der Regelfall (R)- und Sonderfall (S)-Flächen nach DIN 277)
Obj.-Nr.	Nummer des Objekts in der BKI-Baukostendatenbank
RH	Reihenhaus
StLB	Standardleistungsbuch
STP	Stellplatz
TF	Technikfläche (Summe der Regelfall (R)- und Sonderfall (S)-Flächen nach DIN 277)
TG	Tiefgarage
VF	Verkehrsfläche (Summe der Regelfall (R)- und Sonderfall (S)-Flächen nach DIN 277)
von	unterer Grenzwert des Streubereichs um einen Mittelwert
WE	Wohneinheit
WFL	Wohnfläche
Ø	Mittelwert
300+400	Zusammenfassung der Kostengruppen Bauwerk-Baukonstruktionen und Bauwerk-Technische Anlagen
% an 300+400	Kostenanteil der jeweiligen Kostengruppe an den Kosten des Bauwerks
% an 300	Kostenanteil der jeweiligen Kostengruppe an der Kostengruppe Bauwerk-Baukonstruktionen
% an 400	Kostenanteil der jeweiligen Kostengruppe an der Kostengruppe Bauwerk-Technische Anlagen

Abkürzungsverzeichnis (Fortsetzung)

Abkürzung	Bezeichnung
BE	Berlin
BB	Brandenburg
BW	Baden-Württemberg
BY	Bayern
HB	Bremen
HH	Hamburg
HE	Hessen
MV	Mecklenburg-Vorpommern
NI	Niedersachsen
NW	Nordrhein-Westfalen
RP	Rheinland-Pfalz
ST	Sachen-Anhalt
SH	Schleswig-Holstein
SL	Saarland
SN	Sachsen
TH	Thüringen

BKI Abkürzung	Bezeichnung BKI Bücher
A1	BKI OBJEKTE A1 Altbau, erschienen 2001*
A2	BKI OBJEKTE A2 Altbau, erschienen 2001*
A3	BKI OBJEKTDATEN A3 Altbau, erschienen 2004*
A4	BKI OBJEKTDATEN A4 Altbau, erschienen 2005*
A5	BKI OBJEKTDATEN A5 Altbau, erschienen 2007*
A6	BKI Objektdaten A6 Altbau, 2. Auflage, erschienen 2011
A7	BKI Objektdaten A7 Altbau, erschienen 2011*
A8	BKI Objektdaten A8 Altbau, erschienen 2013
A9	BKI Objektdaten A9 Altbau, erschienen 2015
A10	BKI Objektdaten A10 Altbau, erschienen 2016
A11	BKI Objektdaten A11 Altbau, erscheint 2019
E2	BKI OBJEKTE E2 Energieeffizientes Bauen im Altbau, erschienen 2002*
E4	BKI Objektdaten E4 Energieeffizientes Bauen, erschienen 2011
E5	BKI Objektdaten E5 Energieeffizientes Bauen, erschienen 2013
E6	BKI Objektdaten E6 Energieeffizientes Bauen, erschienen 2015
E7	BKI Objektdaten E7 Energieeffizientes Bauen, erschienen 2017
E8	BKI Objektdaten E8 Energieeffizientes Bauen, erscheint 2019
N1	BKI OBJEKTE N1 Neubau/Altbau, erschienen 1998*
N2	BKI OBJEKTE N2 Neubau/Altbau, erschienen 1999*
IR1	BKI Objektdaten IR1 Innenräume, erschienen 2016

* Bücher bereits vergriffen

Statistisch ausgewertete Einzelobjekte sind als PDF-Dateien bei BKI erhältlich (Baukosten-Hotline 0711 954 854-41).

Gliederung in Leistungsbereiche nach STLB-Bau

Als Beispiel für eine ausführungsorientierte Ergänzung der Kostengliederung werden im Folgenden die Leistungsbereiche des Standardleistungsbuches für das Bauwesen in einer Übersicht dargestellt.

- 000 Sicherheitseinrichtungen, Baustelleneinrichtungen
- 001 Gerüstarbeiten
- 002 Erdarbeiten
- 003 Landschaftsbauarbeiten
- 004 Landschaftsbauarbeiten -Pflanzen
- 005 Brunnenbauarbeiten und Aufschlussbohrungen
- 006 Spezialtiefbauarbeiten
- 007 Untertagebauarbeiten
- 008 Wasserhaltungsarbeiten
- 009 Entwässerungskanalarbeiten
- 010 Drän- und Versickerarbeiten
- 011 Abscheider- und Kleinkläranlagen
- 012 Mauerarbeiten
- 013 Betonarbeiten
- 014 Natur-, Betonwerksteinarbeiten
- 016 Zimmer- und Holzbauarbeiten
- 017 Stahlbauarbeiten
- 018 Abdichtungsarbeiten
- 020 Dachdeckungsarbeiten
- 021 Dachabdichtungsarbeiten
- 022 Klempnerarbeiten
- 023 Putz- und Stuckarbeiten, Wärmedämmsysteme
- 024 Fliesen- und Plattenarbeiten
- 025 Estricharbeiten
- 026 Fenster, Außentüren
- 027 Tischlerarbeiten
- 028 Parkett-, Holzpflasterarbeiten
- 029 Beschlagarbeiten
- 030 Rollladenarbeiten
- 031 Metallbauarbeiten
- 032 Verglasungsarbeiten
- 033 Baureinigungsarbeiten
- 034 Maler- und Lackierarbeiten - Beschichtungen
- 035 Korrosionsschutzarbeiten an Stahlbauten
- 036 Bodenbelagarbeiten
- 037 Tapezierarbeiten
- 038 Vorgehängte hinterlüftete Fassaden
- 039 Trockenbauarbeiten
- 040 Wärmeversorgungsanlagen - Betriebseinrichtungen
- 041 Wärmeversorgungsanlagen - Leitungen, Armaturen, Heizflächen
- 042 Gas- und Wasseranlagen - Leitungen, Armaturen
- 043 Druckrohrleitungen für Gas, Wasser und Abwasser
- 044 Abwasseranlagen - Leitungen, Abläufe, Armaturen
- 045 Gas-, Wasser- und Entwässerungsanlagen - Ausstattung, Elemente, Fertigbäder
- 046 Gas-, Wasser- und Entwässerungsanlagen - Betriebseinrichtungen
- 047 Dämm- und Brandschutzarbeiten an technischen Anlagen
- 049 Feuerlöschanlagen, Feuerlöschgeräte
- 050 Blitzschutz- / Erdungsanlagen, Überspannungsschutz
- 051 Kabelleitungstiefbauarbeiten
- 052 Mittelspannungsanlagen
- 053 Niederspannungsanlagen - Kabel/Leitungen, Verlegesysteme, Installationsgeräte
- 054 Niederspannungsanlagen - Verteilersysteme und Einbaugeräte
- 055 Ersatzstromversorgungsanlagen
- 057 Gebäudesystemtechnik
- 058 Leuchten und Lampen
- 059 Sicherheitsbeleuchtungsanlagen
- 060 Elektroakustische Anlagen, Sprechanlagen, Personenrufanlagen
- 061 Kommunikationsnetze
- 062 Kommunikationsanlagen
- 063 Gefahrenmeldeanlagen
- 064 Zutrittskontroll-, Zeiterfassungssysteme
- 069 Aufzüge
- 070 Gebäudeautomation
- 075 Raumlufttechnische Anlagen
- 078 Kälteanlagen für raumlufttechnische Anlagen
- 080 Straßen, Wege, Plätze
- 081 Betonerhaltungsarbeiten
- 082 Bekämpfender Holzschutz
- 083 Sanierungsarbeiten an schadstoffhaltigen Bauteilen
- 084 Abbruch- und Rückbauarbeiten
- 085 Rohrvortriebsarbeiten
- 087 Abfallentsorgung, Verwertung und Beseitigung
- 090 Baulogistik
- 091 Stundenlohnarbeiten
- 096 Bauarbeiten an Bahnübergängen
- 097 Bauarbeiten an Gleisen und Weichen
- 098 Witterungsschutzmaßnahmen

Die BKI-Gliederung des vorliegenden Fachbuchs orientiert sich am Standardleistungsbuch für das Bauwesen. Die Nummern der Leistungsbereiche werden jedoch beim Altbau mit 3xx gekennzeichnet.

Übersicht Kostenkennwerte der 1. und 2. Ebene DIN 276 für Gebäudearten

300 Bauwerk - Baukonstruktionen in €/m³

Einheit: m³
Brutto-Rauminhalt

Kosten:
Stand 2.Quartal 2018
Bundesdurchschnitt
inkl. 19% MwSt.

Übersicht Kostenkennwerte 1. Ebene DIN 276

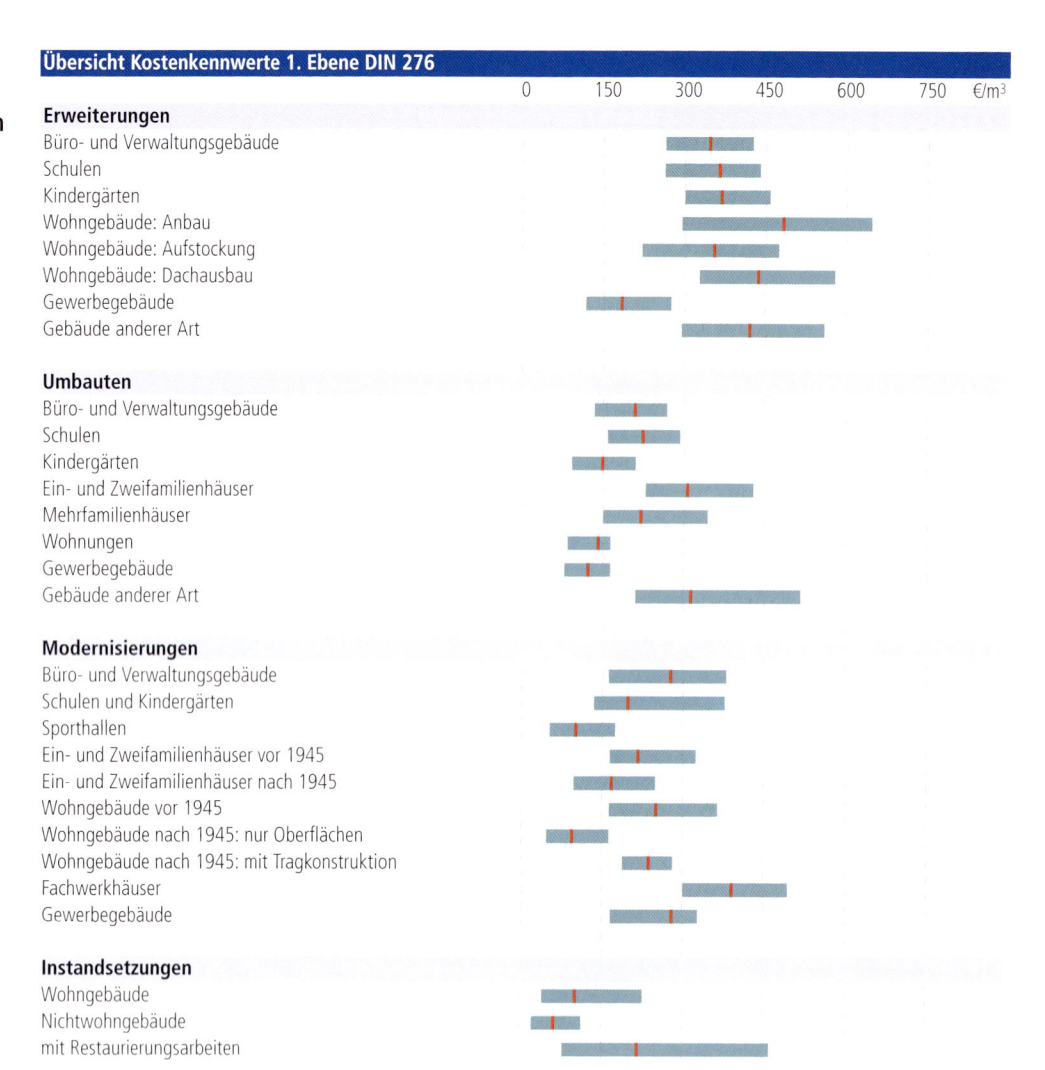

0 — 150 — 300 — 450 — 600 — 750 €/m³

Erweiterungen
- Büro- und Verwaltungsgebäude
- Schulen
- Kindergärten
- Wohngebäude: Anbau
- Wohngebäude: Aufstockung
- Wohngebäude: Dachausbau
- Gewerbegebäude
- Gebäude anderer Art

Umbauten
- Büro- und Verwaltungsgebäude
- Schulen
- Kindergärten
- Ein- und Zweifamilienhäuser
- Mehrfamilienhäuser
- Wohnungen
- Gewerbegebäude
- Gebäude anderer Art

Modernisierungen
- Büro- und Verwaltungsgebäude
- Schulen und Kindergärten
- Sporthallen
- Ein- und Zweifamilienhäuser vor 1945
- Ein- und Zweifamilienhäuser nach 1945
- Wohngebäude vor 1945
- Wohngebäude nach 1945: nur Oberflächen
- Wohngebäude nach 1945: mit Tragkonstruktion
- Fachwerkhäuser
- Gewerbegebäude

Instandsetzungen
- Wohngebäude
- Nichtwohngebäude
- mit Restaurierungsarbeiten

© BKI Baukosteninformationszentrum; Erläuterungen zu den Tabellen siehe Seite 20 — Kosten: 2.Quartal 2018, Bundesdurchschnitt, inkl. 19% MwSt.

Übersicht Kostenkennwerte 1. Ebene DIN 276

400 Bauwerk - Technische Anlagen in €/m³

Einheit: m³
Brutto-Rauminhalt

Erweiterungen
- Büro- und Verwaltungsgebäude
- Schulen
- Kindergärten
- Wohngebäude: Anbau
- Wohngebäude: Aufstockung
- Wohngebäude: Dachausbau
- Gewerbegebäude
- Gebäude anderer Art

Umbauten
- Büro- und Verwaltungsgebäude
- Schulen
- Kindergärten
- Ein- und Zweifamilienhäuser
- Mehrfamilienhäuser
- Wohnungen
- Gewerbegebäude
- Gebäude anderer Art

Modernisierungen
- Büro- und Verwaltungsgebäude
- Schulen und Kindergärten
- Sporthallen
- Ein- und Zweifamilienhäuser vor 1945
- Ein- und Zweifamilienhäuser nach 1945
- Wohngebäude vor 1945
- Wohngebäude nach 1945: nur Oberflächen
- Wohngebäude nach 1945: mit Tragkonstruktion
- Fachwerkhäuser
- Gewerbegebäude

Instandsetzungen
- Wohngebäude
- Nichtwohngebäude
- mit Restaurierungsarbeiten

© BKI Baukosteninformationszentrum; Erläuterungen zu den Tabellen siehe Seite 20 — Kosten: 2. Quartal 2018, Bundesdurchschnitt, inkl. 19% MwSt.

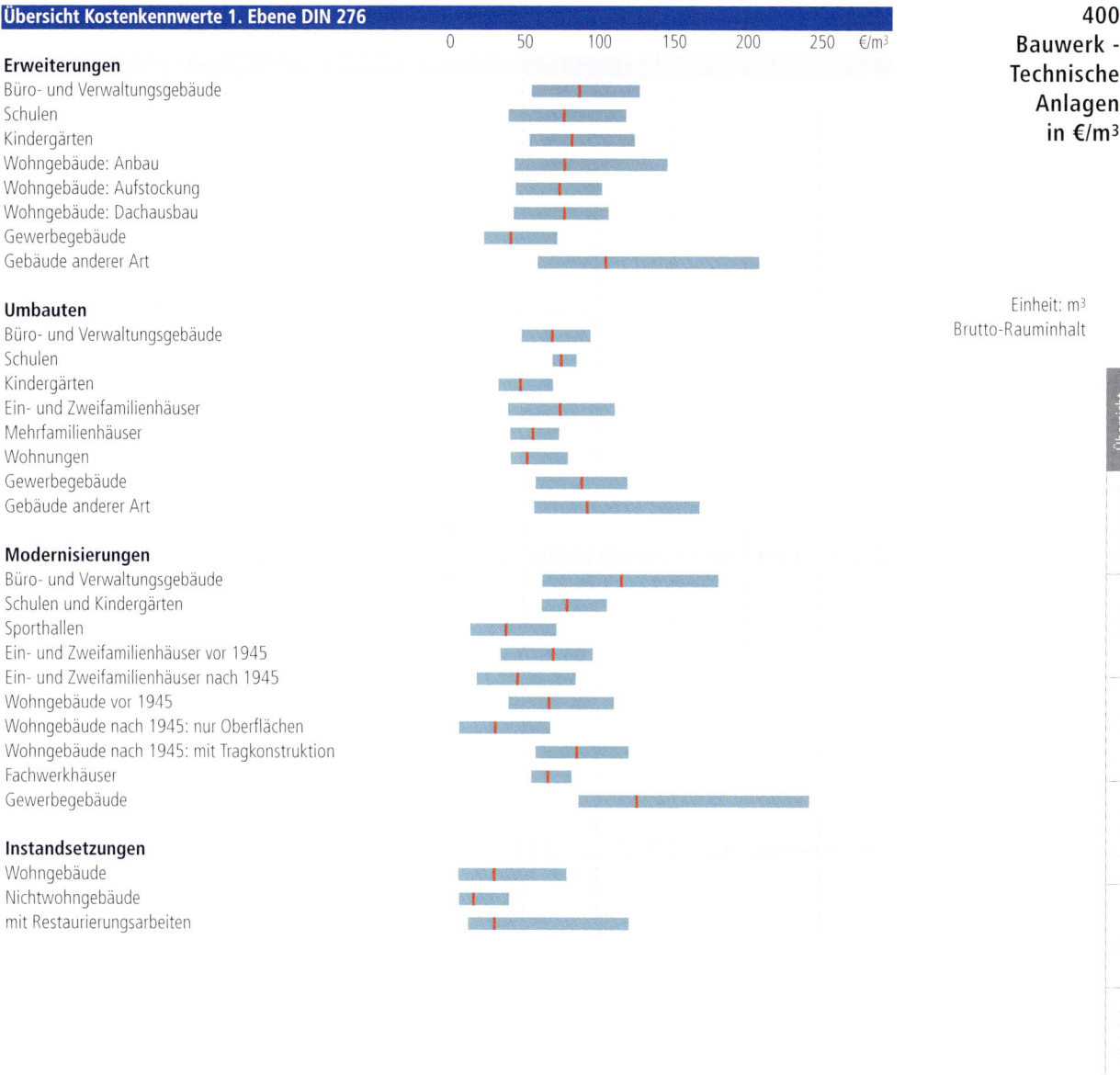

300 Bauwerk - Baukonstruktionen in €/m²

Einheit: m²
Brutto-Grundfläche

Kosten:
Stand 2.Quartal 2018
Bundesdurchschnitt
inkl. 19% MwSt.

Übersicht Kostenkennwerte 1. Ebene DIN 276

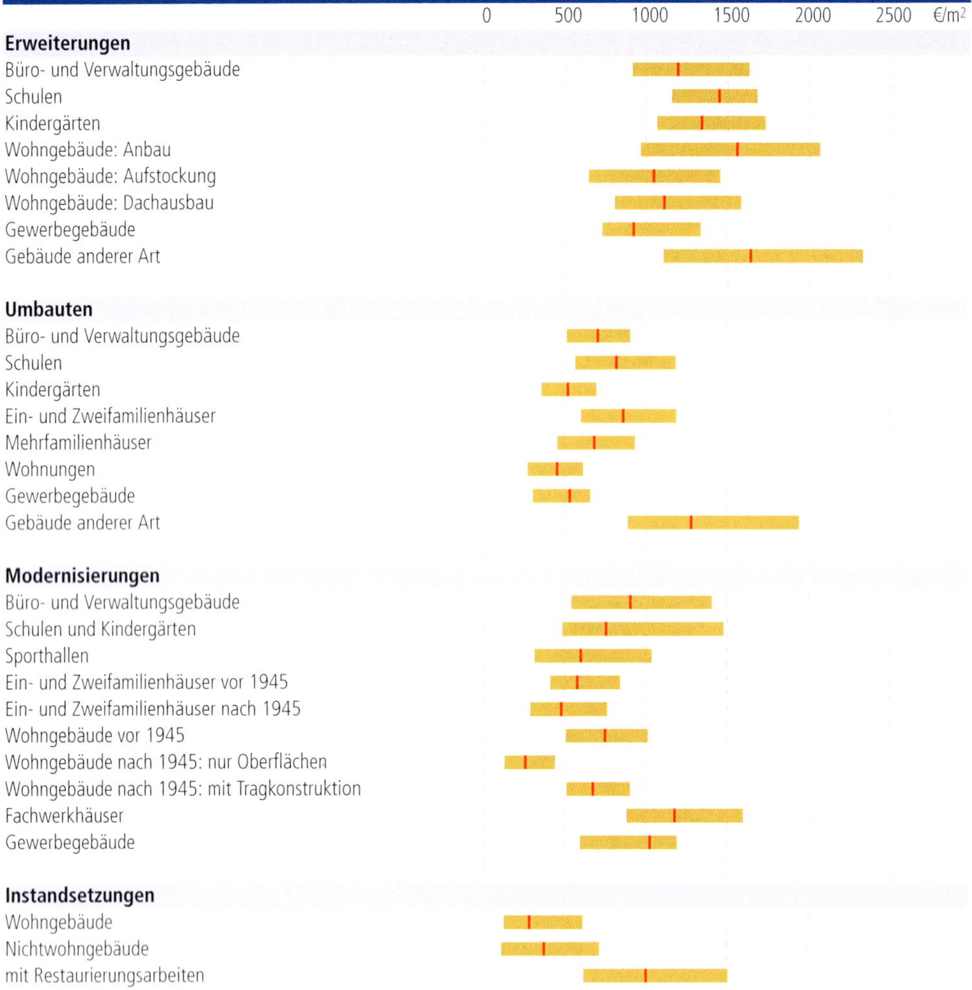

0 – 500 – 1000 – 1500 – 2000 – 2500 €/m²

Erweiterungen
- Büro- und Verwaltungsgebäude
- Schulen
- Kindergärten
- Wohngebäude: Anbau
- Wohngebäude: Aufstockung
- Wohngebäude: Dachausbau
- Gewerbegebäude
- Gebäude anderer Art

Umbauten
- Büro- und Verwaltungsgebäude
- Schulen
- Kindergärten
- Ein- und Zweifamilienhäuser
- Mehrfamilienhäuser
- Wohnungen
- Gewerbegebäude
- Gebäude anderer Art

Modernisierungen
- Büro- und Verwaltungsgebäude
- Schulen und Kindergärten
- Sporthallen
- Ein- und Zweifamilienhäuser vor 1945
- Ein- und Zweifamilienhäuser nach 1945
- Wohngebäude vor 1945
- Wohngebäude nach 1945: nur Oberflächen
- Wohngebäude nach 1945: mit Tragkonstruktion
- Fachwerkhäuser
- Gewerbegebäude

Instandsetzungen
- Wohngebäude
- Nichtwohngebäude
- mit Restaurierungsarbeiten

© BKI Baukosteninformationszentrum; Erläuterungen zu den Tabellen siehe Seite 20

Kosten: 2.Quartal 2018, Bundesdurchschnitt, **inkl. 19% MwSt.**

Übersicht Kostenkennwerte 1. Ebene DIN 276

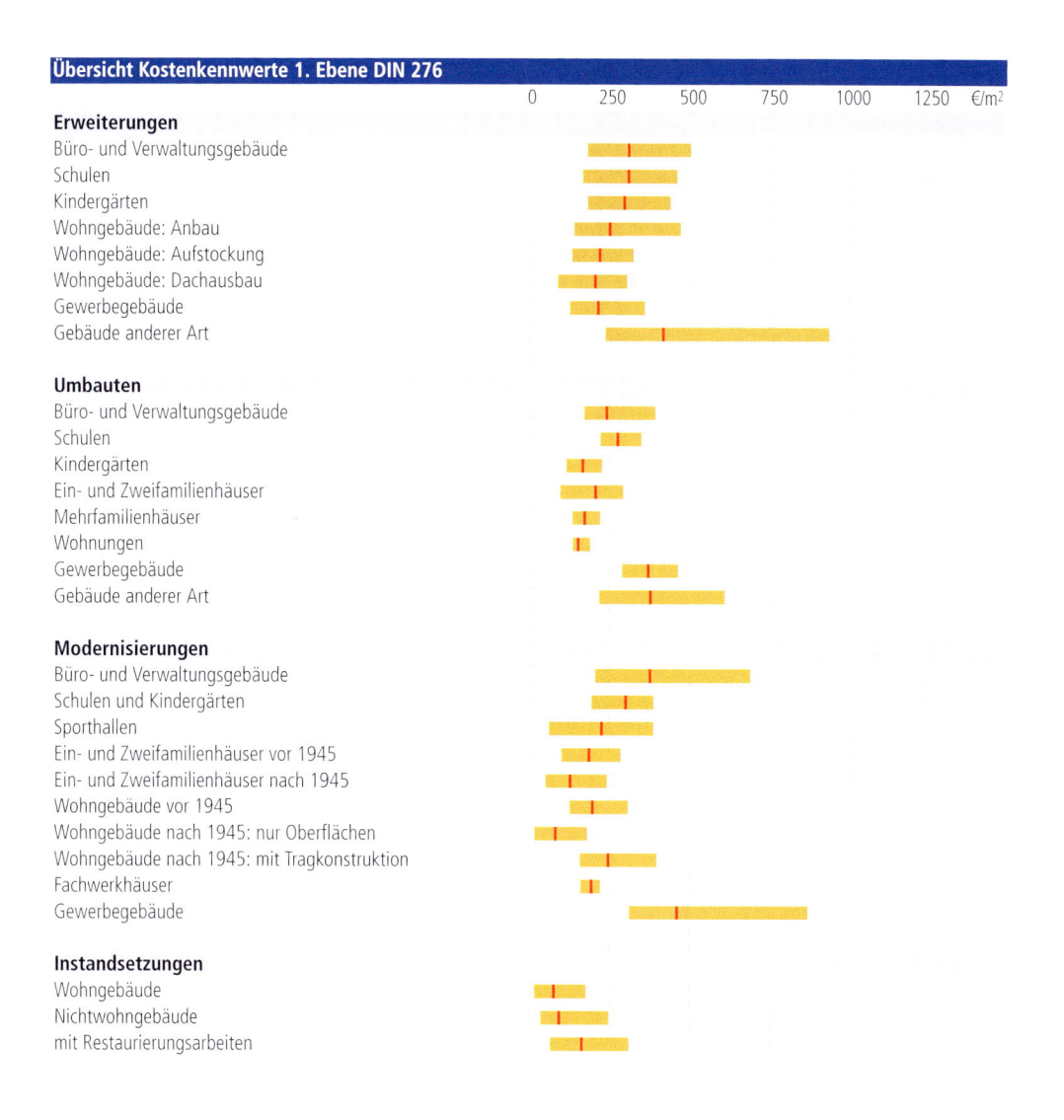

400 Bauwerk - Technische Anlagen in €/m²

Einheit: m² Brutto-Grundfläche

Erweiterungen
- Büro- und Verwaltungsgebäude
- Schulen
- Kindergärten
- Wohngebäude: Anbau
- Wohngebäude: Aufstockung
- Wohngebäude: Dachausbau
- Gewerbegebäude
- Gebäude anderer Art

Umbauten
- Büro- und Verwaltungsgebäude
- Schulen
- Kindergärten
- Ein- und Zweifamilienhäuser
- Mehrfamilienhäuser
- Wohnungen
- Gewerbegebäude
- Gebäude anderer Art

Modernisierungen
- Büro- und Verwaltungsgebäude
- Schulen und Kindergärten
- Sporthallen
- Ein- und Zweifamilienhäuser vor 1945
- Ein- und Zweifamilienhäuser nach 1945
- Wohngebäude vor 1945
- Wohngebäude nach 1945: nur Oberflächen
- Wohngebäude nach 1945: mit Tragkonstruktion
- Fachwerkhäuser
- Gewerbegebäude

Instandsetzungen
- Wohngebäude
- Nichtwohngebäude
- mit Restaurierungsarbeiten

© BKI Baukosteninformationszentrum; Erläuterungen zu den Tabellen siehe Seite 20   Kosten: 2.Quartal 2018, Bundesdurchschnitt, inkl. 19% MwSt.

310 Baugrube in €/m³

Einheit: m³ Baugrubenrauminhalt

Kosten:
Stand 2. Quartal 2018
Bundesdurchschnitt
inkl. 19% MwSt.

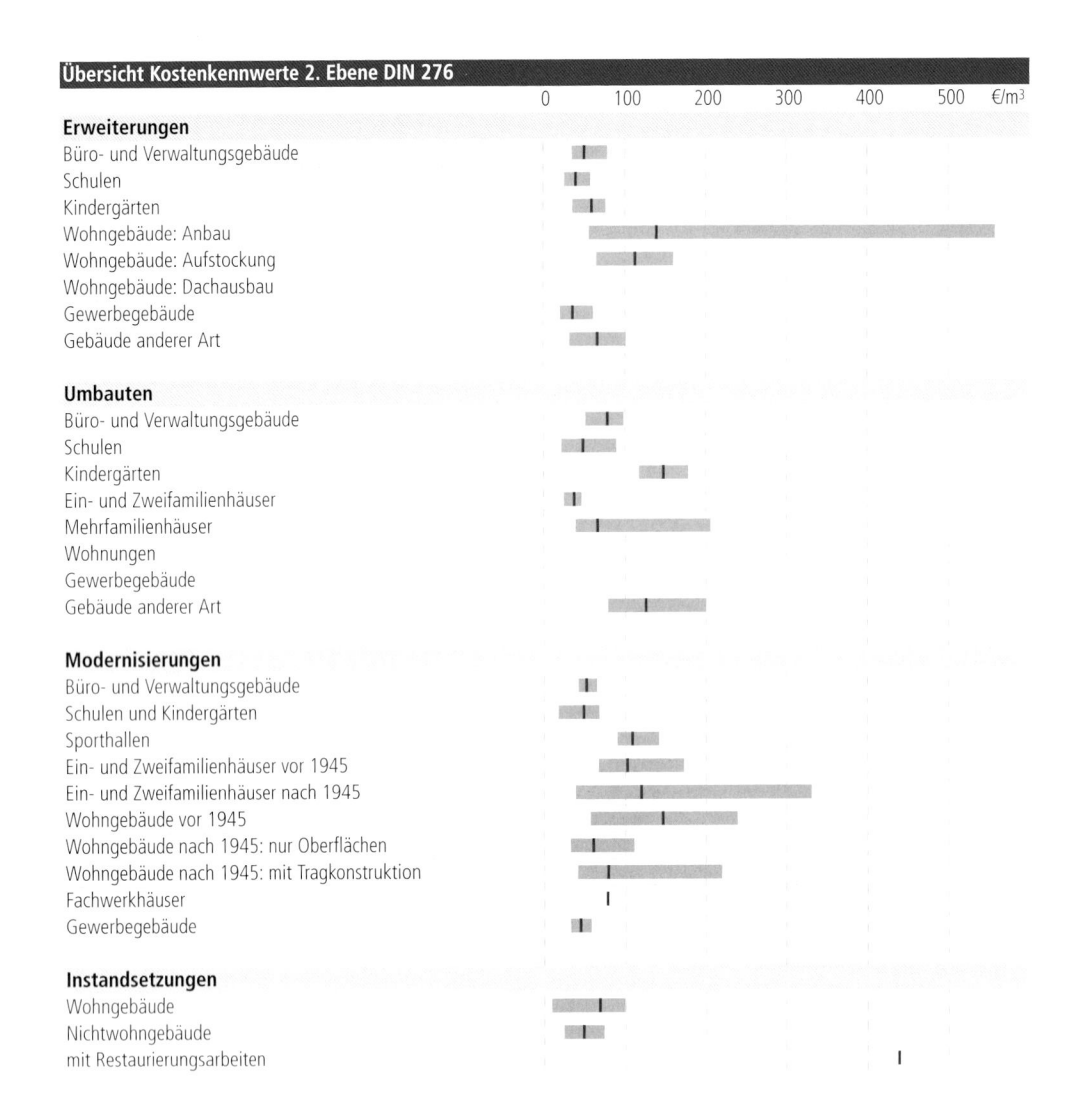

Übersicht Kostenkennwerte 2. Ebene DIN 276

0 — 100 — 200 — 300 — 400 — 500 €/m³

Erweiterungen
- Büro- und Verwaltungsgebäude
- Schulen
- Kindergärten
- Wohngebäude: Anbau
- Wohngebäude: Aufstockung
- Wohngebäude: Dachausbau
- Gewerbegebäude
- Gebäude anderer Art

Umbauten
- Büro- und Verwaltungsgebäude
- Schulen
- Kindergärten
- Ein- und Zweifamilienhäuser
- Mehrfamilienhäuser
- Wohnungen
- Gewerbegebäude
- Gebäude anderer Art

Modernisierungen
- Büro- und Verwaltungsgebäude
- Schulen und Kindergärten
- Sporthallen
- Ein- und Zweifamilienhäuser vor 1945
- Ein- und Zweifamilienhäuser nach 1945
- Wohngebäude vor 1945
- Wohngebäude nach 1945: nur Oberflächen
- Wohngebäude nach 1945: mit Tragkonstruktion
- Fachwerkhäuser
- Gewerbegebäude

Instandsetzungen
- Wohngebäude
- Nichtwohngebäude
- mit Restaurierungsarbeiten

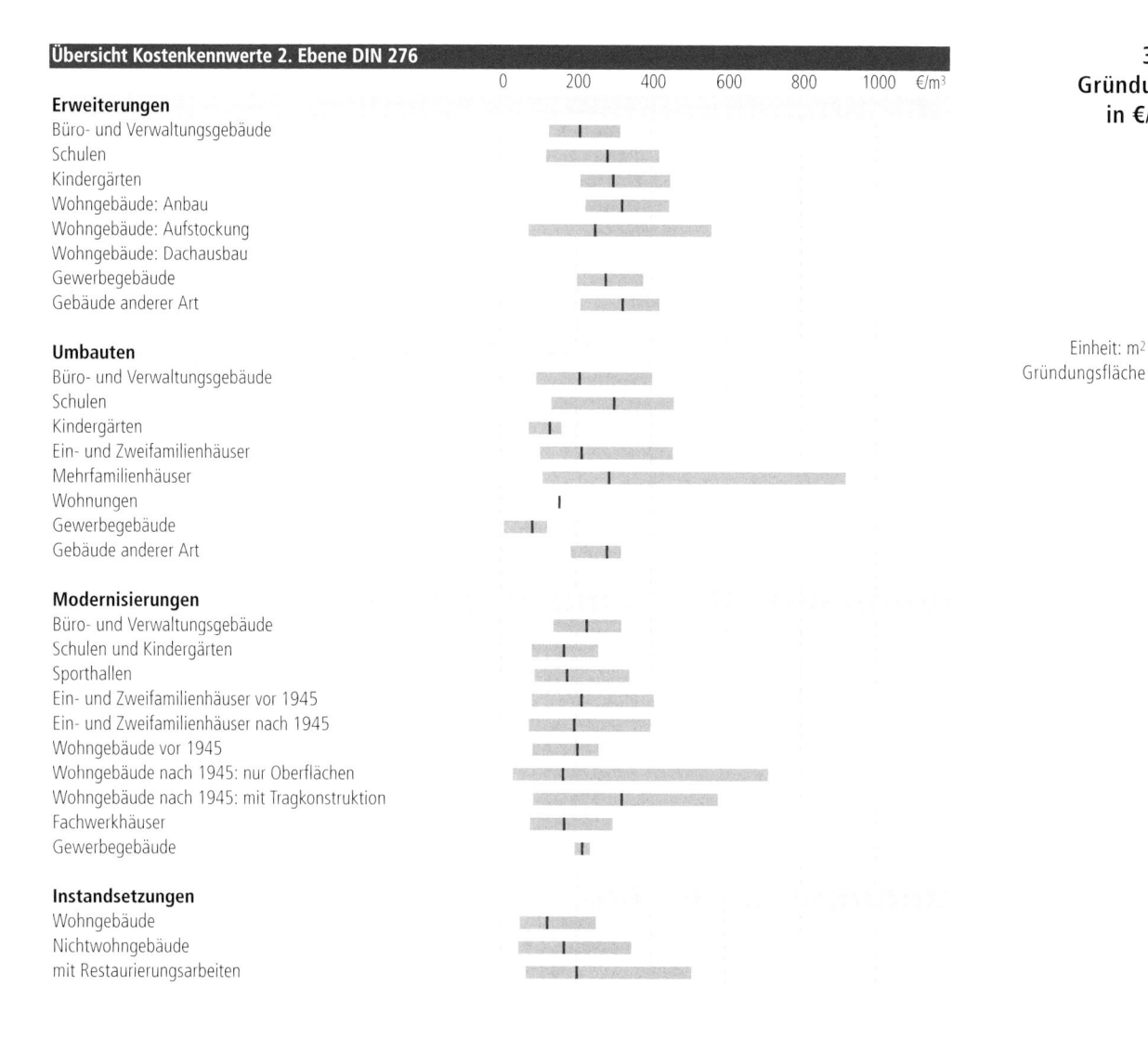

Übersicht Kostenkennwerte 2. Ebene DIN 276

320 Gründung in €/m²

0 – 200 – 400 – 600 – 800 – 1000 €/m³

Erweiterungen
- Büro- und Verwaltungsgebäude
- Schulen
- Kindergärten
- Wohngebäude: Anbau
- Wohngebäude: Aufstockung
- Wohngebäude: Dachausbau
- Gewerbegebäude
- Gebäude anderer Art

Umbauten
- Büro- und Verwaltungsgebäude
- Schulen
- Kindergärten
- Ein- und Zweifamilienhäuser
- Mehrfamilienhäuser
- Wohnungen
- Gewerbegebäude
- Gebäude anderer Art

Modernisierungen
- Büro- und Verwaltungsgebäude
- Schulen und Kindergärten
- Sporthallen
- Ein- und Zweifamilienhäuser vor 1945
- Ein- und Zweifamilienhäuser nach 1945
- Wohngebäude vor 1945
- Wohngebäude nach 1945: nur Oberflächen
- Wohngebäude nach 1945: mit Tragkonstruktion
- Fachwerkhäuser
- Gewerbegebäude

Instandsetzungen
- Wohngebäude
- Nichtwohngebäude
- mit Restaurierungsarbeiten

Einheit: m²
Gründungsfläche

© BKI Baukosteninformationszentrum; Erläuterungen zu den Tabellen siehe Seite 20   Kosten: 2.Quartal 2018, Bundesdurchschnitt, **inkl. 19% MwSt.**

330 Außenwände in €/m²

Übersicht Kostenkennwerte 2. Ebene DIN 276

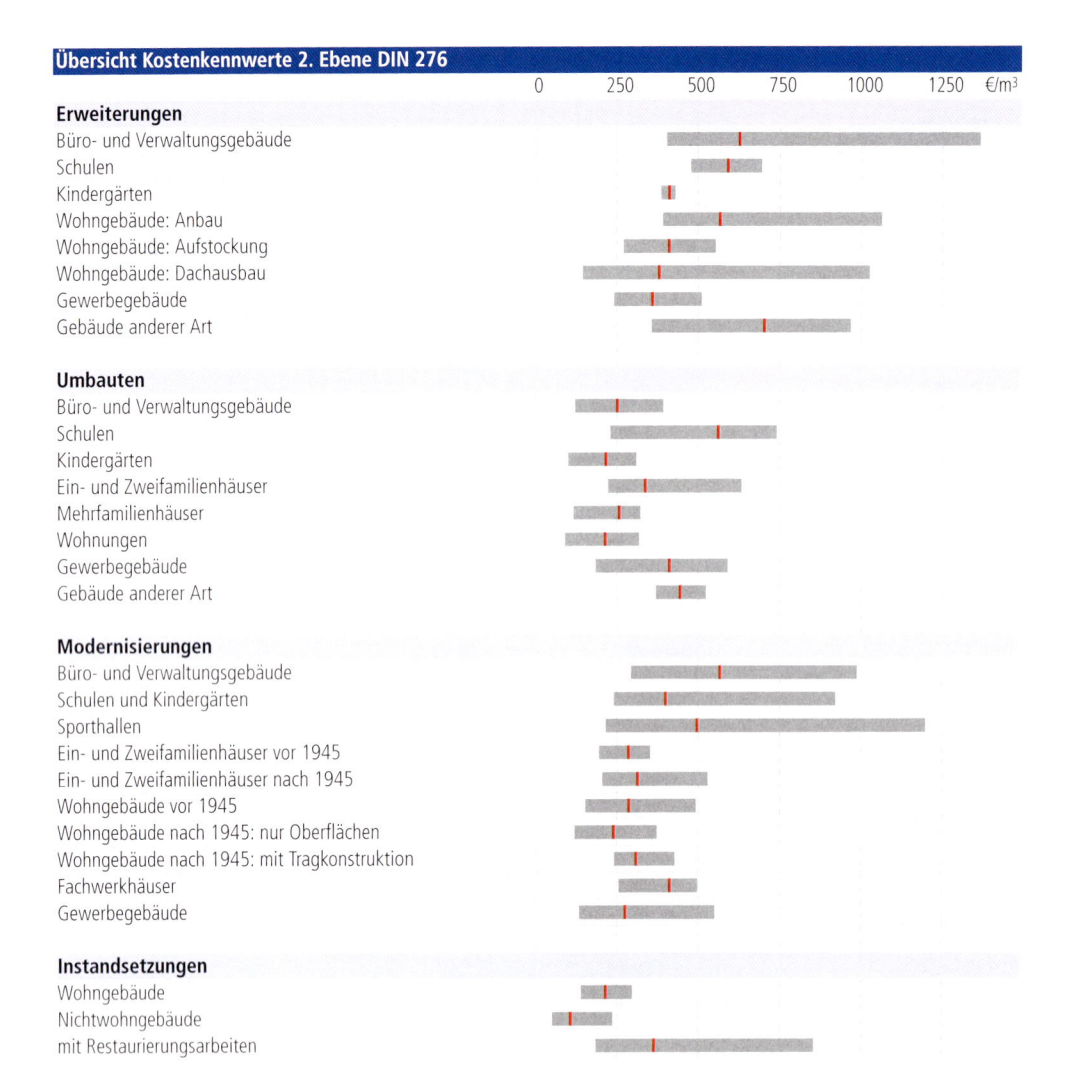

0   250   500   750   1000   1250   €/m³

Erweiterungen
- Büro- und Verwaltungsgebäude
- Schulen
- Kindergärten
- Wohngebäude: Anbau
- Wohngebäude: Aufstockung
- Wohngebäude: Dachausbau
- Gewerbegebäude
- Gebäude anderer Art

Umbauten
- Büro- und Verwaltungsgebäude
- Schulen
- Kindergärten
- Ein- und Zweifamilienhäuser
- Mehrfamilienhäuser
- Wohnungen
- Gewerbegebäude
- Gebäude anderer Art

Modernisierungen
- Büro- und Verwaltungsgebäude
- Schulen und Kindergärten
- Sporthallen
- Ein- und Zweifamilienhäuser vor 1945
- Ein- und Zweifamilienhäuser nach 1945
- Wohngebäude vor 1945
- Wohngebäude nach 1945: nur Oberflächen
- Wohngebäude nach 1945: mit Tragkonstruktion
- Fachwerkhäuser
- Gewerbegebäude

Instandsetzungen
- Wohngebäude
- Nichtwohngebäude
- mit Restaurierungsarbeiten

Einheit: m² Außenwandfläche

Kosten:
Stand 2. Quartal 2018
Bundesdurchschnitt
inkl. 19% MwSt.

Übersicht Kostenkennwerte 2. Ebene DIN 276

340 Innenwände in €/m²

Einheit: m² Innenwandfläche

Skala: 0 – 350 – 700 – 1050 – 1400 – 1750 €/m³

Erweiterungen
- Büro- und Verwaltungsgebäude
- Schulen
- Kindergärten
- Wohngebäude: Anbau
- Wohngebäude: Aufstockung
- Wohngebäude: Dachausbau
- Gewerbegebäude
- Gebäude anderer Art

Umbauten
- Büro- und Verwaltungsgebäude
- Schulen
- Kindergärten
- Ein- und Zweifamilienhäuser
- Mehrfamilienhäuser
- Wohnungen
- Gewerbegebäude
- Gebäude anderer Art

Modernisierungen
- Büro- und Verwaltungsgebäude
- Schulen und Kindergärten
- Sporthallen
- Ein- und Zweifamilienhäuser vor 1945
- Ein- und Zweifamilienhäuser nach 1945
- Wohngebäude vor 1945
- Wohngebäude nach 1945: nur Oberflächen
- Wohngebäude nach 1945: mit Tragkonstruktion
- Fachwerkhäuser
- Gewerbegebäude

Instandsetzungen
- Wohngebäude
- Nichtwohngebäude
- mit Restaurierungsarbeiten

© BKI Baukosteninformationszentrum; Erläuterungen zu den Tabellen siehe Seite 20   Kosten: 2.Quartal 2018, Bundesdurchschnitt, inkl. 19% MwSt.

350 Decken in €/m²

Einheit: m² Deckenfläche

Kosten:
Stand 2.Quartal 2018
Bundesdurchschnitt
inkl. 19% MwSt.

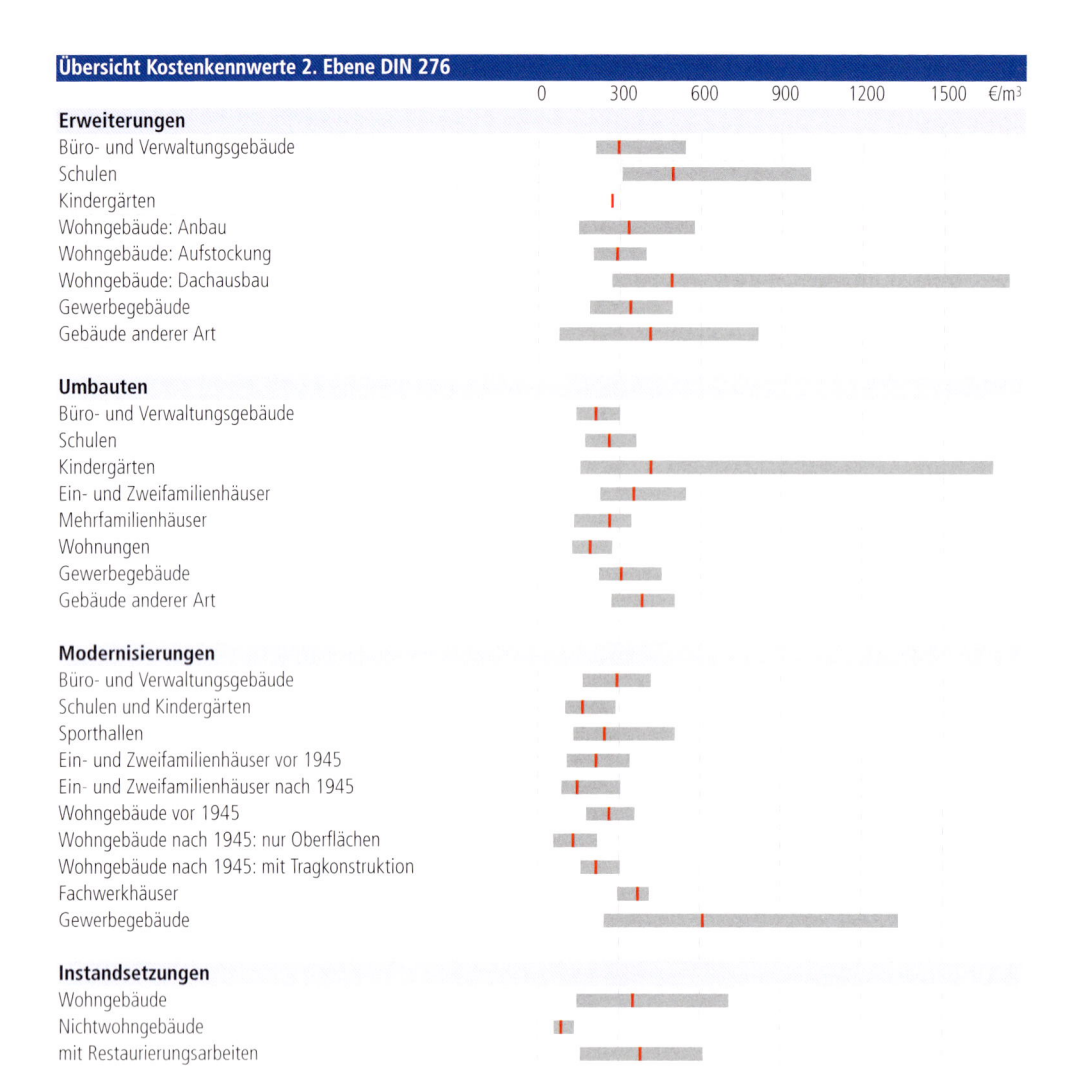

Übersicht Kostenkennwerte 2. Ebene DIN 276

Erweiterungen
- Büro- und Verwaltungsgebäude
- Schulen
- Kindergärten
- Wohngebäude: Anbau
- Wohngebäude: Aufstockung
- Wohngebäude: Dachausbau
- Gewerbegebäude
- Gebäude anderer Art

Umbauten
- Büro- und Verwaltungsgebäude
- Schulen
- Kindergärten
- Ein- und Zweifamilienhäuser
- Mehrfamilienhäuser
- Wohnungen
- Gewerbegebäude
- Gebäude anderer Art

Modernisierungen
- Büro- und Verwaltungsgebäude
- Schulen und Kindergärten
- Sporthallen
- Ein- und Zweifamilienhäuser vor 1945
- Ein- und Zweifamilienhäuser nach 1945
- Wohngebäude vor 1945
- Wohngebäude nach 1945: nur Oberflächen
- Wohngebäude nach 1945: mit Tragkonstruktion
- Fachwerkhäuser
- Gewerbegebäude

Instandsetzungen
- Wohngebäude
- Nichtwohngebäude
- mit Restaurierungsarbeiten

© BKI Baukosteninformationszentrum; Erläuterungen zu den Tabellen siehe Seite 20   Kosten: 2.Quartal 2018, Bundesdurchschnitt, inkl. 19% MwSt.

Übersicht Kostenkennwerte 2. Ebene DIN 276

360 Dächer in €/m²

Erweiterungen
- Büro- und Verwaltungsgebäude
- Schulen
- Kindergärten
- Wohngebäude: Anbau
- Wohngebäude: Aufstockung
- Wohngebäude: Dachausbau
- Gewerbegebäude
- Gebäude anderer Art

Umbauten
- Büro- und Verwaltungsgebäude
- Schulen
- Kindergärten
- Ein- und Zweifamilienhäuser
- Mehrfamilienhäuser
- Wohnungen
- Gewerbegebäude
- Gebäude anderer Art

Modernisierungen
- Büro- und Verwaltungsgebäude
- Schulen und Kindergärten
- Sporthallen
- Ein- und Zweifamilienhäuser vor 1945
- Ein- und Zweifamilienhäuser nach 1945
- Wohngebäude vor 1945
- Wohngebäude nach 1945: nur Oberflächen
- Wohngebäude nach 1945: mit Tragkonstruktion
- Fachwerkhäuser
- Gewerbegebäude

Instandsetzungen
- Wohngebäude
- Nichtwohngebäude
- mit Restaurierungsarbeiten

Einheit: m² Dachfläche

© BKI Baukosteninformationszentrum; Erläuterungen zu den Tabellen siehe Seite 20   Kosten: 2.Quartal 2018, Bundesdurchschnitt, inkl. 19% MwSt.

370 Baukonstruktive Einbauten in €/m²

Einheit: m² Brutto-Grundfläche

Kosten:
Stand 2.Quartal 2018
Bundesdurchschnitt
inkl. 19% MwSt.

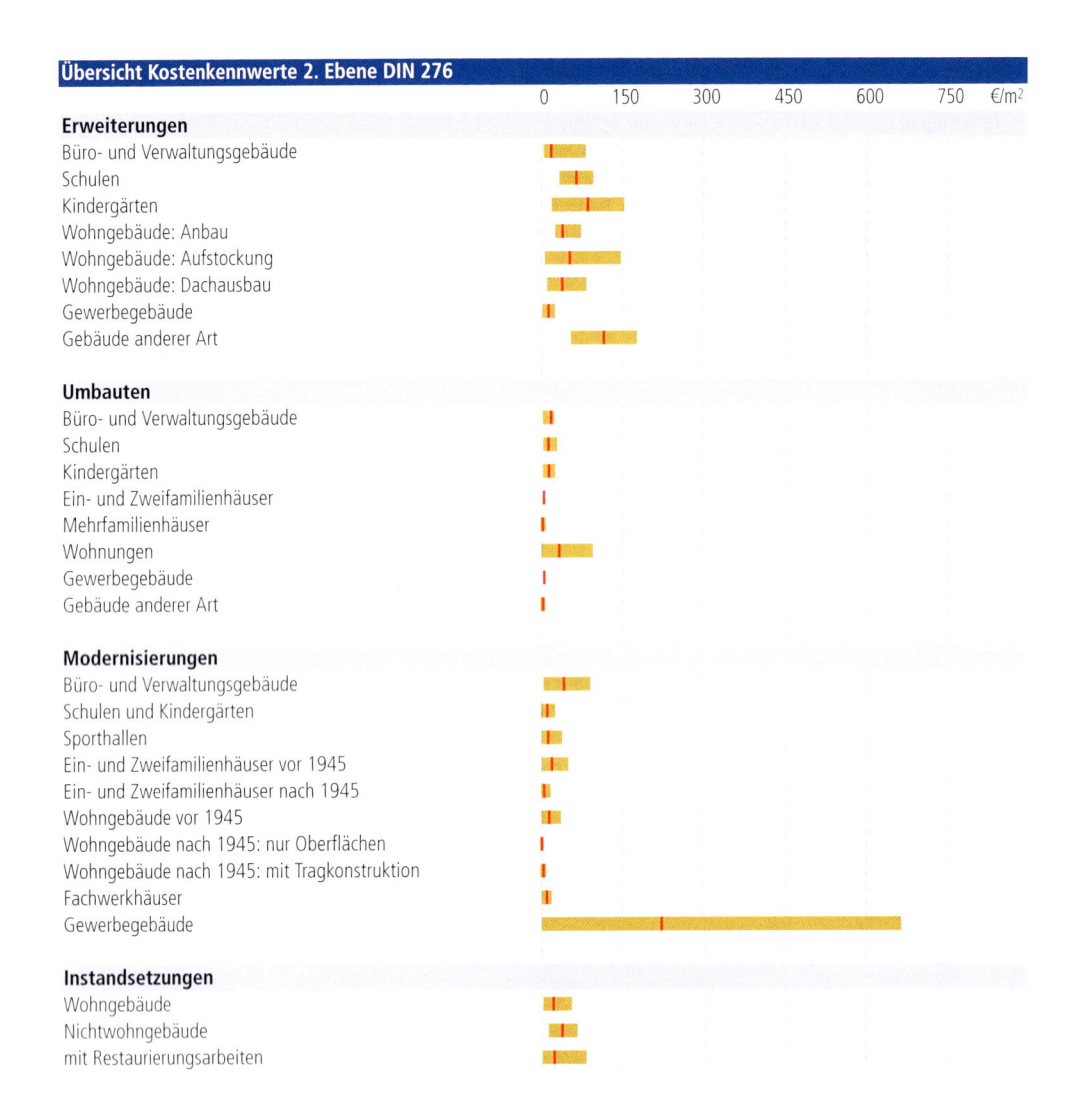

Übersicht Kostenkennwerte 2. Ebene DIN 276

0 · 150 · 300 · 450 · 600 · 750 €/m²

Erweiterungen
- Büro- und Verwaltungsgebäude
- Schulen
- Kindergärten
- Wohngebäude: Anbau
- Wohngebäude: Aufstockung
- Wohngebäude: Dachausbau
- Gewerbegebäude
- Gebäude anderer Art

Umbauten
- Büro- und Verwaltungsgebäude
- Schulen
- Kindergärten
- Ein- und Zweifamilienhäuser
- Mehrfamilienhäuser
- Wohnungen
- Gewerbegebäude
- Gebäude anderer Art

Modernisierungen
- Büro- und Verwaltungsgebäude
- Schulen und Kindergärten
- Sporthallen
- Ein- und Zweifamilienhäuser vor 1945
- Ein- und Zweifamilienhäuser nach 1945
- Wohngebäude vor 1945
- Wohngebäude nach 1945: nur Oberflächen
- Wohngebäude nach 1945: mit Tragkonstruktion
- Fachwerkhäuser
- Gewerbegebäude

Instandsetzungen
- Wohngebäude
- Nichtwohngebäude
- mit Restaurierungsarbeiten

© BKI Baukosteninformationszentrum; Erläuterungen zu den Tabellen siehe Seite 20

Kosten: 2.Quartal 2018, Bundesdurchschnitt, **inkl. 19% MwSt.**

Übersicht Kostenkennwerte 2. Ebene DIN 276

390 Sonstige Maßnahmen für Baukonstruktionen in €/m²

Skala: 0 – 250 €/m²

Erweiterungen
- Büro- und Verwaltungsgebäude
- Schulen
- Kindergärten
- Wohngebäude: Anbau
- Wohngebäude: Aufstockung
- Wohngebäude: Dachausbau
- Gewerbegebäude
- Gebäude anderer Art

Umbauten
- Büro- und Verwaltungsgebäude
- Schulen
- Kindergärten
- Ein- und Zweifamilienhäuser
- Mehrfamilienhäuser
- Wohnungen
- Gewerbegebäude
- Gebäude anderer Art

Modernisierungen
- Büro- und Verwaltungsgebäude
- Schulen und Kindergärten
- Sporthallen
- Ein- und Zweifamilienhäuser vor 1945
- Ein- und Zweifamilienhäuser nach 1945
- Wohngebäude vor 1945
- Wohngebäude nach 1945: nur Oberflächen
- Wohngebäude nach 1945: mit Tragkonstruktion
- Fachwerkhäuser
- Gewerbegebäude

Instandsetzungen
- Wohngebäude
- Nichtwohngebäude
- mit Restaurierungsarbeiten

Einheit: m² Brutto-Grundfläche

© BKI Baukosteninformationszentrum; Erläuterungen zu den Tabellen siehe Seite 20   Kosten: 2.Quartal 2018, Bundesdurchschnitt, inkl. 19% MwSt.

410 Abwasser-, Wasser-, Gasanlagen in €/m²

Einheit: m² Brutto-Grundfläche

Kosten:
Stand 2. Quartal 2018
Bundesdurchschnitt
inkl. 19% MwSt.

Übersicht Kostenkennwerte 2. Ebene DIN 276

0 — 50 — 100 — 150 — 200 — 250 €/m²

Erweiterungen
- Büro- und Verwaltungsgebäude
- Schulen
- Kindergärten
- Wohngebäude: Anbau
- Wohngebäude: Aufstockung
- Wohngebäude: Dachausbau
- Gewerbegebäude
- Gebäude anderer Art

Umbauten
- Büro- und Verwaltungsgebäude
- Schulen
- Kindergärten
- Ein- und Zweifamilienhäuser
- Mehrfamilienhäuser
- Wohnungen
- Gewerbegebäude
- Gebäude anderer Art

Modernisierungen
- Büro- und Verwaltungsgebäude
- Schulen und Kindergärten
- Sporthallen
- Ein- und Zweifamilienhäuser vor 1945
- Ein- und Zweifamilienhäuser nach 1945
- Wohngebäude vor 1945
- Wohngebäude nach 1945: nur Oberflächen
- Wohngebäude nach 1945: mit Tragkonstruktion
- Fachwerkhäuser
- Gewerbegebäude

Instandsetzungen
- Wohngebäude
- Nichtwohngebäude
- mit Restaurierungsarbeiten

© BKI Baukosteninformationszentrum; Erläuterungen zu den Tabellen siehe Seite 20

Kosten: 2. Quartal 2018, Bundesdurchschnitt, inkl. 19% MwSt.

Übersicht Kostenkennwerte 2. Ebene DIN 276

420 Wärmeversorgungsanlagen in €/m²

Einheit: m² Brutto-Grundfläche

Erweiterungen
- Büro- und Verwaltungsgebäude
- Schulen
- Kindergärten
- Wohngebäude: Anbau
- Wohngebäude: Aufstockung
- Wohngebäude: Dachausbau
- Gewerbegebäude
- Gebäude anderer Art

Umbauten
- Büro- und Verwaltungsgebäude
- Schulen
- Kindergärten
- Ein- und Zweifamilienhäuser
- Mehrfamilienhäuser
- Wohnungen
- Gewerbegebäude
- Gebäude anderer Art

Modernisierungen
- Büro- und Verwaltungsgebäude
- Schulen und Kindergärten
- Sporthallen
- Ein- und Zweifamilienhäuser vor 1945
- Ein- und Zweifamilienhäuser nach 1945
- Wohngebäude vor 1945
- Wohngebäude nach 1945: nur Oberflächen
- Wohngebäude nach 1945: mit Tragkonstruktion
- Fachwerkhäuser
- Gewerbegebäude

Instandsetzungen
- Wohngebäude
- Nichtwohngebäude
- mit Restaurierungsarbeiten

© BKI Baukosteninformationszentrum; Erläuterungen zu den Tabellen siehe Seite 20   Kosten: 2.Quartal 2018, Bundesdurchschnitt, **inkl. 19% MwSt.**

430 Lufttechnische Anlagen in €/m²

Einheit: m² Brutto-Grundfläche

Kosten:
Stand 2.Quartal 2018
Bundesdurchschnitt
inkl. 19% MwSt.

Übersicht Kostenkennwerte 2. Ebene DIN 276

0 — 75 — 150 — 225 — 300 — 375 €/m²

Erweiterungen
- Büro- und Verwaltungsgebäude
- Schulen
- Kindergärten
- Wohngebäude: Anbau
- Wohngebäude: Aufstockung
- Wohngebäude: Dachausbau
- Gewerbegebäude
- Gebäude anderer Art

Umbauten
- Büro- und Verwaltungsgebäude
- Schulen
- Kindergärten
- Ein- und Zweifamilienhäuser
- Mehrfamilienhäuser
- Wohnungen
- Gewerbegebäude
- Gebäude anderer Art

Modernisierungen
- Büro- und Verwaltungsgebäude
- Schulen und Kindergärten
- Sporthallen
- Ein- und Zweifamilienhäuser vor 1945
- Ein- und Zweifamilienhäuser nach 1945
- Wohngebäude vor 1945
- Wohngebäude nach 1945: nur Oberflächen
- Wohngebäude nach 1945: mit Tragkonstruktion
- Fachwerkhäuser
- Gewerbegebäude

Instandsetzungen
- Wohngebäude
- Nichtwohngebäude
- mit Restaurierungsarbeiten

Übersicht Kostenkennwerte 2. Ebene DIN 276

440 Starkstromanlagen in €/m²

Einheit: m² Brutto-Grundfläche

Erweiterungen
- Büro- und Verwaltungsgebäude
- Schulen
- Kindergärten
- Wohngebäude: Anbau
- Wohngebäude: Aufstockung
- Wohngebäude: Dachausbau
- Gewerbegebäude
- Gebäude anderer Art

Umbauten
- Büro- und Verwaltungsgebäude
- Schulen
- Kindergärten
- Ein- und Zweifamilienhäuser
- Mehrfamilienhäuser
- Wohnungen
- Gewerbegebäude
- Gebäude anderer Art

Modernisierungen
- Büro- und Verwaltungsgebäude
- Schulen und Kindergärten
- Sporthallen
- Ein- und Zweifamilienhäuser vor 1945
- Ein- und Zweifamilienhäuser nach 1945
- Wohngebäude vor 1945
- Wohngebäude nach 1945: nur Oberflächen
- Wohngebäude nach 1945: mit Tragkonstruktion
- Fachwerkhäuser
- Gewerbegebäude

Instandsetzungen
- Wohngebäude
- Nichtwohngebäude
- mit Restaurierungsarbeiten

© BKI Baukosteninformationszentrum; Erläuterungen zu den Tabellen siehe Seite 20   Kosten: 2.Quartal 2018, Bundesdurchschnitt, **inkl. 19% MwSt.**

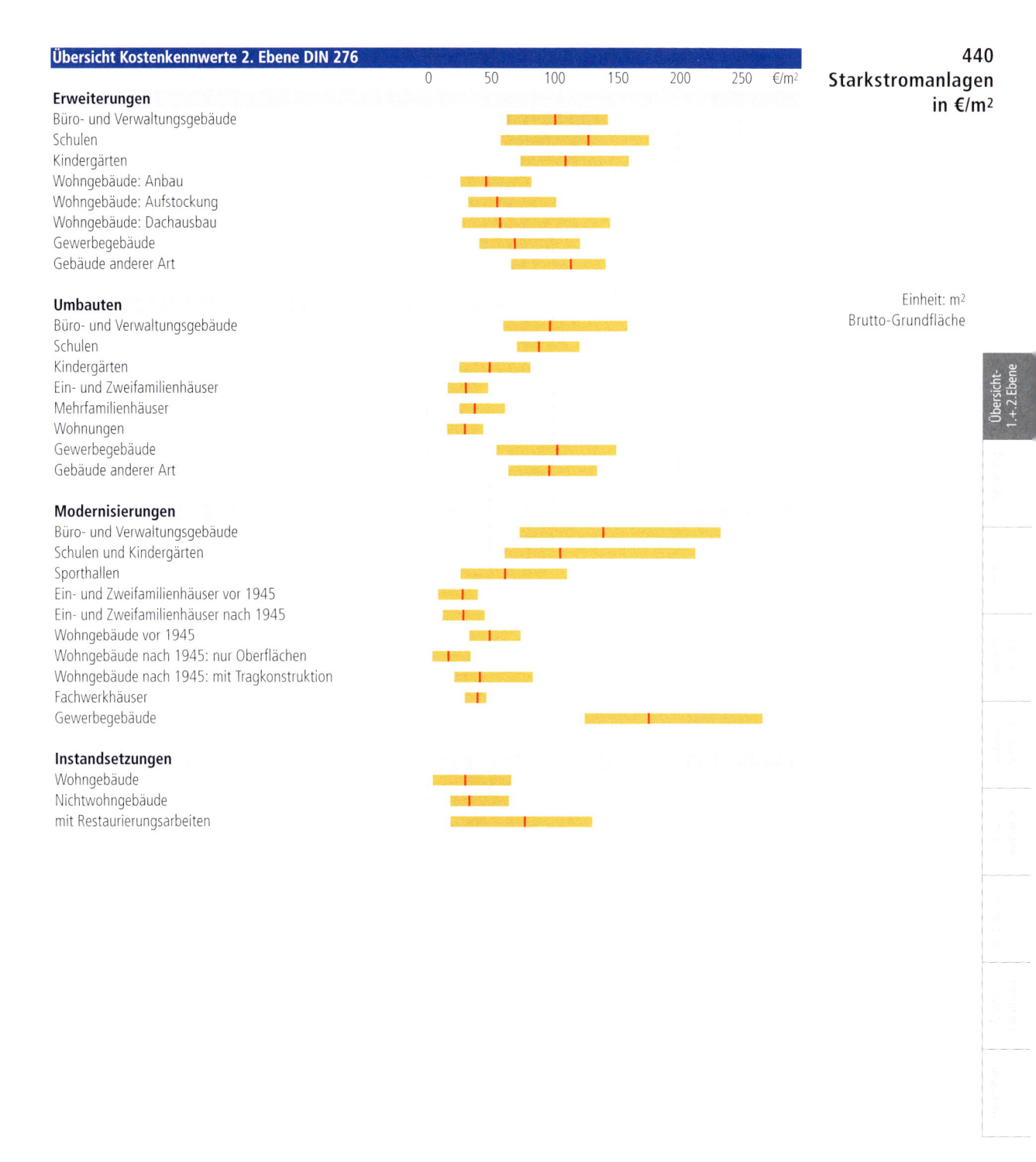

450 Fernmelde- und informationstechnische Anlagen in €/m²

Einheit: m² Brutto-Grundfläche

Kosten:
Stand 2.Quartal 2018
Bundesdurchschnitt
inkl. 19% MwSt.

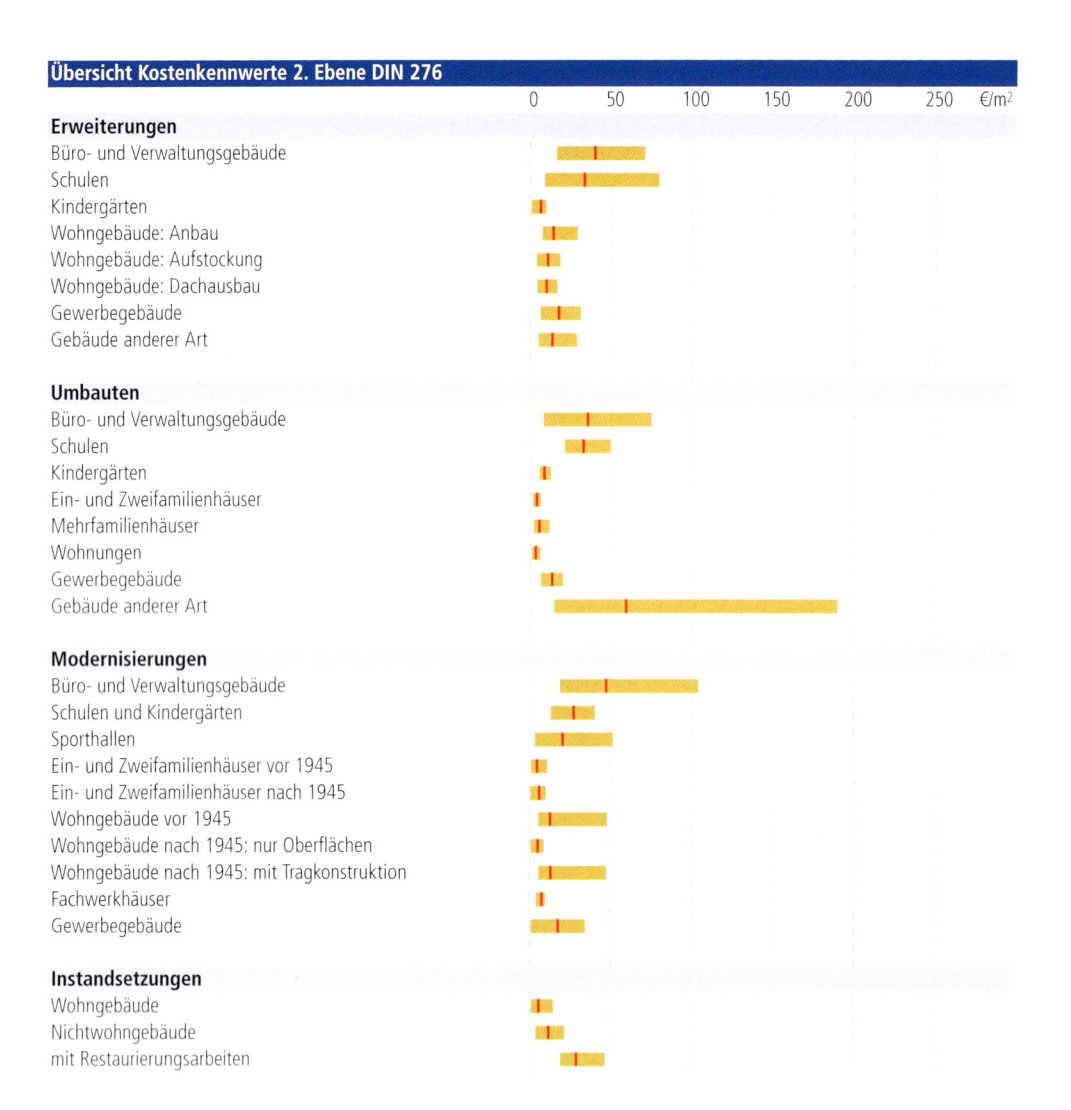

Übersicht Kostenkennwerte 2. Ebene DIN 276

Skala: 0 – 50 – 100 – 150 – 200 – 250 €/m²

Erweiterungen
- Büro- und Verwaltungsgebäude
- Schulen
- Kindergärten
- Wohngebäude: Anbau
- Wohngebäude: Aufstockung
- Wohngebäude: Dachausbau
- Gewerbegebäude
- Gebäude anderer Art

Umbauten
- Büro- und Verwaltungsgebäude
- Schulen
- Kindergärten
- Ein- und Zweifamilienhäuser
- Mehrfamilienhäuser
- Wohnungen
- Gewerbegebäude
- Gebäude anderer Art

Modernisierungen
- Büro- und Verwaltungsgebäude
- Schulen und Kindergärten
- Sporthallen
- Ein- und Zweifamilienhäuser vor 1945
- Ein- und Zweifamilienhäuser nach 1945
- Wohngebäude vor 1945
- Wohngebäude nach 1945: nur Oberflächen
- Wohngebäude nach 1945: mit Tragkonstruktion
- Fachwerkhäuser
- Gewerbegebäude

Instandsetzungen
- Wohngebäude
- Nichtwohngebäude
- mit Restaurierungsarbeiten

© BKI Baukosteninformationszentrum; Erläuterungen zu den Tabellen siehe Seite 20   Kosten: 2.Quartal 2018, Bundesdurchschnitt, inkl. 19% MwSt.

Übersicht Kostenkennwerte 2. Ebene DIN 276

460 Förderanlagen in €/m²

Einheit: m² Brutto-Grundfläche

Erweiterungen
- Büro- und Verwaltungsgebäude
- Schulen
- Kindergärten
- Wohngebäude: Anbau
- Wohngebäude: Aufstockung
- Wohngebäude: Dachausbau
- Gewerbegebäude
- Gebäude anderer Art

Umbauten
- Büro- und Verwaltungsgebäude
- Schulen
- Kindergärten
- Ein- und Zweifamilienhäuser
- Mehrfamilienhäuser
- Wohnungen
- Gewerbegebäude
- Gebäude anderer Art

Modernisierungen
- Büro- und Verwaltungsgebäude
- Schulen und Kindergärten
- Sporthallen
- Ein- und Zweifamilienhäuser vor 1945
- Ein- und Zweifamilienhäuser nach 1945
- Wohngebäude vor 1945
- Wohngebäude nach 1945: nur Oberflächen
- Wohngebäude nach 1945: mit Tragkonstruktion
- Fachwerkhäuser
- Gewerbegebäude

Instandsetzungen
- Wohngebäude
- Nichtwohngebäude
- mit Restaurierungsarbeiten

© BKI Baukosteninformationszentrum; Erläuterungen zu den Tabellen siehe Seite 20   Kosten: 2.Quartal 2018, Bundesdurchschnitt, **inkl. 19% MwSt.**

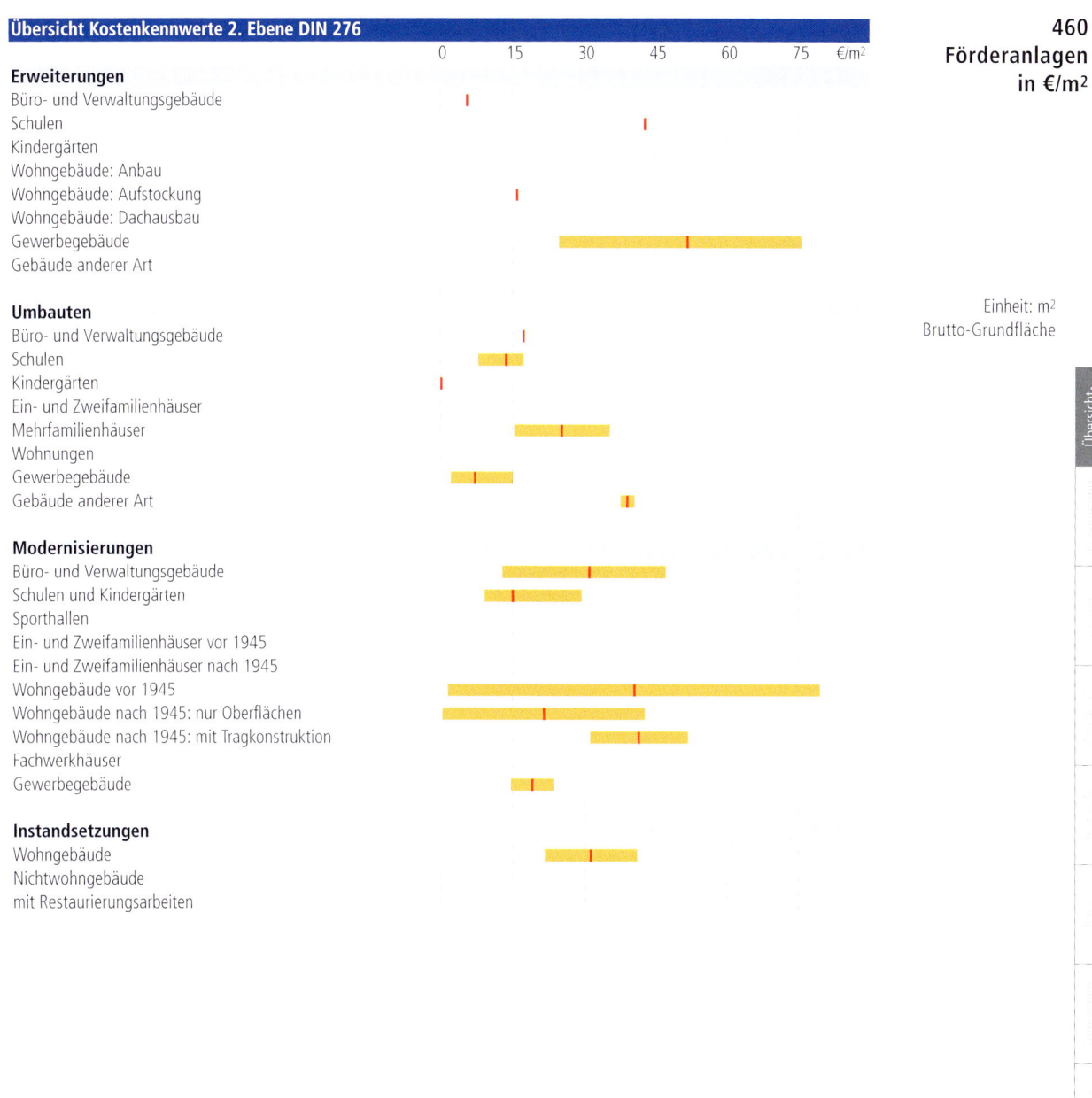

470 Nutzungsspezifische Anlagen in €/m²

Einheit: m²
Brutto-Grundfläche

Kosten:
Stand 2.Quartal 2018
Bundesdurchschnitt
inkl. 19% MwSt.

Übersicht Kostenkennwerte 2. Ebene DIN 276

Erweiterungen
- Büro- und Verwaltungsgebäude
- Schulen
- Kindergärten
- Wohngebäude: Anbau
- Wohngebäude: Aufstockung
- Wohngebäude: Dachausbau
- Gewerbegebäude
- Gebäude anderer Art

Umbauten
- Büro- und Verwaltungsgebäude
- Schulen
- Kindergärten
- Ein- und Zweifamilienhäuser
- Mehrfamilienhäuser
- Wohnungen
- Gewerbegebäude
- Gebäude anderer Art

Modernisierungen
- Büro- und Verwaltungsgebäude
- Schulen und Kindergärten
- Sporthallen
- Ein- und Zweifamilienhäuser vor 1945
- Ein- und Zweifamilienhäuser nach 1945
- Wohngebäude vor 1945
- Wohngebäude nach 1945: nur Oberflächen
- Wohngebäude nach 1945: mit Tragkonstruktion
- Fachwerkhäuser
- Gewerbegebäude

Instandsetzungen
- Wohngebäude
- Nichtwohngebäude
- mit Restaurierungsarbeiten

© BKI Baukosteninformationszentrum; Erläuterungen zu den Tabellen siehe Seite 20

Übersicht Kostenkennwerte 2. Ebene DIN 276

480 Gebäudeautomation in €/m²

Einheit: m² Brutto-Grundfläche

Kostenskala: 0 – 15 – 30 – 45 – 60 – 75 €/m²

Erweiterungen
- Büro- und Verwaltungsgebäude
- Schulen
- Kindergärten
- Wohngebäude: Anbau
- Wohngebäude: Aufstockung
- Wohngebäude: Dachausbau
- Gewerbegebäude
- Gebäude anderer Art

Umbauten
- Büro- und Verwaltungsgebäude
- Schulen
- Kindergärten
- Ein- und Zweifamilienhäuser
- Mehrfamilienhäuser
- Wohnungen
- Gewerbegebäude
- Gebäude anderer Art

Modernisierungen
- Büro- und Verwaltungsgebäude
- Schulen und Kindergärten
- Sporthallen
- Ein- und Zweifamilienhäuser vor 1945
- Ein- und Zweifamilienhäuser nach 1945
- Wohngebäude vor 1945
- Wohngebäude nach 1945: nur Oberflächen
- Wohngebäude nach 1945: mit Tragkonstruktion
- Fachwerkhäuser
- Gewerbegebäude

Instandsetzungen
- Wohngebäude
- Nichtwohngebäude
- mit Restaurierungsarbeiten

© BKI Baukosteninformationszentrum; Erläuterungen zu den Tabellen siehe Seite 20   Kosten: 2.Quartal 2018, Bundesdurchschnitt, **inkl. 19% MwSt.**

490 Sonstige Maßnahmen für Technische Anlagen in €/m²

Einheit: m²
Brutto-Grundfläche

Kosten:
Stand 2.Quartal 2018
Bundesdurchschnitt
inkl. 19% MwSt.

Übersicht Kostenkennwerte 2. Ebene DIN 276

Erweiterungen
- Büro- und Verwaltungsgebäude
- Schulen
- Kindergärten
- Wohngebäude: Anbau
- Wohngebäude: Aufstockung
- Wohngebäude: Dachausbau
- Gewerbegebäude
- Gebäude anderer Art

Umbauten
- Büro- und Verwaltungsgebäude
- Schulen
- Kindergärten
- Ein- und Zweifamilienhäuser
- Mehrfamilienhäuser
- Wohnungen
- Gewerbegebäude
- Gebäude anderer Art

Modernisierungen
- Büro- und Verwaltungsgebäude
- Schulen und Kindergärten
- Sporthallen
- Ein- und Zweifamilienhäuser vor 1945
- Ein- und Zweifamilienhäuser nach 1945
- Wohngebäude vor 1945
- Wohngebäude nach 1945: nur Oberflächen
- Wohngebäude nach 1945: mit Tragkonstruktion
- Fachwerkhäuser
- Gewerbegebäude

Instandsetzungen
- Wohngebäude
- Nichtwohngebäude
- mit Restaurierungsarbeiten

Gebäudearten
mit Kostenkennwerten der 1. und 2. Ebene DIN 276

Erweiterungen

Umbauten

Modernisierungen

Instandsetzungen

Erweiterungen

Büro- und Verwaltungsgebäude

Kosten:
Stand 2.Quartal 2018
Bundesdurchschnitt
inkl. 19% MwSt.

Kostenkennwerte für die Kosten des Bauwerks (Kostengruppen 300+400 nach DIN 276)

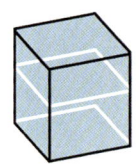

BRI 1.500 €/m³
von 340 €/m³
bis 535 €/m³

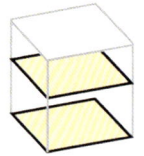

BGF 1.500 €/m²
von 1.120 €/m²
bis 2.040 €/m²

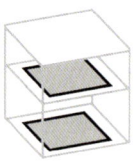

NUF 2.120 €/m²
von 1.550 €/m²
bis 3.030 €/m²

NE 54.070 €/NE
von 39.540 €/NE
bis 79.490 €/NE
NE: Arbeitsplätze

Objektbeispiele

1300-0232

1300-0221

2200-0027

Kosten der 13 Vergleichsobjekte — Seiten 94 bis 99

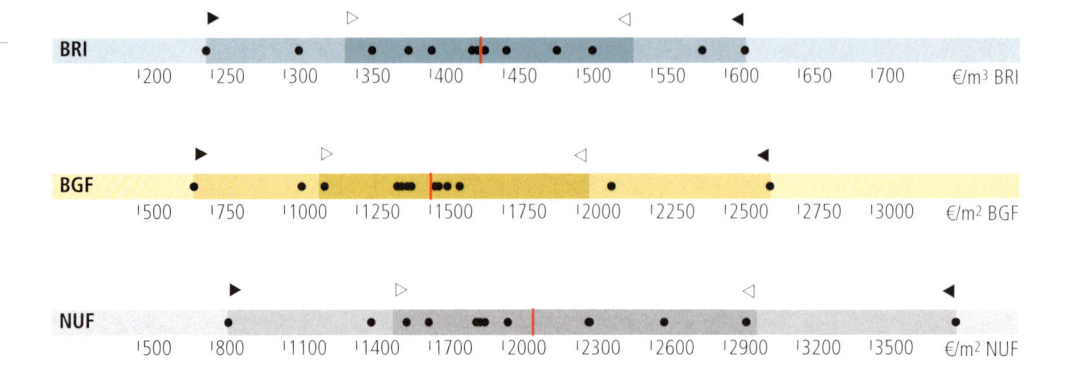

- ● KKW
- ▶ min
- ▷ von
- | Mittelwert
- ◁ bis
- ◀ max

BRI: €/m³ BRI (200–700)
BGF: €/m² BGF (500–3000)
NUF: €/m² NUF (500–3500)

© BKI Baukosteninformationszentrum; Erläuterungen zu den Tabellen siehe Seite 22   Kosten: 2.Quartal 2018, Bundesdurchschnitt, **inkl. 19% MwSt.**

Kostenkennwerte für die Kostengruppen der 1. und 2. Ebene DIN 276

KG	Kostengruppen der 1. Ebene	Einheit	▷	€/Einheit	◁	▷	% an 300+400	◁
100	Grundstück	m² GF	–	–	–	–	–	–
200	Herrichten und Erschließen	m² GF	1	2	5	0,3	1,3	2,5
300	Bauwerk - Baukonstruktionen	m² BGF	920	1.188	1.619	74,5	79,9	87,0
400	Bauwerk - Technische Anlagen	m² BGF	188	312	500	13,0	20,1	25,5
	Bauwerk (300+400)	m² BGF	1.119	1.500	2.036		100,0	
500	Außenanlagen	m² AF	41	93	207	1,9	5,3	12,0
600	Ausstattung und Kunstwerke	m² BGF	3	8	16	0,3	0,7	1,2
700	Baunebenkosten	m² BGF	–	–	–	–	–	–

KG	Kostengruppen der 2. Ebene	Einheit	▷	€/Einheit	◁	▷	% an 300	◁
310	Baugrube	m³ BGI	37	51	77	0,2	2,5	5,1
320	Gründung	m² GRF	131	212	315	2,2	6,0	18,6
330	Außenwände	m² AWF	407	629	1.365	31,6	38,0	49,1
340	Innenwände	m² IWF	97	202	243	10,6	16,2	25,7
350	Decken	m² DEF	213	295	537	5,6	13,7	17,3
360	Dächer	m² DAF	298	373	463	13,2	16,6	19,9
370	Baukonstruktive Einbauten	m² BGF	7	19	81	0,4	1,6	5,5
390	Sonstige Baukonstruktionen	m² BGF	30	58	85	3,3	5,4	8,5
300	Bauwerk Baukonstruktionen	m² BGF					100,0	

KG	Kostengruppen der 2. Ebene	Einheit	▷	€/Einheit	◁	▷	% an 400	◁
410	Abwasser, Wasser, Gas	m² BGF	13	32	65	5,5	14,3	29,5
420	Wärmeversorgungsanlagen	m² BGF	24	46	76	8,4	16,3	22,4
430	Lufttechnische Anlagen	m² BGF	22	71	105	2,1	14,2	34,5
440	Starkstromanlagen	m² BGF	65	102	143	32,9	41,0	56,4
450	Fernmeldeanlagen	m² BGF	17	39	70	3,4	11,8	23,6
460	Förderanlagen	m² BGF	–	6	–	–	0,2	–
470	Nutzungsspezifische Anlagen	m² BGF	1	12	23	0,0	0,9	6,5
480	Gebäudeautomation	m² BGF	–	28	–	–	1,0	–
490	Sonstige Technische Anlagen	m² BGF	1	4	10	0,0	0,4	2,2
400	Bauwerk Technische Anlagen	m² BGF					100,0	

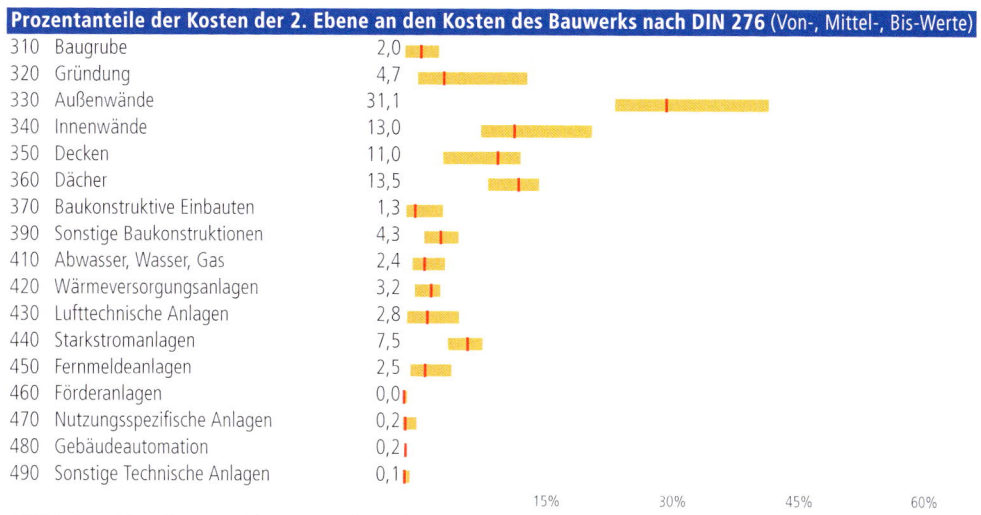

Prozentanteile der Kosten der 2. Ebene an den Kosten des Bauwerks nach DIN 276 (Von-, Mittel-, Bis-Werte)

KG		Mittel
310	Baugrube	2,0
320	Gründung	4,7
330	Außenwände	31,1
340	Innenwände	13,0
350	Decken	11,0
360	Dächer	13,5
370	Baukonstruktive Einbauten	1,3
390	Sonstige Baukonstruktionen	4,3
410	Abwasser, Wasser, Gas	2,4
420	Wärmeversorgungsanlagen	3,2
430	Lufttechnische Anlagen	2,8
440	Starkstromanlagen	7,5
450	Fernmeldeanlagen	2,5
460	Förderanlagen	0,0
470	Nutzungsspezifische Anlagen	0,2
480	Gebäudeautomation	0,2
490	Sonstige Technische Anlagen	0,1

© BKI Baukosteninformationszentrum; Erläuterungen zu den Tabellen siehe Seite 24   Kosten: 2.Quartal 2018, Bundesdurchschnitt, inkl. 19% MwSt.

Erweiterungen

Büro- und Verwaltungsgebäude

Kosten:
Stand 2. Quartal 2018
Bundesdurchschnitt
inkl. 19% MwSt.

Kostenkennwerte für die Kostengruppen der 3. Ebene DIN 276

KG	Kostengruppen der 3. Ebene	Einheit	▷ von	Ø €/Einheit Mittel	◁ bis	▷ von	Ø €/m² BGF Mittel	◁ bis
334	Außentüren und -fenster	m²	385,85	**681,86**	1.050,70	59,03	**132,24**	189,66
335	Außenwandbekleidungen außen	m²	81,32	**157,02**	251,51	79,12	**114,47**	161,49
363	Dachbeläge	m²	136,69	**182,50**	275,60	49,07	**84,28**	119,79
331	Tragende Außenwände	m²	161,58	**322,51**	727,94	37,52	**72,06**	135,42
337	Elementierte Außenwände	m²	498,89	**815,86**	1.090,71	54,46	**71,10**	116,42
351	Deckenkonstruktionen	m²	204,33	**405,00**	1.358,58	29,12	**66,92**	98,56
434	Kälteanlagen	m²	–	**66,54**	–	–	**66,54**	–
444	Niederspannungsinstallationsanl.	m²	42,81	**66,02**	91,26	42,81	**66,02**	91,26
344	Innentüren und -fenster	m²	484,44	**628,60**	760,73	24,04	**63,23**	95,04
325	Bodenbeläge	m²	95,72	**118,17**	140,58	28,33	**58,42**	145,05
352	Deckenbeläge	m²	82,80	**109,29**	158,92	48,06	**56,34**	96,24
364	Dachbekleidungen	m²	32,29	**85,26**	134,10	14,76	**54,47**	116,43
361	Dachkonstruktionen	m²	81,27	**124,99**	187,23	26,48	**50,71**	84,74
312	Baugrubenumschließung	m²	–	**703,82**	–	–	**49,36**	–
431	Lüftungsanlagen	m²	20,89	**47,93**	111,70	20,89	**47,93**	111,70
345	Innenwandbekleidungen	m²	24,58	**34,97**	91,32	31,32	**47,63**	128,76
311	Baugrubenherstellung	m³	34,19	**38,60**	50,77	21,34	**43,87**	68,02
433	Klimaanlagen	m²	5,03	**42,53**	80,02	5,03	**42,53**	80,02
445	Beleuchtungsanlagen	m²	17,05	**42,25**	67,01	17,05	**42,25**	67,01
332	Nichttragende Außenwände	m²	153,47	**231,43**	354,06	0,94	**37,47**	57,61
322	Flachgründungen	m²	46,98	**88,28**	122,93	10,67	**35,99**	130,53
324	Unterböden und Bodenplatten	m²	91,94	**120,81**	197,91	9,97	**34,51**	102,76
333	Außenstützen	m	–	**462,37**	–	–	**33,05**	–
342	Nichttragende Innenwände	m²	76,19	**135,34**	316,43	9,07	**32,30**	50,16
353	Deckenbekleidungen	m²	29,91	**69,10**	132,04	9,82	**31,40**	45,89
341	Tragende Innenwände	m²	90,14	**159,81**	209,22	13,24	**30,61**	53,72
393	Sicherungsmaßnahmen	m²	–	**26,21**	–	–	**26,21**	–
336	Außenwandbekleidungen innen	m²	39,95	**69,05**	125,02	16,88	**25,84**	40,03
422	Wärmeverteilnetze	m²	11,19	**24,81**	42,08	11,19	**24,81**	42,08
391	Baustelleneinrichtung	m²	10,34	**24,64**	45,68	10,34	**24,64**	45,68
423	Raumheizflächen	m²	11,88	**23,35**	34,96	11,88	**23,35**	34,96
323	Tiefgründungen	m²	–	**196,18**	–	–	**23,29**	–
479	Nutzungsspezifische Anlagen, sonstiges	m²	–	**22,43**	–	–	**22,43**	–
338	Sonnenschutz	m²	136,33	**234,55**	489,74	9,60	**19,95**	24,68
457	Übertragungsnetze	m²	11,16	**19,37**	31,35	11,16	**19,37**	31,35
371	Allgemeine Einbauten	m²	5,44	**19,19**	80,83	5,44	**19,19**	80,83
411	Abwasseranlagen	m²	8,76	**17,38**	37,60	8,76	**17,38**	37,60
412	Wasseranlagen	m²	5,40	**17,07**	52,80	5,40	**17,07**	52,80
392	Gerüste	m²	10,28	**15,59**	28,76	10,28	**15,59**	28,76
481	Automationssysteme	m²	–	**14,81**	–	–	**14,81**	–
421	Wärmeerzeugungsanlagen	m²	3,55	**14,70**	25,84	3,55	**14,70**	25,84
339	Außenwände, sonstiges	m²	4,62	**14,09**	37,25	4,03	**13,26**	54,08
346	Elementierte Innenwände	m²	273,16	**429,70**	813,53	5,94	**13,13**	21,38
456	Gefahrenmelde- und Alarmanlagen	m²	2,54	**13,11**	25,84	2,54	**13,11**	25,84
442	Eigenstromversorgungsanlagen	m²	3,30	**9,89**	16,48	3,30	**9,89**	16,48
482	Schaltschränke	m²	–	**9,77**	–	–	**9,77**	–
343	Innenstützen	m	129,14	**159,95**	177,44	7,58	**9,49**	10,66
499	Sonstige Maßnahmen für Technische Anlagen, sonstiges	m²	–	**9,42**	–	–	**9,42**	–

▷ von
Ø Mittel
◁ bis

© BKI Baukosteninformationszentrum; Erläuterungen zu den Tabellen siehe Seite 26   Kosten: 2.Quartal 2018, Bundesdurchschnitt, **inkl. 19% MwSt.**

Kostenkennwerte für Leistungsbereiche nach StLB (Kosten des Bauwerks nach DIN 276)

LB	Leistungsbereiche	▷	€/m² BGF	◁	▷	% an 300+400	◁
000	Sicherheits-, Baustelleneinrichtungen inkl. 001	31	45	64	2,1	3,0	4,3
002	Erdarbeiten	3	27	56	0,2	1,8	3,7
006	Spezialtiefbauarbeiten inkl. 005	–	6	–	–	0,4	–
009	Entwässerungskanalarbeiten inkl. 011	0	4	13	0,0	0,3	0,8
010	Drän- und Versickerungsarbeiten	–	1	–	–	0,1	–
012	Mauerarbeiten	33	71	106	2,2	4,7	7,1
013	Betonarbeiten	42	137	237	2,8	9,1	15,8
014	Natur-, Betonwerksteinarbeiten	1	8	20	0,0	0,5	1,4
016	Zimmer- und Holzbauarbeiten	26	118	235	1,7	7,9	15,6
017	Stahlbauarbeiten	2	8	25	0,1	0,5	1,7
018	Abdichtungsarbeiten	1	6	17	0,0	0,4	1,2
020	Dachdeckungsarbeiten	2	32	153	0,1	2,1	10,2
021	Dachabdichtungsarbeiten	4	27	53	0,2	1,8	3,5
022	Klempnerarbeiten	13	29	56	0,9	1,9	3,8
	Rohbau	314	518	651	20,9	34,5	43,4
023	Putz- und Stuckarbeiten, Wärmedämmsysteme	31	61	98	2,0	4,1	6,5
024	Fliesen- und Plattenarbeiten	7	21	60	0,5	1,4	4,0
025	Estricharbeiten	5	18	35	0,3	1,2	2,4
026	Fenster, Außentüren inkl. 029, 032	39	146	216	2,6	9,7	14,4
027	Tischlerarbeiten	34	117	286	2,3	7,8	19,0
028	Parkettarbeiten, Holzpflasterarbeiten	0	1	2	0,0	0,0	0,1
030	Rollladenarbeiten	2	18	28	0,2	1,2	1,9
031	Metallbauarbeiten inkl. 035	10	51	114	0,7	3,4	7,6
034	Maler- und Lackiererarbeiten inkl. 037	34	63	126	2,3	4,2	8,4
036	Bodenbelagarbeiten	6	36	56	0,4	2,4	3,7
038	Vorgehängte hinterlüftete Fassaden	2	28	106	0,1	1,9	7,0
039	Trockenbauarbeiten	36	84	136	2,4	5,6	9,1
	Ausbau	534	649	825	35,6	43,2	55,0
040	Wärmeversorgungsanl. - Betriebseinr. inkl. 041	18	44	59	1,2	2,9	3,9
042	Gas- und Wasserinstallation, Leitungen inkl. 043	5	14	14	0,3	0,9	0,9
044	Abwasserinstallationsarbeiten - Leitungen	2	8	14	0,1	0,5	0,9
045	GWA-Einrichtungsgegenstände inkl. 046	2	12	28	0,2	0,8	1,9
047	Dämmarbeiten an betriebstechnischen Anlagen	2	7	19	0,1	0,4	1,3
049	Feuerlöschanlagen, Feuerlöschgeräte	0	1	2	0,0	0,0	0,2
050	Blitzschutz- und Erdungsanlagen	0	2	3	0,0	0,1	0,2
053	Niederspannanlagen inkl. 052, 054	51	78	119	3,4	5,2	8,0
055	Ersatzstromversorgungsanlagen	–	–	–	–	–	–
057	Gebäudesystemtechnik	–	–	–	–	–	–
058	Leuchten und Lampen inkl. 059	15	37	66	1,0	2,5	4,4
060	Elektroakustische Anlagen, Sprechanlagen	0	1	3	0,0	0,1	0,2
061	Kommunikationsnetze, inkl. 062	9	23	49	0,6	1,5	3,3
063	Gefahrenmeldeanlagen	0	5	15	0,0	0,3	1,0
069	Aufzüge	–	1	–	–	0,0	–
070	Gebäudeautomation	–	3	–	–	0,2	–
075	Raumlufttechnische Anlagen	7	41	94	0,4	2,7	6,3
	Technische Anlagen	191	274	317	12,8	18,3	21,2
084	Abbruch- und Rückbauarbeiten	12	48	112	0,8	3,2	7,5
	Sonstige Leistungsbereiche inkl. 008, 033, 051	2	17	49	0,1	1,1	3,3

© BKI Baukosteninformationszentrum; Erläuterungen zu den Tabellen siehe Seite 28   Kosten: 2.Quartal 2018, Bundesdurchschnitt, inkl. 19% MwSt.

Erweiterungen

Büro- und Verwaltungsgebäude

€/m² BGF

min	690	€/m²
von	1.120	€/m²
Mittel	**1.500**	**€/m²**
bis	2.040	€/m²
max	2.650	€/m²

Kosten:
Stand 2.Quartal 2018
Bundesdurchschnitt
inkl. 19% MwSt.

Objektübersicht zur Gebäudeart

1300-0212 Kirchenamt (77 AP)

BRI 6.739m³ | **BGF** 1.971m² | **NUF** 1.301m²

Bauzustand: mittel
Aufwand: mittel
Nutzung während der Bauzeit: nein
Nutzungsänderung: nein
Grundrissänderungen: umfangreiche
Tragwerkseingriffe: umfangreiche

Land: Niedersachsen
Kreis: Gifhorn
Standard: Durchschnitt
Bauzeit: 26 Wochen
Kennwerte: bis 3. Ebene DIN276
veröffentlicht: BKI Objektdaten A10

BGF 1.059 €/m²

Aufstockung und Modernisierung eines Verwaltungsgebäudes (77 AP)

Bauwerk - Baukonstruktionen
Herstellen: Außenwandbekleidungen außen 12%, Innentüren und -fenster 9%, Elementierte Außenwände 8%, Nichttragende Innenwände 6%, Außentüren und -fenster 6%, Deckenbekleidungen 5%, Deckenbeläge 5%, Innenwandbekleidungen 5%, Deckenkonstruktionen 4%, Dachbeläge 4%, Dachkonstruktionen 4%, Dachbekleidungen 3%, Bodenbeläge 3%, Sonnenschutz 3%, Außenwandbekleidungen innen 2%
Sonstige: 22%

Bauwerk - Technische Anlagen
Herstellen: Niederspannungsinstallationsanlagen 35%, Wärmeverteilnetze 11%, Übertragungsnetze 10%, Beleuchtungsanlagen 10%, Wasseranlagen 9%
Sonstige: 24%

1300-0207 Kirchenverwaltung (80 AP)

BRI 8.090m³ | **BGF** 2.455m² | **NUF** 1.482m²

Baujahr: 1537
Bauzustand: mittel
Aufwand: mittel
Nutzung während der Bauzeit: nein
Nutzungsänderung: ja
Grundrissänderungen: wenige
Tragwerkseingriffe: wenige

Land: Thüringen
Kreis: Erfurt
Standard: Durchschnitt
Bauzeit: 82 Wochen
Kennwerte: bis 3. Ebene DIN276
veröffentlicht: BKI Objektdaten A10

BGF 1.602 €/m²

Planung: Steinblock Architekten; Magdeburg
Anbau eines Bürotrakts im Zuge des Umbaus von denkmalgeschützten Universitätsgebäuden zum Verwaltungskomplex **Kosteneinfluss Grundstück:** Beengter Bauraum, Baugrubenverbau

Bauwerk - Baukonstruktionen
Herstellen: Außentüren und -fenster 14%, Außenwandbekleidungen außen 10%, Innentüren und -fenster 8%, Deckenkonstruktionen 8%, Dachbeläge 7%, Tragende Außenwände 5%, Elementierte Außenwände 5%, Deckenbeläge 4%, Baugrubenumschließung 4%, Tragende Innenwände 4%, Dachkonstruktionen 3%, Deckenbekleidungen 3%, Baugrubenherstellung 3%
Sonstige: 22%

Bauwerk - Technische Anlagen
Herstellen: Niederspannungsinstallationsanlagen 17%, Beleuchtungsanlagen 14%, Raumheizflächen 9%, Lüftungsanlagen 9%, Gefahrenmelde- und Alarmanlagen 9%, Nutzungsspezifische Anlagen, sonstiges 6%, Eigenstromversorgungsanlagen 5%, Automationssysteme 4%, Übertragungsnetze 4%
Sonstige: 23%

Objektübersicht zur Gebäudeart

2200-0027 Institutsgebäude ökologische Raumentwicklung | BRI 11.213m³ | BGF 3.378m² | NUF 2.065m²

Baujahr: 1968
Bauzustand: mittel
Aufwand: mittel
Nutzung während der Bauzeit: nein
Nutzungsänderung: ja
Grundrissänderungen: einige
Tragwerkseingriffe: einige

Land: Sachsen
Kreis: Dresden
Standard: Durchschnitt
Bauzeit: 78 Wochen
Kennwerte: bis 3. Ebene DIN276
veröffentlicht: BKI Objektdaten A9

BGF 1.435 €/m²

Planung: F29 Architekten GmbH; Dresden

Aufstockung in Teilbereichen um zwei Obergeschosse auf das bestehende Gebäude.

Bauwerk - Baukonstruktionen
Herstellen: Außentüren und -fenster 14%, Außenwandbekleidungen außen 13%, Deckenkonstruktionen 8%, Dachbekleidungen 6%, Innentüren und -fenster 5%, Deckenbekleidungen 4%, Elementierte Außenwände 4%, Nichttragende Außenwände 4%, Deckenbeläge 4%, Dachbeläge 3%, Bodenbeläge 3%, Nichttragende Innenwände 3%, Sonnenschutz 2%, Dachkonstruktionen 2%, Innenwandbekleidungen 2%
Sonstige: 22%

Bauwerk - Technische Anlagen
Herstellen: Kälteanlagen 26%, Lüftungsanlagen 17%, Niederspannungsinstallationsanlagen 14%, Beleuchtungsanlagen 12%, Gefahrenmelde- und Alarmanlagen 6%, Übertragungsnetze 5%
Sonstige: 21%

1300-0148 Bürogebäude | BRI 556m³ | BGF 153m² | NUF 108m²

Bauzustand: mittel
Aufwand: mittel
Nutzung während der Bauzeit: ja
Nutzungsänderung: nein
Grundrissänderungen: wenige
Tragwerkseingriffe: wenige

Land: Bayern
Kreis: Mühldorf a. Inn
Standard: Durchschnitt
Bauzeit: 13 Wochen
Kennwerte: bis 3. Ebene DIN276
veröffentlicht: BKI Objektdaten A7

BGF 2.115 €/m²

Planung: Architektur Seidel; Mühldorf/Inn

Erweiterung einer bestehenden Steuerkanzlei durch einen eingeschossigen, nicht unterkellerten, Anbau. Die Erschließung der Erweiterung kann sowohl durch das bestehende Gebäude als auch separat erfolgen.

Bauwerk - Baukonstruktionen
Herstellen: Bodenbeläge 9%, Tragende Außenwände 8%, Außentüren und -fenster 7%, Dachbeläge 7%, Elementierte Außenwände 7%, Flachgründungen 7%, Außenwandbekleidungen außen 6%, Unterböden und Bodenplatten 6%, Dachkonstruktionen 6%, Dachbekleidungen 5%, Baugrubenherstellung 5%, Tragende Innenwände 4%, Innentüren und -fenster 4%
Sonstige: 20%

Bauwerk - Technische Anlagen
Herstellen: Lüftungsanlagen 23%, Niederspannungsinstallationsanlagen 22%, Beleuchtungsanlagen 15%, Abwasseranlagen 10%, Übertragungsnetze 7%
Sonstige: 23%

Erweiterungen

Büro- und Verwaltungsgebäude

€/m² BGF

min	690	€/m²
von	1.120	€/m²
Mittel	**1.500**	**€/m²**
bis	2.040	€/m²
max	2.650	€/m²

Kosten:
Stand 2.Quartal 2018
Bundesdurchschnitt
inkl. 19% MwSt.

Objektübersicht zur Gebäudeart

1300-0134 Bürogebäude

BRI 451m³   **BGF** 145m²   **NUF** 105m²

Baujahr: 1965
Bauzustand: mittel
Aufwand: hoch
Nutzung während der Bauzeit: ja
Nutzungsänderung: nein
Grundrissänderungen: wenige
Tragwerkseingriffe: einige

Land: Bayern
Kreis: Landshut
Standard: Durchschnitt
Bauzeit: 17 Wochen
Kennwerte: bis 3. Ebene DIN276
veröffentlicht: BKI Objektdaten A6

BGF   1.402 €/m²

Planung: schmidtundheinz dipl.-ing. heike schmidt, rudolf heinz; moosburg a. d. Isar

Ergänzung der bestehenden Büroräume im Erdgeschoss durch den Ausbau des Dachgeschosses mit zwei Einzelbüros, einem Besprechungsraum, einer Teeküche und einem Empfangsbereich mit Garderobe.

Bauwerk - Baukonstruktionen
Herstellen: Dachbekleidungen 14%, Außentüren und -fenster 11%, Innenwandbekleidungen 10%, Innentüren und -fenster 10%, Deckenbeläge 8%, Allgemeine Einbauten 7%, Deckenkonstruktionen 5%, Außenwandbekleidungen außen 5%, Nichttragende Innenwände 4%, Tragende Außenwände 4%
Sonstige: 21%

Bauwerk - Technische Anlagen
Herstellen: Klimaanlagen 31%, Beleuchtungsanlagen 29%, Niederspannungsinstallationsanlagen 16%
Sonstige: 24%

1300-0118 Rathaus

BRI 2.140m³   **BGF** 764m²   **NUF** 605m²

Land: Hessen
Kreis: Vogelsberg
Standard: Durchschnitt
Bauzeit: 52 Wochen
Kennwerte: bis 3. Ebene DIN276
veröffentlicht: BKI Objektdaten A4

BGF   689 €/m²

Planung: Architekt Dipl.-Ing. (TH) Josef Michael Ruhl; Herbstein

Rathaus mit Büroräumen, Gemeindekasse, Sitzungsräume, Personalraum mit Teeküche.

Bauwerk - Baukonstruktionen
Abbrechen: Nichttragende Außenwände 3%
Herstellen: Dachbeläge 11%, Außenwandbekleidungen außen 10%, Nichttragende Außenwände 7%, Tragende Außenwände 7%, Innenwandbekleidungen 7%, Deckenbeläge 6%, Außenwandbekleidungen innen 5%, Außentüren und -fenster 4%, Gerüste 3%
Wiederherstellen: Tragende Außenwände 13%, Außenwandbekleidungen außen 3%
Sonstige: 22%

Bauwerk - Technische Anlagen
Herstellen: Wasseranlagen 61%, Abwasseranlagen 39%

Objektübersicht zur Gebäudeart

1300-0114 Bürogebäude

BRI 322m³   **BGF** 99m²   **NUF** 83m²

Bauzustand: mittel
Aufwand: mittel
Nutzung während der Bauzeit: ja
Nutzungsänderung: nein
Grundrissänderungen: einige
Tragwerkseingriffe: einige

Land: Bayern
Kreis: München
Standard: Durchschnitt
Bauzeit: 30 Wochen
Kennwerte: bis 3. Ebene DIN276
veröffentlicht: BKI Objektdaten A5

BGF 1.422 €/m²

Planung: Freier Architekt BDA Prof. Clemens Richarz; München

Erweiterung von Büroräumen an einem Wohnhaus als eingeschossiger teilunterkellerter Anbau mit Flachdach, als Dachterrasse nutzbar. **Kosteneinfluss Nutzung:** Erweiterung eines Wohnhauses um Büroräume; Dachterrasse: Sitzplatz (25m²) für Wohnung im 1. OG, Intensivbegrünung. **Kosteneinfluss Grundstück:** Aufgrund bestehender Bäume verkleinerter Keller.

Bauwerk - Baukonstruktionen
Außentüren und -fenster 19%, Außenwandbekleidungen außen 15%, Dachbeläge 11%, Deckenkonstruktionen 9%, Dachkonstruktionen 7%, Tragende Außenwände 6%, Baustelleneinrichtung 5%, Deckenbeläge 4%
Sonstige: 24%

Bauwerk - Technische Anlagen
Wasseranlagen 29%, Niederspannungsinstallationsanlagen 29%, Wärmeverteilnetze 23%
Sonstige: 18%

1300-0232 Bürogebäude (57 AP) - Effizienzhaus ~66%

BRI 4.125m³   **BGF** 953m²   **NUF** 657m²

Land: Sachsen
Kreis: Leipzig
Standard: über Durchschnitt
Bauzeit: 61 Wochen
Kennwerte: bis 1. Ebene DIN276
vorgesehen: BKI Objektdaten E8

BGF 2.652 €/m²

Planung: Martin Faßauer Bürogemeinschaft Baukomplex; Leipzig

Erweiterung eines Bürogebäudes um 57 Arbeitsplätze

Erweiterungen

Büro- und Verwaltungsgebäude

€/m² BGF

min	690 €/m²
von	1.120 €/m²
Mittel	**1.500 €/m²**
bis	2.040 €/m²
max	2.650 €/m²

Kosten:
Stand 2.Quartal 2018
Bundesdurchschnitt
inkl. 19% MwSt.

Objektübersicht zur Gebäudeart

1300-0191 Schulungs- und Verwaltungsgebäude
BRI 5.801m³ **BGF** 1.472m² **NUF** 1.105m²

Bauzustand: gut
Aufwand: mittel
Nutzung während der Bauzeit: ja
Nutzungsänderung: nein
Grundrissänderungen: wenige
Tragwerkseingriffe: keine

Land: Rheinland-Pfalz
Kreis: Grünstadt-Land
Standard: Durchschnitt
Bauzeit: 43 Wochen
Kennwerte: bis 1. Ebene DIN276
veröffentlicht: BKI Objektdaten A9
BGF 1.516 €/m²

Planung: P4 ARCHITEKTEN BDA; Frankenthal

Anbau eines Schulungs- und Verwaltungsgebäudes als Kopfbau an eine bestehende Produktionshalle mit Verwaltungsgebäude.

1300-0221 Bürogebäude (36 AP)
BRI 6.218m³ **BGF** 1.708m² **NUF** 1.133m²

Baujahr: 1950
Bauzustand: mittel
Aufwand: mittel
Nutzung während der Bauzeit: ja
Nutzungsänderung: nein
Grundrissänderungen: einige
Tragwerkseingriffe: einige

Land: Bayern
Kreis: Weilheim-Schongau
Standard: Durchschnitt
Bauzeit: 65 Wochen
Kennwerte: bis 1. Ebene DIN276
veröffentlicht: BKI Objektdaten A10
BGF 1.559 €/m²

Planung: Architekturbüro Manfred Ullmann; Burggen

Bürogebäude (36 AP) und Mehrzweckraum.

1300-0186 Büro und Werkstattgebäude
BRI 1.093m³ **BGF** 284m² **NUF** 206m²

Baujahr: 1980
Bauzustand: mittel
Aufwand: mittel
Nutzung während der Bauzeit: ja
Nutzungsänderung: nein
Grundrissänderungen: wenige
Tragwerkseingriffe: keine

Land: Berlin
Kreis: Berlin
Standard: Durchschnitt
Bauzeit: 39 Wochen
Kennwerte: bis 1. Ebene DIN276
veröffentlicht: BKI Objektdaten A8
BGF 1.387 €/m²

Planung: Arge4architekten GbR; Potsdam

Erweiterung eines Gewerbebaus mit Büro im EG und Werkstatt im UG

Objektübersicht zur Gebäudeart

1300-0161 Bürogebäude

BRI 223m³ **BGF** 74m² **NUF** 60m²

Bauzustand: mittel
Aufwand: mittel
Nutzung während der Bauzeit: nein
Nutzungsänderung: nein
Grundrissänderungen: wenige
Tragwerkseingriffe: keine

Land: Mecklenburg-Vorpommern
Kreis: Nordwestmecklenburg
Standard: unter Durchschnitt
Bauzeit: 34 Wochen
Kennwerte: bis 1. Ebene DIN276
veröffentlicht: BKI Objektdaten A7

BGF **1.529 €/m²**

Planung: Hempel:Architekten; Wismar

Anbau eines Bürogebäudes, Büro- und Konferenznutzung **Kosteneinfluss Nutzung:** Anbau an Bestandsgebäude

1300-0109 Verwaltungsgebäude

BRI 1.479m³ **BGF** 521m² **NUF** 406m²

Bauzustand: mittel
Aufwand: mittel
Nutzung während der Bauzeit: ja
Nutzungsänderung: nein
Grundrissänderungen: einige
Tragwerkseingriffe: wenige

Land: Baden-Württemberg
Kreis: Esslingen a.N.
Standard: Durchschnitt
Bauzeit: 91 Wochen
Kennwerte: bis 2. Ebene DIN276
veröffentlicht: BKI Objektdaten A4

BGF **1.137 €/m²**

Planung: Hartmaier + Partner Freie Architekten; Münsingen

Erweiterung eines Verwaltungsgebäudes durch einen Anbau und Umbau des bestehenden Dachgeschosses mit Teilabbruch und Umbau Bestandsbüros. **Kosteneinfluss Nutzung:** Anschluss Heizung an bestehende Anlage; Lagerbehälter vorhanden.

Erweiterungen

Schulen

Kostenkennwerte für die Kosten des Bauwerks (Kostengruppen 300+400 nach DIN 276)

BRI 440 €/m³
von 320 €/m³
bis 515 €/m³

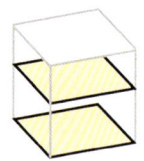

BGF 1.750 €/m²
von 1.420 €/m²
bis 1.950 €/m²

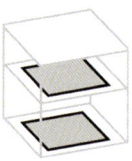

NUF 2.730 €/m²
von 2.110 €/m²
bis 3.160 €/m²

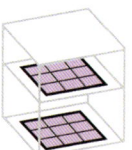

NE 16.240 €/NE
von 7.460 €/NE
bis 29.080 €/NE
NE: Schüler

Kosten:
Stand 2.Quartal 2018
Bundesdurchschnitt
inkl. 19% MwSt.

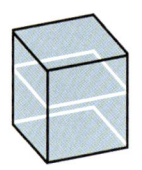

Objektbeispiele

4100-0180

4200-0033

4100-0159

Kosten der 15 Vergleichsobjekte — Seiten 104 bis 110

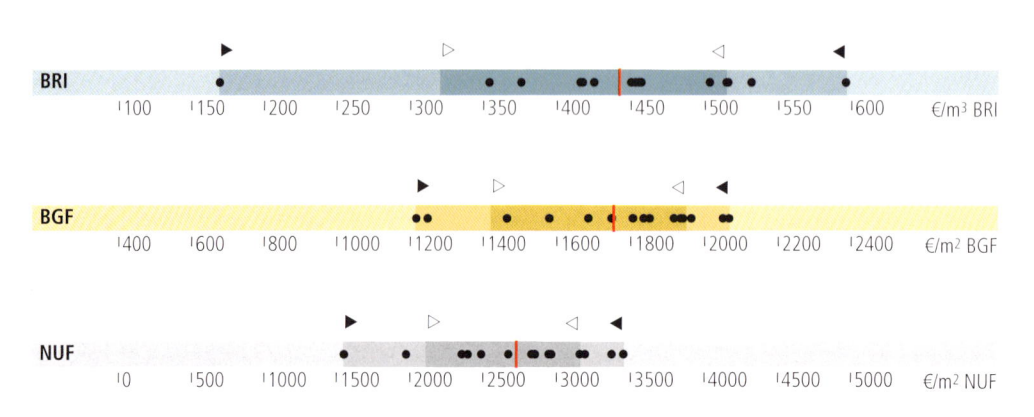

- ● KKW
- ▶ min
- ▷ von
- | Mittelwert
- ◁ bis
- ◀ max

BRI: €/m³ BRI
BGF: €/m² BGF
NUF: €/m² NUF

© BKI Baukosteninformationszentrum; Erläuterungen zu den Tabellen siehe Seite 22   Kosten: 2.Quartal 2018, Bundesdurchschnitt, **inkl. 19% MwSt.**

Kostenkennwerte für die Kostengruppen der 1. und 2. Ebene DIN 276

KG	Kostengruppen der 1. Ebene	Einheit	▷	€/Einheit	◁	▷	% an 300+400	◁
100	Grundstück	m² GF	–	–	–	–	–	–
200	Herrichten und Erschließen	m² GF	1	4	9	0,7	1,7	3,3
300	Bauwerk - Baukonstruktionen	m² BGF	1.158	**1.442**	1.668	73,9	**82,3**	90,1
400	Bauwerk - Technische Anlagen	m² BGF	173	**311**	458	9,9	**17,7**	26,1
	Bauwerk (300+400)	m² BGF	1.421	**1.754**	1.949		**100,0**	
500	Außenanlagen	m² AF	12	75	145	2,6	**5,0**	7,4
600	Ausstattung und Kunstwerke	m² BGF	23	68	146	1,2	**3,6**	7,6
700	Baunebenkosten	m² BGF	–	–	–	–	–	–

KG	Kostengruppen der 2. Ebene	Einheit	▷	€/Einheit	◁	▷	% an 300	◁
310	Baugrube	m³ BGI	27	**40**	56	1,3	**2,6**	8,6
320	Gründung	m² GRF	123	**284**	420	5,3	**11,0**	19,4
330	Außenwände	m² AWF	482	**594**	691	31,1	**36,9**	44,2
340	Innenwände	m² IWF	219	**326**	470	4,9	**8,9**	14,9
350	Decken	m² DEF	311	**495**	1.002	2,7	**13,6**	27,2
360	Dächer	m² DAF	313	**457**	776	12,2	**18,4**	26,3
370	Baukonstruktive Einbauten	m² BGF	36	**65**	95	0,0	**1,1**	4,3
390	Sonstige Baukonstruktionen	m² BGF	90	**120**	143	5,7	**7,4**	8,7
300	**Bauwerk Baukonstruktionen**	**m² BGF**					**100,0**	

KG	Kostengruppen der 2. Ebene	Einheit	▷	€/Einheit	◁	▷	% an 400	◁
410	Abwasser, Wasser, Gas	m² BGF	19	**57**	93	8,6	**22,4**	39,5
420	Wärmeversorgungsanlagen	m² BGF	24	**61**	104	10,5	**21,8**	35,0
430	Lufttechnische Anlagen	m² BGF	13	**38**	81	0,2	**3,8**	14,3
440	Starkstromanlagen	m² BGF	60	**129**	176	30,1	**45,3**	81,5
450	Fernmeldeanlagen	m² BGF	9	**33**	79	0,4	**4,1**	15,7
460	Förderanlagen	m² BGF	–	**43**	–		**1,4**	
470	Nutzungsspezifische Anlagen	m² BGF	3	**4**	5	0,0	**0,3**	1,0
480	Gebäudeautomation	m² BGF	3	**10**	17	0,1	**0,9**	5,4
490	Sonstige Technische Anlagen	m² BGF	–	**0**	–		**0,1**	
400	**Bauwerk Technische Anlagen**	**m² BGF**					**100,0**	

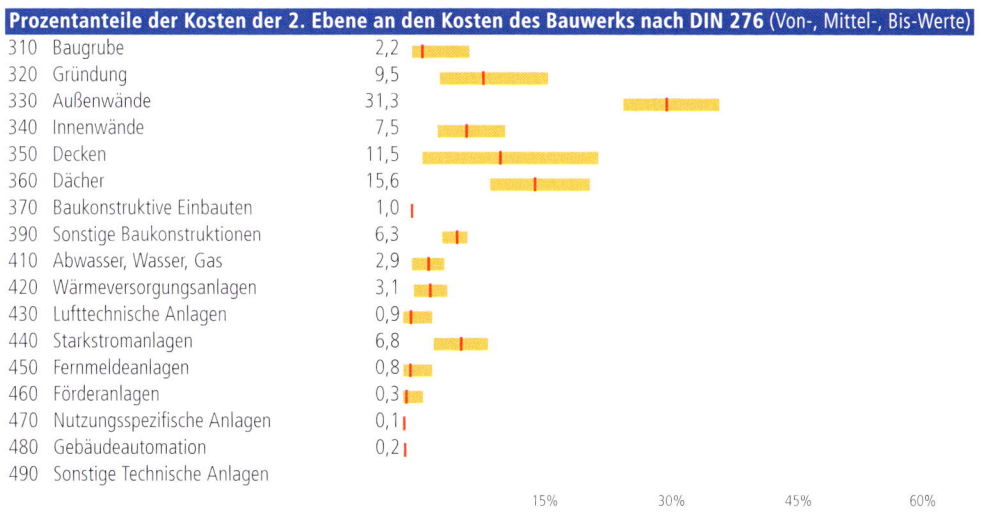

Prozentanteile der Kosten der 2. Ebene an den Kosten des Bauwerks nach DIN 276 (Von-, Mittel-, Bis-Werte)

KG	Kostengruppe	Mittelwert
310	Baugrube	2,2
320	Gründung	9,5
330	Außenwände	31,3
340	Innenwände	7,5
350	Decken	11,5
360	Dächer	15,6
370	Baukonstruktive Einbauten	1,0
390	Sonstige Baukonstruktionen	6,3
410	Abwasser, Wasser, Gas	2,9
420	Wärmeversorgungsanlagen	3,1
430	Lufttechnische Anlagen	0,9
440	Starkstromanlagen	6,8
450	Fernmeldeanlagen	0,8
460	Förderanlagen	0,3
470	Nutzungsspezifische Anlagen	0,1
480	Gebäudeautomation	0,2
490	Sonstige Technische Anlagen	

© BKI Baukosteninformationszentrum; Erläuterungen zu den Tabellen siehe Seite 24   Kosten: 2.Quartal 2018, Bundesdurchschnitt, inkl. 19% MwSt.

Erweiterungen

Schulen

Kosten:
Stand 2.Quartal 2018
Bundesdurchschnitt
inkl. 19% MwSt.

▷ von
Ø Mittel
◁ bis

Kostenkennwerte für die Kostengruppen der 3. Ebene DIN 276

KG	Kostengruppen der 3. Ebene	Einheit	▷	Ø €/Einheit	◁	▷	Ø €/m² BGF	◁
337	Elementierte Außenwände	m²	386,21	**596,77**	706,56	186,71	**269,37**	394,48
351	Deckenkonstruktionen	m²	172,22	**236,51**	349,32	68,15	**209,98**	309,60
334	Außentüren und -fenster	m²	480,65	**739,17**	898,05	115,30	**177,33**	379,75
363	Dachbeläge	m²	131,15	**231,06**	333,91	99,99	**151,75**	204,68
335	Außenwandbekleidungen außen	m²	117,40	**179,51**	245,31	76,59	**139,40**	204,59
331	Tragende Außenwände	m²	119,65	**210,99**	617,84	67,37	**121,15**	246,95
361	Dachkonstruktionen	m²	101,75	**160,75**	196,41	84,17	**117,70**	259,75
325	Bodenbeläge	m²	80,99	**144,24**	196,13	38,95	**86,87**	134,11
352	Deckenbeläge	m²	117,68	**128,90**	133,01	51,80	**85,33**	118,96
391	Baustelleneinrichtung	m²	46,45	**81,40**	116,80	46,45	**81,40**	116,80
445	Beleuchtungsanlagen	m²	60,59	**78,97**	109,68	60,59	**78,97**	109,68
371	Allgemeine Einbauten	m²	–	**78,31**	–	–	**78,31**	–
322	Flachgründungen	m²	104,79	**1.118,34**	6.181,50	44,50	**69,98**	91,04
444	Niederspannungsinstallationsanl.	m²	31,46	**68,35**	100,74	31,46	**68,35**	100,74
324	Unterböden und Bodenplatten	m²	106,70	**365,04**	1.131,36	22,43	**65,55**	121,46
341	Tragende Innenwände	m²	100,75	**172,90**	209,18	39,73	**63,00**	74,64
364	Dachbekleidungen	m²	66,39	**96,13**	115,63	38,48	**53,64**	69,17
311	Baugrubenherstellung	m³	21,53	**39,11**	56,79	21,37	**47,02**	136,22
353	Deckenbekleidungen	m²	15,72	**71,41**	91,56	11,54	**42,89**	125,75
344	Innentüren und -fenster	m²	508,68	**643,27**	808,66	21,90	**40,95**	54,52
333	Außenstützen	m	156,65	**330,01**	934,40	15,29	**38,52**	78,63
392	Gerüste	m²	30,94	**37,35**	47,41	30,94	**37,35**	47,41
338	Sonnenschutz	m²	107,41	**237,93**	384,40	23,93	**34,00**	44,05
423	Raumheizflächen	m²	22,34	**33,32**	72,76	22,34	**33,32**	72,76
422	Wärmeverteilnetze	m²	5,10	**32,90**	40,70	5,10	**32,90**	40,70
345	Innenwandbekleidungen	m²	21,19	**40,90**	47,01	17,84	**32,41**	52,65
412	Wasseranlagen	m²	12,17	**30,52**	59,62	12,17	**30,52**	59,62
411	Abwasseranlagen	m²	15,10	**30,46**	52,39	15,10	**30,46**	52,39
336	Außenwandbekleidungen innen	m²	21,32	**42,65**	58,53	8,36	**21,17**	34,97
457	Übertragungsnetze	m²	3,42	**21,12**	38,82	3,42	**21,12**	38,82
359	Decken, sonstiges	m²	22,77	**31,79**	40,81	18,63	**20,75**	22,87
393	Sicherungsmaßnahmen	m²	14,23	**20,29**	26,35	14,23	**20,29**	26,35
346	Elementierte Innenwände	m²	–	**624,94**	–	–	**20,08**	–
321	Baugrundverbesserung	m²	21,73	**33,03**	44,33	15,76	**19,93**	24,09
342	Nichttragende Innenwände	m²	64,15	**78,47**	99,26	7,92	**19,60**	38,94
481	Automationssysteme	m²	–	**17,10**	–	–	**17,10**	–
431	Lüftungsanlagen	m²	4,52	**16,60**	28,68	4,52	**16,60**	28,68
372	Besondere Einbauten	m²	–	**16,27**	–	–	**16,27**	–
421	Wärmeerzeugungsanlagen	m²	2,70	**15,40**	28,09	2,70	**15,40**	28,09
326	Bauwerksabdichtungen	m²	7,98	**21,35**	35,02	4,61	**13,45**	32,75
451	Telekommunikationsanlagen	m²	1,46	**13,03**	24,59	1,46	**13,03**	24,59
454	Elektroakustische Anlagen	m²	–	**12,55**	–	–	**12,55**	–
446	Blitzschutz- und Erdungsanlagen	m²	3,20	**12,48**	19,09	3,20	**12,48**	19,09
397	Zusätzliche Maßnahmen	m²	2,45	**12,25**	25,93	2,45	**12,25**	25,93
313	Wasserhaltung	m²	20,91	**21,13**	21,36	10,53	**11,07**	11,61
327	Dränagen	m²	9,21	**15,34**	19,31	9,49	**10,20**	11,37
332	Nichttragende Außenwände	m²	86,14	**122,37**	158,61	3,97	**9,31**	14,65
456	Gefahrenmelde- und Alarmanlagen	m²	3,45	**9,17**	14,88	3,45	**9,17**	14,88
343	Innenstützen	m	155,46	**282,41**	409,36	3,04	**7,06**	11,08

© **BKI** Baukosteninformationszentrum; Erläuterungen zu den Tabellen siehe Seite 26   Kosten: 2.Quartal 2018, Bundesdurchschnitt, **inkl. 19% MwSt.**

Kostenkennwerte für Leistungsbereiche nach StLB (Kosten des Bauwerks nach DIN 276)

LB	Leistungsbereiche	▷	€/m² BGF	◁	▷	% an 300+400	◁
000	Sicherheits-, Baustelleneinrichtungen inkl. 001	85	**110**	126	4,8	**6,3**	7,2
002	Erdarbeiten	21	**53**	117	1,2	**3,0**	6,7
006	Spezialtiefbauarbeiten inkl. 005	–	**–**	–	–	**–**	–
009	Entwässerungskanalarbeiten inkl. 011	1	**10**	27	0,1	**0,5**	1,5
010	Drän- und Versickerungsarbeiten	0	**5**	9	0,0	**0,3**	0,5
012	Mauerarbeiten	28	**123**	226	1,6	**7,0**	12,9
013	Betonarbeiten	249	**311**	447	14,2	**17,7**	25,5
014	Natur-, Betonwerksteinarbeiten	0	**20**	43	0,0	**1,1**	2,4
016	Zimmer- und Holzbauarbeiten	0	**31**	96	0,0	**1,8**	5,5
017	Stahlbauarbeiten	0	**66**	205	0,0	**3,7**	11,7
018	Abdichtungsarbeiten	3	**17**	45	0,2	**1,0**	2,6
020	Dachdeckungsarbeiten	–	**–**	–	–	**–**	–
021	Dachabdichtungsarbeiten	69	**104**	137	3,9	**6,0**	7,8
022	Klempnerarbeiten	15	**29**	29	0,9	**1,7**	1,7
	Rohbau	798	**879**	961	45,5	**50,1**	54,8
023	Putz- und Stuckarbeiten, Wärmedämmsysteme	32	**84**	134	1,8	**4,8**	7,6
024	Fliesen- und Plattenarbeiten	4	**15**	33	0,2	**0,8**	1,9
025	Estricharbeiten	15	**30**	50	0,9	**1,7**	2,8
026	Fenster, Außentüren inkl. 029, 032	62	**169**	281	3,5	**9,6**	16,0
027	Tischlerarbeiten	19	**64**	167	1,1	**3,7**	9,5
028	Parkettarbeiten, Holzpflasterarbeiten	–	**11**	–	–	**0,6**	–
030	Rollladenarbeiten	0	**20**	32	0,0	**1,1**	1,9
031	Metallbauarbeiten inkl. 035	20	**110**	356	1,2	**6,2**	20,3
034	Maler- und Lackiererarbeiten inkl. 037	10	**33**	59	0,6	**1,9**	3,4
036	Bodenbelagarbeiten	7	**24**	54	0,4	**1,4**	3,1
038	Vorgehängte hinterlüftete Fassaden	–	**–**	–	–	**–**	–
039	Trockenbauarbeiten	17	**63**	88	0,9	**3,6**	5,0
	Ausbau	539	**625**	800	30,8	**35,6**	45,6
040	Wärmeversorgungsanl. - Betriebseinr. inkl. 041	23	**48**	93	1,3	**2,7**	5,3
042	Gas- und Wasserinstallation, Leitungen inkl. 043	3	**9**	21	0,2	**0,5**	1,2
044	Abwasserinstallationsarbeiten - Leitungen	3	**10**	18	0,2	**0,6**	1,0
045	GWA-Einrichtungsgegenstände inkl. 046	5	**10**	10	0,3	**0,6**	0,6
047	Dämmarbeiten an betriebstechnischen Anlagen	4	**12**	22	0,2	**0,7**	1,2
049	Feuerlöschanlagen, Feuerlöschgeräte	0	**1**	4	0,0	**0,1**	0,2
050	Blitzschutz- und Erdungsanlagen	2	**9**	17	0,1	**0,5**	1,0
053	Niederspannungsanlagen inkl. 052, 054	29	**62**	93	1,7	**3,5**	5,3
055	Ersatzstromversorgungsanlagen	–	**–**	–	–	**–**	–
057	Gebäudesystemtechnik	–	**–**	–	–	**–**	–
058	Leuchten und Lampen inkl. 059	–	**38**	84	–	**2,2**	4,8
060	Elektroakustische Anlagen, Sprechanlagen	0	**3**	9	0,0	**0,2**	0,5
061	Kommunikationsnetze, inkl. 062	1	**7**	7	0,0	**0,4**	0,4
063	Gefahrenmeldeanlagen	0	**3**	11	0,0	**0,2**	0,6
069	Aufzüge	–	**–**	–	–	**–**	–
070	Gebäudeautomation	–	**3**	–	–	**0,1**	–
075	Raumlufttechnische Anlagen	1	**5**	5	0,0	**0,3**	0,3
	Technische Anlagen	125	**221**	312	7,1	**12,6**	17,8
084	Abbruch- und Rückbauarbeiten	2	**23**	23	0,1	**1,3**	1,3
	Sonstige Leistungsbereiche inkl. 008, 033, 051	0	**9**	20	0,0	**0,5**	1,1

© BKI Baukosteninformationszentrum; Erläuterungen zu den Tabellen siehe Seite 28   Kosten: 2.Quartal 2018, Bundesdurchschnitt, inkl. 19% MwSt.

Erweiterungen

Schulen

€/m² BGF
min	1.220 €/m²
von	1.420 €/m²
Mittel	**1.750 €/m²**
bis	1.950 €/m²
max	2.070 €/m²

Kosten:
Stand 2.Quartal 2018
Bundesdurchschnitt
inkl. 19% MwSt.

Objektübersicht zur Gebäudeart

4500-0015 Ausbildungsgebäude, Aufstockung
BRI 1.830m³ **BGF** 510m² **NUF** 370m²

Baujahr: 1953
Bauzustand: mittel
Aufwand: hoch
Nutzung während der Bauzeit: nein
Nutzungsänderung: nein
Grundrissänderungen: wenige
Tragwerkseingriffe: wenige

Land: Niedersachsen
Kreis: Braunschweig
Standard: Durchschnitt
Bauzeit: 48 Wochen
Kennwerte: bis 3. Ebene DIN276
veröffentlicht: BKI Objektdaten A10
BGF 1.805 €/m²

Planung: Architekturbüro Baukontor Braunschweig; Braunschweig

Aufstockung eines Ausbildungsgebäudes

Bauwerk - Baukonstruktionen
Abbrechen: Dachbeläge 4%
Herstellen: Tragende Außenwände 20%, Dachbeläge 12%, Außentüren und -fenster 9%, Außenwandbekleidungen außen 9%, Dachkonstruktionen 6%, Flachgründungen 5%, Deckenbeläge 4%, Dachbekleidungen 4%, Nichttragende Innenwände 3%, Gerüste 3%
Sonstige: 21%

Bauwerk - Technische Anlagen
Herstellen: Niederspannungsinstallationsanlagen 31%, Beleuchtungsanlagen 19%, Wärmeverteilnetze 10%, Übertragungsnetze 10%, Lüftungsanlagen 7%
Sonstige: 22%

4100-0116 Mittelschule*
BRI 30.160m³ **BGF** 7.423m² **NUF** 4.761m²

Baujahr: 1975
Bauzustand: schlecht
Aufwand: hoch
Nutzung während der Bauzeit: ja
Nutzungsänderung: nein
Grundrissänderungen: wenige
Tragwerkseingriffe: wenige

Land: Österreich
Kreis: - keine Angabe -
Standard: über Durchschnitt
Bauzeit: 82 Wochen
Kennwerte: bis 3. Ebene DIN276
veröffentlicht: BKI Objektdaten E4
BGF 918 €/m²
* Nicht in der Auswertung enthalten

Planung: Atelier Raggl Bauplanungs GmbH; Röns

Mittelschule mit elf Klassen und 205 Schülern. **Kosteneinfluss Nutzung:** Die Realisierung des Objektes erfolgte in zwei Bauabschnitte.

Bauwerk - Baukonstruktionen
Herstellen: Außentüren und -fenster 15%, Dachbeläge 12%, Außenwandbekleidungen außen 8%, Dachbekleidungen 7%, Innenwandbekleidungen 6%, Allgemeine Einbauten 5%, Deckenbekleidungen 5%, Deckenbeläge 4%, Bodenbeläge 4%, Elementierte Innenwände 3%, Dachfenster, Dachöffnungen 3%, Sonnenschutz 3%, Innenwände, sonstiges 3%
Sonstige: 23%

Bauwerk - Technische Anlagen
Herstellen: Lüftungsanlagen 23%, Niederspannungsinstallationsanlagen 17%, Beleuchtungsanlagen 12%, Wasseranlagen 10%, Wärmeerzeugungsanlagen 6%, Automationssysteme 3%, Medizin- und labortechnische Anlagen 3%, Raumheizflächen 3%
Sonstige: 22%

Objektübersicht zur Gebäudeart

4100-0103 Offene Grundschule

BRI 944m³   **BGF** 235m²   **NUF** 164m²

Land: Nordrhein-Westfalen
Kreis: Erft, Bergheim
Standard: Durchschnitt
Bauzeit: 25 Wochen
Kennwerte: bis 3. Ebene DIN276
veröffentlicht: BKI Objektdaten A8

BGF   2.066 €/m²

Planung: Architekturbüro Hatzmann; Kerpen

Erweiterung einer Grundschule mit zwei Gruppenräumen für einen offenen Ganztagesbetrieb.
Kosteneinfluss Grundstück: Das Gebäude ist in der Erdbebenzone III gelegen, es musste ein Rahmen unter den Stützen betoniert werden.

Bauwerk - Baukonstruktionen
Deckenkonstruktionen 21%, Dachbeläge 9%, Tragende Außenwände 8%, Außentüren und -fenster 7%, Außenwandbekleidungen außen 7%, Deckenbeläge 7%, Flachgründungen 6%, Außenstützen 6%, Dachkonstruktionen 5%, Dachbekleidungen 3%
Sonstige: 22%

Bauwerk - Technische Anlagen
Raumheizflächen 19%, Niederspannungsinstallationsanlagen 16%, Beleuchtungsanlagen 14%, Wärmeverteilnetze 12%, Wasseranlagen 11%
Sonstige: 26%

4100-0115 Hauptschule*

BRI 32.187m³   **BGF** 9.243m²   **NUF** 5.303m²

Baujahr: 1972
Bauzustand: mittel
Aufwand: mittel
Nutzung während der Bauzeit: nein
Nutzungsänderung: nein
Grundrissänderungen: einige
Tragwerkseingriffe: einige

Land: Österreich
Kreis: - keine Angabe -
Standard: Durchschnitt
Bauzeit: 52 Wochen
Kennwerte: bis 3. Ebene DIN276
veröffentlicht: BKI Objektdaten E4

BGF   956 €/m²

* Nicht in der Auswertung enthalten

Planung: DI Ralph Broger; Bezau

Das dreigeschossige Gebäude steht im Ortszentrum. Es wurde 1969-1972 in Massivbauweise erstellt. Im August 2005 richtete ein Hochwasser schwere Schäden im Untergeschoss an. Der Wärme- und Brandschutz wurden verbessert. Die Turnhalle wurde auf Normgröße erweitert.

Bauwerk - Baukonstruktionen
Abbrechen: Abbruchmaßnahmen 5%
Herstellen: Außentüren und -fenster 12%, Deckenkonstruktionen 10%, Deckenbeläge 10%, Deckenbekleidungen 9%, Außenwandbekleidungen außen 8%, Innentüren und -fenster 6%, Innenwandbekleidungen 4%, Dachbeläge 4%, Allgemeine Einbauten 4%, Tragende Außenwände 3%, Außenwandbekleidungen innen 2%, Tiefgründungen 2%
Sonstige: 21%

Bauwerk - Technische Anlagen
Herstellen: Lüftungsanlagen 30%, Niederspannungsinstallationsanlagen 24%, Beleuchtungsanlagen 9%, Wasseranlagen 8%, Automationssysteme 5%
Sonstige: 24%

Erweiterungen

Schulen

€/m² BGF
min	1.220	€/m²
von	1.420	€/m²
Mittel	**1.750**	€/m²
bis	1.950	€/m²
max	2.070	€/m²

Kosten:
Stand 2.Quartal 2018
Bundesdurchschnitt
inkl. 19% MwSt.

Objektübersicht zur Gebäudeart

4100-0107 Grundschule (120 Schüler) BRI 1.854m³ BGF 539m² NUF 320m²

Baujahr: 1965
Bauzustand: schlecht
Aufwand: hoch
Nutzung während der Bauzeit: ja
Nutzungsänderung: nein
Grundrissänderungen: umfangreiche
Tragwerkseingriffe: einige

Land: Nordrhein-Westfalen
Kreis: Dortmund
Standard: Durchschnitt
Bauzeit: 47 Wochen
Kennwerte: bis 3. Ebene DIN276
veröffentlicht: BKI Objektdaten A7
BGF 2.049 €/m²

Planung: Marcus Patrias Architekten BDA; Dortmund

Erweiterung des offenen Ganztagesbereichs einer Grundschule mit Betreuungsräumen. **Kosteneinfluss Nutzung:** Die haustechnische Versorgung der Räume kann über die im bestehenden Gebäudeflügel gelegenen Versorgungsräume erfolgen. **Kosteneinfluss Grundstück:** Aufgrund der schon im Bestand vorhandenen Senkungen erfolgte die Gründung gemäß Bodengutachten.

Bauwerk - Baukonstruktionen
Außentüren und -fenster 21%, Außenwandbekleidungen außen 13%, Dachbeläge 6%, Baustelleneinrichtung 5%, Bodenbeläge 4%, Flachgründungen 4%, Tragende Innenwände 4%, Tragende Außenwände 4%, Unterböden und Bodenplatten 4%, Deckenkonstruktionen 4%, Dachkonstruktionen 3%, Innenwandbekleidungen 3%, Deckenbeläge 3%
Sonstige: 22%

Bauwerk - Technische Anlagen
Niederspannungsinstallationsanlagen 36%, Abwasseranlagen 20%, Wärmeverteilnetze 15%
Sonstige: 28%

4100-0108 Grundschule (120 Schüler) BRI 1.713m³ BGF 470m² NUF 285m²

Baujahr: 1969
Bauzustand: schlecht
Aufwand: hoch
Nutzung während der Bauzeit: ja
Nutzungsänderung: nein
Grundrissänderungen: umfangreiche
Tragwerkseingriffe: einige

Land: Nordrhein-Westfalen
Kreis: Dortmund
Standard: Durchschnitt
Bauzeit: 47 Wochen
Kennwerte: bis 3. Ebene DIN276
veröffentlicht: BKI Objektdaten A7
BGF 1.935 €/m²

Planung: Marcus Patrias Architekten BDA; Dortmund

Erweiterung des offenen Ganztagesbereichs einer Grundschule mit Betreuungsräumen.
Kosteneinfluss Nutzung: Zeitgleich mit dem Anbau erfolgt die Umsetzung des Brandschutzkonzepts im Bestand.
Kosteneinfluss Grundstück: Rasenfläche hinter dem Schulgebäude ohne schützenswerten Baumbestand.

Bauwerk - Baukonstruktionen
Elementierte Außenwände 16%, Außenwandbekleidungen außen 12%, Dachbeläge 12%, Tragende Außenwände 7%, Dachkonstruktionen 6%, Baustelleneinrichtung 6%, Bodenbeläge 6%, Flachgründungen 6%, Dachbekleidungen 5%
Sonstige: 24%

Bauwerk - Technische Anlagen
Niederspannungsinstallationsanlagen 28%, Wasseranlagen 22%, Abwasseranlagen 17%, Wärmeverteilnetze 12%
Sonstige: 21%

Objektübersicht zur Gebäudeart

4200-0029 Berufsschulzentrum, Verbindungsbau

BRI 3.496m³   **BGF** 868m²   **NUF** 504m²

Baujahr: 1910-1912

Land: Sachsen
Kreis: Chemnitz
Standard: Durchschnitt
Bauzeit: 17 Wochen
Kennwerte: bis 3. Ebene DIN276
veröffentlicht: BKI Objektdaten A9

BGF 1.834 €/m²

Planung: iproplan Planungsgesellschaft mbH; Chemnitz
Berufsschulzentrum für technische und handwerkliche Berufsfelder.

Bauwerk - Baukonstruktionen
Herstellen: Elementierte Außenwände 23%, Deckenkonstruktionen 12%, Deckenbekleidungen 7%, Deckenbeläge 7%, Dachkonstruktionen 6%, Baustelleneinrichtung 5%, Allgemeine Einbauten 4%, Tragende Innenwände 4%, Dachbeläge 4%, Innentüren und -fenster 4%, Außenwandbekleidungen außen 3%
Sonstige: 21%

Bauwerk - Technische Anlagen
Herstellen: Abwasseranlagen 30%, Raumheizflächen 27%, Wasseranlagen 13%, Niederspannungsinstallationsanlagen 9%
Sonstige: 21%

4200-0009 Jugendbildungsstätte

BRI 762m³   **BGF** 181m²   **NUF** 160m²

Land: Niedersachsen
Kreis: Hildesheim
Standard: Durchschnitt
Bauzeit: 30 Wochen
Kennwerte: bis 3. Ebene DIN276
veröffentlicht: BKI Objektdaten A5

BGF 1.748 €/m²

Planung: Architekturbüro Jörg Sauer; Hildesheim
Erweiterung einer Jugendbildungsstätte um einen eingeschossigen Veranstaltungssaal mit Verbindungsgang, ohne eigene Sanitärräume und Heizungsanlage. **Kosteneinfluss Nutzung:** Beachtung der Denkmalschutzauflagen

Bauwerk - Baukonstruktionen
Dachkonstruktionen 16%, Außentüren und -fenster 11%, Dachbeläge 10%, Bodenbeläge 10%, Elementierte Außenwände 10%, Unterböden und Bodenplatten 9%, Baustelleneinrichtung 9%
Sonstige: 26%

Bauwerk - Technische Anlagen
Beleuchtungsanlagen 68%, Niederspannungsinstallationsanlagen 30%, Abwasseranlagen 2%

Erweiterungen

Schulen

€/m² BGF
min	1.220	€/m²
von	1.420	€/m²
Mittel	**1.750**	**€/m²**
bis	1.950	€/m²
max	2.070	€/m²

Kosten:
Stand 2.Quartal 2018
Bundesdurchschnitt
inkl. 19% MwSt.

Objektübersicht zur Gebäudeart

4100-0184 Grundschule (9 Klassen, 173 Schüler), Hort   **BRI** 8.895m³   **BGF** 2.243m²   **NUF** 1.413m²

Land: Schleswig-Holstein
Kreis: Ahrensburg
Standard: Durchschnitt
Bauzeit: 56 Wochen
Kennwerte: bis 1. Ebene DIN276
vorgesehen: BKI Objektdaten A11
BGF   1.685 €/m²

Planung: acollage architektur urbanistik; Hamburg
Erweiterungsbau einer Grundschule mit 9 Klassen und 173 Schülern sowie einem Kinderhort

4200-0033 Ausbildungsstätte Abbundhalle   **BRI** 8.412m³   **BGF** 1.139m²   **NUF** 916m²

Land: Schleswig-Holstein
Kreis: Segeberg
Standard: unter Durchschnitt
Bauzeit: 74 Wochen
Kennwerte: bis 1. Ebene DIN276
vorgesehen: BKI Objektdaten A11
BGF   1.248 €/m²

Planung: BAS Architekten GmbH; Bad Segeberg
Ausbildungsstätte für Zimmerleute mit Abbundhalle, Praxis- und Theorieräumen.

4100-0159 Gymnasium, Fachklassentrakt (4 Klassen, 128 Schüler)   **BRI** 3.991m³   **BGF** 1.058m²   **NUF** 724m²

Land: Niedersachsen
Kreis: Gifhorn
Standard: Durchschnitt
Bauzeit: 17 Wochen
Kennwerte: bis 1. Ebene DIN276
veröffentlicht: BKI Objektdaten A10
BGF   1.941 €/m²

Erweiterung um einen Fachklassentrakt (Biologie) mit vier Klassen, Archiv und Lehrsammlung.

Objektübersicht zur Gebäudeart

4100-0119 Realschule (4 Klassen, 100 Schüler)

BRI 1.491m³   **BGF** 368m²   **NUF** 231m²

Baujahr: 1997

Land: Schleswig-Holstein
Kreis: Plön
Standard: über Durchschnitt
Bauzeit: 21 Wochen
Kennwerte: bis 1. Ebene DIN276
veröffentlicht: BKI Objektdaten A8

BGF   1.851 €/m²

Planung: Zastrow + Zastrow Architekten und Stadtplaner; Kiel

Erweiterung einer Realschule (4 Klassen). Aufgeständertes Gebäude mit 4 Klassenzimmern, Flur und WC.
Kosteneinfluss Grundstück: Aufgeständertes Gebäude auf dem Schulhof. Schulhoffläche bleibt dadurch erhalten.

4100-0180 Gymnasium (6 Klassen, 150 Schüler)

BRI 5.462m³   **BGF** 1.260m²   **NUF** 733m²

Land: Bayern
Kreis: Weißenburg-Gunzenhausen
Standard: Durchschnitt
Bauzeit: 69 Wochen
Kennwerte: bis 1. Ebene DIN276
vorgesehen: BKI Objektdaten A11

BGF   1.964 €/m²

Planung: CLEMENS FROSCH DIPL.-ING. ARCHITEKT; Pappenheim

Erweiterungsbau eines Gymnasiums mit 6 Klassen für 150 Schüler.

4100-0117 Anbau Fluchttreppenhäuser (2 St)

BRI 598m³   **BGF** 174m²   **NUF** k.A.

Baujahr: 1952

Land: Hessen
Kreis: Wiesbaden
Standard: Durchschnitt
Bauzeit: 43 Wochen
Kennwerte: bis 1. Ebene DIN276
veröffentlicht: BKI Objektdaten A8

BGF   1.216 €/m²

Planung: karl r. gold diplomingenieure architekten; Hochheim

Anbau von zwei Fluchttreppenhäusern an ein bestehendes Schulgebäude. **Kosteneinfluss Nutzung:** Anbau von zwei Fluchttreppenhäusern an ein bestehendes Schulgebäude. Die Anbindung erfolgt über kleine Stege an die Mittelflure des Schulgebäudes.

Erweiterungen

Schulen

€/m² BGF

min	1.220	€/m²
von	1.420	€/m²
Mittel	**1.750**	**€/m²**
bis	1.950	€/m²
max	2.070	€/m²

Kosten:
Stand 2.Quartal 2018
Bundesdurchschnitt
inkl. 19% MwSt.

Objektübersicht zur Gebäudeart

4200-0023 Berufliches Gymnasium (9 Klassen), Aula

BRI 6.275m³   **BGF** 1.492m²   **NUF** 984m²

Land: Hessen
Kreis: Hersfeld-Rotenburg
Standard: Durchschnitt
Bauzeit: 69 Wochen
Kennwerte: bis 1. Ebene DIN276
veröffentlicht: BKI Objektdaten A8
BGF   1.580 €/m²

Planung: Architekturbüro Frank Dorbritz; Bad Hersfeld

Beruflichen Gymnasium mit acht Klassenzimmern, Aula (350 Personen) Lehrerstützpunkt und Sanitärräumen.

4100-0127 Grund- und Mittelschule (22 Klassen, 494 Schüler)

BRI 3.700m³   **BGF** 1.054m²   **NUF** 655m²

Land: Sachsen
Kreis: Mittelsachsen
Standard: Durchschnitt
Bauzeit: 95 Wochen
Kennwerte: bis 1. Ebene DIN276
veröffentlicht: BKI Objektdaten A8
BGF   1.465 €/m²

Planung: Krieger-Bauplanungs GmbH; Chemnitz

Erweiterung einer bestehenden Grundschule (22 Klassen, 494 Schüler). **Kosteneinfluss Nutzung:** Eigenständiges Gebäude als Anbau an bestehende Grundschule, einschließlich eines Verbindungsbaus als 2.Fluchtweg.

4200-0024 Berufsschulzentrum (29 Klassen, 440 Azubis)

BRI 28.906m³   **BGF** 6.787m²   **NUF** 4.554m²

Baujahr: 1956

Land: Baden-Württemberg
Kreis: Tuttlingen
Standard: Durchschnitt
Bauzeit: 95 Wochen
Kennwerte: bis 2. Ebene DIN276
veröffentlicht: BKI Objektdaten A8
BGF   1.916 €/m²

Planung: Muffler Architekten Freie Architekten BDA/DWB; Tuttlingen

Erweiterung eines Berufsschulzentrums mit Werkstätten und Fachklassen, dreigeschossige Eingangshalle

Erweiterung

Erweiterungen

Kindergärten

Kostenkennwerte für die Kosten des Bauwerks (Kostengruppen 300+400 nach DIN 276)

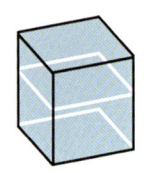

BRI 450 €/m³
von 380 €/m³
bis 560 €/m³

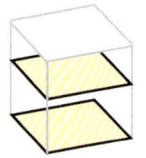

BGF 1.630 €/m²
von 1.330 €/m²
bis 2.040 €/m²

NUF 2.470 €/m²
von 1.920 €/m²
bis 3.070 €/m²

NE 20.020 €/NE
von 11.390 €/NE
bis 29.290 €/NE
NE: Kinder

Objektbeispiele

Kosten:
Stand 2.Quartal 2018
Bundesdurchschnitt
inkl. 19% MwSt.

4400-0295

4400-0248

4400-0269

Kosten der 16 Vergleichsobjekte — Seiten 116 bis 122

- ● KKW
- ▶ min
- ▷ von
- | Mittelwert
- ◁ bis
- ◀ max

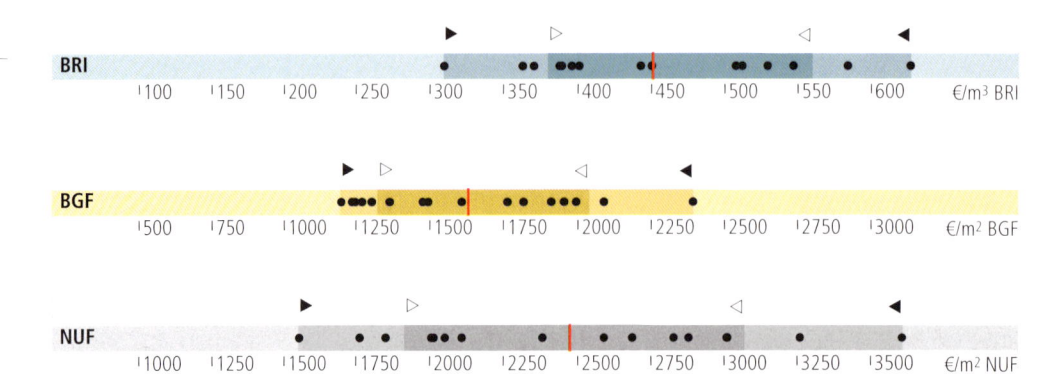

BRI — €/m³ BRI

BGF — €/m² BGF

NUF — €/m² NUF

© BKI Baukosteninformationszentrum; Erläuterungen zu den Tabellen siehe Seite 22   Kosten: 2.Quartal 2018, Bundesdurchschnitt, **inkl. 19% MwSt.**

Kostenkennwerte für die Kostengruppen der 1. und 2. Ebene DIN 276

KG	Kostengruppen der 1. Ebene	Einheit	▷	€/Einheit	◁	▷	% an 300+400	◁
100	Grundstück	m² GF	–	–	–	–	–	–
200	Herrichten und Erschließen	m² GF	2	19	83	0,7	2,1	4,7
300	Bauwerk - Baukonstruktionen	m² BGF	1.069	1.334	1.718	73,2	81,6	87,1
400	Bauwerk - Technische Anlagen	m² BGF	188	298	438	12,9	18,4	26,8
	Bauwerk (300+400)	m² BGF	1.325	1.632	2.037		100,0	
500	Außenanlagen	m² AF	7	80	183	2,6	5,1	13,2
600	Ausstattung und Kunstwerke	m² BGF	20	96	246	1,3	7,0	18,1
700	Baunebenkosten	m² BGF	–	–	–	–	–	–

KG	Kostengruppen der 2. Ebene	Einheit	▷	€/Einheit	◁	▷	% an 300	◁
310	Baugrube	m³ BGI	37	60	75	2,4	3,8	6,5
320	Gründung	m² GRF	215	300	449	9,6	17,8	22,1
330	Außenwände	m² AWF	390	414	426	30,8	33,9	35,6
340	Innenwände	m² IWF	32	228	340	7,3	12,6	15,3
350	Decken	m² DEF	–	270	–	–	4,0	–
360	Dächer	m² DAF	234	291	319	17,7	18,1	18,7
370	Baukonstruktive Einbauten	m² BGF	22	87	152	0,6	5,1	14,0
390	Sonstige Baukonstruktionen	m² BGF	28	69	148	2,5	4,7	8,6
300	**Bauwerk Baukonstruktionen**	m² BGF					100,0	

KG	Kostengruppen der 2. Ebene	Einheit	▷	€/Einheit	◁	▷	% an 400	◁
410	Abwasser, Wasser, Gas	m² BGF	16	73	107	8,6	28,0	39,0
420	Wärmeversorgungsanlagen	m² BGF	41	59	90	18,3	23,3	26,2
430	Lufttechnische Anlagen	m² BGF	–	7	–	–	1,2	–
440	Starkstromanlagen	m² BGF	76	110	160	35,3	44,5	58,9
450	Fernmeldeanlagen	m² BGF	1	6	9	0,4	3,1	4,7
460	Förderanlagen	m² BGF	–	–	–	–	–	–
470	Nutzungsspezifische Anlagen	m² BGF	–	–	–	–	–	–
480	Gebäudeautomation	m² BGF	–	–	–	–	–	–
490	Sonstige Technische Anlagen	m² BGF	–	–	–	–	–	–
400	**Bauwerk Technische Anlagen**	m² BGF					100,0	

Prozentanteile der Kosten der 2. Ebene an den Kosten des Bauwerks nach DIN 276 (Von-, Mittel-, Bis-Werte)

KG	Bezeichnung	Mittelwert
310	Baugrube	3,2
320	Gründung	15,0
330	Außenwände	28,5
340	Innenwände	10,5
350	Decken	3,4
360	Dächer	15,2
370	Baukonstruktive Einbauten	4,3
390	Sonstige Baukonstruktionen	3,9
410	Abwasser, Wasser, Gas	4,6
420	Wärmeversorgungsanlagen	3,7
430	Lufttechnische Anlagen	0,2
440	Starkstromanlagen	7,1
450	Fernmeldeanlagen	0,5
460	Förderanlagen	
470	Nutzungsspezifische Anlagen	
480	Gebäudeautomation	
490	Sonstige Technische Anlagen	

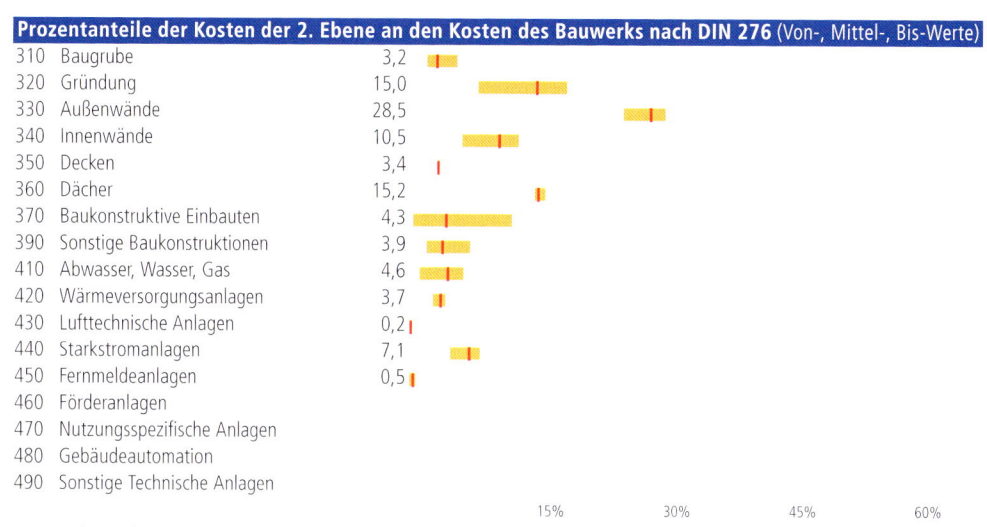

© BKI Baukosteninformationszentrum; Erläuterungen zu den Tabellen siehe Seite 24   Kosten: 2.Quartal 2018, Bundesdurchschnitt, inkl. 19% MwSt.

Erweiterungen Kindergärten

Kostenkennwerte für die Kostengruppen der 3. Ebene DIN 276

KG	Kostengruppen der 3. Ebene	Einheit	▷	Ø €/Einheit	◁	▷	Ø €/m² BGF	◁
337	Elementierte Außenwände	m²	–	413,01	–	–	227,23	–
335	Außenwandbekleidungen außen	m²	139,63	187,18	281,83	93,28	101,53	113,83
334	Außentüren und -fenster	m²	245,25	396,95	548,65	0,36	98,92	162,97
325	Bodenbeläge	m²	106,21	128,93	140,35	52,57	98,59	121,76
344	Innentüren und -fenster	m²	1.038,91	1.089,79	1.140,66	65,88	97,73	129,58
331	Tragende Außenwände	m²	109,89	149,96	225,67	46,83	92,42	177,14
361	Dachkonstruktionen	m²	91,80	120,88	176,20	49,58	90,97	173,16
444	Niederspannungsinstallationsanl.	m²	44,02	81,16	100,03	44,02	81,16	100,03
363	Dachbeläge	m²	102,16	121,90	154,75	62,86	79,66	89,27
371	Allgemeine Einbauten	m²	21,75	74,57	127,39	21,75	74,57	127,39
351	Deckenkonstruktionen	m²	–	151,96	–	–	71,27	–
396	Materialentsorgung	m²	–	64,04	–	–	64,04	–
412	Wasseranlagen	m²	40,91	63,17	85,43	40,91	63,17	85,43
324	Unterböden und Bodenplatten	m²	54,20	98,26	180,69	27,05	61,50	129,74
338	Sonnenschutz	m²	–	123,10	–	–	49,42	–
345	Innenwandbekleidungen	m²	32,62	34,01	36,18	30,35	48,67	79,02
364	Dachbekleidungen	m²	55,35	65,67	85,75	30,04	46,80	74,03
311	Baugrubenherstellung	m³	37,23	59,50	74,97	31,37	45,80	68,13
362	Dachfenster, Dachöffnungen	m²	–	1.221,84	–	–	43,51	–
326	Bauwerksabdichtungen	m²	14,33	38,37	50,85	7,80	36,94	55,39
391	Baustelleneinrichtung	m²	23,02	34,21	52,21	23,02	34,21	52,21
322	Flachgründungen	m²	33,78	53,22	80,81	14,01	32,21	42,77
422	Wärmeverteilnetze	m²	14,58	30,21	61,22	14,58	30,21	61,22
393	Sicherungsmaßnahmen	m²	–	29,67	–	–	29,67	–
411	Abwasseranlagen	m²	16,11	28,16	34,22	16,11	28,16	34,22
327	Dränagen	m²	–	31,62	–	–	27,77	–
352	Deckenbeläge	m²	–	68,87	–	–	27,72	–
423	Raumheizflächen	m²	18,85	26,65	30,94	18,85	26,65	30,94
346	Elementierte Innenwände	m²	255,13	300,71	346,29	20,19	26,26	32,33
372	Besondere Einbauten	m²	–	24,29	–	–	24,29	–
341	Tragende Innenwände	m²	73,68	95,27	116,85	20,08	24,25	28,41
336	Außenwandbekleidungen innen	m²	30,89	38,85	53,46	13,24	23,00	39,52
353	Deckenbekleidungen	m²	–	59,91	–	–	20,55	–
349	Innenwände, sonstiges	m²	–	27,63	–	–	19,79	–
339	Außenwände, sonstiges	m²	–	21,58	–	–	19,11	–
342	Nichttragende Innenwände	m²	52,69	80,60	108,50	7,19	18,81	30,43
332	Nichttragende Außenwände	m²	–	177,75	–	14,98	17,92	20,86
445	Beleuchtungsanlagen	m²	9,64	16,17	28,24	9,64	16,17	28,24
446	Blitzschutz- und Erdungsanlagen	m²	5,34	13,02	28,27	5,34	13,02	28,27
419	Abwasser-, Wasser- und Gasanlagen, sonstiges	m²	–	8,68	–	–	8,68	–
392	Gerüste	m²	–	8,39	–	–	8,39	–
333	Außenstützen	m	–	304,20	–	–	7,59	–
359	Decken, sonstiges	m²	–	15,12	–	–	7,09	–
431	Lüftungsanlagen	m²	–	6,90	–	–	6,90	–
421	Wärmeerzeugungsanlagen	m²	–	5,94	–	–	5,94	–
343	Innenstützen	m	–	84,11	–	–	4,85	–
455	Fernseh- und Antennenanlagen	m²	1,30	4,21	9,79	1,30	4,21	9,79
329	Gründung, sonstiges	m²	–	6,86	–	–	3,73	–
321	Baugrundverbesserung	m²	–	3,66	–	–	3,22	–

Kosten:
Stand 2.Quartal 2018
Bundesdurchschnitt
inkl. 19% MwSt.

▷ von
Ø Mittel
◁ bis

© BKI Baukosteninformationszentrum; Erläuterungen zu den Tabellen siehe Seite 26   Kosten: 2.Quartal 2018, Bundesdurchschnitt, inkl. 19% MwSt.

Kostenkennwerte für Leistungsbereiche nach StLB (Kosten des Bauwerks nach DIN 276)

LB	Leistungsbereiche	▷	€/m² BGF	◁	▷	% an 300+400	◁
000	Sicherheits-, Baustelleneinrichtungen inkl. 001	39	**39**	49	2,4	**2,4**	3,0
002	Erdarbeiten	82	**82**	97	5,0	**5,0**	5,9
006	Spezialtiefbauarbeiten inkl. 005	–	**–**	–	–	**–**	–
009	Entwässerungskanalarbeiten inkl. 011	6	**13**	13	0,4	**0,8**	0,8
010	Drän- und Versickerungsarbeiten	–	**7**	–	–	**0,4**	–
012	Mauerarbeiten	25	**59**	59	1,5	**3,6**	3,6
013	Betonarbeiten	114	**166**	166	7,0	**10,1**	10,1
014	Natur-, Betonwerksteinarbeiten	–	**3**	–	–	**0,2**	–
016	Zimmer- und Holzbauarbeiten	40	**138**	138	2,5	**8,5**	8,5
017	Stahlbauarbeiten	–	**–**	–	–	**–**	–
018	Abdichtungsarbeiten	9	**12**	12	0,6	**0,8**	0,8
020	Dachdeckungsarbeiten	10	**52**	52	0,6	**3,2**	3,2
021	Dachabdichtungsarbeiten	–	**11**	–	–	**0,7**	–
022	Klempnerarbeiten	14	**47**	47	0,9	**2,9**	2,9
	Rohbau	**628**	**628**	**693**	**38,5**	**38,5**	**42,4**
023	Putz- und Stuckarbeiten, Wärmedämmsysteme	10	**72**	72	0,6	**4,4**	4,4
024	Fliesen- und Plattenarbeiten	9	**9**	15	0,6	**0,6**	0,9
025	Estricharbeiten	28	**42**	42	1,7	**2,6**	2,6
026	Fenster, Außentüren inkl. 029, 032	133	**180**	180	8,2	**11,0**	11,0
027	Tischlerarbeiten	133	**133**	180	8,2	**8,2**	11,1
028	Parkettarbeiten, Holzpflasterarbeiten	–	**–**	–	–	**–**	–
030	Rollladenarbeiten	–	**18**	–	–	**1,1**	–
031	Metallbauarbeiten inkl. 035	–	**36**	–	–	**2,2**	–
034	Maler- und Lackiererarbeiten inkl. 037	25	**37**	37	1,5	**2,3**	2,3
036	Bodenbelagarbeiten	36	**45**	45	2,2	**2,7**	2,7
038	Vorgehängte hinterlüftete Fassaden	52	**52**	78	3,2	**3,2**	4,8
039	Trockenbauarbeiten	66	**66**	79	4,1	**4,1**	4,8
	Ausbau	**697**	**697**	**806**	**42,7**	**42,7**	**49,4**
040	Wärmeversorgungsanl. - Betriebseinr. inkl. 041	54	**54**	60	3,3	**3,3**	3,7
042	Gas- und Wasserinstallation, Leitungen inkl. 043	4	**13**	13	0,2	**0,8**	0,8
044	Abwasserinstallationsarbeiten - Leitungen	1	**4**	4	0,1	**0,3**	0,3
045	GWA-Einrichtungsgegenstände inkl. 046	29	**29**	45	1,8	**1,8**	2,8
047	Dämmarbeiten an betriebstechnischen Anlagen	8	**8**	11	0,5	**0,5**	0,7
049	Feuerlöschanlagen, Feuerlöschgeräte	–	**–**	–	–	**–**	–
050	Blitzschutz- und Erdungsanlagen	7	**8**	8	0,4	**0,5**	0,5
053	Niederspannungsanlagen inkl. 052, 054	65	**81**	81	4,0	**4,9**	4,9
055	Ersatzstromversorgungsanlagen	–	**–**	–	–	**–**	–
057	Gebäudesystemtechnik	–	**–**	–	–	**–**	–
058	Leuchten und Lampen inkl. 059	17	**17**	21	1,0	**1,0**	1,3
060	Elektroakustische Anlagen, Sprechanlagen	0	**0**	0	0,0	**0,0**	0,0
061	Kommunikationsnetze, inkl. 062	3	**7**	7	0,2	**0,4**	0,4
063	Gefahrenmeldeanlagen	–	**1**	–	–	**0,0**	–
069	Aufzüge	–	**–**	–	–	**–**	–
070	Gebäudeautomation	–	**–**	–	–	**–**	–
075	Raumlufttechnische Anlagen	–	**3**	–	–	**0,2**	–
	Technische Anlagen	**204**	**223**	**223**	**12,5**	**13,7**	**13,7**
084	Abbruch- und Rückbauarbeiten	35	**89**	89	2,1	**5,5**	5,5
	Sonstige Leistungsbereiche inkl. 008, 033, 051	–	**–**	–	–	**–**	–

© BKI Baukosteninformationszentrum; Erläuterungen zu den Tabellen siehe Seite 28   Kosten: 2.Quartal 2018, Bundesdurchschnitt, **inkl. 19% MwSt.**

Erweiterungen

Kindergärten

€/m² BGF

min	1.200 €/m²
von	1.330 €/m²
Mittel	**1.630 €/m²**
bis	2.040 €/m²
max	2.390 €/m²

Kosten:
Stand 2.Quartal 2018
Bundesdurchschnitt
inkl. 19% MwSt.

Objektübersicht zur Gebäudeart

4400-0140 Kindertagesstätte, Personalraum

BRI 176m³   **BGF** 55m²   **NUF** 45m²

Bauzustand: mittel
Aufwand: mittel
Nutzung während der Bauzeit: ja
Nutzungsänderung: nein
Grundrissänderungen: wenige
Tragwerkseingriffe: wenige

Land: Nordrhein-Westfalen
Kreis: Düren
Standard: Durchschnitt
Bauzeit: 17 Wochen
Kennwerte: bis 3. Ebene DIN276
veröffentlicht: BKI Objektdaten A8

BGF 1.271 €/m²

Planung: FRANKE Architektur Innenarchitektur; Düren
Erweiterung von Personal- und Besprechungszimmer in der heilpädagogisch-integrativen Kindertagesstätte.

Bauwerk - Baukonstruktionen
Herstellen: Allgemeine Einbauten 12%, Bodenbeläge 10%, Außenwandbekleidungen außen 9%, Dachbeläge 7%, Innenwandbekleidungen 7%, Außentüren und -fenster 7%, Tragende Außenwände 6%, Dachbekleidungen 6%, Dachkonstruktionen 4%, Bauwerksabdichtungen 4%, Außenwandbekleidungen innen 3%
Wiederherstellen: Sonnenschutz 4%
Sonstige: 21%

Bauwerk - Technische Anlagen
Abbrechen: Niederspannungsinstallationsanlagen 8%
Herstellen: Niederspannungsinstallationsanlagen 43%, Raumheizflächen 16%, Abwasseranlagen 9%
Sonstige: 24%

4400-0180 Kindergarten (4 Gruppen, 76 Kinder)

BRI 2.375m³   **BGF** 741m²   **NUF** 388m²

Land: Hamburg
Kreis: Hamburg
Standard: Durchschnitt
Bauzeit: 34 Wochen
Kennwerte: bis 3. Ebene DIN276
veröffentlicht: BKI Objektdaten A10

BGF 1.247 €/m²

Planung: Architekturbüro Prell und Partner; Hamburg
Kindergarten für vier Gruppen (76 Kinder)

Bauwerk - Baukonstruktionen
Herstellen: Elementierte Außenwände 22%, Außenwandbekleidungen außen 9%, Deckenkonstruktionen 7%, Baugrubenherstellung 6%, Innentüren und -fenster 6%, Dachbeläge 6%, Dachkonstruktionen 5%, Bodenbeläge 5%, Dachfenster, Dachöffnungen 4%, Tragende Außenwände 3%, Elementierte Innenwände 3%, Baustelleneinrichtung 3%
Sonstige: 21%

Bauwerk - Technische Anlagen
Herstellen: Niederspannungsinstallationsanlagen 23%, Wasseranlagen 21%, Abwasseranlagen 17%, Raumheizflächen 10%, Wärmeverteilnetze 9%
Sonstige: 21%

Objektübersicht zur Gebäudeart

4400-0169 Kindertagesstätte (1 Gruppe, 15 Kinder)   BRI 567m³   BGF 139m²   NUF 102m²

Baujahr: 1973
Bauzustand: gut
Aufwand: mittel
Nutzung während der Bauzeit: ja
Nutzungsänderung: nein
Grundrissänderungen: wenige
Tragwerkseingriffe: wenige

Land: Hessen
Kreis: Wiesbaden
Standard: Durchschnitt
Bauzeit: 43 Wochen
Kennwerte: bis 3. Ebene DIN276
veröffentlicht: BKI Objektdaten A9

BGF   2.089 €/m²

Planung: Beckmann + Frech Architekten; Frankfurt am Main

Kindertagesstätte, Erweiterung mit Schularbeitsraum

Bauwerk - Baukonstruktionen
Abbrechen: Materialentsorgung 4%, Unterböden und Bodenplatten 3%
Herstellen: Außentüren und -fenster 11%, Dachkonstruktionen 8%, Tragende Außenwände 8%, Innentüren und -fenster 8%, Bodenbeläge 7%, Außenwandbekleidungen außen 7%, Unterböden und Bodenplatten 5%, Dachbeläge 4%, Bauwerksabdichtungen 4%, Baustelleneinrichtung 3%, Flachgründungen 3%, Baugrubenherstellung 3%, Innenwandbekleidungen 3%
Sonstige: 21%

Bauwerk - Technische Anlagen
Herstellen: Niederspannungsinstallationsanlagen 28%, Wasseranlagen 23%, Wärmeverteilnetze 16%, Abwasseranlagen 9%
Sonstige: 23%

4400-0132 Kindergarten, Aufstockung*   BRI 4.518m³   BGF 1.434m²   NUF 884m²

Baujahr: 1971
Bauzustand: schlecht
Aufwand: mittel
Nutzung während der Bauzeit: ja
Nutzungsänderung: nein
Grundrissänderungen: wenige
Tragwerkseingriffe: wenige

Land: Österreich
Kreis: - keine Angabe -
Standard: Durchschnitt
Bauzeit: 39 Wochen
Kennwerte: bis 3. Ebene DIN276
veröffentlicht: BKI Objektdaten E4

BGF   1.154 €/m²

* Nicht in der Auswertung enthalten

Planung: Werner Muxel Holzhandel und Entwurfsplanung; Altach

Der Kindergarten wurde um ein Geschoss (2 Gruppen) erweitert, das bestehende Erdgeschoss (2 Gruppen) wurde saniert.

Bauwerk - Baukonstruktionen
Herstellen: Außentüren und -fenster 13%, Dachbeläge 13%, Außenwandbekleidungen außen 11%, Dachkonstruktionen 11%, Deckenkonstruktionen 10%, Tragende Außenwände 8%, Deckenbeläge 5%, Tragende Innenwände 3%, Nichttragende Innenwände 3%
Sonstige: 21%

Bauwerk - Technische Anlagen
Herstellen: Lüftungsanlagen 25%, Beleuchtungsanlagen 18%, Wasseranlagen 10%, Niederspannungsinstallationsanlagen 10%, Aufzugsanlagen 10%
Sonstige: 27%

Erweiterungen

Kindergärten

€/m² BGF
min	1.200 €/m²
von	1.330 €/m²
Mittel	**1.630 €/m²**
bis	2.040 €/m²
max	2.390 €/m²

Kosten:
Stand 2.Quartal 2018
Bundesdurchschnitt
inkl. 19% MwSt.

Objektübersicht zur Gebäudeart

4400-0203 Kinderkrippe (2 Gruppen), Gemeinderäume*
BRI 2.122m³ **BGF** 837m² **NUF** 669m²

Bauzustand: mittel
Aufwand: hoch
Nutzung während der Bauzeit: nein
Nutzungsänderung: ja
Grundrissänderungen: einige
Tragwerkseingriffe: wenige

Land: Niedersachsen
Kreis: Gifhorn
Standard: Durchschnitt
Bauzeit: 43 Wochen
Kennwerte: bis 3. Ebene DIN276
veröffentlicht: BKI Objektdaten A9
BGF 745 €/m²

* Nicht in der Auswertung enthalten

Planung: nb+b Neumann-Berking u. Bendorf Planungsgesellschaft mbH; Wolfsburg
Um- und Anbau einer Schule zur Kinderkrippe und zu Gemeinderäumen

Bauwerk - Baukonstruktionen
Herstellen: Außenwandbekleidungen außen 20%, Außentüren und -fenster 12%, Bodenbeläge 11%, Dachkonstruktionen 7%, Dachbeläge 5%, Innenwandbekleidungen 5%, Innentüren und -fenster 4%, Tragende Außenwände 4%, Außenwandbekleidungen innen 4%, Dachbekleidungen 3%, Deckenbekleidungen 3%
Sonstige: 22%

Bauwerk - Technische Anlagen
Herstellen: Wasseranlagen 22%, Niederspannungsinstallationsanlagen 18%, Wärmeerzeugungsanlagen 11%, Wärmeverteilnetze 11%, Beleuchtungsanlagen 11%
Sonstige: 27%

4400-0295 Kindertagesstätte, Nebenräume (40 Kinder)
BRI 795m³ **BGF** 249m² **NUF** 185m²

Land: Baden-Württemberg
Kreis: Esslingen
Standard: Durchschnitt
Bauzeit: 34 Wochen
Kennwerte: bis 1. Ebene DIN276
vorgesehen: BKI Objektdaten A11
BGF 1.994 €/m²

Planung: KILTZ KAZMAIER ARCHITEKTEN; Kirchheim unter Teck
Erweiterung vom Schulpavillon zur Kindertagesstätte (2 Gruppen, 40 Kinder)

Objektübersicht zur Gebäudeart

4400-0281 Kinder- und Familienzentrum   BRI 6.011m³   BGF 1.730m²   NUF 936m²

Baujahr: 1994
Bauzustand: gut
Aufwand: hoch
Nutzung während der Bauzeit: nein
Nutzungsänderung: ja
Grundrissänderungen: einige
Tragwerkseingriffe: wenige

Land: Baden-Württemberg
Kreis: Ludwigsburg
Standard: über Durchschnitt
Bauzeit: 73 Wochen
Kennwerte: bis 1. Ebene DIN276
veröffentlicht: BKI Objektdaten A10

BGF   1.763 €/m²

Planung: VON M GmbH; Stuttgart
Kinder- und Familienzentrum (105 Kinder, 6 Gruppen)

4400-0219 Kindertagesstätte (40 Kinder)   BRI 2.325m³   BGF 675m²   NUF 522m²

Baujahr: 1967
Bauzustand: mittel
Aufwand: mittel
Nutzung während der Bauzeit: ja
Nutzungsänderung: ja
Grundrissänderungen: wenige
Tragwerkseingriffe: keine

Land: Baden-Württemberg
Kreis: Esslingen
Standard: Durchschnitt
Bauzeit: 43 Wochen
Kennwerte: bis 1. Ebene DIN276
veröffentlicht: BKI Objektdaten A9

BGF   1.364 €/m²

Planung: Schwille Freie Architekten BDA; Reutlingen
Erweiterung einer Kindertagesstätte. Insgesamt 3 Gruppen mit 40 Kindern.

4400-0269 Kinderkrippe (2 Gruppen, 30 Kinder)   BRI 2.218m³   BGF 766m²   NUF 497m²

Baujahr: 2003
Bauzustand: gut
Aufwand: mittel
Nutzung während der Bauzeit: ja
Nutzungsänderung: nein
Grundrissänderungen: wenige
Tragwerkseingriffe: keine

Land: Hamburg
Kreis: Hamburg
Standard: Durchschnitt
Bauzeit: 43 Wochen
Kennwerte: bis 1. Ebene DIN276
veröffentlicht: BKI Objektdaten A10

BGF   1.303 €/m²

Planung: Johannsen und Partner; Hamburg
Erweiterung einer Kindertagesstätte um 2 Gruppen für 30 Kinder

Erweiterungen

Kindergärten

€/m² BGF
min	1.200	€/m²
von	1.330	€/m²
Mittel	**1.630**	**€/m²**
bis	2.040	€/m²
max	2.390	€/m²

Kosten:
Stand 2.Quartal 2018
Bundesdurchschnitt
inkl. 19% MwSt.

Objektübersicht zur Gebäudeart

4400-0228 Kinderkrippe (1 Gruppe, 20 Kinder)

BRI 1.030m³   **BGF** 251m²   **NUF** 151m²

Baujahr: 1960
Bauzustand: mittel
Aufwand: mittel
Nutzung während der Bauzeit: ja
Nutzungsänderung: nein
Grundrissänderungen: wenige
Tragwerkseingriffe: keine

Land: Nordrhein-Westfalen
Kreis: Rhein-Sieg-Kreis
Standard: Durchschnitt
Bauzeit: 17 Wochen
Kennwerte: bis 1. Ebene DIN276
veröffentlicht: BKI Objektdaten A9

BGF   1.817 €/m²

Planung: ZACHARIAS PLANUNGSGRUPPE; Sankt Augustin
Kinderkrippe für 20 Kinder als eigenständige Erweiterung einer bestehenden Kindertagesstätte.

4400-0248 Kinderkrippe (2 Gruppen, 24 Kinder)

BRI 1.396m³   **BGF** 341m²   **NUF** 226m²

Baujahr: 1972
Bauzustand: mittel
Aufwand: niedrig
Nutzung während der Bauzeit: nein
Nutzungsänderung: nein
Grundrissänderungen: wenige
Tragwerkseingriffe: keine

Land: Bayern
Kreis: Nürnberg
Standard: über Durchschnitt
Bauzeit: 82 Wochen
Kennwerte: bis 1. Ebene DIN276
veröffentlicht: BKI Objektdaten A10

BGF   2.392 €/m²

Planung: CLEMENS FROSCH ARCHITEKT; Pappenheim
Kinderkrippe mit zwei Gruppen für 24 Kinder.

4400-0280 Kinderkrippe, zwei Schlafräume

BRI 388m³   **BGF** 77m²   **NUF** 50m²

Baujahr: 1989
Bauzustand: mittel
Aufwand: niedrig
Nutzung während der Bauzeit: ja
Nutzungsänderung: nein
Grundrissänderungen: wenige
Tragwerkseingriffe: keine

Land: Nordrhein-Westfalen
Kreis: Herford
Standard: Durchschnitt
Bauzeit: 17 Wochen
Kennwerte: bis 1. Ebene DIN276
veröffentlicht: BKI Objektdaten A10

BGF   1.954 €/m²

Planung: Lauhoff Architekten; Melle
Kinderkrippe mit zwei Schlafräumen (11 Kinder), einschl. Spiel- und Bewegungsflächen.

Objektübersicht zur Gebäudeart

4400-0179 Kindertagesstätte

BRI 2.174m³ **BGF** 545m² **NUF** 328m²

Baujahr: 1999

Land: Nordrhein-Westfalen
Kreis: Paderborn
Standard: unter Durchschnitt
Bauzeit: 25 Wochen
Kennwerte: bis 1. Ebene DIN276
veröffentlicht: BKI Objektdaten A8

BGF 1.236 €/m²

Planung: jacobs. Architekturbüro; Paderborn

Erweiterung eines bestehenden Kindergartens um 2 Gruppen auf nun 4 Gruppen.

4400-0175 Kindertagesstätte (1 Gruppe, 10 Kinder)

BRI 672m³ **BGF** 203m² **NUF** 121m²

Land: Nordrhein-Westfalen
Kreis: Siegen-Wittgenstein
Standard: Durchschnitt
Bauzeit: 30 Wochen
Kennwerte: bis 1. Ebene DIN276
veröffentlicht: BKI Objektdaten A8

BGF 1.198 €/m²

Planung: Susanne Hoffmann-Stein Architektin; Siegen

Erweiterung einer bestehenden Kindertagesstätte (4 Gruppen, 75 Kinder) um eine Gruppe für unter Dreijährige mit Aufenthaltsraum zum Spielen und Schlafen; Küche.

4400-0196 Kindertagesstätte (2 Gruppen, 24 Kinder)

BRI 1.389m³ **BGF** 385m² **NUF** 284m²

Land: Bayern
Kreis: Rosenheim
Standard: Durchschnitt
Bauzeit: 30 Wochen
Kennwerte: bis 1. Ebene DIN276
veröffentlicht: BKI Objektdaten A8

BGF 1.911 €/m²

Planung: wulf architekten GmbH, Prof. T. Wulf I K. Bierich I A. Vohl; Stuttgart

Kindertagesstätte, 2 Gruppen, 24 Kinder, Gruppenräume, Mehrzweckraum, Ruheräume, Wickelräume, Büro, Technik, Garderobe, WC, Windfang.

Erweiterungen

Kindergärten

€/m² BGF
min	1.200 €/m²
von	1.330 €/m²
Mittel	**1.630 €/m²**
bis	2.040 €/m²
max	2.390 €/m²

Kosten:
Stand 2.Quartal 2018
Bundesdurchschnitt
inkl. 19% MwSt.

Objektübersicht zur Gebäudeart

4400-0198 Kindertagesstätte, Mensa (8 Gruppen, 170 Kinder) — **BRI** 6.406m³ **BGF** 1.739m² **NUF** 892m²

Baujahr: 1965
Bauzustand: gut
Aufwand: niedrig
Nutzung während der Bauzeit: ja
Nutzungsänderung: nein
Grundrissänderungen: wenige
Tragwerkseingriffe: keine

Land: Hessen
Kreis: Kassel
Standard: Durchschnitt
Bauzeit: 52 Wochen
Kennwerte: bis 1. Ebene DIN276
veröffentlicht: BKI Objektdaten A9
BGF 1.476 €/m²

Planung: Baufrösche Architekten und Stadtplaner GmbH; Kassel
Kindertagesstätte und Mensa, acht Gruppen, 170 Kinder, Mensa für 60 Personen.

4400-0122 Kindergarten (1 Gruppe) — **BRI** 555m³ **BGF** 188m² **NUF** 164m²

Bauzustand: mittel
Aufwand: mittel
Nutzung während der Bauzeit: nein
Nutzungsänderung: nein
Grundrissänderungen: wenige
Tragwerkseingriffe: keine

Land: Niedersachsen
Kreis: Hannover
Standard: über Durchschnitt
Bauzeit: 39 Wochen
Kennwerte: bis 1. Ebene DIN276
veröffentlicht: BKI Objektdaten A7
BGF 1.610 €/m²

Planung: Architekturbüro Peterburs; Langenhagen
Erweiterung um eine integrative Gruppe (20 Kinder). Gruppenraum, Therapieräume, Bad und Spielflur

---

4400-0181 Kindertagesstätte — **BRI** 1.014m³ **BGF** 251m² **NUF** 178m²

Baujahr: ca. 1955

Land: Sachsen
Kreis: Bautzen
Standard: Durchschnitt
Bauzeit: 35 Wochen
Kennwerte: bis 1. Ebene DIN276
veröffentlicht: BKI Objektdaten A8
BGF 1.494 €/m²

Planung: Architekturbüro weise bauplanung; Dresden
Kindertagesstätte für 27 Kinder, eine Hortgruppe, eine Krippengruppe.

Erweiterung

Erweiterungen

Wohngebäude
Anbau

Kostenkennwerte für die Kosten des Bauwerks (Kostengruppen 300+400 nach DIN 276)

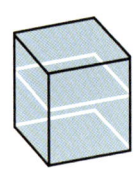

BRI 560 €/m³
von 375 €/m³
bis 780 €/m³

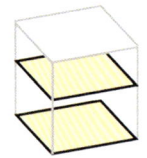

BGF 1.800 €/m²
von 1.190 €/m²
bis 2.460 €/m²

NUF 2.440 €/m²
von 1.770 €/m²
bis 3.690 €/m²

NE 2.410 €/NE
von 1.790 €/NE
bis 3.390 €/NE
NE: Wohnfläche

Objektbeispiele

Kosten:
Stand 2.Quartal 2018
Bundesdurchschnitt
inkl. 19% MwSt.

6100-1179

6100-0577

6100-1013

6100-1037

6100-0956

6100-1012

Kosten der 18 Vergleichsobjekte — Seiten 128 bis 135

- ● KKW
- ▶ min
- ▷ von
- | Mittelwert
- ◁ bis
- ◀ max

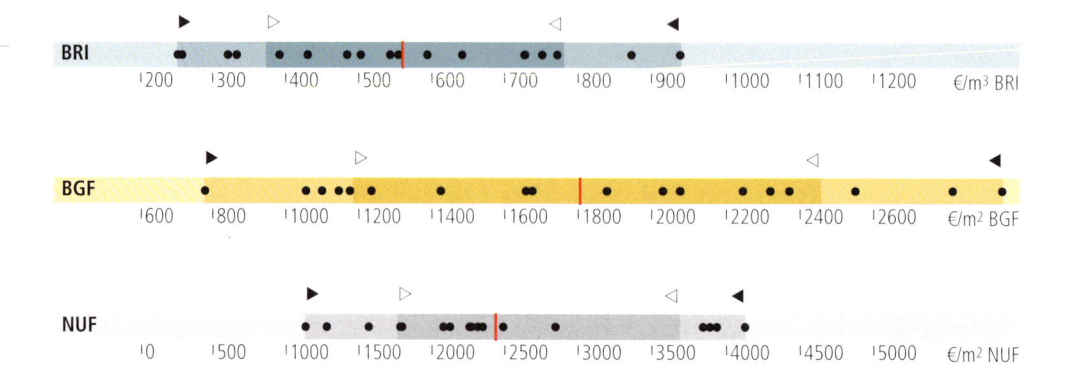

BRI — €/m³ BRI

BGF — €/m² BGF

NUF — €/m² NUF

Kostenkennwerte für die Kostengruppen der 1. und 2. Ebene DIN 276

KG	Kostengruppen der 1. Ebene	Einheit	▷	€/Einheit	◁	▷	% an 300+400	◁
100	Grundstück	m² GF	–	–	–	–	–	–
200	Herrichten und Erschließen	m² GF	5	13	49	0,6	2,2	5,6
300	Bauwerk - Baukonstruktionen	m² BGF	969	1.552	2.054	81,1	86,1	92,4
400	Bauwerk - Technische Anlagen	m² BGF	147	252	469	7,6	14,0	18,9
	Bauwerk (300+400)	m² BGF	1.185	1.805	2.455		100,0	
500	Außenanlagen	m² AF	17	93	256	2,4	6,0	12,1
600	Ausstattung und Kunstwerke	m² BGF	1	3	5	0,0	0,2	0,4
700	Baunebenkosten	m² BGF	–	–	–	–	–	–

KG	Kostengruppen der 2. Ebene	Einheit	▷	€/Einheit	◁	▷	% an 300	◁
310	Baugrube	m³ BGI	57	139	555	1,1	2,3	3,4
320	Gründung	m² GRF	229	323	446	6,4	10,0	15,7
330	Außenwände	m² AWF	395	569	1.058	38,0	44,4	51,3
340	Innenwände	m² IWF	176	272	402	4,5	8,6	11,4
350	Decken	m² DEF	151	332	571	2,9	11,0	16,5
360	Dächer	m² DAF	268	470	842	10,0	17,1	21,4
370	Baukonstruktive Einbauten	m² BGF	28	40	72	0,0	1,1	3,1
390	Sonstige Baukonstruktionen	m² BGF	33	93	146	2,7	5,5	7,6
300	**Bauwerk Baukonstruktionen**	**m² BGF**					**100,0**	

KG	Kostengruppen der 2. Ebene	Einheit	▷	€/Einheit	◁	▷	% an 400	◁
410	Abwasser, Wasser, Gas	m² BGF	15	51	103	4,1	20,0	33,7
420	Wärmeversorgungsanlagen	m² BGF	64	126	296	34,9	51,7	75,4
430	Lufttechnische Anlagen	m² BGF	–	10	–	–	0,3	–
440	Starkstromanlagen	m² BGF	28	48	83	14,6	24,7	44,8
450	Fernmeldeanlagen	m² BGF	8	14	28	0,7	3,3	7,4
460	Förderanlagen	m² BGF	–	–	–	–	–	–
470	Nutzungsspezifische Anlagen	m² BGF	–	–	–	–	–	–
480	Gebäudeautomation	m² BGF	–	–	–	–	–	–
490	Sonstige Technische Anlagen	m² BGF	–	–	–	–	–	–
400	**Bauwerk Technische Anlagen**	**m² BGF**					**100,0**	

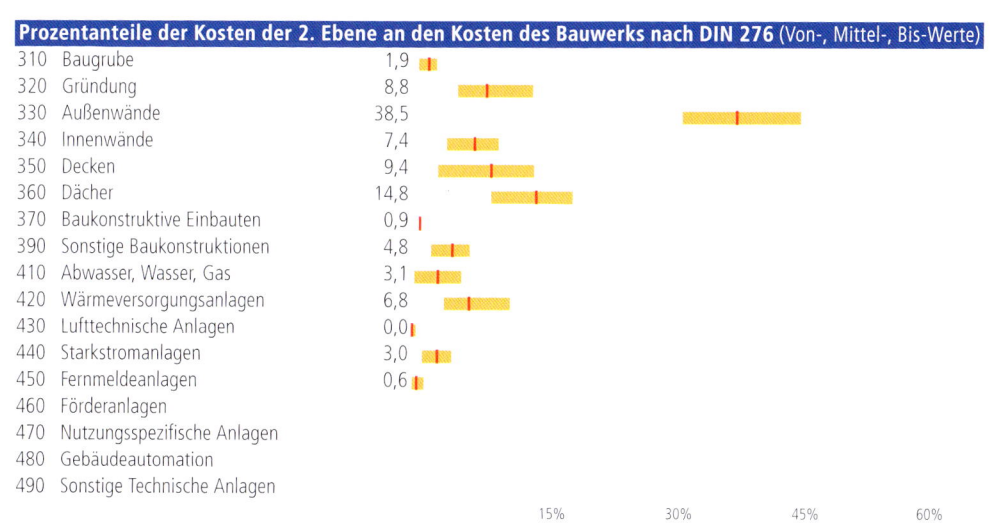

Prozentanteile der Kosten der 2. Ebene an den Kosten des Bauwerks nach DIN 276 (Von-, Mittel-, Bis-Werte)

KG	Bezeichnung	Mittelwert
310	Baugrube	1,9
320	Gründung	8,8
330	Außenwände	38,5
340	Innenwände	7,4
350	Decken	9,4
360	Dächer	14,8
370	Baukonstruktive Einbauten	0,9
390	Sonstige Baukonstruktionen	4,8
410	Abwasser, Wasser, Gas	3,1
420	Wärmeversorgungsanlagen	6,8
430	Lufttechnische Anlagen	0,0
440	Starkstromanlagen	3,0
450	Fernmeldeanlagen	0,6
460	Förderanlagen	
470	Nutzungsspezifische Anlagen	
480	Gebäudeautomation	
490	Sonstige Technische Anlagen	

15% 30% 45% 60%

© **BKI** Baukosteninformationszentrum; Erläuterungen zu den Tabellen siehe Seite 24   Kosten: 2.Quartal 2018, Bundesdurchschnitt, **inkl. 19% MwSt.**

Erweiterungen

Wohngebäude Anbau

Kosten:
Stand 2.Quartal 2018
Bundesdurchschnitt
inkl. 19% MwSt.

Kostenkennwerte für die Kostengruppen der 3. Ebene DIN 276

KG	Kostengruppen der 3. Ebene	Einheit	▷	Ø €/Einheit	◁	▷	Ø €/m² BGF	◁
337	Elementierte Außenwände	m²	226,19	600,10	849,56	129,10	273,61	365,50
334	Außentüren und -fenster	m²	469,07	691,00	1.056,16	81,26	185,08	292,28
363	Dachbeläge	m²	107,54	199,65	293,52	73,29	150,58	246,61
335	Außenwandbekleidungen außen	m²	80,79	149,10	272,65	87,06	140,20	248,91
331	Tragende Außenwände	m²	189,25	338,71	593,37	57,41	108,42	181,55
421	Wärmeerzeugungsanlagen	m²	32,19	102,15	287,02	32,19	102,15	287,02
361	Dachkonstruktionen	m²	100,39	178,72	338,97	35,77	80,33	132,09
352	Deckenbeläge	m²	142,43	193,34	228,08	66,69	80,23	103,71
338	Sonnenschutz	m²	211,55	281,56	365,38	16,86	71,49	170,56
351	Deckenkonstruktionen	m²	232,82	399,29	960,44	23,02	71,03	116,16
325	Bodenbeläge	m²	95,27	157,31	227,97	22,73	70,02	107,10
412	Wasseranlagen	m²	34,29	57,53	78,55	34,29	57,53	78,55
393	Sicherungsmaßnahmen	m²	–	50,57	–	–	50,57	–
423	Raumheizflächen	m²	31,19	50,18	107,22	31,19	50,18	107,22
391	Baustelleneinrichtung	m²	22,87	48,25	128,22	22,87	48,25	128,22
344	Innentüren und -fenster	m²	446,86	631,53	996,53	23,70	48,11	90,53
343	Innenstützen	m	228,83	229,94	231,05	2,48	46,60	90,72
336	Außenwandbekleidungen innen	m²	26,79	45,74	97,62	18,79	46,29	90,06
364	Dachbekleidungen	m²	32,23	78,38	127,24	19,14	43,55	92,22
322	Flachgründungen	m²	81,64	172,08	268,48	17,76	43,09	88,04
345	Innenwandbekleidungen	m²	20,08	35,98	64,52	26,35	42,49	74,89
369	Dächer, sonstiges	m²	4,46	31,02	84,05	3,18	42,32	120,59
444	Niederspannungsinstallationsanl.	m²	25,89	38,91	66,22	25,89	38,91	66,22
324	Unterböden und Bodenplatten	m²	54,85	93,32	123,73	19,31	38,53	79,90
371	Allgemeine Einbauten	m²	22,89	36,33	71,91	22,89	36,33	71,91
341	Tragende Innenwände	m²	171,00	291,01	513,54	27,40	35,99	40,74
394	Abbruchmaßnahmen	m²	5,16	35,40	47,50	5,16	35,40	47,50
311	Baugrubenherstellung	m³	40,00	76,48	117,62	15,69	33,93	62,88
342	Nichttragende Innenwände	m²	112,87	160,74	324,66	11,81	32,42	57,18
429	Wärmeversorgungsanl., sonstiges	m²	10,48	31,94	68,86	10,48	31,94	68,86
327	Dränagen	m²	25,19	32,36	43,64	4,48	24,60	64,70
392	Gerüste	m²	7,57	20,50	33,13	7,57	20,50	33,13
339	Außenwände, sonstiges	m²	5,31	12,49	27,26	6,90	19,47	45,61
411	Abwasseranlagen	m²	5,36	16,66	30,61	5,36	16,66	30,61
422	Wärmeverteilnetze	m²	6,27	14,14	31,74	6,27	14,14	31,74
379	Baukonstr. Einbauten, sonstiges	m²	–	14,02	–	–	14,02	–
397	Zusätzliche Maßnahmen	m²	6,82	13,75	17,61	6,82	13,75	17,61
353	Deckenbekleidungen	m²	11,33	41,57	99,07	4,41	13,40	27,72
326	Bauwerksabdichtungen	m²	12,08	30,68	67,11	6,05	13,17	26,03
362	Dachfenster, Dachöffnungen	m²	1.074,00	2.061,50	3.895,95	7,18	13,09	24,65
359	Decken, sonstiges	m²	10,29	25,62	55,91	4,67	10,77	22,93
431	Lüftungsanlagen	m²	–	10,33	–	–	10,33	–
333	Außenstützen	m	61,86	128,50	173,67	4,54	9,79	20,12
445	Beleuchtungsanlagen	m²	3,67	8,30	18,65	3,67	8,30	18,65
457	Übertragungsnetze	m²	4,27	7,06	12,38	4,27	7,06	12,38
455	Fernseh- und Antennenanlagen	m²	1,69	4,93	7,67	1,69	4,93	7,67
321	Baugrundverbesserung	m²	–	134,28	–	–	4,79	–
446	Blitzschutz- und Erdungsanlagen	m²	2,97	4,70	10,80	2,97	4,70	10,80
454	Elektroakustische Anlagen	m²	0,48	4,63	8,10	0,48	4,63	8,10

▷ von
Ø Mittel
◁ bis

Kostenkennwerte für Leistungsbereiche nach StLB (Kosten des Bauwerks nach DIN 276)

LB	Leistungsbereiche	▷	€/m² BGF	◁	▷	% an 300+400	◁
000	Sicherheits-, Baustelleneinrichtungen inkl. 001	26	**55**	81	1,5	**3,1**	4,5
002	Erdarbeiten	25	**42**	65	1,4	**2,3**	3,6
006	Spezialtiefbauarbeiten inkl. 005	–	**–**	–	–	**–**	–
009	Entwässerungskanalarbeiten inkl. 011	0	**5**	18	0,0	**0,3**	1,0
010	Drän- und Versickerungsarbeiten	0	**7**	46	0,0	**0,4**	2,5
012	Mauerarbeiten	22	**62**	133	1,2	**3,5**	7,4
013	Betonarbeiten	94	**169**	339	5,2	**9,4**	18,8
014	Natur-, Betonwerksteinarbeiten	0	**10**	74	0,0	**0,6**	4,1
016	Zimmer- und Holzbauarbeiten	71	**243**	579	4,0	**13,4**	32,1
017	Stahlbauarbeiten	0	**17**	73	0,0	**0,9**	4,0
018	Abdichtungsarbeiten	0	**13**	26	0,0	**0,7**	1,5
020	Dachdeckungsarbeiten	3	**30**	95	0,1	**1,6**	5,3
021	Dachabdichtungsarbeiten	10	**54**	112	0,5	**3,0**	6,2
022	Klempnerarbeiten	25	**51**	111	1,4	**2,8**	6,1
	Rohbau	596	**758**	1.128	33,0	**42,0**	62,5
023	Putz- und Stuckarbeiten, Wärmedämmsysteme	25	**95**	183	1,4	**5,3**	10,1
024	Fliesen- und Plattenarbeiten	6	**42**	90	0,3	**2,3**	5,0
025	Estricharbeiten	10	**22**	29	0,5	**1,2**	1,6
026	Fenster, Außentüren inkl. 029, 032	73	**187**	291	4,0	**10,3**	16,1
027	Tischlerarbeiten	16	**72**	152	0,9	**4,0**	8,4
028	Parkettarbeiten, Holzpflasterarbeiten	16	**59**	117	0,9	**3,3**	6,5
030	Rollladenarbeiten	8	**45**	119	0,4	**2,5**	6,6
031	Metallbauarbeiten inkl. 035	9	**65**	223	0,5	**3,6**	12,4
034	Maler- und Lackiererarbeiten inkl. 037	24	**53**	86	1,3	**3,0**	4,8
036	Bodenbelagarbeiten	0	**14**	79	0,0	**0,8**	4,4
038	Vorgehängte hinterlüftete Fassaden	–	**10**	–	–	**0,6**	–
039	Trockenbauarbeiten	34	**82**	177	1,9	**4,5**	9,8
	Ausbau	561	**750**	883	31,1	**41,6**	48,9
040	Wärmeversorgungsanl. - Betriebseinr. inkl. 041	65	**116**	203	3,6	**6,4**	11,2
042	Gas- und Wasserinstallation, Leitungen inkl. 043	0	**12**	24	0,0	**0,7**	1,3
044	Abwasserinstallationsarbeiten - Leitungen	1	**6**	11	0,1	**0,3**	0,6
045	GWA-Einrichtungsgegenstände inkl. 046	1	**28**	62	0,1	**1,5**	3,4
047	Dämmarbeiten an betriebstechnischen Anlagen	0	**2**	8	0,0	**0,1**	0,4
049	Feuerlöschanlagen, Feuerlöschgeräte	–	**–**	–	–	**–**	–
050	Blitzschutz- und Erdungsanlagen	0	**2**	4	0,0	**0,1**	0,2
053	Niederspannungsanlagen inkl. 052, 054	27	**54**	88	1,5	**3,0**	4,9
055	Ersatzstromversorgungsanlagen	–	**–**	–	–	**–**	–
057	Gebäudesystemtechnik	–	**–**	–	–	**–**	–
058	Leuchten und Lampen inkl. 059	0	**4**	12	0,0	**0,2**	0,7
060	Elektroakustische Anlagen, Sprechanlagen	0	**3**	7	0,0	**0,2**	0,4
061	Kommunikationsnetze, inkl. 062	0	**5**	13	0,0	**0,3**	0,7
063	Gefahrenmeldeanlagen	–	**–**	–	–	**–**	–
069	Aufzüge	–	**–**	–	–	**–**	–
070	Gebäudeautomation	–	**–**	–	–	**–**	–
075	Raumlufttechnische Anlagen	–	**1**	–	–	**0,0**	–
	Technische Anlagen	121	**231**	320	6,7	**12,8**	17,7
084	Abbruch- und Rückbauarbeiten	17	**67**	110	0,9	**3,7**	6,1
	Sonstige Leistungsbereiche inkl. 008, 033, 051	0	**1**	7	0,0	**0,1**	0,4

© BKI Baukosteninformationszentrum; Erläuterungen zu den Tabellen siehe Seite 28   Kosten: 2.Quartal 2018, Bundesdurchschnitt, **inkl. 19% MwSt.**

Erweiterungen

Wohngebäude Anbau

€/m² BGF
min	780	€/m²
von	1.190	€/m²
Mittel	**1.800**	€/m²
bis	2.460	€/m²
max	2.950	€/m²

Kosten:
Stand 2.Quartal 2018
Bundesdurchschnitt
inkl. 19% MwSt.

Objektübersicht zur Gebäudeart

6100-1166 Einfamilienhaus

BRI 1.024m³   **BGF** 348m²   **NUF** 218m²

Baujahr: 1970
Bauzustand: gut
Aufwand: hoch
Nutzung während der Bauzeit: nein
Nutzungsänderung: nein
Grundrissänderungen: umfangreiche
Tragwerkseingriffe: einige

Land: Niedersachsen
Kreis: Hannover
Standard: Durchschnitt
Bauzeit: 65 Wochen
Kennwerte: bis 3. Ebene DIN276
veröffentlicht: BKI Objektdaten A10

BGF   1.424 €/m²

Planung: .rott .schirmer .partner; Großburgwedel

Erweiterung und Sanierung eines Einfamilienhauses

Bauwerk - Baukonstruktionen
Herstellen: Außenwandbekleidungen außen 12%, Außentüren und -fenster 11%, Dachbeläge 8%, Elementierte Außenwände 7%, Bodenbeläge 7%, Deckenbeläge 6%, Tragende Außenwände 6%, Dachbekleidungen 5%, Baugrubenherstellung 4%, Innentüren und -fenster 3%, Außenwandbekleidungen innen 3%, Flachgründungen 3%, Dachkonstruktionen 3%
Sonstige: 21%

Bauwerk - Technische Anlagen
Herstellen: Wärmeerzeugungsanlagen 36%, Wasseranlagen 17%, Raumheizflächen 12%, Niederspannungsinstallationsanlagen 10%
Sonstige: 24%

6100-1179 Einfamilienhaus

BRI 990m³   **BGF** 303m²   **NUF** 187m²

Baujahr: 1907
Bauzustand: schlecht
Aufwand: hoch
Nutzung während der Bauzeit: nein
Nutzungsänderung: ja
Grundrissänderungen: umfangreiche
Tragwerkseingriffe: einige

Land: Brandenburg
Kreis: Potsdam
Standard: über Durchschnitt
Bauzeit: 43 Wochen
Kennwerte: bis 3. Ebene DIN276
veröffentlicht: BKI Objektdaten A10

BGF   2.371 €/m²

Planung: Hertzberg Weber Architekten; Potsdam

Umbau und Erweiterung eines Einfamilienhauses (Baujahr 1907). **Kosteneinfluss Nutzung:** Denkmalschutz, Gestaltungssatzung, Wärmeschutz, Schallschutz

Bauwerk - Baukonstruktionen
Abbrechen: Abbruchmaßnahmen 2%
Herstellen: Außentüren und -fenster 13%, Dachbeläge 8%, Dachkonstruktionen 7%, Außenwandbekleidungen außen 7%, Dachbekleidungen 6%, Außenwandbekleidungen innen 6%, Bodenbeläge 5%, Deckenkonstruktionen 5%, Allgemeine Einbauten 4%, Deckenbeläge 3%, Innenwandbekleidungen 3%, Innentüren und -fenster 3%
Wiederherstellen: Tragende Außenwände 6%
Sonstige: 22%

Bauwerk - Technische Anlagen
Herstellen: Wasseranlagen 23%, Niederspannungsinstallationsanlagen 23%, Abwasseranlagen 11%, Wärmeversorgungsanlagen, sonstiges 11%, Raumheizflächen 11%
Sonstige: 21%

Objektübersicht zur Gebäudeart

6100-0902 Einfamilienhaus, Wintergarten

BRI 400m³   **BGF** 124m²   **NUF** 84m²

Bauzustand: mittel
Aufwand: mittel
Nutzung während der Bauzeit: ja
Nutzungsänderung: nein
Grundrissänderungen: umfangreiche
Tragwerkseingriffe: einige

Land: Sachsen
Kreis: Dresden
Standard: über Durchschnitt
Bauzeit: 39 Wochen
Kennwerte: bis 3. Ebene DIN276
veröffentlicht: BKI Objektdaten A8

BGF   2.817 €/m²

Planung: TSSB architekten.ingenieure; Dresden

An ein Einfamilienhaus wurde ein Wintergarten angebaut. **Kosteneinfluss Nutzung:** Im Bestandsgebäude wurden neue Fenster und Türen eingebaut und neu gestrichen. Die Heizungsanlage wurde erneuert. **Kosteneinfluss Grundstück:** Abfangen der Bestandskellerwand mit Winkelstützwänden.

Bauwerk - Baukonstruktionen
Herstellen: Außentüren und -fenster 15%, Dachbeläge 10%, Elementierte Außenwände 9%, Sonnenschutz 7%, Außenwandbekleidungen außen 6%, Dächer, sonstiges 5%, Innentüren und -fenster 5%, Deckenkonstruktionen 5%, Dachkonstruktionen 5%, Innenstützen 4%, Tragende Außenwände 4%, Flachgründungen 3%
Sonstige: 23%

Bauwerk - Technische Anlagen
Herstellen: Wärmeerzeugungsanlagen 84%, Raumheizflächen 7%, Niederspannungsinstallationsanlagen 3%
Sonstige: 6%

6100-0673 Einfamilienhaus

BRI 716m³   **BGF** 269m²   **NUF** 171m²

Land: Berlin
Kreis: Berlin
Standard: Durchschnitt
Bauzeit: 47 Wochen
Kennwerte: bis 3. Ebene DIN276
veröffentlicht: BKI Objektdaten A6

BGF   1.145 €/m²

Planung: Thomas Bettels Dipl.-Ing. Architekt; Berlin

Erweiterung eines zweigeschossigen unterkellerten Einfamilienhauses mit einer Holzrahmenkonstruktion.
Kosteneinfluss Grundstück: Hammergrundstück mit Geh-, Fahr- und Leitungsrecht.

Bauwerk - Baukonstruktionen
Herstellen: Tragende Außenwände 11%, Außenwandbekleidungen außen 10%, Nichttragende Innenwände 8%, Dachbeläge 7%, Deckenbeläge 7%, Deckenkonstruktionen 6%, Sonnenschutz 5%, Dachkonstruktionen 4%, Bodenbeläge 4%, Dachbekleidungen 4%, Allgemeine Einbauten 3%, Außentüren und -fenster 3%, Baugrubenherstellung 3%, Unterböden und Bodenplatten 3%
Sonstige: 22%

Bauwerk - Technische Anlagen
Herstellen: Wasseranlagen 25%, Raumheizflächen 18%, Niederspannungsinstallationsanlagen 17%, Wärmeverteilnetze 10%, Fernseh- und Antennenanlagen 6%
Sonstige: 24%

Erweiterungen

Wohngebäude Anbau

€/m² BGF
min	780	€/m²
von	1.190	€/m²
Mittel	**1.800**	**€/m²**
bis	2.460	€/m²
max	2.950	€/m²

Kosten:
Stand 2.Quartal 2018
Bundesdurchschnitt
inkl. 19% MwSt.

Objektübersicht zur Gebäudeart

6100-0577 Einfamilienhaus

BRI 175m³ **BGF** 58m² **NUF** 42m²

Land: Rheinland-Pfalz
Kreis: Kaiserslautern
Standard: über Durchschnitt
Bauzeit: 17 Wochen
Kennwerte: bis 4. Ebene DIN276
veröffentlicht: BKI Objektdaten A4

BGF 1.675 €/m²

Planung: Ingenieurbüro Hermann Jagsch Dipl.-Ing. Christina Jagsch; Kaiserslautern
Wohnraumerweiterung eines Einfamilienhauses durch einen zweigeschossigen, nicht unterkellerten Anbau mit Flachdach.

Bauwerk - Baukonstruktionen
Herstellen: Außentüren und -fenster 17%, Tragende Außenwände 13%, Außenwandbekleidungen außen 10%, Deckenkonstruktionen 8%, Dachbeläge 6%, Dachkonstruktionen 5%, Bodenbeläge 5%, Flachgründungen 4%, Deckenbeläge 4%, Außenwandbekleidungen innen 3%, Außenwände, sonstiges 3%
Sonstige: 22%

6100-0580 Einfamilienhaus

BRI 380m³ **BGF** 117m² **NUF** 97m²

Land: Schleswig-Holstein
Kreis: Bad Segeberg
Standard: über Durchschnitt
Bauzeit: 26 Wochen
Kennwerte: bis 3. Ebene DIN276
veröffentlicht: BKI Objektdaten A4

BGF 2.076 €/m²

Planung: Architekt Karsten Bergmann; Hamburg
Anbau in Holzrahmenbauweise, Wohnraumerweiterung, zwei Kinderzimmer, Bad.

Bauwerk - Baukonstruktionen
Abbrechen: Abbruchmaßnahmen 3%
Herstellen: Elementierte Außenwände 25%, Außentüren und -fenster 17%, Dachbeläge 10%, Deckenbeläge 7%, Deckenkonstruktionen 6%, Bodenbeläge 4%, Dachkonstruktionen 3%, Nichttragende Innenwände 3%, Innenwandbekleidungen 2%
Sonstige: 20%

Bauwerk - Technische Anlagen
Herstellen: Wärmeversorgungsanlagen, sonstiges 18%, Wasseranlagen 18%, Wärmeerzeugungsanlagen 14%, Niederspannungsinstallationsanlagen 11%, Raumheizflächen 10%, Wärmeverteilnetze 9%
Sonstige: 20%

Objektübersicht zur Gebäudeart

6100-0602 Reihenhaus

BRI 99m³ **BGF** 39m² **NUF** 35m²

Bauzustand: mittel
Aufwand: mittel
Nutzung während der Bauzeit: ja
Nutzungsänderung: nein
Grundrissänderungen: wenige
Tragwerkseingriffe: wenige

Land: Niedersachsen
Kreis: Wilhelmshaven
Standard: Durchschnitt
Bauzeit: 30 Wochen
Kennwerte: bis 3. Ebene DIN276
veröffentlicht: BKI Objektdaten A5

BGF 1.878 €/m²

Planung: Architekt Dipl.-Ing. Jens-Uwe Seyfarth; Wennigsen
Wohnraumerweiterung durch Anbau an ein Reihenhaus (15m² BGF).

Bauwerk - Baukonstruktionen
Herstellen: Elementierte Außenwände 21%, Sonnenschutz 12%, Dachbeläge 9%, Bodenbeläge 7%, Flachgründungen 5%, Dachkonstruktionen 5%, Außentüren und -fenster 5%, Baustelleneinrichtung 4%, Dränagen 4%, Tragende Außenwände 3%, Innenwandbekleidungen 3%
Sonstige: 21%

Bauwerk - Technische Anlagen
Herstellen: Raumheizflächen 69%, Niederspannungsinstallationsanlagen 21%, Wärmeverteilnetze 7%
Sonstige: 2%

6100-0455 Reihenendhaus (1 WE)

BRI 825m³ **BGF** 267m² **NUF** 183m²

Baujahr: 1975
Bauzustand: schlecht
Aufwand: mittel
Nutzung während der Bauzeit: nein
Nutzungsänderung: nein
Grundrissänderungen: wenige
Tragwerkseingriffe: keine

Land: Rheinland-Pfalz
Kreis: Worms
Standard: Durchschnitt
Bauzeit: 65 Wochen
Kennwerte: bis 3. Ebene DIN276
veröffentlicht: BKI Objektdaten E2

BGF 778 €/m²

Planung: Jürgen Conrad Dipl.-Ing. Freier Architekt; Worms
Wohnhaus, erweitert durch neuen Zugang.

Bauwerk - Baukonstruktionen
Herstellen: Außentüren und -fenster 17%, Deckenbeläge 14%, Außenwandbekleidungen außen 10%, Tragende Außenwände 9%, Außenwandbekleidungen innen 8%, Deckenkonstruktionen 3%, Außenwände, sonstiges 3%, Innentüren und -fenster 3%, Sonnenschutz 3%, Dachkonstruktionen 3%, Innenwandbekleidungen 3%
Wiederherstellen: Außenwandbekleidungen innen 2%
Sonstige: 22%

Bauwerk - Technische Anlagen
Herstellen: Niederspannungsinstallationsanlagen 18%, Wärmeerzeugungsanlagen 18%, Wasseranlagen 14%, Wärmeversorgungsanlagen, sonstiges 11%, Raumheizflächen 10%, Blitzschutz- und Erdungsanlagen 8%
Sonstige: 21%

Erweiterungen

Wohngebäude Anbau

€/m² BGF
min	780 €/m²
von	1.190 €/m²
Mittel	**1.800** €/m²
bis	2.460 €/m²
max	2.950 €/m²

Kosten:
Stand 2.Quartal 2018
Bundesdurchschnitt
inkl. 19% MwSt.

Objektübersicht zur Gebäudeart

6100-0475 Einfamilienhaus, barrierefrei   BRI 941m³   BGF 230m²   NUF 190m²

Baujahr: 1968
Bauzustand: mittel
Aufwand: mittel
Nutzung während der Bauzeit: ja
Nutzungsänderung: nein
Grundrissänderungen: umfangreiche
Tragwerkseingriffe: wenige

Land: Baden-Württemberg
Kreis: Ravensburg
Standard: Durchschnitt
Bauzeit: 17 Wochen
Kennwerte: bis 4. Ebene DIN276
veröffentlicht: BKI Objektdaten E2

BGF 1.055 €/m²

Planung: Morent - Lutz - Winterkorn Architektur + Design; Ravensburg
Umbau eines Wohnhauses zur barrierefreien Nutzung; Anbau Garage, Erweiterung Bad.

Bauwerk - Baukonstruktionen
Abbrechen: Tragende Außenwände 3%, Dachbeläge 2%
Herstellen: Dachbeläge 14%, Außenwandbekleidungen außen 10%, Tragende Außenwände 10%, Deckenbeläge 10%, Außentüren und -fenster 6%, Innentüren und -fenster 6%, Gerüste 5%, Innenwandbekleidungen 3%, Allgemeine Einbauten 3%, Dachkonstruktionen 2%, Baugrubenherstellung 2%, Deckenkonstruktionen 2%
Sonstige: 21%

Bauwerk - Technische Anlagen
Herstellen: Wasseranlagen 36%, Niederspannungsinstallationsanlagen 29%, Raumheizflächen 23%
Sonstige: 12%

6100-0500 Einfamilienhaus   BRI 73m³   BGF 23m²   NUF 18m²

Baujahr: 1972
Bauzustand: gut
Aufwand: hoch
Nutzung während der Bauzeit: nein
Nutzungsänderung: nein
Grundrissänderungen: wenige
Tragwerkseingriffe: keine

Land: Bayern
Kreis: München
Standard: über Durchschnitt
Bauzeit: 13 Wochen
Kennwerte: bis 3. Ebene DIN276
veröffentlicht: BKI Objektdaten A3

BGF 2.245 €/m²

Planung: TTC Architekten Thomas Traub; München
Anbau an ein Einfamilienhaus zur Wohnraumerweiterung.

Bauwerk - Baukonstruktionen
Dachbeläge 16%, Außenwandbekleidungen außen 15%, Elementierte Außenwände 15%, Außentüren und -fenster 10%, Dachkonstruktionen 7%, Baustelleneinrichtung 7%, Bodenbeläge 6%
Sonstige: 23%

Bauwerk - Technische Anlagen
Raumheizflächen 76%, Niederspannungsinstallationsanlagen 20%, Abwasseranlagen 2%
Sonstige: 2%

Objektübersicht zur Gebäudeart

6100-1012 Einfamilienhaus

BRI 539m³   **BGF** 163m²   **NUF** 130m²

Baujahr: 1890

Land: Baden-Württemberg
Kreis: Karlsruhe
Standard: Durchschnitt
Bauzeit: 39 Wochen
Kennwerte: bis 1. Ebene DIN276
veröffentlicht: BKI Objektdaten A8

BGF   1.658 €/m²

Planung: Bisch.Otteni Architekten und Innenarchitekten; Karlsruhe
Einfamilienhaus als Erweiterung in einer Hinterhofbebauung (133m² WFL)

6100-1037 Wohngebäude, barrierefrei (15 WE)

BRI 5.193m³   **BGF** 1.647m²   **NUF** 1.133m²

Baujahr: 1900
Bauzustand: schlecht
Aufwand: hoch
Nutzung während der Bauzeit: nein
Nutzungsänderung: nein
Grundrissänderungen: einige
Tragwerkseingriffe: keine

Land: Brandenburg
Kreis: Prignitz
Standard: unter Durchschnitt
Bauzeit: 61 Wochen
Kennwerte: bis 1. Ebene DIN276
veröffentlicht: BKI Objektdaten A9

BGF   1.235 €/m²

Planung: °pha design Banniza, Hermann, Öchsner und Partner; Nauen OT Ribbeck
Erweiterung Wohngebäude mit 15 barrierefreien Wohnungen (888m² WFL). Aufteilung in Neubau (10 WE) und Altbau (5 WE).

6100-0848 Anbau Badezimmer

BRI 51m³   **BGF** 16m²   **NUF** 12m²

Baujahr: 1933

Land: Nordrhein-Westfalen
Kreis: Bochum
Standard: unter Durchschnitt
Bauzeit: 8 Wochen
Kennwerte: bis 1. Ebene DIN276
veröffentlicht: BKI Objektdaten A8

BGF   2.953 €/m²

Planung: puschmann architektur Jonas Puschmann; Recklinghausen
Badanbau an eine DHH. **Kosteneinfluss Grundstück:** Bestandsgebäude ist eine DHH (Baujahr 1933). Das neue Bad wurde als Grenzbebauung angebaut.

Erweiterungen

Wohngebäude Anbau

€/m² BGF

min	780	€/m²
von	1.190	€/m²
Mittel	**1.800**	**€/m²**
bis	2.460	€/m²
max	2.950	€/m²

Kosten:
Stand 2.Quartal 2018
Bundesdurchschnitt
inkl. 19% MwSt.

Objektübersicht zur Gebäudeart

6100-0950 Wintergarten

BRI 267m³   **BGF** 62m²   **NUF** 61m²

Land: Hamburg
Kreis: Hamburg
Standard: über Durchschnitt
Bauzeit: 17 Wochen
Kennwerte: bis 1. Ebene DIN276
veröffentlicht: BKI Objektdaten A8
BGF   **2.319 €/m²**

Planung: Architekturbüro Prell und Partner; Hamburg

Neubau eines großflächig verglasten Wintergartens mit gleichzeitiger Erweiterung des Kinderzimmers eines bestehenden Wohngebäudes.

6100-0956 Anbau Zweifamilienhaus

BRI 129m³   **BGF** 39m²   **NUF** 24m²

Land: Thüringen
Kreis: Wartburgkreis
Standard: Durchschnitt
Bauzeit: 30 Wochen
Kennwerte: bis 1. Ebene DIN276
veröffentlicht: BKI Objektdaten A8
BGF   **1.099 €/m²**

Planung: B19 ARCHITEKTEN BDA; Barchfeld-Immelborn

Anbau an ein Zweifamilienhaus (30m² WFL). Essen, Bad und Flur. **Kosteneinfluss Nutzung:** Der Anbau wird von beiden Familien genutzt. Der großzügig verglaste Bereich kann für Familienfeiern und als allgemeiner Treffpunkt genutzt werden.
Kosteneinfluss Grundstück: Durch den Anbau wird der großzügige Garten im Wohnhaus spürbarer, die Wohnqualität wird aufgewertet.

6100-1013 Einfamilienhaus - KfW 130

BRI 615m³   **BGF** 168m²   **NUF** 126m²

Baujahr: 1924
Bauzustand: mittel
Aufwand: mittel
Nutzung während der Bauzeit: ja
Nutzungsänderung: nein
Grundrissänderungen: wenige
Tragwerkseingriffe: keine

Land: Nordrhein-Westfalen
Kreis: Aachen
Standard: Durchschnitt
Bauzeit: 34 Wochen
Kennwerte: bis 1. Ebene DIN276
veröffentlicht: BKI Objektdaten A8
BGF   **1.175 €/m²**

Planung: amunt architekten martenson und nagel theissen

Einfamilienhaus (144m² WFL)

Objektübersicht zur Gebäudeart

6100-0954 Wohnhaus, ELW - KfW 40

BRI 556m³   **BGF** 168m²   **NUF** 109m²

Land: Baden-Württemberg
Kreis: Göppingen
Standard: über Durchschnitt
Bauzeit: 61 Wochen
Kennwerte: bis 1. Ebene DIN276
veröffentlicht: BKI Objektdaten A8

BGF   2.550 €/m²

Planung: architekturbüro arch +/- 4 Freier Architekt (Dipl. Ing.) Niko Moll; Bissingen

Wohnhaus (125m² WFL) mit ELW im EG und drei Kinderzimmern im OG als Wohnraumerweiterung des Nachbargebäudes. Anbindung über einen Steg. **Kosteneinfluss Grundstück:** Anbau eines neuen Wohnhauses an ein bestehendes EFH. Im OG sind die drei neuen Kinderzimmer über einen Steg mit dem elterlichen Gebäude verbunden. Im EG befindet sich eine ELW. Ein späterer Rückbau des Steges ist möglich, so dass ein eigenständiges Wohnhaus entstehen kann.

6100-0520 Einfamilienhaus

BRI 312m³   **BGF** 91m²   **NUF** 82m²

Land: Baden-Württemberg
Kreis: Reutlingen
Standard: über Durchschnitt
Bauzeit: 43 Wochen
Kennwerte: bis 2. Ebene DIN276
veröffentlicht: BKI Objektdaten A4

BGF   2.030 €/m²

Planung: Hartmaier + Partner Freie Architekten; Münsingen

Zusätzliche Maßnahmen Wohnräume und Werkstatt als Anbau an ein bestehendes Einfamilienhaus.
Kosteneinfluss Grundstück: Stark fallendes Gelände.

Erweiterungen

Wohngebäude Aufstockung

Kosten:
Stand 2.Quartal 2018
Bundesdurchschnitt
inkl. 19% MwSt.

Kostenkennwerte für die Kosten des Bauwerks (Kostengruppen 300+400 nach DIN 276)

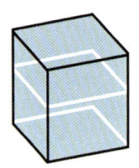

BRI 430 €/m³
von 275 €/m³
bis 560 €/m³

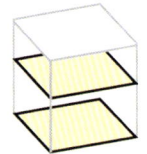

BGF 1.260 €/m²
von 830 €/m²
bis 1.760 €/m²

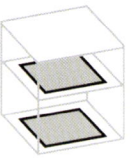

NUF 1.830 €/m²
von 1.220 €/m²
bis 2.500 €/m²

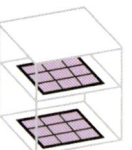

NE 1.870 €/NE
von 1.190 €/NE
bis 2.350 €/NE
NE: Wohnfläche

Objektbeispiele

6100-1180

6100-1346

6100-1144

Kosten der 15 Vergleichsobjekte — Seiten 140 bis 146

- ● KKW
- ▶ min
- ▷ von
- | Mittelwert
- ◁ bis
- ◀ max

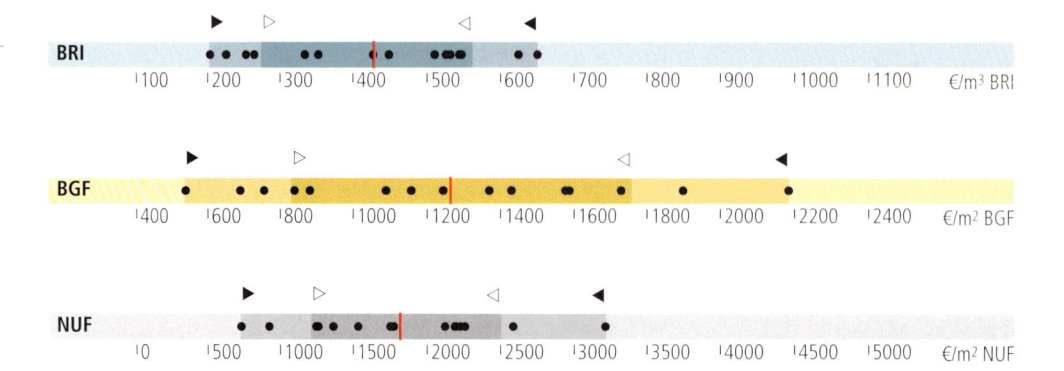

BRI — €/m³ BRI
BGF — €/m² BGF
NUF — €/m² NUF

© BKI Baukosteninformationszentrum; Erläuterungen zu den Tabellen siehe Seite 22   Kosten: 2.Quartal 2018, Bundesdurchschnitt, **inkl. 19% MwSt.**

Kostenkennwerte für die Kostengruppen der 1. und 2. Ebene DIN 276

KG	Kostengruppen der 1. Ebene	Einheit	▷	€/Einheit	◁	▷	% an 300+400	◁
100	Grundstück	m² GF	–	–	–	–	–	–
200	Herrichten und Erschließen	m² GF	–	–	–	–	–	–
300	Bauwerk - Baukonstruktionen	m² BGF	650	**1.043**	1.440	77,2	**82,4**	88,6
400	Bauwerk - Technische Anlagen	m² BGF	139	**221**	323	11,4	**17,6**	22,8
	Bauwerk (300+400)	m² BGF	833	**1.264**	1.758		**100,0**	
500	Außenanlagen	m² AF	37	**173**	712	1,4	**3,7**	4,8
600	Ausstattung und Kunstwerke	m² BGF	–	**10**	–	–	**1,2**	–
700	Baunebenkosten	m² BGF	–	–	–	–	–	–

KG	Kostengruppen der 2. Ebene	Einheit	▷	€/Einheit	◁	▷	% an 300	◁
310	Baugrube	m³ BGI	67	**113**	158	0,0	**0,2**	1,1
320	Gründung	m² GRF	77	**252**	558	0,0	**0,5**	1,4
330	Außenwände	m² AWF	274	**413**	549	18,9	**28,8**	43,8
340	Innenwände	m² IWF	143	**202**	324	10,8	**16,2**	22,3
350	Decken	m² DEF	206	**289**	393	11,5	**16,1**	24,3
360	Dächer	m² DAF	298	**410**	809	16,6	**29,6**	39,5
370	Baukonstruktive Einbauten	m² BGF	9	**53**	145	0,4	**2,6**	11,6
390	Sonstige Baukonstruktionen	m² BGF	32	**70**	129	3,7	**6,1**	9,7
300	**Bauwerk Baukonstruktionen**	**m² BGF**					**100,0**	

KG	Kostengruppen der 2. Ebene	Einheit	▷	€/Einheit	◁	▷	% an 400	◁
410	Abwasser, Wasser, Gas	m² BGF	42	**78**	119	23,6	**31,7**	42,8
420	Wärmeversorgungsanlagen	m² BGF	52	**67**	89	21,2	**30,3**	36,6
430	Lufttechnische Anlagen	m² BGF	11	**33**	64	1,9	**10,0**	23,6
440	Starkstromanlagen	m² BGF	34	**56**	102	13,6	**23,0**	29,7
450	Fernmeldeanlagen	m² BGF	4	**11**	18	2,3	**4,5**	8,0
460	Förderanlagen	m² BGF	–	**16**	–	–	**0,5**	–
470	Nutzungsspezifische Anlagen	m² BGF	–	–	–	–	–	–
480	Gebäudeautomation	m² BGF	–	–	–	–	–	–
490	Sonstige Technische Anlagen	m² BGF	–	**1**	–	–	**0,1**	–
400	**Bauwerk Technische Anlagen**	**m² BGF**					**100,0**	

Prozentanteile der Kosten der 2. Ebene an den Kosten des Bauwerks nach DIN 276 (Von-, Mittel-, Bis-Werte)

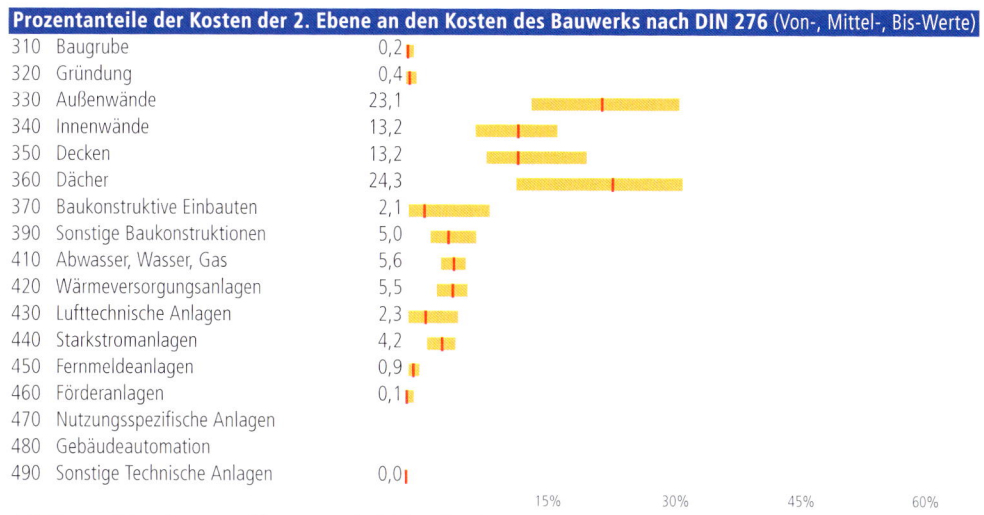

KG	Kostengruppe	Mittelwert (%)
310	Baugrube	0,2
320	Gründung	0,4
330	Außenwände	23,1
340	Innenwände	13,2
350	Decken	13,2
360	Dächer	24,3
370	Baukonstruktive Einbauten	2,1
390	Sonstige Baukonstruktionen	5,0
410	Abwasser, Wasser, Gas	5,6
420	Wärmeversorgungsanlagen	5,5
430	Lufttechnische Anlagen	2,3
440	Starkstromanlagen	4,2
450	Fernmeldeanlagen	0,9
460	Förderanlagen	0,1
470	Nutzungsspezifische Anlagen	–
480	Gebäudeautomation	–
490	Sonstige Technische Anlagen	0,0

© **BKI** Baukosteninformationszentrum; Erläuterungen zu den Tabellen siehe Seite 24   Kosten: 2.Quartal 2018, Bundesdurchschnitt, inkl. 19% MwSt.

Erweiterungen

Wohngebäude Aufstockung

Kostenkennwerte für die Kostengruppen der 3. Ebene DIN 276

KG	Kostengruppen der 3. Ebene	Einheit	▷	Ø €/Einheit	◁	▷	Ø €/m² BGF	◁
363	Dachbeläge	m²	141,22	**199,77**	325,82	77,44	**157,58**	316,58
361	Dachkonstruktionen	m²	85,87	**148,63**	237,92	38,76	**99,66**	190,05
352	Deckenbeläge	m²	145,03	**177,04**	224,40	52,99	**93,11**	144,04
334	Außentüren und -fenster	m²	362,23	**516,07**	1.043,53	40,41	**78,83**	157,26
335	Außenwandbekleidungen außen	m²	86,78	**123,84**	212,40	41,72	**74,28**	113,45
345	Innenwandbekleidungen	m²	41,12	**60,32**	143,98	36,21	**63,00**	111,85
412	Wasseranlagen	m²	34,75	**62,94**	115,59	34,75	**62,94**	115,59
331	Tragende Außenwände	m²	135,29	**184,47**	283,03	26,77	**61,95**	123,05
444	Niederspannungsinstallationsanl.	m²	25,89	**50,72**	84,10	25,89	**50,72**	84,10
351	Deckenkonstruktionen	m²	170,33	**331,78**	624,76	19,47	**49,92**	98,92
344	Innentüren und -fenster	m²	277,13	**371,34**	481,73	19,57	**45,37**	121,92
371	Allgemeine Einbauten	m²	8,81	**42,16**	109,32	8,81	**42,16**	109,32
364	Dachbekleidungen	m²	29,59	**61,40**	89,87	14,61	**40,98**	99,15
342	Nichttragende Innenwände	m²	71,68	**103,92**	172,02	19,30	**40,72**	63,87
339	Außenwände, sonstiges	m²	23,56	**90,30**	376,85	8,88	**38,59**	98,15
395	Instandsetzungen	m²	–	**36,20**	–	–	**36,20**	–
391	Baustelleneinrichtung	m²	11,31	**34,77**	66,68	11,31	**34,77**	66,68
421	Wärmeerzeugungsanlagen	m²	24,90	**34,14**	46,67	24,90	**34,14**	46,67
338	Sonnenschutz	m²	166,49	**284,05**	487,36	15,84	**33,58**	76,22
431	Lüftungsanlagen	m²	10,88	**33,49**	63,72	10,88	**33,49**	63,72
341	Tragende Innenwände	m²	112,96	**143,00**	190,36	9,73	**31,55**	51,01
392	Gerüste	m²	15,75	**28,57**	69,93	15,75	**28,57**	69,93
332	Nichttragende Außenwände	m²	–	**404,90**	–	–	**26,57**	–
369	Dächer, sonstiges	m²	10,06	**35,46**	131,67	6,98	**25,42**	98,41
423	Raumheizflächen	m²	8,47	**24,59**	43,27	8,47	**24,59**	43,27
372	Besondere Einbauten	m²	6,22	**22,03**	50,21	6,22	**22,03**	50,21
336	Außenwandbekleidungen innen	m²	31,35	**51,43**	73,51	9,51	**20,48**	55,42
422	Wärmeverteilnetze	m²	8,03	**18,22**	33,44	8,03	**18,22**	33,44
461	Aufzugsanlagen	m²	–	**15,97**	–	–	**15,97**	–
394	Abbruchmaßnahmen	m²	7,85	**15,49**	26,95	7,85	**15,49**	26,95
346	Elementierte Innenwände	m²	–	**574,74**	–	1,76	**15,44**	29,11
411	Abwasseranlagen	m²	8,80	**13,41**	20,83	8,80	**13,41**	20,83
445	Beleuchtungsanlagen	m²	4,68	**12,85**	44,96	4,68	**12,85**	44,96
353	Deckenbekleidungen	m²	23,43	**38,05**	61,27	4,56	**12,81**	17,87
362	Dachfenster, Dachöffnungen	m²	661,34	**1.380,81**	2.191,19	5,04	**12,02**	27,12
359	Decken, sonstiges	m²	6,92	**21,80**	28,64	5,10	**11,22**	20,00
333	Außenstützen	m	115,14	**175,99**	275,77	5,10	**10,17**	19,79
349	Innenwände, sonstiges	m²	–	**11,77**	–	–	**8,57**	–
413	Gasanlagen	m²	–	**7,97**	–	–	**7,97**	–
325	Bodenbeläge	m²	–	**39,52**	–	–	**7,60**	–
311	Baugrubenherstellung	m³	66,57	**112,50**	158,43	4,27	**7,33**	10,38
429	Wärmeversorgungsanl., sonstiges	m²	2,71	**5,32**	13,46	2,71	**5,32**	13,46
452	Such- und Signalanlagen	m²	2,85	**5,19**	11,26	2,85	**5,19**	11,26
456	Gefahrenmelde- und Alarmanlagen	m²	2,22	**4,94**	7,66	2,22	**4,94**	7,66
419	Abwasser-, Wasser- und Gasanlagen, sonstiges	m²	3,09	**4,42**	5,74	3,09	**4,42**	5,74
457	Übertragungsnetze	m²	1,52	**3,95**	6,38	1,52	**3,95**	6,38
393	Sicherungsmaßnahmen	m²	–	**3,80**	–	–	**3,80**	–
322	Flachgründungen	m²	113,97	**258,46**	585,51	1,67	**3,54**	5,85
455	Fernseh- und Antennenanlagen	m²	1,63	**3,53**	6,10	1,63	**3,53**	6,10

Kosten:
Stand 2.Quartal 2018
Bundesdurchschnitt
inkl. 19% MwSt.

▷ von
Ø Mittel
◁ bis

Kostenkennwerte für Leistungsbereiche nach StLB (Kosten des Bauwerks nach DIN 276)

LB	Leistungsbereiche	▷	€/m² BGF	◁	▷	% an 300+400	◁
000	Sicherheits-, Baustelleneinrichtungen inkl. 001	33	**51**	75	2,6	**4,1**	5,9
002	Erdarbeiten	0	**3**	8	0,0	**0,3**	0,7
006	Spezialtiefbauarbeiten inkl. 005	–	**–**	–	–	**–**	–
009	Entwässerungskanalarbeiten inkl. 011	0	**1**	4	0,0	**0,0**	0,3
010	Drän- und Versickerungsarbeiten	–	**–**	–	–	**–**	–
012	Mauerarbeiten	21	**53**	91	1,7	**4,2**	7,2
013	Betonarbeiten	19	**53**	127	1,5	**4,2**	10,0
014	Natur-, Betonwerksteinarbeiten	0	**12**	37	0,0	**0,9**	2,9
016	Zimmer- und Holzbauarbeiten	51	**138**	344	4,1	**10,9**	27,2
017	Stahlbauarbeiten	2	**20**	67	0,2	**1,6**	5,3
018	Abdichtungsarbeiten	0	**1**	6	0,0	**0,1**	0,4
020	Dachdeckungsarbeiten	8	**59**	153	0,6	**4,7**	12,1
021	Dachabdichtungsarbeiten	7	**62**	184	0,5	**4,9**	14,6
022	Klempnerarbeiten	26	**56**	173	2,0	**4,5**	13,7
	Rohbau	434	**509**	710	34,3	**40,2**	56,2
023	Putz- und Stuckarbeiten, Wärmedämmsysteme	44	**89**	176	3,5	**7,1**	13,9
024	Fliesen- und Plattenarbeiten	20	**35**	82	1,5	**2,8**	6,5
025	Estricharbeiten	1	**8**	15	0,1	**0,6**	1,2
026	Fenster, Außentüren inkl. 029, 032	20	**63**	113	1,5	**5,0**	9,0
027	Tischlerarbeiten	24	**87**	178	1,9	**6,9**	14,1
028	Parkettarbeiten, Holzpflasterarbeiten	8	**24**	40	0,6	**1,9**	3,2
030	Rollladenarbeiten	8	**23**	51	0,6	**1,8**	4,0
031	Metallbauarbeiten inkl. 035	13	**33**	71	1,0	**2,6**	5,6
034	Maler- und Lackiererarbeiten inkl. 037	16	**35**	54	1,2	**2,8**	4,3
036	Bodenbelagarbeiten	0	**7**	26	0,0	**0,6**	2,1
038	Vorgehängte hinterlüftete Fassaden	–	**–**	–	–	**–**	–
039	Trockenbauarbeiten	24	**65**	124	1,9	**5,2**	9,8
	Ausbau	344	**472**	534	27,2	**37,4**	42,3
040	Wärmeversorgungsanl. - Betriebseinr. inkl. 041	40	**62**	83	3,2	**4,9**	6,5
042	Gas- und Wasserinstallation, Leitungen inkl. 043	12	**27**	45	1,0	**2,2**	3,5
044	Abwasserinstallationsarbeiten - Leitungen	3	**8**	13	0,2	**0,6**	1,0
045	GWA-Einrichtungsgegenstände inkl. 046	14	**32**	53	1,1	**2,5**	4,2
047	Dämmarbeiten an betriebstechnischen Anlagen	1	**5**	12	0,1	**0,4**	1,0
049	Feuerlöschanlagen, Feuerlöschgeräte	–	**–**	–	–	**–**	–
050	Blitzschutz- und Erdungsanlagen	0	**2**	4	0,0	**0,1**	0,3
053	Niederspannungsanlagen inkl. 052, 054	30	**48**	70	2,4	**3,8**	5,6
055	Ersatzstromversorgungsanlagen	–	**0**	–	–	**0,0**	–
057	Gebäudesystemtechnik	–	**–**	–	–	**–**	–
058	Leuchten und Lampen inkl. 059	0	**4**	9	0,0	**0,3**	0,7
060	Elektroakustische Anlagen, Sprechanlagen	0	**3**	6	0,0	**0,3**	0,5
061	Kommunikationsnetze, inkl. 062	3	**6**	10	0,2	**0,5**	0,8
063	Gefahrenmeldeanlagen	0	**1**	8	0,0	**0,1**	0,6
069	Aufzüge	–	**1**	–	–	**0,1**	–
070	Gebäudeautomation	–	**–**	–	–	**–**	–
075	Raumlufttechnische Anlagen	4	**28**	75	0,3	**2,2**	5,9
	Technische Anlagen	159	**226**	279	12,6	**17,9**	22,0
084	Abbruch- und Rückbauarbeiten	10	**56**	81	0,8	**4,4**	6,4
	Sonstige Leistungsbereiche inkl. 008, 033, 051	0	**2**	9	0,0	**0,2**	0,7

© BKI Baukosteninformationszentrum; Erläuterungen zu den Tabellen siehe Seite 28   Kosten: 2.Quartal 2018, Bundesdurchschnitt, inkl. 19% MwSt.

Erweiterungen

Wohngebäude Aufstockung

€/m² BGF
min	540 €/m²
von	830 €/m²
Mittel	**1.260 €/m²**
bis	1.760 €/m²
max	2.180 €/m²

Kosten:
Stand 2.Quartal 2018
Bundesdurchschnitt
inkl. 19% MwSt.

Objektübersicht zur Gebäudeart

6100-1175 Mehrfamilienhaus (6 WE) - Passivhaus

BRI 2.023m³   **BGF** 742m²   **NUF** 552m²

Baujahr: 1971
Bauzustand: mittel
Aufwand: hoch
Nutzung während der Bauzeit: ja
Nutzungsänderung: nein
Grundrissänderungen: einige
Tragwerkseingriffe: wenige

Land: Hamburg
Kreis: Hamburg
Standard: über Durchschnitt
Bauzeit: 17 Wochen
Kennwerte: bis 3. Ebene DIN276
veröffentlicht: BKI Objektdaten E6

BGF 688 €/m²

Planung: Hans-Jörg Peter Dipl.-Ing. Architekt hh-Energieberatung.de; Hamburg
Mehrfamilienhaus (6 WE), Staffelgeschoss-Aufstockung

Bauwerk - Baukonstruktionen
Herstellen: Außenwandbekleidungen außen 16%, Außentüren und -fenster 14%, Dachbeläge 13%, Dachkonstruktionen 13%, Deckenbeläge 6%, Sonnenschutz 5%, Deckenkonstruktionen 5%, Tragende Außenwände 4%, Dächer, sonstiges 3%
Sonstige: 21%

Bauwerk - Technische Anlagen
Herstellen: Niederspannungsinstallationsanlagen 21%, Wasseranlagen 19%, Wärmeerzeugungsanlagen 18%, Lüftungsanlagen 13%, Abwasseranlagen 7%
Sonstige: 23%

6100-1143 Mehrfamilienhaus (5 WE), Büro

BRI 1.276m³   **BGF** 483m²   **NUF** 312m²

Baujahr: 1967
Bauzustand: mittel
Aufwand: hoch
Nutzung während der Bauzeit: ja
Nutzungsänderung: nein
Grundrissänderungen: einige
Tragwerkseingriffe: einige

Land: Nordrhein-Westfalen
Kreis: Rhein-Sieg
Standard: Durchschnitt
Bauzeit: 47 Wochen
Kennwerte: bis 3. Ebene DIN276
veröffentlicht: BKI Objektdaten A10

BGF 882 €/m²

Planung: Concavis Architekten + Ingenieure; Bornheim
Erweiterung eines Mehrfamilienhauses mit Büro von zwei auf fünf Wohneinheiten (WFL 229m²)

Bauwerk - Baukonstruktionen
Herstellen: Deckenkonstruktionen 13%, Deckenbeläge 10%, Dachbeläge 8%, Innenwandbekleidungen 8%, Außenwandbekleidungen außen 5%, Tragende Außenwände 5%, Nichttragende Innenwände 5%, Baustelleneinrichtung 4%, Dachkonstruktionen 4%, Tragende Innenwände 4%, Innentüren und -fenster 4%, Gerüste 3%, Dachbekleidungen 3%, Deckenbekleidungen 3%
Sonstige: 21%

Bauwerk - Technische Anlagen
Herstellen: Niederspannungsinstallationsanlagen 28%, Wärmeerzeugungsanlagen 17%, Wasseranlagen 17%, Raumheizflächen 10%, Wärmeverteilnetze 7%
Sonstige: 21%

Objektübersicht zur Gebäudeart

6100-0850 Mehrfamilienhaus (5 WE), Gewerbe

BRI 2.100m³ **BGF** 735m² **NUF** 445m²

Baujahr: 1969
Bauzustand: mittel
Aufwand: hoch
Nutzung während der Bauzeit: ja
Nutzungsänderung: nein
Grundrissänderungen: wenige
Tragwerkseingriffe: wenige

Land: Hamburg
Kreis: Hamburg
Standard: Durchschnitt
Bauzeit: 21 Wochen
Kennwerte: bis 3. Ebene DIN276
veröffentlicht: BKI Objektdaten A9

BGF 755 €/m²

Planung: Buss Architektur Dipl. Ing. Architekt Christian Buss; Hamburg

Modernisierung eines Mehrfamilienhauses mit vier bestehenden Wohnungen und zwei Gewerbeeinheiten und Aufstockung um ein weiteres Dachgeschoss.

Bauwerk - Baukonstruktionen
Abbrechen: Nichttragende Außenwände 2%
Herstellen: Außenwandbekleidungen außen 19%, Außentüren und -fenster 12%, Dachbeläge 11%, Deckenbeläge 8%, Innenwandbekleidungen 6%, Tragende Außenwände 5%, Deckenkonstruktionen 4%, Dachkonstruktionen 3%, Dachbekleidungen 3%, Außenwandbekleidungen innen 3%, Gerüste 3%
Sonstige: 22%

Bauwerk - Technische Anlagen
Herstellen: Lüftungsanlagen 33%, Wärmeerzeugungsanlagen 21%, Wasseranlagen 13%, Niederspannungsinstallationsanlagen 6%, Abwasseranlagen 6%
Sonstige: 21%

6100-0791 Mehrfamilienhaus (11 WE)

BRI 3.718m³ **BGF** 1.203m² **NUF** 747m²

Baujahr: 1955
Bauzustand: schlecht
Aufwand: hoch
Nutzung während der Bauzeit: nein
Nutzungsänderung: nein
Grundrissänderungen: einige
Tragwerkseingriffe: einige

Land: Bayern
Kreis: Rosenheim
Standard: Durchschnitt
Bauzeit: 35 Wochen
Kennwerte: bis 3. Ebene DIN276
veröffentlicht: BKI Objektdaten A8

BGF 1.090 €/m²

Planung: Dipl.-Ing. Architekt Energieberater Martin Schaub; Rosenheim

Modernisierung des Mehrfamilienhauses mit acht Wohnungen aus dem Baujahr 1955. DG-Aufstockung mit drei weiteren Wohnungen erfolgte als Dickholzkonstruktion.

Bauwerk - Baukonstruktionen
Herstellen: Außenwandbekleidungen außen 17%, Außentüren und -fenster 10%, Nichttragende Innenwände 9%, Tragende Außenwände 8%, Außenwände, sonstiges 7%, Innenwandbekleidungen 7%, Deckenbeläge 6%, Dachkonstruktionen 5%, Innentüren und -fenster 5%, Dachbeläge 4%
Sonstige: 22%

Bauwerk - Technische Anlagen
Herstellen: Lüftungsanlagen 24%, Wasseranlagen 20%, Wärmeerzeugungsanlagen 15%, Niederspannungsinstallationsanlagen 9%, Abwasseranlagen 7%
Sonstige: 25%

Erweiterungen

Wohngebäude Aufstockung

€/m² BGF
min	540 €/m²
von	830 €/m²
Mittel	**1.260 €/m²**
bis	1.760 €/m²
max	2.180 €/m²

Kosten:
Stand 2.Quartal 2018
Bundesdurchschnitt
inkl. 19% MwSt.

Objektübersicht zur Gebäudeart

6100-0652 Mehrfamilienhaus (9 WE)   BRI 755m³   BGF 297m²   NUF 214m²

Baujahr: 1965
Bauzustand: mittel
Aufwand: mittel
Nutzung während der Bauzeit: ja
Nutzungsänderung: ja
Grundrissänderungen: wenige
Tragwerkseingriffe: wenige

Land: Bayern
Kreis: München
Standard: Durchschnitt
Bauzeit: 48 Wochen
Kennwerte: bis 3. Ebene DIN276
veröffentlicht: BKI Objektdaten A7

BGF 1.587 €/m²

Planung: Planungsbüro Dipl.-Ing. (FH) Hanns-Peter Benl; Neuötting

Ein Mehrfamilienhaus mit 6 Wohnungen wurde durch eine Dachaufstockung um 3 Wohnungen erweitert.
Kosteneinfluss Nutzung: Die Flächenangaben der DIN 277 und die Wohnflächenangaben gelten nur für die Dachaufstockung. Die Wohnungen erreichen den KfW 60 Standard.

Bauwerk - Baukonstruktionen
Abbrechen: Dachkonstruktionen 3%
Herstellen: Dachbeläge 23%, Dachkonstruktionen 14%, Deckenbeläge 10%, Außenwände, sonstiges 9%, Dachbekleidungen 6%, Innenwandbekleidungen 5%, Nichttragende Innenwände 5%, Baustelleneinrichtung 3%
Sonstige: 20%

Bauwerk - Technische Anlagen
Herstellen: Niederspannungsinstallationsanlagen 32%, Wasseranlagen 26%, Raumheizflächen 17%
Sonstige: 25%

6100-0984 Mehrfamilienhaus, Aufstockung - KfW 70   BRI 3.125m³   BGF 875m²   NUF 642m²

Baujahr: 1972
Bauzustand: mittel
Aufwand: mittel
Nutzung während der Bauzeit: ja
Nutzungsänderung: nein
Grundrissänderungen: wenige
Tragwerkseingriffe: wenige

Land: Bayern
Kreis: München
Standard: über Durchschnitt
Bauzeit: 65 Wochen
Kennwerte: bis 3. Ebene DIN276
veröffentlicht: BKI Objektdaten A9

BGF 1.898 €/m²

Planung: Planungsbüro Dipl.-Ing. (FH) Hanns-Peter Benl; Neuötting
Mehrfamilienhaus, Aufstockung, KfW 70

Bauwerk - Baukonstruktionen
Abbrechen: Dachbeläge 5%
Herstellen: Dachbeläge 20%, Außentüren und -fenster 12%, Dachkonstruktionen 9%, Innentüren und -fenster 8%, Deckenbeläge 8%, Allgemeine Einbauten 6%, Innenwandbekleidungen 5%, Tragende Innenwände 5%
Sonstige: 22%

Bauwerk - Technische Anlagen
Herstellen: Wasseranlagen 31%, Niederspannungsinstallationsanlagen 25%, Lüftungsanlagen 13%, Raumheizflächen 11%
Sonstige: 21%

Objektübersicht zur Gebäudeart

6100-0787 Mehrfamilienhaus   BRI 1.123m³   BGF 427m²   NUF 279m²

Baujahr: 1960
Bauzustand: mittel
Aufwand: hoch
Nutzung während der Bauzeit: ja
Nutzungsänderung: nein
Grundrissänderungen: einige
Tragwerkseingriffe: einige

Land: Baden-Württemberg
Kreis: Rhein-Neckar
Standard: über Durchschnitt
Bauzeit: 34 Wochen
Kennwerte: bis 4. Ebene DIN276
veröffentlicht: BKI Objektdaten A7

BGF   1.429 €/m²

Planung: Architekt Dipl.-Ing. Alexander Böhm; Heidelberg

Wohnraumerweiterung durch Aufstockung und Dachgeschossausbau.

Bauwerk - Baukonstruktionen
Herstellen: Tragende Außenwände 11%, Dachbeläge 11%, Innentüren und -fenster 9%, Deckenbeläge 9%, Deckenkonstruktionen 8%, Innenwandbekleidungen 8%, Baustelleneinrichtung 5%, Außenwandbekleidungen innen 5%, Außenwandbekleidungen außen 4%, Sonnenschutz 3%, Dachbekleidungen 3%, Nichttragende Innenwände 3%
Sonstige: 20%

Bauwerk - Technische Anlagen
Herstellen: Wasseranlagen 49%, Lüftungsanlagen 24%, Abwasseranlagen 13%
Sonstige: 14%

6100-0786 Einfamilienhaus   BRI 1.258m³   BGF 294m²   NUF 199m²

Baujahr: 1948
Bauzustand: mittel
Aufwand: hoch
Nutzung während der Bauzeit: ja
Nutzungsänderung: nein
Grundrissänderungen: umfangreiche
Tragwerkseingriffe: umfangreiche

Land: Bayern
Kreis: Schwandorf
Standard: über Durchschnitt
Bauzeit: 21 Wochen
Kennwerte: bis 4. Ebene DIN276
veröffentlicht: BKI Objektdaten A7

BGF   2.184 €/m²

Planung: Basqué & Partner Architektur Design Raumkonzept; Regensburg

Erweiterung des Wohnhauses durch Aufstockung des Dachgeschosses. **Kosteneinfluss Nutzung:** Die Flächenangaben der DIN 277 und die Wohnflächenangabe gelten nur für den Dachgeschossausbau.

Bauwerk - Baukonstruktionen
Abbrechen: Dachkonstruktionen 5%
Herstellen: Dachbeläge 12%, Deckenbeläge 9%, Außentüren und -fenster 9%, Dachkonstruktionen 7%, Innenwandbekleidungen 7%, Tragende Außenwände 6%, Dachbekleidungen 6%, Sonnenschutz 6%, Außenwandbekleidungen außen 4%, Gerüste 4%, Außenwandbekleidungen innen 3%
Sonstige: 22%

Bauwerk - Technische Anlagen
Herstellen: Wasseranlagen 41%, Niederspannungsinstallationsanlagen 17%, Beleuchtungsanlagen 13%
Sonstige: 29%

© **BKI** Baukosteninformationszentrum; Erläuterungen zu den Tabellen siehe Seite 30   Kosten: 2.Quartal 2018, Bundesdurchschnitt, **inkl. 19% MwSt.**

Erweiterungen

Wohngebäude Aufstockung

€/m² BGF

min	540 €/m²
von	830 €/m²
Mittel	**1.260** €/m²
bis	1.760 €/m²
max	2.180 €/m²

Kosten:
Stand 2.Quartal 2018
Bundesdurchschnitt
inkl. 19% MwSt.

Objektübersicht zur Gebäudeart

6100-0518 Mehrfamilienhaus

BRI 549m³   **BGF** 260m²   **NUF** 232m²

Baujahr: 1966
Bauzustand: mittel
Aufwand: hoch
Nutzung während der Bauzeit: ja
Nutzungsänderung: nein
Grundrissänderungen: wenige
Tragwerkseingriffe: einige

Land: Berlin
Kreis: Berlin
Standard: über Durchschnitt
Bauzeit: 39 Wochen
Kennwerte: bis 3. Ebene DIN276
veröffentlicht: BKI Objektdaten A4
BGF 1.370 €/m²

Planung: Arand Architekten; Berlin

Erweiterung eines Mehrfamilienhauses von 1966 um eine zusätzliche Wohnung mit großer Dachterrasse. Holzrahmenbauweise mit Bogendach. **Kosteneinfluss Nutzung:** Das Gebäude wurde während der Bauzeit genutzt.

Bauwerk - Baukonstruktionen
Dächer, sonstiges 11%, Allgemeine Einbauten 10%, Dachbeläge 9%, Dachkonstruktionen 9%, Deckenkonstruktionen 8%, Gerüste 6%, Deckenbeläge 6%, Tragende Außenwände 5%, Nichttragende Innenwände 4%, Besondere Einbauten 4%, Dachbekleidungen 4%
Sonstige: 23%

Bauwerk - Technische Anlagen
Wasseranlagen 30%, Raumheizflächen 12%, Niederspannungsinstallationsanlagen 12%, Wärmeverteilnetze 12%, Wärmeerzeugungsanlagen 11%
Sonstige: 23%

6100-1346 Wohnung, Dachaufstockung

BRI 476m³   **BGF** 180m²   **NUF** 133m²

Baujahr: 1962
Bauzustand: mittel
Aufwand: mittel
Nutzung während der Bauzeit: ja
Nutzungsänderung: nein
Grundrissänderungen: wenige
Tragwerkseingriffe: umfangreiche

Land: Bayern
Kreis: München
Standard: unter Durchschnitt
Bauzeit: 4 Wochen
Kennwerte: bis 1. Ebene DIN276
vorgesehen: BKI Objektdaten A11
BGF   538 €/m²

Planung: Stefan Giers Architekt und Stadtplaner; München

Aufstockung einer Wohnung

Objektübersicht zur Gebäudeart

6100-1110 Mehrfamilienhaus (13 WE), Umbau DG
BRI 3.023 m³   **BGF** 1.117 m²   **NUF** 727 m²

Baujahr: 1963
Bauzustand: schlecht
Aufwand: hoch
Nutzung während der Bauzeit: ja
Nutzungsänderung: nein
Grundrissänderungen: einige
Tragwerkseingriffe: wenige

Land: Hamburg
Kreis: Hamburg
Standard: über Durchschnitt
Bauzeit: 60 Wochen
Kennwerte: bis 1. Ebene DIN276
veröffentlicht: BKI Objektdaten A9

BGF   1.157 €/m²

Planung: AISSLINGER + BRACHT | ARCHITEKTEN | and8; Hamburg
Mehrfamilienhaus (624 m² WFL) mit 13 WE. Neues DG als Penthouse.

6100-1144 Zweifamilienhaus - Effizienzhaus 85
BRI 1.841 m³   **BGF** 494 m²   **NUF** 328 m²

Baujahr: 1986
Bauzustand: mittel
Aufwand: mittel
Nutzung während der Bauzeit: nein
Nutzungsänderung: nein
Grundrissänderungen: einige
Tragwerkseingriffe: wenige

Land: Nordrhein-Westfalen
Kreis: Euskirchen
Standard: Durchschnitt
Bauzeit: 39 Wochen
Kennwerte: bis 1. Ebene DIN276
veröffentlicht: BKI Objektdaten A9

BGF   839 €/m²

Planung: Concavis Architekten + Ingenieure; Bornheim
Umbau eines Einfamilienhauses mit Lehrlingswohnungen und Erweiterung in ein Zweifamilienhaus (316 m² WFL) mit Aufstockung und energetischer Sanierung.

6100-1180 Einfamilienhaus
BRI 1.001 m³   **BGF** 361 m²   **NUF** 212 m²

Baujahr: 1937
Bauzustand: gut
Aufwand: hoch
Nutzung während der Bauzeit: nein
Nutzungsänderung: nein
Grundrissänderungen: umfangreiche
Tragwerkseingriffe: umfangreiche

Land: Berlin
Kreis: Berlin
Standard: Durchschnitt
Bauzeit: 52 Wochen
Kennwerte: bis 1. Ebene DIN276
veröffentlicht: BKI Objektdaten A10

BGF   1.243 €/m²

Planung: wening.architekten; Potsdam
Umbau und Erweiterung eines Einfamilienhauses (Baujahr 1937).

Erweiterungen

Wohngebäude
Aufstockung

€/m² BGF
min	540	€/m²
von	830	€/m²
Mittel	**1.260**	**€/m²**
bis	1.760	€/m²
max	2.180	€/m²

Kosten:
Stand 2.Quartal 2018
Bundesdurchschnitt
inkl. 19% MwSt.

Objektübersicht zur Gebäudeart

6100-1089 Aufstockung Wohnhaus (2 WE) - Passivhaus   BRI 866m³   BGF 263m²   NUF 201m²

Baujahr: 1925
Bauzustand: schlecht
Aufwand: hoch
Nutzung während der Bauzeit: ja
Nutzungsänderung: nein
Grundrissänderungen: umfangreiche
Tragwerkseingriffe: einige

Land: Hamburg
Kreis: Hamburg
Standard: über Durchschnitt
Bauzeit: 26 Wochen
Kennwerte: bis 1. Ebene DIN276
veröffentlicht: BKI Objektdaten E6
BGF   **1.729 €/m²**

Planung: Johannes Walther Architekt und Passivhausplaner; Hamburg

Aufstockung (2 WE) im Passivhausstandard (209 m² WFL) auf ein Wohngebäude aus den 1920er Jahren

6100-0474 Einfamilienhaus   BRI 222m³   BGF 77m²   NUF 54m²

Baujahr: 1972
Bauzustand: gut
Aufwand: hoch
Nutzung während der Bauzeit: ja
Nutzungsänderung: nein
Grundrissänderungen: wenige
Tragwerkseingriffe: wenige

Land: Niedersachsen
Kreis: Braunschweig
Standard: Durchschnitt
Bauzeit: 34 Wochen
Kennwerte: bis 2. Ebene DIN276
veröffentlicht: BKI Objektdaten A3
BGF   **1.576 €/m²**

Planung: Jean-Elie Hamesse Architekt + Planer; Braunschweig

Erweiterung eines eingeschossigen Einfamilienhauses durch Aufstockung in Holzständerbauweise mit flachgeneigtem begrünten Dach.

Erweiterung

Erweiterungen

Wohngebäude
Dachausbau

Kostenkennwerte für die Kosten des Bauwerks (Kostengruppen 300+400 nach DIN 276)

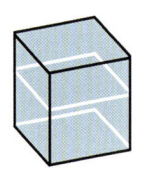

BRI 515 €/m³
von 400 €/m³
bis 675 €/m³

BGF 1.310 €/m²
von 970 €/m²
bis 1.870 €/m²

NUF 1.850 €/m²
von 1.320 €/m²
bis 2.610 €/m²

NE 2.050 €/NE
von 770 €/NE
bis 3.070 €/NE
NE: Wohnfläche

Objektbeispiele

Kosten:
Stand 2.Quartal 2018
Bundesdurchschnitt
inkl. 19% MwSt.

6100-1286

6100-0624

6100-0783

Kosten der 7 Vergleichsobjekte — Seiten 152 bis 155

- ● KKW
- ▶ min
- ▷ von
- | Mittelwert
- ◁ bis
- ◀ max

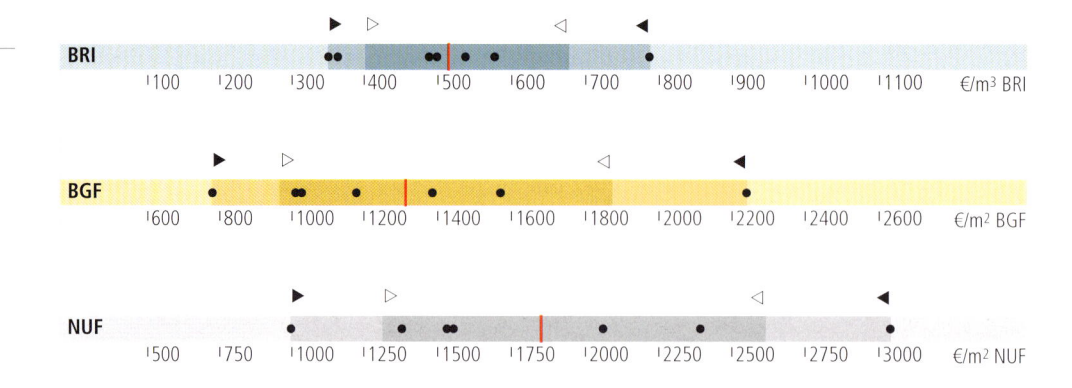

BRI — €/m³ BRI

BGF — €/m² BGF

NUF — €/m² NUF

Kostenkennwerte für die Kostengruppen der 1. und 2. Ebene DIN 276

KG	Kostengruppen der 1. Ebene	Einheit	▷	€/Einheit	◁	▷	% an 300+400	◁
100	Grundstück	m² GF	–	–	–	–	–	–
200	Herrichten und Erschließen	m² GF	–	1	–	–	0,3	–
300	Bauwerk - Baukonstruktionen	m² BGF	812	1.106	1.569	78,6	84,5	90,7
400	Bauwerk - Technische Anlagen	m² BGF	96	207	303	9,3	15,5	21,4
	Bauwerk (300+400)	m² BGF	968	1.313	1.870		100,0	
500	Außenanlagen	m² AF	–	–	–	–	–	–
600	Ausstattung und Kunstwerke	m² BGF	–	27	–	–	1,2	–
700	Baunebenkosten	m² BGF	–	–	–	–	–	–

KG	Kostengruppen der 2. Ebene	Einheit	▷	€/Einheit	◁	▷	% an 300	◁
310	Baugrube	m³ BGI	–	–	–	–	–	–
320	Gründung	m² GRF	–	–	–	–	–	–
330	Außenwände	m² AWF	148	383	1.022	4,2	13,5	26,4
340	Innenwände	m² IWF	156	211	383	6,1	10,0	18,7
350	Decken	m² DEF	275	493	1.736	15,5	17,8	21,3
360	Dächer	m² DAF	311	414	629	39,7	50,0	64,1
370	Baukonstruktive Einbauten	m² BGF	13	39	82	0,0	1,3	4,5
390	Sonstige Baukonstruktionen	m² BGF	46	89	183	3,6	7,4	10,3
300	**Bauwerk Baukonstruktionen**	m² BGF					100,0	

KG	Kostengruppen der 2. Ebene	Einheit	▷	€/Einheit	◁	▷	% an 400	◁
410	Abwasser, Wasser, Gas	m² BGF	32	59	91	19,0	32,3	53,3
420	Wärmeversorgungsanlagen	m² BGF	34	83	121	24,5	39,5	49,9
430	Lufttechnische Anlagen	m² BGF	–	7	–	–	0,4	–
440	Starkstromanlagen	m² BGF	29	59	145	16,5	25,9	39,9
450	Fernmeldeanlagen	m² BGF	5	10	16	0,4	2,0	5,5
460	Förderanlagen	m² BGF	–	–	–	–	–	–
470	Nutzungsspezifische Anlagen	m² BGF	–	–	–	–	–	–
480	Gebäudeautomation	m² BGF	–	–	–	–	–	–
490	Sonstige Technische Anlagen	m² BGF	–	–	–	–	–	–
400	**Bauwerk Technische Anlagen**	m² BGF					100,0	

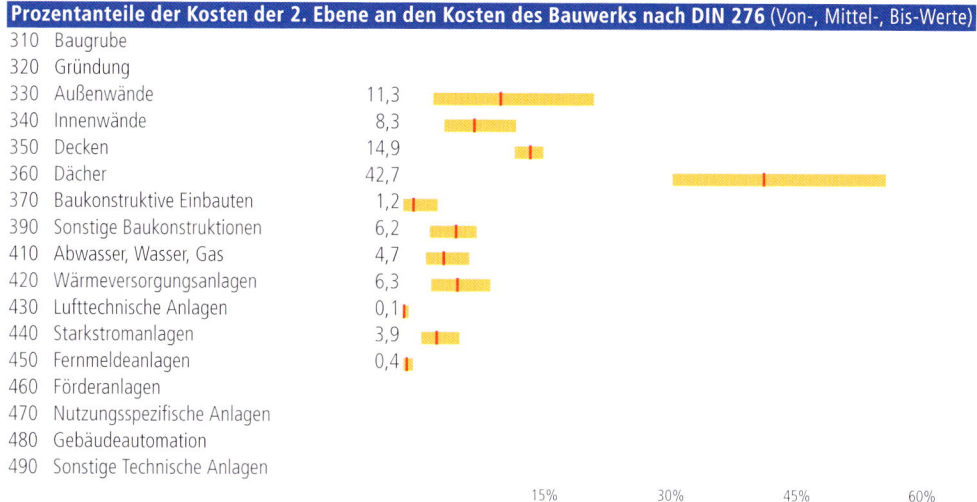

Prozentanteile der Kosten der 2. Ebene an den Kosten des Bauwerks nach DIN 276 (Von-, Mittel-, Bis-Werte)

KG	Kostengruppe	Mittelwert %
310	Baugrube	
320	Gründung	
330	Außenwände	11,3
340	Innenwände	8,3
350	Decken	14,9
360	Dächer	42,7
370	Baukonstruktive Einbauten	1,2
390	Sonstige Baukonstruktionen	6,2
410	Abwasser, Wasser, Gas	4,7
420	Wärmeversorgungsanlagen	6,3
430	Lufttechnische Anlagen	0,1
440	Starkstromanlagen	3,9
450	Fernmeldeanlagen	0,4
460	Förderanlagen	
470	Nutzungsspezifische Anlagen	
480	Gebäudeautomation	
490	Sonstige Technische Anlagen	

Skala: 15% – 30% – 45% – 60%

© BKI Baukosteninformationszentrum; Erläuterungen zu den Tabellen siehe Seite 24   Kosten: 2.Quartal 2018, Bundesdurchschnitt, inkl. 19% MwSt.

Kostenkennwerte für die Kostengruppen der 3. Ebene DIN 276

Erweiterungen

Wohngebäude Dachausbau

Kosten:
Stand 2.Quartal 2018
Bundesdurchschnitt
inkl. 19% MwSt.

KG	Kostengruppen der 3. Ebene	Einheit	▷ von	Ø €/Einheit	◁ bis	▷ von	Ø €/m² BGF	◁ bis
363	Dachbeläge	m²	137,81	**155,52**	177,46	128,83	**208,73**	299,95
361	Dachkonstruktionen	m²	59,68	**132,02**	242,11	75,23	**161,16**	280,12
352	Deckenbeläge	m²	145,40	**173,12**	214,26	94,73	**112,43**	132,97
442	Eigenstromversorgungsanlagen	m²	–	**95,73**	–	–	**95,73**	–
364	Dachbekleidungen	m²	71,32	**86,23**	108,53	74,62	**95,56**	124,13
334	Außentüren und -fenster	m²	342,83	**772,16**	1.519,95	34,27	**89,15**	181,76
337	Elementierte Außenwände	m²	99,20	**657,80**	1.216,41	10,68	**85,76**	160,83
394	Abbruchmaßnahmen	m²	–	**84,92**	–	–	**84,92**	–
331	Tragende Außenwände	m²	147,66	**527,40**	2.008,58	29,14	**72,81**	234,05
362	Dachfenster, Dachöffnungen	m²	525,13	**1.045,39**	2.183,95	34,14	**63,97**	108,59
351	Deckenkonstruktionen	m²	332,46	**599,33**	1.138,58	40,52	**59,98**	88,99
342	Nichttragende Innenwände	m²	59,93	**96,42**	136,18	15,46	**48,76**	85,15
412	Wasseranlagen	m²	23,13	**47,63**	81,00	23,13	**47,63**	81,00
444	Niederspannungsinstallationsanl.	m²	22,48	**43,60**	63,07	22,48	**43,60**	63,07
392	Gerüste	m²	16,64	**42,08**	92,35	16,64	**42,08**	92,35
371	Allgemeine Einbauten	m²	13,17	**39,28**	82,03	13,17	**39,28**	82,03
359	Decken, sonstiges	m²	46,45	**52,74**	59,02	34,29	**38,45**	42,61
344	Innentüren und -fenster	m²	319,31	**505,65**	742,74	21,90	**35,38**	89,48
338	Sonnenschutz	m²	–	**490,79**	–	–	**35,21**	–
423	Raumheizflächen	m²	16,19	**35,03**	59,38	16,19	**35,03**	59,38
341	Tragende Innenwände	m²	122,29	**264,34**	471,28	17,08	**33,63**	65,13
422	Wärmeverteilnetze	m²	18,62	**31,75**	47,73	18,62	**31,75**	47,73
421	Wärmeerzeugungsanlagen	m²	1,58	**28,37**	61,62	1,58	**28,37**	61,62
391	Baustelleneinrichtung	m²	8,66	**26,12**	43,38	8,66	**26,12**	43,38
345	Innenwandbekleidungen	m²	24,67	**56,04**	136,07	14,69	**23,60**	52,06
429	Wärmeversorgungsanl., sonstiges	m²	12,35	**23,15**	27,07	12,35	**23,15**	27,07
397	Zusätzliche Maßnahmen	m²	9,06	**21,27**	36,83	9,06	**21,27**	36,83
339	Außenwände, sonstiges	m²	22,33	**50,84**	79,35	13,03	**13,48**	13,92
343	Innenstützen	m	–	**77,54**	–	–	**12,42**	–
335	Außenwandbekleidungen außen	m²	153,33	**189,31**	246,18	5,02	**11,36**	15,75
336	Außenwandbekleidungen innen	m²	19,75	**42,36**	64,08	7,72	**11,18**	20,59
353	Deckenbekleidungen	m²	44,58	**84,66**	137,89	2,64	**10,69**	16,28
369	Dächer, sonstiges	m²	2,03	**8,33**	17,06	4,43	**10,25**	24,81
411	Abwasseranlagen	m²	5,98	**10,12**	20,08	5,98	**10,12**	20,08
445	Beleuchtungsanlagen	m²	6,50	**8,86**	11,22	6,50	**8,86**	11,22
431	Lüftungsanlagen	m²	–	**6,76**	–	–	**6,76**	–
419	Abwasser-, Wasser- und Gasanlagen, sonstiges	m²	–	**5,91**	–	–	**5,91**	–
332	Nichttragende Außenwände	m²	65,30	**173,25**	281,19	2,37	**5,53**	8,69
452	Such- und Signalanlagen	m²	1,74	**5,43**	15,34	1,74	**5,43**	15,34
455	Fernseh- und Antennenanlagen	m²	2,57	**3,95**	6,22	2,57	**3,95**	6,22
446	Blitzschutz- und Erdungsanlagen	m²	1,03	**2,95**	6,42	1,03	**2,95**	6,42
451	Telekommunikationsanlagen	m²	1,20	**1,82**	2,80	1,20	**1,82**	2,80
393	Sicherungsmaßnahmen	m²	–	**1,23**	–	–	**1,23**	–

▷ von
Ø Mittel
◁ bis

Kostenkennwerte für Leistungsbereiche nach StLB (Kosten des Bauwerks nach DIN 276)

LB	Leistungsbereiche	▷	€/m² BGF	◁	▷	% an 300+400	◁
000	Sicherheits-, Baustelleneinrichtungen inkl. 001	33	61	83	2,5	4,6	6,3
002	Erdarbeiten	–	–	–	–	–	–
006	Spezialtiefbauarbeiten inkl. 005	–	–	–	–	–	–
009	Entwässerungskanalarbeiten inkl. 011	–	–	–	–	–	–
010	Drän- und Versickerungsarbeiten	–	–	–	–	–	–
012	Mauerarbeiten	2	14	24	0,2	1,1	1,8
013	Betonarbeiten	2	11	11	0,1	0,9	0,9
014	Natur-, Betonwerksteinarbeiten	0	2	7	0,0	0,1	0,5
016	Zimmer- und Holzbauarbeiten	93	251	401	7,0	19,2	30,5
017	Stahlbauarbeiten	0	12	29	0,0	0,9	2,2
018	Abdichtungsarbeiten	–	–	–	–	–	–
020	Dachdeckungsarbeiten	81	136	250	6,2	10,4	19,0
021	Dachabdichtungsarbeiten	1	13	29	0,1	1,0	2,2
022	Klempnerarbeiten	20	87	148	1,5	6,6	11,3
	Rohbau	396	588	721	30,2	44,8	54,9
023	Putz- und Stuckarbeiten, Wärmedämmsysteme	1	6	22	0,1	0,5	1,7
024	Fliesen- und Plattenarbeiten	4	17	39	0,3	1,3	3,0
025	Estricharbeiten	2	20	43	0,1	1,5	3,3
026	Fenster, Außentüren inkl. 029, 032	16	75	206	1,2	5,7	15,7
027	Tischlerarbeiten	57	111	223	4,4	8,5	17,0
028	Parkettarbeiten, Holzpflasterarbeiten	10	55	91	0,8	4,2	6,9
030	Rollladenarbeiten	1	10	33	0,1	0,8	2,5
031	Metallbauarbeiten inkl. 035	0	10	26	0,0	0,8	2,0
034	Maler- und Lackiererarbeiten inkl. 037	16	28	55	1,2	2,1	4,2
036	Bodenbelagarbeiten	0	13	48	0,0	1,0	3,6
038	Vorgehängte hinterlüftete Fassaden	–	–	–	–	–	–
039	Trockenbauarbeiten	70	117	205	5,3	8,9	15,6
	Ausbau	347	461	584	26,5	35,2	44,5
040	Wärmeversorgungsanl. - Betriebseinr. inkl. 041	34	73	139	2,6	5,6	10,6
042	Gas- und Wasserinstallation, Leitungen inkl. 043	9	21	48	0,7	1,6	3,7
044	Abwasserinstallationsarbeiten - Leitungen	3	7	15	0,2	0,6	1,1
045	GWA-Einrichtungsgegenstände inkl. 046	11	28	64	0,9	2,2	4,9
047	Dämmarbeiten an betriebstechnischen Anlagen	0	1	3	0,0	0,1	0,3
049	Feuerlöschanlagen, Feuerlöschgeräte	–	–	–	–	–	–
050	Blitzschutz- und Erdungsanlagen	0	1	3	0,0	0,1	0,2
053	Niederspannungsanlagen inkl. 052, 054	27	49	80	2,0	3,7	6,1
055	Ersatzstromversorgungsanlagen	–	–	–	–	–	–
057	Gebäudesystemtechnik	–	–	–	–	–	–
058	Leuchten und Lampen inkl. 059	0	2	6	0,0	0,1	0,5
060	Elektroakustische Anlagen, Sprechanlagen	0	1	4	0,0	0,1	0,3
061	Kommunikationsnetze, inkl. 062	0	3	11	0,0	0,2	0,8
063	Gefahrenmeldeanlagen	–	2	–	–	0,1	–
069	Aufzüge	–	–	–	–	–	–
070	Gebäudeautomation	–	–	–	–	–	–
075	Raumlufttechnische Anlagen	–	1	–	–	0,1	–
	Technische Anlagen	104	189	271	7,9	14,4	20,7
084	Abbruch- und Rückbauarbeiten	19	63	99	1,5	4,8	7,5
	Sonstige Leistungsbereiche inkl. 008, 033, 051	–	11	–	–	0,8	–

© BKI Baukosteninformationszentrum; Erläuterungen zu den Tabellen siehe Seite 28   Kosten: 2.Quartal 2018, Bundesdurchschnitt, inkl. 19% MwSt.

Erweiterungen

Wohngebäude Dachausbau

€/m² BGF

min	780	€/m²
von	970	€/m²
Mittel	**1.310**	€/m²
bis	1.870	€/m²
max	2.240	€/m²

Kosten:
Stand 2.Quartal 2018
Bundesdurchschnitt
inkl. 19% MwSt.

Objektübersicht zur Gebäudeart

6100-1286 Mehrfamilienhaus, Dachgeschoss

BRI 700m³ **BGF** 245m² **NUF** 181m²

Baujahr: 1905
Bauzustand: mittel
Aufwand: hoch
Nutzung während der Bauzeit: ja
Nutzungsänderung: nein
Grundrissänderungen: umfangreiche
Tragwerkseingriffe: umfangreiche

Land: Berlin
Kreis: Berlin
Standard: über Durchschnitt
Bauzeit: 30 Wochen
Kennwerte: bis 3. Ebene DIN276
vorgesehen: BKI Objektdaten A11

BGF 2.240 €/m²

Planung: rundzwei Architekten; Berlin

Erweiterung einer Gründerzeitvilla (Baujahr 1905) mit zwei Wohnungen um eine zusätzliche Maisonettewohnung im Dachgeschoss.

Bauwerk - Baukonstruktionen
Herstellen: Dachkonstruktionen 17%, Dachbeläge 9%, Elementierte Außenwände 9%, Gerüste 7%, Deckenbeläge 6%, Außentüren und -fenster 5%, Innentüren und -fenster 5%, Dachbekleidungen 4%, Dachfenster, Dachöffnungen 4%, Allgemeine Einbauten 4%, Deckenkonstruktionen 3%, Innenwandbekleidungen 3%, Tragende Innenwände 3%
Sonstige: 21%

Bauwerk - Technische Anlagen
Herstellen: Eigenstromversorgungsanlagen 26%, Wasseranlagen 23%, Niederspannungsinstallationsanlagen 17%, Raumheizflächen 12%
Sonstige: 22%

6100-0645 Mehrfamilienhaus

BRI 498m³ **BGF** 170m² **NUF** 126m²

Baujahr: 1903
Bauzustand: mittel
Aufwand: mittel
Nutzung während der Bauzeit: ja
Nutzungsänderung: ja
Grundrissänderungen: wenige
Tragwerkseingriffe: einige

Land: Bayern
Kreis: München
Standard: über Durchschnitt
Bauzeit: 13 Wochen
Kennwerte: bis 3. Ebene DIN276
veröffentlicht: BKI Objektdaten A6

BGF 1.026 €/m²

Planung: Dipl.-Ing. (FH) Hanns-Peter Benl edp ingenieure; Neuötting

Dachgeschossausbau an bestehendes Mehrfamilienhaus in Jugendstilbauweise. **Kosteneinfluss Nutzung:** Denkmalschutzauflagen, Brandschutz, Schallschutzmaßnahmen, KfW 60 Standard.

Bauwerk - Baukonstruktionen
Herstellen: Dachbekleidungen 18%, Deckenbeläge 14%, Nichttragende Innenwände 11%, Deckenkonstruktionen 9%, Außentüren und -fenster 8%, Dachbeläge 7%, Baustelleneinrichtung 7%, Dachfenster, Dachöffnungen 5%
Sonstige: 20%

Bauwerk - Technische Anlagen
Herstellen: Wasseranlagen 34%, Raumheizflächen 28%, Niederspannungsinstallationsanlagen 17%
Sonstige: 21%

Objektübersicht zur Gebäudeart

6100-0785 Zweifamilienhaus, Dachausbau

BRI 251m³   **BGF** 104m²   **NUF** 80m²

Bauzustand: mittel
Aufwand: hoch
Nutzung während der Bauzeit: ja
Nutzungsänderung: nein
Grundrissänderungen: wenige
Tragwerkseingriffe: einige

Land: Bayern
Kreis: München
Standard: Durchschnitt
Bauzeit: 34 Wochen
Kennwerte: bis 3. Ebene DIN276
veröffentlicht: BKI Objektdaten A7

BGF   1.178 €/m²

Planung: Dipl.-Ing. (FH) Hanns-Peter Benl edp ingenieure; München

Erweiterung eines zweigeschossigen Einfamilienhauses durch den Ausbau des Dachgeschosses.

Bauwerk - Baukonstruktionen

Herstellen: Außentüren und -fenster 22%, Dachbeläge 18%, Deckenbeläge 12%, Dachkonstruktionen 12%, Dachbekleidungen 8%, Baustelleneinrichtung 4%, Dachfenster, Dachöffnungen 3%
Sonstige: 22%

Bauwerk - Technische Anlagen

Herstellen: Niederspannungsinstallationsanlagen 29%, Wärmeverteilnetze 23%, Raumheizflächen 17%
Sonstige: 31%

6100-0612 Einfamilienhaus

BRI 267m³   **BGF** 111m²   **NUF** 75m²

Bauzustand: mittel
Aufwand: mittel
Nutzung während der Bauzeit: ja
Nutzungsänderung: nein
Grundrissänderungen: einige
Tragwerkseingriffe: wenige

Land: Nordrhein-Westfalen
Kreis: Düren
Standard: Durchschnitt
Bauzeit: 26 Wochen
Kennwerte: bis 3. Ebene DIN276
veröffentlicht: BKI Objektdaten A5

BGF   1.385 €/m²

Planung: Franke & Partner Planungsbüro, Andreas Franke AKNW.BDIA; Hürtgenwald

Dachgeschossausbau zur Wohnraumerweiterung.

Bauwerk - Baukonstruktionen

Herstellen: Tragende Außenwände 18%, Dachbeläge 16%, Dachkonstruktionen 16%, Deckenbeläge 9%, Nichttragende Innenwände 7%, Dachbekleidungen 7%, Deckenkonstruktionen 5%
Sonstige: 22%

Bauwerk - Technische Anlagen

Herstellen: Niederspannungsinstallationsanlagen 33%, Raumheizflächen 15%, Wärmeverteilnetze 15%, Wärmeversorgungsanlagen, sonstiges 12%
Sonstige: 25%

Erweiterungen

Wohngebäude Dachausbau

€/m² BGF

min	780	€/m²
von	970	€/m²
Mittel	**1.310**	**€/m²**
bis	1.870	€/m²
max	2.240	€/m²

Kosten:
Stand 2.Quartal 2018
Bundesdurchschnitt
inkl. 19% MwSt.

Objektübersicht zur Gebäudeart

6100-0783 Einfamilienhaus — BRI 272m³ — BGF 144m² — NUF 94m²

Bauzustand: mittel
Aufwand: hoch
Nutzung während der Bauzeit: ja
Nutzungsänderung: nein
Grundrissänderungen: einige
Tragwerkseingriffe: einige

Land: Baden-Württemberg
Kreis: Rhein-Neckar
Standard: Durchschnitt
Bauzeit: 17 Wochen
Kennwerte: bis 3. Ebene DIN276
veröffentlicht: BKI Objektdaten A7

BGF 1.010 €/m²

Planung: Architekt Dipl.-Ing. Alexander Böhm; Heidelberg

Erweiterung eines Dreifamilienhauses durch Dachgeschossausbau mit Ausbau des Spitzbodens zur Erweiterung der Wohnfläche.
Kosteneinfluss Nutzung: Die Wohnflächenangabe gilt nur für das Dachgeschoss.

Bauwerk - Baukonstruktionen
Abbrechen: Dachbeläge 5%
Herstellen: Dachbeläge 34%, Dachbekleidungen 12%, Deckenbeläge 11%, Dachkonstruktionen 7%, Dachfenster, Dachöffnungen 6%, Gerüste 5%
Sonstige: 20%

Bauwerk - Technische Anlagen
Abbrechen: Abwasseranlagen 1%
Herstellen: Wasseranlagen 64%, Abwasseranlagen 35%

6100-0784 Einfamilienhaus — BRI 388m³ — BGF 180m² — NUF 141m²

Bauzustand: mittel
Aufwand: hoch
Nutzung während der Bauzeit: ja
Nutzungsänderung: nein
Grundrissänderungen: einige
Tragwerkseingriffe: einige

Land: Baden-Württemberg
Kreis: Rhein-Neckar
Standard: Durchschnitt
Bauzeit: 4 Wochen
Kennwerte: bis 3. Ebene DIN276
veröffentlicht: BKI Objektdaten A7

BGF 779 €/m²

Planung: Architekt Dipl.-Ing. Alexander Böhm; Heidelberg

Erweiterung eines Zweifamilienhauses durch Ausbau des Spitzbodens zur Erhöhung der Wohnfläche des Dachgeschosses.
Kosteneinfluss Nutzung: Die Wohnflächenangaben gelten nur für den Dachausbau.

Bauwerk - Baukonstruktionen
Herstellen: Dachbeläge 24%, Dachfenster, Dachöffnungen 19%, Deckenbeläge 12%, Dachkonstruktionen 9%, Dachbekleidungen 9%, Allgemeine Einbauten 5%
Sonstige: 21%

Bauwerk - Technische Anlagen
Herstellen: Wasseranlagen 61%, Raumheizflächen 18%, Niederspannungsinstallationsanlagen 14%
Sonstige: 7%

Objektübersicht zur Gebäudeart

6100-0624 Mehrfamilienhaus (3 WE) **BRI** 1.081m³ **BGF** 343m² **NUF** 225m²

Baujahr: 1958
Bauzustand: gut
Aufwand: mittel
Nutzung während der Bauzeit: ja
Nutzungsänderung: ja
Grundrissänderungen: umfangreiche
Tragwerkseingriffe: einige

Land: Nordrhein-Westfalen
Kreis: Recklinghausen
Standard: Durchschnitt
Bauzeit: 47 Wochen
Kennwerte: bis 3. Ebene DIN276
veröffentlicht: BKI Objektdaten A6

BGF   **1.570 €/m²**

Planung: n3 architektur Dipl. Ing. Jutta Gerth; Hagen

Ausbau Dachgeschoss mit 1 1/2-Zimmer-Wohnungen (2St) und 4 1/2-Zimmer-Wohnung.

Bauwerk - Baukonstruktionen
Dachbeläge 22%, Dachkonstruktionen 18%, Deckenbeläge 12%, Dachbekleidungen 9%, Abbruchmaßnahmen 7%, Dachfenster, Dachöffnungen 6%, Nichttragende Innenwände 4%
Sonstige: 22%

Bauwerk - Technische Anlagen
Wärmeerzeugungsanlagen 27%, Wasseranlagen 19%, Niederspannungsinstallationsanlagen 11%, Wärmeversorgungsanlagen, sonstiges 10%, Abwasseranlagen 8%
Sonstige: 26%

6100-1034 Wohn- und Geschäftshaus (4 WE) - Effizienzhaus 100* **BRI** 2.844m³ **BGF** 1.079m² **NUF** 620m²

Land: Bayern
Kreis: Oberallgäu
Standard: über Durchschnitt
Bauzeit: 78 Wochen
Kennwerte: bis 1. Ebene DIN276
veröffentlicht: BKI Objektdaten E5

BGF   **470 €/m²**

* Nicht in der Auswertung enthalten

Planung: brack architekten; Kempten

Erweiterung einer ehemaligen Schreinerei um 3 WE im Dachgeschoss.

Erweiterungen

Gewerbegebäude

Kostenkennwerte für die Kosten des Bauwerks (Kostengruppen 300+400 nach DIN 276)

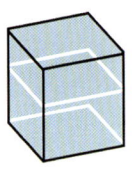

BRI 225 €/m³
von 145 €/m³
bis 330 €/m³

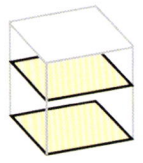

BGF 1.140 €/m²
von 910 €/m²
bis 1.630 €/m²

NUF 1.350 €/m²
von 1.040 €/m²
bis 2.090 €/m²

Kosten:
Stand 2.Quartal 2018
Bundesdurchschnitt
inkl. 19% MwSt.

Objektbeispiele

7700-0060
7700-0058 
7700-0068 
7100-0048 
7600-0064 
7200-0081 

Kosten der 16 Vergleichsobjekte — Seiten 160 bis 167

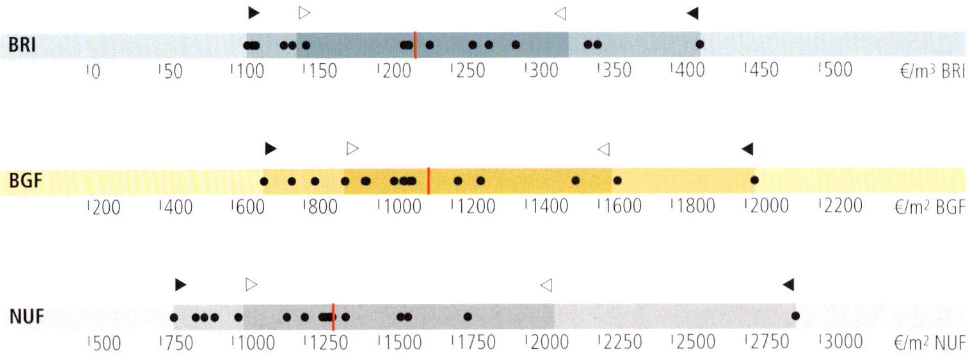

- ● KKW
- ▶ min
- ▷ von
- | Mittelwert
- ◁ bis
- ◀ max

BRI €/m³ BRI
BGF €/m² BGF
NUF €/m² NUF

© BKI Baukosteninformationszentrum; Erläuterungen zu den Tabellen siehe Seite 22   Kosten: 2.Quartal 2018, Bundesdurchschnitt, **inkl. 19% MwSt.**

Kostenkennwerte für die Kostengruppen der 1. und 2. Ebene DIN 276

KG	Kostengruppen der 1. Ebene	Einheit	▷	€/Einheit	◁	▷	% an 300+400	◁
100	Grundstück	m² GF	–	–	–			
200	Herrichten und Erschließen	m² GF	4	26	177	0,4	1,9	3,5
300	Bauwerk - Baukonstruktionen	m² BGF	735	920	1.321	74,0	81,3	87,9
400	Bauwerk - Technische Anlagen	m² BGF	133	216	358	12,1	18,8	26,0
	Bauwerk (300+400)	m² BGF	909	1.136	1.634		100,0	
500	Außenanlagen	m² AF	18	58	96	3,5	6,9	12,0
600	Ausstattung und Kunstwerke	m² BGF	1	3	6	0,1	0,2	0,4
700	Baunebenkosten	m² BGF	–	–	–			

KG	Kostengruppen der 2. Ebene	Einheit	▷	€/Einheit	◁	▷	% an 300	◁
310	Baugrube	m³ BGI	22	36	60	0,5	1,5	5,2
320	Gründung	m² GRF	205	280	376	8,1	20,7	29,2
330	Außenwände	m² AWF	244	362	507	20,2	28,2	33,5
340	Innenwände	m² IWF	139	239	412	6,5	12,2	19,8
350	Decken	m² DEF	193	340	491	0,1	7,3	19,5
360	Dächer	m² DAF	184	275	336	18,6	24,6	33,1
370	Baukonstruktive Einbauten	m² BGF	5	14	23	0,0	0,6	2,1
390	Sonstige Baukonstruktionen	m² BGF	23	50	105	2,4	5,0	8,1
300	Bauwerk Baukonstruktionen	m² BGF					100,0	

KG	Kostengruppen der 2. Ebene	Einheit	▷	€/Einheit	◁	▷	% an 400	◁
410	Abwasser, Wasser, Gas	m² BGF	21	38	96	11,0	16,5	26,6
420	Wärmeversorgungsanlagen	m² BGF	32	57	91	18,0	27,4	38,2
430	Lufttechnische Anlagen	m² BGF	10	26	57	0,6	4,9	14,0
440	Starkstromanlagen	m² BGF	43	70	121	22,9	33,3	42,9
450	Fernmeldeanlagen	m² BGF	7	17	30	1,6	5,6	9,4
460	Förderanlagen	m² BGF	25	52	75	0,4	7,7	28,4
470	Nutzungsspezifische Anlagen	m² BGF	4	38	83	0,3	4,4	25,1
480	Gebäudeautomation	m² BGF	–	3	–	–	0,1	–
490	Sonstige Technische Anlagen	m² BGF	–	6	–	–	0,2	–
400	Bauwerk Technische Anlagen	m² BGF					100,0	

Prozentanteile der Kosten der 2. Ebene an den Kosten des Bauwerks nach DIN 276 (Von-, Mittel-, Bis-Werte)

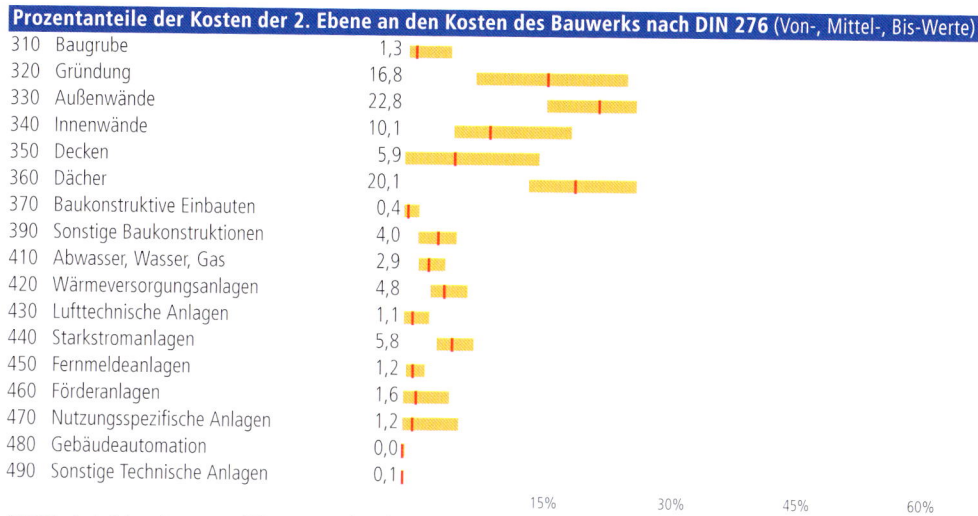

KG	Kostengruppe	Mittelwert
310	Baugrube	1,3
320	Gründung	16,8
330	Außenwände	22,8
340	Innenwände	10,1
350	Decken	5,9
360	Dächer	20,1
370	Baukonstruktive Einbauten	0,4
390	Sonstige Baukonstruktionen	4,0
410	Abwasser, Wasser, Gas	2,9
420	Wärmeversorgungsanlagen	4,8
430	Lufttechnische Anlagen	1,1
440	Starkstromanlagen	5,8
450	Fernmeldeanlagen	1,2
460	Förderanlagen	1,6
470	Nutzungsspezifische Anlagen	1,2
480	Gebäudeautomation	0,0
490	Sonstige Technische Anlagen	0,1

© BKI Baukosteninformationszentrum; Erläuterungen zu den Tabellen siehe Seite 24   Kosten: 2.Quartal 2018, Bundesdurchschnitt, inkl. 19% MwSt.

Erweiterungen

Gewerbegebäude

Kostenkennwerte für die Kostengruppen der 3. Ebene DIN 276

KG	Kostengruppen der 3. Ebene	Einheit	▷	Ø €/Einheit	◁	▷	Ø €/m² BGF	◁
363	Dachbeläge	m²	92,04	124,08	157,95	71,84	111,17	179,62
337	Elementierte Außenwände	m²	419,02	635,27	754,38	41,75	103,26	138,73
361	Dachkonstruktionen	m²	55,46	104,88	162,08	36,97	82,77	150,70
322	Flachgründungen	m²	62,89	103,78	188,22	34,80	75,87	193,69
469	Förderanlagen, sonstiges	m²	–	73,68	–	–	73,68	–
335	Außenwandbekleidungen außen	m²	72,96	154,32	473,11	38,90	69,04	139,21
479	Nutzungsspezifische Anlagen, sonstiges	m²	30,99	66,18	101,37	30,99	66,18	101,37
334	Außentüren und -fenster	m²	364,32	537,01	794,31	25,87	59,21	106,29
461	Aufzugsanlagen	m²	39,74	58,45	77,16	39,74	58,45	77,16
351	Deckenkonstruktionen	m²	159,76	253,80	473,09	15,72	57,40	112,00
324	Unterböden und Bodenplatten	m²	66,18	88,77	102,63	31,88	55,04	85,14
325	Bodenbeläge	m²	51,85	86,83	130,94	18,68	53,95	112,38
331	Tragende Außenwände	m²	110,81	411,66	1.940,07	9,43	51,11	102,17
321	Baugrundverbesserung	m²	–	49,43	–	–	49,43	–
352	Deckenbeläge	m²	83,07	109,63	149,34	23,67	47,84	82,19
444	Niederspannungsinstallationsanl.	m²	25,78	42,82	61,51	25,78	42,82	61,51
332	Nichttragende Außenwände	m²	24,07	96,92	121,93	6,27	31,90	72,50
344	Innentüren und -fenster	m²	424,43	668,11	1.018,21	19,50	31,52	63,58
345	Innenwandbekleidungen	m²	30,31	72,78	304,42	17,15	31,39	53,38
342	Nichttragende Innenwände	m²	57,59	105,45	217,80	14,68	30,97	69,06
364	Dachbekleidungen	m²	42,96	69,20	153,32	15,58	30,54	73,48
326	Bauwerksabdichtungen	m²	19,45	41,90	91,60	14,50	29,27	74,76
433	Klimaanlagen	m²	13,89	27,37	40,84	13,89	27,37	40,84
338	Sonnenschutz	m²	224,38	334,90	633,06	15,62	27,23	58,03
391	Baustelleneinrichtung	m²	6,01	25,02	64,02	6,01	25,02	64,02
423	Raumheizflächen	m²	15,25	24,58	49,48	15,25	24,58	49,48
445	Beleuchtungsanlagen	m²	10,26	23,95	41,29	10,26	23,95	41,29
341	Tragende Innenwände	m²	103,07	203,41	511,00	10,06	23,01	40,64
421	Wärmeerzeugungsanlagen	m²	8,60	22,62	35,09	8,60	22,62	35,09
411	Abwasseranlagen	m²	13,51	20,79	29,82	13,51	20,79	29,82
333	Außenstützen	m	128,09	265,20	539,93	8,13	19,96	32,74
422	Wärmeverteilnetze	m²	9,39	19,63	28,66	9,39	19,63	28,66
346	Elementierte Innenwände	m²	164,24	428,45	646,83	4,80	18,95	75,09
412	Wasseranlagen	m²	8,20	18,31	70,81	8,20	18,31	70,81
362	Dachfenster, Dachöffnungen	m²	492,23	932,73	2.033,03	8,69	17,73	48,45
431	Lüftungsanlagen	m²	3,96	17,33	52,29	3,96	17,33	52,29
336	Außenwandbekleidungen innen	m²	20,76	40,06	60,39	6,78	17,12	38,94
311	Baugrubenherstellung	m³	21,59	35,79	59,49	9,22	17,02	43,12
456	Gefahrenmelde- und Alarmanlagen	m²	9,74	16,99	21,04	9,74	16,99	21,04
353	Deckenbekleidungen	m²	18,84	38,58	61,94	5,92	16,83	33,85
441	Hoch- u. Mittelspannungsanlagen	m²	–	14,77	–	–	14,77	–
392	Gerüste	m²	7,67	14,72	30,05	7,67	14,72	30,05
339	Außenwände, sonstiges	m²	4,60	18,26	68,31	2,19	14,72	36,88
343	Innenstützen	m	95,75	212,37	296,74	5,48	14,33	41,51
359	Decken, sonstiges	m²	18,39	34,26	51,34	8,80	13,76	27,39
371	Allgemeine Einbauten	m²	1,57	12,40	23,18	1,57	12,40	23,18
454	Elektroakustische Anlagen	m²	–	11,89	–	–	11,89	–
465	Krananlagen	m²	–	10,66	–	–	10,66	–
398	Provisorische Baukonstruktionen	m²	2,41	10,03	24,77	2,41	10,03	24,77

Kosten:
Stand 2.Quartal 2018
Bundesdurchschnitt
inkl. 19% MwSt.

▷ von
Ø Mittel
◁ bis

Kostenkennwerte für Leistungsbereiche nach StLB (Kosten des Bauwerks nach DIN 276)

LB	Leistungsbereiche	▷	€/m² BGF	◁	▷	% an 300+400	◁
000	Sicherheits-, Baustelleneinrichtungen inkl. 001	18	38	60	1,6	3,4	5,2
002	Erdarbeiten	13	32	75	1,1	2,8	6,6
006	Spezialtiefbauarbeiten inkl. 005	–	–	–	–	–	–
009	Entwässerungskanalarbeiten inkl. 011	4	7	12	0,3	0,6	1,0
010	Drän- und Versickerungsarbeiten	0	1	4	0,0	0,1	0,4
012	Mauerarbeiten	5	39	75	0,5	3,4	6,6
013	Betonarbeiten	80	161	228	7,0	14,2	20,0
014	Natur-, Betonwerksteinarbeiten	0	7	18	0,0	0,6	1,6
016	Zimmer- und Holzbauarbeiten	12	51	208	1,1	4,5	18,3
017	Stahlbauarbeiten	6	63	167	0,5	5,6	14,7
018	Abdichtungsarbeiten	0	2	4	0,0	0,1	0,4
020	Dachdeckungsarbeiten	10	78	136	0,9	6,9	12,0
021	Dachabdichtungsarbeiten	0	31	79	0,0	2,7	7,0
022	Klempnerarbeiten	9	22	41	0,8	2,0	3,6
	Rohbau	456	533	651	40,1	46,9	57,3
023	Putz- und Stuckarbeiten, Wärmedämmsysteme	5	36	86	0,4	3,1	7,6
024	Fliesen- und Plattenarbeiten	8	39	97	0,7	3,5	8,6
025	Estricharbeiten	5	15	34	0,5	1,3	3,0
026	Fenster, Außentüren inkl. 029, 032	23	76	130	2,1	6,6	11,4
027	Tischlerarbeiten	8	25	74	0,7	2,2	6,5
028	Parkettarbeiten, Holzpflasterarbeiten	–	1	–	–	0,1	–
030	Rollladenarbeiten	1	11	38	0,1	1,0	3,3
031	Metallbauarbeiten inkl. 035	33	95	139	2,9	8,4	12,2
034	Maler- und Lackiererarbeiten inkl. 037	7	23	48	0,6	2,0	4,2
036	Bodenbelagarbeiten	0	15	32	0,0	1,3	2,8
038	Vorgehängte hinterlüftete Fassaden	–	–	–	–	–	–
039	Trockenbauarbeiten	12	35	89	1,1	3,1	7,8
	Ausbau	231	372	459	20,3	32,7	40,4
040	Wärmeversorgungsanl. - Betriebseinr. inkl. 041	34	53	82	3,0	4,6	7,2
042	Gas- und Wasserinstallation, Leitungen inkl. 043	3	6	19	0,2	0,5	1,7
044	Abwasserinstallationsarbeiten - Leitungen	2	6	12	0,2	0,5	1,0
045	GWA-Einrichtungsgegenstände inkl. 046	4	13	26	0,3	1,1	2,3
047	Dämmarbeiten an betriebstechnischen Anlagen	1	4	9	0,1	0,4	0,8
049	Feuerlöschanlagen, Feuerlöschgeräte	0	0	1	0,0	0,0	0,1
050	Blitzschutz- und Erdungsanlagen	2	6	12	0,2	0,5	1,0
053	Niederspannungsanlagen inkl. 052, 054	31	44	72	2,7	3,9	6,3
055	Ersatzstromversorgungsanlagen	–	–	–	–	–	–
057	Gebäudesystemtechnik	–	–	–	–	–	–
058	Leuchten und Lampen inkl. 059	6	20	34	0,5	1,8	3,0
060	Elektroakustische Anlagen, Sprechanlagen	0	1	1	0,0	0,1	0,1
061	Kommunikationsnetze, inkl. 062	2	6	11	0,1	0,5	1,0
063	Gefahrenmeldeanlagen	0	5	19	0,0	0,5	1,7
069	Aufzüge	1	18	60	0,1	1,6	5,3
070	Gebäudeautomation	–	0	–	–	0,0	–
075	Raumlufttechnische Anlagen	2	13	34	0,2	1,2	3,0
	Technische Anlagen	133	195	255	11,7	17,1	22,4
084	Abbruch- und Rückbauarbeiten	5	25	60	0,4	2,2	5,3
	Sonstige Leistungsbereiche inkl. 008, 033, 051	2	12	65	0,2	1,1	5,7

© BKI Baukosteninformationszentrum; Erläuterungen zu den Tabellen siehe Seite 28   Kosten: 2.Quartal 2018, Bundesdurchschnitt, **inkl. 19% MwSt.**

Erweiterungen

Gewerbegebäude

€/m² BGF

min	690	€/m²
von	910	€/m²
Mittel	**1.140**	**€/m²**
bis	1.630	€/m²
max	2.020	€/m²

Kosten:
Stand 2.Quartal 2018
Bundesdurchschnitt
inkl. 19% MwSt.

Objektübersicht zur Gebäudeart

7600-0064 Feuer- und Rettungswache   **BRI** 897m³   **BGF** 185m²   **NUF** 128m²

Bauzustand: mittel
Aufwand: mittel
Nutzung während der Bauzeit: ja
Nutzungsänderung: nein
Grundrissänderungen: keine
Tragwerkseingriffe: keine

Land: Nordrhein-Westfalen
Kreis: Recklinghausen
Standard: Durchschnitt
Bauzeit: 21 Wochen
Kennwerte: bis 3. Ebene DIN276
veröffentlicht: BKI Objektdaten A9

BGF 2.024 €/m²

Anbau von Umkleide- und Sanitärräumen für Feuer- und Rettungswache

Bauwerk - Baukonstruktionen
Herstellen: Außenwandbekleidungen außen 12%, Dachbeläge 11%, Tragende Außenwände 9%, Elementierte Außenwände 8%, Bodenbeläge 8%, Flachgründungen 7%, Baustelleneinrichtung 6%, Dachkonstruktionen 6%, Innentüren und -fenster 5%, Innenwandbekleidungen 4%
Sonstige: 23%

Bauwerk - Technische Anlagen
Herstellen: Wasseranlagen 18%, Niederspannungsinstallationsanlagen 16%, Raumheizflächen 13%, Lüftungsanlagen 13%, Beleuchtungsanlagen 11%, Abwasseranlagen 7%
Sonstige: 23%

7700-0060 Anlieferungszone   **BRI** 2.026m³   **BGF** 460m²   **NUF** 442m²

Land: Sachsen
Kreis: Nordsachsen
Standard: Durchschnitt
Bauzeit: 21 Wochen
Kennwerte: bis 3. Ebene DIN276
veröffentlicht: BKI Objektdaten A9

BGF 1.537 €/m²

Planung: heine I reichold architekten Partnerschaftsgesellschaft mbB; Lichtenstein
Anbau einer Anlieferungszone mit sieben Andockschleusen **Kosteneinfluss Nutzung:** Brandschutz, Wärmeschutz

Bauwerk - Baukonstruktionen
Herstellen: Flachgründungen 20%, Dachkonstruktionen 15%, Dachbeläge 11%, Unterböden und Bodenplatten 7%, Bauwerksabdichtungen 6%, Außentüren und -fenster 5%, Außenwandbekleidungen außen 4%, Außenwände, sonstiges 4%, Baustelleneinrichtung 3%, Innenwandbekleidungen 3%
Sonstige: 21%

Bauwerk - Technische Anlagen
Herstellen: Förderanlagen, sonstiges 26%, Niederspannungsinstallationsanlagen 18%, Wärmeverteilnetze 14%, Abwasseranlagen 12%
Sonstige: 30%

Objektübersicht zur Gebäudeart

7600-0045 Feuerwehrhaus

BRI 750m³   **BGF** 170m²   **NUF** 132m²

Land: Hessen
Kreis: Schwalm-Eder, Homberg
Standard: Durchschnitt
Bauzeit: 17 Wochen
Kennwerte: bis 3. Ebene DIN276
veröffentlicht: BKI Objektdaten A8

BGF 967 €/m²

Planung: Harald Gläsel Architekt VfA; Schwalmstadt-Treysa
Anbau und Umbau eines Feuerwehrhauses

Bauwerk - Baukonstruktionen
Herstellen: Bodenbeläge 12%, Außenwandbekleidungen außen 11%, Dachbekleidungen 11%, Dachbeläge 10%, Außentüren und -fenster 9%, Tragende Außenwände 6%, Flachgründungen 4%, Unterböden und Bodenplatten 4%, Dachkonstruktionen 3%, Außenwandbekleidungen innen 3%, Innentüren und -fenster 3%, Außenwände, sonstiges 3%
Sonstige: 21%

Bauwerk - Technische Anlagen
Herstellen: Wärmeerzeugungsanlagen 24%, Beleuchtungsanlagen 17%, Abwasseranlagen 13%, Niederspannungsinstallationsanlagen 11%, Wärmeverteilnetze 11%
Sonstige: 25%

7100-0025 Produktions- und Bürogebäude

BRI 33.370m³   **BGF** 4.436m²   **NUF** 3.526m²

Land: Nordrhein-Westfalen
Kreis: Mettmann
Standard: Durchschnitt
Bauzeit: 39 Wochen
Kennwerte: bis 3. Ebene DIN276
veröffentlicht: BKI Objektdaten A8

BGF 1.067 €/m²

Planung: Fritz-Dieter Tollé Architekt BDB Architekten Stadtplaner Ingenieure; Verden
Produktionshalle für 80 Mitarbeiter, Technikräume, Büroräume, Besprechungszimmer.

Bauwerk - Baukonstruktionen
Herstellen: Dachbeläge 13%, Außenwandbekleidungen außen 12%, Unterböden und Bodenplatten 9%, Deckenkonstruktionen 8%, Nichttragende Außenwände 7%, Flachgründungen 6%, Baustelleneinrichtung 6%, Außenstützen 5%, Bodenbeläge 3%, Nichttragende Innenwände 3%, Elementierte Außenwände 2%, Baugrubenherstellung 2%
Sonstige: 22%

Bauwerk - Technische Anlagen
Herstellen: Niederspannungsinstallationsanlagen 17%, Beleuchtungsanlagen 10%, Nutzungsspezifische Anlagen, sonstiges 10%, Gefahrenmelde- und Alarmanlagen 7%, Abwasseranlagen 7%, Lüftungsanlagen 7%, Wärmeverteilnetze 6%, Hoch- und Mittelspannungsanlagen 5%, Wärmeerzeugungsanlagen 4%, Wasseranlagen 4%
Sonstige: 23%

Erweiterungen

Gewerbegebäude

€/m² BGF

min	690	€/m²
von	910	€/m²
Mittel	**1.140**	€/m²
bis	1.630	€/m²
max	2.020	€/m²

Kosten:
Stand 2.Quartal 2018
Bundesdurchschnitt
inkl. 19% MwSt.

Objektübersicht zur Gebäudeart

7200-0068 Autohaus

BRI 5.407m³ | **BGF** 987m² | **NUF** 939m²

Land: Bayern
Kreis: Neuburg-Schrobenhausen
Standard: über Durchschnitt
Bauzeit: 17 Wochen
Kennwerte: bis 3. Ebene DIN276
veröffentlicht: BKI Objektdaten A6

BGF 829 €/m²

Planung: intec Gewerbebau GmbH Dipl.-Ing. Jörg Schäfer; Traunstein

Erweiterung eines Autohauses, im Bestand wurden neue Bodenbeläge verlegt. Die Gesamtkosten beziehen sich auf die Erweiterung und die Modernisierung im Bestand.

Bauwerk - Baukonstruktionen
Herstellen: Elementierte Außenwände 20%, Bodenbeläge 19%, Dachkonstruktionen 12%, Dachfenster, Dachöffnungen 8%, Dachbeläge 7%, Flachgründungen 6%, Unterböden und Bodenplatten 4%, Bauwerksabdichtungen 4%
Sonstige: 21%

Bauwerk - Technische Anlagen
Herstellen: Raumheizflächen 34%, Beleuchtungsanlagen 29%, Niederspannungsinstallationsanlagen 16%
Sonstige: 21%

7300-0060 Büro- und Fertigungsgebäude

BRI 7.915m³ | **BGF** 1.612m² | **NUF** 1.474m²

Land: Baden-Württemberg
Kreis: Freudenstadt
Standard: Durchschnitt
Bauzeit: 34 Wochen
Kennwerte: bis 3. Ebene DIN276
veröffentlicht: BKI Objektdaten A8

BGF 1.085 €/m²

Planung: Detlef Brückner Dipl.-Ing. (FH) Freier Architekt; Freudenstadt

Erweiterung Büro- und Fertigungsgebäude

Bauwerk - Baukonstruktionen
Herstellen: Tragende Außenwände 13%, Außentüren und -fenster 10%, Bauwerksabdichtungen 8%, Dachkonstruktionen 8%, Unterböden und Bodenplatten 7%, Dachbeläge 6%, Außenwandbekleidungen außen 6%, Deckenkonstruktionen 5%, Deckenbeläge 4%, Flachgründungen 4%, Bodenbeläge 3%, Innentüren und -fenster 3%
Sonstige: 22%

Bauwerk - Technische Anlagen
Herstellen: Aufzugsanlagen 16%, Niederspannungsinstallationsanlagen 16%, Wärmeerzeugungsanlagen 11%, Wärmeverteilnetze 10%, Abwasseranlagen 8%, Raumheizflächen 8%, Gefahrenmelde- und Alarmanlagen 8%
Sonstige: 23%

Objektübersicht zur Gebäudeart

7300-0062 Aufstockung Betriebsgebäude   BRI 992m³   BGF 228m²   NUF 184m²

Baujahr: 1990
Bauzustand: gut
Aufwand: hoch
Nutzung während der Bauzeit: ja
Nutzungsänderung: ja
Grundrissänderungen: wenige
Tragwerkseingriffe: wenige

Land: Baden-Württemberg
Kreis: Esslingen a.N.
Standard: über Durchschnitt
Bauzeit: 17 Wochen
Kennwerte: bis 3. Ebene DIN276
veröffentlicht: BKI Objektdaten A8

BGF   1.277 €/m²

Planung: Architekturbüro Mesch-Fehrle; Aichtal-Grötzingen
Teilabbruch von vorhandenem Dachstock, Aufstockung mit Holz-Fertigteilen, das neue Dachgeschoss wird als Büro genutzt.

Bauwerk - Baukonstruktionen
Abbrechen: Dachbeläge 3%
Herstellen: Dachbeläge 14%, Außentüren und -fenster 13%, Dachkonstruktionen 13%, Elementierte Innenwände 7%, Außenwandbekleidungen außen 6%, Deckenbeläge 6%, Sonnenschutz 5%, Innenwandbekleidungen 5%, Deckenbekleidungen 3%, Gerüste 3%, Nichttragende Innenwände 3%
Sonstige: 20%

Bauwerk - Technische Anlagen
Herstellen: Niederspannungsinstallationsanlagen 33%, Wasseranlagen 14%, Raumheizflächen 12%, Abwasser-, Wasser- und Gasanlagen, sonstiges 10%, Abwasseranlagen 9%
Sonstige: 22%

7300-0058 Verwaltung und Versand   BRI 2.335m³   BGF 600m²   NUF 481m²

Bauzustand: mittel
Aufwand: mittel
Nutzung während der Bauzeit: nein
Nutzungsänderung: nein
Grundrissänderungen: keine
Tragwerkseingriffe: keine

Land: Bayern
Kreis: Miltenberg
Standard: Durchschnitt
Bauzeit: 30 Wochen
Kennwerte: bis 3. Ebene DIN276
veröffentlicht: BKI Objektdaten A6

BGF   1.070 €/m²

Planung: Architekturbüro Bertwin Kaufmann; Möchberg
Zweigeschossige Erweiterung einer Produktionshalle für Backwaren um Räume für Verwaltung und Versand bei laufendem Betrieb.

Bauwerk - Baukonstruktionen
Herstellen: Tragende Außenwände 11%, Elementierte Außenwände 10%, Dachbeläge 9%, Deckenkonstruktionen 8%, Dachkonstruktionen 7%, Bodenbeläge 6%, Innenwandbekleidungen 6%, Flachgründungen 6%, Unterböden und Bodenplatten 5%, Außenwandbekleidungen außen 4%, Außentüren und -fenster 4%
Sonstige: 23%

Bauwerk - Technische Anlagen
Herstellen: Niederspannungsinstallationsanlagen 30%, Wärmeverteilnetze 18%, Raumheizflächen 14%, Beleuchtungsanlagen 9%, Abwasseranlagen 9%
Sonstige: 20%

Erweiterungen

Gewerbegebäude

€/m² BGF
min	690	€/m²
von	910	€/m²
Mittel	**1.140**	**€/m²**
bis	1.630	€/m²
max	2.020	€/m²

Kosten:
Stand 2.Quartal 2018
Bundesdurchschnitt
inkl. 19% MwSt.

Objektübersicht zur Gebäudeart

7700-0051 Empfangsgebäude, Verbindungsgänge*

BRI 1.331m³ **BGF** 215m² **NUF** 185m²

Land: Bayern
Kreis: Rhön-Grabfeld
Standard: Durchschnitt
Bauzeit: 30 Wochen
Kennwerte: bis 3. Ebene DIN276
veröffentlicht: BKI Objektdaten A9

BGF 2.817 €/m²

* Nicht in der Auswertung enthalten

Planung: Architekturbüro Fenchel Dipl.Ing. Univ. Holger Fenchel; Meiningen

Neubau Empfangsgebäude mit Verbindungsgängen zum Gebäudebestand

Bauwerk - Baukonstruktionen
Elementierte Außenwände 31%, Tragende Außenwände 12%, Außenwandbekleidungen außen 10%, Außentüren und -fenster 10%, Dachbeläge 6%, Bodenbeläge 5%, Flachgründungen 4%
Sonstige: 22%

Bauwerk - Technische Anlagen
Wasseranlagen 21%, Abwasseranlagen 17%, Niederspannungsinstallationsanlagen 16%, Beleuchtungsanlagen 13%
Sonstige: 33%

7200-0066 Autohaus

BRI 1.784m³ **BGF** 345m² **NUF** 302m²

Bauzustand: mittel
Aufwand: mittel
Nutzung während der Bauzeit: ja
Nutzungsänderung: nein
Grundrissänderungen: einige
Tragwerkseingriffe: einige

Land: Hessen
Kreis: Vogelsberg
Standard: Durchschnitt
Bauzeit: 30 Wochen
Kennwerte: bis 3. Ebene DIN276
veröffentlicht: BKI Objektdaten A4

BGF 1.216 €/m²

Planung: Architekt Dipl.-Ing. Karlheinz Geißler; Alsfeld

Abbruch des vorh. Lager- und Bürogebäudes zur Errichtung eines Neubaues an gleicher Stelle mit ca. 50% mehr Nutzfläche. Das vorh. Werkstattgebäude bleibt in seiner Nutzung und Größe unverändert. Die Zahl der Beschäftigten bleibt nach der geplanten Baumaßnahme unverändert. **Kosteneinfluss Grundstück:** Errichtung einer neuen Zufahrt, Anarbeiten der bestehenden Asphaltflächen an das Gebäude.

Bauwerk - Baukonstruktionen
Herstellen: Dachbeläge 22%, Dachkonstruktionen 12%, Außentüren und -fenster 12%, Unterböden und Bodenplatten 10%, Nichttragende Außenwände 9%, Innentüren und -fenster 6%, Bodenbeläge 5%
Sonstige: 24%

Bauwerk - Technische Anlagen
Herstellen: Nutzungsspezifische Anlagen, sonstiges 32%, Niederspannungsinstallationsanlagen 18%, Raumheizflächen 9%, Beleuchtungsanlagen 8%, Wärmeerzeugungsanlagen 8%
Sonstige: 25%

Objektübersicht zur Gebäudeart

7200-0069 Geschäftshaus mit Werkstatt

BRI 3.297m³   **BGF** 1.035m²   **NUF** 856m²

Land: Baden-Württemberg
Kreis: Freudenstadt
Standard: über Durchschnitt
Bauzeit: 86 Wochen
Kennwerte: bis 3. Ebene DIN276
veröffentlicht: BKI Objektdaten A6

BGF   1.092 €/m²

Planung: Detlef Brückner Dipl.-Ing. (FH) Freier Architekt; Freudenstadt
Erweiterung eines Geschäftshauses mit Werkstatt und einer Wohnung, der Bestand wurde modernisiert.

Bauwerk - Baukonstruktionen
Herstellen: Deckenkonstruktionen 17%, Elementierte Außenwände 15%, Deckenbeläge 10%, Dachbeläge 9%, Außenwandbekleidungen außen 7%, Tragende Innenwände 6%, Dächer, sonstiges 4%, Dachkonstruktionen 3%, Decken, sonstiges 3%, Deckenbekleidungen 3%, Außentüren und -fenster 2%
Sonstige: 21%

Bauwerk - Technische Anlagen
Herstellen: Aufzugsanlagen 37%, Klimaanlagen 20%, Niederspannungsinstallationsanlagen 14%, Abwasseranlagen 8%
Sonstige: 21%

7300-0045 Presse Vertriebszentrum

BRI 13.861m³   **BGF** 2.072m²   **NUF** 1.755m²

Baujahr: 1988
Bauzustand: gut
Aufwand: mittel
Nutzung während der Bauzeit: ja
Nutzungsänderung: nein
Grundrissänderungen: wenige
Tragwerkseingriffe: keine

Land: Rheinland-Pfalz
Kreis: Kaiserslautern
Standard: Durchschnitt
Bauzeit: 13 Wochen
Kennwerte: bis 3. Ebene DIN276
veröffentlicht: BKI Objektdaten A3

BGF   765 €/m²

Planung: Thomas Schröder Architekt Dipl.-Ing.; Kaiserslautern
Anbau von Vertriebsflächen in Stahlkonstruktion an bestehendes Betriebsgebäude, Umbau Sozialräume im Bestand.

Bauwerk - Baukonstruktionen
Flachgründungen 19%, Nichttragende Innenwände 14%, Tragende Außenwände 10%, Dachbeläge 10%, Baugrubenherstellung 8%, Innenstützen 8%, Unterböden und Bodenplatten 7%
Sonstige: 23%

Bauwerk - Technische Anlagen
Wasseranlagen 100%

Erweiterungen

Gewerbegebäude

€/m² BGF

min	690	€/m²
von	910	€/m²
Mittel	1.140	€/m²
bis	1.630	€/m²
max	2.020	€/m²

Kosten:
Stand 2.Quartal 2018
Bundesdurchschnitt
inkl. 19% MwSt.

Objektübersicht zur Gebäudeart

7300-0087 Tischlerei

BRI 14.300m³ **BGF** 2.425m² **NUF** 2.097m²

Land: Sachsen
Kreis: Meißen
Standard: Durchschnitt
Bauzeit: 34 Wochen
Kennwerte: bis 1. Ebene DIN276
veröffentlicht: BKI Objektdaten A9

BGF 688 €/m²

Planung: Klinkenbusch + Kunze, Architektur und Gestaltung; Dresden
Produktionshalle mit Tischlerei, Glaserei und Schlosserei, Sozialräume

7200-0081 Autohaus

BRI 5.344m³ **BGF** 855m² **NUF** 783m²

Baujahr: 1915

Land: Sachsen
Kreis: Dresden
Standard: über Durchschnitt
Bauzeit: 47 Wochen
Kennwerte: bis 1. Ebene DIN276
veröffentlicht: BKI Objektdaten A8

BGF 1.651 €/m²

Planung: G.N.b.h. Architekten; Dresden
Erweiterung eines Autohauses mit Ausstellung (723m²) und Werkstatt (81m²)

7700-0068 Lagerhalle

BRI 17.460m³ **BGF** 2.610m² **NUF** 2.530m²

Land: Sachsen
Kreis: Sächsische Schweiz-Osterzgebirge
Standard: Durchschnitt
Bauzeit: 13 Wochen
Kennwerte: bis 1. Ebene DIN276
veröffentlicht: BKI Objektdaten A9

BGF 910 €/m²

Planung: IPROconsult GmbH; Dresden
Fertigwarenlager für Papier, Speditionsbüro

Objektübersicht zur Gebäudeart

7100-0048 Entwicklungszentrum — **BRI** 10.920m³ **BGF** 2.280m² **NUF** 1.813m²

Baujahr: 1998
Bauzustand: mittel
Aufwand: mittel
Nutzung während der Bauzeit: ja
Nutzungsänderung: nein
Grundrissänderungen: einige
Tragwerkseingriffe:

Land: Nordrhein-Westfalen
Kreis: Märkischer Kreis
Standard: über Durchschnitt
Bauzeit: 113 Wochen
Kennwerte: bis 1. Ebene DIN276
veröffentlicht: BKI Objektdaten A9

BGF **1.042 €/m²**

Planung: STUDIO KMK Büro für Architektur; Plettenberg

Büro und Montagehalle mit 45 Büroarbeitsplätzen und zehn Arbeitsplätzen in der Montage. Teilbereiche viergeschossig.

7700-0058 Lager- und Bürogebäude — **BRI** 58.697m³ **BGF** 6.752m² **NUF** 6.378m²

Land: Sachsen
Kreis: Chemnitz
Standard: Durchschnitt
Bauzeit: 56 Wochen
Kennwerte: bis 1. Ebene DIN276
veröffentlicht: BKI Objektdaten A10

BGF **963 €/m²**

Planung: heine l reichold architekten Partnerschaftsgesellschaft mbB; Lichtenstein

Lagerhalle mit Verwaltungsräumen

Erweiterungen

Gebäude anderer Art

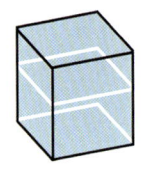

Kostenkennwerte für die Kosten des Bauwerks (Kostengruppen 300+400 nach DIN 276)

BRI 525 €/m³
von 385 €/m³
bis 750 €/m³

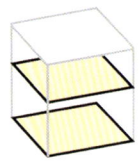

BGF 2.060 €/m²
von 1.390 €/m²
bis 3.060 €/m²

NUF 3.420 €/m²
von 2.160 €/m²
bis 6.630 €/m²

Kosten:
Stand 2.Quartal 2018
Bundesdurchschnitt
inkl. 19% MwSt.

Objektbeispiele

9100-0141

9100-0117

9100-0081

Kosten der 16 Vergleichsobjekte — Seiten 172 bis 178

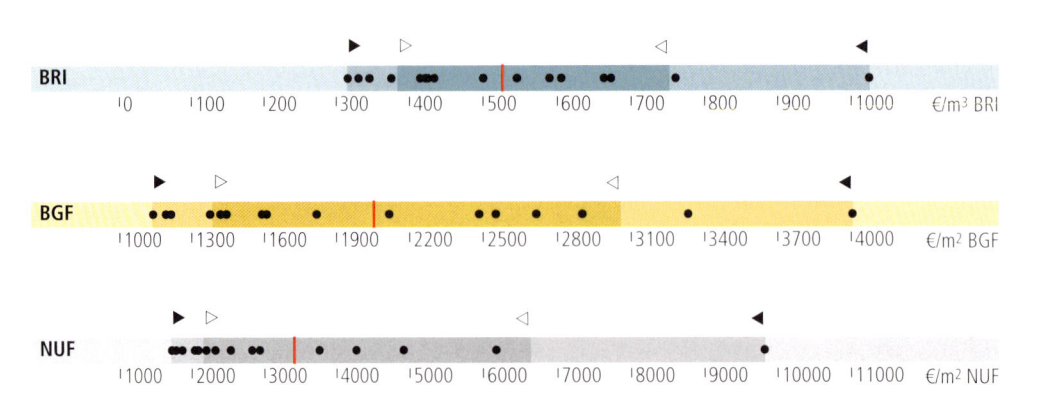

- ● KKW
- ▶ min
- ▷ von
- | Mittelwert
- ◁ bis
- ◀ max

BRI: €/m³ BRI
BGF: €/m² BGF
NUF: €/m² NUF

© BKI Baukosteninformationszentrum; Erläuterungen zu den Tabellen siehe Seite 22 — Kosten: 2.Quartal 2018, Bundesdurchschnitt, **inkl. 19% MwSt.**

Kostenkennwerte für die Kostengruppen der 1. und 2. Ebene DIN 276

KG	Kostengruppen der 1. Ebene	Einheit	▷	€/Einheit	◁	▷	% an 300+400	◁
100	Grundstück	m² GF	–	–	–	–	–	–
200	Herrichten und Erschließen	m² GF	6	10	16	2,4	3,6	5,7
300	Bauwerk – Baukonstruktionen	m² BGF	1.109	1.638	2.322	72,3	80,6	88,9
400	Bauwerk – Technische Anlagen	m² BGF	243	418	932	11,1	19,5	27,7
	Bauwerk (300+400)	m² BGF	1.388	2.056	3.056		100,0	
500	Außenanlagen	m² AF	34	183	334	2,2	4,9	7,3
600	Ausstattung und Kunstwerke	m² BGF	21	85	148	2,1	6,3	13,1
700	Baunebenkosten	m² BGF	–	–	–	–	–	–

KG	Kostengruppen der 2. Ebene	Einheit	▷	€/Einheit	◁	▷	% an 300	◁
310	Baugrube	m³ BGI	33	66	100	0,0	0,8	1,6
320	Gründung	m² GRF	214	325	420	5,9	7,7	9,4
330	Außenwände	m² AWF	361	705	963	13,8	34,9	42,3
340	Innenwände	m² IWF	391	535	704	11,8	18,2	24,5
350	Decken	m² DEF	81	414	810	3,6	18,9	37,7
360	Dächer	m² DAF	165	394	639	9,7	12,0	14,1
370	Baukonstruktive Einbauten	m² BGF	57	116	175	0,0	3,4	7,0
390	Sonstige Baukonstruktionen	m² BGF	21	53	134	1,6	4,1	10,6
300	**Bauwerk Baukonstruktionen**	m² BGF					100,0	

KG	Kostengruppen der 2. Ebene	Einheit	▷	€/Einheit	◁	▷	% an 400	◁
410	Abwasser, Wasser, Gas	m² BGF	16	60	106	21,1	43,6	100,0
420	Wärmeversorgungsanlagen	m² BGF	53	69	94	5,5	19,7	32,7
430	Lufttechnische Anlagen	m² BGF	–	4	–	–	0,3	–
440	Starkstromanlagen	m² BGF	68	115	141	0,0	30,4	40,9
450	Fernmeldeanlagen	m² BGF	6	14	28	1,1	4,8	15,3
460	Förderanlagen	m² BGF	–	–	–	–	–	–
470	Nutzungsspezifische Anlagen	m² BGF	–	3	–	–	0,4	–
480	Gebäudeautomation	m² BGF	–	–	–	–	–	–
490	Sonstige Technische Anlagen	m² BGF	4	6	7	0,0	0,9	2,0
400	**Bauwerk Technische Anlagen**	m² BGF					100,0	

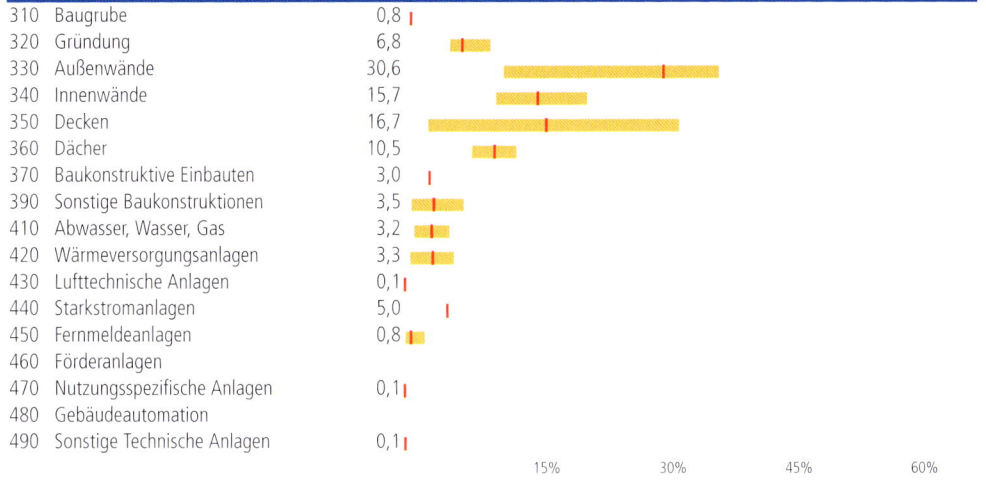

Prozentanteile der Kosten der 2. Ebene an den Kosten des Bauwerks nach DIN 276 (Von-, Mittel-, Bis-Werte)

KG	Bezeichnung	%
310	Baugrube	0,8
320	Gründung	6,8
330	Außenwände	30,6
340	Innenwände	15,7
350	Decken	16,7
360	Dächer	10,5
370	Baukonstruktive Einbauten	3,0
390	Sonstige Baukonstruktionen	3,5
410	Abwasser, Wasser, Gas	3,2
420	Wärmeversorgungsanlagen	3,3
430	Lufttechnische Anlagen	0,1
440	Starkstromanlagen	5,0
450	Fernmeldeanlagen	0,8
460	Förderanlagen	
470	Nutzungsspezifische Anlagen	0,1
480	Gebäudeautomation	
490	Sonstige Technische Anlagen	0,1

© BKI Baukosteninformationszentrum; Erläuterungen zu den Tabellen siehe Seite 24   Kosten: 2.Quartal 2018, Bundesdurchschnitt, inkl. 19% MwSt.

Erweiterungen

Gebäude anderer Art

Kosten:
Stand 2.Quartal 2018
Bundesdurchschnitt
inkl. 19% MwSt.

▷ von
∅ Mittel
◁ bis

Kostenkennwerte für die Kostengruppen der 3. Ebene DIN 276

KG	Kostengruppen der 3. Ebene	Einheit	▷	∅ €/Einheit	◁	▷	∅ €/m² BGF	◁
337	Elementierte Außenwände	m²	786,67	**918,86**	1.051,04	169,89	**327,12**	484,34
331	Tragende Außenwände	m²	65,86	**524,65**	983,45	7,62	**240,50**	473,37
346	Elementierte Innenwände	m²	268,94	**687,09**	1.105,24	4,45	**158,16**	311,87
335	Außenwandbekleidungen außen	m²	–	**267,39**	–	–	**147,96**	–
352	Deckenbeläge	m²	150,37	**220,63**	290,88	60,71	**104,37**	148,02
353	Deckenbekleidungen	m²	47,53	**204,52**	512,98	29,12	**102,47**	242,85
344	Innentüren und -fenster	m²	618,19	**1.062,89**	1.290,74	81,17	**102,28**	138,21
351	Deckenkonstruktionen	m²	110,32	**187,66**	265,01	52,23	**96,45**	140,67
371	Allgemeine Einbauten	m²	7,79	**91,48**	175,17	7,79	**91,48**	175,17
361	Dachkonstruktionen	m²	16,98	**192,30**	313,78	27,17	**78,61**	162,16
363	Dachbeläge	m²	130,32	**172,80**	253,31	47,79	**69,61**	81,13
325	Bodenbeläge	m²	115,48	**189,28**	334,27	50,09	**65,45**	89,23
336	Außenwandbekleidungen innen	m²	89,50	**98,39**	107,28	48,02	**54,86**	61,70
334	Außentüren und -fenster	m²	1.433,90	**1.663,80**	1.893,70	35,03	**52,68**	70,32
444	Niederspannungsinstallationsanl.	m²	21,30	**49,85**	78,40	21,30	**49,85**	78,40
372	Besondere Einbauten	m²	–	**49,53**	–	–	**49,53**	–
445	Beleuchtungsanlagen	m²	46,30	**46,32**	46,34	46,30	**46,32**	46,34
412	Wasseranlagen	m²	9,01	**45,15**	81,28	9,01	**45,15**	81,28
342	Nichttragende Innenwände	m²	55,89	**213,49**	295,49	12,08	**43,68**	102,69
343	Innenstützen	m	–	**259,63**	–	–	**42,26**	–
364	Dachbekleidungen	m²	73,55	**141,53**	277,22	22,57	**42,08**	81,08
345	Innenwandbekleidungen	m²	32,24	**57,78**	83,32	39,20	**41,98**	44,75
423	Raumheizflächen	m²	29,90	**38,12**	46,34	29,90	**38,12**	46,34
338	Sonnenschutz	m²	194,96	**576,61**	958,26	14,01	**36,65**	59,29
322	Flachgründungen	m²	65,72	**81,28**	96,83	25,10	**35,28**	45,46
359	Decken, sonstiges	m²	29,85	**56,89**	83,93	14,13	**31,98**	49,83
311	Baugrubenherstellung	m³	33,31	**66,41**	99,51	19,34	**29,32**	39,30
456	Gefahrenmelde- und Alarmanlagen	m²	–	**25,97**	–	–	**25,97**	–
422	Wärmeverteilnetze	m²	–	**25,09**	–	–	**25,09**	–
349	Innenwände, sonstiges	m²	–	**89,07**	–	–	**22,17**	–
411	Abwasseranlagen	m²	10,70	**19,65**	36,53	10,70	**19,65**	36,53
324	Unterböden und Bodenplatten	m²	55,56	**88,69**	154,40	9,78	**18,98**	23,62
391	Baustelleneinrichtung	m²	7,40	**13,86**	26,72	7,40	**13,86**	26,72
392	Gerüste	m²	9,03	**10,41**	11,79	9,03	**10,41**	11,79
362	Dachfenster, Dachöffnungen	m²	669,06	**1.772,41**	2.875,77	9,02	**9,50**	9,98
492	Gerüste	m²	–	**7,32**	–	–	**7,32**	–
421	Wärmeerzeugungsanlagen	m²	–	**6,24**	–	–	**6,24**	–
429	Wärmeversorgungsanl., sonstiges	m²	–	**5,94**	–	–	**5,94**	–
341	Tragende Innenwände	m²	–	**178,11**	–	–	**5,78**	–
326	Bauwerksabdichtungen	m²	7,56	**15,80**	31,93	2,13	**5,66**	11,74
397	Zusätzliche Maßnahmen	m²	1,04	**4,22**	10,51	1,04	**4,22**	10,51
369	Dächer, sonstiges	m²	–	**9,73**	–	–	**3,91**	–
471	Küchentechnische Anlagen	m²	–	**2,84**	–	–	**2,84**	–
393	Sicherungsmaßnahmen	m²	–	**1,97**	–	–	**1,97**	–
452	Such- und Signalanlagen	m²	0,54	**1,94**	3,34	0,54	**1,94**	3,34
451	Telekommunikationsanlagen	m²	–	**1,24**	–	–	**1,24**	–
446	Blitzschutz- und Erdungsanlagen	m²	–	**0,25**	–	–	**0,25**	–
455	Fernseh- und Antennenanlagen	m²	–	**0,19**	–	–	**0,19**	–

Kostenkennwerte für Leistungsbereiche nach StLB (Kosten des Bauwerks nach DIN 276)

LB	Leistungsbereiche	▷	€/m² BGF	◁	▷	% an 300+400	◁
000	Sicherheits-, Baustelleneinrichtungen inkl. 001	18	**32**	32	0,9	**1,6**	1,6
002	Erdarbeiten	6	**19**	35	0,3	**0,9**	1,7
006	Spezialtiefbauarbeiten inkl. 005	–	–	–	–	–	–
009	Entwässerungskanalarbeiten inkl. 011	0	**8**	8	0,0	**0,4**	0,4
010	Drän- und Versickerungsarbeiten	–	–	–	–	–	–
012	Mauerarbeiten	20	**103**	191	1,0	**5,0**	9,3
013	Betonarbeiten	21	**141**	141	1,0	**6,8**	6,8
014	Natur-, Betonwerksteinarbeiten	14	**59**	59	0,7	**2,9**	2,9
016	Zimmer- und Holzbauarbeiten	49	**177**	291	2,4	**8,6**	14,1
017	Stahlbauarbeiten	–	–	–	–	–	–
018	Abdichtungsarbeiten	–	–	–	–	–	–
020	Dachdeckungsarbeiten	–	**31**	62	–	**1,5**	3,0
021	Dachabdichtungsarbeiten	–	**30**	–	–	**1,5**	–
022	Klempnerarbeiten	31	**71**	71	1,5	**3,5**	3,5
	Rohbau	396	**671**	905	19,3	**32,6**	44,0
023	Putz- und Stuckarbeiten, Wärmedämmsysteme	37	**175**	175	1,8	**8,5**	8,5
024	Fliesen- und Plattenarbeiten	2	**13**	13	0,1	**0,6**	0,6
025	Estricharbeiten	–	**6**	–	–	**0,3**	–
026	Fenster, Außentüren inkl. 029, 032	112	**112**	158	5,5	**5,5**	7,7
027	Tischlerarbeiten	79	**279**	457	3,8	**13,6**	22,2
028	Parkettarbeiten, Holzpflasterarbeiten	–	**68**	–	–	**3,3**	–
030	Rollladenarbeiten	0	**11**	25	0,0	**0,5**	1,2
031	Metallbauarbeiten inkl. 035	44	**279**	279	2,1	**13,6**	13,6
034	Maler- und Lackiererarbeiten inkl. 037	51	**106**	106	2,5	**5,1**	5,1
036	Bodenbelagarbeiten	6	**35**	35	0,3	**1,7**	1,7
038	Vorgehängte hinterlüftete Fassaden	–	–	–	–	–	–
039	Trockenbauarbeiten	7	**31**	31	0,3	**1,5**	1,5
	Ausbau	923	**1.116**	1.363	44,9	**54,3**	66,3
040	Wärmeversorgungsanl. - Betriebseinr. inkl. 041	15	**66**	115	0,8	**3,2**	5,6
042	Gas- und Wasserinstallation, Leitungen inkl. 043	22	**22**	33	1,1	**1,1**	1,6
044	Abwasserinstallationsarbeiten - Leitungen	1	**8**	8	0,1	**0,4**	0,4
045	GWA-Einrichtungsgegenstände inkl. 046	3	**18**	18	0,2	**0,9**	0,9
047	Dämmarbeiten an betriebstechnischen Anlagen	–	–	–	–	–	–
049	Feuerlöschanlagen, Feuerlöschgeräte	–	–	–	–	–	–
050	Blitzschutz- und Erdungsanlagen	–	–	–	–	–	–
053	Niederspannungsanlagen inkl. 052, 054	17	**63**	115	0,8	**3,1**	5,6
055	Ersatzstromversorgungsanlagen	–	–	–	–	–	–
057	Gebäudesystemtechnik	–	–	–	–	–	–
058	Leuchten und Lampen inkl. 059	13	**44**	71	0,6	**2,1**	3,4
060	Elektroakustische Anlagen, Sprechanlagen	–	–	–	–	–	–
061	Kommunikationsnetze, inkl. 062	–	**3**	–	–	**0,1**	–
063	Gefahrenmeldeanlagen	–	**11**	–	–	**0,5**	–
069	Aufzüge	–	–	–	–	–	–
070	Gebäudeautomation	–	–	–	–	–	–
075	Raumlufttechnische Anlagen	–	**1**	–	–	**0,1**	–
	Technische Anlagen	68	**236**	385	3,3	**11,5**	18,7
084	Abbruch- und Rückbauarbeiten	–	**30**	–	–	**1,5**	–
	Sonstige Leistungsbereiche inkl. 008, 033, 051	0	**5**	10	0,0	**0,2**	0,5

Erweiterungen

Gebäude anderer Art

Objektübersicht zur Gebäudeart

9100-0154 Fluchttreppe*

BRI 58m³ **BGF** 25m² **NUF** k.A.

Land: Nordrhein-Westfalen
Kreis: Hamm
Standard: Durchschnitt
Bauzeit: 8 Wochen
Kennwerte: bis 3. Ebene DIN276
vorgesehen: BKI Objektdaten A11

BGF 5.322 €/m²

* Nicht in der Auswertung enthalten

€/m² BGF
min	1.140 €/m²
von	1.390 €/m²
Mittel	**2.060 €/m²**
bis	3.060 €/m²
max	4.000 €/m²

Kosten:
Stand 2. Quartal 2018
Bundesdurchschnitt
inkl. 19% MwSt.

Planung: BERGHAUS ARCHITEKTEN; Düsseldorf

Stahltreppenanlage als baulicher Rettungsweg. **Kosteneinfluss Nutzung:** Für die Bildung der Kennwerte wurde die Grundfläche der Fluchttreppe als BGF zu Grunde gelegt.

Bauwerk - Baukonstruktionen
Herstellen: Deckenkonstruktionen 82%, Flachgründungen 9%, Deckenbeläge 8%
Sonstige: 2%

9100-0073 Kirche, Gruppenraum

BRI 265m³ **BGF** 71m² **NUF** 63m²

Baujahr: 1904
Bauzustand: mittel
Aufwand: mittel
Nutzung während der Bauzeit: nein
Nutzungsänderung: ja
Grundrissänderungen: einige
Tragwerkseingriffe: einige

Land: Nordrhein-Westfalen
Kreis: Euskirchen
Standard: Durchschnitt
Bauzeit: 26 Wochen
Kennwerte: bis 3. Ebene DIN276
veröffentlicht: BKI Objektdaten A9

BGF 2.484 €/m²

Planung: Elmar Paul Sommer Dipl.-Ing.- Architekt + Stadtplaner; Monschau
Multifunktional: Gruppenraum, Pfarrbüro, Kapelle

Bauwerk - Baukonstruktionen
Abbrechen: Tragende Außenwände 6%
Herstellen: Tragende Außenwände 16%, Elementierte Innenwände 14%, Allgemeine Einbauten 8%, Elementierte Außenwände 8%, Dachkonstruktionen 7%, Außenwandbekleidungen außen 7%, Innentüren und -fenster 6%, Nichttragende Innenwände 5%
Sonstige: 23%

Bauwerk - Technische Anlagen
Herstellen: Wasseranlagen 27%, Niederspannungsinstallationsanlagen 26%, Raumheizflächen 15%
Sonstige: 31%

Objektübersicht zur Gebäudeart

9700-0010 Aussegnungshalle*

BRI 500m³ **BGF** 127m² **NUF** 123m²

Land: Baden-Württemberg
Kreis: Hohenlohe, Künzelsau
Standard: Durchschnitt
Bauzeit: 30 Wochen
Kennwerte: bis 3. Ebene DIN276
veröffentlicht: BKI Objektdaten A6

BGF 847 €/m²

* Nicht in der Auswertung enthalten

Planung: Architekturbüro Eberhard Wolf; Widdern
Erweiterung und Instandsetzung einer Aussegnungshalle.

Bauwerk - Baukonstruktionen
Abbrechen: Dachbeläge 4%, Tragende Außenwände 3%
Herstellen: Dachbeläge 22%, Außenwandbekleidungen außen 12%, Tragende Außenwände 11%, Außentüren und -fenster 11%, Dachkonstruktionen 9%, Dachbekleidungen 5%, Flachgründungen 3%
Sonstige: 21%

Bauwerk - Technische Anlagen
Herstellen: Abwasseranlagen 31%, Wasseranlagen 26%, Beleuchtungsanlagen 15%
Sonstige: 28%

9100-0021 Übergangsbau, Pausenhalle

BRI 1.222m³ **BGF** 333m² **NUF** k.A.

Land: Sachsen-Anhalt
Kreis: Magdeburg
Standard: Durchschnitt
Bauzeit: 26 Wochen
Kennwerte: bis 4. Ebene DIN276
veröffentlicht: BKI Objektdaten A1

BGF 1.375 €/m²

Planung: Dreischhoff + Partner Planungsgesellschaft mbH; Magdeburg

Übergangsbau zwischen zwei modernisierten Schulen (Objekte 4100-0033 und 4100-0036), Nutzung als Pausenhalle bei schlechtem Wetter. **Kosteneinfluss Grundstück:** Die Angabe der Grundstücksfläche bezieht sich auf den gesamten Komplex (s. Lageplan bei Objekt 4100-0036).

Bauwerk - Baukonstruktionen
Elementierte Außenwände 36%, Deckenkonstruktionen 10%, Dachbeläge 6%, Innentüren und -fenster 5%, Dachkonstruktionen 5%, Bodenbeläge 5%, Deckenbeläge 4%, Sonnenschutz 4%, Deckenbekleidungen 4%
Sonstige: 20%

Bauwerk - Technische Anlagen
Abwasseranlagen 100%

Erweiterungen

Gebäude anderer Art

Objektübersicht zur Gebäudeart

9100-0017 Bücherei, Museum, Bürgersaal

BRI 5.095m³ **BGF** 1.814m² **NUF** 986m²

Baujahr: 1650
Bauzustand: mittel
Aufwand: mittel
Nutzung während der Bauzeit: nein
Nutzungsänderung: ja
Grundrissänderungen: wenige
Tragwerkseingriffe: keine

Land: Baden-Württemberg
Kreis: Tuttlingen
Standard: Durchschnitt
Bauzeit: 91 Wochen
Kennwerte: bis 3. Ebene DIN276
veröffentlicht: BKI Objektdaten A1

BGF 1.193 €/m²

€/m² BGF
min   1.140 €/m²
von   1.390 €/m²
Mittel **2.060** €/m²
bis   3.060 €/m²
max   4.000 €/m²

Planung: Günther Hermann Dipl.-Ing. Freier Architekt; Tuttlingen

Kosten:
Stand 2.Quartal 2018
Bundesdurchschnitt
inkl. 19% MwSt.

Bauwerk - Baukonstruktionen
Deckenbekleidungen 24%, Deckenbeläge 15%, Innentüren und -fenster 9%, Außentüren und -fenster 7%, Außenwandbekleidungen innen 6%, Deckenkonstruktionen 5%, Besondere Einbauten 5%, Dachbeläge 5%
Sonstige: 24%

Bauwerk - Technische Anlagen
Beleuchtungsanlagen 25%, Raumheizflächen 16%, Gefahrenmelde- und Alarmanlagen 14%, Wärmeverteilnetze 14%
Sonstige: 30%

9100-0117 Gemeinderäume

BRI 2.270m³ **BGF** 518m² **NUF** 351m²

Land: Niedersachsen
Kreis: Hannover
Standard: über Durchschnitt
Bauzeit: 56 Wochen
Kennwerte: bis 1. Ebene DIN276
veröffentlicht: BKI Objektdaten A10

BGF 3.331 €/m²

Planung: RTW Architekten; Hannover
Gemeinderäume

Objektübersicht zur Gebäudeart

6200-0073 Seniorenwohnheim (25 Betten)   BRI 5.358m³   BGF 1.487m²   NUF 951m²

Baujahr: 1970
Bauzustand: gut
Aufwand: niedrig
Nutzung während der Bauzeit: ja
Nutzungsänderung: nein
Grundrissänderungen: wenige
Tragwerkseingriffe: wenige

Land: Niedersachsen
Kreis: Harburg
Standard: Durchschnitt
Bauzeit: 39 Wochen
Kennwerte: bis 1. Ebene DIN276
veröffentlicht: BKI Objektdaten A10

BGF   1.140 €/m²

Planung: Architektengruppe Voß; Tostedt
Seniorenwohnheim als Erweiterungsbau mit 25 Betten

6400-0086 Gemeindehaus   BRI 2.196m³   BGF 519m²   NUF 435m²

Baujahr: 2012
Bauzustand: mittel
Aufwand: mittel
Nutzung während der Bauzeit: nein
Nutzungsänderung: nein
Grundrissänderungen: wenige
Tragwerkseingriffe: einige

Land: Nordrhein-Westfalen
Kreis: Herne
Standard: Durchschnitt
Bauzeit: 61 Wochen
Kennwerte: bis 1. Ebene DIN276
veröffentlicht: BKI Objektdaten A10

BGF   2.117 €/m²

Planung: Architekten Bathe + Reber; Dortmund
Gemeindehaus mit 199 Sitzplätzen (435m² NUF).

6400-0089 Gemeindezentrum   BRI 2.363m³   BGF 543m²   NUF 338m²

Baujahr: 1880
Bauzustand: mittel
Aufwand: mittel
Nutzung während der Bauzeit: ja
Nutzungsänderung: nein
Grundrissänderungen: einige
Tragwerkseingriffe: keine

Land: Mecklenburg-Vorpommern
Kreis: Rostock
Standard: Durchschnitt
Bauzeit: 39 Wochen
Kennwerte: bis 1. Ebene DIN276
veröffentlicht: BKI Objektdaten A10

BGF   1.441 €/m²

Planung: Johannsen und Partner; Hamburg
Gemeindezentrum mit drei Räumen für Veranstaltungen.

Erweiterungen

Gebäude anderer Art

€/m² BGF
min	1.140 €/m²
von	1.390 €/m²
Mittel	**2.060 €/m²**
bis	3.060 €/m²
max	4.000 €/m²

Kosten:
Stand 2.Quartal 2018
Bundesdurchschnitt
inkl. 19% MwSt.

Objektübersicht zur Gebäudeart

9100-0141 Kulturquartier

BRI 18.083m³ **BGF** 4.418m² **NUF** 3.000m²

Land: Mecklenburg-Vorpommern
Kreis: Mecklenburg-Strelitz
Standard: Durchschnitt
Bauzeit: 138 Wochen
Kennwerte: bis 1. Ebene DIN276
vorgesehen: BKI Objektdaten A11
BGF 1.417 €/m²

Planung: BHBVT Gesellschaft von Architekten mbH; Berlin
Kulturquartier mit Bibliothek, Archiv, Museum und Verwaltung

6200-0066 Tagesförderstätte (8 Pflegeplätze)

BRI 882m³ **BGF** 265m² **NUF** 164m²

Land: Schleswig-Holstein
Kreis: Herzogtum-Lauenburg
Standard: über Durchschnitt
Bauzeit: 43 Wochen
Kennwerte: bis 1. Ebene DIN276
veröffentlicht: BKI Objektdaten A10
BGF 1.817 €/m²

Planung: Janiak und Lippert Architekten und Ingenieure GmbH; Fockbek
Tagesförderstätte (8 Pflegeplätze) für Menschen mit schwerer mehrfacher Behinderung

6500-0039 Mensa, Mittagsbetreuung

BRI 1.105m³ **BGF** 293m² **NUF** 249m²

Baujahr: 1960
Bauzustand: mittel
Aufwand: mittel
Nutzung während der Bauzeit: ja
Nutzungsänderung: nein
Grundrissänderungen: wenige
Tragwerkseingriffe: keine

Land: Nordrhein-Westfalen
Kreis: Düsseldorf
Standard: Durchschnitt
Bauzeit: 25 Wochen
Kennwerte: bis 1. Ebene DIN276
veröffentlicht: BKI Objektdaten A9
BGF 1.589 €/m²

Planung: pagelhenn architektinnenarchitekt; Hilden
Mensa mit Speiseraum, Aufwärmküche, Betreuungsräumen, Fahrradwerkstatt, Lagerräumen.

Objektübersicht zur Gebäudeart

6600-0021 Gästehaus (12 Betten), Laden, Café

BRI 1.676m³ **BGF** 598m² **NUF** 421m²

Baujahr: 1969
Bauzustand: schlecht
Aufwand: niedrig
Nutzung während der Bauzeit: nein
Nutzungsänderung: ja
Grundrissänderungen: umfangreiche
Tragwerkseingriffe: umfangreiche

Land: Thüringen
Kreis: Greiz
Standard: Durchschnitt
Bauzeit: 174 Wochen
Kennwerte: bis 1. Ebene DIN276
veröffentlicht: BKI Objektdaten A9

BGF 1.215 €/m²

Planung: Architekturbüro Dr. Goerstner; Saalfeld
Gästehaus (12 Betten), 8 Zimmer, Hofladen und Café im EG.

9100-0118 Museum

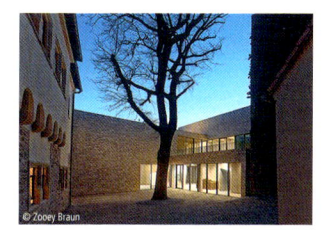

BRI 4.182m³ **BGF** 1.069m² **NUF** 694m²

Land: Sachsen-Anhalt
Kreis: Mansfeld-Südharz
Standard: über Durchschnitt
Bauzeit: 104 Wochen
Kennwerte: bis 1. Ebene DIN276
veröffentlicht: BKI Objektdaten A10

BGF 4.005 €/m²

Planung: VON M GmbH; Stuttgart
Erweiterung eines Museums mit Ausstellung, Vortragsraum und Verwaltung

6400-0068 Pfarrbüro

BRI 357m³ **BGF** 74m² **NUF** 50m²

Baujahr: 1963
Bauzustand: mittel
Aufwand: mittel
Nutzung während der Bauzeit: nein
Nutzungsänderung: nein
Grundrissänderungen: keine
Tragwerkseingriffe: keine

Land: Bayern
Kreis: Landshut
Standard: Durchschnitt
Bauzeit: 43 Wochen
Kennwerte: bis 1. Ebene DIN276
veröffentlicht: BKI Objektdaten A8

BGF 2.900 €/m²

Planung: NEUMEISTER & PARINGER ARCHITEKTEN BDA; Landshut
Pfarrbüro mit 2 Arbeitsplätzen zwischen Gemeindehaus und Kirche. **Kosteneinfluss Nutzung:** Pfarrbüro mit 2 Arbeitsplätzen zwischen Gemeindehaus und Kirche. **Kosteneinfluss Grundstück:** Lage zwischen Gemeindehaus und Kirche.

© BKI Baukosteninformationszentrum; Erläuterungen zu den Tabellen siehe Seite 30   Kosten: 2.Quartal 2018, Bundesdurchschnitt, **inkl. 19% MwSt.**

Erweiterungen

Gebäude anderer Art

Objektübersicht zur Gebäudeart

9100-0081 Erschließungsbauwerk an historischem Gebäude   **BRI** 1.510m³   **BGF** 392m²   **NUF** 101m²

€/m² BGF
min   1.140 €/m²
von   1.390 €/m²
Mittel   **2.060 €/m²**
bis   3.060 €/m²
max   4.000 €/m²

Land: Thüringen
Kreis: Kyffhäuserkreis
Standard: Durchschnitt
Bauzeit: 69 Wochen
Kennwerte: bis 1. Ebene DIN276
veröffentlicht: BKI Objektdaten A8
BGF 2.550 €/m²

Planung: petermann.thiele.kochanek architekten u. ingenieure; Bad Frankenhausen
Erschließungsbauwerk mit Treppenhaus, Aufzug und Nebenräumen als Anbau an ein denkmalgeschütztes Gebäude.

Kosten:
Stand 2.Quartal 2018
Bundesdurchschnitt
inkl. 19% MwSt.

9100-0043 Museum, Eingangs- und Ausstellungsbau   **BRI** 1.138m³   **BGF** 247m²   **NUF** 178m²

Land: Nordrhein-Westfalen
Kreis: Lippe
Standard: Durchschnitt
Bauzeit: 74 Wochen
Kennwerte: bis 1. Ebene DIN276
veröffentlicht: www.bki.de
BGF 2.713 €/m²

Planung: Dipl.-Ing. Architekt BDA Reinhard Schwakenberg; Lemgo
Eingangs- und Ausstellungsgebäude als Erweiterung für das Museum Junkerhaus.

9100-0036 Informationszentrum Fremdenverkehr   **BRI** 1.331m³   **BGF** 343m²   **NUF** 270m²

Baujahr: 1890
Bauzustand: schlecht
Aufwand: mittel
Nutzung während der Bauzeit: nein
Nutzungsänderung: ja
Grundrissänderungen: einige
Tragwerkseingriffe: wenige

Land: Baden-Württemberg
Kreis: Reutlingen
Standard: Durchschnitt
Bauzeit: 82 Wochen
Kennwerte: bis 2. Ebene DIN276
veröffentlicht: BKI Objektdaten A4
BGF 1.609 €/m²

Planung: Hartmaier + Partner Freie Architekten; Münsingen
Gemischte Nutzung mit Fahrkartenschalter, Tourismusbüro, Ausstellungs- und Sitzungsräumen.
Kosteneinfluss Nutzung: Denkmalschutzauflagen bei der Fassadengestaltung.
Kosteneinfluss Grundstück: Gebäude an der Bahnlinie.

Erweiterung

Umbauten

Büro- und Verwaltungsgebäude

Kostenkennwerte für die Kosten des Bauwerks (Kostengruppen 300+400 nach DIN 276)

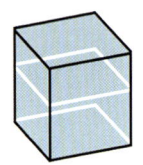

BRI 280 €/m³
von 185 €/m³
bis 350 €/m³

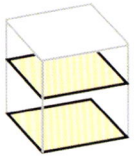

BGF 940 €/m²
von 750 €/m²
bis 1.360 €/m²

NUF 1.680 €/m²
von 1.070 €/m²
bis 2.600 €/m²

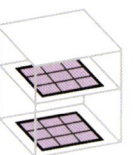

NE 52.250 €/NE
von 21.360 €/NE
bis 74.470 €/NE
NE: Arbeitsplätze

Objektbeispiele

Kosten:
Stand 2.Quartal 2018
Bundesdurchschnitt
inkl. 19% MwSt.

1300-0208

1300-0121

1300-0124

Kosten der 7 Vergleichsobjekte — Seiten 184 bis 187

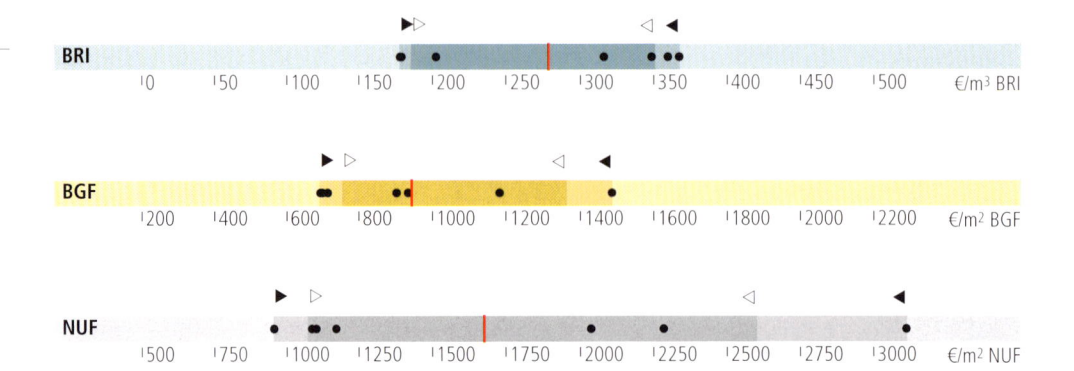

- ● KKW
- ▶ min
- ▷ von
- | Mittelwert
- ◁ bis
- ◀ max

BRI (€/m³ BRI)

BGF (€/m² BGF)

NUF (€/m² NUF)

© BKI Baukosteninformationszentrum; Erläuterungen zu den Tabellen siehe Seite 22   Kosten: 2.Quartal 2018, Bundesdurchschnitt, **inkl. 19% MwSt.**

Kostenkennwerte für die Kostengruppen der 1. und 2. Ebene DIN 276

KG	Kostengruppen der 1. Ebene	Einheit	▷	€/Einheit	◁	▷	% an 300+400	◁
100	Grundstück	m² GF	–	–	–	–	–	–
200	Herrichten und Erschließen	m² GF	1	4	10	0,2	0,6	1,1
300	Bauwerk - Baukonstruktionen	m² BGF	516	701	893	69,6	74,7	78,6
400	Bauwerk - Technische Anlagen	m² BGF	178	243	391	21,4	25,3	30,4
	Bauwerk (300+400)	m² BGF	755	944	1.363		100,0	
500	Außenanlagen	m² AF	5	22	40	0,1	0,9	1,7
600	Ausstattung und Kunstwerke	m² BGF	3	7	9	0,2	0,9	1,3
700	Baunebenkosten	m² BGF	–	–	–	–	–	–

KG	Kostengruppen der 2. Ebene	Einheit	▷	€/Einheit	◁	▷	% an 300	◁
310	Baugrube	m³ BGI	53	79	96	0,0	0,5	1,8
320	Gründung	m² GRF	97	210	400	1,5	6,5	15,3
330	Außenwände	m² AWF	125	253	390	1,1	23,3	37,1
340	Innenwände	m² IWF	172	286	373	27,1	39,3	73,0
350	Decken	m² DEF	144	213	297	2,9	16,5	28,3
360	Dächer	m² DAF	161	544	1.989	0,1	7,2	15,5
370	Baukonstruktive Einbauten	m² BGF	5	18	22	0,3	2,0	3,5
390	Sonstige Baukonstruktionen	m² BGF	14	39	99	1,9	4,8	9,3
300	Bauwerk Baukonstruktionen	m² BGF					100,0	

KG	Kostengruppen der 2. Ebene	Einheit	▷	€/Einheit	◁	▷	% an 400	◁
410	Abwasser, Wasser, Gas	m² BGF	12	27	43	3,5	10,5	23,4
420	Wärmeversorgungsanlagen	m² BGF	19	53	68	4,2	21,2	34,8
430	Lufttechnische Anlagen	m² BGF	15	34	53	4,9	11,1	19,8
440	Starkstromanlagen	m² BGF	62	98	158	27,4	42,9	69,5
450	Fernmeldeanlagen	m² BGF	9	35	74	3,7	10,1	19,1
460	Förderanlagen	m² BGF	–	17	–	–	0,6	–
470	Nutzungsspezifische Anlagen	m² BGF	–	31	–	–	1,0	–
480	Gebäudeautomation	m² BGF	–	30	–	–	1,0	–
490	Sonstige Technische Anlagen	m² BGF	4	13	29	0,0	1,7	7,1
400	Bauwerk Technische Anlagen	m² BGF					100,0	

Prozentanteile der Kosten der 2. Ebene an den Kosten des Bauwerks nach DIN 276 (Von-, Mittel-, Bis-Werte)

KG	Kostengruppe	Mittelwert %
310	Baugrube	0,3
320	Gründung	5,1
330	Außenwände	17,9
340	Innenwände	29,2
350	Decken	11,8
360	Dächer	5,5
370	Baukonstruktive Einbauten	1,4
390	Sonstige Baukonstruktionen	3,5
410	Abwasser, Wasser, Gas	2,6
420	Wärmeversorgungsanlagen	4,9
430	Lufttechnische Anlagen	3,1
440	Starkstromanlagen	10,7
450	Fernmeldeanlagen	2,8
460	Förderanlagen	0,2
470	Nutzungsspezifische Anlagen	0,3
480	Gebäudeautomation	0,3
490	Sonstige Technische Anlagen	0,5

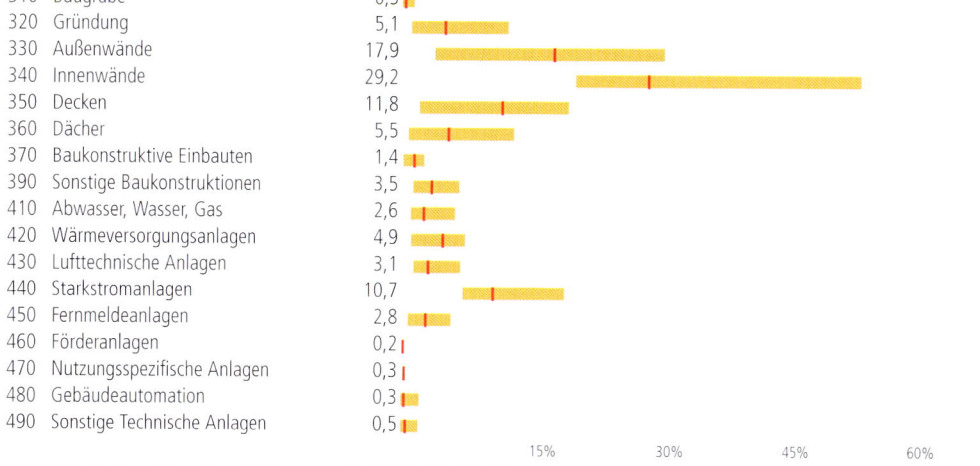

© BKI Baukosteninformationszentrum; Erläuterungen zu den Tabellen siehe Seite 24   Kosten: 2.Quartal 2018, Bundesdurchschnitt, inkl. 19% MwSt.

Umbauten

Büro- und Verwaltungsgebäude

Kosten:
Stand 2. Quartal 2018
Bundesdurchschnitt
inkl. 19% MwSt.

▷ von
Ø Mittel
◁ bis

Kostenkennwerte für die Kostengruppen der 3. Ebene DIN 276

KG	Kostengruppen der 3. Ebene	Einheit	▷	Ø €/Einheit	◁	▷	Ø €/m² BGF	◁
334	Außentüren und -fenster	m²	214,26	**519,79**	831,88	46,67	**91,33**	262,73
352	Deckenbeläge	m²	91,96	**131,52**	191,67	56,09	**89,46**	131,70
346	Elementierte Innenwände	m²	197,85	**593,67**	1.079,71	11,95	**74,49**	385,09
342	Nichttragende Innenwände	m²	58,64	**98,82**	137,46	39,21	**70,52**	155,35
335	Außenwandbekleidungen außen	m²	56,28	**93,12**	141,75	32,22	**61,57**	101,12
344	Innentüren und -fenster	m²	218,48	**571,51**	882,33	22,13	**60,88**	121,91
444	Niederspannungsinstallationsanl.	m²	40,66	**59,46**	107,87	40,66	**59,46**	107,87
351	Deckenkonstruktionen	m²	76,98	**126,50**	206,88	46,07	**58,34**	81,11
363	Dachbeläge	m²	63,25	**117,28**	194,45	26,07	**47,17**	58,21
345	Innenwandbekleidungen	m²	17,96	**36,96**	59,96	27,74	**46,28**	63,72
325	Bodenbeläge	m²	64,27	**119,48**	201,51	23,69	**43,67**	109,25
445	Beleuchtungsanlagen	m²	14,41	**36,20**	60,59	14,41	**36,20**	60,59
431	Lüftungsanlagen	m²	15,12	**35,65**	49,10	15,12	**35,65**	49,10
353	Deckenbekleidungen	m²	42,85	**72,26**	121,12	17,36	**35,10**	66,97
331	Tragende Außenwände	m²	16,45	**142,79**	269,12	9,54	**34,44**	48,14
339	Außenwände, sonstiges	m²	8,26	**37,14**	66,11	10,77	**31,57**	90,04
479	Nutzungsspezifische Anlagen, sonstiges	m²	–	**30,16**	–	–	**30,16**	–
494	Abbruchmaßnahmen	m²	–	**29,03**	–	–	**29,03**	–
394	Abbruchmaßnahmen	m²	6,02	**25,76**	45,49	6,02	**25,76**	45,49
364	Dachbekleidungen	m²	22,04	**54,82**	80,27	8,25	**25,24**	58,49
341	Tragende Innenwände	m²	84,63	**155,93**	236,82	5,78	**24,10**	52,44
421	Wärmeerzeugungsanlagen	m²	15,42	**23,29**	31,41	15,42	**23,29**	31,41
349	Innenwände, sonstiges	m²	1,29	**38,01**	74,73	1,04	**21,61**	42,17
423	Raumheizflächen	m²	10,32	**21,41**	31,79	10,32	**21,41**	31,79
456	Gefahrenmelde- und Alarmanlagen	m²	8,74	**20,28**	46,26	8,74	**20,28**	46,26
454	Elektroakustische Anlagen	m²	–	**19,75**	–	–	**19,75**	–
324	Unterboden und Bodenplatten	m²	92,03	**224,78**	360,35	9,76	**18,92**	42,40
461	Aufzugsanlagen	m²	–	**17,27**	–	–	**17,27**	–
481	Automationssysteme	m²	–	**16,61**	–	–	**16,61**	–
371	Allgemeine Einbauten	m²	8,10	**16,04**	20,89	8,10	**16,04**	20,89
412	Wasseranlagen	m²	8,49	**16,00**	21,66	8,49	**16,00**	21,66
411	Abwasseranlagen	m²	7,53	**15,60**	32,19	7,53	**15,60**	32,19
392	Gerüste	m²	7,36	**15,50**	22,16	7,36	**15,50**	22,16
422	Wärmeverteilnetze	m²	7,44	**15,34**	31,38	7,44	**15,34**	31,38
457	Übertragungsnetze	m²	5,42	**13,88**	19,98	5,42	**13,88**	19,98
338	Sonnenschutz	m²	68,28	**184,16**	300,04	5,87	**13,82**	21,77
399	Sonstige Maßnahmen für Baukonstruktionen, sonstiges	m²	5,24	**13,49**	21,74	5,24	**13,49**	21,74
361	Dachkonstruktionen	m²	1,24	**156,77**	243,59	1,15	**12,58**	35,40
336	Außenwandbekleidungen innen	m²	10,69	**22,82**	42,78	4,97	**12,29**	39,15
482	Schaltschränke	m²	–	**10,77**	–	–	**10,77**	–
391	Baustelleneinrichtung	m²	5,01	**10,75**	19,64	5,01	**10,75**	19,64
397	Zusätzliche Maßnahmen	m²	6,15	**10,43**	21,11	6,15	**10,43**	21,11
362	Dachfenster, Dachöffnungen	m²	61,24	**973,55**	1.432,13	2,63	**9,68**	22,86
455	Fernseh- und Antennenanlagen	m²	1,37	**9,67**	17,97	1,37	**9,67**	17,97
499	Sonstige Maßnahmen für Technische Anlagen, sonstiges	m²	–	**9,44**	–	–	**9,44**	–
311	Baugrubenherstellung	m³	52,67	**80,35**	97,10	3,09	**9,01**	20,39
393	Sicherungsmaßnahmen	m²	–	**8,64**	–	–	**8,64**	–

Kostenkennwerte für Leistungsbereiche nach StLB (Kosten des Bauwerks nach DIN 276)

LB	Leistungsbereiche	▷	€/m² BGF	◁	▷	% an 300+400	◁
000	Sicherheits-, Baustelleneinrichtungen inkl. 001	8	**17**	31	0,8	**1,8**	3,3
002	Erdarbeiten	1	**4**	16	0,1	**0,5**	1,7
006	Spezialtiefbauarbeiten inkl. 005	–	–	–	–	–	–
009	Entwässerungskanalarbeiten inkl. 011	0	**1**	6	0,0	**0,1**	0,6
010	Drän- und Versickerungsarbeiten	–	–	–	–	–	–
012	Mauerarbeiten	4	**33**	86	0,5	**3,5**	9,1
013	Betonarbeiten	4	**34**	72	0,5	**3,6**	7,6
014	Natur-, Betonwerksteinarbeiten	1	**14**	54	0,1	**1,5**	5,8
016	Zimmer- und Holzbauarbeiten	0	**4**	4	0,0	**0,4**	0,4
017	Stahlbauarbeiten	0	**6**	21	0,0	**0,6**	2,3
018	Abdichtungsarbeiten	0	**4**	13	0,0	**0,4**	1,3
020	Dachdeckungsarbeiten	–	**7**	31	–	**0,8**	3,3
021	Dachabdichtungsarbeiten	1	**9**	9	0,1	**0,9**	0,9
022	Klempnerarbeiten	0	**6**	15	0,0	**0,6**	1,5
	Rohbau	44	**139**	252	4,7	**14,7**	26,7
023	Putz- und Stuckarbeiten, Wärmedämmsysteme	11	**43**	90	1,1	**4,5**	9,6
024	Fliesen- und Plattenarbeiten	1	**9**	20	0,1	**1,0**	2,1
025	Estricharbeiten	1	**9**	18	0,1	**0,9**	2,0
026	Fenster, Außentüren inkl. 029, 032	69	**147**	341	7,3	**15,5**	36,1
027	Tischlerarbeiten	33	**70**	148	3,5	**7,4**	15,7
028	Parkettarbeiten, Holzpflasterarbeiten	1	**20**	74	0,1	**2,1**	7,9
030	Rollladenarbeiten	0	**2**	8	0,0	**0,2**	0,8
031	Metallbauarbeiten inkl. 035	9	**30**	83	1,0	**3,2**	8,7
034	Maler- und Lackiererarbeiten inkl. 037	22	**51**	110	2,3	**5,4**	11,7
036	Bodenbelagarbeiten	9	**36**	62	1,0	**3,8**	6,6
038	Vorgehängte hinterlüftete Fassaden	–	–	–	–	–	–
039	Trockenbauarbeiten	70	**129**	216	7,5	**13,6**	22,9
	Ausbau	421	**551**	649	44,6	**58,3**	68,8
040	Wärmeversorgungsanl. - Betriebseinr. inkl. 041	10	**44**	68	1,1	**4,6**	7,2
042	Gas- und Wasserinstallation, Leitungen inkl. 043	1	**5**	8	0,1	**0,5**	0,9
044	Abwasserinstallationsarbeiten - Leitungen	0	**5**	11	0,0	**0,5**	1,1
045	GWA-Einrichtungsgegenstände inkl. 046	4	**13**	28	0,5	**1,4**	3,0
047	Dämmarbeiten an betriebstechnischen Anlagen	1	**5**	8	0,1	**0,5**	0,9
049	Feuerlöschanlagen, Feuerlöschgeräte	0	**0**	2	0,0	**0,0**	0,2
050	Blitzschutz- und Erdungsanlagen	0	**2**	3	0,0	**0,2**	0,3
053	Niederspannungsanlagen inkl. 052, 054	37	**61**	101	3,9	**6,5**	10,7
055	Ersatzstromversorgungsanlagen	–	–	–	–	–	–
057	Gebäudesystemtechnik	–	–	–	–	–	–
058	Leuchten und Lampen inkl. 059	15	**38**	67	1,6	**4,0**	7,1
060	Elektroakustische Anlagen, Sprechanlagen	1	**4**	11	0,1	**0,4**	1,2
061	Kommunikationsnetze, inkl. 062	4	**9**	24	0,4	**1,0**	2,5
063	Gefahrenmeldeanlagen	0	**8**	20	0,0	**0,9**	2,1
069	Aufzüge	–	**2**	–	–	**0,2**	–
070	Gebäudeautomation	0	**5**	19	0,0	**0,6**	2,0
075	Raumlufttechnische Anlagen	9	**26**	62	1,0	**2,8**	6,5
	Technische Anlagen	190	**226**	269	20,1	**24,0**	28,5
084	Abbruch- und Rückbauarbeiten	2	**28**	66	0,2	**3,0**	7,0
	Sonstige Leistungsbereiche inkl. 008, 033, 051	2	**10**	26	0,2	**1,0**	2,8

© BKI Baukosteninformationszentrum; Erläuterungen zu den Tabellen siehe Seite 28   Kosten: 2.Quartal 2018, Bundesdurchschnitt, **inkl.** 19% MwSt.

Umbauten

Büro- und Verwaltungsgebäude

€/m² BGF
min	690	€/m²
von	750	€/m²
Mittel	**940**	**€/m²**
bis	1.360	€/m²
max	1.490	€/m²

Kosten:
Stand 2.Quartal 2018
Bundesdurchschnitt
inkl. 19% MwSt.

Objektübersicht zur Gebäudeart

1300-0197 Kontorhaus, Bürogeschoss   **BRI** 5.500m³   **BGF** 1.375m²   **NUF** 889m²

Baujahr: 1914
Bauzustand: gut
Aufwand: mittel
Nutzung während der Bauzeit: ja
Nutzungsänderung: ja
Grundrissänderungen: wenige
Tragwerkseingriffe: keine

Land: Hamburg
Kreis: Hamburg
Standard: Durchschnitt
Bauzeit: 39 Wochen
Kennwerte: bis 3. Ebene DIN276
veröffentlicht: BKI Objektdaten A10
BGF 712 €/m²

Planung: güldenzopf rohrberg architektur + design; Hamburg

Umnutzung eines Verkaufsgeschosses in Büronutzung mit 85 Arbeitsplätzen **Kosteneinfluss Nutzung:** Das zweite Obergeschoss wurde im Vorfeld vom Eigentümer des Gebäudes in den originalen Rohbauzustand zurückversetzt. Denkmal- und Brandschutzauflagen waren zu berücksichtigen.

Bauwerk - Baukonstruktionen
Herstellen: Deckenbeläge 28%, Innentüren und -fenster 21%, Nichttragende Innenwände 17%, Innenwandbekleidungen 10%
Sonstige: 24%

Bauwerk - Technische Anlagen
Herstellen: Niederspannungsinstallationsanlagen 24%, Beleuchtungsanlagen 23%, Lüftungsanlagen 23%, Übertragungsnetze 9%
Sonstige: 21%

1300-0167 Bürogebäude   **BRI** 397m³   **BGF** 161m²   **NUF** 124m²

Baujahr: 2008
Bauzustand: gut
Aufwand: niedrig
Nutzung während der Bauzeit: nein
Nutzungsänderung: ja
Grundrissänderungen: wenige
Tragwerkseingriffe: keine

Land: Thüringen
Kreis: Jena
Standard: über Durchschnitt
Bauzeit: 17 Wochen
Kennwerte: bis 3. Ebene DIN276
veröffentlicht: BKI Objektdaten A8
BGF 902 €/m²

Planung: Waldhelm Architekten; Jena

Umbau von Garagen, Baujahr 2008, zu Einzelraumbüros mit vier Arbeitsplätzen.

Bauwerk - Baukonstruktionen
Außentüren und -fenster 36%, Bodenbeläge 15%, Außenwände, sonstiges 12%, Nichttragende Innenwände 7%, Innentüren und -fenster 6%
Sonstige: 23%

Bauwerk - Technische Anlagen
Niederspannungsinstallationsanlagen 39%, Wärmeverteilnetze 22%, Raumheizflächen 17%
Sonstige: 21%

Objektübersicht zur Gebäudeart

1300-0208 Kirchenverwaltung (70 AP)   BRI 16.300m³   BGF 3.823m²   NUF 1.825m²

Baujahr: 1537
Bauzustand: mittel
Aufwand: mittel
Nutzung während der Bauzeit: nein
Nutzungsänderung: ja
Grundrissänderungen: einige
Tragwerkseingriffe: einige

Land: Thüringen
Kreis: Erfurt
Standard: Durchschnitt
Bauzeit: 82 Wochen
Kennwerte: bis 3. Ebene DIN276
veröffentlicht: BKI Objektdaten A10

BGF   1.486 €/m²

Planung: Steinblock Architekten; Magdeburg
Umbau von zwei leer stehenden denkmalgeschützten Universitätsgebäuden zum Verwaltungskomplex.
Kosteneinfluss Nutzung: Brandschutz, Denkmalschutz, Gestaltungssatzung

Bauwerk - Baukonstruktionen
Herstellen: Deckenbeläge 11%, Außentüren und -fenster 8%, Deckenbekleidungen 7%, Innentüren und -fenster 6%, Deckenkonstruktionen 6%, Innenwandbekleidungen 5%, Tragende Innenwände 4%, Nichttragende Innenwände 4%, Außenwandbekleidungen innen 4%, Tragende Außenwände 3%, Dachkonstruktionen 3%, Baustelleneinrichtung 2%, Dachbeläge 2%, Außenwandbekleidungen außen 2%, Gerüste 2%
Wiederherstellen: Außenwandbekleidungen außen 3%
Sonstige: 26%

Bauwerk - Technische Anlagen
Herstellen: Niederspannungsinstallationsanlagen 13%, Beleuchtungsanlagen 10%, Gefahrenmelde- und Alarmanlagen 10%, Lüftungsanlagen 9%, Raumheizflächen 9%, Nutzungsspezifische Anlagen, sonstiges 7%, Elektroakustische Anlagen 4%, Fernseh- und Antennenanlagen 4%, Aufzugsanlagen 4%, Automationssysteme 4%, Übertragungsnetze 4%
Sonstige: 21%

1300-0121 Bürogebäude, Sozialstation   BRI 679m³   BGF 198m²   NUF 143m²

Bauzustand: mittel
Aufwand: mittel
Nutzung während der Bauzeit: nein
Nutzungsänderung: ja
Grundrissänderungen: wenige
Tragwerkseingriffe: keine

Land: Nordrhein-Westfalen
Kreis: Düren
Standard: Durchschnitt
Bauzeit: 21 Wochen
Kennwerte: bis 3. Ebene DIN276
veröffentlicht: BKI Objektdaten A4

BGF   692 €/m²

Planung: Franke & Partner Planungsbüro, Andreas Franke AKNW.BDIA; Hürtgenwald
Umbau eines nicht unterkellerten, eingeschossigen Sparkassengebäudes mit Flachdach zu einem Büro mit vier Büroräumen, Besprechungsraum und Nebenräumen.

Bauwerk - Baukonstruktionen
Herstellen: Außenwandbekleidungen außen 18%, Innenwandbekleidungen 15%, Außentüren und -fenster 13%, Dachbekleidungen 11%, Dachbeläge 10%, Nichttragende Innenwände 8%, Bodenbeläge 5%
Sonstige: 20%

Bauwerk - Technische Anlagen
Herstellen: Niederspannungsinstallationsanlagen 24%, Beleuchtungsanlagen 23%, Wärmeerzeugungsanlagen 18%, Raumheizflächen 13%
Sonstige: 22%

Umbauten

Büro- und Verwaltungsgebäude

€/m² BGF
min	690 €/m²
von	750 €/m²
Mittel	**940 €/m²**
bis	1.360 €/m²
max	1.490 €/m²

Kosten:
Stand 2.Quartal 2018
Bundesdurchschnitt
inkl. 19% MwSt.

Objektübersicht zur Gebäudeart

1300-0124 Bürogebäude
BRI 4.332m³ **BGF** 1.110m² **NUF** 713m²

Bauzustand: mittel
Aufwand: mittel
Nutzung während der Bauzeit: nein
Nutzungsänderung: ja
Grundrissänderungen: umfangreiche
Tragwerkseingriffe: wenige

Land: Hamburg
Kreis: Hamburg
Standard: über Durchschnitt
Bauzeit: 30 Wochen
Kennwerte: bis 3. Ebene DIN276
veröffentlicht: BKI Objektdaten A6
BGF 698 €/m²

Planung: Holst Becker Architekten holstbecker.de; Hamburg

Umbau und Modernisierung eines zweigeschossigen, nicht unterkellerten Bürogebäudes mit 10 Arbeitsplätzen und 3 Klassenräumen für 30 Schüler.

Bauwerk - Baukonstruktionen
Herstellen: Deckenkonstruktionen 10%, Nichttragende Innenwände 9%, Außentüren und -fenster 8%, Tragende Außenwände 8%, Deckenbeläge 7%, Bodenbeläge 7%, Tragende Innenwände 6%, Innentüren und -fenster 6%, Innenwandbekleidungen 5%, Dachbekleidungen 5%, Außenwandbekleidungen außen 5%, Dachfenster, Dachöffnungen 4%
Sonstige: 21%

Bauwerk - Technische Anlagen
Herstellen: Abwasseranlagen 19%, Niederspannungsinstallationsanlagen 18%, Wasseranlagen 13%, Wärmeerzeugungsanlagen 12%, Raumheizflächen 9%, Wärmeverteilnetze 7%
Sonstige: 21%

1300-0117 Verwaltungsgebäude
BRI 3.795m³ **BGF** 1.153m² **NUF** 670m²

Baujahr: 1923/24
Bauzustand: mittel
Aufwand: mittel
Nutzung während der Bauzeit: nein
Nutzungsänderung: ja
Grundrissänderungen: einige
Tragwerkseingriffe: einige

Land: Thüringen
Kreis: Erfurt
Standard: Durchschnitt
Bauzeit: 47 Wochen
Kennwerte: bis 3. Ebene DIN276
veröffentlicht: BKI Objektdaten A6
BGF 1.183 €/m²

Planung: Architekten- und Ingenieurgruppe Erfurt & Partner GmbH; Erfurt

Fakultätsgebäude der Katholisch-Theologischen Fakultät der Universität Erfurt. **Kosteneinfluss Nutzung:** Berücksichtigung von Denkmalschutz- und Brandschutzauflagen. Besonderer Wert wurde dabei auf die Integration der historischen Bausubstanz gelegt.

Bauwerk - Baukonstruktionen
Innentüren und -fenster 18%, Außenwandbekleidungen außen 10%, Außentüren und -fenster 10%, Deckenbeläge 8%, Dachbeläge 7%, Innenwandbekleidungen 6%, Abbruchmaßnahmen 5%, Deckenkonstruktionen 5%, Deckenbekleidungen 4%, Sonnenschutz 3%, Allgemeine Einbauten 2%
Sonstige: 22%

Bauwerk - Technische Anlagen
Lüftungsanlagen 16%, Niederspannungsinstallationsanlagen 13%, Beleuchtungsanlagen 11%, Wärmeerzeugungsanlagen 11%, Abbruchmaßnahmen 9%, Raumheizflächen 8%, Wärmeverteilnetze 7%
Sonstige: 26%

Objektübersicht zur Gebäudeart

1300-0107 Büroeingangszone und Besprechung

BRI 470m³   **BGF** 159m²   **NUF** 65m²

Baujahr: 1980
Bauzustand: gut
Aufwand: mittel
Nutzung während der Bauzeit: ja
Nutzungsänderung: nein
Grundrissänderungen: einige
Tragwerkseingriffe: keine

Land: Bayern
Kreis: München
Standard: über Durchschnitt
Bauzeit: 12 Wochen
Kennwerte: bis 3. Ebene DIN276
veröffentlicht: BKI Objektdaten A4

BGF 934 €/m²

Planung: TTC Architekten Thomas Traub; München

Eingangsbereich, Besprechungszimmer, durch bewegliche Glaswände unterschiedliche Nutzungen möglich.
Kosteneinfluss Nutzung: Besprechungszimmer oder als Raum für großzügige Empfänge. Brandschutzauflagen

Bauwerk - Baukonstruktionen
Elementierte Innenwände 54%, Nichttragende Innenwände 27%, Deckenbeläge 11%, Innenwandbekleidungen 3%, Baustelleneinrichtung 2%, Deckenbekleidungen 2%
Sonstige: 1%

Bauwerk - Technische Anlagen
Niederspannungsinstallationsanlagen 56%, Beleuchtungsanlagen 32%, Lüftungsanlagen 11%

Umbauten

Schulen

Kostenkennwerte für die Kosten des Bauwerks (Kostengruppen 300+400 nach DIN 276)

BRI 300 €/m³
von 245 €/m³
bis 360 €/m³

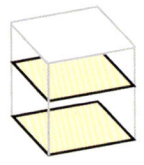

BGF 1.090 €/m²
von 890 €/m²
bis 1.580 €/m²

NUF 1.940 €/m²
von 1.470 €/m²
bis 3.200 €/m²

Kosten:
Stand 2.Quartal 2018
Bundesdurchschnitt
inkl. 19% MwSt.

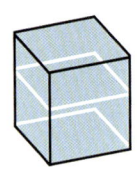

Objektbeispiele

4300-0019

4100-0081

4100-0141

Kosten der 6 Vergleichsobjekte — Seiten 192 bis 195

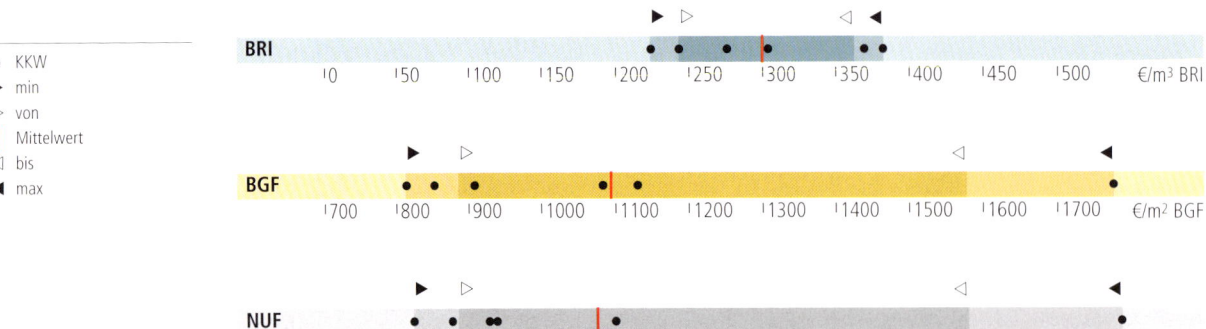

- ● KKW
- ▶ min
- ▷ von
- | Mittelwert
- ◁ bis
- ◀ max

BRI (€/m³ BRI)

BGF (€/m² BGF)

NUF (€/m² NUF)

188

© BKI Baukosteninformationszentrum; Erläuterungen zu den Tabellen siehe Seite 22   Kosten: 2.Quartal 2018, Bundesdurchschnitt, **inkl. 19% MwSt.**

Kostenkennwerte für die Kostengruppen der 1. und 2. Ebene DIN 276

KG	Kostengruppen der 1. Ebene	Einheit	▷	€/Einheit	◁	▷	% an 300+400	◁
100	Grundstück	m² GF	–	–	–	–	–	–
200	Herrichten und Erschließen	m² GF	0	5	8	0,3	1,3	3,5
300	Bauwerk - Baukonstruktionen	m² BGF	569	817	1.167	63,2	73,3	79,1
400	Bauwerk - Technische Anlagen	m² BGF	228	277	348	20,9	26,7	36,8
	Bauwerk (300+400)	m² BGF	887	1.094	1.577		100,0	
500	Außenanlagen	m² AF	46	108	217	2,5	6,1	8,7
600	Ausstattung und Kunstwerke	m² BGF	11	25	47	1,0	2,7	5,6
700	Baunebenkosten	m² BGF	–	–	–	–	–	–

KG	Kostengruppen der 2. Ebene	Einheit	▷	€/Einheit	◁	▷	% an 300	◁
310	Baugrube	m³ BGI	23	49	87	0,6	1,5	5,2
320	Gründung	m² GRF	137	302	459	4,4	6,8	11,5
330	Außenwände	m² AWF	233	563	736	27,0	33,2	45,1
340	Innenwände	m² IWF	165	273	380	17,6	21,3	28,3
350	Decken	m² DEF	176	261	357	14,7	17,9	19,5
360	Dächer	m² DAF	163	272	408	5,4	11,2	14,5
370	Baukonstruktive Einbauten	m² BGF	6	14	27	0,8	2,2	5,2
390	Sonstige Baukonstruktionen	m² BGF	22	52	84	2,9	5,9	7,8
300	**Bauwerk Baukonstruktionen**	**m² BGF**					**100,0**	

KG	Kostengruppen der 2. Ebene	Einheit	▷	€/Einheit	◁	▷	% an 400	◁
410	Abwasser, Wasser, Gas	m² BGF	37	50	60	14,9	18,4	25,1
420	Wärmeversorgungsanlagen	m² BGF	47	56	66	15,9	20,5	22,2
430	Lufttechnische Anlagen	m² BGF	15	22	28	5,7	7,9	10,2
440	Starkstromanlagen	m² BGF	72	89	121	28,4	32,3	39,1
450	Fernmeldeanlagen	m² BGF	22	33	49	3,7	8,9	13,0
460	Förderanlagen	m² BGF	8	14	17	0,4	3,0	8,0
470	Nutzungsspezifische Anlagen	m² BGF	6	19	40	1,6	4,8	11,8
480	Gebäudeautomation	m² BGF	6	15	18	0,5	3,9	7,1
490	Sonstige Technische Anlagen	m² BGF	0	1	3	0,0	0,3	0,8
400	**Bauwerk Technische Anlagen**	**m² BGF**					**100,0**	

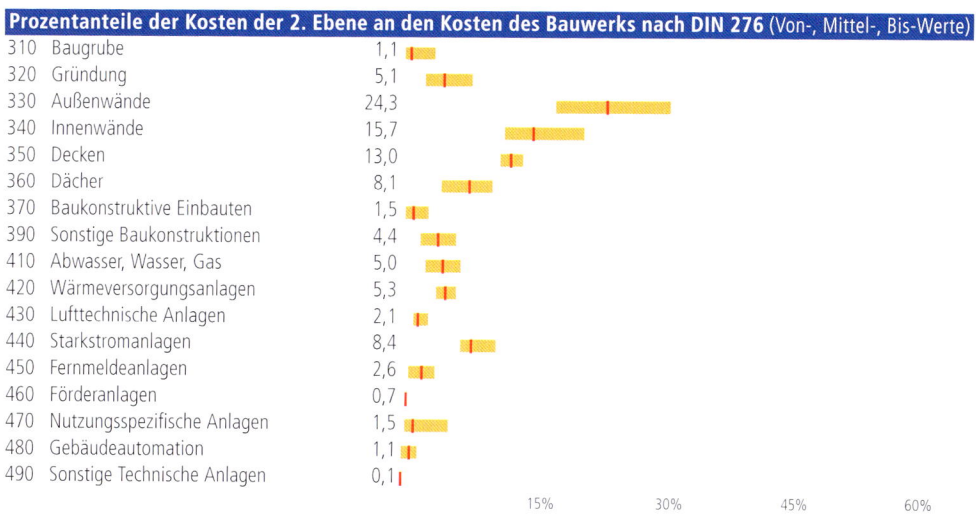

Prozentanteile der Kosten der 2. Ebene an den Kosten des Bauwerks nach DIN 276 (Von-, Mittel-, Bis-Werte)

KG	Kostengruppe	Mittelwert
310	Baugrube	1,1
320	Gründung	5,1
330	Außenwände	24,3
340	Innenwände	15,7
350	Decken	13,0
360	Dächer	8,1
370	Baukonstruktive Einbauten	1,5
390	Sonstige Baukonstruktionen	4,4
410	Abwasser, Wasser, Gas	5,0
420	Wärmeversorgungsanlagen	5,3
430	Lufttechnische Anlagen	2,1
440	Starkstromanlagen	8,4
450	Fernmeldeanlagen	2,6
460	Förderanlagen	0,7
470	Nutzungsspezifische Anlagen	1,5
480	Gebäudeautomation	1,1
490	Sonstige Technische Anlagen	0,1

© BKI Baukosteninformationszentrum; Erläuterungen zu den Tabellen siehe Seite 24   Kosten: 2.Quartal 2018, Bundesdurchschnitt, inkl. 19% MwSt.

Umbauten

Schulen

Kostenkennwerte für die Kostengruppen der 3. Ebene DIN 276

KG	Kostengruppen der 3. Ebene	Einheit	▷	Ø €/Einheit	◁	▷	Ø €/m² BGF	◁
334	Außentüren und -fenster	m²	449,75	678,39	971,57	42,99	92,81	131,23
331	Tragende Außenwände	m²	178,47	301,05	468,99	31,70	63,25	152,56
335	Außenwandbekleidungen außen	m²	75,76	119,78	184,99	52,02	62,17	79,21
323	Tiefgründungen	m²	–	558,16	–	–	56,85	–
352	Deckenbeläge	m²	70,40	90,45	116,83	40,16	55,24	63,20
363	Dachbeläge	m²	112,67	154,56	210,93	26,81	53,43	99,91
351	Deckenkonstruktionen	m²	128,42	203,58	268,20	24,85	51,18	86,91
344	Innentüren und -fenster	m²	464,83	647,63	816,31	41,69	49,30	72,28
345	Innenwandbekleidungen	m²	26,77	40,09	57,61	25,03	48,71	81,87
444	Niederspannungsinstallationsanl.	m²	32,38	46,02	57,88	32,38	46,02	57,88
445	Beleuchtungsanlagen	m²	24,64	38,04	46,99	24,64	38,04	46,99
353	Deckenbekleidungen	m²	35,13	69,57	98,17	26,72	37,74	57,30
325	Bodenbeläge	m²	82,04	129,12	267,69	19,13	36,23	99,01
412	Wasseranlagen	m²	25,99	33,07	42,53	25,99	33,07	42,53
341	Tragende Innenwände	m²	182,29	259,11	338,13	17,06	33,07	49,26
422	Wärmeverteilnetze	m²	19,63	28,22	34,94	19,63	28,22	34,94
337	Elementierte Außenwände	m²	232,62	697,60	1.045,69	3,84	26,96	71,96
361	Dachkonstruktionen	m²	48,19	84,49	97,94	5,52	23,69	42,53
342	Nichttragende Innenwände	m²	79,66	96,30	107,69	17,44	23,42	32,97
474	Medizin- und labortechnische Anlagen	m²	0,23	23,09	45,94	0,23	23,09	45,94
431	Lüftungsanlagen	m²	13,66	20,18	29,23	13,66	20,18	29,23
411	Abwasseranlagen	m²	13,30	19,39	24,59	13,30	19,39	24,59
336	Außenwandbekleidungen innen	m²	32,43	64,67	91,09	7,66	19,29	37,68
312	Baugrubenumschließung	m²	–	198,94	–	–	18,22	–
423	Raumheizflächen	m²	13,84	18,07	23,25	13,84	18,07	23,25
364	Dachbekleidungen	m²	16,60	58,26	91,35	6,61	17,48	34,64
483	Management- und Bedieneinrichtungen	m²	–	17,47	–	–	17,47	–
392	Gerüste	m²	8,17	15,16	39,19	8,17	15,16	39,19
456	Gefahrenmelde- und Alarmanlagen	m²	6,30	14,96	29,47	6,30	14,96	29,47
391	Baustelleneinrichtung	m²	4,07	13,19	28,97	4,07	13,19	28,97
481	Automationssysteme	m²	6,42	12,49	16,09	6,42	12,49	16,09
324	Unterböden und Bodenplatten	m²	41,66	86,61	129,45	5,55	12,11	18,40
321	Baugrundverbesserung	m²	–	121,19	–	–	11,90	–
461	Aufzugsanlagen	m²	8,05	11,32	14,59	8,05	11,32	14,59
421	Wärmeerzeugungsanlagen	m²	6,51	10,87	15,51	6,51	10,87	15,51
311	Baugrubenherstellung	m³	29,51	47,85	101,06	6,19	10,82	23,89
359	Decken, sonstiges	m²	7,68	16,91	25,98	5,54	10,13	14,43
371	Allgemeine Einbauten	m²	1,11	9,68	24,47	1,11	9,68	24,47
397	Zusätzliche Maßnahmen	m²	3,74	8,80	16,08	3,74	8,80	16,08
339	Außenwände, sonstiges	m²	5,74	13,23	22,14	3,41	8,61	14,10
471	Küchentechnische Anlagen	m²	2,85	7,39	24,93	2,85	7,39	24,93
394	Abbruchmaßnahmen	m²	3,56	7,30	13,81	3,56	7,30	13,81
432	Teilklimaanlagen	m²	–	6,63	–	–	6,63	–
362	Dachfenster, Dachöffnungen	m²	643,63	1.198,45	1.798,31	4,01	6,58	13,98
454	Elektroakustische Anlagen	m²	2,31	6,34	20,37	2,31	6,34	20,37
457	Übertragungsnetze	m²	3,06	6,21	8,63	3,06	6,21	8,63
332	Nichttragende Außenwände	m²	82,95	211,37	339,79	0,31	5,95	11,59
393	Sicherungsmaßnahmen	m²	3,53	5,17	8,44	3,53	5,17	8,44

Kosten:
Stand 2.Quartal 2018
Bundesdurchschnitt
inkl. 19% MwSt.

▷ von
Ø Mittel
◁ bis

© BKI Baukosteninformationszentrum; Erläuterungen zu den Tabellen siehe Seite 26   Kosten: 2.Quartal 2018, Bundesdurchschnitt, **inkl. 19% MwSt.**

Kostenkennwerte für Leistungsbereiche nach StLB (Kosten des Bauwerks nach DIN 276)

LB	Leistungsbereiche	▷	€/m² BGF	◁	▷	% an 300+400	◁
000	Sicherheits-, Baustelleneinrichtungen inkl. 001	14	**24**	43	1,3	**2,2**	4,0
002	Erdarbeiten	6	**13**	25	0,5	**1,2**	2,3
006	Spezialtiefbauarbeiten inkl. 005	0	**8**	26	0,0	**0,8**	2,4
009	Entwässerungskanalarbeiten inkl. 011	1	**5**	14	0,1	**0,4**	1,3
010	Drän- und Versickerungsarbeiten	0	**2**	5	0,0	**0,2**	0,5
012	Mauerarbeiten	16	**43**	102	1,4	**3,9**	9,3
013	Betonarbeiten	34	**82**	176	3,1	**7,5**	16,1
014	Natur-, Betonwerksteinarbeiten	2	**8**	8	0,1	**0,8**	0,8
016	Zimmer- und Holzbauarbeiten	3	**17**	32	0,3	**1,6**	2,9
017	Stahlbauarbeiten	3	**14**	25	0,2	**1,3**	2,3
018	Abdichtungsarbeiten	2	**5**	9	0,2	**0,5**	0,8
020	Dachdeckungsarbeiten	–	**21**	36	–	**1,9**	3,3
021	Dachabdichtungsarbeiten	14	**25**	25	1,3	**2,3**	2,3
022	Klempnerarbeiten	1	**16**	26	0,1	**1,4**	2,4
	Rohbau	161	**284**	385	14,7	**26,0**	35,2
023	Putz- und Stuckarbeiten, Wärmedämmsysteme	16	**51**	83	1,4	**4,7**	7,6
024	Fliesen- und Plattenarbeiten	8	**19**	36	0,7	**1,8**	3,3
025	Estricharbeiten	12	**20**	27	1,1	**1,9**	2,4
026	Fenster, Außentüren inkl. 029, 032	59	**115**	183	5,4	**10,5**	16,7
027	Tischlerarbeiten	41	**63**	63	3,8	**5,7**	5,7
028	Parkettarbeiten, Holzpflasterarbeiten	–	**0**	–	–	**0,0**	–
030	Rollladenarbeiten	2	**8**	14	0,2	**0,7**	1,3
031	Metallbauarbeiten inkl. 035	23	**60**	97	2,1	**5,5**	8,9
034	Maler- und Lackiererarbeiten inkl. 037	14	**29**	45	1,3	**2,7**	4,1
036	Bodenbelagarbeiten	18	**26**	35	1,6	**2,4**	3,2
038	Vorgehängte hinterlüftete Fassaden	–	**12**	–	–	**1,1**	–
039	Trockenbauarbeiten	45	**65**	65	4,1	**6,0**	6,0
	Ausbau	418	**472**	577	38,2	**43,2**	52,7
040	Wärmeversorgungsanl. - Betriebseinr. inkl. 041	40	**51**	62	3,6	**4,6**	5,7
042	Gas- und Wasserinstallation, Leitungen inkl. 043	9	**16**	27	0,9	**1,4**	2,4
044	Abwasserinstallationsarbeiten - Leitungen	7	**10**	13	0,6	**0,9**	1,2
045	GWA-Einrichtungsgegenstände inkl. 046	9	**17**	33	0,8	**1,6**	3,1
047	Dämmarbeiten an betriebstechnischen Anlagen	5	**10**	16	0,5	**0,9**	1,5
049	Feuerlöschanlagen, Feuerlöschgeräte	0	**1**	1	0,0	**0,1**	0,1
050	Blitzschutz- und Erdungsanlagen	1	**3**	5	0,1	**0,3**	0,5
053	Niederspannungsanlagen inkl. 052, 054	37	**52**	67	3,4	**4,7**	6,1
055	Ersatzstromversorgungsanlagen	–	**1**	–	–	**0,1**	–
057	Gebäudesystemtechnik	–	**1**	–	–	**0,1**	–
058	Leuchten und Lampen inkl. 059	33	**39**	50	3,1	**3,6**	4,5
060	Elektroakustische Anlagen, Sprechanlagen	2	**7**	7	0,2	**0,6**	0,6
061	Kommunikationsnetze, inkl. 062	2	**6**	9	0,2	**0,5**	0,8
063	Gefahrenmeldeanlagen	3	**12**	21	0,3	**1,1**	1,9
069	Aufzüge	0	**7**	15	0,0	**0,7**	1,4
070	Gebäudeautomation	2	**12**	21	0,2	**1,1**	1,9
075	Raumlufttechnische Anlagen	14	**17**	21	1,2	**1,6**	1,9
	Technische Anlagen	204	**261**	322	18,7	**23,9**	29,4
084	Abbruch- und Rückbauarbeiten	61	**68**	71	5,5	**6,2**	6,5
	Sonstige Leistungsbereiche inkl. 008, 033, 051	3	**11**	19	0,2	**1,0**	1,8

© **BKI** Baukosteninformationszentrum; Erläuterungen zu den Tabellen siehe Seite 28   Kosten: 2.Quartal 2018, Bundesdurchschnitt, inkl. 19% MwSt.

Umbauten

Schulen

€/m² BGF
min	810 €/m²
von	890 €/m²
Mittel	**1.090 €/m²**
bis	1.580 €/m²
max	1.780 €/m²

Kosten:
Stand 2.Quartal 2018
Bundesdurchschnitt
inkl. 19% MwSt.

Objektübersicht zur Gebäudeart

4100-0122 Realschule*

BRI 22.145m³ **BGF** 6.594m² **NUF** 4.161m²

Bauzustand: mittel
Aufwand: mittel
Nutzung während der Bauzeit: ja
Nutzungsänderung: nein
Grundrissänderungen: wenige
Tragwerkseingriffe: wenige

Land: Saarland
Kreis: Saarbrücken
Standard: Durchschnitt
Bauzeit: 34 Wochen
Kennwerte: bis 3. Ebene DIN276
veröffentlicht: BKI Objektdaten A9

BGF 205 €/m²

* Nicht in der Auswertung enthalten

Planung: FLOSUNDK architektur und urbanistik; Saarbrücken
Erweiterte Realschule mit Cafeteria

Bauwerk - Baukonstruktionen
Abbrechen: Dachbeläge 2%
Herstellen: Außenwandbekleidungen außen 25%, Außentüren und -fenster 18%, Dachbeläge 10%, Innentüren und -fenster 8%, Nichttragende Außenwände 6%, Deckenbekleidungen 3%, Innenwandbekleidungen 3%, Zusätzliche Maßnahmen 3%, Baustelleneinrichtung 2%
Sonstige: 20%

Bauwerk - Technische Anlagen
Herstellen: Küchentechnische Anlagen 29%, Beleuchtungsanlagen 16%, Niederspannungsinstallationsanlagen 16%, Raumheizflächen 10%
Sonstige: 29%

4100-0141 Grundschule (2 Klassen), Hort (90 Kinder)

BRI 7.540m³ **BGF** 1.568m² **NUF** 749m²

Baujahr: ca. 1300
Bauzustand: mittel
Aufwand: hoch
Nutzung während der Bauzeit: nein
Nutzungsänderung: ja
Grundrissänderungen: umfangreiche
Tragwerkseingriffe: wenige

Land: Brandenburg
Kreis: Brandenburg
Standard: Durchschnitt
Bauzeit: 69 Wochen
Kennwerte: bis 3. Ebene DIN276
veröffentlicht: BKI Objektdaten A10

BGF 1.776 €/m²

Planung: pmp Architekten; Brandenburg
Umbau eines leerstehenden Gebäudes in Grundschule (2 Klassen), Hort (90 Kinder), Mensa

Bauwerk - Baukonstruktionen
Herstellen: Außentüren und -fenster 10%, Dachbeläge 8%, Bodenbeläge 7%, Innenwandbekleidungen 6%, Deckenkonstruktionen 6%, Tragende Außenwände 6%, Innentüren und -fenster 5%, Tiefgründungen 4%, Deckenbeläge 4%, Außenwandbekleidungen außen 4%, Tragende Innenwände 3%, Dachkonstruktionen 3%, Gerüste 3%, Außenwandbekleidungen innen 2%, Deckenbekleidungen 2%, Nichttragende Innenwände 1%, Dachbekleidungen 1%
Wiederherstellen: Tragende Außenwände 5%
Sonstige: 21%

Bauwerk - Technische Anlagen
Herstellen: Niederspannungsinstallationsanlagen 18%, Beleuchtungsanlagen 13%, Wärmeverteilnetze 10%, Gefahrenmelde- und Alarmanlagen 10%, Lüftungsanlagen 7%, Küchentechnische Anlagen 7%, Wasseranlagen 7%, Raumheizflächen 6%
Sonstige: 22%

Objektübersicht zur Gebäudeart

4100-0136 Schulzentrum (28 Klassen, 570 Schüler)   BRI 43.961m³   BGF 11.816m²   NUF 6.674m²

Baujahr: 1795/1838
Bauzustand: mittel
Aufwand: mittel
Nutzung während der Bauzeit: ja
Nutzungsänderung: nein
Grundrissänderungen: einige
Tragwerkseingriffe: wenige

Land: Sachsen
Kreis: Annaberg
Standard: Durchschnitt
Bauzeit: 104 Wochen
Kennwerte: bis 3. Ebene DIN276
veröffentlicht: BKI Objektdaten A10

BGF   1.130 €/m²

Planung: HTK Planungsbüro Hoch- und Tiefbau; Annaberg-Buchholz

Schulzentrum mit 28 Klassen für 570 Schüler, mit Mittelschule, Grundschule, Eingangsgebäude und Turnhalle

Bauwerk - Baukonstruktionen
Herstellen: Außentüren und -fenster 7%, Deckenbeläge 6%, Innentüren und -fenster 5%, Deckenkonstruktionen 5%, Innenwandbekleidungen 5%, Dachbeläge 4%, Baustelleneinrichtung 4%, Außenwandbekleidungen innen 4%, Elementierte Außenwände 4%, Tragende Innenwände 3%, Deckenbekleidungen 3%, Bodenbeläge 3%, Baugrubenherstellung 3%, Tragende Außenwände 3%, Außenwandbekleidungen außen 3%, Dachkonstruktionen 2%
Wiederherstellen: Außenwandbekleidungen außen 3%, Tragende Außenwände 2%, Dachkonstruktionen 2%
Sonstige: 28%

Bauwerk - Technische Anlagen
Herstellen: Beleuchtungsanlagen 17%, Niederspannungsinstallationsanlagen 11%, Wärmeverteilnetze 11%, Wasseranlagen 8%, Abwasseranlagen 7%, Automationssysteme 6%, Raumheizflächen 6%, Aufzugsanlagen 5%, Lüftungsanlagen 5%, Gefahrenmelde- und Alarmanlagen 4%
Sonstige: 20%

4100-0081 Realschule (23 Klassen, 645 Schüler)   BRI 10.692m³   BGF 2.815m²   NUF 1.832m²

Baujahr: 1975
Bauzustand: mittel
Aufwand: hoch
Nutzung während der Bauzeit: ja
Nutzungsänderung: nein
Grundrissänderungen: einige
Tragwerkseingriffe: wenige

Land: Baden-Württemberg
Kreis: Heilbronn
Standard: Durchschnitt
Bauzeit: 113 Wochen
Kennwerte: bis 3. Ebene DIN276
veröffentlicht: BKI Objektdaten A8

BGF   852 €/m²

Planung: AldingerArchitekten Freie Architekten BDA; Stuttgart

Komplettmodernisierung, Umnutzung von Klassenzimmern in Lehrerzimmer, Umbau der naturwissenschaftlichen Räume mit neuem Zuschnitt, umfangreiche Brandschutzmaßnahmen wie Einhausung vom Treppenhaus, keine Sanierung der Sanitärbereiche.

Bauwerk - Baukonstruktionen
Herstellen: Außentüren und -fenster 21%, Außenwandbekleidungen außen 11%, Dachbeläge 10%, Nichttragende Innenwände 7%, Innentüren und -fenster 6%, Deckenbeläge 6%, Allgemeine Einbauten 5%, Deckenbekleidungen 4%
Wiederherstellen: Deckenbekleidungen 6%
Sonstige: 23%

Bauwerk - Technische Anlagen
Herstellen: Niederspannungsinstallationsanlagen 15%, Medizin- und labortechnische Anlagen 14%, Beleuchtungsanlagen 14%, Wasseranlagen 11%, Elektroakustische Anlagen 6%, Lüftungsanlagen 6%, Wärmeverteilnetze 5%, Raumheizflächen 5%, Wärmeerzeugungsanlagen 4%
Sonstige: 20%

Umbauten

Schulen

€/m² BGF
min	810 €/m²
von	890 €/m²
Mittel	**1.090 €/m²**
bis	1.580 €/m²
max	1.780 €/m²

Kosten:
Stand 2.Quartal 2018
Bundesdurchschnitt
inkl. 19% MwSt.

Objektübersicht zur Gebäudeart

4300-0019 Sonderschule (10 Klassen, 80 Schüler)
BRI 15.435m³ **BGF** 4.618m² **NUF** 2.393m²

Baujahr: 1950
Bauzustand: mittel
Aufwand: mittel
Nutzung während der Bauzeit: nein
Nutzungsänderung: ja
Grundrissänderungen: umfangreiche
Tragwerkseingriffe: wenige

Land: Sachsen-Anhalt
Kreis: Bitterfeld
Standard: Durchschnitt
Bauzeit: 95 Wochen
Kennwerte: bis 3. Ebene DIN276
veröffentlicht: BKI Objektdaten A8
BGF 813 €/m²

Planung: iproplan Planungsgesellschaft mbH; Chemnitz
Umbau der chirurgischen Abteilung des Kreiskrankenhauses Baujahr 1950 zur Sonderschule für geistig Behinderte.

Bauwerk - Baukonstruktionen
Abbrechen: Innenwandbekleidungen 2%
Herstellen: Außenwandbekleidungen außen 9%, Innenwandbekleidungen 8%, Innentüren und -fenster 8%, Dachbeläge 7%, Deckenbeläge 7%, Außentüren und -fenster 5%, Deckenkonstruktionen 4%, Bodenbeläge 3%, Nichttragende Innenwände 3%, Allgemeine Einbauten 3%, Tragende Innenwände 2%, Deckenbekleidungen 2%, Zusätzliche Maßnahmen 2%, Tragende Außenwände 2%
Wiederherstellen: Deckenbeläge 2%, Tragende Außenwände 2%, Bodenbeläge 1%, Innenwandbekleidungen 1%
Sonstige: 26%

Bauwerk - Technische Anlagen
Herstellen: Niederspannungsinstallationsanlagen 16%, Wasseranlagen 16%, Wärmeverteilnetze 11%, Beleuchtungsanlagen 9%, Raumheizflächen 8%, Abwasseranlagen 7%, Gefahrenmelde- und Alarmanlagen 6%, Automationssysteme 5%
Sonstige: 22%

4100-0058 Regelschule (18 Klassen, 504 Schüler)
BRI 17.187m³ **BGF** 5.220m² **NUF** 3.286m²

Baujahr: 1976
Bauzustand: schlecht
Aufwand: hoch
Nutzung während der Bauzeit: nein
Nutzungsänderung: nein
Grundrissänderungen: wenige
Tragwerkseingriffe: keine

Land: Thüringen
Kreis: Greiz
Standard: Durchschnitt
Bauzeit: 56 Wochen
Kennwerte: bis 4. Ebene DIN276
veröffentlicht: BKI Objektdaten A6
BGF 908 €/m²

Planung: thoma architekten; Zeulenroda
Regelschule mit 18 Klassen für 504 Schüler, Hausmeisterwohnung (90m² WFL).

Bauwerk - Baukonstruktionen
Herstellen: Außentüren und -fenster 15%, Elementierte Außenwände 13%, Außenwandbekleidungen außen 13%, Deckenbeläge 8%, Innentüren und -fenster 7%, Deckenbekleidungen 6%, Tragende Außenwände 4%, Innenwandbekleidungen 4%, Deckenkonstruktionen 3%, Decken, sonstiges 2%, Nichttragende Innenwände 2%, Bodenbeläge 2%, Nichttragende Außenwände 2%
Sonstige: 21%

Bauwerk - Technische Anlagen
Herstellen: Niederspannungsinstallationsanlagen 15%, Wasseranlagen 14%, Abwasseranlagen 12%, Beleuchtungsanlagen 11%, Wärmeverteilnetze 10%, Lüftungsanlagen 8%, Management - und Bedieneinrichtungen 8%
Sonstige: 23%

Objektübersicht zur Gebäudeart

4100-0062 Realschule (13 Klassen)

BRI 11.275m³ **BGF** 3.980m² **NUF** 2.699m²

Bauzustand: mittel
Aufwand: mittel
Nutzung während der Bauzeit: ja
Nutzungsänderung: nein
Grundrissänderungen: wenige
Tragwerkseingriffe: wenige

Land: Bayern
Kreis: Altötting
Standard: Durchschnitt
Bauzeit: 65 Wochen
Kennwerte: bis 2. Ebene DIN276
veröffentlicht: BKI Objektdaten A6

BGF 1.083 €/m²

Planung: Dipl.-Ing. (FH) Hanns-Peter Benl edp ingenieure; Neuötting

Erweiterung einer Realschule um 13 Klassenzimmer, Modernisierung im Bestandgebäude mit Nutzungsänderungen einzelner Räume.

Umbauten

Kindergärten

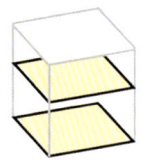

Kostenkennwerte für die Kosten des Bauwerks (Kostengruppen 300+400 nach DIN 276)

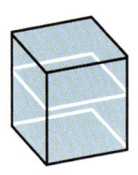

BRI 195 €/m³	BGF 690 €/m²	NUF 990 €/m²	NE 8.460 €/NE
von 130 €/m³	von 490 €/m²	von 700 €/m²	von 6.160 €/NE
bis 270 €/m³	bis 900 €/m²	bis 1.370 €/m²	bis 13.910 €/NE
			NE: Kinder

Kosten:
Stand 2. Quartal 2018
Bundesdurchschnitt
inkl. 19% MwSt.

Objektbeispiele

4400-0163
4400-0164 
4400-0279 
4400-0159 
4400-0166 
4400-0137 

Kosten der 8 Vergleichsobjekte — Seiten 200 bis 203

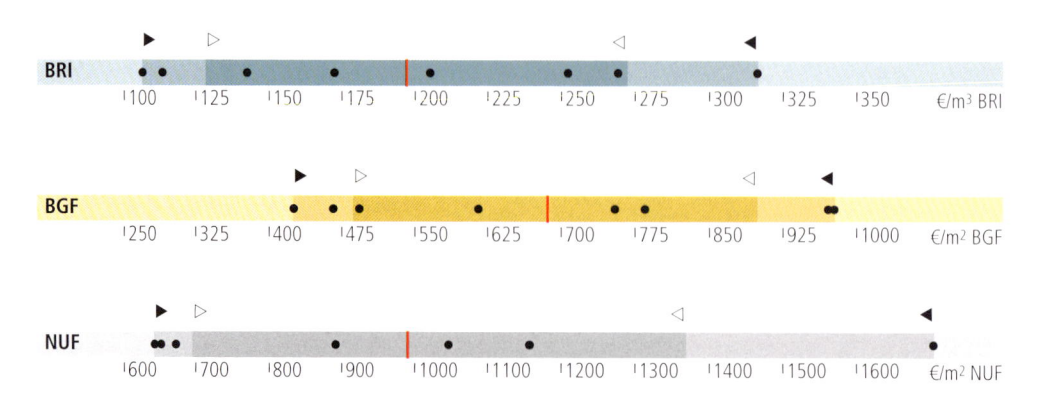

Legende:
- ● KKW
- ▶ min
- ▷ von
- | Mittelwert
- ◁ bis
- ◀ max

BRI: 100 – 350 €/m³ BRI
BGF: 250 – 1000 €/m² BGF
NUF: 600 – 1600 €/m² NUF

© BKI Baukosteninformationszentrum; Erläuterungen zu den Tabellen siehe Seite 22

Kosten: 2. Quartal 2018, Bundesdurchschnitt, **inkl. 19% MwSt.**

Kostenkennwerte für die Kostengruppen der 1. und 2. Ebene DIN 276

KG	Kostengruppen der 1. Ebene	Einheit	▷	€/Einheit	◁	▷	% an 300+400	◁
100	Grundstück	m² GF	–	–	–	–	–	–
200	Herrichten und Erschließen	m² GF	–	–	–	–	–	–
300	Bauwerk - Baukonstruktionen	m² BGF	362	517	684	72,1	75,1	78,4
400	Bauwerk - Technische Anlagen	m² BGF	122	169	225	21,6	24,9	27,9
	Bauwerk (300+400)	m² BGF	487	686	898		100,0	
500	Außenanlagen	m² AF	2	27	77	1,3	2,8	7,9
600	Ausstattung und Kunstwerke	m² BGF	3	18	74	0,1	2,7	7,7
700	Baunebenkosten	m² BGF	–	–	–	–	–	–

KG	Kostengruppen der 2. Ebene	Einheit	▷	€/Einheit	◁	▷	% an 300	◁
310	Baugrube	m³ BGI	119	148	177	0,0	0,1	0,2
320	Gründung	m² GRF	77	131	158	5,3	11,3	17,9
330	Außenwände	m² AWF	103	219	306	10,6	25,2	37,2
340	Innenwände	m² IWF	130	191	260	21,5	29,5	44,7
350	Decken	m² DEF	159	417	1.678	4,8	16,7	20,9
360	Dächer	m² DAF	78	140	258	5,0	12,7	21,6
370	Baukonstruktive Einbauten	m² BGF	5	14	24	0,2	1,9	5,1
390	Sonstige Baukonstruktionen	m² BGF	5	12	24	0,9	2,6	4,8
300	**Bauwerk Baukonstruktionen**	**m² BGF**					**100,0**	

KG	Kostengruppen der 2. Ebene	Einheit	▷	€/Einheit	◁	▷	% an 400	◁
410	Abwasser, Wasser, Gas	m² BGF	41	55	87	22,3	33,9	39,2
420	Wärmeversorgungsanlagen	m² BGF	28	48	74	20,8	28,8	40,5
430	Lufttechnische Anlagen	m² BGF	3	4	7	0,1	1,4	4,4
440	Starkstromanlagen	m² BGF	27	50	82	17,4	29,6	40,0
450	Fernmeldeanlagen	m² BGF	7	9	12	3,6	6,1	9,9
460	Förderanlagen	m² BGF	–	0	–	–	0,0	–
470	Nutzungsspezifische Anlagen	m² BGF	–	3	–	–	0,2	–
480	Gebäudeautomation	m² BGF	–	–	–	–	–	–
490	Sonstige Technische Anlagen	m² BGF	0	0	0	0,0	0,1	0,2
400	**Bauwerk Technische Anlagen**	**m² BGF**					**100,0**	

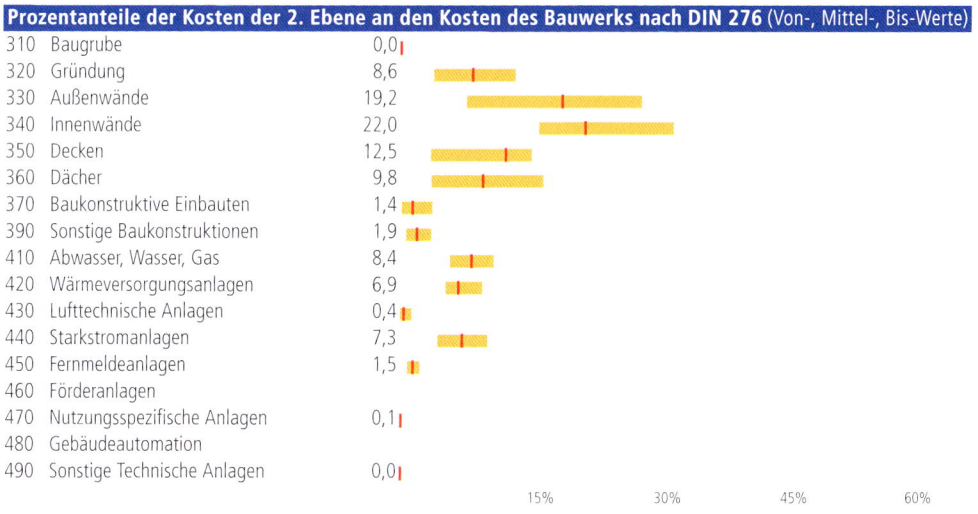

Prozentanteile der Kosten der 2. Ebene an den Kosten des Bauwerks nach DIN 276 (Von-, Mittel-, Bis-Werte)

KG		%
310	Baugrube	0,0
320	Gründung	8,6
330	Außenwände	19,2
340	Innenwände	22,0
350	Decken	12,5
360	Dächer	9,8
370	Baukonstruktive Einbauten	1,4
390	Sonstige Baukonstruktionen	1,9
410	Abwasser, Wasser, Gas	8,4
420	Wärmeversorgungsanlagen	6,9
430	Lufttechnische Anlagen	0,4
440	Starkstromanlagen	7,3
450	Fernmeldeanlagen	1,5
460	Förderanlagen	
470	Nutzungsspezifische Anlagen	0,1
480	Gebäudeautomation	
490	Sonstige Technische Anlagen	0,0

© BKI Baukosteninformationszentrum; Erläuterungen zu den Tabellen siehe Seite 24   Kosten: 2.Quartal 2018, Bundesdurchschnitt, inkl. 19% MwSt.

Umbauten

Kindergärten

Kostenkennwerte für die Kostengruppen der 3. Ebene DIN 276

KG	Kostengruppen der 3. Ebene	Einheit	▷	Ø €/Einheit	◁	▷	Ø €/m² BGF	◁
325	Bodenbeläge	m²	71,20	110,48	146,83	25,16	65,11	109,48
334	Außentüren und -fenster	m²	223,70	532,81	696,48	18,53	60,57	108,60
363	Dachbeläge	m²	70,60	121,31	172,12	19,13	50,68	89,19
335	Außenwandbekleidungen außen	m²	14,21	78,30	119,52	3,97	44,03	87,45
345	Innenwandbekleidungen	m²	28,42	45,50	97,99	28,78	43,48	64,54
412	Wasseranlagen	m²	31,73	40,38	84,64	31,73	40,38	84,64
352	Deckenbeläge	m²	33,70	75,33	103,66	21,40	38,18	62,72
353	Deckenbekleidungen	m²	35,99	65,61	132,13	7,39	37,96	115,48
344	Innentüren und -fenster	m²	395,74	471,61	659,48	24,50	35,34	49,73
342	Nichttragende Innenwände	m²	91,24	117,03	153,44	19,68	34,58	57,29
445	Beleuchtungsanlagen	m²	9,84	24,35	46,39	9,84	24,35	46,39
423	Raumheizflächen	m²	14,30	23,55	38,67	14,30	23,55	38,67
444	Niederspannungsinstallationsanl.	m²	15,86	23,39	38,03	15,86	23,39	38,03
364	Dachbekleidungen	m²	45,68	78,84	129,68	10,54	22,54	32,88
331	Tragende Außenwände	m²	75,73	225,48	386,72	3,57	21,39	43,66
336	Außenwandbekleidungen innen	m²	34,83	67,20	143,71	8,76	20,25	39,76
351	Deckenkonstruktionen	m²	189,12	574,45	1.932,03	5,23	19,75	30,75
421	Wärmeerzeugungsanlagen	m²	3,93	17,53	36,76	3,93	17,53	36,76
341	Tragende Innenwände	m²	189,15	339,58	713,42	6,39	14,97	25,32
371	Allgemeine Einbauten	m²	6,25	14,41	19,07	6,25	14,41	19,07
361	Dachkonstruktionen	m²	38,48	81,68	152,92	8,70	14,25	22,91
346	Elementierte Innenwände	m²	231,30	386,75	699,37	4,46	11,93	20,15
411	Abwasseranlagen	m²	6,51	11,12	19,63	6,51	11,12	19,63
422	Wärmeverteilnetze	m²	3,08	10,39	16,81	3,08	10,39	16,81
339	Außenwände, sonstiges	m²	3,14	13,04	16,91	3,21	9,31	14,99
326	Bauwerksabdichtungen	m²	10,87	14,11	17,34	3,35	9,09	14,83
396	Materialentsorgung	m²	–	8,63	–	–	8,63	–
359	Decken, sonstiges	m²	9,01	44,89	106,92	4,04	8,55	16,71
372	Besondere Einbauten	m²	4,67	7,27	9,87	4,67	7,27	9,87
322	Flachgründungen	m²	49,66	174,68	326,92	2,52	6,17	9,69
338	Sonnenschutz	m²	–	235,49	–	–	5,69	–
456	Gefahrenmelde- und Alarmanlagen	m²	3,01	5,68	9,12	3,01	5,68	9,12
419	Abwasser-, Wasser- und Gas-anlagen, sonstiges	m²	2,93	5,61	8,47	2,93	5,61	8,47
362	Dachfenster, Dachöffnungen	m²	1.234,02	1.512,71	1.791,41	2,17	4,95	10,40
324	Unterböden und Bodenplatten	m²	93,12	113,03	171,71	3,95	4,55	5,31
431	Lüftungsanlagen	m²	2,60	4,39	7,48	2,60	4,39	7,48
343	Innenstützen	m	–	164,47	–	–	4,27	–
392	Gerüste	m²	1,35	4,07	14,46	1,35	4,07	14,46
391	Baustelleneinrichtung	m²	1,28	3,84	8,30	1,28	3,84	8,30
393	Sicherungsmaßnahmen	m²	2,72	3,65	4,57	2,72	3,65	4,57
397	Zusätzliche Maßnahmen	m²	0,82	3,48	9,75	0,82	3,48	9,75
475	Feuerlöschanlagen	m²	–	3,17	–	–	3,17	–
429	Wärmeversorgungsanl., sonstiges	m²	1,01	2,80	4,95	1,01	2,80	4,95
369	Dächer, sonstiges	m²	3,32	4,52	5,71	1,45	2,79	4,13
446	Blitzschutz- und Erdungsanlagen	m²	0,41	2,34	7,95	0,41	2,34	7,95
333	Außenstützen	m	87,48	156,97	201,51	1,55	2,20	3,49
452	Such- und Signalanlagen	m²	0,50	2,07	3,77	0,50	2,07	3,77
332	Nichttragende Außenwände	m²	–	37,96	–	1,70	1,88	2,06
311	Baugrubenherstellung	m³	118,52	147,76	177,00	0,28	0,98	1,68

Kosten:
Stand 2.Quartal 2018
Bundesdurchschnitt
inkl. 19% MwSt.

▷ von
Ø Mittel
◁ bis

Kostenkennwerte für Leistungsbereiche nach StLB (Kosten des Bauwerks nach DIN 276)

LB	Leistungsbereiche	▷	€/m² BGF	◁	▷	% an 300+400	◁
000	Sicherheits-, Baustelleneinrichtungen inkl. 001	5	9	22	0,7	1,3	3,2
002	Erdarbeiten	0	2	7	0,1	0,3	1,0
006	Spezialtiefbauarbeiten inkl. 005	–	0	–	–	0,0	–
009	Entwässerungskanalarbeiten inkl. 011	–	0	–	–	0,1	–
010	Drän- und Versickerungsarbeiten	–	–	–	–	–	–
012	Mauerarbeiten	8	21	38	1,2	3,0	5,5
013	Betonarbeiten	12	30	41	1,7	4,3	6,0
014	Natur-, Betonwerksteinarbeiten	–	2	–	–	0,2	–
016	Zimmer- und Holzbauarbeiten	1	14	35	0,1	2,0	5,0
017	Stahlbauarbeiten	0	5	19	0,0	0,8	2,8
018	Abdichtungsarbeiten	2	5	12	0,3	0,7	1,8
020	Dachdeckungsarbeiten	1	12	40	0,1	1,7	5,8
021	Dachabdichtungsarbeiten	0	12	42	0,1	1,8	6,1
022	Klempnerarbeiten	0	10	14	0,0	1,4	2,0
	Rohbau	60	121	166	8,7	17,7	24,2
023	Putz- und Stuckarbeiten, Wärmedämmsysteme	7	30	52	1,0	4,4	7,6
024	Fliesen- und Plattenarbeiten	15	25	40	2,2	3,7	5,8
025	Estricharbeiten	5	18	27	0,8	2,6	4,0
026	Fenster, Außentüren inkl. 029, 032	34	53	80	5,0	7,7	11,6
027	Tischlerarbeiten	29	45	78	4,2	6,6	11,3
028	Parkettarbeiten, Holzpflasterarbeiten	0	5	5	0,0	0,7	0,7
030	Rollladenarbeiten	–	1	–	–	0,1	–
031	Metallbauarbeiten inkl. 035	4	17	47	0,6	2,5	6,8
034	Maler- und Lackiererarbeiten inkl. 037	14	35	61	2,0	5,2	8,9
036	Bodenbelagarbeiten	20	29	38	2,9	4,3	5,5
038	Vorgehängte hinterlüftete Fassaden	–	10	–	–	1,5	–
039	Trockenbauarbeiten	42	88	139	6,2	12,9	20,2
	Ausbau	312	363	418	45,6	53,0	61,0
040	Wärmeversorgungsanl. - Betriebseinr. inkl. 041	34	44	62	5,0	6,4	9,0
042	Gas- und Wasserinstallation, Leitungen inkl. 043	9	16	22	1,4	2,4	3,2
044	Abwasserinstallationsarbeiten - Leitungen	3	7	12	0,4	1,1	1,7
045	GWA-Einrichtungsgegenstände inkl. 046	15	26	39	2,2	3,9	5,7
047	Dämmarbeiten an betriebstechnischen Anlagen	2	3	6	0,3	0,5	0,9
049	Feuerlöschanlagen, Feuerlöschgeräte	–	0	–	–	0,0	–
050	Blitzschutz- und Erdungsanlagen	0	3	9	0,0	0,4	1,3
053	Niederspannungsanlagen inkl. 052, 054	13	26	38	1,9	3,8	5,6
055	Ersatzstromversorgungsanlagen	–	–	–	–	–	–
057	Gebäudesystemtechnik	–	–	–	–	–	–
058	Leuchten und Lampen inkl. 059	10	22	33	1,5	3,3	4,8
060	Elektroakustische Anlagen, Sprechanlagen	0	2	6	0,1	0,3	0,8
061	Kommunikationsnetze, inkl. 062	0	1	3	0,1	0,2	0,4
063	Gefahrenmeldeanlagen	3	6	12	0,4	0,9	1,7
069	Aufzüge	–	–	–	–	–	–
070	Gebäudeautomation	–	–	–	–	–	–
075	Raumlufttechnische Anlagen	0	1	5	0,0	0,2	0,7
	Technische Anlagen	134	160	180	19,5	23,3	26,3
084	Abbruch- und Rückbauarbeiten	14	44	78	2,0	6,5	11,3
	Sonstige Leistungsbereiche inkl. 008, 033, 051	–	1	–	–	0,2	–

© BKI Baukosteninformationszentrum; Erläuterungen zu den Tabellen siehe Seite 28   Kosten: 2.Quartal 2018, Bundesdurchschnitt, inkl. 19% MwSt.

Umbauten

Kindergärten

€/m² BGF

min	430 €/m²
von	490 €/m²
Mittel	**690 €/m²**
bis	900 €/m²
max	980 €/m²

Kosten:
Stand 2.Quartal 2018
Bundesdurchschnitt
inkl. 19% MwSt.

Objektübersicht zur Gebäudeart

4400-0279 Kindertagesstätte (4 Gruppen, 80 Kinder)   **BRI** 3.133m³   **BGF** 835m²   **NUF** 545m²

Baujahr: 1950-1959
Bauzustand: schlecht
Aufwand: hoch
Nutzung während der Bauzeit: nein
Nutzungsänderung: ja
Grundrissänderungen: einige
Tragwerkseingriffe: wenige

Land: Hamburg
Kreis: Hamburg
Standard: unter Durchschnitt
Bauzeit: 21 Wochen
Kennwerte: bis 3. Ebene DIN276
veröffentlicht: BKI Objektdaten A10

BGF 425 €/m²

Planung: Plan-R-Architektenbüro Joachim Reinig; Hamburg
Umbau einer ehemaligen Marzipanfabrik (später Autowerkstatt) zu einer Kindertagesstätte für 50 Elementar- und 30 Krippenkinder.

Bauwerk - Baukonstruktionen
Herstellen: Innentüren und -fenster 15%, Nichttragende Innenwände 9%, Innenwandbekleidungen 9%, Bodenbeläge 8%, Deckenbekleidungen 6%, Deckenkonstruktionen 6%, Dachbekleidungen 4%, Außentüren und -fenster 4%, Baustelleneinrichtung 4%, Decken, sonstiges 3%
Wiederherstellen: Nichttragende Innenwände 7%, Innentüren und -fenster 3%
Sonstige: 22%

Bauwerk - Technische Anlagen
Herstellen: Wasseranlagen 26%, Niederspannungsinstallationsanlagen 19%, Beleuchtungsanlagen 13%, Abwasseranlagen 10%, Raumheizflächen 7%, Abwasser-, Wasser- und Gasanlagen, sonstiges 4%
Sonstige: 21%

4400-0164 Kindertagesstätte   **BRI** 803m³   **BGF** 221m²   **NUF** 126m²

Baujahr: 1984
Bauzustand: mittel
Aufwand: hoch
Nutzung während der Bauzeit: nein
Nutzungsänderung: ja
Grundrissänderungen: umfangreiche
Tragwerkseingriffe: wenige

Land: Niedersachsen
Kreis: Gifhorn
Standard: Durchschnitt
Bauzeit: 17 Wochen
Kennwerte: bis 3. Ebene DIN276
veröffentlicht: BKI Objektdaten A8

BGF 977 €/m²

Planung: Die Planschmiede 2KS GmbH & Co. KG; Hankensbüttel
Ein Stallgebäude wurde zu einer Kindertagesstätte umgebaut. Es ist ein Gruppenraum für 25 Kinder entstanden mit Küche und einem Besprechungsraum.

Bauwerk - Baukonstruktionen
Herstellen: Außentüren und -fenster 22%, Deckenbekleidungen 21%, Bodenbeläge 19%, Innenwandbekleidungen 11%
Sonstige: 28%

Bauwerk - Technische Anlagen
Herstellen: Wasseranlagen 31%, Beleuchtungsanlagen 20%, Niederspannungsinstallationsanlagen 15%, Wärmeerzeugungsanlagen 11%
Sonstige: 23%

Objektübersicht zur Gebäudeart

4400-0163 Kinderkrippe

BRI 1.696m³ **BGF** 552m² **NUF** 463m²

Baujahr: 1963
Bauzustand: mittel
Aufwand: mittel
Nutzung während der Bauzeit: nein
Nutzungsänderung: ja
Grundrissänderungen: umfangreiche
Tragwerkseingriffe: keine

Land: Schleswig-Holstein
Kreis: Herzogtum Lauenburg
Standard: Durchschnitt
Bauzeit: 21 Wochen
Kennwerte: bis 3. Ebene DIN276
veröffentlicht: BKI Objektdaten A8

BGF 971 €/m²

Planung: Die Planschmiede 2KS GmbH & Co. KG; Hankensbüttel

Umnutzung einer Sporthalle zu einer Kinderkrippe mit zwei Gruppen, Stellplatz für ein Feuerwehrauto.
Kosteneinfluss Nutzung: Der Umbau beschränkt sich auf das Erdgeschoss. Das Dachgeschoss wird nicht genutzt.

Bauwerk - Baukonstruktionen
Abbrechen: Dachbeläge 5%
Herstellen: Außenwandbekleidungen außen 10%, Bodenbeläge 9%, Außentüren und -fenster 9%, Dachbeläge 7%, Tragende Außenwände 7%, Deckenbekleidungen 6%, Nichttragende Innenwände 5%, Deckenkonstruktionen 5%, Innenwandbekleidungen 4%, Außenwandbekleidungen innen 4%, Dachkonstruktionen 3%, Deckenbeläge 3%, Innentüren und -fenster 3%
Sonstige: 21%

Bauwerk - Technische Anlagen
Herstellen: Raumheizflächen 25%, Beleuchtungsanlagen 25%, Wasseranlagen 19%, Niederspannungsinstallationsanlagen 9%
Sonstige: 22%

4400-0166 Kindertagesstätte (6 Gruppen, 84 Kinder)

BRI 4.560m³ **BGF** 1.316m² **NUF** 1.010m²

Baujahr: 1957
Bauzustand: schlecht
Aufwand: mittel
Nutzung während der Bauzeit: nein
Nutzungsänderung: ja
Grundrissänderungen: umfangreiche
Tragwerkseingriffe: einige

Land: Bayern
Kreis: München
Standard: über Durchschnitt
Bauzeit: 26 Wochen
Kennwerte: bis 3. Ebene DIN276
veröffentlicht: BKI Objektdaten A9

BGF 493 €/m²

Planung: Firmhofer + Günther Architekten; München

Umbau Gaststätte zur Kindertagesstätte (6 Gruppen, 84 Kinder)

Bauwerk - Baukonstruktionen
Abbrechen: Materialentsorgung 2%, Deckenbeläge 2%
Herstellen: Innenwandbekleidungen 14%, Deckenbeläge 12%, Innentüren und -fenster 10%, Bodenbeläge 7%, Dachbekleidungen 6%, Allgemeine Einbauten 4%, Nichttragende Innenwände 4%, Außentüren und -fenster 3%, Tragende Innenwände 3%, Besondere Einbauten 3%, Deckenkonstruktionen 3%, Dachkonstruktionen 3%, Deckenbekleidungen 2%, Außenwandbekleidungen innen 2%
Sonstige: 20%

Bauwerk - Technische Anlagen
Herstellen: Wasseranlagen 21%, Raumheizflächen 18%, Niederspannungsinstallationsanlagen 15%, Wärmeverteilnetze 8%, Beleuchtungsanlagen 7%, Abwasseranlagen 6%, Abwasser-, Wasser- und Gasanlagen, sonstiges 4%
Sonstige: 22%

Umbauten

Kindergärten

€/m² BGF
min	430 €/m²
von	490 €/m²
Mittel	**690 €/m²**
bis	900 €/m²
max	980 €/m²

Kosten:
Stand 2.Quartal 2018
Bundesdurchschnitt
inkl. 19% MwSt.

Objektübersicht zur Gebäudeart

4400-0195 Kindertagesstätte (3 Gruppen, 50 Kinder)   BRI 2.566m³   BGF 949m²   NUF 658m²

Baujahr: 1900
Bauzustand: mittel
Aufwand: hoch
Nutzung während der Bauzeit: nein
Nutzungsänderung: nein
Grundrissänderungen: einige
Tragwerkseingriffe: wenige

Land: Nordrhein-Westfalen
Kreis: Soest
Standard: Durchschnitt
Bauzeit: 52 Wochen
Kennwerte: bis 3. Ebene DIN276
veröffentlicht: BKI Objektdaten A10

BGF   466 €/m²

Planung: Acconci Architekten GmbH; Soest
Kindertagesstätte mit 3 Gruppen und 50 Kindern.

Bauwerk - Baukonstruktionen
Abbrechen: Tragende Innenwände 2%
Herstellen: Innentüren und -fenster 8%, Dachbeläge 7%, Deckenbeläge 7%, Außentüren und -fenster 7%, Elementierte Innenwände 7%, Dachbekleidungen 6%, Deckenkonstruktionen 6%, Bodenbeläge 6%, Innenwandbekleidungen 6%, Decken, sonstiges 5%, Dachkonstruktionen 5%, Nichttragende Innenwände 4%, Dachfenster, Dachöffnungen 3%
Sonstige: 21%

Bauwerk - Technische Anlagen
Herstellen: Wasseranlagen 28%, Wärmeverteilnetze 20%, Niederspannungsinstallationsanlagen 12%, Gefahrenmelde- und Alarmanlagen 11%
Sonstige: 30%

4400-0137 Kindertagesstätte (5 Gruppen, 101 Kinder)   BRI 5.726m³   BGF 990m²   NUF 683m²

Baujahr: 1965
Bauzustand: schlecht
Aufwand: hoch
Nutzung während der Bauzeit: nein
Nutzungsänderung: ja
Grundrissänderungen: wenige
Tragwerkseingriffe: wenige

Land: Brandenburg
Kreis: Brandenburg
Standard: Durchschnitt
Bauzeit: 99 Wochen
Kennwerte: bis 3. Ebene DIN276
veröffentlicht: BKI Objektdaten A8

BGF   615 €/m²

Planung: Märkplan GmbH; Brandenburg an der Havel
Umbau und Modernisierung einer Kindertagesstätte mit 5 Gruppen für 101 Kinder zwischen 0-6 Jahren.

Bauwerk - Baukonstruktionen
Herstellen: Außentüren und -fenster 15%, Deckenbeläge 15%, Außenwandbekleidungen außen 14%, Innenwandbekleidungen 12%, Dachbeläge 10%, Innentüren und -fenster 7%
Sonstige: 27%

Bauwerk - Technische Anlagen
Herstellen: Niederspannungsinstallationsanlagen 23%, Beleuchtungsanlagen 19%, Wasseranlagen 17%, Raumheizflächen 14%
Sonstige: 28%

Objektübersicht zur Gebäudeart

4400-0159 Kindertagesstätte (3 Gruppen, 40 Kinder)   BRI 1.368m³   BGF 357m²   NUF 242m²

Baujahr: 1900
Bauzustand: schlecht
Aufwand: hoch
Nutzung während der Bauzeit: nein
Nutzungsänderung: ja
Grundrissänderungen: umfangreiche
Tragwerkseingriffe: wenige

Land: Sachsen-Anhalt
Kreis: Harz
Standard: Durchschnitt
Bauzeit: 52 Wochen
Kennwerte: bis 3. Ebene DIN276
veröffentlicht: BKI Objektdaten A9

BGF   785 €/m²

Planung: qbatur Planungsbüro GmbH; Quedlinburg

Umbau eines Wohnhauses mit vier Wohneinheiten zu Kindertagesstätte. **Kosteneinfluss Nutzung:** Wärmeschutz, Gestaltungssatzung

Bauwerk - Baukonstruktionen
Abbrechen: Dachbeläge 5%, Bodenbeläge 3%
Herstellen: Außenwandbekleidungen außen 16%, Bodenbeläge 12%, Außentüren und -fenster 10%, Dachbeläge 9%, Dachbekleidungen 6%, Innenwandbekleidungen 5%, Außenwandbekleidungen innen 4%, Nichttragende Innenwände 3%, Elementierte Innenwände 3%, Außenwände, sonstiges 3%
Sonstige: 20%

Bauwerk - Technische Anlagen
Herstellen: Wärmeerzeugungsanlagen 24%, Wasseranlagen 21%, Raumheizflächen 17%, Abwasseranlagen 15%
Sonstige: 22%

4400-0204 Familienzentrum, Kindertagesstätte (7 Gruppen)   BRI 3.785m³   BGF 1.266m²   NUF 913m²

Baujahr: 1969
Bauzustand: mittel
Aufwand: hoch
Nutzung während der Bauzeit: nein
Nutzungsänderung: ja
Grundrissänderungen: umfangreiche
Tragwerkseingriffe: einige

Land: Hamburg
Kreis: Hamburg
Standard: Durchschnitt
Bauzeit: 52 Wochen
Kennwerte: bis 1. Ebene DIN276
veröffentlicht: BKI Objektdaten A9

BGF   754 €/m²

Planung: pmp Projekt GmbH; Hamburg

Familienzentrum mit Kindertagesstätte und Krippe

Umbauten

Ein- und Zweifamilienhäuser

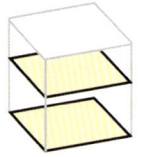

Kostenkennwerte für die Kosten des Bauwerks (Kostengruppen 300+400 nach DIN 276)

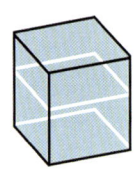

BRI 380 €/m³	**BGF** 1.070 €/m²	**NUF** 1.720 €/m²	**NE** 1.720 €/NE
von 280 €/m³	von 760 €/m²	von 1.220 €/m²	von 1.210 €/NE
bis 525 €/m³	bis 1.460 €/m²	bis 2.670 €/m²	bis 2.080 €/NE
			NE: Wohnfläche

Objektbeispiele

Kosten:
Stand 2.Quartal 2018
Bundesdurchschnitt
inkl. 19% MwSt.

6100-1293

6100-0993

6100-1237

Kosten der 12 Vergleichsobjekte — Seiten 208 bis 213

- ● KKW
- ▶ min
- ▷ von
- | Mittelwert
- ◁ bis
- ◀ max

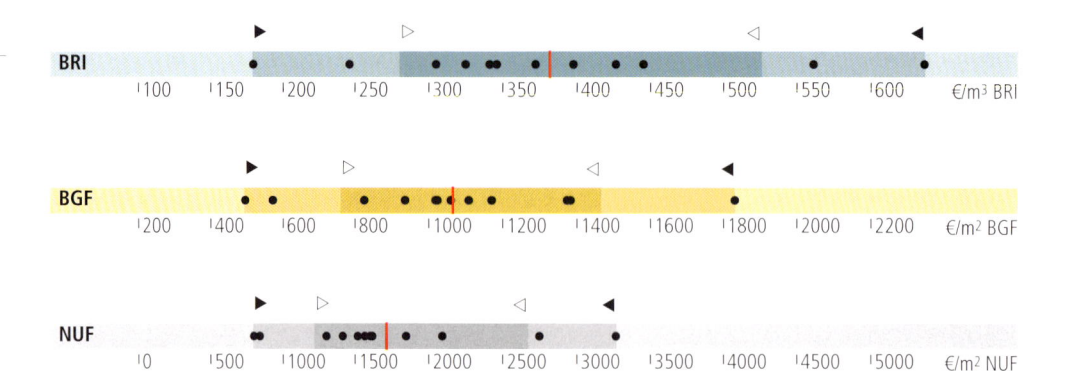

BRI (€/m³ BRI)

BGF (€/m² BGF)

NUF (€/m² NUF)

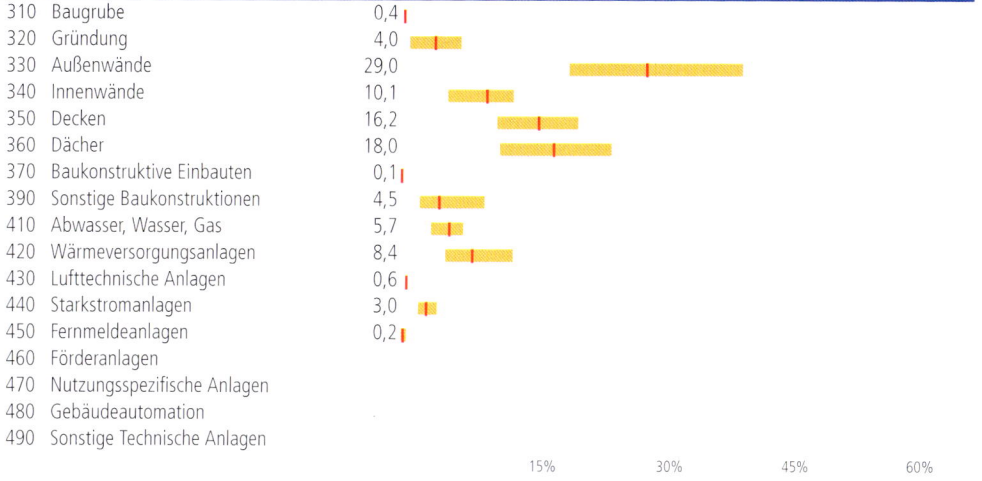

Kostenkennwerte für die Kostengruppen der 1. und 2. Ebene DIN 276

KG	Kostengruppen der 1. Ebene	Einheit	▷	€/Einheit	◁	▷	% an 300+400	◁
100	Grundstück	m² GF	–	–	–	–	–	–
200	Herrichten und Erschließen	m² GF	28	**41**	60	1,3	**6,3**	8,8
300	Bauwerk - Baukonstruktionen	m² BGF	605	**858**	1.174	75,2	**81,0**	87,2
400	Bauwerk - Technische Anlagen	m² BGF	103	**208**	290	12,8	**19,1**	24,8
	Bauwerk (300+400)	m² BGF	761	**1.066**	1.464		**100,0**	
500	Außenanlagen	m² AF	7	**13**	22	1,8	**2,9**	5,0
600	Ausstattung und Kunstwerke	m² BGF	3	**5**	7	0,3	**0,5**	0,7
700	Baunebenkosten	m² BGF	–	–	–	–	–	–

KG	Kostengruppen der 2. Ebene	Einheit	▷	€/Einheit	◁	▷	% an 300	◁
310	Baugrube	m³ BGI	26	**38**	45	0,0	**0,5**	1,7
320	Gründung	m² GRF	107	**215**	456	1,3	**4,8**	8,2
330	Außenwände	m² AWF	226	**340**	629	23,7	**35,5**	49,5
340	Innenwände	m² IWF	135	**220**	351	6,7	**12,4**	15,7
350	Decken	m² DEF	232	**352**	542	13,2	**19,7**	24,7
360	Dächer	m² DAF	258	**349**	574	14,7	**21,8**	30,6
370	Baukonstruktive Einbauten	m² BGF	–	**5**	–	–	**0,1**	–
390	Sonstige Baukonstruktionen	m² BGF	22	**49**	152	2,7	**5,3**	11,3
300	**Bauwerk Baukonstruktionen**	**m² BGF**					**100,0**	

KG	Kostengruppen der 2. Ebene	Einheit	▷	€/Einheit	◁	▷	% an 400	◁
410	Abwasser, Wasser, Gas	m² BGF	30	**56**	77	27,3	**33,1**	49,0
420	Wärmeversorgungsanlagen	m² BGF	44	**84**	125	34,5	**46,1**	56,9
430	Lufttechnische Anlagen	m² BGF	13	**23**	30	0,0	**2,9**	10,4
440	Starkstromanlagen	m² BGF	17	**31**	48	12,5	**17,0**	22,3
450	Fernmeldeanlagen	m² BGF	2	**4**	6	0,1	**0,9**	2,3
460	Förderanlagen	m² BGF	–	–	–	–	–	–
470	Nutzungsspezifische Anlagen	m² BGF	–	–	–	–	–	–
480	Gebäudeautomation	m² BGF	–	–	–	–	–	–
490	Sonstige Technische Anlagen	m² BGF	–	–	–	–	–	–
400	**Bauwerk Technische Anlagen**	**m² BGF**					**100,0**	

Prozentanteile der Kosten der 2. Ebene an den Kosten des Bauwerks nach DIN 276 (Von-, Mittel-, Bis-Werte)

KG	Kostengruppe	Mittelwert
310	Baugrube	0,4
320	Gründung	4,0
330	Außenwände	29,0
340	Innenwände	10,1
350	Decken	16,2
360	Dächer	18,0
370	Baukonstruktive Einbauten	0,1
390	Sonstige Baukonstruktionen	4,5
410	Abwasser, Wasser, Gas	5,7
420	Wärmeversorgungsanlagen	8,4
430	Lufttechnische Anlagen	0,6
440	Starkstromanlagen	3,0
450	Fernmeldeanlagen	0,2
460	Förderanlagen	
470	Nutzungsspezifische Anlagen	
480	Gebäudeautomation	
490	Sonstige Technische Anlagen	

15%   30%   45%   60%

© BKI Baukosteninformationszentrum; Erläuterungen zu den Tabellen siehe Seite 24   Kosten: 2.Quartal 2018, Bundesdurchschnitt, inkl. 19% MwSt.

Umbauten

Ein- und Zweifamilienhäuser

Kosten:
Stand 2.Quartal 2018
Bundesdurchschnitt
inkl. 19% MwSt.

▷ von
Ø Mittel
◁ bis

Kostenkennwerte für die Kostengruppen der 3. Ebene DIN 276

KG	Kostengruppen der 3. Ebene	Einheit	▷	Ø €/Einheit	◁	▷	Ø €/m² BGF	◁
335	Außenwandbekleidungen außen	m²	97,45	**132,72**	182,47	69,77	**104,45**	144,89
363	Dachbeläge	m²	132,92	**178,11**	282,57	57,79	**94,75**	180,04
334	Außentüren und -fenster	m²	430,41	**611,53**	1.053,82	45,77	**80,97**	143,21
351	Deckenkonstruktionen	m²	326,46	**583,78**	1.178,36	36,70	**74,11**	181,36
352	Deckenbeläge	m²	119,80	**167,71**	350,32	38,17	**67,38**	97,01
346	Elementierte Innenwände	m²	–	**799,00**	–	–	**64,61**	–
345	Innenwandbekleidungen	m²	29,67	**65,80**	140,55	18,39	**41,02**	72,63
361	Dachkonstruktionen	m²	54,21	**138,13**	200,99	14,15	**39,82**	77,92
394	Abbruchmaßnahmen	m²	13,38	**38,67**	75,93	13,38	**38,67**	75,93
331	Tragende Außenwände	m²	153,39	**264,75**	447,99	16,37	**37,64**	70,89
412	Wasseranlagen	m²	21,31	**37,08**	60,53	21,31	**37,08**	60,53
337	Elementierte Außenwände	m²	–	**673,81**	–	–	**36,62**	–
325	Bodenbeläge	m²	68,57	**143,44**	167,55	10,72	**36,45**	57,12
336	Außenwandbekleidungen innen	m²	35,41	**69,04**	131,10	18,80	**34,89**	61,67
421	Wärmeerzeugungsanlagen	m²	10,15	**34,05**	53,59	10,15	**34,05**	53,59
423	Raumheizflächen	m²	18,24	**30,19**	51,50	18,24	**30,19**	51,50
362	Dachfenster, Dachöffnungen	m²	771,36	**1.047,56**	1.615,42	9,53	**30,02**	76,23
444	Niederspannungsinstallationsanl.	m²	15,26	**29,29**	45,14	15,26	**29,29**	45,14
341	Tragende Innenwände	m²	99,86	**135,91**	161,42	9,07	**29,16**	44,03
364	Dachbekleidungen	m²	52,85	**82,67**	119,13	17,60	**27,97**	47,54
342	Nichttragende Innenwände	m²	96,22	**147,54**	295,94	11,39	**25,75**	52,58
393	Sicherungsmaßnahmen	m²	14,65	**24,43**	34,20	14,65	**24,43**	34,20
431	Lüftungsanlagen	m²	13,13	**23,36**	29,68	13,13	**23,36**	29,68
344	Innentüren und -fenster	m²	264,67	**458,03**	958,91	6,92	**22,56**	32,97
332	Nichttragende Außenwände	m²	–	**138,05**	–	4,25	**16,49**	28,72
339	Außenwände, sonstiges	m²	7,73	**22,69**	57,07	6,64	**15,68**	26,75
422	Wärmeverteilnetze	m²	6,15	**14,95**	26,03	6,15	**14,95**	26,03
429	Wärmeversorgungsanl., sonstiges	m²	4,30	**14,93**	20,39	4,30	**14,93**	20,39
338	Sonnenschutz	m²	155,50	**199,91**	349,44	5,74	**14,67**	21,21
391	Baustelleneinrichtung	m²	5,13	**14,42**	44,40	5,13	**14,42**	44,40
329	Gründung, sonstiges	m²	–	**71,56**	–	–	**13,95**	–
353	Deckenbekleidungen	m²	12,28	**33,32**	59,02	3,60	**13,90**	30,51
411	Abwasseranlagen	m²	8,22	**13,48**	20,38	8,22	**13,48**	20,38
359	Decken, sonstiges	m²	10,20	**23,26**	41,05	5,19	**12,67**	23,67
324	Unterböden und Bodenplatten	m²	28,15	**96,43**	134,76	5,64	**12,08**	27,93
392	Gerüste	m²	7,34	**11,57**	15,36	7,34	**11,57**	15,36
311	Baugrubenherstellung	m³	26,22	**37,61**	45,05	2,63	**11,18**	15,48
419	Abwasser-, Wasser- und Gasanlagen, sonstiges	m²	3,25	**9,88**	29,52	3,25	**9,88**	29,52
322	Flachgründungen	m²	10,89	**218,76**	446,98	2,42	**7,09**	13,94
343	Innenstützen	m	134,87	**202,02**	325,49	3,31	**5,47**	11,26
371	Allgemeine Einbauten	m²	–	**5,14**	–	–	**5,14**	–
327	Dränagen	m²	9,34	**13,42**	21,15	2,61	**4,56**	8,22
369	Dächer, sonstiges	m²	2,57	**8,08**	28,96	1,22	**4,51**	10,85
395	Instandsetzungen	m²	–	**3,52**	–	–	**3,52**	–
326	Bauwerksabdichtungen	m²	20,26	**38,74**	50,79	1,38	**3,27**	4,30
397	Zusätzliche Maßnahmen	m²	1,20	**2,74**	4,01	1,20	**2,74**	4,01
333	Außenstützen	m	–	**347,08**	–	–	**2,48**	–
446	Blitzschutz- und Erdungsanlagen	m²	1,67	**2,17**	2,67	1,67	**2,17**	2,67
445	Beleuchtungsanlagen	m²	1,22	**1,96**	2,38	1,22	**1,96**	2,38

© BKI Baukosteninformationszentrum; Erläuterungen zu den Tabellen siehe Seite 26   Kosten: 2.Quartal 2018, Bundesdurchschnitt, **inkl. 19% MwSt.**

Kostenkennwerte für Leistungsbereiche nach StLB (Kosten des Bauwerks nach DIN 276)

LB	Leistungsbereiche	▷	€/m² BGF	◁	▷	% an 300+400	◁
000	Sicherheits-, Baustelleneinrichtungen inkl. 001	13	**26**	51	1,2	**2,4**	4,8
002	Erdarbeiten	1	**6**	15	0,1	**0,6**	1,4
006	Spezialtiefbauarbeiten inkl. 005	–	–	–	–	–	–
009	Entwässerungskanalarbeiten inkl. 011	0	**0**	1	0,0	**0,0**	0,1
010	Drän- und Versickerungsarbeiten	0	**1**	3	0,0	**0,1**	0,3
012	Mauerarbeiten	22	**55**	130	2,0	**5,2**	12,2
013	Betonarbeiten	6	**31**	78	0,6	**2,9**	7,3
014	Natur-, Betonwerksteinarbeiten	1	**8**	8	0,1	**0,7**	0,7
016	Zimmer- und Holzbauarbeiten	35	**69**	130	3,3	**6,5**	12,2
017	Stahlbauarbeiten	1	**9**	44	0,1	**0,8**	4,1
018	Abdichtungsarbeiten	1	**8**	15	0,1	**0,7**	1,4
020	Dachdeckungsarbeiten	59	**101**	177	5,6	**9,5**	16,6
021	Dachabdichtungsarbeiten	–	–	–	–	–	–
022	Klempnerarbeiten	7	**14**	26	0,6	**1,3**	2,4
	Rohbau	203	**328**	450	19,1	**30,7**	42,2
023	Putz- und Stuckarbeiten, Wärmedämmsysteme	45	**113**	159	4,2	**10,6**	14,9
024	Fliesen- und Plattenarbeiten	10	**20**	40	0,9	**1,9**	3,7
025	Estricharbeiten	9	**30**	51	0,9	**2,8**	4,8
026	Fenster, Außentüren inkl. 029, 032	30	**73**	124	2,8	**6,8**	11,7
027	Tischlerarbeiten	33	**68**	162	3,1	**6,4**	15,2
028	Parkettarbeiten, Holzpflasterarbeiten	3	**31**	53	0,3	**2,9**	4,9
030	Rollladenarbeiten	2	**18**	41	0,2	**1,7**	3,8
031	Metallbauarbeiten inkl. 035	16	**36**	75	1,5	**3,4**	7,0
034	Maler- und Lackiererarbeiten inkl. 037	24	**44**	81	2,3	**4,1**	7,6
036	Bodenbelagarbeiten	0	**4**	16	0,0	**0,4**	1,5
038	Vorgehängte hinterlüftete Fassaden	–	**1**	–	–	**0,1**	–
039	Trockenbauarbeiten	29	**60**	99	2,7	**5,6**	9,3
	Ausbau	423	**498**	574	39,7	**46,7**	53,8
040	Wärmeversorgungsanl. - Betriebseinr. inkl. 041	53	**85**	135	5,0	**8,0**	12,7
042	Gas- und Wasserinstallation, Leitungen inkl. 043	5	**15**	24	0,5	**1,4**	2,3
044	Abwasserinstallationsarbeiten - Leitungen	7	**11**	17	0,6	**1,0**	1,6
045	GWA-Einrichtungsgegenstände inkl. 046	15	**29**	45	1,4	**2,7**	4,3
047	Dämmarbeiten an betriebstechnischen Anlagen	0	**1**	5	0,0	**0,1**	0,5
049	Feuerlöschanlagen, Feuerlöschgeräte	–	–	–	–	–	–
050	Blitzschutz- und Erdungsanlagen	–	**1**	2	–	**0,1**	0,2
053	Niederspannungsanlagen inkl. 052, 054	20	**30**	42	1,9	**2,8**	3,9
055	Ersatzstromversorgungsanlagen	–	–	–	–	–	–
057	Gebäudesystemtechnik	–	–	–	–	–	–
058	Leuchten und Lampen inkl. 059	0	**1**	2	0,0	**0,1**	0,2
060	Elektroakustische Anlagen, Sprechanlagen	0	**1**	2	0,0	**0,1**	0,2
061	Kommunikationsnetze, inkl. 062	0	**1**	3	0,0	**0,1**	0,3
063	Gefahrenmeldeanlagen	–	–	–	–	–	–
069	Aufzüge	–	–	–	–	–	–
070	Gebäudeautomation	–	–	–	–	–	–
075	Raumlufttechnische Anlagen	0	**6**	25	0,0	**0,6**	2,3
	Technische Anlagen	122	**180**	244	11,4	**16,9**	22,9
084	Abbruch- und Rückbauarbeiten	22	**60**	95	2,1	**5,6**	8,9
	Sonstige Leistungsbereiche inkl. 008, 033, 051	0	**1**	7	0,0	**0,1**	0,7

© BKI Baukosteninformationszentrum; Erläuterungen zu den Tabellen siehe Seite 28   Kosten: 2.Quartal 2018, Bundesdurchschnitt, **inkl. 19% MwSt.**

Umbauten

Ein- und Zweifamilienhäuser

€/m² BGF

min	490	€/m²
von	760	€/m²
Mittel	**1.070**	**€/m²**
bis	1.460	€/m²
max	1.830	€/m²

Kosten:
Stand 2.Quartal 2018
Bundesdurchschnitt
inkl. 19% MwSt.

Objektübersicht zur Gebäudeart

6100-1237 Einfamilienhaus

BRI 874m³ **BGF** 371m² **NUF** 228m²

Baujahr: 1965
Bauzustand: gut
Aufwand: hoch
Nutzung während der Bauzeit: nein
Nutzungsänderung: nein
Grundrissänderungen: einige
Tragwerkseingriffe: wenige

Land: Bayern
Kreis: Kempten (Allgäu)
Standard: über Durchschnitt
Bauzeit: 25 Wochen
Kennwerte: bis 3. Ebene DIN276
vorgesehen: BKI Objektdaten A11

BGF 936 €/m²

Planung: brack architekten; Kempten
Einfamilienhaus (193m² WFL)

Bauwerk - Baukonstruktionen
Herstellen: Außenwandbekleidungen außen 18%, Außentüren und -fenster 11%, Deckenbeläge 9%, Deckenkonstruktionen 8%, Dachbeläge 6%, Innenwandbekleidungen 4%, Dachbekleidungen 4%, Innentüren und -fenster 3%, Dachfenster, Dachöffnungen 3%, Außenwandbekleidungen innen 3%, Bodenbeläge 3%, Sonnenschutz 3%, Nichttragende Innenwände 2%, Baugrubenherstellung 2%
Sonstige: 20%

Bauwerk - Technische Anlagen
Herstellen: Wärmeerzeugungsanlagen 19%, Niederspannungsinstallationsanlagen 16%, Wasseranlagen 16%, Raumheizflächen 15%, Lüftungsanlagen 13%
Sonstige: 21%

6100-1293 Einfamilienhaus

BRI 664m³ **BGF** 203m² **NUF** 134m²

Baujahr: 1925
Bauzustand: mittel
Aufwand: mittel
Nutzung während der Bauzeit: nein
Nutzungsänderung: ja
Grundrissänderungen: umfangreiche
Tragwerkseingriffe: wenige

Land: Niedersachsen
Kreis: Hannover
Standard: Durchschnitt
Bauzeit: 52 Wochen
Kennwerte: bis 3. Ebene DIN276
vorgesehen: BKI Objektdaten A11

BGF 1.060 €/m²

Planung: .rott .schirmer .partner; Großburgwedel
Umbau einer Scheune zu einem Wohnaus (143m² WFL) als Effizienzhaus Denkmal. **Kosteneinfluss Nutzung:** Denkmalschutz

Bauwerk - Baukonstruktionen
Herstellen: Dachbeläge 13%, Dachfenster, Dachöffnungen 12%, Deckenbeläge 10%, Außenwandbekleidungen innen 9%, Dachbekleidungen 8%, Bodenbeläge 8%, Außentüren und -fenster 8%, Innenwandbekleidungen 7%
Sonstige: 24%

Bauwerk - Technische Anlagen
Herstellen: Wasseranlagen 31%, Raumheizflächen 27%, Wärmeverteilnetze 15%
Sonstige: 27%

Objektübersicht zur Gebäudeart

6100-0993 Einfamilienhaus, Scheunenumbau

BRI 605m³ **BGF** 221m² **NUF** 143m²

Baujahr: 1945
Bauzustand: schlecht
Aufwand: mittel
Nutzung während der Bauzeit: nein
Nutzungsänderung: ja
Grundrissänderungen: umfangreiche
Tragwerkseingriffe: einige

Land: Brandenburg
Kreis: Teltow-Fläming
Standard: Durchschnitt
Bauzeit: 26 Wochen
Kennwerte: bis 3. Ebene DIN276
veröffentlicht: BKI Objektdaten A8

BGF 1.018 €/m²

Planung: NEUMANN+KAFERT Bürogemeinschaft für Architekten; Trebbin OT Glau

Ein Stallgebäude für Kutscherpferde von 1948 wurde zu einem Wohngebäude mit einer Nutzeinheit umgebaut.

Bauwerk - Baukonstruktionen
Abbrechen: Abbruchmaßnahmen 10%
Herstellen: Außenwandbekleidungen außen 11%, Dachbeläge 10%, Dachkonstruktionen 8%, Tragende Außenwände 7%, Bodenbeläge 7%, Deckenkonstruktionen 6%, Deckenbeläge 5%, Innentüren und -fenster 4%, Tragende Innenwände 4%, Dachfenster, Dachöffnungen 4%, Dachbekleidungen 4%
Sonstige: 21%

Bauwerk - Technische Anlagen
Herstellen: Wasseranlagen 18%, Niederspannungsinstallationsanlagen 18%, Wärmeerzeugungsanlagen 18%, Raumheizflächen 17%
Sonstige: 29%

6100-1027 Fachwerkhaus

BRI 764m³ **BGF** 306m² **NUF** 240m²

Baujahr: 1850
Bauzustand: schlecht
Aufwand: hoch
Nutzung während der Bauzeit: nein
Nutzungsänderung: nein
Grundrissänderungen: einige
Tragwerkseingriffe: wenige

Land: Nordrhein-Westfalen
Kreis: Soest
Standard: Durchschnitt
Bauzeit: 43 Wochen
Kennwerte: bis 3. Ebene DIN276
veröffentlicht: BKI Objektdaten A9

BGF 1.109 €/m²

Planung: Acconci Architekten GmbH; Soest

Baudenkmalgeschütztes Wohnhaus

Bauwerk - Baukonstruktionen
Abbrechen: Außenwandbekleidungen außen 9%
Herstellen: Außentüren und -fenster 21%, Innenwandbekleidungen 10%, Tragende Außenwände 8%, Dachbeläge 7%, Außenwandbekleidungen innen 5%, Außenwandbekleidungen außen 3%, Dachbekleidungen 3%
Wiederherstellen: Außenwandbekleidungen außen 8%, Deckenbeläge 3%
Sonstige: 22%

Bauwerk - Technische Anlagen
Herstellen: Wärmeversorgungsanlagen 58%, Abwasser-, Wasser-, Gasanlagen 23%, Starkstromanlagen 12%
Sonstige: 7%

Umbauten

Ein- und Zweifamilienhäuser

€/m² BGF
min	490	€/m²
von	760	€/m²
Mittel	**1.070**	€/m²
bis	1.460	€/m²
max	1.830	€/m²

Kosten:
Stand 2.Quartal 2018
Bundesdurchschnitt
inkl. 19% MwSt.

Objektübersicht zur Gebäudeart

6100-0948 Einfamilienhaus

BRI 1.293m³ **BGF** 377m² **NUF** 211m²

Baujahr: ca. 1900
Bauzustand: schlecht
Aufwand: mittel
Nutzung während der Bauzeit: nein
Nutzungsänderung: ja
Grundrissänderungen: umfangreiche
Tragwerkseingriffe: einige

Land: Berlin
Kreis: Berlin
Standard: Durchschnitt
Bauzeit: 47 Wochen
Kennwerte: bis 3. Ebene DIN276
veröffentlicht: BKI Objektdaten A9

BGF 1.171 €/m²

Planung: roedig . schop architekten gbr; Berlin
Umbau einer Remise zum Einfamilienhaus

Bauwerk - Baukonstruktionen
Abbrechen: Deckenbeläge 3%
Herstellen: Außentüren und -fenster 11%, Deckenkonstruktionen 10%, Deckenbeläge 9%, Dachfenster, Dachöffnungen 7%, Dachkonstruktionen 6%, Dachbeläge 6%, Nichttragende Innenwände 5%, Außenwandbekleidungen außen 4%, Elementierte Außenwände 4%, Innentüren und -fenster 4%, Außenwandbekleidungen innen 3%, Innenwandbekleidungen 2%, Dachbekleidungen 2%, Nichttragende Außenwände 2%
Sonstige: 21%

Bauwerk - Technische Anlagen
Herstellen: Wasseranlagen 28%, Niederspannungsinstallationsanlagen 25%, Wärmeerzeugungsanlagen 17%
Sonstige: 30%

6100-0558 Einfamilienhaus

BRI 853m³ **BGF** 309m² **NUF** 191m²

Baujahr: 1966
Bauzustand: mittel
Aufwand: hoch
Nutzung während der Bauzeit: ja
Nutzungsänderung: nein
Grundrissänderungen: einige
Tragwerkseingriffe: keine

Land: Hessen
Kreis: Offenbach a. Main
Standard: Durchschnitt
Bauzeit: 26 Wochen
Kennwerte: bis 4. Ebene DIN276
veröffentlicht: BKI Objektdaten A4

BGF 494 €/m²

Planung: Fischer + Goth, Peter Goth, Walter F. Fischer; Aschaffenburg

Einfamilienhaus, Umbau mit Modernisierung und Erweiterung um 2 Wohnräume. Die Erweiterung erfolgt zur Straßenseite hin über Erd- und Obergeschoss. Die bestehende Garage wurde abgerissen und neu errichtet. Ein weiterer Parkplatz wird vor der Garage errichtet.

Bauwerk - Baukonstruktionen
Abbrechen: Tragende Außenwände 2%
Herstellen: Außenwandbekleidungen außen 18%, Deckenkonstruktionen 7%, Außentüren und -fenster 7%, Dachbeläge 6%, Tragende Außenwände 6%, Sonnenschutz 6%, Baustelleneinrichtung 4%, Deckenbeläge 4%, Außenwände, sonstiges 4%, Außenwandbekleidungen innen 4%, Flachgründungen 3%, Gerüste 3%, Dachbekleidungen 3%
Sonstige: 21%

Bauwerk - Technische Anlagen
Herstellen: Abwasseranlagen 27%, Wasseranlagen 22%, Niederspannungsinstallationsanlagen 10%, Raumheizflächen 9%
Wiederherstellen: Wasseranlagen 7%
Sonstige: 24%

Objektübersicht zur Gebäudeart

6100-0637 Doppelhaushälfte

BRI 607m³   **BGF** 261m²   **NUF** 178m²

Baujahr: 1960
Bauzustand: mittel
Aufwand: mittel
Nutzung während der Bauzeit: ja
Nutzungsänderung: nein
Grundrissänderungen: wenige
Tragwerkseingriffe: wenige

Land: Bayern
Kreis: Regensburg
Standard: Durchschnitt
Bauzeit: 30 Wochen
Kennwerte: bis 3. Ebene DIN276
veröffentlicht: BKI Objektdaten A6

BGF   571 €/m²

Planung: Dipl.-Ing. (FH) Hartmut Reineking; Wörthsee

Umbau einer Doppelhaushälfte von 1960 von einer zu zwei Wohneinheiten mit Dachgeschossausbau. Wärmedämmung nach Neubaustandard, Solaranlage.

Bauwerk - Baukonstruktionen
Abbrechen: Deckenkonstruktionen 3%
Herstellen: Außenwandbekleidungen außen 23%, Dachbeläge 13%, Deckenbeläge 13%, Dachkonstruktionen 6%, Deckenkonstruktionen 5%, Außentüren und -fenster 5%, Innentüren und -fenster 4%, Dachbekleidungen 4%, Decken, sonstiges 3%
Sonstige: 21%

Bauwerk - Technische Anlagen
Herstellen: Wärmeerzeugungsanlagen 61%, Wasseranlagen 14%, Abwasseranlagen 10%
Sonstige: 14%

6100-0525 Einfamilienhaus

BRI 640m³   **BGF** 222m²   **NUF** 124m²

Baujahr: 1700
Bauzustand: schlecht
Aufwand: hoch
Nutzung während der Bauzeit: nein
Nutzungsänderung: ja
Grundrissänderungen: wenige
Tragwerkseingriffe: wenige

Land: Baden-Württemberg
Kreis: Ludwigsburg
Standard: über Durchschnitt
Bauzeit: 60 Wochen
Kennwerte: bis 3. Ebene DIN276
veröffentlicht: BKI Objektdaten A6

BGF   1.831 €/m²

Planung: Prof. Clemens Richarz Christina Schulz; München

Umbau einer Scheune von 1700 mit Bruchsteinmauerwerk und Fachwerk zum 3-geschossigen Wohnhaus mit Büronutzung. **Kosteneinfluss Nutzung:** Aufwendige Brandschutzmaßnahmen, Brandwand, Fenster. **Kosteneinfluss Grundstück:** Innerörtliche Lage, beengte Verhältnisse. Aufwändige Dachkonstruktion, da Unterbau schiefwinklig.

Bauwerk - Baukonstruktionen
Abbrechen: Abbruchmaßnahmen 4%
Herstellen: Deckenkonstruktionen 15%, Dachbeläge 12%, Außenwandbekleidungen außen 8%, Innenwandbekleidungen 5%, Deckenbeläge 5%, Außentüren und -fenster 5%, Dachkonstruktionen 5%, Elementierte Innenwände 4%, Tragende Außenwände 4%, Nichttragende Innenwände 4%, Außenwandbekleidungen innen 4%, Baustelleneinrichtung 4%
Sonstige: 22%

Bauwerk - Technische Anlagen
Herstellen: Niederspannungsinstallationsanlagen 20%, Wärmeerzeugungsanlagen 15%, Raumheizflächen 15%, Wasseranlagen 14%, Abwasser-, Wasser- und Gasanlagen, sonstiges 12%
Sonstige: 25%

© BKI Baukosteninformationszentrum; Erläuterungen zu den Tabellen siehe Seite 30   Kosten: 2.Quartal 2018, Bundesdurchschnitt, **inkl. 19% MwSt.**

Umbauten

Ein- und Zweifamilienhäuser

€/m² BGF
- min: 490 €/m²
- von: 760 €/m²
- Mittel: 1.070 €/m²
- bis: 1.460 €/m²
- max: 1.830 €/m²

Kosten:
Stand 2.Quartal 2018
Bundesdurchschnitt
inkl. 19% MwSt.

Objektübersicht zur Gebäudeart

6100-0457 Einfamilienhaus

BRI 932m³ **BGF** 344m² **NUF** 218m²

Baujahr: 1850
Bauzustand: mittel
Aufwand: mittel
Nutzung während der Bauzeit: nein
Nutzungsänderung: nein
Grundrissänderungen: wenige
Tragwerkseingriffe: wenige

Land: Thüringen
Kreis: Greiz
Standard: Durchschnitt
Bauzeit: 43 Wochen
Kennwerte: bis 3. Ebene DIN276
veröffentlicht: BKI Objektdaten E2

BGF 825 €/m²

Planung: thoma architekten; Greiz

Umbau und Modernisierung eines freistehenden, 2 1/2-geschossigen Einfamilienwohnhauses von 1850 mit 178m² Wohnfläche.

Bauwerk - Baukonstruktionen
Herstellen: Deckenbeläge 16%, Außenwandbekleidungen außen 14%, Außentüren und -fenster 12%, Dachbeläge 7%, Innenwandbekleidungen 6%, Außenwände, sonstiges 5%, Deckenbekleidungen 5%, Nichttragende Innenwände 4%, Dachbekleidungen 3%
Wiederherstellen: Deckenkonstruktionen 7%
Sonstige: 22%

Bauwerk - Technische Anlagen
Herstellen: Wärmeerzeugungsanlagen 37%, Wasseranlagen 19%, Raumheizflächen 13%
Sonstige: 31%

6100-0472 Einfamilienhaus

BRI 905m³ **BGF** 306m² **NUF** 193m²

Baujahr: 1930
Bauzustand: mittel
Aufwand: mittel
Nutzung während der Bauzeit: nein
Nutzungsänderung: ja
Grundrissänderungen: einige
Tragwerkseingriffe: wenige

Land: Niedersachsen
Kreis: Hannover
Standard: Durchschnitt
Bauzeit: 56 Wochen
Kennwerte: bis 3. Ebene DIN276
veröffentlicht: BKI Objektdaten A3

BGF 1.023 €/m²

Planung: Jean-Elie Hamesse Architekt + Planer; Braunschweig

Umbau einer nicht unterkellerten Scheune von 1930 zu einem 3-geschossigen Einfamilienhaus mit 151m² Wohnfläche.

Bauwerk - Baukonstruktionen
Dachbeläge 21%, Deckenkonstruktionen 12%, Außentüren und -fenster 10%, Außenwandbekleidungen außen 7%, Bodenbeläge 6%, Tragende Innenwände 6%, Innenwandbekleidungen 5%, Tragende Außenwände 5%, Deckenbekleidungen 4%
Sonstige: 23%

Bauwerk - Technische Anlagen
Niederspannungsinstallationsanlagen 23%, Wasseranlagen 23%, Raumheizflächen 18%
Sonstige: 35%

Objektübersicht zur Gebäudeart

6100-1285 Einfamilienhaus

BRI 586m³   **BGF** 182m²   **NUF** 91m²

Baujahr: 1850
Bauzustand: schlecht
Aufwand: hoch
Nutzung während der Bauzeit: nein
Nutzungsänderung: nein
Grundrissänderungen: einige
Tragwerkseingriffe: einige

Land: Bayern
Kreis: Rosenheim
Standard: Durchschnitt
Bauzeit: 82 Wochen
Kennwerte: bis 1. Ebene DIN276
veröffentlicht: BKI Objektdaten A10

BGF   1.373 €/m²

Planung: finsterwalderarchitekten; Stephanskirchen
Einfamilienhaus mit 121m² WFL.

6100-0668 Einfamilienhaus mit ELW

BRI 342m³   **BGF** 138m²   **NUF** 103m²

Bauzustand: mittel
Aufwand: mittel
Nutzung während der Bauzeit: ja
Nutzungsänderung: nein
Grundrissänderungen: wenige
Tragwerkseingriffe: wenige

Land: Baden-Württemberg
Kreis: Freiburg im Breisgau
Standard: Durchschnitt
Bauzeit: 21 Wochen
Kennwerte: bis 1. Ebene DIN276
veröffentlicht: BKI Objektdaten A7

BGF   1.383 €/m²

Planung: Architekturbüro Dipl.-Ing. Gaby Sutter; Freiburg

Umbau eines Garagengebäudes zu einer Seniorenwohnung im EG und einer Hauptwohnung im OG: Abbruch des alten Dachgeschosses und Neuerrichtung des Obergeschosses. **Kosteneinfluss Nutzung:** Aufgrund von Abweichungen zum bestehenden Bebauungsplan wurde eine Befreiung erforderlich. **Kosteneinfluss Grundstück:** Doppelhaushälfte, Wohnung 2 war während der Bauzeit bewohnt. Hohe Aufwendungen für Lärmschutz und Witterungsschutz erforderlich.

Umbauten

Mehrfamilienhäuser

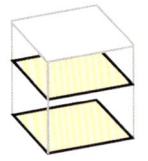

Kostenkennwerte für die Kosten des Bauwerks (Kostengruppen 300+400 nach DIN 276)

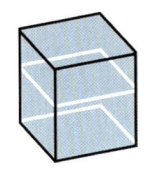

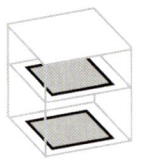

BRI 275 €/m³	**BGF** 860 €/m²	**NUF** 1.320 €/m²	**NE** 1.760 €/NE
von 195 €/m³	von 610 €/m²	von 870 €/m²	von 1.030 €/NE
bis 400 €/m³	bis 1.110 €/m²	bis 1.730 €/m²	bis 2.420 €/NE
			NE: Wohnfläche

Kosten:
Stand 2. Quartal 2018
Bundesdurchschnitt
inkl. 19% MwSt.

Objektbeispiele

6100-1372

6100-1302

6100-0508

Kosten der 14 Vergleichsobjekte — Seiten 218 bis 224

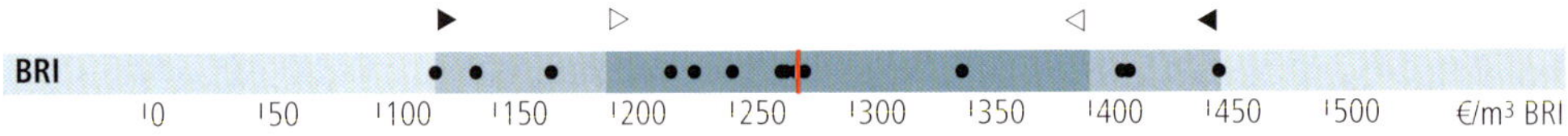

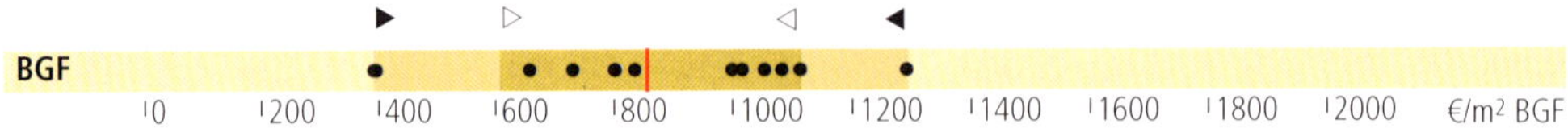

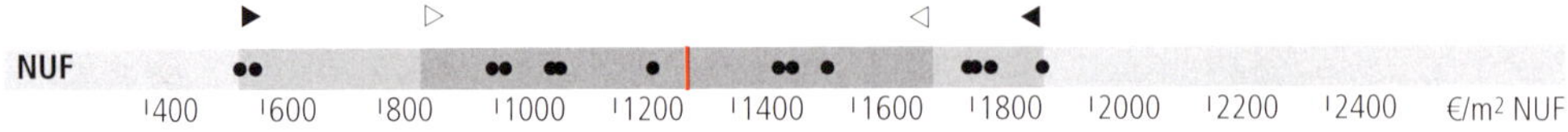

- ● KKW
- ▶ min
- ▷ von
- | Mittelwert
- ◁ bis
- ◀ max

BRI — €/m³ BRI
BGF — €/m² BGF
NUF — €/m² NUF

© BKI Baukosteninformationszentrum; Erläuterungen zu den Tabellen siehe Seite 22   Kosten: 2. Quartal 2018, Bundesdurchschnitt, **inkl. 19% MwSt.**

Kostenkennwerte für die Kostengruppen der 1. und 2. Ebene DIN 276

KG	Kostengruppen der 1. Ebene	Einheit	▷	€/Einheit	◁	▷	% an 300+400	◁
100	Grundstück	m² GF	–	–	–	–	–	–
200	Herrichten und Erschließen	m² GF	14	27	45	1,2	2,4	4,0
300	Bauwerk - Baukonstruktionen	m² BGF	458	680	921	70,2	78,2	83,1
400	Bauwerk - Technische Anlagen	m² BGF	141	175	220	16,9	21,9	29,8
	Bauwerk (300+400)	m² BGF	608	855	1.111		100,0	
500	Außenanlagen	m² AF	47	98	356	1,2	4,8	12,8
600	Ausstattung und Kunstwerke	m² BGF	2	7	15	0,3	1,1	2,4
700	Baunebenkosten	m² BGF	–	–	–	–	–	–

KG	Kostengruppen der 2. Ebene	Einheit	▷	€/Einheit	◁	▷	% an 300	◁
310	Baugrube	m³ BGI	41	66	204	0,1	0,5	1,0
320	Gründung	m² GRF	114	289	916	0,7	2,6	4,9
330	Außenwände	m² AWF	120	259	319	28,9	33,4	44,0
340	Innenwände	m² IWF	115	174	421	15,4	19,3	30,8
350	Decken	m² DEF	136	263	340	18,4	22,2	27,5
360	Dächer	m² DAF	193	310	452	11,0	16,2	20,1
370	Baukonstruktive Einbauten	m² BGF	1	3	6	0,0	0,2	0,7
390	Sonstige Baukonstruktionen	m² BGF	19	41	81	3,4	5,5	9,4
300	**Bauwerk Baukonstruktionen**	m² BGF					100,0	

KG	Kostengruppen der 2. Ebene	Einheit	▷	€/Einheit	◁	▷	% an 400	◁
410	Abwasser, Wasser, Gas	m² BGF	45	56	66	24,2	34,1	46,7
420	Wärmeversorgungsanlagen	m² BGF	42	68	104	25,5	37,1	47,6
430	Lufttechnische Anlagen	m² BGF	2	5	13	0,4	1,9	4,6
440	Starkstromanlagen	m² BGF	27	38	61	17,4	21,2	28,8
450	Fernmeldeanlagen	m² BGF	3	6	11	1,8	3,1	5,3
460	Förderanlagen	m² BGF	15	25	35	0,0	2,5	14,7
470	Nutzungsspezifische Anlagen	m² BGF	–	–	–	–	–	–
480	Gebäudeautomation	m² BGF	–	2	–	–	0,1	–
490	Sonstige Technische Anlagen	m² BGF	0	1	1	0,0	0,1	0,3
400	**Bauwerk Technische Anlagen**	m² BGF					100,0	

Prozentanteile der Kosten der 2. Ebene an den Kosten des Bauwerks nach DIN 276 (Von-, Mittel-, Bis-Werte)

KG	Bezeichnung	%
310	Baugrube	0,4
320	Gründung	2,0
330	Außenwände	25,8
340	Innenwände	14,7
350	Decken	17,2
360	Dächer	12,7
370	Baukonstruktive Einbauten	0,2
390	Sonstige Baukonstruktionen	4,4
410	Abwasser, Wasser, Gas	7,5
420	Wärmeversorgungsanlagen	8,6
430	Lufttechnische Anlagen	0,4
440	Starkstromanlagen	4,9
450	Fernmeldeanlagen	0,7
460	Förderanlagen	0,4
470	Nutzungsspezifische Anlagen	
480	Gebäudeautomation	0,0
490	Sonstige Technische Anlagen	0,0

© BKI Baukosteninformationszentrum; Erläuterungen zu den Tabellen siehe Seite 24   Kosten: 2.Quartal 2018, Bundesdurchschnitt, **inkl. 19% MwSt.**

Umbauten

Mehrfamilienhäuser

Kostenkennwerte für die Kostengruppen der 3. Ebene DIN 276

KG	Kostengruppen der 3. Ebene	Einheit	▷	Ø €/Einheit	◁	▷	Ø €/m² BGF	◁
335	Außenwandbekleidungen außen	m²	60,49	101,90	150,10	43,49	71,92	108,13
334	Außentüren und -fenster	m²	444,68	652,02	903,20	47,80	68,15	101,62
352	Deckenbeläge	m²	104,89	125,27	186,43	42,78	63,24	104,70
351	Deckenkonstruktionen	m²	176,19	404,96	754,37	18,99	51,51	90,52
345	Innenwandbekleidungen	m²	28,57	42,52	80,47	32,85	48,02	75,50
337	Elementierte Außenwände	m²	367,29	728,89	1.090,48	32,72	45,72	58,72
363	Dachbeläge	m²	99,58	154,09	219,38	19,26	45,69	58,41
442	Eigenstromversorgungsanlagen	m²	–	37,18	–	–	37,18	–
361	Dachkonstruktionen	m²	120,03	246,12	1.164,46	14,54	35,82	62,98
412	Wasseranlagen	m²	25,81	35,44	47,69	25,81	35,44	47,69
394	Abbruchmaßnahmen	m²	11,75	34,67	54,93	11,75	34,67	54,93
444	Niederspannungsinstallationsanl.	m²	22,42	30,32	38,94	22,42	30,32	38,94
331	Tragende Außenwände	m²	127,00	234,07	419,95	8,60	27,09	54,17
342	Nichttragende Innenwände	m²	78,55	140,29	313,88	12,73	24,28	50,67
421	Wärmeerzeugungsanlagen	m²	8,92	23,42	35,32	8,92	23,42	35,32
423	Raumheizflächen	m²	11,50	23,12	31,48	11,50	23,12	31,48
344	Innentüren und -fenster	m²	281,68	414,09	621,82	13,93	22,47	34,11
353	Deckenbekleidungen	m²	19,08	38,45	75,80	8,25	20,91	46,05
411	Abwasseranlagen	m²	11,01	18,45	27,42	11,01	18,45	27,42
422	Wärmeverteilnetze	m²	8,26	18,04	66,27	8,26	18,04	66,27
461	Aufzugsanlagen	m²	–	15,49	–	–	15,49	–
336	Außenwandbekleidungen innen	m²	16,91	35,65	55,57	4,35	15,33	21,02
364	Dachbekleidungen	m²	27,58	61,93	88,93	6,83	14,52	23,39
339	Außenwände, sonstiges	m²	6,25	18,72	43,46	4,57	13,93	26,78
341	Tragende Innenwände	m²	96,23	153,08	247,66	6,34	13,81	28,31
392	Gerüste	m²	4,82	10,43	15,72	4,82	10,43	15,72
325	Bodenbeläge	m²	28,77	67,66	111,11	3,38	9,34	16,01
324	Unterböden und Bodenplatten	m²	45,21	86,80	138,24	2,23	9,31	22,66
327	Dränagen	m²	–	33,95	–	–	7,72	–
362	Dachfenster, Dachöffnungen	m²	908,55	1.300,94	1.717,50	1,47	7,60	15,20
338	Sonnenschutz	m²	49,24	242,61	481,08	1,47	6,94	13,25
359	Decken, sonstiges	m²	3,80	13,03	25,73	1,74	6,79	12,67
391	Baustelleneinrichtung	m²	3,08	6,33	14,30	3,08	6,33	14,30
343	Innenstützen	m	137,04	197,15	457,29	2,38	6,22	23,12
311	Baugrubenherstellung	m³	41,90	71,19	204,03	2,33	5,64	7,44
332	Nichttragende Außenwände	m²	–	610,81	–	–	5,58	–
429	Wärmeversorgungsanl., sonstiges	m²	2,08	5,57	7,38	2,08	5,57	7,38
322	Flachgründungen	m²	143,00	625,31	1.718,83	1,56	5,50	10,65
346	Elementierte Innenwände	m²	121,19	186,61	307,72	1,70	5,22	11,11
369	Dächer, sonstiges	m²	4,70	14,80	31,58	1,84	4,88	9,32
431	Lüftungsanlagen	m²	1,85	4,84	14,10	1,85	4,84	14,10
397	Zusätzliche Maßnahmen	m²	1,71	4,35	7,12	1,71	4,35	7,12
396	Materialentsorgung	m²	0,98	4,26	8,00	0,98	4,26	8,00
419	Abwasser-, Wasser- und Gas-anlagen, sonstiges	m²	1,67	3,31	4,60	1,67	3,31	4,60
371	Allgemeine Einbauten	m²	0,55	2,93	6,27	0,55	2,93	6,27
326	Bauwerksabdichtungen	m²	13,43	54,46	103,04	1,25	2,89	4,52
393	Sicherungsmaßnahmen	m²	2,22	2,76	3,30	2,22	2,76	3,30
452	Such- und Signalanlagen	m²	0,62	2,63	3,83	0,62	2,63	3,83
333	Außenstützen	m	121,44	248,48	482,54	1,56	2,61	3,20

Kosten:
Stand 2. Quartal 2018
Bundesdurchschnitt
inkl. 19% MwSt.

▷ von
Ø Mittel
◁ bis

Kostenkennwerte für Leistungsbereiche nach StLB (Kosten des Bauwerks nach DIN 276)

LB	Leistungsbereiche	▷	€/m² BGF	◁	▷	% an 300+400	◁
000	Sicherheits-, Baustelleneinrichtungen inkl. 001	11	17	24	1,3	2,0	2,8
002	Erdarbeiten	1	5	13	0,1	0,6	1,5
006	Spezialtiefbauarbeiten inkl. 005	–	–	–	–	–	–
009	Entwässerungskanalarbeiten inkl. 011	0	4	22	0,0	0,4	2,6
010	Drän- und Versickerungsarbeiten	–	0	–	–	0,0	–
012	Mauerarbeiten	19	42	81	2,2	4,9	9,5
013	Betonarbeiten	11	54	129	1,3	6,3	15,1
014	Natur-, Betonwerksteinarbeiten	1	10	32	0,2	1,1	3,7
016	Zimmer- und Holzbauarbeiten	17	47	116	2,0	5,5	13,6
017	Stahlbauarbeiten	2	10	31	0,2	1,1	3,6
018	Abdichtungsarbeiten	1	3	6	0,1	0,3	0,7
020	Dachdeckungsarbeiten	3	25	53	0,3	2,9	6,2
021	Dachabdichtungsarbeiten	3	12	38	0,4	1,4	4,4
022	Klempnerarbeiten	11	17	28	1,3	2,0	3,2
	Rohbau	142	245	311	16,6	28,7	36,3
023	Putz- und Stuckarbeiten, Wärmedämmsysteme	47	93	137	5,4	10,8	16,0
024	Fliesen- und Plattenarbeiten	19	29	41	2,3	3,4	4,8
025	Estricharbeiten	7	15	21	0,8	1,8	2,5
026	Fenster, Außentüren inkl. 029, 032	50	70	113	5,8	8,2	13,2
027	Tischlerarbeiten	20	34	67	2,4	4,0	7,9
028	Parkettarbeiten, Holzpflasterarbeiten	2	14	38	0,2	1,7	4,4
030	Rollladenarbeiten	0	4	10	0,0	0,5	1,2
031	Metallbauarbeiten inkl. 035	7	22	33	0,8	2,6	3,8
034	Maler- und Lackiererarbeiten inkl. 037	26	42	103	3,0	5,0	12,0
036	Bodenbelagarbeiten	5	13	29	0,5	1,5	3,4
038	Vorgehängte hinterlüftete Fassaden	–	1	–	–	0,2	–
039	Trockenbauarbeiten	23	47	83	2,7	5,5	9,7
	Ausbau	325	386	442	38,1	45,2	51,6
040	Wärmeversorgungsanl. - Betriebseinr. inkl. 041	38	66	98	4,5	7,7	11,5
042	Gas- und Wasserinstallation, Leitungen inkl. 043	11	20	31	1,3	2,3	3,6
044	Abwasserinstallationsarbeiten - Leitungen	5	12	26	0,6	1,4	3,0
045	GWA-Einrichtungsgegenstände inkl. 046	15	23	41	1,8	2,7	4,8
047	Dämmarbeiten an betriebstechnischen Anlagen	1	5	10	0,2	0,6	1,2
049	Feuerlöschanlagen, Feuerlöschgeräte	–	–	–	–	–	–
050	Blitzschutz- und Erdungsanlagen	0	1	4	0,0	0,2	0,4
053	Niederspannungsanlagen inkl. 052, 054	24	34	49	2,8	4,0	5,7
055	Ersatzstromversorgungsanlagen	–	3	–	–	0,3	–
057	Gebäudesystemtechnik	–	–	–	–	–	–
058	Leuchten und Lampen inkl. 059	1	3	7	0,1	0,4	0,8
060	Elektroakustische Anlagen, Sprechanlagen	1	3	5	0,1	0,3	0,6
061	Kommunikationsnetze, inkl. 062	1	3	7	0,2	0,4	0,8
063	Gefahrenmeldeanlagen	0	0	1	0,0	0,0	0,2
069	Aufzüge	–	1	–	–	0,1	–
070	Gebäudeautomation	–	0	–	–	0,0	–
075	Raumlufttechnische Anlagen	1	3	8	0,1	0,3	1,0
	Technische Anlagen	124	177	243	14,5	20,7	28,4
084	Abbruch- und Rückbauarbeiten	21	39	66	2,5	4,6	7,7
	Sonstige Leistungsbereiche inkl. 008, 033, 051	2	8	31	0,2	1,0	3,6

Umbauten

Mehrfamilienhäuser

Objektübersicht zur Gebäudeart

6100-1242 Wohn- und Geschäftshaus (3 WE)

BRI 3.231m³ **BGF** 904m² **NUF** 663m²

€/m² BGF
min	390 €/m²
von	610 €/m²
Mittel	**860 €/m²**
bis	1.110 €/m²
max	1.290 €/m²

Kosten:
Stand 2.Quartal 2018
Bundesdurchschnitt
inkl. 19% MwSt.

Baujahr: 1923
Bauzustand: mittel
Aufwand: mittel
Nutzung während der Bauzeit: nein
Nutzungsänderung: ja
Grundrissänderungen: umfangreiche
Tragwerkseingriffe: umfangreiche

Land: Sachsen-Anhalt
Kreis: Genthin
Standard: Durchschnitt
Bauzeit: 26 Wochen
Kennwerte: bis 3. Ebene DIN276
vorgesehen: BKI Objektdaten A11

BGF 802 €/m²

Planung: Märkplan GmbH; Brandenburg an der Havel

Wohn- und Geschäftshaus mit drei Wohneinheiten und einer Gewerbeeinheit

Bauwerk - Baukonstruktionen
Herstellen: Außentüren und -fenster 18%, Außenwandbekleidungen außen 12%, Innenwandbekleidungen 7%, Deckenkonstruktionen 7%, Deckenbeläge 7%, Nichttragende Innenwände 5%, Elementierte Außenwände 5%, Dachbeläge 4%, Dachbekleidungen 4%, Außenwandbekleidungen innen 4%, Deckenbekleidungen 4%, Dachkonstruktionen 3%
Sonstige: 21%

Bauwerk - Technische Anlagen
Herstellen: Wasseranlagen 31%, Niederspannungsinstallationsanlagen 19%, Raumheizflächen 15%, Wärmeerzeugungsanlagen 12%
Sonstige: 23%

6100-1056 Wohngebäude, Kanzlei

BRI 1.835m³ **BGF** 594m² **NUF** 447m²

Baujahr: 1915
Bauzustand: schlecht
Aufwand: mittel
Nutzung während der Bauzeit: nein
Nutzungsänderung: ja
Grundrissänderungen: umfangreiche
Tragwerkseingriffe: umfangreiche

Land: Brandenburg
Kreis: Brandenburg
Standard: Durchschnitt
Bauzeit: 61 Wochen
Kennwerte: bis 3. Ebene DIN276
veröffentlicht: BKI Objektdaten A9

BGF 835 €/m²

Planung: Märkplan GmbH; Brandenburg an der Havel

Umbau von bestehendem Lagergebäude zu Wohnhaus mit Kanzlei.

Bauwerk - Baukonstruktionen
Herstellen: Deckenkonstruktionen 18%, Deckenbeläge 11%, Außenwandbekleidungen außen 10%, Außentüren und -fenster 9%, Dachbeläge 8%, Dachkonstruktionen 7%, Tragende Außenwände 5%, Innenwandbekleidungen 5%, Außenwände, sonstiges 3%, Nichttragende Innenwände 3%
Sonstige: 22%

Bauwerk - Technische Anlagen
Herstellen: Wärmeerzeugungsanlagen 21%, Niederspannungsinstallationsanlagen 19%, Raumheizflächen 16%, Abwasseranlagen 12%, Wasseranlagen 9%
Sonstige: 24%

Objektübersicht zur Gebäudeart

6100-0979 Mehrfamilienhaus (3 WE)   BRI 1.738m³   BGF 712m²   NUF 401m²

Baujahr: 1900
Bauzustand: schlecht
Aufwand: hoch
Nutzung während der Bauzeit: nein
Nutzungsänderung: ja
Grundrissänderungen: umfangreiche
Tragwerkseingriffe: einige

Land: Sachsen
Kreis: Sächsische Schweiz
Standard: Durchschnitt
Bauzeit: 56 Wochen
Kennwerte: bis 3. Ebene DIN276
veröffentlicht: BKI Objektdaten A9
BGF   1.016 €/m²

Planung: Architekturbüro weise bauplanung; Dresden
Umbau eines Zweifamilienhauses mit gewerblichen Nebenräumen zu einem Dreifamilienwohnhaus.

Bauwerk - Baukonstruktionen
Abbrechen: Abbruchmaßnahmen 7%
Herstellen: Deckenkonstruktionen 11%, Tragende Außenwände 8%, Außenwandbekleidungen außen 8%, Außentüren und -fenster 8%, Deckenbeläge 8%, Dachbeläge 6%, Innenwandbekleidungen 5%, Dachkonstruktionen 3%, Innentüren und -fenster 3%, Dachbekleidungen 2%, Tragende Innenwände 2%, Außenwände, sonstiges 2%, Unterböden und Bodenplatten 2%, Sonnenschutz 2%
Sonstige: 21%

Bauwerk - Technische Anlagen
Herstellen: Wasseranlagen 20%, Eigenstromversorgungsanlagen 16%, Niederspannungsinstallationsanlagen 16%, Raumheizflächen 12%, Wärmeerzeugungsanlagen 11%
Sonstige: 25%

6100-0739 Wohn- und Geschäftshaus (12 WE)   BRI 6.350m³   BGF 1.780m²   NUF 1.187m²

Baujahr: 1938
Bauzustand: gut
Aufwand: mittel
Nutzung während der Bauzeit: nein
Nutzungsänderung: nein
Grundrissänderungen: umfangreiche
Tragwerkseingriffe: keine

Land: Thüringen
Kreis: Apolda
Standard: Durchschnitt
Bauzeit: 43 Wochen
Kennwerte: bis 3. Ebene DIN276
veröffentlicht: BKI Objektdaten A8
BGF   999 €/m²

Planung: SB - Projekt Apolda Dipl.-Ing. (FH) Kevin Schmidt; Apolda
Umbau eines Wohn- und Geschäftshauses. Neuordnung der Dachgeschosse für Wohnnutzung. **Kosteneinfluss Nutzung:** Veränderung der Wohnungsgrundrisse und Ertüchtigung der Bauelemente nach bau- und brandschutzrechtlich geltenden Vorschriften. Anbau von zwei Balkonanlagen.

Bauwerk - Baukonstruktionen
Herstellen: Deckenbeläge 13%, Außentüren und -fenster 10%, Deckenbekleidungen 9%, Außenwandbekleidungen außen 8%, Nichttragende Innenwände 8%, Innenwandbekleidungen 7%, Dachbeläge 6%, Außenwände, sonstiges 6%, Innentüren und -fenster 5%, Deckenkonstruktionen 4%, Innenstützen 3%
Sonstige: 22%

Bauwerk - Technische Anlagen
Herstellen: Wärmeverteilnetze 32%, Niederspannungsinstallationsanlagen 17%, Wasseranlagen 11%, Raumheizflächen 10%, Wärmeerzeugungsanlagen 9%
Sonstige: 21%

Umbauten

Mehrfamilienhäuser

€/m² BGF
min	390 €/m²
von	610 €/m²
Mittel	**860 €/m²**
bis	1.110 €/m²
max	1.290 €/m²

Kosten:
Stand 2.Quartal 2018
Bundesdurchschnitt
inkl. 19% MwSt.

Objektübersicht zur Gebäudeart

6100-0634 Mehrfamilienhaus (75 WE)   BRI 33.477m³   BGF 12.119m²   NUF 8.443m²

Baujahr: 1926
Bauzustand: schlecht
Aufwand: hoch
Nutzung während der Bauzeit: ja
Nutzungsänderung: nein
Grundrissänderungen: wenige
Tragwerkseingriffe: wenige

Land: Nordrhein-Westfalen
Kreis: Köln
Standard: unter Durchschnitt
Bauzeit: 74 Wochen
Kennwerte: bis 3. Ebene DIN276
veröffentlicht: BKI Objektdaten A8
BGF 392 €/m²

Planung: ARCHITEKT SCHERER; Köln

Mehrfamilienhaus (75 WE) **Kosteneinfluss Nutzung:** Die beschriebenen Mehrfamilienhäuser sind nur ein Teil der gesamten Siedlung. Die Häuser stehen unter Denkmalschutz.

Bauwerk - Baukonstruktionen
Herstellen: Außentüren und -fenster 16%, Außenwandbekleidungen außen 15%, Dachbeläge 10%, Innenwandbekleidungen 6%, Innentüren und -fenster 6%, Deckenbeläge 5%, Deckenbekleidungen 5%, Dachkonstruktionen 4%, Dachbekleidungen 4%
Wiederherstellen: Außenwandbekleidungen außen 9%
Sonstige: 20%

Bauwerk - Technische Anlagen
Herstellen: Wasseranlagen 20%, Abwasseranlagen 14%, Wärmeverteilnetze 14%, Niederspannungsinstallationsanlagen 12%, Wärmeerzeugungsanlagen 7%, Raumheizflächen 6%, Abwasser-, Wasser- und Gasanlagen, sonstiges 4%
Sonstige: 23%

6100-0704 Umbau Tabakfabrik (19 WE)   BRI 17.283m³   BGF 5.530m²   NUF 3.843m²

Baujahr: 1900
Bauzustand: mittel
Aufwand: hoch
Nutzung während der Bauzeit: ja
Nutzungsänderung: ja
Grundrissänderungen: umfangreiche
Tragwerkseingriffe: einige

Land: Baden-Württemberg
Kreis: Rhein-Neckar
Standard: über Durchschnitt
Bauzeit: 56 Wochen
Kennwerte: bis 3. Ebene DIN276
veröffentlicht: BKI Objektdaten A8
BGF 1.082 €/m²

Planung: Architektur Udo Richter Dipl.-Ing. Freier Architekt; Heilbronn

Eine Tabakfabrik wurde umgebaut zu einem Wohn- und Geschäftshaus mit einem Getränkeladen, Büroräumen und 19 Wohnungen.
Kosteneinfluss Nutzung: Die Tiefgarage hat 22 Stellplätze.

Bauwerk - Baukonstruktionen
Abbrechen: Abbruchmaßnahmen 6%
Herstellen: Deckenkonstruktionen 8%, Dachkonstruktionen 8%, Außentüren und -fenster 8%, Elementierte Außenwände 6%, Tragende Außenwände 6%, Dachbeläge 6%, Deckenbeläge 6%, Innenwandbekleidungen 5%, Nichttragende Innenwände 5%, Deckenbekleidungen 4%, Außenwandbekleidungen außen 4%, Tragende Innenwände 3%, Bodenbeläge 2%
Sonstige: 21%

Bauwerk - Technische Anlagen
Herstellen: Wasseranlagen 25%, Niederspannungsinstallationsanlagen 17%, Raumheizflächen 17%, Abwasseranlagen 14%
Sonstige: 28%

Objektübersicht zur Gebäudeart

6100-0717 Mehrfamilienhaus (4 WE) BRI 2.416m³ BGF 834m² NUF 528m²

Bauzustand: schlecht
Aufwand: hoch
Nutzung während der Bauzeit: ja
Nutzungsänderung: ja
Grundrissänderungen: umfangreiche
Tragwerkseingriffe: umfangreiche

Land: Baden-Württemberg
Kreis: Ludwigsburg
Standard: Durchschnitt
Bauzeit: 48 Wochen
Kennwerte: bis 3. Ebene DIN276
veröffentlicht: BKI Objektdaten A7

BGF   802 €/m²

Planung: Architekt Dipl.-Ing. Peter Schuster; Bietigheim-Bissingen
Mehrfamilienhaus mit 4 Wohneinheiten (427m² WFL)

Bauwerk - Baukonstruktionen
Herstellen: Außenwandbekleidungen außen 16%, Deckenkonstruktionen 8%, Deckenbeläge 8%, Außentüren und -fenster 8%, Dachbeläge 7%, Dachkonstruktionen 6%, Innenwandbekleidungen 6%, Tragende Innenwände 5%, Tragende Außenwände 4%, Dachbekleidungen 4%, Innentüren und -fenster 4%, Unterböden und Bodenplatten 3%, Außenwandbekleidungen innen 3%
Sonstige: 20%

Bauwerk - Technische Anlagen
Herstellen: Wasseranlagen 28%, Wärmeerzeugungsanlagen 21%, Niederspannungsinstallationsanlagen 15%, Abwasseranlagen 14%
Sonstige: 22%

6100-0641 Mehrfamilienhaus (3 WE) BRI 1.447m³ BGF 549m² NUF 356m²

Bauzustand: mittel
Aufwand: mittel
Nutzung während der Bauzeit: ja
Nutzungsänderung: ja
Grundrissänderungen: wenige
Tragwerkseingriffe: wenige

Land: Baden-Württemberg
Kreis: Tübingen
Standard: Durchschnitt
Bauzeit: 26 Wochen
Kennwerte: bis 3. Ebene DIN276
veröffentlicht: BKI Objektdaten A6

BGF   659 €/m²

Planung: Manderscheid Partnerschaft; Stuttgart
Umbau einer Villa zu einem Mehrfamilienhaus mit 3 Wohneinheiten (288m² WFL).

Bauwerk - Baukonstruktionen
Abbrechen: Abbruchmaßnahmen 5%
Herstellen: Außenwandbekleidungen außen 14%, Innenwandbekleidungen 11%, Deckenbeläge 10%, Dachbeläge 9%, Außentüren und -fenster 6%, Deckenkonstruktionen 5%, Dachkonstruktionen 4%, Dachfenster, Dachöffnungen 4%, Nichttragende Innenwände 3%, Außenwände, sonstiges 3%, Dachbekleidungen 3%, Dächer, sonstiges 2%
Sonstige: 21%

Bauwerk - Technische Anlagen
Herstellen: Wasseranlagen 22%, Niederspannungsinstallationsanlagen 17%, Abwasseranlagen 14%, Raumheizflächen 7%
Wiederherstellen: Abwasseranlagen 19%
Sonstige: 21%

© BKI Baukosteninformationszentrum; Erläuterungen zu den Tabellen siehe Seite 30   Kosten: 2.Quartal 2018, Bundesdurchschnitt, inkl. 19% MwSt.

Umbauten

Mehrfamilienhäuser

Objektübersicht zur Gebäudeart

6100-0674 Mehrfamilienhaus (3 WE)

BRI 1.177m³   **BGF** 508m²   **NUF** 279m²

€/m² BGF
min	390 €/m²
von	610 €/m²
Mittel	**860 €/m²**
bis	1.110 €/m²
max	1.290 €/m²

Kosten:
Stand 2.Quartal 2018
Bundesdurchschnitt
inkl. 19% MwSt.

Land: Baden-Württemberg
Kreis: Tübingen
Standard: Durchschnitt
Bauzeit: 74 Wochen
Kennwerte: bis 3. Ebene DIN276
veröffentlicht: BKI Objektdaten A6

BGF 1.053 €/m²

Planung: Dipl.-Ing. Architekt Marcus Vollmer; Rottenburg

Umbau und Modernisierung eines Dreifamilienhauses von 1875. Schaffung von abteilbaren und separat erschlossenen Wohnungen.
Kosteneinfluss Grundstück: Blockrandbebauung, Gründerzeit, eine Giebel- und eine Traufseite sind Grenzbebauung.

Bauwerk - Baukonstruktionen
Herstellen: Außenwandbekleidungen außen 15%, Deckenbeläge 14%, Außentüren und -fenster 13%, Innenwandbekleidungen 10%, Dachbeläge 8%, Dachkonstruktionen 8%, Deckenkonstruktionen 5%, Innentüren und -fenster 4%, Deckenbekleidungen 2%
Sonstige: 21%

Bauwerk - Technische Anlagen
Herstellen: Wärmeerzeugungsanlagen 25%, Raumheizflächen 24%, Wasseranlagen 18%
Sonstige: 33%

6100-0598 Mehrfamilienhaus (6 WE)

BRI 2.672m³   **BGF** 840m²   **NUF** 565m²

Baujahr: 1985
Bauzustand: mittel
Aufwand: hoch
Nutzung während der Bauzeit: nein
Nutzungsänderung: nein
Grundrissänderungen: umfangreiche
Tragwerkseingriffe: einige

Land: Baden-Württemberg
Kreis: Schwarzwald-Baar
Standard: über Durchschnitt
Bauzeit: 30 Wochen
Kennwerte: bis 3. Ebene DIN276
veröffentlicht: BKI Objektdaten A5

BGF 396 €/m²

Planung: Architekt Dipl.-Ing. Ulrich Blessing; Hüfingen

Umbau einer Einfamilienvilla zu einem 6-Familienwohnhaus. Die Wohneinheiten sind hochwertig ausgestattet.

Bauwerk - Baukonstruktionen
Herstellen: Deckenbeläge 21%, Innenwandbekleidungen 16%, Außentüren und -fenster 13%, Innentüren und -fenster 12%, Nichttragende Innenwände 7%, Außenwandbekleidungen außen 3%
Wiederherstellen: Außentüren und -fenster 5%, Dachbekleidungen 4%
Sonstige: 20%

Bauwerk - Technische Anlagen
Herstellen: Wasseranlagen 24%, Niederspannungsinstallationsanlagen 21%, Wärmeerzeugungsanlagen 16%, Raumheizflächen 15%
Sonstige: 24%

Objektübersicht zur Gebäudeart

6100-1302 Mehrfamilienhaus, Carport (2 STP)

BRI 2.079m³ **BGF** 667m² **NUF** 491m²

Land: Bayern
Kreis: Augsburg
Standard: Durchschnitt
Bauzeit: 56 Wochen
Kennwerte: bis 1. Ebene DIN276
vorgesehen: BKI Objektdaten A11

BGF   731 €/m²

Planung: ARCHITEKTanBORD; Augsburg
Umnutzung einer Praxis mit Kellerräumen in Wohnungen

6100-1372 Mehrfamilienhaus (12 WE), Büros - Effizienzhaus 70

BRI 12.651m³ **BGF** 1.979m² **NUF** 1.202m²

Land: Mecklenburg-Vorpommern
Kreis: Schwerin
Standard: Durchschnitt
Bauzeit: 152 Wochen
Kennwerte: bis 1. Ebene DIN276
vorgesehen: BKI Objektdaten E8

BGF   1.112 €/m²

Planung: rutsch+rutsch architektur+szenografie; Schwerin
Umbau Betriebsgebäude zu Mehrfamilienhaus (12 WE) mit Büroflächen

6100-1074 Mehrgenerationenhaus (25 WE), Café, Beratung

BRI 14.990m³ **BGF** 5.098m² **NUF** 2.767m²

Baujahr: 1938
Bauzustand: schlecht
Aufwand: hoch
Nutzung während der Bauzeit: nein
Nutzungsänderung: ja
Grundrissänderungen: umfangreiche
Tragwerkseingriffe: einige

Land: Berlin
Kreis: Berlin
Standard: unter Durchschnitt
Bauzeit: 82 Wochen
Kennwerte: bis 1. Ebene DIN276
veröffentlicht: BKI Objektdaten A9

BGF   801 €/m²

Planung: roedig . schop architekten gbr; Berlin
Mehrgenerationenhaus mit 25 Wohneinheiten (1.505m² WFL), Apartments, Wohngemeinschaft, Beratungsräume, Kiezcafé, Bibliothek

© BKI Baukosteninformationszentrum; Erläuterungen zu den Tabellen siehe Seite 30   Kosten: 2.Quartal 2018, Bundesdurchschnitt, **inkl.** 19% MwSt.

Umbauten

Mehrfamilienhäuser

Objektübersicht zur Gebäudeart

6100-0508 Mehrfamilienhaus (5 WE), 2 Läden BRI 2.053m³ BGF 658m² NUF 473m²

€/m² BGF
min   390 €/m²
von   610 €/m²
Mittel   860 €/m²
bis   1.110 €/m²
max   1.290 €/m²

Land: Baden-Württemberg
Kreis: Reutlingen
Standard: Durchschnitt
Bauzeit: 130 Wochen
Kennwerte: bis 2. Ebene DIN276
veröffentlicht: BKI Objektdaten A4
BGF   1.290 €/m²

Planung: Hartmaier + Partner Freie Architekten; Münsingen

Umbau bestehendes Ökonomiegebäude zu Wohngebäude mit zwei Läden und Anbau Carport mit Doppelparkersystem.
Kosteneinfluss Grundstück: Umbau vorhandenes Gebäude in Ortschaftsmitte.

Kosten:
Stand 2.Quartal 2018
Bundesdurchschnitt
inkl. 19% MwSt.

Umbau

Umbauten

Wohnungen

Kostenkennwerte für die Kosten des Bauwerks (Kostengruppen 300+400 nach DIN 276)

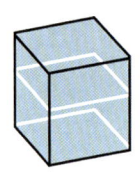

BRI 195 €/m³
von 165 €/m³
bis 205 €/m³

BGF 600 €/m²
von 450 €/m²
bis 750 €/m²

NUF 920 €/m²
von 750 €/m²
bis 1.280 €/m²

NE 1.100 €/NE
von 820 €/NE
bis 1.640 €/NE
NE: Wohnfläche

Objektbeispiele

Kosten:
Stand 2.Quartal 2018
Bundesdurchschnitt
inkl. 19% MwSt.

6100-0881

6400-0051

6100-0461

Kosten der 4 Vergleichsobjekte — Seiten 230 bis 231

- ● KKW
- ▶ min
- ▷ von
- | Mittelwert
- ◁ bis
- ◀ max

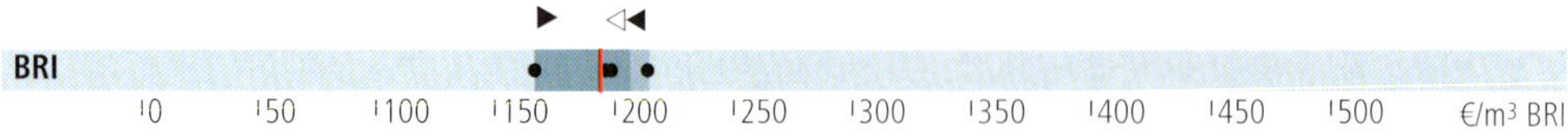

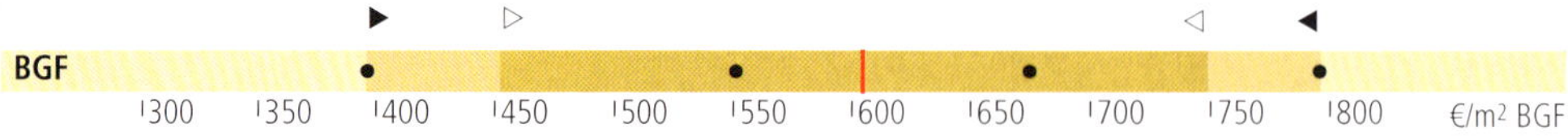

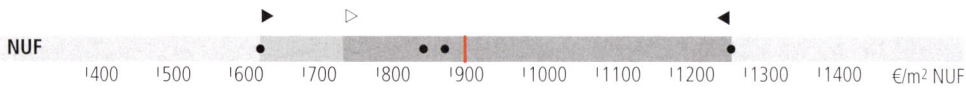

BRI — €/m³ BRI

BGF — €/m² BGF

NUF — €/m² NUF

© BKI Baukosteninformationszentrum; Erläuterungen zu den Tabellen siehe Seite 22   Kosten: 2.Quartal 2018, Bundesdurchschnitt, **inkl. 19% MwSt.**

Kostenkennwerte für die Kostengruppen der 1. und 2. Ebene DIN 276

KG	Kostengruppen der 1. Ebene	Einheit	▷	€/Einheit	◁	▷	% an 300+400	◁
100	Grundstück	m² GF	–	–	–	–	–	–
200	Herrichten und Erschließen	m² GF	–	0	–	–	4,1	–
300	Bauwerk - Baukonstruktionen	m² BGF	276	450	602	52,4	71,8	79,0
400	Bauwerk - Technische Anlagen	m² BGF	142	155	189	21,0	28,2	47,6
	Bauwerk (300+400)	m² BGF	453	604	748		100,0	
500	Außenanlagen	m² AF	–	25	–	–	2,2	–
600	Ausstattung und Kunstwerke	m² BGF	0	9	18	0,1	1,7	3,2
700	Baunebenkosten	m² BGF	–	–	–	–	–	–

KG	Kostengruppen der 2. Ebene	Einheit	▷	€/Einheit	◁	▷	% an 300	◁
310	Baugrube	m³ BGI	–	–	–	–	–	–
320	Gründung	m² GRF	–	156	–	–	1,3	–
330	Außenwände	m² AWF	93	216	315	13,7	26,5	38,6
340	Innenwände	m² IWF	56	121	186	14,2	18,5	28,6
350	Decken	m² DEF	129	192	267	17,0	24,9	34,2
360	Dächer	m² DAF	223	299	375	5,3	19,7	32,0
370	Baukonstruktive Einbauten	m² BGF	3	33	93	0,7	6,3	22,9
390	Sonstige Baukonstruktionen	m² BGF	8	22	49	1,0	2,8	7,5
300	**Bauwerk Baukonstruktionen**	m² BGF					100,0	

KG	Kostengruppen der 2. Ebene	Einheit	▷	€/Einheit	◁	▷	% an 400	◁
410	Abwasser, Wasser, Gas	m² BGF	30	38	46	14,0	25,6	31,7
420	Wärmeversorgungsanlagen	m² BGF	66	84	104	47,1	53,6	60,0
430	Lufttechnische Anlagen	m² BGF	–	–	–	–	–	–
440	Starkstromanlagen	m² BGF	17	30	44	11,4	19,2	26,5
450	Fernmeldeanlagen	m² BGF	2	3	6	0,3	1,6	3,1
460	Förderanlagen	m² BGF	–	–	–	–	–	–
470	Nutzungsspezifische Anlagen	m² BGF	–	–	–	–	–	–
480	Gebäudeautomation	m² BGF	–	–	–	–	–	–
490	Sonstige Technische Anlagen	m² BGF	–	–	–	–	–	–
400	**Bauwerk Technische Anlagen**	m² BGF					100,0	

Umbau

Prozentanteile der Kosten der 2. Ebene an den Kosten des Bauwerks nach DIN 276 (Von-, Mittel-, Bis-Werte)

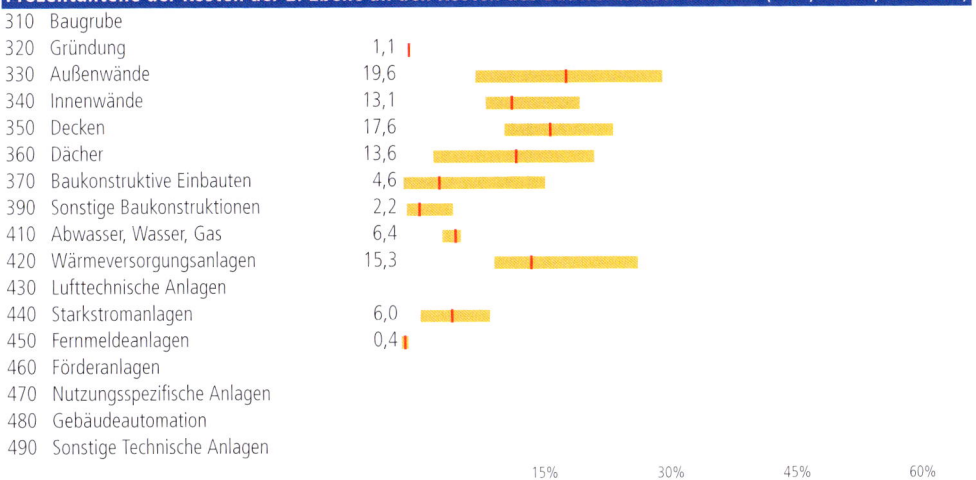

KG	Bezeichnung	Wert
310	Baugrube	
320	Gründung	1,1
330	Außenwände	19,6
340	Innenwände	13,1
350	Decken	17,6
360	Dächer	13,6
370	Baukonstruktive Einbauten	4,6
390	Sonstige Baukonstruktionen	2,2
410	Abwasser, Wasser, Gas	6,4
420	Wärmeversorgungsanlagen	15,3
430	Lufttechnische Anlagen	
440	Starkstromanlagen	6,0
450	Fernmeldeanlagen	0,4
460	Förderanlagen	
470	Nutzungsspezifische Anlagen	
480	Gebäudeautomation	
490	Sonstige Technische Anlagen	

15%   30%   45%   60%

© BKI Baukosteninformationszentrum; Erläuterungen zu den Tabellen siehe Seite 24   Kosten: 2.Quartal 2018, Bundesdurchschnitt, inkl. 19% MwSt.

Umbauten

Wohnungen

Kostenkennwerte für die Kostengruppen der 3. Ebene DIN 276

KG	Kostengruppen der 3. Ebene	Einheit	▷	Ø €/Einheit	◁	▷	Ø €/m² BGF	◁
352	Deckenbeläge	m²	109,55	**138,34**	172,56	52,14	**74,43**	138,38
334	Außentüren und -fenster	m²	500,26	**608,73**	925,39	24,74	**53,10**	85,83
335	Außenwandbekleidungen außen	m²	45,85	**74,52**	103,18	27,98	**50,55**	73,11
363	Dachbeläge	m²	89,86	**129,58**	208,78	20,67	**48,93**	99,12
421	Wärmeerzeugungsanlagen	m²	37,65	**45,66**	54,45	37,65	**45,66**	54,45
364	Dachbekleidungen	m²	58,20	**84,06**	128,72	11,62	**34,65**	47,07
325	Bodenbeläge	m²	–	**151,29**	–	–	**33,42**	–
371	Allgemeine Einbauten	m²	2,81	**33,06**	93,47	2,81	**33,06**	93,47
336	Außenwandbekleidungen innen	m²	38,08	**60,74**	116,37	16,74	**31,91**	71,61
351	Deckenkonstruktionen	m²	449,38	**500,83**	552,28	7,17	**31,19**	55,20
331	Tragende Außenwände	m²	162,86	**209,36**	255,86	18,39	**30,89**	43,38
344	Innentüren und -fenster	m²	288,35	**425,34**	753,86	12,27	**29,99**	81,58
444	Niederspannungsinstallationsanl.	m²	15,25	**28,71**	43,03	15,25	**28,71**	43,03
412	Wasseranlagen	m²	21,89	**27,26**	39,27	21,89	**27,26**	39,27
361	Dachkonstruktionen	m²	25,50	**97,64**	241,82	5,16	**26,36**	67,09
392	Gerüste	m²	9,53	**23,29**	37,04	9,53	**23,29**	37,04
342	Nichttragende Innenwände	m²	47,43	**79,12**	95,24	0,75	**20,59**	31,77
423	Raumheizflächen	m²	17,22	**18,40**	19,35	17,22	**18,40**	19,35
345	Innenwandbekleidungen	m²	23,14	**54,12**	139,40	13,17	**18,01**	22,78
422	Wärmeverteilnetze	m²	8,24	**17,93**	45,36	8,24	**17,93**	45,36
341	Tragende Innenwände	m²	68,57	**136,23**	203,46	6,62	**13,76**	18,92
359	Decken, sonstiges	m²	8,21	**30,72**	75,04	5,64	**12,68**	22,85
411	Abwasseranlagen	m²	8,84	**10,62**	12,21	8,84	**10,62**	12,21
353	Deckenbekleidungen	m²	5,79	**23,95**	42,12	4,19	**9,86**	15,53
332	Nichttragende Außenwände	m²	127,94	**145,56**	163,17	6,18	**8,80**	11,41
396	Materialentsorgung	m²	–	**8,65**	–	–	**8,65**	–
339	Außenwände, sonstiges	m²	–	**10,58**	–	–	**8,55**	–
346	Elementierte Innenwände	m²	–	**297,22**	–	–	**7,77**	–
394	Abbruchmaßnahmen	m²	–	**7,38**	–	–	**7,38**	–
429	Wärmversorgungsanl., sonstiges	m²	–	**6,75**	–	–	**6,75**	–
362	Dachfenster, Dachöffnungen	m²	724,38	**1.573,04**	2.421,69	2,43	**3,34**	4,24
456	Gefahrenmelde- und Alarmanlagen	m²	–	**3,12**	–	–	**3,12**	–
445	Beleuchtungsanlagen	m²	1,82	**3,10**	4,38	1,82	**3,10**	4,38
391	Baustelleneinrichtung	m²	–	**1,53**	–	–	**1,53**	–
455	Fernseh- und Antennenanlagen	m²	1,14	**1,47**	1,66	1,14	**1,47**	1,66
451	Telekommunikationsanlagen	m²	0,53	**1,16**	1,79	0,53	**1,16**	1,79
324	Unterböden und Bodenplatten	m²	–	**0,00**	–	–	**1,12**	–
393	Sicherungsmaßnahmen	m²	–	**0,99**	–	–	**0,99**	–
413	Gasanlagen	m²	–	**0,94**	–	–	**0,94**	–
397	Zusätzliche Maßnahmen	m²	–	**0,34**	–	–	**0,34**	–
452	Such- und Signalanlagen	m²	–	**0,28**	–	–	**0,28**	–
446	Blitzschutz- und Erdungsanlagen	m²	–	**0,19**	–	–	**0,19**	–

Kosten:
Stand 2.Quartal 2018
Bundesdurchschnitt
inkl. 19% MwSt.

▷ von
Ø Mittel
◁ bis

Kostenkennwerte für Leistungsbereiche nach StLB (Kosten des Bauwerks nach DIN 276)

LB	Leistungsbereiche	▷	€/m² BGF	◁	▷	% an 300+400	◁
000	Sicherheits-, Baustelleneinrichtungen inkl. 001	2	9	9	0,3	1,6	1,6
002	Erdarbeiten	–	0	–	–	0,0	–
006	Spezialtiefbauarbeiten inkl. 005	–	–	–	–	–	–
009	Entwässerungskanalarbeiten inkl. 011	–	–	–	–	–	–
010	Drän- und Versickerungsarbeiten	–	–	–	–	–	–
012	Mauerarbeiten	11	29	49	1,8	4,9	8,0
013	Betonarbeiten	–	1	2	–	0,1	0,3
014	Natur-, Betonwerksteinarbeiten	–	1	–	–	0,1	–
016	Zimmer- und Holzbauarbeiten	11	35	35	1,8	5,7	5,7
017	Stahlbauarbeiten	–	9	–	–	1,6	–
018	Abdichtungsarbeiten	–	0	–	–	0,0	–
020	Dachdeckungsarbeiten	–	–	–	–	–	–
021	Dachabdichtungsarbeiten	2	13	13	0,4	2,1	2,1
022	Klempnerarbeiten	3	11	18	0,5	1,8	2,9
	Rohbau	27	108	207	4,5	17,9	34,2
023	Putz- und Stuckarbeiten, Wärmedämmsysteme	4	25	45	0,7	4,1	7,4
024	Fliesen- und Plattenarbeiten	20	28	28	3,4	4,7	4,7
025	Estricharbeiten	0	10	20	0,0	1,6	3,4
026	Fenster, Außentüren inkl. 029, 032	0	29	59	0,0	4,8	9,7
027	Tischlerarbeiten	17	76	155	2,8	12,6	25,7
028	Parkettarbeiten, Holzpflasterarbeiten	5	37	37	0,8	6,1	6,1
030	Rollladenarbeiten	–	–	–	–	–	–
031	Metallbauarbeiten inkl. 035	0	14	30	0,0	2,4	4,9
034	Maler- und Lackiererarbeiten inkl. 037	4	14	23	0,7	2,4	3,7
036	Bodenbelagarbeiten	4	25	25	0,7	4,1	4,1
038	Vorgehängte hinterlüftete Fassaden	–	9	–	–	1,5	–
039	Trockenbauarbeiten	28	45	62	4,6	7,4	10,3
	Ausbau	236	311	390	39,0	51,5	64,5
040	Wärmeversorgungsanl. - Betriebseinr. inkl. 041	58	58	60	9,6	9,6	9,9
042	Gas- und Wasserinstallation, Leitungen inkl. 043	12	43	43	2,1	7,2	7,2
044	Abwasserinstallationsarbeiten - Leitungen	4	10	10	0,7	1,6	1,6
045	GWA-Einrichtungsgegenstände inkl. 046	5	17	29	0,8	2,9	4,7
047	Dämmarbeiten an betriebstechnischen Anlagen	–	1	–	–	0,1	–
049	Feuerlöschanlagen, Feuerlöschgeräte	–	–	–	–	–	–
050	Blitzschutz- und Erdungsanlagen	–	0	–	–	0,0	–
053	Niederspannungsanlagen inkl. 052, 054	14	35	62	2,3	5,8	10,3
055	Ersatzstromversorgungsanlagen	–	–	–	–	–	–
057	Gebäudesystemtechnik	–	–	–	–	–	–
058	Leuchten und Lampen inkl. 059	0	2	2	0,0	0,3	0,3
060	Elektroakustische Anlagen, Sprechanlagen	0	1	2	0,0	0,2	0,3
061	Kommunikationsnetze, inkl. 062	0	1	2	0,0	0,2	0,4
063	Gefahrenmeldeanlagen	–	1	–	–	0,1	–
069	Aufzüge	–	–	–	–	–	–
070	Gebäudeautomation	–	–	–	–	–	–
075	Raumlufttechnische Anlagen	–	–	–	–	–	–
	Technische Anlagen	123	168	168	20,4	27,8	27,8
084	Abbruch- und Rückbauarbeiten	0	11	24	0,0	1,9	4,0
	Sonstige Leistungsbereiche inkl. 008, 033, 051	5	5	7	0,9	0,9	1,2

© **BKI** Baukosteninformationszentrum; Erläuterungen zu den Tabellen siehe Seite 28   Kosten: 2.Quartal 2018, Bundesdurchschnitt, inkl. 19% MwSt.

Umbauten

Wohnungen

€/m² BGF
min	400	€/m²
von	450	€/m²
Mittel	**600**	**€/m²**
bis	750	€/m²
max	800	€/m²

Kosten:
Stand 2.Quartal 2018
Bundesdurchschnitt
inkl. 19% MwSt.

Objektübersicht zur Gebäudeart

6100-0881 Wohnloft   BRI 1.234m³   BGF 308m²   NUF 191m²

Baujahr: 1900
Bauzustand: schlecht
Aufwand: hoch
Nutzung während der Bauzeit: nein
Nutzungsänderung: ja
Grundrissänderungen: umfangreiche
Tragwerkseingriffe: keine

Land: Sachsen-Anhalt
Kreis: Harz
Standard: Durchschnitt
Bauzeit: 30 Wochen
Kennwerte: bis 3. Ebene DIN276
veröffentlicht: BKI Objektdaten A8

BGF   796 €/m²

Planung: qbatur Planungsbüro GmbH; Quedlinburg

Ein Möbelgeschäft wurde zu einem Wohnloft umgebaut, die Werkstatt musste erhalten werden.
Kosteneinfluss Nutzung: Die Fassade steht unter Denkmalschutz, als Teil eines UNESCO-Weltkulturerbes.

Bauwerk - Baukonstruktionen
Herstellen: Außentüren und -fenster 15%, Außenwandbekleidungen außen 11%, Außenwandbekleidungen innen 11%, Deckenbeläge 7%, Dachbekleidungen 6%, Gerüste 6%, Bodenbeläge 5%, Nichttragende Innenwände 5%, Dachbeläge 4%, Decken, sonstiges 4%, Innenwandbekleidungen 4%
Sonstige: 22%

Bauwerk - Technische Anlagen
Herstellen: Wärmeerzeugungsanlagen 38%, Wasseranlagen 18%, Raumheizflächen 13%, Abwasseranlagen 8%
Sonstige: 23%

6100-0568 Maisonette-Wohnung   BRI 396m³   BGF 125m²   NUF 95m²

Bauzustand: mittel
Aufwand: mittel
Nutzung während der Bauzeit: ja
Nutzungsänderung: nein
Grundrissänderungen: einige
Tragwerkseingriffe: einige

Land: Sachsen
Kreis: Riesa-Großenhain
Standard:
Bauzeit: 26 Wochen
Kennwerte: bis 3. Ebene DIN276
veröffentlicht: BKI Objektdaten A5

BGF   674 €/m²

Planung: Architekt Konrad Hardt; Großenhain

Umbau eines Innenhofgebäudes zu einer Wohneinheit über zwei Geschosse mit 95m² Wohnfläche.

Bauwerk - Baukonstruktionen
Herstellen: Dachbeläge 17%, Deckenbeläge 11%, Dachkonstruktionen 11%, Außentüren und -fenster 11%, Deckenkonstruktionen 10%, Außenwandbekleidungen außen 5%, Außenwandbekleidungen innen 5%, Tragende Außenwände 5%, Nichttragende Innenwände 4%
Sonstige: 20%

Bauwerk - Technische Anlagen
Herstellen: Wasseranlagen 28%, Wärmeerzeugungsanlagen 26%, Niederspannungsinstallationsanlagen 15%
Sonstige: 31%

Objektübersicht zur Gebäudeart

6100-0461 Zweifamilienhaus (1 WE)   BRI 447m³   BGF 159m²   NUF 101m²

Baujahr: 16.Jh
Bauzustand: mittel
Aufwand: hoch
Nutzung während der Bauzeit: nein
Nutzungsänderung: nein
Grundrissänderungen: umfangreiche
Tragwerkseingriffe: keine

Land: Bayern
Kreis: Donau-Ries
Standard: Durchschnitt
Bauzeit: 17 Wochen
Kennwerte: bis 3. Ebene DIN276
veröffentlicht: BKI Objektdaten A3

BGF   551 €/m²

Planung: Planungsgruppe 5.4.3 Architekten & Ingenieure GbR; Freilassing

Wohnung in einem im 16. Jhd. erbauten Gebäude. **Kosteneinfluss Nutzung:** Die Kosten werden nur auf die BGF des umgebauten Bereiches umgelegt. **Kosteneinfluss Grundstück:** Das Gebäude liegt im Bereich der Nördlinger Altstadt. Dieser Bereich unterliegt dem Denkmalschutz.

Bauwerk - Baukonstruktionen
Deckenbeläge 34%, Allgemeine Einbauten 23%, Innentüren und -fenster 20%
Sonstige: 23%

Bauwerk - Technische Anlagen
Wärmeerzeugungsanlagen 28%, Niederspannungsinstallationsanlagen 24%, Wasseranlagen 17%
Sonstige: 30%

6400-0051 Jugendräume   BRI 510m³   BGF 214m²   NUF 132m²

Bauzustand: mittel
Aufwand: mittel
Nutzung während der Bauzeit: nein
Nutzungsänderung: ja
Grundrissänderungen: wenige
Tragwerkseingriffe: einige

Land: Bayern
Kreis: Donau-Ries
Standard: Durchschnitt
Bauzeit: 56 Wochen
Kennwerte: bis 3. Ebene DIN276
veröffentlicht: BKI Objektdaten A3

BGF   396 €/m²

Planung: Planungsgruppe 5.4.3 Architekten & Ingenieure GbR; Freilassing

Dachgeschossausbau für ein Jugendzentrum mit 6 Gruppenräumen, Teeküche und Sanitärräumen.

Bauwerk - Baukonstruktionen
Deckenbeläge 25%, Dachbekleidungen 24%, Außentüren und -fenster 19%, Innenwandbekleidungen 10%
Sonstige: 21%

Bauwerk - Technische Anlagen
Wärmeerzeugungsanlagen 26%, Niederspannungsinstallationsanlagen 25%, Wärmeverteilnetze 24%
Sonstige: 25%

Umbauten

Gewerbegebäude

Kostenkennwerte für die Kosten des Bauwerks (Kostengruppen 300+400 nach DIN 276)

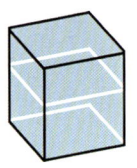

BRI 210 €/m³
von 145 €/m³
bis 280 €/m³

BGF 900 €/m²
von 590 €/m²
bis 1.060 €/m²

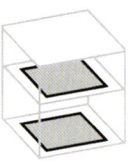

NUF 1.120 €/m²
von 700 €/m²
bis 1.330 €/m²

Kosten:
Stand 2.Quartal 2018
Bundesdurchschnitt
inkl. 19% MwSt.

Objektbeispiele

7300-0064

7500-0017

7200-0061

Kosten der 6 Vergleichsobjekte — Seiten 236 bis 238

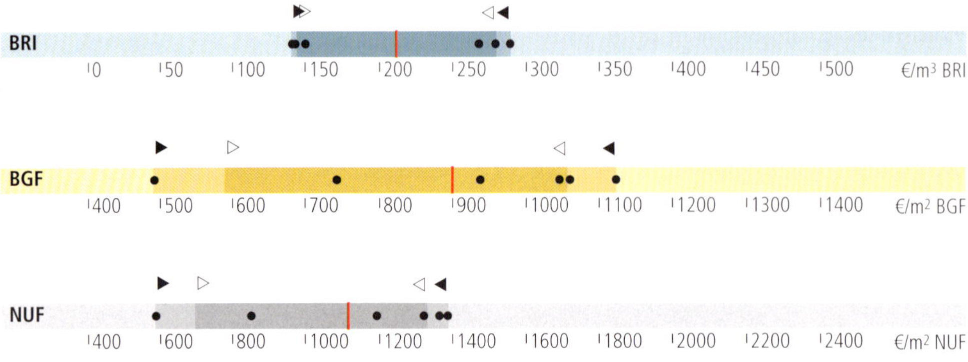

- ● KKW
- ▶ min
- ▷ von
- | Mittelwert
- ◁ bis
- ◀ max

BRI — €/m³ BRI
BGF — €/m² BGF
NUF — €/m² NUF

© BKI Baukosteninformationszentrum; Erläuterungen zu den Tabellen siehe Seite 22 — Kosten: 2.Quartal 2018, Bundesdurchschnitt, **inkl. 19% MwSt.**

Kostenkennwerte für die Kostengruppen der 1. und 2. Ebene DIN 276

KG	Kostengruppen der 1. Ebene	Einheit	▷	€/Einheit	◁	▷	% an 300+400	◁
100	Grundstück	m² GF	–	–	–	–	–	–
200	Herrichten und Erschließen	m² GF	–	161	–	–	13,5	–
300	Bauwerk - Baukonstruktionen	m² BGF	309	528	647	51,8	57,7	64,2
400	Bauwerk - Technische Anlagen	m² BGF	295	372	461	35,8	42,3	48,2
	Bauwerk (300+400)	m² BGF	591	900	1.056		100,0	
500	Außenanlagen	m² AF	76	287	689	0,5	1,7	4,5
600	Ausstattung und Kunstwerke	m² BGF	3	149	295	0,4	14,3	28,2
700	Baunebenkosten	m² BGF	–	–	–	–	–	–

KG	Kostengruppen der 2. Ebene	Einheit	▷	€/Einheit	◁	▷	% an 300	◁
310	Baugrube	m³ BGI	–	–	–	–	–	–
320	Gründung	m² GRF	10	84	120	0,2	9,9	21,5
330	Außenwände	m² AWF	188	414	586	15,4	27,5	60,2
340	Innenwände	m² IWF	120	144	171	14,7	19,3	31,9
350	Decken	m² DEF	228	306	453	6,9	23,3	67,0
360	Dächer	m² DAF	101	207	262	0,4	13,2	26,5
370	Baukonstruktive Einbauten	m² BGF	–	5	–	–	0,2	–
390	Sonstige Baukonstruktionen	m² BGF	11	42	71	2,0	6,5	10,4
300	Bauwerk Baukonstruktionen	m² BGF					100,0	

KG	Kostengruppen der 2. Ebene	Einheit	▷	€/Einheit	◁	▷	% an 400	◁
410	Abwasser, Wasser, Gas	m² BGF	34	49	56	10,7	12,6	15,0
420	Wärmeversorgungsanlagen	m² BGF	47	65	91	11,0	17,4	23,9
430	Lufttechnische Anlagen	m² BGF	66	113	169	14,5	27,7	33,2
440	Starkstromanlagen	m² BGF	56	104	150	15,6	25,8	35,1
450	Fernmeldeanlagen	m² BGF	7	14	20	1,8	3,7	5,5
460	Förderanlagen	m² BGF	2	7	15	0,0	1,4	3,1
470	Nutzungsspezifische Anlagen	m² BGF	1	40	56	3,2	10,5	17,3
480	Gebäudeautomation	m² BGF	–	–	–	–	–	–
490	Sonstige Technische Anlagen	m² BGF	0	6	11	0,0	0,9	3,4
400	Bauwerk Technische Anlagen	m² BGF					100,0	

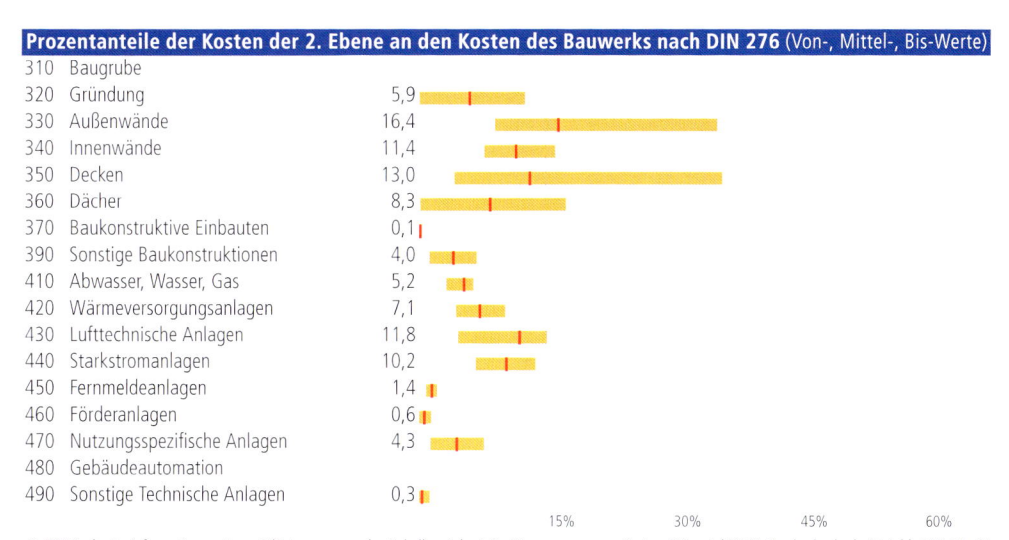

Prozentanteile der Kosten der 2. Ebene an den Kosten des Bauwerks nach DIN 276 (Von-, Mittel-, Bis-Werte)

KG	Kostengruppe	Wert
310	Baugrube	–
320	Gründung	5,9
330	Außenwände	16,4
340	Innenwände	11,4
350	Decken	13,0
360	Dächer	8,3
370	Baukonstruktive Einbauten	0,1
390	Sonstige Baukonstruktionen	4,0
410	Abwasser, Wasser, Gas	5,2
420	Wärmeversorgungsanlagen	7,1
430	Lufttechnische Anlagen	11,8
440	Starkstromanlagen	10,2
450	Fernmeldeanlagen	1,4
460	Förderanlagen	0,6
470	Nutzungsspezifische Anlagen	4,3
480	Gebäudeautomation	–
490	Sonstige Technische Anlagen	0,3

© BKI Baukosteninformationszentrum; Erläuterungen zu den Tabellen siehe Seite 24   Kosten: 2.Quartal 2018, Bundesdurchschnitt, inkl. 19% MwSt.

Umbauten

Gewerbegebäude

Kostenkennwerte für die Kostengruppen der 3. Ebene DIN 276

KG	Kostengruppen der 3. Ebene	Einheit	▷	Ø €/Einheit	◁	▷	Ø €/m² BGF	◁
432	Teilklimaanlagen	m²	–	191,28	–	–	191,28	–
337	Elementierte Außenwände	m²	497,98	777,87	1.057,76	128,38	172,82	217,25
431	Lüftungsanlagen	m²	35,33	82,94	109,09	35,33	82,94	109,09
351	Deckenkonstruktionen	m²	151,90	1.166,26	3.194,61	25,83	80,67	190,19
353	Deckenbekleidungen	m²	95,93	111,37	126,81	18,64	63,13	107,62
352	Deckenbeläge	m²	85,30	151,31	271,57	12,53	62,69	93,39
325	Bodenbeläge	m²	10,01	74,53	106,97	1,81	60,79	90,52
362	Dachfenster, Dachöffnungen	m²	–	555,52	–	–	52,54	–
445	Beleuchtungsanlagen	m²	22,42	47,60	112,56	22,42	47,60	112,56
444	Niederspannungsinstallationsanl.	m²	25,49	45,22	64,42	25,49	45,22	64,42
394	Abbruchmaßnahmen	m²	–	43,69	–	–	43,69	–
471	Küchentechnische Anlagen	m²	–	40,73	–	–	40,73	–
334	Außentüren und -fenster	m²	621,10	843,10	1.388,67	7,80	38,94	52,46
342	Nichttragende Innenwände	m²	73,96	119,57	250,29	28,16	37,48	46,53
363	Dachbeläge	m²	70,81	301,40	742,99	1,59	34,90	101,49
412	Wasseranlagen	m²	25,75	34,38	54,02	25,75	34,38	54,02
421	Wärmeerzeugungsanlagen	m²	17,20	29,98	36,38	17,20	29,98	36,38
396	Materialentsorgung	m²	–	28,61	–	–	28,61	–
361	Dachkonstruktionen	m²	52,45	276,15	723,56	0,68	28,59	43,49
475	Feuerlöschanlagen	m²	0,06	26,23	52,39	0,06	26,23	52,39
422	Wärmeverteilnetze	m²	6,99	24,95	32,90	6,99	24,95	32,90
345	Innenwandbekleidungen	m²	18,62	27,20	38,11	15,58	22,75	29,52
473	Medienversorgungsanlagen	m²	19,33	21,91	24,48	19,33	21,91	24,48
364	Dachbekleidungen	m²	73,56	81,96	97,91	7,31	21,88	43,70
335	Außenwandbekleidungen außen	m²	20,11	45,48	70,85	2,46	20,67	38,88
341	Tragende Innenwände	m²	171,80	236,37	350,33	9,59	19,56	37,99
344	Innentüren und -fenster	m²	522,43	668,28	795,31	12,55	18,48	34,06
477	Prozesswärme-, -kälte- und -luftanlagen	m²	–	16,70	–	–	16,70	–
423	Raumheizflächen	m²	4,02	16,09	20,24	4,02	16,09	20,24
443	Niederspannungsschaltanlagen	m²	10,83	14,50	18,16	10,83	14,50	18,16
338	Sonnenschutz	m²	–	414,37	–	–	14,34	–
346	Elementierte Innenwände	m²	246,91	341,80	408,85	5,14	13,20	26,25
433	Klimaanlagen	m²	–	13,05	–	–	13,05	–
411	Abwasseranlagen	m²	6,28	12,73	15,10	6,28	12,73	15,10
391	Baustelleneinrichtung	m²	4,48	11,72	18,85	4,48	11,72	18,85
497	Zusätzliche Maßnahmen	m²	–	11,49	–	–	11,49	–
397	Zusätzliche Maßnahmen	m²	8,05	11,10	17,15	8,05	11,10	17,15
441	Hoch- u. Mittelspannungsanlagen	m²	–	10,41	–	–	10,41	–
331	Tragende Außenwände	m²	168,00	264,40	429,53	2,20	10,01	24,75
324	Unterböden und Bodenplatten	m²	162,17	228,36	294,55	5,17	9,45	13,73
456	Gefahrenmelde- und Alarmanlagen	m²	3,26	6,79	15,75	3,26	6,79	15,75
461	Aufzugsanlagen	m²	1,11	5,70	14,71	1,11	5,70	14,71
379	Baukonstr. Einbauten, sonstiges	m²	–	5,33	–	–	5,33	–
336	Außenwandbekleidungen innen	m²	10,39	14,95	19,51	0,26	5,11	7,28
392	Gerüste	m²	0,31	4,69	7,04	0,31	4,69	7,04
465	Krananlagen	m²	–	4,28	–	–	4,28	–
454	Elektroakustische Anlagen	m²	2,33	3,90	5,47	2,33	3,90	5,47
419	Abwasser-, Wasser- und Gasanlagen, sonstiges	m²	1,60	3,63	5,65	1,60	3,63	5,65

Kosten:
Stand 2.Quartal 2018
Bundesdurchschnitt
inkl. 19% MwSt.

▷ von
Ø Mittel
◁ bis

Kostenkennwerte für Leistungsbereiche nach StLB (Kosten des Bauwerks nach DIN 276)

LB	Leistungsbereiche	▷	€/m² BGF	◁	▷	% an 300+400	◁
000	Sicherheits-, Baustelleneinrichtungen inkl. 001	4	10	15	0,5	1,1	1,7
002	Erdarbeiten	–	–	–	–	–	–
006	Spezialtiefbauarbeiten inkl. 005	–	–	–	–	–	–
009	Entwässerungskanalarbeiten inkl. 011	0	4	9	0,0	0,4	1,0
010	Drän- und Versickerungsarbeiten	–	–	–	–	–	–
012	Mauerarbeiten	9	27	46	1,0	3,0	5,1
013	Betonarbeiten	10	18	26	1,1	2,0	2,9
014	Natur-, Betonwerksteinarbeiten	0	1	3	0,0	0,2	0,3
016	Zimmer- und Holzbauarbeiten	–	14	–	–	1,5	–
017	Stahlbauarbeiten	1	9	9	0,1	1,0	1,0
018	Abdichtungsarbeiten	–	0	–	–	0,0	–
020	Dachdeckungsarbeiten	–	11	–	–	1,3	–
021	Dachabdichtungsarbeiten	–	0	–	–	0,1	–
022	Klempnerarbeiten	1	23	23	0,1	2,5	2,5
	Rohbau	48	118	207	5,4	13,2	23,0
023	Putz- und Stuckarbeiten, Wärmedämmsysteme	8	17	17	0,9	1,9	1,9
024	Fliesen- und Plattenarbeiten	4	13	23	0,4	1,5	2,6
025	Estricharbeiten	10	25	25	1,1	2,8	2,8
026	Fenster, Außentüren inkl. 029, 032	31	90	90	3,4	10,0	10,0
027	Tischlerarbeiten	1	6	6	0,1	0,7	0,7
028	Parkettarbeiten, Holzpflasterarbeiten	–	4	–	–	0,4	–
030	Rollladenarbeiten	–	0	–	–	0,0	–
031	Metallbauarbeiten inkl. 035	17	78	139	1,9	8,6	15,4
034	Maler- und Lackiererarbeiten inkl. 037	17	29	41	1,9	3,3	4,5
036	Bodenbelagarbeiten	4	33	65	0,4	3,7	7,2
038	Vorgehängte hinterlüftete Fassaden	–	–	–	–	–	–
039	Trockenbauarbeiten	56	77	99	6,2	8,5	11,0
	Ausbau	352	375	375	39,1	41,7	41,7
040	Wärmeversorgungsanl. - Betriebseinr. inkl. 041	40	59	79	4,4	6,6	8,7
042	Gas- und Wasserinstallation, Leitungen inkl. 043	10	18	18	1,1	2,0	2,0
044	Abwasserinstallationsarbeiten - Leitungen	4	6	6	0,4	0,7	0,7
045	GWA-Einrichtungsgegenstände inkl. 046	8	14	14	0,9	1,5	1,5
047	Dämmarbeiten an betriebstechnischen Anlagen	2	10	19	0,3	1,1	2,2
049	Feuerlöschanlagen, Feuerlöschgeräte	–	10	–	–	1,1	–
050	Blitzschutz- und Erdungsanlagen	0	1	1	0,0	0,1	0,1
053	Niederspannungsanlagen inkl. 052, 054	39	54	67	4,3	6,0	7,4
055	Ersatzstromversorgungsanlagen	–	–	–	–	–	–
057	Gebäudesystemtechnik	–	–	–	–	–	–
058	Leuchten und Lampen inkl. 059	22	40	40	2,5	4,4	4,4
060	Elektroakustische Anlagen, Sprechanlagen	0	3	8	0,0	0,4	0,8
061	Kommunikationsnetze, inkl. 062	1	3	5	0,1	0,4	0,6
063	Gefahrenmeldeanlagen	1	6	11	0,1	0,7	1,3
069	Aufzüge	0	4	4	0,1	0,4	0,4
070	Gebäudeautomation	–	1	–	–	0,2	–
075	Raumlufttechnische Anlagen	69	102	134	7,7	11,4	14,9
	Technische Anlagen	275	332	390	30,5	36,9	43,4
084	Abbruch- und Rückbauarbeiten	12	40	63	1,4	4,5	7,0
	Sonstige Leistungsbereiche inkl. 008, 033, 051	7	37	67	0,7	4,1	7,5

© BKI Baukosteninformationszentrum; Erläuterungen zu den Tabellen siehe Seite 28   Kosten: 2.Quartal 2018, Bundesdurchschnitt, inkl. 19% MwSt.

Umbauten

Gewerbegebäude

Objektübersicht zur Gebäudeart

7300-0064 Montagewerkstatt, Umnutzung

BRI 4.000m³ **BGF** 759m² **NUF** 662m²

Baujahr: 1992
Bauzustand: mittel
Aufwand: mittel
Nutzung während der Bauzeit: nein
Nutzungsänderung: ja
Grundrissänderungen: einige
Tragwerkseingriffe: wenige

Land: Mecklenburg-Vorpommern
Kreis: Mecklenburgische Seenplatte
Standard: Durchschnitt
Bauzeit: 69 Wochen
Kennwerte: bis 3. Ebene DIN276
veröffentlicht: BKI Objektdaten A8

BGF 743 €/m²

€/m² BGF
min   490 €/m²
von   590 €/m²
Mittel   900 €/m²
bis   1.060 €/m²
max   1.120 €/m²

Kosten:
Stand 2.Quartal 2018
Bundesdurchschnitt
inkl. 19% MwSt.

Planung: atelier05 Dipl.-Ing. Thomas Wittenburg; Jürgenshagen

Arbeitsplätze für Menschen mit Behinderung für Montage von Kleineisenteilen, Konfektionieren und Verpacken von diversen Produkten, CD-Vernichtung; behindertengerechter Umbau. **Kosteneinfluss Nutzung:** Die Montagewerkstatt wurde behindertengerecht umgebaut und bietet Arbeitsplätze für Menschen mit Behinderung.

Bauwerk - Baukonstruktionen
Herstellen: Bodenbeläge 23%, Dachkonstruktionen 11%, Außentüren und -fenster 10%, Innentüren und -fenster 8%, Nichttragende Innenwände 7%, Elementierte Innenwände 6%, Tragende Außenwände 6%
Wiederherstellen: Dachbekleidungen 8%
Sonstige: 21%

Bauwerk - Technische Anlagen
Herstellen: Lüftungsanlagen 29%, Küchentechnische Anlagen 12%, Wasseranlagen 9%, Wärmeverteilnetze 8%, Medienversorgungsanlagen 7%, Raumheizflächen 6%, Niederspannungsinstallationsanlagen 6%
Sonstige: 22%

7200-0061 Geschäftshaus, Café, Büros

BRI 2.952m³ **BGF** 911m² **NUF** 645m²

Baujahr: 1951
Bauzustand: schlecht
Aufwand: mittel
Nutzung während der Bauzeit: nein
Nutzungsänderung: ja
Grundrissänderungen: umfangreiche
Tragwerkseingriffe: einige

Land: Baden-Württemberg
Kreis: Ulm
Standard: Durchschnitt
Bauzeit: 8 Wochen
Kennwerte: bis 3. Ebene DIN276
veröffentlicht: BKI Objektdaten A6

BGF 937 €/m²

Planung: Seidel : Architekten Dipl.-Ing. Josef H. Seidel; Ulm-Lehr

Umbau eines Wohn- und Geschäftshauses, Einbau eines Ladencafés (163 Sitzplätze), Büro- und Konferenzräume (4 Mitarbeiter). Instandsetzungen an Wänden und Decken. Modernisierung der Heizungsanlage. **Kosteneinfluss Grundstück:** Das Grundstück liegt in einer Fußgängerzone.

Bauwerk - Baukonstruktionen
Herstellen: Elementierte Außenwände 40%, Außentüren und -fenster 10%, Nichttragende Innenwände 9%, Deckenbeläge 8%, Deckenkonstruktionen 5%
Wiederherstellen: Außenwandbekleidungen außen 7%
Sonstige: 22%

Bauwerk - Technische Anlagen
Herstellen: Lüftungsanlagen 30%, Niederspannungsinstallationsanlagen 18%, Wärmeerzeugungsanlagen 9%, Wärmeverteilnetze 9%, Wasseranlagen 8%, Raumheizflächen 5%
Sonstige: 20%

Objektübersicht zur Gebäudeart

7200-0036 Geschäftshaus, Laden

BRI 2.155m³   **BGF** 535m²   **NUF** 440m²

Land: Bayern
Kreis: München
Standard: Durchschnitt
Bauzeit: 13 Wochen
Kennwerte: bis 3. Ebene DIN276
veröffentlicht: BKI Objektdaten A2

BGF   **1.123 €/m²**

Planung: Fendt-Fikentscher-Cole Architekten; München

Neugestaltung eines Buchladens im Erd- und Untergeschoss eines Geschäftshauses in einer Fußgängerzone.
Kosteneinfluss Nutzung: Als Bezugsgrößen wurden nur die Flächen und das Volumen des umgebauten Ladens angegeben.
Kosteneinfluss Grundstück: Sehr beengter Bauraum im Untergeschoss und Erdgeschoss eines bestehenden Gebäudes in der Fußgängerzone in der Innenstadt.

Bauwerk - Baukonstruktionen
Abbrechen: Materialentsorgung 5%
Herstellen: Deckenkonstruktionen 31%, Deckenbeläge 16%, Deckenbekleidungen 16%, Außentüren und -fenster 8%, Innenwandbekleidungen 4%
Sonstige: 22%

Bauwerk - Technische Anlagen
Herstellen: Teilklimaanlagen 36%, Beleuchtungsanlagen 22%, Wasseranlagen 10%, Feuerlöschanlagen 10%
Sonstige: 22%

7300-0014 Produktions- und Bürogebäude

BRI 193.018m³   **BGF** 27.358m²   **NUF** 20.914m²

Land: Thüringen
Kreis: Jena
Standard: Durchschnitt
Bauzeit: 65 Wochen
Kennwerte: bis 3. Ebene DIN276
veröffentlicht: www.bki.de

BGF   **1.060 €/m²**

Umbau einer vorhandenen Industriehalle zur Nutzung durch 6 verschiedene Betriebe. **Kosteneinfluss Nutzung:** Umnutzung und Sanierung einer vorhandenen Industriehalle, daher keine Kosten für Baugrube. **Kosteneinfluss Grundstück:** Vorhandenes Firmengelände.

Bauwerk - Baukonstruktionen
Elementierte Außenwände 18%, Dachbeläge 14%, Bodenbeläge 12%, Dachfenster, Dachöffnungen 7%, Abbruchmaßnahmen 6%, Tragende Innenwände 5%, Dachkonstruktionen 5%, Innenwandbekleidungen 4%, Nichttragende Innenwände 3%, Deckenkonstruktionen 3%
Sonstige: 22%

Bauwerk - Technische Anlagen
Niederspannungsinstallationsanlagen 17%, Beleuchtungsanlagen 13%, Wärmeerzeugungsanlagen 11%, Lüftungsanlagen 11%, Wasseranlagen 6%, Medienversorgungsanlagen 6%, Prozesswärme -, -kälte- und -luftanlagen 5%, Gefahrenmelde- und Alarmanlagen 5%, Abwasseranlagen 4%
Sonstige: 23%

Umbauten

Gewerbegebäude

€/m² BGF

min	490	€/m²
von	590	€/m²
Mittel	**900**	**€/m²**
bis	1.060	€/m²
max	1.120	€/m²

Kosten:
Stand 2.Quartal 2018
Bundesdurchschnitt
inkl. 19% MwSt.

Objektübersicht zur Gebäudeart

7300-0063 Betriebs- und Werkstattgebäude

BRI 6.697m³ **BGF** 1.951m² **NUF** 1.632m²

Bauzustand: mittel
Aufwand: mittel
Nutzung während der Bauzeit: nein
Nutzungsänderung: ja
Grundrissänderungen: einige
Tragwerkseingriffe: wenige

Land: Hamburg
Kreis: Hamburg
Standard: Durchschnitt
Bauzeit: 21 Wochen
Kennwerte: bis 1. Ebene DIN276
veröffentlicht: BKI Objektdaten A7

BGF 492 €/m²

Planung: güldenzopf rohrberg architektur & design; Hamburg

Umbau eines dreigeschossigen Bestandsgebäudes (Baujahr 1900). Die Maßnahme beschränkt sich auf den Mieterausbau im EG und 1.OG. Hier insbesondere die nichttragenden Innenwände, Brandschutzmaßnahmen, Erneuerung der Raumoberflächen und Installation der für die Produktion notwendigen Technischen Anlagen. Die Tragkonstruktion und die Fassade werden nicht verändert.

7500-0017 Bankfiliale

BRI 1.982m³ **BGF** 507m² **NUF** 444m²

Baujahr: 1996
Bauzustand: gut
Aufwand: hoch
Nutzung während der Bauzeit: nein
Grundrissänderungen: keine
Tragwerkseingriffe: keine

Land: Thüringen
Kreis: Erfurt
Standard: über Durchschnitt
Bauzeit: 8 Wochen
Kennwerte: bis 1. Ebene DIN276
veröffentlicht: BKI Objektdaten A2

BGF 1.046 €/m²

Planung: Thomas Erfurt Dipl.-Ing. Architekt BDA; Erfurt

Ausbau für eine Bankfiliale im Erd- und Untergeschoss eines Gebäudes, das ein Jahr zuvor in den übrigen Geschossen fertiggestellt wurde.

Umbau

Umbauten

Gebäude anderer Art

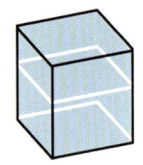

Kostenkennwerte für die Kosten des Bauwerks (Kostengruppen 300+400 nach DIN 276)

BRI 405 €/m³
von 260 €/m³
bis 595 €/m³

BGF 1.650 €/m²
von 1.170 €/m²
bis 2.350 €/m²

NUF 2.570 €/m²
von 1.860 €/m²
bis 3.230 €/m²

Kosten:
Stand 2. Quartal 2018
Bundesdurchschnitt
inkl. 19% MwSt.

Objektbeispiele

6400-0092

6400-0069

9100-0079

Kosten der 10 Vergleichsobjekte — Seiten 244 bis 247

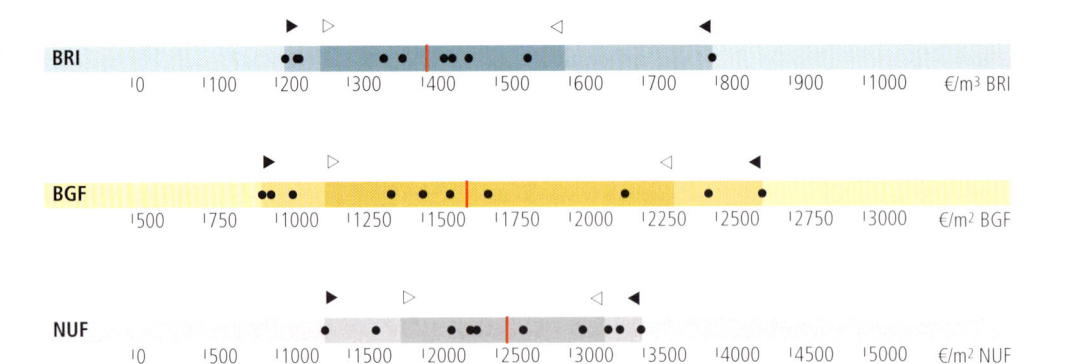

- ● KKW
- ▶ min
- ▷ von
- | Mittelwert
- ◁ bis
- ◀ max

BRI — €/m³ BRI
BGF — €/m² BGF
NUF — €/m² NUF

© BKI Baukosteninformationszentrum; Erläuterungen zu den Tabellen siehe Seite 22
Kosten: 2. Quartal 2018, Bundesdurchschnitt, **inkl. 19% MwSt.**

Kostenkennwerte für die Kostengruppen der 1. und 2. Ebene DIN 276

KG	Kostengruppen der 1. Ebene	Einheit	▷	€/Einheit	◁	▷	% an 300+400	◁
100	Grundstück	m² GF	–	–	–	–	–	–
200	Herrichten und Erschließen	m² GF	11	**23**	46	0,3	**1,5**	5,0
300	Bauwerk - Baukonstruktionen	m² BGF	892	**1.273**	1.928	66,1	**76,7**	84,4
400	Bauwerk - Technische Anlagen	m² BGF	224	**378**	606	15,6	**23,3**	33,9
	Bauwerk (300+400)	m² BGF	1.171	**1.651**	2.354		**100,0**	
500	Außenanlagen	m² AF	45	**171**	326	1,1	**3,5**	5,0
600	Ausstattung und Kunstwerke	m² BGF	8	**28**	88	0,6	**2,7**	8,9
700	Baunebenkosten	m² BGF	–	–	–	–	–	–

KG	Kostengruppen der 2. Ebene	Einheit	▷	€/Einheit	◁	▷	% an 300	◁
310	Baugrube	m³ BGI	80	**126**	199	0,4	**1,9**	3,3
320	Gründung	m² GRF	188	**283**	317	3,6	**6,3**	9,5
330	Außenwände	m² AWF	374	**447**	520	26,0	**30,8**	42,7
340	Innenwände	m² IWF	161	**223**	251	14,2	**16,9**	20,3
350	Decken	m² DEF	274	**385**	502	10,2	**21,5**	31,2
360	Dächer	m² DAF	119	**267**	407	6,8	**15,6**	39,7
370	Baukonstruktive Einbauten	m² BGF	0	**3**	6	0,0	**0,2**	0,6
390	Sonstige Baukonstruktionen	m² BGF	58	**72**	84	5,4	**6,8**	8,0
300	**Bauwerk Baukonstruktionen**	**m² BGF**					**100,0**	

KG	Kostengruppen der 2. Ebene	Einheit	▷	€/Einheit	◁	▷	% an 400	◁
410	Abwasser, Wasser, Gas	m² BGF	31	**50**	71	11,8	**13,5**	18,1
420	Wärmeversorgungsanlagen	m² BGF	44	**76**	103	16,2	**21,3**	34,9
430	Lufttechnische Anlagen	m² BGF	8	**22**	48	1,4	**6,4**	21,1
440	Starkstromanlagen	m² BGF	65	**97**	135	17,0	**27,5**	32,2
450	Fernmeldeanlagen	m² BGF	16	**59**	189	5,0	**13,1**	36,4
460	Förderanlagen	m² BGF	38	**39**	40	0,0	**5,7**	13,4
470	Nutzungsspezifische Anlagen	m² BGF	1	**83**	248	0,2	**9,9**	38,8
480	Gebäudeautomation	m² BGF	3	**9**	22	0,1	**1,4**	2,9
490	Sonstige Technische Anlagen	m² BGF	1	**8**	20	0,2	**1,1**	3,8
400	**Bauwerk Technische Anlagen**	**m² BGF**					**100,0**	

Prozentanteile der Kosten der 2. Ebene an den Kosten des Bauwerks nach DIN 276 (Von-, Mittel-, Bis-Werte)

KG		%
310	Baugrube	1,4
320	Gründung	4,9
330	Außenwände	23,1
340	Innenwände	12,3
350	Decken	15,1
360	Dächer	12,4
370	Baukonstruktive Einbauten	0,1
390	Sonstige Baukonstruktionen	5,1
410	Abwasser, Wasser, Gas	3,3
420	Wärmeversorgungsanlagen	5,2
430	Lufttechnische Anlagen	1,1
440	Starkstromanlagen	6,6
450	Fernmeldeanlagen	3,8
460	Förderanlagen	1,2
470	Nutzungsspezifische Anlagen	3,6
480	Gebäudeautomation	0,4
490	Sonstige Technische Anlagen	0,4

© **BKI** Baukosteninformationszentrum; Erläuterungen zu den Tabellen siehe Seite 24   Kosten: 2.Quartal 2018, Bundesdurchschnitt, **inkl. 19% MwSt.**

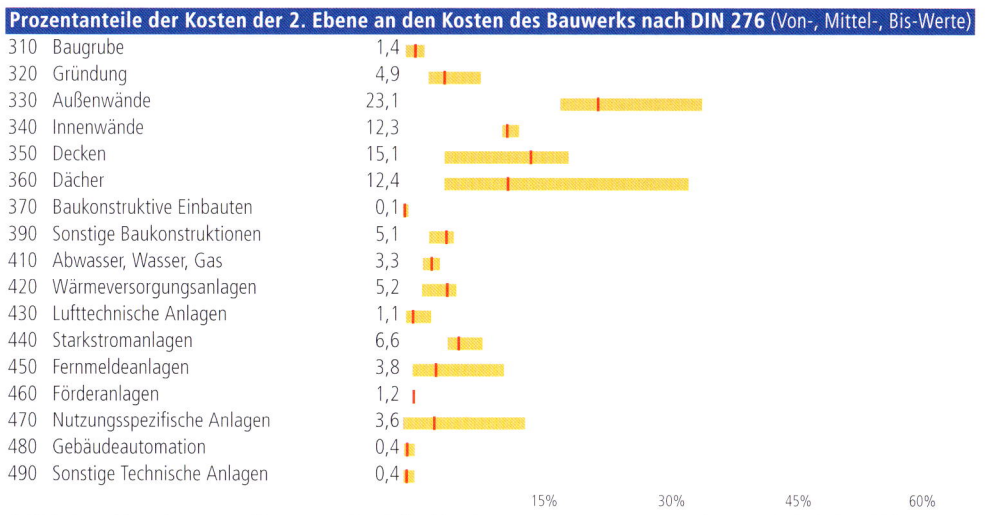

Umbauten

Gebäude anderer Art

Kostenkennwerte für die Kostengruppen der 3. Ebene DIN 276

KG	Kostengruppen der 3. Ebene	Einheit	▷	Ø €/Einheit	◁	▷	Ø €/m² BGF	◁
471	Küchentechnische Anlagen	m²	–	248,07	–	–	248,07	–
351	Deckenkonstruktionen	m²	55,40	267,93	356,37	36,24	106,99	175,70
334	Außentüren und -fenster	m²	781,63	918,20	1.309,02	13,61	90,25	121,97
361	Dachkonstruktionen	m²	43,86	105,97	278,82	16,34	89,61	308,68
352	Deckenbeläge	m²	91,58	148,58	191,45	18,07	84,26	107,61
335	Außenwandbekleidungen außen	m²	89,49	120,65	153,76	29,07	77,89	97,84
331	Tragende Außenwände	m²	188,57	249,97	315,37	55,52	69,68	111,30
337	Elementierte Außenwände	m²	523,40	631,10	738,80	16,90	65,50	114,10
363	Dachbeläge	m²	125,77	151,58	225,98	25,37	65,27	172,68
344	Innentüren und -fenster	m²	700,74	793,37	860,25	45,64	63,82	80,55
346	Elementierte Innenwände	m²	–	654,38	–	–	56,70	–
345	Innenwandbekleidungen	m²	21,61	37,59	43,20	37,50	49,68	80,74
444	Niederspannungsinstallationsanl.	m²	35,64	47,81	80,33	35,64	47,81	80,33
461	Aufzugsanlagen	m²	37,73	39,01	40,29	37,73	39,01	40,29
336	Außenwandbekleidungen innen	m²	48,66	69,59	93,31	16,30	36,94	47,60
445	Beleuchtungsanlagen	m²	20,72	36,13	56,39	20,72	36,13	56,39
353	Deckenbekleidungen	m²	41,57	52,17	71,99	20,23	28,74	42,83
391	Baustelleneinrichtung	m²	17,20	28,34	39,24	17,20	28,34	39,24
421	Wärmeerzeugungsanlagen	m²	17,14	26,82	37,06	17,14	26,82	37,06
392	Gerüste	m²	11,57	26,21	43,08	11,57	26,21	43,08
423	Raumheizflächen	m²	10,13	26,04	41,76	10,13	26,04	41,76
325	Bodenbeläge	m²	119,85	187,67	371,85	16,75	25,99	53,61
411	Abwasseranlagen	m²	10,19	23,50	39,78	10,19	23,50	39,78
341	Tragende Innenwände	m²	92,34	155,68	232,27	15,36	23,36	31,17
311	Baugrubenherstellung	m³	55,98	117,61	160,93	11,92	23,34	30,14
412	Wasseranlagen	m²	15,16	22,72	29,46	15,16	22,72	29,46
322	Flachgründungen	m²	92,02	168,93	306,89	1,02	21,41	44,25
342	Nichttragende Innenwände	m²	65,32	87,66	109,15	6,23	20,92	37,68
491	Baustelleneinrichtung	m²	–	19,59	–	–	19,59	–
364	Dachbekleidungen	m²	26,14	48,18	109,40	10,64	19,03	36,41
422	Wärmeverteilnetze	m²	9,56	18,87	28,31	9,56	18,87	28,31
431	Lüftungsanlagen	m²	3,27	18,17	47,93	3,27	18,17	47,93
359	Decken, sonstiges	m²	7,68	23,64	48,37	5,04	16,79	37,03
324	Unterböden und Bodenplatten	m²	56,79	76,02	101,33	13,17	16,77	27,56
443	Niederspannungsschaltanlagen	m²	10,08	15,51	20,93	10,08	15,51	20,93
434	Kälteanlagen	m²	–	10,89	–	–	10,89	–
362	Dachfenster, Dachöffnungen	m²	658,99	1.323,03	1.655,85	3,21	10,31	22,80
393	Sicherungsmaßnahmen	m²	2,63	8,64	19,95	2,63	8,64	19,95
397	Zusätzliche Maßnahmen	m²	3,79	8,48	13,10	3,79	8,48	13,10
338	Sonnenschutz	m²	77,25	122,06	166,87	2,68	8,08	13,47
339	Außenwände, sonstiges	m²	8,01	10,88	16,56	6,52	7,72	8,38
343	Innenstützen	m	152,42	227,54	448,73	5,16	7,23	9,75
482	Schaltschränke	m²	–	7,19	–	–	7,19	–
457	Übertragungsnetze	m²	2,83	6,49	8,33	2,83	6,49	8,33
481	Automationssysteme	m²	2,68	6,37	13,04	2,68	6,37	13,04
398	Provisorische Baukonstruktionen	m²	–	5,89	–	–	5,89	–
446	Blitzschutz- und Erdungsanlagen	m²	2,97	5,48	7,98	2,97	5,48	7,98
429	Wärmeversorgungsanl., sonstiges	m²	2,52	5,16	10,43	2,52	5,16	10,43
456	Gefahrenmelde- und Alarmanlagen	m²	1,61	5,01	11,42	1,61	5,01	11,42

Kosten:
Stand 2.Quartal 2018
Bundesdurchschnitt
inkl. 19% MwSt.

▷ von
Ø Mittel
◁ bis

Kostenkennwerte für Leistungsbereiche nach StLB (Kosten des Bauwerks nach DIN 276)

LB	Leistungsbereiche	▷ €/m² BGF ◁			▷ % an 300+400 ◁		
000	Sicherheits-, Baustelleneinrichtungen inkl. 001	74	**74**	84	4,5	**4,5**	5,1
002	Erdarbeiten	32	**32**	42	1,9	**1,9**	2,6
006	Spezialtiefbauarbeiten inkl. 005	–	**1**	–	–	**0,1**	–
009	Entwässerungskanalarbeiten inkl. 011	0	**3**	7	0,0	**0,2**	0,4
010	Drän- und Versickerungsarbeiten	0	**3**	6	0,0	**0,2**	0,4
012	Mauerarbeiten	63	**86**	86	3,8	**5,2**	5,2
013	Betonarbeiten	58	**104**	150	3,5	**6,3**	9,1
014	Natur-, Betonwerksteinarbeiten	1	**40**	84	0,1	**2,4**	5,1
016	Zimmer- und Holzbauarbeiten	46	**99**	99	2,8	**6,0**	6,0
017	Stahlbauarbeiten	0	**16**	33	0,0	**1,0**	2,0
018	Abdichtungsarbeiten	8	**25**	25	0,5	**1,5**	1,5
020	Dachdeckungsarbeiten	20	**65**	65	1,2	**3,9**	3,9
021	Dachabdichtungsarbeiten	1	**3**	3	0,0	**0,2**	0,2
022	Klempnerarbeiten	5	**10**	10	0,3	**0,6**	0,6
	Rohbau	**436**	**561**	**689**	**26,4**	**33,9**	**41,7**
023	Putz- und Stuckarbeiten, Wärmedämmsysteme	84	**119**	154	5,1	**7,2**	9,4
024	Fliesen- und Plattenarbeiten	18	**20**	22	1,1	**1,2**	1,3
025	Estricharbeiten	36	**49**	63	2,2	**3,0**	3,8
026	Fenster, Außentüren inkl. 029, 032	104	**104**	130	6,3	**6,3**	7,8
027	Tischlerarbeiten	26	**45**	45	1,6	**2,7**	2,7
028	Parkettarbeiten, Holzpflasterarbeiten	–	**9**	–	–	**0,5**	–
030	Rollladenarbeiten	2	**6**	6	0,1	**0,3**	0,3
031	Metallbauarbeiten inkl. 035	60	**122**	122	3,6	**7,4**	7,4
034	Maler- und Lackiererarbeiten inkl. 037	28	**39**	51	1,7	**2,4**	3,1
036	Bodenbelagarbeiten	2	**18**	33	0,1	**1,1**	2,0
038	Vorgehängte hinterlüftete Fassaden	–	**–**	–	–	**–**	–
039	Trockenbauarbeiten	68	**75**	75	4,1	**4,5**	4,5
	Ausbau	**564**	**612**	**660**	**34,2**	**37,0**	**40,0**
040	Wärmeversorgungsanl. - Betriebseinr. inkl. 041	75	**75**	90	4,6	**4,6**	5,4
042	Gas- und Wasserinstallation, Leitungen inkl. 043	9	**14**	18	0,5	**0,9**	1,1
044	Abwasserinstallationsarbeiten - Leitungen	4	**14**	14	0,3	**0,8**	0,8
045	GWA-Einrichtungsgegenstände inkl. 046	15	**15**	16	0,9	**0,9**	1,0
047	Dämmarbeiten an betriebstechnischen Anlagen	4	**15**	30	0,2	**0,9**	1,8
049	Feuerlöschanlagen, Feuerlöschgeräte	0	**1**	1	0,0	**0,0**	0,1
050	Blitzschutz- und Erdungsanlagen	3	**7**	11	0,2	**0,4**	0,7
053	Niederspannungsanlagen inkl. 052, 054	51	**60**	60	3,1	**3,6**	3,6
055	Ersatzstromversorgungsanlagen	–	**–**	–	–	**–**	–
057	Gebäudesystemtechnik	–	**–**	–	–	**–**	–
058	Leuchten und Lampen inkl. 059	29	**39**	39	1,8	**2,4**	2,4
060	Elektroakustische Anlagen, Sprechanlagen	1	**4**	6	0,0	**0,2**	0,4
061	Kommunikationsnetze, inkl. 062	5	**8**	11	0,3	**0,5**	0,7
063	Gefahrenmeldeanlagen	5	**52**	52	0,3	**3,1**	3,1
069	Aufzüge	0	**20**	41	0,0	**1,2**	2,5
070	Gebäudeautomation	1	**6**	6	0,1	**0,4**	0,4
075	Raumlufttechnische Anlagen	3	**30**	56	0,2	**1,8**	3,4
	Technische Anlagen	**257**	**360**	**464**	**15,6**	**21,8**	**28,1**
084	Abbruch- und Rückbauarbeiten	37	**82**	127	2,3	**4,9**	7,7
	Sonstige Leistungsbereiche inkl. 008, 033, 051	4	**44**	44	0,2	**2,7**	2,7

© BKI Baukosteninformationszentrum; Erläuterungen zu den Tabellen siehe Seite 28   Kosten: 2.Quartal 2018, Bundesdurchschnitt, **inkl. 19% MwSt.**

Umbauten

Gebäude anderer Art

€/m² BGF

min	950	€/m²
von	1.170	€/m²
Mittel	**1.650**	**€/m²**
bis	2.350	€/m²
max	2.660	€/m²

Kosten:
Stand 2.Quartal 2018
Bundesdurchschnitt
inkl. 19% MwSt.

Objektübersicht zur Gebäudeart

6400-0092 Familienzentrum

BRI 4.578m³   **BGF** 1.442m²   **NUF** 805m²

Baujahr: 1906
Bauzustand: schlecht
Aufwand: hoch
Nutzung während der Bauzeit: nein
Nutzungsänderung: ja
Grundrissänderungen: umfangreiche
Tragwerkseingriffe: umfangreiche

Land: Brandenburg
Kreis: Prignitz
Standard: Durchschnitt
Bauzeit: 60 Wochen
Kennwerte: bis 3. Ebene DIN276
vorgesehen: BKI Objektdaten A11

BGF 1.722 €/m²

Planung: °pha Architekten BDA Banniza, Hermann, Öchsner PartGmbB; Potsdam

Umbau von zwei denkmalgeschützten Wohnhäusern zu einem Familienzentrum mit Cafeteria, Gastronomieküche, Verwaltung, Beratungs- und Therapieräumen **Kosteneinfluss Nutzung:** Auflagen für Denkmalschutz, Brandschutz, Schallschutz, Gestaltungssatzung

Bauwerk - Baukonstruktionen
Abbrechen: Deckenkonstruktionen 2%
Herstellen: Deckenkonstruktionen 14%, Außentüren und -fenster 11%, Deckenbeläge 10%, Innentüren und -fenster 8%, Innenwandbekleidungen 6%, Dachbekleidungen 3%, Dachbeläge 3%, Außenwandbekleidungen innen 3%, Baugrubenherstellung 3%, Baustelleneinrichtung 3%, Tragende Innenwände 2%, Dachfenster, Dachöffnungen 2%
Wiederherstellen: Tragende Außenwände 3%
Sonstige: 27%

Bauwerk - Technische Anlagen
Herstellen: Küchentechnische Anlagen 39%, Abwasseranlagen 7%, Niederspannungsinstallationsanlagen 7%, Raumheizflächen 6%, Aufzugsanlagen 6%, Wärmeerzeugungsanlagen 6%, Beleuchtungsanlagen 6%
Sonstige: 23%

9100-0106 Vereinsgebäude

BRI 4.317m³   **BGF** 1.422m²   **NUF** 891m²

Baujahr: 1890
Bauzustand: schlecht
Aufwand: hoch
Nutzung während der Bauzeit: nein
Nutzungsänderung: ja
Grundrissänderungen: umfangreiche
Tragwerkseingriffe: umfangreiche

Land: Sachsen
Kreis: Erzgebirgskreis
Standard: über Durchschnitt
Bauzeit: 65 Wochen
Kennwerte: bis 3. Ebene DIN276
vorgesehen: BKI Objektdaten A11

BGF 1.057 €/m²

Planung: heine l reichold architekten Partnerschaftsgesellschaft mbB; Lichtenstein

Ursprüngliche Nutzung als Bahnhofsgebäude mit vier Wohneinheiten, Büros, Gastronomie. Nach Umbau Zwischennutzung als Ausstellungs-, Veranstaltungs- und Verwaltungsgebäude sowie Nachnutzung als Vereinsgebäude mit Büroflächen, Ausstellungsflächen, Werkstattbereichen und multifunktional bespielbaren Flächen.

Bauwerk - Baukonstruktionen
Herstellen: Außentüren und -fenster 10%, Deckenbeläge 9%, Tragende Außenwände 5%, Innentüren und -fenster 5%, Außenwandbekleidungen innen 5%, Baustelleneinrichtung 5%, Deckenbekleidungen 5%, Dachbeläge 4%, Innenwandbekleidungen 4%, Baugrubenherstellung 3%, Deckenkonstruktionen 2%, Außenwandbekleidungen außen 2%
Wiederherstellen: Außenwandbekleidungen außen 9%, Tragende Außenwände 7%
Sonstige: 24%

Bauwerk - Technische Anlagen
Herstellen: Niederspannungsinstallationsanlagen 21%, Wärmeverteilnetze 16%, Wasseranlagen 11%, Wärmeerzeugungsanlagen 10%, Beleuchtungsanlagen 10%, Raumheizflächen 7%
Sonstige: 25%

Objektübersicht zur Gebäudeart

6400-0069 Dorfgemeinschaftshaus

BRI 4.822m³   **BGF** 683m²   **NUF** 467m²

Baujahr: 1800
Bauzustand: mittel
Aufwand: hoch
Nutzung während der Bauzeit: nein
Nutzungsänderung: nein
Grundrissänderungen: umfangreiche
Tragwerkseingriffe: keine

Land: Rheinland-Pfalz
Kreis: Mainz-Bingen
Standard: Durchschnitt
Bauzeit: 199 Wochen
Kennwerte: bis 3. Ebene DIN276
veröffentlicht: BKI Objektdaten A8

BGF   1.501 €/m²

Planung: Architekturbüro Prowald-Dapprich; Hillesheim

Umbau einer Scheune in ein Dorfgemeinschaftshaus (180 Sitzplätze) **Kosteneinfluss Nutzung:** Die Gewerke Heizung, Lüftung und Sanitär wurden in Eigenleistung erbracht. Die in dieser Dokumentation aufgeführten Kosten dieser Gewerke umfassen nur die Materiallieferungen.

Bauwerk - Baukonstruktionen
Herstellen: Dachkonstruktionen 24%, Dachbeläge 13%, Elementierte Außenwände 9%, Außenwandbekleidungen außen 6%, Elementierte Innenwände 4%, Deckenkonstruktionen 4%, Bodenbeläge 4%, Flachgründungen 4%, Gerüste 4%, Tragende Außenwände 3%, Innentüren und -fenster 3%
Sonstige: 20%

Bauwerk - Technische Anlagen
Herstellen: Lüftungsanlagen 21%, Aufzugsanlagen 17%, Niederspannungsinstallationsanlagen 13%, Beleuchtungsanlagen 11%, Wärmeerzeugungsanlagen 7%, Wasseranlagen 6%, Niederspannungsschaltanlagen 4%
Sonstige: 21%

9100-0047 Stadtmuseum

BRI 2.669m³   **BGF** 719m²   **NUF** 427m²

Baujahr: 1558
Bauzustand: schlecht
Aufwand: hoch
Nutzung während der Bauzeit: nein
Nutzungsänderung: ja
Grundrissänderungen: einige
Tragwerkseingriffe: einige

Land: Sachsen-Anhalt
Kreis: Halle (Saale)
Standard: über Durchschnitt
Bauzeit: 91 Wochen
Kennwerte: bis 3. Ebene DIN276
veröffentlicht: BKI Objektdaten A6

BGF   1.592 €/m²

Planung: Johann-Christian Fromme Freier Architekt; Halle

Umbau einer Druckerei zum Erweiterungsbau des Stadtmuseums. Ausstellungsflächen, Büroräume für 16 Mitarbeiter. **Kosteneinfluss Nutzung:** Das Gebäude wurde seit Jahren nicht benutzt: Schwamm und andere Holzschädigungen in den Deckenbalken, die Außenfenster und die Gebäudetechnik waren unbrauchbar.

Bauwerk - Baukonstruktionen
Abbrechen: Deckenkonstruktionen 5%
Herstellen: Deckenkonstruktionen 12%, Außentüren und -fenster 11%, Deckenbeläge 10%, Außenwandbekleidungen außen 8%, Innentüren und -fenster 7%, Innenwandbekleidungen 4%, Außenwandbekleidungen innen 3%, Decken, sonstiges 3%, Gerüste 3%, Nichttragende Innenwände 2%
Wiederherstellen: Tragende Außenwände 4%
Sonstige: 28%

Bauwerk - Technische Anlagen
Abbrechen: Wärmeerzeugungsanlagen 2%
Herstellen: Niederspannungsinstallationsanlagen 23%, Beleuchtungsanlagen 19%, Raumheizflächen 13%, Wasseranlagen 9%, Abwasseranlagen 8%, Wärmeerzeugungsanlagen 8%, Wärmeverteilnetze 8%, Baustelleneinrichtung 6%
Sonstige: 3%

Umbauten

Gebäude anderer Art

€/m² BGF
min	950	€/m²
von	1.170	€/m²
Mittel	**1.650**	**€/m²**
bis	2.350	€/m²
max	2.660	€/m²

Kosten:
Stand 2.Quartal 2018
Bundesdurchschnitt
inkl. 19% MwSt.

Objektübersicht zur Gebäudeart

9100-0135 Seminar- und Veranstaltungsraum   BRI 3.400m³   BGF 817m²   NUF 583m²

Baujahr: 1850
Bauzustand: mittel
Aufwand: mittel
Nutzung während der Bauzeit: ja
Nutzungsänderung: ja
Grundrissänderungen: wenige
Tragwerkseingriffe: wenige

Land: Saarland
Kreis: Saarlouis
Standard: Durchschnitt
Bauzeit: 65 Wochen
Kennwerte: bis 1. Ebene DIN276
veröffentlicht: BKI Objektdaten A10

BGF   951 €/m²

Planung: Architekturbüro Steffen; Überherrn
Umbau Marstall zum Veranstaltungs- und Seminarraum (128 Sitzplätze)

9100-0108 Atelier   BRI 151m³   BGF 45m²   NUF 34m²

Baujahr: 1950
Bauzustand: schlecht
Aufwand: hoch
Nutzung während der Bauzeit: nein
Nutzungsänderung: ja
Grundrissänderungen: wenige
Tragwerkseingriffe: wenige

Land: Niedersachsen
Kreis: Verden
Standard: über Durchschnitt
Bauzeit: 8 Wochen
Kennwerte: bis 1. Ebene DIN276
veröffentlicht: BKI Objektdaten A10

BGF   2.656 €/m²

Planung: Püffel Architekten; Bremen
Atelier mit Arbeitsraum, Technik- und Abstellraum.

9100-0104 Heimatmuseum   BRI 566m³   BGF 179m²   NUF 107m²

Baujahr: 1885
Bauzustand: schlecht
Aufwand: hoch
Nutzung während der Bauzeit: nein
Nutzungsänderung: ja
Grundrissänderungen: wenige
Tragwerkseingriffe: wenige

Land: Thüringen
Kreis: Weimarer Land
Standard: Durchschnitt
Bauzeit: 100 Wochen
Kennwerte: bis 1. Ebene DIN276
veröffentlicht: BKI Objektdaten A9

BGF   1.394 €/m²

Planung: Architekturbüro Ludewig; Weimar
Umbau einer Malzdarre (Baujahr 1885) zu einem Heimatmuseum.

Objektübersicht zur Gebäudeart

6400-0073 Bürgerhaus   BRI 1.722m³   BGF 260m²   NUF 192m²

Nutzung während der Bauzeit: nein
Nutzungsänderung: ja

Land: Thüringen
Kreis: Gotha
Standard: Durchschnitt
Bauzeit: 35 Wochen
Kennwerte: bis 1. Ebene DIN276
veröffentlicht: BKI Objektdaten A8

BGF   2.473 €/m²

Planung: B19 ARCHITEKTEN BDA; Barchfeld-Immelborn

Umbau eines stillgelegten Sägewerkes in ein Bürgerhaus. **Kosteneinfluss Nutzung:** Ein ehemaliges Sägewerk mit seitlichem Anbau wird zu einem Gemeindehaus umgebaut. Die Fassade behandelt beide Gebäudeteile gleich, damit das Bürgerhaus als ein Haus wahrgenommen wird. Die Fassade öffnet sich zum Dorfplatz. **Kosteneinfluss Grundstück:** Lage im Ortszentrum der Gemeinde.

9100-0079 Kinder- und Jugendtheater   BRI 14.044m³   BGF 2.973m²   NUF 1.996m²

Bauzustand: mittel
Aufwand: hoch
Nutzung während der Bauzeit: nein
Nutzungsänderung: ja
Grundrissänderungen: umfangreiche
Tragwerkseingriffe: wenige

Land: Brandenburg
Kreis: Cottbus
Standard: Durchschnitt
Bauzeit: 74 Wochen
Kennwerte: bis 1. Ebene DIN276
veröffentlicht: BKI Objektdaten A8

BGF   2.187 €/m²

Planung: Architekturbüro Berger & Fiedler; Cottbus

Umnutzung Fernwärmestation zu Theaterzwecken: zwei Bühnen (215 Plätze), Probenräume und Verwaltung

9100-0031 Stadthalle   BRI 10.967m³   BGF 2.595m²   NUF 1.077m²

Baujahr: 1948
Bauzustand: mittel
Aufwand: hoch
Nutzung während der Bauzeit: ja
Nutzungsänderung: ja
Grundrissänderungen: einige
Tragwerkseingriffe: einige

Land: Thüringen
Kreis: Sondershausen
Standard: Durchschnitt
Bauzeit: 347 Wochen
Kennwerte: bis 1. Ebene DIN276
veröffentlicht: BKI Objektdaten A2

BGF   982 €/m²

Planung: Büchner-Menge + Partner GmbH; Erfurt

Umbau eines Saales zur Nutzung als Theater. **Kosteneinfluss Grundstück:** Hochliegender Grundwasserstand, Nachbarbebauung im Bühnenbereich.

Modernisierungen

Büro- und Verwaltungsgebäude

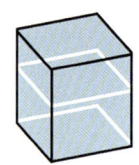

Kostenkennwerte für die Kosten des Bauwerks (Kostengruppen 300+400 nach DIN 276)

BRI 395 €/m³
von 240 €/m³
bis 560 €/m³

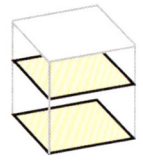

BGF 1.280 €/m²
von 780 €/m²
bis 2.080 €/m²

NUF 1.970 €/m²
von 1.220 €/m²
bis 3.160 €/m²

Objektbeispiele

1300-0178

1300-0154

1300-0132

Kosten:
Stand 2.Quartal 2018
Bundesdurchschnitt
inkl. 19% MwSt.

Kosten der 6 Vergleichsobjekte — Seiten 252 bis 255

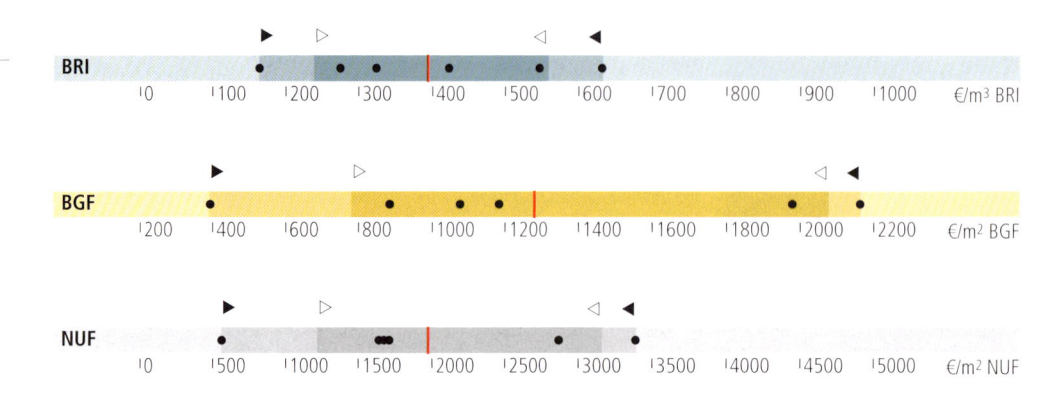

- ● KKW
- ▶ min
- ▷ von
- | Mittelwert
- ◁ bis
- ◀ max

BRI — €/m³ BRI
BGF — €/m² BGF
NUF — €/m² NUF

© BKI Baukosteninformationszentrum; Erläuterungen zu den Tabellen siehe Seite 22
Kosten: 2.Quartal 2018, Bundesdurchschnitt, **inkl. 19% MwSt.**

Kostenkennwerte für die Kostengruppen der 1. und 2. Ebene DIN 276

KG	Kostengruppen der 1. Ebene	Einheit	▷	€/Einheit	◁	▷	% an 300+400	◁
100	Grundstück	m² GF	–	–	–			
200	Herrichten und Erschließen	m² GF	0	3	7	0,0	0,2	0,4
300	Bauwerk - Baukonstruktionen	m² BGF	546	902	1.393	62,3	70,4	78,2
400	Bauwerk - Technische Anlagen	m² BGF	211	378	687	21,8	29,6	37,7
	Bauwerk (300+400)	m² BGF	782	1.280	2.076		100,0	
500	Außenanlagen	m² AF	8	27	61	0,1	0,9	2,0
600	Ausstattung und Kunstwerke	m² BGF	5	64	221	0,5	3,4	11,2
700	Baunebenkosten	m² BGF	–	–	–	–	–	–

KG	Kostengruppen der 2. Ebene	Einheit	▷	€/Einheit	◁	▷	% an 300	◁
310	Baugrube	m³ BGI	44	53	64	0,2	0,8	1,8
320	Gründung	m² GRF	142	229	318	2,9	5,0	7,3
330	Außenwände	m² AWF	298	569	983	16,0	30,7	40,9
340	Innenwände	m² IWF	100	235	348	19,8	27,7	66,6
350	Decken	m² DEF	169	292	414	11,8	16,6	19,1
360	Dächer	m² DAF	396	723	2.150	5,7	11,1	21,6
370	Baukonstruktive Einbauten	m² BGF	6	42	89	1,3	4,2	11,3
390	Sonstige Baukonstruktionen	m² BGF	18	36	62	2,9	3,9	4,9
300	**Bauwerk Baukonstruktionen**	m² BGF					100,0	

KG	Kostengruppen der 2. Ebene	Einheit	▷	€/Einheit	◁	▷	% an 400	◁
410	Abwasser, Wasser, Gas	m² BGF	21	41	60	6,5	12,5	18,8
420	Wärmeversorgungsanlagen	m² BGF	29	59	95	11,6	16,0	18,6
430	Lufttechnische Anlagen	m² BGF	11	32	125	1,7	7,9	14,8
440	Starkstromanlagen	m² BGF	74	140	233	27,2	38,9	44,7
450	Fernmeldeanlagen	m² BGF	19	47	104	7,9	11,0	14,6
460	Förderanlagen	m² BGF	13	31	47	1,4	6,8	21,1
470	Nutzungsspezifische Anlagen	m² BGF	1	30	60	0,0	1,5	8,7
480	Gebäudeautomation	m² BGF	73	75	78	0,0	3,7	11,0
490	Sonstige Technische Anlagen	m² BGF	0	9	17	0,0	1,8	10,4
400	**Bauwerk Technische Anlagen**	m² BGF					100,0	

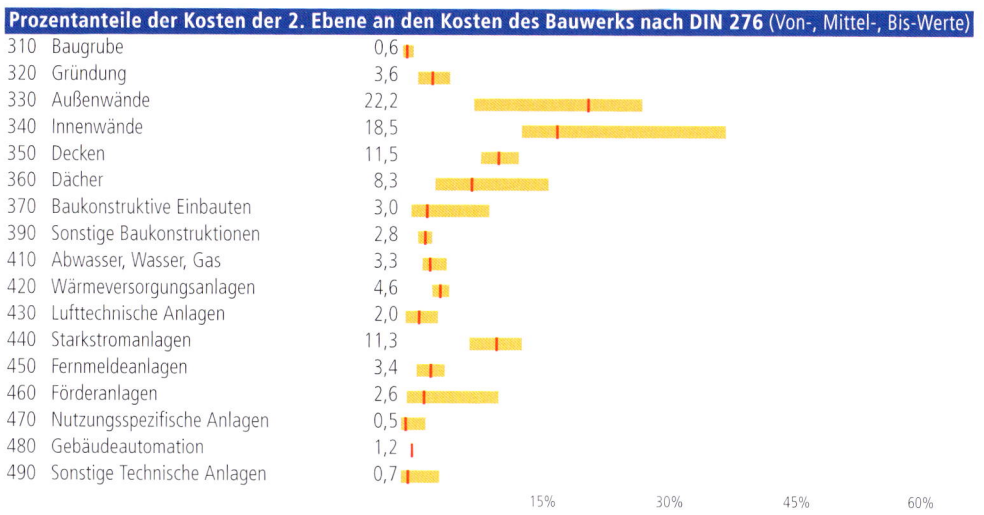

Prozentanteile der Kosten der 2. Ebene an den Kosten des Bauwerks nach DIN 276 (Von-, Mittel-, Bis-Werte)

KG		Mittelwert
310	Baugrube	0,6
320	Gründung	3,6
330	Außenwände	22,2
340	Innenwände	18,5
350	Decken	11,5
360	Dächer	8,3
370	Baukonstruktive Einbauten	3,0
390	Sonstige Baukonstruktionen	2,8
410	Abwasser, Wasser, Gas	3,3
420	Wärmeversorgungsanlagen	4,6
430	Lufttechnische Anlagen	2,0
440	Starkstromanlagen	11,3
450	Fernmeldeanlagen	3,4
460	Förderanlagen	2,6
470	Nutzungsspezifische Anlagen	0,5
480	Gebäudeautomation	1,2
490	Sonstige Technische Anlagen	0,7

© **BKI** Baukosteninformationszentrum; Erläuterungen zu den Tabellen siehe Seite 24   Kosten: 2.Quartal 2018, Bundesdurchschnitt, **inkl. 19% MwSt.**

Modernisierungen

Büro- und Verwaltungsgebäude

Kostenkennwerte für die Kostengruppen der 3. Ebene DIN 276

KG	Kostengruppen der 3. Ebene	Einheit	▷	Ø €/Einheit	◁	▷	Ø €/m² BGF	◁
335	Außenwandbekleidungen außen	m²	184,75	246,05	326,52	108,14	137,51	223,69
337	Elementierte Außenwände	m²	711,79	948,94	1.186,09	2,43	95,58	188,73
334	Außentüren und -fenster	m²	350,23	836,18	1.276,31	23,55	84,61	171,18
444	Niederspannungsinstallationsanl.	m²	48,50	77,94	112,73	48,50	77,94	112,73
481	Automationssysteme	m²	64,29	71,26	78,22	64,29	71,26	78,22
344	Innentüren und -fenster	m²	735,40	930,76	1.062,89	43,08	71,13	117,79
352	Deckenbeläge	m²	107,43	141,99	187,09	39,04	66,02	89,80
361	Dachkonstruktionen	m²	136,32	192,17	244,34	34,49	57,67	117,98
345	Innenwandbekleidungen	m²	27,53	38,02	51,97	39,96	55,72	76,15
363	Dachbeläge	m²	105,23	189,52	257,90	40,31	51,44	59,38
445	Beleuchtungsanlagen	m²	24,36	48,94	103,84	24,36	48,94	103,84
351	Deckenkonstruktionen	m²	195,96	886,36	4.320,92	16,42	44,98	98,93
371	Allgemeine Einbauten	m²	5,18	40,46	88,46	5,18	40,46	88,46
331	Tragende Außenwände	m²	102,00	137,09	172,39	8,32	38,23	62,06
461	Aufzugsanlagen	m²	13,02	30,99	46,81	13,02	30,99	46,81
454	Elektroakustische Anlagen	m²	–	29,97	–	–	29,97	–
475	Feuerlöschanlagen	m²	0,96	28,95	56,93	0,96	28,95	56,93
342	Nichttragende Innenwände	m²	62,17	92,89	134,60	11,05	28,24	45,66
336	Außenwandbekleidungen innen	m²	35,70	66,75	102,72	13,62	27,03	52,10
353	Deckenbekleidungen	m²	40,42	61,14	82,08	18,29	26,55	42,02
431	Lüftungsanlagen	m²	5,56	25,48	78,78	5,56	25,48	78,78
423	Raumheizflächen	m²	11,70	25,13	57,39	11,70	25,13	57,39
338	Sonnenschutz	m²	155,44	258,85	455,94	13,36	24,69	36,36
346	Elementierte Innenwände	m²	318,74	381,86	428,66	4,58	24,64	55,36
325	Bodenbeläge	m²	104,21	129,98	182,97	12,64	24,52	35,85
412	Wasseranlagen	m²	13,51	24,14	42,15	13,51	24,14	42,15
434	Kälteanlagen	m²	–	24,11	–	–	24,11	–
456	Gefahrenmelde- und Alarmanlagen	m²	7,77	23,65	55,77	7,77	23,65	55,77
364	Dachbekleidungen	m²	66,07	85,31	108,06	16,17	21,60	38,65
422	Wärmeverteilnetze	m²	10,80	21,06	33,90	10,80	21,06	33,90
341	Tragende Innenwände	m²	146,41	239,29	650,91	7,24	17,91	38,89
322	Flachgründungen	m²	51,61	132,81	162,11	8,39	17,82	29,70
492	Gerüste	m²	–	17,13	–	–	17,13	–
432	Teilklimaanlagen	m²	–	15,35	–	–	15,35	–
359	Decken, sonstiges	m²	9,31	23,38	45,14	5,24	13,97	27,63
443	Niederspannungsschaltanlagen	m²	3,41	13,88	24,34	3,41	13,88	24,34
457	Übertragungsnetze	m²	8,00	12,86	31,51	8,00	12,86	31,51
311	Baugrubenherstellung	m³	43,74	52,71	63,68	7,76	12,72	23,27
421	Wärmeerzeugungsanlagen	m²	4,23	12,63	20,33	4,23	12,63	20,33
411	Abwasseranlagen	m²	4,63	12,54	16,40	4,63	12,54	16,40
392	Gerüste	m²	6,01	11,51	32,72	6,01	11,51	32,72
397	Zusätzliche Maßnahmen	m²	4,36	11,18	23,09	4,36	11,18	23,09
394	Abbruchmaßnahmen	m²	–	11,01	–	–	11,01	–
442	Eigenstromversorgungsanlagen	m²	2,77	9,41	21,08	2,77	9,41	21,08
391	Baustelleneinrichtung	m²	4,41	9,33	19,70	4,41	9,33	19,70
453	Zeitdienstanlagen	m²	–	8,59	–	–	8,59	–
362	Dachfenster, Dachöffnungen	m²	1.355,07	2.647,82	7.144,20	4,02	8,43	13,97
482	Schaltschränke	m²	–	8,35	–	–	8,35	–
324	Unterböden und Bodenplatten	m²	65,01	79,08	106,32	3,97	7,84	10,80

Kosten: Stand 2. Quartal 2018 Bundesdurchschnitt inkl. 19% MwSt.

▷ von
Ø Mittel
◁ bis

Kostenkennwerte für Leistungsbereiche nach StLB (Kosten des Bauwerks nach DIN 276)

LB	Leistungsbereiche	▷	€/m² BGF	◁	▷	% an 300+400	◁
000	Sicherheits-, Baustelleneinrichtungen inkl. 001	16	**32**	64	1,3	**2,5**	5,0
002	Erdarbeiten	4	**11**	22	0,3	**0,9**	1,7
006	Spezialtiefbauarbeiten inkl. 005	–	**0**	–	–	**0,0**	–
009	Entwässerungskanalarbeiten inkl. 011	0	**3**	8	0,0	**0,3**	0,6
010	Drän- und Versickerungsarbeiten	0	**1**	2	0,0	**0,1**	0,2
012	Mauerarbeiten	12	**26**	42	0,9	**2,0**	3,3
013	Betonarbeiten	30	**61**	109	2,4	**4,8**	8,5
014	Natur-, Betonwerksteinarbeiten	9	**32**	91	0,7	**2,5**	7,1
016	Zimmer- und Holzbauarbeiten	6	**32**	32	0,5	**2,5**	2,5
017	Stahlbauarbeiten	3	**21**	69	0,2	**1,6**	5,4
018	Abdichtungsarbeiten	3	**7**	13	0,3	**0,5**	1,0
020	Dachdeckungsarbeiten	2	**15**	46	0,1	**1,1**	3,6
021	Dachabdichtungsarbeiten	2	**22**	61	0,2	**1,7**	4,7
022	Klempnerarbeiten	2	**12**	19	0,1	**0,9**	1,5
	Rohbau	171	**274**	371	13,4	**21,4**	29,0
023	Putz- und Stuckarbeiten, Wärmedämmsysteme	38	**80**	129	2,9	**6,3**	10,1
024	Fliesen- und Plattenarbeiten	10	**25**	53	0,8	**2,0**	4,1
025	Estricharbeiten	8	**22**	36	0,6	**1,7**	2,8
026	Fenster, Außentüren inkl. 029, 032	34	**97**	130	2,7	**7,6**	10,2
027	Tischlerarbeiten	71	**113**	151	5,5	**8,8**	11,8
028	Parkettarbeiten, Holzpflasterarbeiten	0	**6**	23	0,0	**0,5**	1,8
030	Rollladenarbeiten	8	**20**	31	0,6	**1,6**	2,4
031	Metallbauarbeiten inkl. 035	14	**41**	54	1,1	**3,2**	4,2
034	Maler- und Lackiererarbeiten inkl. 037	21	**40**	60	1,7	**3,1**	4,7
036	Bodenbelagarbeiten	10	**32**	60	0,8	**2,5**	4,7
038	Vorgehängte hinterlüftete Fassaden	0	**22**	68	0,0	**1,7**	5,3
039	Trockenbauarbeiten	60	**87**	146	4,7	**6,8**	11,4
	Ausbau	481	**597**	664	37,6	**46,6**	51,9
040	Wärmeversorgungsanl. - Betriebseinr. inkl. 041	39	**50**	70	3,1	**3,9**	5,5
042	Gas- und Wasserinstallation, Leitungen inkl. 043	9	**16**	28	0,7	**1,2**	2,2
044	Abwasserinstallationsarbeiten - Leitungen	1	**5**	9	0,1	**0,4**	0,7
045	GWA-Einrichtungsgegenstände inkl. 046	9	**14**	25	0,7	**1,1**	2,0
047	Dämmarbeiten an betriebstechnischen Anlagen	1	**4**	11	0,1	**0,3**	0,9
049	Feuerlöschanlagen, Feuerlöschgeräte	–	**6**	–	–	**0,4**	–
050	Blitzschutz- und Erdungsanlagen	1	**3**	5	0,1	**0,3**	0,4
053	Niederspannungsanlagen inkl. 052, 054	58	**101**	145	4,5	**7,9**	11,4
055	Ersatzstromversorgungsanlagen	0	**3**	11	0,0	**0,2**	0,8
057	Gebäudesystemtechnik	0	**7**	7	0,0	**0,6**	0,6
058	Leuchten und Lampen inkl. 059	36	**45**	45	2,8	**3,5**	3,5
060	Elektroakustische Anlagen, Sprechanlagen	1	**5**	5	0,1	**0,4**	0,4
061	Kommunikationsnetze, inkl. 062	3	**10**	13	0,2	**0,8**	1,0
063	Gefahrenmeldeanlagen	6	**18**	41	0,5	**1,4**	3,2
069	Aufzüge	8	**33**	33	0,6	**2,6**	2,6
070	Gebäudeautomation	–	**7**	–	–	**0,6**	–
075	Raumlufttechnische Anlagen	10	**27**	50	0,8	**2,1**	3,9
	Technische Anlagen	251	**354**	443	19,6	**27,7**	34,7
084	Abbruch- und Rückbauarbeiten	36	**62**	96	2,8	**4,9**	7,5
	Sonstige Leistungsbereiche inkl. 008, 033, 051	1	**3**	5	0,1	**0,2**	0,4

© **BKI** Baukosteninformationszentrum; Erläuterungen zu den Tabellen siehe Seite 28   Kosten: 2.Quartal 2018, Bundesdurchschnitt, inkl. 19% MwSt.

Modernisierungen

Büro- und Verwaltungsgebäude

€/m² BGF

min	390 €/m²
von	780 €/m²
Mittel	**1.280 €/m²**
bis	2.080 €/m²
max	2.160 €/m²

Kosten:
Stand 2.Quartal 2018
Bundesdurchschnitt
inkl. 19% MwSt.

Objektübersicht zur Gebäudeart

1300-0200 Rathaus*

BRI 14.336m³ **BGF** 5.120m² **NUF** 3.428m²

Baujahr: 1978
Bauzustand: mittel
Aufwand: mittel
Nutzung während der Bauzeit: ja
Nutzungsänderung: nein
Grundrissänderungen: keine
Tragwerkseingriffe: keine

Land: Hessen
Kreis: Darmstadt-Dieburg
Standard: Durchschnitt
Bauzeit: 47 Wochen
Kennwerte: bis 3. Ebene DIN276
veröffentlicht: BKI Objektdaten A9

BGF 317 €/m²

* Nicht in der Auswertung enthalten

Planung: Junghans+Formhals GmbH; Weiterstadt
Energetische Fassadensanierung des Rathauses aus dem Jahre 1978.

Bauwerk - Baukonstruktionen
Herstellen: Außentüren und -fenster 56%, Außenwandbekleidungen außen 33%, Sonnenschutz 4%
Sonstige: 6%

2200-0035 Verwaltungsgebäude

BRI 8.402m³ **BGF** 2.607m² **NUF** 1.405m²

Baujahr: 1972
Bauzustand: mittel
Aufwand: niedrig
Nutzung während der Bauzeit: nein
Nutzungsänderung: nein
Grundrissänderungen: einige
Tragwerkseingriffe: wenige

Land: Sachsen-Anhalt
Kreis: Salzlandkreis
Standard: Durchschnitt
Bauzeit: 56 Wochen
Kennwerte: bis 3. Ebene DIN276
veröffentlicht: BKI Objektdaten A10

BGF 885 €/m²

Planung: brezinski; Magdeburg
Modernisierung von Fachhochschule der Polizei

Bauwerk - Baukonstruktionen
Herstellen: Außenwandbekleidungen außen 17%, Außentüren und -fenster 14%, Innentüren und -fenster 9%, Deckenbeläge 9%, Innenwandbekleidungen 7%, Dachbeläge 6%, Sonnenschutz 4%, Deckenbekleidungen 3%, Dachbekleidungen 2%, Nichttragende Innenwände 2%, Außenwandbekleidungen innen 2%, Baugrubenherstellung 2%
Wiederherstellen: Deckenkonstruktionen 2%, Deckenbeläge 2%
Sonstige: 20%

Bauwerk - Technische Anlagen
Abbrechen: Niederspannungsinstallationsanlagen 8%
Herstellen: Niederspannungsinstallationsanlagen 18%, Beleuchtungsanlagen 13%, Wasseranlagen 9%, Teilklimaanlagen 8%, Raumheizflächen 7%, Wärmeverteilnetze 6%, Abwasseranlagen 5%, Gefahrenmelde- und Alarmanlagen 4%
Sonstige: 21%

Objektübersicht zur Gebäudeart

1300-0178 Bürogebäude

BRI 1.211 m³ **BGF** 432 m² **NUF** 305 m²

Baujahr: 2000
Bauzustand: mittel
Aufwand: mittel
Nutzung während der Bauzeit: ja
Nutzungsänderung: ja
Grundrissänderungen: einige
Tragwerkseingriffe: einige

Land: Nordrhein-Westfalen
Kreis: Olpe
Standard: Durchschnitt
Bauzeit: 86 Wochen
Kennwerte: bis 3. Ebene DIN276
veröffentlicht: BKI Objektdaten A8
BGF 1.183 €/m²

Planung: MD - Klimadesign Dipl.-Ing. (FH) Monika Dörnbach; Wilnsdorf
Erweiterung eines Bürogebäudes um 140 m² BGF. **Kosteneinfluss Nutzung:** Modernisierung des Bestandsgebäudes.

Bauwerk - Baukonstruktionen
Herstellen: Allgemeine Einbauten 13%, Innenwandbekleidungen 10%, Außenwandbekleidungen außen 10%, Deckenbeläge 7%, Elementierte Innenwände 7%, Dachbeläge 7%, Außenwandbekleidungen innen 5%, Sonnenschutz 4%, Tragende Außenwände 4%, Bodenbeläge 4%, Zusätzliche Maßnahmen 3%, Deckenkonstruktionen 3%, Außentüren und -fenster 3%
Sonstige: 20%

Bauwerk - Technische Anlagen
Herstellen: Niederspannungsinstallationsanlagen 34%, Wasseranlagen 14%, Beleuchtungsanlagen 12%, Wärmeverteilnetze 7%, Wärmeerzeugungsanlagen 7%, Raumheizflächen 5%
Sonstige: 22%

1300-0138 Bürogebäude

BRI 5.442 m³ **BGF** 2.267 m² **NUF** 1.587 m²

Baujahr: 1834
Bauzustand: schlecht
Aufwand: hoch
Nutzung während der Bauzeit: nein
Nutzungsänderung: ja
Grundrissänderungen: einige
Tragwerkseingriffe: wenige

Land: Nordrhein-Westfalen
Kreis: Düsseldorf
Standard: Durchschnitt
Bauzeit: 25 Wochen
Kennwerte: bis 3. Ebene DIN276
veröffentlicht: BKI Objektdaten A7
BGF 393 €/m²

Planung: modus.architekten Dipl.-Ing. Holger Kalla; Potsdam
Modernisierung eines Bürogebäudes, Einbau eines Aufzugs.

Bauwerk - Baukonstruktionen
Abbrechen: Nichttragende Innenwände 2%
Herstellen: Innentüren und -fenster 28%, Innenwandbekleidungen 19%, Deckenbeläge 10%, Nichttragende Innenwände 7%, Deckenbekleidungen 7%, Bodenbeläge 3%
Wiederherstellen: Innenwandbekleidungen 4%
Sonstige: 20%

Bauwerk - Technische Anlagen
Herstellen: Aufzugsanlagen 27%, Niederspannungsinstallationsanlagen 25%, Gerüste 10%, Gefahrenmelde- und Alarmanlagen 9%, Beleuchtungsanlagen 7%
Sonstige: 22%

Modernisierungen

Büro- und Verwaltungsgebäude

€/m² BGF

min	390	€/m²
von	780	€/m²
Mittel	**1.280**	**€/m²**
bis	2.080	€/m²
max	2.160	€/m²

Kosten:
Stand 2. Quartal 2018
Bundesdurchschnitt
inkl. 19% MwSt.

Objektübersicht zur Gebäudeart

1300-0154 Bürgerhaus

BRI 8.526 m³ **BGF** 2.489 m² **NUF** 1.588 m²

Baujahr: 1972
Bauzustand: mittel
Aufwand: hoch
Nutzung während der Bauzeit: nein
Nutzungsänderung: ja
Grundrissänderungen: umfangreiche
Tragwerkseingriffe: wenige

Land: Brandenburg
Kreis: Spree-Neiße
Standard: über Durchschnitt
Bauzeit: 82 Wochen
Kennwerte: bis 3. Ebene DIN276
veröffentlicht: BKI Objektdaten A8

BGF 2.163 €/m²

Planung: keller mayer wittig architekten stadtplaner bauforscher GbR; Cottbus
Umbau des ehemaligen Arbeiterwohnheims in ein Verwaltungsgebäude.

Bauwerk - Baukonstruktionen
Herstellen: Außentüren und -fenster 16%, Außenwandbekleidungen außen 14%, Innentüren und -fenster 9%, Deckenbeläge 7%, Tragende Außenwände 5%, Außenwandbekleidungen innen 4%, Deckenkonstruktionen 4%, Allgemeine Einbauten 3%, Deckenbekleidungen 3%, Innenwandbekleidungen 3%, Nichttragende Innenwände 3%, Dachkonstruktionen 3%, Dachbeläge 2%, Sonnenschutz 2%, Decken, sonstiges 2%
Sonstige: 21%

Bauwerk - Technische Anlagen
Herstellen: Lüftungsanlagen 15%, Niederspannungsinstallationsanlagen 12%, Automationssysteme 9%, Gefahrenmelde- und Alarmanlagen 9%, Beleuchtungsanlagen 9%, Feuerlöschanlagen 8%, Wärmeverteilnetze 6%, Elektroakustische Anlagen 4%, Raumheizflächen 4%
Sonstige: 22%

1300-0132 Bürogebäude - Passivhaus

BRI 3.743 m³ **BGF** 1.127 m² **NUF** 709 m²

Land: Baden-Württemberg
Kreis: Tübingen
Standard: Durchschnitt
Bauzeit: 52 Wochen
Kennwerte: bis 3. Ebene DIN276
veröffentlicht: BKI Objektdaten A6

BGF 1.077 €/m²

Planung: Freier Architekt Dipl.-Ing. (FH) Heiner Maier-Linden; Tübingen
Bürogebäude für 45 Mitarbeiter, Einzelbüros für 1-6 Mitarbeiter, Archiv, Laborräume.

Bauwerk - Baukonstruktionen
Herstellen: Außenwandbekleidungen außen 13%, Dachkonstruktionen 12%, Außentüren und -fenster 10%, Innentüren und -fenster 9%, Dachbeläge 7%, Deckenbeläge 5%, Dachbekleidungen 4%, Bodenbeläge 4%, Innenwandbekleidungen 3%, Nichttragende Innenwände 3%, Deckenkonstruktionen 3%, Deckenbekleidungen 2%, Tragende Außenwände 2%
Sonstige: 22%

Bauwerk - Technische Anlagen
Herstellen: Niederspannungsinstallationsanlagen 25%, Lüftungsanlagen 13%, Beleuchtungsanlagen 13%, Wärmeerzeugungsanlagen 10%, Wasseranlagen 7%, Abwasseranlagen 6%, Wärmeverteilnetze 5%
Sonstige: 21%

Objektübersicht zur Gebäudeart

1300-0123 Rathaus

BRI 5.243m³ **BGF** 1.449m² **NUF** 999m²

Baujahr: 1773/77
Bauzustand: mittel
Aufwand: hoch
Nutzung während der Bauzeit: nein
Nutzungsänderung: ja
Grundrissänderungen: einige
Tragwerkseingriffe: einige

Land: Baden-Württemberg
Kreis: Neckar-Odenwald
Standard: über Durchschnitt
Bauzeit: 95 Wochen
Kennwerte: bis 3. Ebene DIN276
veröffentlicht: BKI Objektdaten A5

BGF 1.978 €/m²

Planung: Ecker Architekten; Buchen

Modernisierung und Umbau von zwei Gebäuden der Gemeindeverwaltung, die Gebäude sind mit einem Neubau verbunden worden.

Bauwerk - Baukonstruktionen

Herstellen: Elementierte Außenwände 15%, Außenwandbekleidungen außen 10%, Deckenkonstruktionen 8%, Deckenbeläge 6%, Innentüren und -fenster 5%, Dachbeläge 4%, Allgemeine Einbauten 4%, Tragende Außenwände 4%, Innenwandbekleidungen 4%, Elementierte Innenwände 4%, Nichttragende Innenwände 3%, Außentüren und -fenster 3%, Dachkonstruktionen 3%, Deckenbekleidungen 3%, Tragende Innenwände 3%, Flachgründungen 3%
Sonstige: 20%

Bauwerk - Technische Anlagen

Herstellen: Beleuchtungsanlagen 18%, Niederspannungsinstallationsanlagen 18%, Automationssysteme 11%, Raumheizflächen 10%, Aufzugsanlagen 7%, Gefahrenmelde- und Alarmanlagen 6%, Wasseranlagen 5%
Sonstige: 24%

Modernisierungen

Schulen und Kindergärten

Kostenkennwerte für die Kosten des Bauwerks (Kostengruppen 300+400 nach DIN 276)

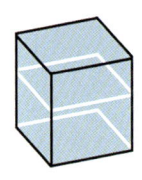

BRI 280 €/m³
von 200 €/m³
bis 435 €/m³

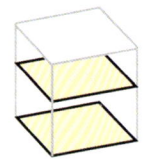

BGF 1.060 €/m²
von 700 €/m²
bis 1.690 €/m²

NUF 1.730 €/m²
von 1.100 €/m²
bis 2.700 €/m²

Kosten:
Stand 2. Quartal 2018
Bundesdurchschnitt
inkl. 19% MwSt.

Objektbeispiele

4100-0066
4500-0007 
4100-0118 
4100-0106 
4400-0138 
4100-0137 

Kosten der 11 Vergleichsobjekte — Seiten 260 bis 268

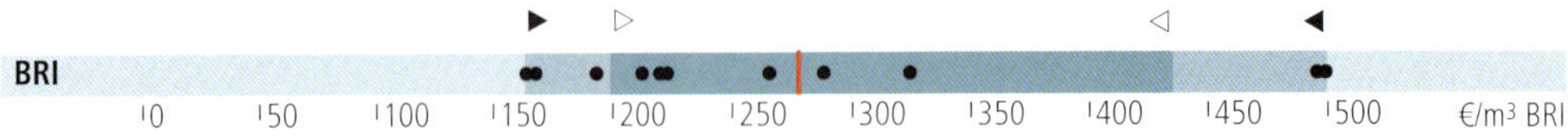

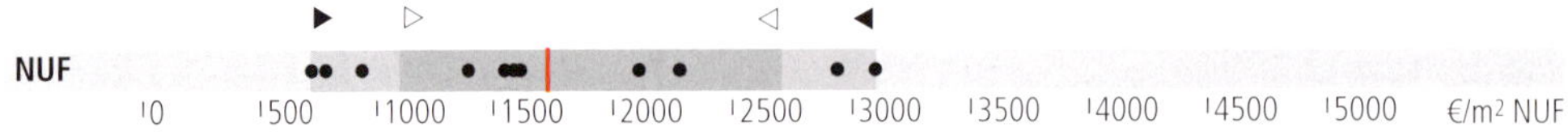

- ● KKW
- ▶ min
- ▷ von
- | Mittelwert
- ◁ bis
- ◀ max

BRI — €/m³ BRI
BGF — €/m² BGF
NUF — €/m² NUF

© BKI Baukosteninformationszentrum; Erläuterungen zu den Tabellen siehe Seite 22

Kosten: 2. Quartal 2018, Bundesdurchschnitt, **inkl. 19% MwSt.**

Kostenkennwerte für die Kostengruppen der 1. und 2. Ebene DIN 276

KG	Kostengruppen der 1. Ebene	Einheit	▷	€/Einheit	◁	▷	% an 300+400	◁
100	Grundstück	m² GF	–	–	–	–	–	–
200	Herrichten und Erschließen	m² GF	1	**7**	26	0,3	**2,1**	5,7
300	Bauwerk - Baukonstruktionen	m² BGF	491	**754**	1.466	63,9	**69,0**	79,4
400	Bauwerk - Technische Anlagen	m² BGF	201	**302**	386	20,6	**31,0**	36,1
	Bauwerk (300+400)	m² BGF	702	**1.056**	1.695		**100,0**	
500	Außenanlagen	m² AF	24	**106**	252	1,9	**3,7**	8,9
600	Ausstattung und Kunstwerke	m² BGF	7	**27**	86	0,6	**4,0**	14,7
700	Baunebenkosten	m² BGF	–	–	–	–	–	–

KG	Kostengruppen der 2. Ebene	Einheit	▷	€/Einheit	◁	▷	% an 300	◁
310	Baugrube	m³ BGI	19	**49**	66	0,2	**0,9**	3,3
320	Gründung	m² GRF	85	**168**	257	3,0	**4,8**	7,2
330	Außenwände	m² AWF	244	**402**	917	25,2	**41,8**	58,8
340	Innenwände	m² IWF	121	**225**	384	12,3	**17,9**	24,6
350	Decken	m² DEF	104	**165**	282	6,8	**14,4**	22,0
360	Dächer	m² DAF	147	**256**	511	6,6	**14,0**	27,7
370	Baukonstruktive Einbauten	m² BGF	2	**11**	23	0,3	**1,3**	3,9
390	Sonstige Baukonstruktionen	m² BGF	18	**34**	65	3,1	**4,9**	6,3
300	**Bauwerk Baukonstruktionen**	m² BGF					**100,0**	

KG	Kostengruppen der 2. Ebene	Einheit	▷	€/Einheit	◁	▷	% an 400	◁
410	Abwasser, Wasser, Gas	m² BGF	14	**34**	79	4,4	**10,9**	17,9
420	Wärmeversorgungsanlagen	m² BGF	23	**44**	66	8,8	**17,0**	33,8
430	Lufttechnische Anlagen	m² BGF	17	**42**	94	6,2	**13,0**	28,5
440	Starkstromanlagen	m² BGF	62	**106**	213	24,6	**35,4**	63,5
450	Fernmeldeanlagen	m² BGF	14	**27**	39	4,6	**8,8**	12,4
460	Förderanlagen	m² BGF	9	**15**	29	0,0	**2,1**	5,9
470	Nutzungsspezifische Anlagen	m² BGF	2	**15**	88	0,2	**4,0**	25,1
480	Gebäudeautomation	m² BGF	18	**38**	68	2,6	**8,6**	22,8
490	Sonstige Technische Anlagen	m² BGF	1	**1**	3	0,0	**0,3**	0,6
400	**Bauwerk Technische Anlagen**	m² BGF					**100,0**	

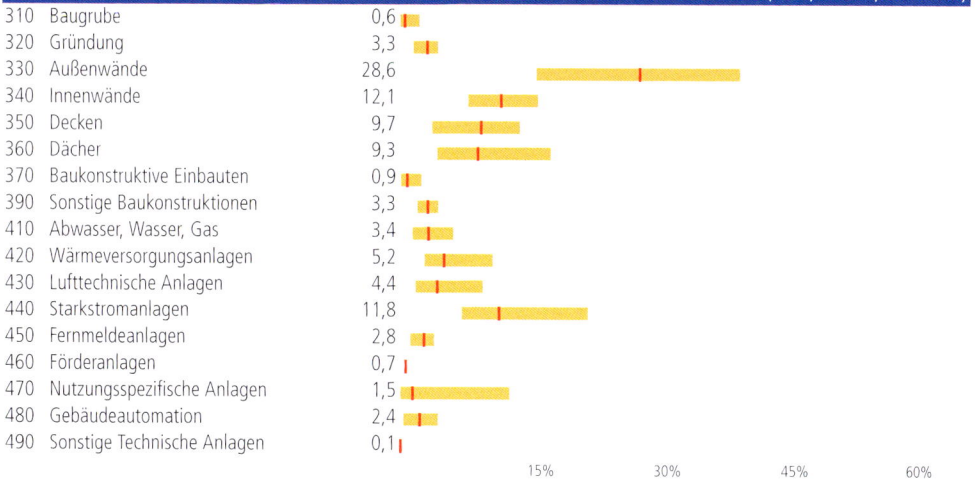

Prozentanteile der Kosten der 2. Ebene an den Kosten des Bauwerks nach DIN 276 (Von-, Mittel-, Bis-Werte)

KG	Kostengruppe	Mittelwert
310	Baugrube	0,6
320	Gründung	3,3
330	Außenwände	28,6
340	Innenwände	12,1
350	Decken	9,7
360	Dächer	9,3
370	Baukonstruktive Einbauten	0,9
390	Sonstige Baukonstruktionen	3,3
410	Abwasser, Wasser, Gas	3,4
420	Wärmeversorgungsanlagen	5,2
430	Lufttechnische Anlagen	4,4
440	Starkstromanlagen	11,8
450	Fernmeldeanlagen	2,8
460	Förderanlagen	0,7
470	Nutzungsspezifische Anlagen	1,5
480	Gebäudeautomation	2,4
490	Sonstige Technische Anlagen	0,1

© **BKI** Baukosteninformationszentrum; Erläuterungen zu den Tabellen siehe Seite 24   Kosten: 2.Quartal 2018, Bundesdurchschnitt, **inkl.** 19% MwSt.

Modernisierungen

Schulen und Kindergärten

Kostenkennwerte für die Kostengruppen der 3. Ebene DIN 276

KG	Kostengruppen der 3. Ebene	Einheit	▷	Ø €/Einheit	◁	▷	Ø €/m² BGF	◁
335	Außenwandbekleidungen außen	m²	107,76	**197,37**	447,77	38,34	**97,01**	168,20
334	Außentüren und -fenster	m²	641,40	**856,56**	1.291,94	45,53	**88,42**	252,92
337	Elementierte Außenwände	m²	385,99	**756,71**	970,11	39,22	**72,51**	129,17
352	Deckenbeläge	m²	62,31	**92,53**	159,25	19,08	**44,37**	79,92
442	Eigenstromversorgungsanlagen	m²	5,82	**40,46**	247,26	5,82	**40,46**	247,26
479	Nutzungsspezifische Anlagen, sonstiges	m²	2,70	**40,31**	77,92	2,70	**40,31**	77,92
344	Innentüren und -fenster	m²	531,75	**770,34**	1.036,94	19,92	**40,20**	86,63
345	Innenwandbekleidungen	m²	23,38	**40,09**	81,89	20,42	**40,07**	91,00
444	Niederspannungsinstallationsanl.	m²	21,78	**39,83**	70,35	21,78	**39,83**	70,35
353	Deckenbekleidungen	m²	39,26	**70,02**	165,07	15,50	**38,46**	91,54
363	Dachbeläge	m²	89,97	**155,77**	264,60	18,63	**38,10**	66,88
432	Teilklimaanlagen	m²	4,68	**33,77**	91,86	4,68	**33,77**	91,86
445	Beleuchtungsanlagen	m²	16,41	**32,79**	51,85	16,41	**32,79**	51,85
431	Lüftungsanlagen	m²	10,52	**31,57**	82,44	10,52	**31,57**	82,44
364	Dachbekleidungen	m²	34,59	**68,50**	163,00	5,70	**22,55**	79,54
412	Wasseranlagen	m²	8,47	**22,51**	56,31	8,47	**22,51**	56,31
481	Automationssysteme	m²	11,89	**21,19**	38,95	11,89	**21,19**	38,95
325	Bodenbeläge	m²	72,73	**118,62**	169,02	9,53	**19,61**	48,54
342	Nichttragende Innenwände	m²	87,57	**134,00**	296,33	8,86	**19,33**	46,51
362	Dachfenster, Dachöffnungen	m²	540,52	**938,49**	1.465,57	3,17	**16,97**	124,90
392	Gerüste	m²	9,04	**16,72**	36,76	9,04	**16,72**	36,76
422	Wärmeverteilnetze	m²	11,31	**15,63**	25,69	11,31	**15,63**	25,69
461	Aufzugsanlagen	m²	9,31	**14,99**	29,16	9,31	**14,99**	29,16
336	Außenwandbekleidungen innen	m²	26,82	**57,14**	100,06	6,30	**14,77**	25,54
443	Niederspannungsschaltanlagen	m²	–	**14,49**	–	–	**14,49**	–
423	Raumheizflächen	m²	8,45	**14,31**	25,32	8,45	**14,31**	25,32
361	Dachkonstruktionen	m²	109,47	**163,10**	283,92	4,01	**13,38**	47,04
341	Tragende Innenwände	m²	214,18	**343,64**	575,37	4,39	**12,96**	24,78
351	Deckenkonstruktionen	m²	97,73	**241,63**	661,70	5,13	**12,33**	23,31
338	Sonnenschutz	m²	34,88	**88,02**	117,80	4,37	**11,42**	18,93
456	Gefahrenmelde- und Alarmanlagen	m²	5,12	**11,40**	18,37	5,12	**11,40**	18,37
421	Wärmeerzeugungsanlagen	m²	1,96	**11,38**	24,44	1,96	**11,38**	24,44
346	Elementierte Innenwände	m²	233,71	**383,21**	632,57	4,84	**11,00**	17,39
331	Tragende Außenwände	m²	250,82	**400,26**	565,78	4,31	**10,30**	26,44
411	Abwasseranlagen	m²	4,11	**10,25**	22,14	4,11	**10,25**	22,14
372	Besondere Einbauten	m²	1,80	**9,91**	17,82	1,80	**9,91**	17,82
454	Elektroakustische Anlagen	m²	3,18	**8,76**	16,24	3,18	**8,76**	16,24
399	Sonstige Maßnahmen für Baukonstruktionen, sonstiges	m²	7,52	**8,23**	8,93	7,52	**8,23**	8,93
482	Schaltschränke	m²	2,33	**8,13**	25,35	2,33	**8,13**	25,35
339	Außenwände, sonstiges	m²	4,59	**10,78**	22,78	2,28	**7,49**	13,66
324	Unterböden und Bodenplatten	m²	92,23	**355,54**	889,01	2,31	**7,48**	15,42
391	Baustelleneinrichtung	m²	2,84	**7,00**	18,44	2,84	**7,00**	18,44
457	Übertragungsnetze	m²	2,56	**6,61**	10,84	2,56	**6,61**	10,84
359	Decken, sonstiges	m²	2,79	**9,30**	25,17	1,55	**5,81**	14,56
397	Zusätzliche Maßnahmen	m²	2,09	**5,29**	7,84	2,09	**5,29**	7,84
473	Medienversorgungsanlagen	m²	–	**5,17**	–	–	**5,17**	–
311	Baugrubenherstellung	m³	26,46	**48,41**	61,38	1,44	**5,12**	12,49
332	Nichttragende Außenwände	m²	86,81	**227,52**	370,45	1,24	**4,89**	18,02

Kosten:
Stand 2.Quartal 2018
Bundesdurchschnitt
inkl. 19% MwSt.

▷ von
Ø Mittel
◁ bis

Kostenkennwerte für Leistungsbereiche nach StLB (Kosten des Bauwerks nach DIN 276)

LB	Leistungsbereiche	▷	€/m² BGF	◁	▷	% an 300+400	◁
000	Sicherheits-, Baustelleneinrichtungen inkl. 001	19	27	38	1,8	2,5	3,6
002	Erdarbeiten	3	8	20	0,2	0,7	1,9
006	Spezialtiefbauarbeiten inkl. 005	–	–	–	–	–	–
009	Entwässerungskanalarbeiten inkl. 011	0	1	4	0,0	0,1	0,4
010	Drän- und Versickerungsarbeiten	0	1	4	0,0	0,1	0,3
012	Mauerarbeiten	7	15	26	0,6	1,4	2,5
013	Betonarbeiten	15	31	69	1,5	3,0	6,5
014	Natur-, Betonwerksteinarbeiten	1	5	16	0,1	0,5	1,6
016	Zimmer- und Holzbauarbeiten	1	14	44	0,1	1,3	4,2
017	Stahlbauarbeiten	1	9	29	0,1	0,8	2,7
018	Abdichtungsarbeiten	1	9	21	0,1	0,8	2,0
020	Dachdeckungsarbeiten	1	9	31	0,1	0,9	2,9
021	Dachabdichtungsarbeiten	5	23	57	0,5	2,2	5,4
022	Klempnerarbeiten	6	16	35	0,6	1,5	3,3
	Rohbau	117	169	214	11,1	16,0	20,3
023	Putz- und Stuckarbeiten, Wärmedämmsysteme	29	65	159	2,7	6,1	15,0
024	Fliesen- und Plattenarbeiten	6	16	30	0,6	1,5	2,8
025	Estricharbeiten	2	10	21	0,2	1,0	2,0
026	Fenster, Außentüren inkl. 029, 032	62	124	232	5,9	11,8	22,0
027	Tischlerarbeiten	15	37	105	1,5	3,5	9,9
028	Parkettarbeiten, Holzpflasterarbeiten	0	4	19	0,0	0,4	1,8
030	Rollladenarbeiten	1	7	15	0,1	0,7	1,4
031	Metallbauarbeiten inkl. 035	23	47	129	2,2	4,4	12,3
034	Maler- und Lackiererarbeiten inkl. 037	15	26	40	1,5	2,4	3,8
036	Bodenbelagarbeiten	13	25	37	1,3	2,4	3,5
038	Vorgehängte hinterlüftete Fassaden	1	59	158	0,1	5,6	15,0
039	Trockenbauarbeiten	35	72	108	3,3	6,8	10,2
	Ausbau	426	497	596	40,3	47,1	56,5
040	Wärmeversorgungsanl. - Betriebseinr. inkl. 041	26	47	103	2,5	4,4	9,7
042	Gas- und Wasserinstallation, Leitungen inkl. 043	4	9	19	0,3	0,8	1,8
044	Abwasserinstallationsarbeiten - Leitungen	2	6	13	0,2	0,6	1,2
045	GWA-Einrichtungsgegenstände inkl. 046	5	14	26	0,5	1,4	2,4
047	Dämmarbeiten an betriebstechnischen Anlagen	6	11	23	0,6	1,1	2,2
049	Feuerlöschanlagen, Feuerlöschgeräte	0	1	2	0,0	0,1	0,2
050	Blitzschutz- und Erdungsanlagen	2	3	6	0,2	0,3	0,5
053	Niederspannungsanlagen inkl. 052, 054	48	80	228	4,5	7,6	21,6
055	Ersatzstromversorgungsanlagen	0	1	4	0,0	0,1	0,4
057	Gebäudesystemtechnik	0	4	16	0,0	0,4	1,5
058	Leuchten und Lampen inkl. 059	21	40	58	2,0	3,8	5,5
060	Elektroakustische Anlagen, Sprechanlagen	2	9	16	0,2	0,9	1,5
061	Kommunikationsnetze, inkl. 062	3	8	15	0,3	0,7	1,5
063	Gefahrenmeldeanlagen	7	13	34	0,7	1,2	3,2
069	Aufzüge	0	7	21	0,0	0,7	2,0
070	Gebäudeautomation	4	21	46	0,4	2,0	4,3
075	Raumlufttechnische Anlagen	19	43	96	1,8	4,1	9,1
	Technische Anlagen	242	318	377	23,0	30,2	35,8
084	Abbruch- und Rückbauarbeiten	44	57	76	4,2	5,4	7,2
	Sonstige Leistungsbereiche inkl. 008, 033, 051	3	20	107	0,3	1,9	10,1

© BKI Baukosteninformationszentrum; Erläuterungen zu den Tabellen siehe Seite 28   Kosten: 2.Quartal 2018, Bundesdurchschnitt, inkl. 19% MwSt.

Modernisierungen

Schulen und Kindergärten

€/m² BGF
min	410 €/m²
von	700 €/m²
Mittel	**1.060 €/m²**
bis	1.690 €/m²
max	2.040 €/m²

Kosten:
Stand 2.Quartal 2018
Bundesdurchschnitt
inkl. 19% MwSt.

Objektübersicht zur Gebäudeart

4100-0146 Gymnasium (18 Klassen, 643 Schüler)

BRI 20.931m³   **BGF** 5.266m²   **NUF** 3.194m²

Baujahr: 1969-1971
Bauzustand: mittel
Aufwand: hoch
Nutzung während der Bauzeit: nein
Nutzungsänderung: nein
Grundrissänderungen: einige
Tragwerkseingriffe: wenige

Land: Niedersachsen
Kreis: Lüchow-Dannenberg
Standard: Durchschnitt
Bauzeit: 56 Wochen
Kennwerte: bis 3. Ebene DIN276
veröffentlicht: BKI Objektdaten A9

BGF 844 €/m²

Planung: ralf pohlmann : architekten; Waddeweitz
Modernisierung einer ehemaligen Realschule und Umnutzung zum Gymnasium (18 Klassen, 643 Schüler)

Bauwerk - Baukonstruktionen
Abbrechen: Dachbeläge 3%
Herstellen: Elementierte Außenwände 25%, Außenwandbekleidungen außen 19%, Dachbeläge 12%, Außentüren und -fenster 6%, Dachbekleidungen 4%, Sonnenschutz 3%, Bodenbeläge 3%, Innenwandbekleidungen 3%, Deckenbekleidungen 2%
Sonstige: 21%

Bauwerk - Technische Anlagen
Herstellen: Lüftungsanlagen 32%, Niederspannungsinstallationsanlagen 14%, Beleuchtungsanlagen 13%, Raumheizflächen 11%, Wärmeverteilnetze 7%
Sonstige: 23%

4400-0138 Kindertagesstätte (6 Gruppen, 138 Kinder)

BRI 3.432m³   **BGF** 1.408m²   **NUF** 802m²

Bauzustand: mittel
Aufwand: mittel
Nutzung während der Bauzeit: ja
Nutzungsänderung: nein
Grundrissänderungen: wenige
Tragwerkseingriffe: wenige

Land: Brandenburg
Kreis: Oberhavel
Standard: Durchschnitt
Bauzeit: 26 Wochen
Kennwerte: bis 3. Ebene DIN276
veröffentlicht: BKI Objektdaten A8

BGF 409 €/m²

Planung: Jirka + Nadansky Architekten; Borgsdorf
Energetische Sanierung einer Kindertagesstätte mit 6 Gruppen für 138 Kinder.

Bauwerk - Baukonstruktionen
Herstellen: Außenwandbekleidungen außen 41%, Außentüren und -fenster 13%, Bodenbeläge 4%, Dachbeläge 4%, Baugrubenherstellung 3%, Innenwandbekleidungen 3%, Deckenbeläge 3%, Gerüste 3%
Wiederherstellen: Innenwandbekleidungen 5%
Sonstige: 20%

Bauwerk - Technische Anlagen
Herstellen: Niederspannungsinstallationsanlagen 25%, Wärmeerzeugungsanlagen 21%, Raumheizflächen 15%, Beleuchtungsanlagen 10%, Wärmeverteilnetze 9%
Sonstige: 21%

Objektübersicht zur Gebäudeart

4100-0109 Hauptschule*

BRI 10.158m³ **BGF** 3.638m² **NUF** 1.792m²

Baujahr: 1966
Bauzustand: mittel
Aufwand: mittel
Nutzung während der Bauzeit: nein
Nutzungsänderung: nein
Grundrissänderungen: wenige
Tragwerkseingriffe: wenige

Land: Österreich
Kreis: - keine Angabe -
Standard: Durchschnitt
Bauzeit: 39 Wochen
Kennwerte: bis 3. Ebene DIN276
veröffentlicht: BKI Objektdaten E4

BGF 1.364 €/m²

* Nicht in der Auswertung enthalten

Planung: Waiser + Werle Architekten ZT GmbH; Feldkirch

Das Schulgebäude von 1966 wurde modernisiert, eine wesentliche Reduzierung des Energieverbrauchs wurde erreicht. Bei der Maßnahme ist die Sicherheit durch einen zweiten Fluchtweg erhöht worden. Durch Einbau von einem Aufzug wurde die Schule behindertengerecht.

Bauwerk - Baukonstruktionen
Herstellen: Außentüren und -fenster 18%, Allgemeine Einbauten 10%, Außenwandbekleidungen außen 9%, Deckenbekleidungen 7%, Innentüren und -fenster 7%, Innenwandbekleidungen 6%, Dachfenster, Dachöffnungen 4%, Dachbeläge 4%, Deckenbeläge 3%, Deckenkonstruktionen 3%, Tragende Innenwände 3%, Sonnenschutz 2%, Außenwandbekleidungen innen 2%, Tragende Außenwände 2%
Sonstige: 21%

Bauwerk - Technische Anlagen
Herstellen: Lüftungsanlagen 28%, Niederspannungsinstallationsanlagen 21%, Beleuchtungsanlagen 10%, Wärmeverteilnetze 8%, Wasseranlagen 8%, Küchentechnische Anlagen 5%
Sonstige: 20%

4100-0110 Volksschule*

BRI 11.798m³ **BGF** 4.096m² **NUF** 2.880m²

Baujahr: 1974
Bauzustand: mittel
Aufwand: mittel
Nutzung während der Bauzeit: nein
Nutzungsänderung: nein
Grundrissänderungen: wenige
Tragwerkseingriffe: wenige

Land: Österreich
Kreis: - keine Angabe -
Standard: über Durchschnitt
Bauzeit: 52 Wochen
Kennwerte: bis 3. Ebene DIN276
veröffentlicht: BKI Objektdaten E4

BGF 1.106 €/m²

* Nicht in der Auswertung enthalten

Planung: DI Gerhard Zweier; Wolfurt

Das Gebäude aus dem Jahr 1974 wurde umgebaut und modernisiert, damit es den heutigen Anforderungen an ein modernes Schulgebäude entspricht. Es wurde eine kontrollierte Be- und Entlüftung mit Wärmerückgewinnung eingebaut, zusätzlich eine Grundwasser-Erdwärmepumpe und eine thermische Solaranlage. Der Heizwärmebedarf konnte von 129 auf 15,3kWh/m² gesenkt werden.

Bauwerk - Baukonstruktionen
Herstellen: Außentüren und -fenster 15%, Außenwandbekleidungen außen 13%, Innentüren und -fenster 7%, Innenwandbekleidungen 7%, Dachbeläge 6%, Deckenbeläge 6%, Tragende Außenwände 5%, Deckenkonstruktionen 5%, Bodenbeläge 4%, Deckenbekleidungen 4%, Baustelleneinrichtung 4%, Nichttragende Innenwände 3%, Baugrubenherstellung 3%
Sonstige: 20%

Bauwerk - Technische Anlagen
Herstellen: Lüftungsanlagen 31%, Niederspannungsinstallationsanlagen 14%, Wasseranlagen 9%, Wärmeerzeugungsanlagen 9%, Automationssysteme 7%, Abwasseranlagen 6%
Sonstige: 25%

Modernisierungen

Schulen und Kindergärten

€/m² BGF
min	410	€/m²
von	700	€/m²
Mittel	**1.060**	**€/m²**
bis	1.690	€/m²
max	2.040	€/m²

Kosten:
Stand 2.Quartal 2018
Bundesdurchschnitt
inkl. 19% MwSt.

Objektübersicht zur Gebäudeart

4100-0111 Volksschule*
BRI 9.832m³   **BGF** 2.663m²   **NUF** 1.270m²

Baujahr: 1966
Bauzustand: mittel
Aufwand: mittel
Nutzung während der Bauzeit: nein
Nutzungsänderung: nein
Grundrissänderungen: wenige
Tragwerkseingriffe: wenige

Land: Österreich
Kreis: - keine Angabe -
Standard: über Durchschnitt
Bauzeit: 30 Wochen
Kennwerte: bis 3. Ebene DIN276
veröffentlicht: BKI Objektdaten E4

BGF   949 €/m²

* Nicht in der Auswertung enthalten

Planung: Architektur Jürgen Hagspiel; Alberschwende

Das Gebäude von 1966 wurde modernisiert und erweitert, damit es den heutigen Anforderungen an ein modernes Schulgebäude entspricht.

Bauwerk - Baukonstruktionen
Abbrechen: Abbruchmaßnahmen 2%
Herstellen: Elementierte Außenwände 27%, Außenwandbekleidungen außen 12%, Deckenbeläge 11%, Deckenbekleidungen 8%, Innentüren und -fenster 6%, Dachbeläge 5%, Dachbekleidungen 4%, Innenwandbekleidungen 2%, Dachkonstruktionen 2%
Sonstige: 21%

Bauwerk - Technische Anlagen
Herstellen: Lüftungsanlagen 26%, Niederspannungsinstallationsanlagen 20%, Beleuchtungsanlagen 13%, Wasseranlagen 13%
Sonstige: 28%

4100-0118 Gymnasium (39 Klassen, 1.085 Schüler)
BRI 8.693m³   **BGF** 2.101m²   **NUF** 1.251m²

Baujahr: 1972
Bauzustand: mittel
Aufwand: hoch
Nutzung während der Bauzeit: ja
Nutzungsänderung: nein
Grundrissänderungen: umfangreiche
Tragwerkseingriffe: einige

Land: Nordrhein-Westfalen
Kreis: Aachen
Standard: Durchschnitt
Bauzeit: 39 Wochen
Kennwerte: bis 3. Ebene DIN276
veröffentlicht: BKI Objektdaten A9

BGF   922 €/m²

Planung: RONGEN ARCHITEKTEN GmbH; Wassenberg

Verwaltungstrakt eines Gymnasiums mit Lehrerzimmern, Computerarbeitsplätzen und Selbstlernzentrum

Bauwerk - Baukonstruktionen
Herstellen: Außenwandbekleidungen außen 31%, Außentüren und -fenster 11%, Elementierte Außenwände 8%, Deckenkonstruktionen 5%, Gerüste 5%, Deckenbekleidungen 4%, Nichttragende Innenwände 4%, Außenwandbekleidungen innen 4%, Innentüren und -fenster 4%, Deckenbeläge 3%
Sonstige: 22%

Bauwerk - Technische Anlagen
Herstellen: Teilklimaanlagen 29%, Beleuchtungsanlagen 17%, Niederspannungsinstallationsanlagen 13%, Aufzugsanlagen 9%, Wasseranlagen 5%, Übertragungsnetze 4%
Sonstige: 23%

Objektübersicht zur Gebäudeart

4100-0123 Hauptschule*

BRI 11.446m³ **BGF** 3.446m² **NUF** 2.127m²

Baujahr: 1957
Bauzustand: gut
Aufwand: mittel
Nutzung während der Bauzeit: ja
Nutzungsänderung: nein
Grundrissänderungen: keine
Tragwerkseingriffe: keine

Land: Bayern
Kreis: Altötting
Standard: Durchschnitt
Bauzeit: 21 Wochen
Kennwerte: bis 3. Ebene DIN276
veröffentlicht: BKI Objektdaten A8

BGF   158 €/m²

* Nicht in der Auswertung enthalten

Planung: studio lot Architektur / Innenarchitektur; Altötting

Energetische Sanierung einer Hauptschule mit 9 Klassen und 167 Schülern

Bauwerk - Baukonstruktionen
Abbrechen: Außenwandbekleidungen außen 4%
Herstellen: Außenwandbekleidungen außen 40%, Außentüren und -fenster 18%, Tragende Außenwände 7%, Zusätzliche Maßnahmen 4%, Dachbeläge 4%
Sonstige: 22%

Bauwerk - Technische Anlagen
Herstellen: Raumheizflächen 68%, Blitzschutz- und Erdungsanlagen 7%
Wiederherstellen: Abwasseranlagen 11%
Sonstige: 13%

4100-0129 Grundschule (15 Klassen, 375 Schüler)

BRI 14.152m³ **BGF** 3.225m² **NUF** 1.929m²

Baujahr: 1972
Bauzustand: schlecht
Aufwand: mittel
Nutzung während der Bauzeit: ja
Nutzungsänderung: nein
Grundrissänderungen: einige
Tragwerkseingriffe: wenige

Land: Saarland
Kreis: Saarbrücken
Standard: Durchschnitt
Bauzeit: 56 Wochen
Kennwerte: bis 3. Ebene DIN276
veröffentlicht: BKI Objektdaten A9

BGF   965 €/m²

Planung: Manfred Schaus Bernd Decker; Sulzbach/Saar

Umbau und energetische Sanierung einer bestehenden Grundschule mit Nachmittagsbetreuung (15 Klassen, 375 Schüler, 80 Plätze zur Nachmittagsbetreuung)

Bauwerk - Baukonstruktionen
Herstellen: Außentüren und -fenster 30%, Außenwandbekleidungen außen 13%, Elementierte Außenwände 9%, Dachbeläge 9%, Innentüren und -fenster 6%, Deckenbeläge 5%, Elementierte Innenwände 4%, Außenwände, sonstiges 3%, Sonnenschutz 2%
Sonstige: 20%

Bauwerk - Technische Anlagen
Herstellen: Niederspannungsinstallationsanlagen 28%, Beleuchtungsanlagen 14%, Automationssysteme 9%, Lüftungsanlagen 8%, Gefahrenmelde- und Alarmanlagen 8%, Schaltschränke 7%, Eigenstromversorgungsanlagen 4%
Sonstige: 23%

Modernisierungen

Schulen und Kindergärten

€/m² BGF
min	410 €/m²
von	700 €/m²
Mittel	**1.060 €/m²**
bis	1.690 €/m²
max	2.040 €/m²

Kosten:
Stand 2.Quartal 2018
Bundesdurchschnitt
inkl. 19% MwSt.

Objektübersicht zur Gebäudeart

4400-0134 Kindertagesstätte (261 Kinder)
BRI 10.078m³ **BGF** 3.452m² **NUF** 2.059m²

Baujahr: 1971
Bauzustand: schlecht
Aufwand: hoch
Nutzung während der Bauzeit: nein
Nutzungsänderung: nein
Grundrissänderungen: umfangreiche
Tragwerkseingriffe: umfangreiche

Land: Mecklenburg-Vorpommern
Kreis: Greifswald
Standard: Durchschnitt
Bauzeit: 25 Wochen
Kennwerte: bis 3. Ebene DIN276
veröffentlicht: BKI Objektdaten A9

BGF **947 €/m²**

Planung: Ingenieurbüro Dipl.-Ing. (TU) Matthias Kühn; Anklam

Kindertagesstätte (261 Kinder)

Bauwerk - Baukonstruktionen
Herstellen: Dachfenster, Dachöffnungen 21%, Elementierte Außenwände 10%, Dachkonstruktionen 8%, Dachbeläge 8%, Außenwandbekleidungen außen 8%, Innentüren und -fenster 7%, Innenwandbekleidungen 4%, Bodenbeläge 3%, Flachgründungen 2%, Unterböden und Bodenplatten 2%, Bauwerksabdichtungen 2%, Dachbekleidungen 2%, Gerüste 2%
Sonstige: 21%

Bauwerk - Technische Anlagen
Herstellen: Eigenstromversorgungsanlagen 73%, Lüftungsanlagen 5%, Gefahrenmelde- und Alarmanlagen 5%
Sonstige: 16%

4100-0114 Volksschule*
BRI 11.045m³ **BGF** 2.437m² **NUF** 1.356m²

Baujahr: 1963
Bauzustand: schlecht
Aufwand: hoch
Nutzung während der Bauzeit: nein
Nutzungsänderung: nein
Grundrissänderungen: einige
Tragwerkseingriffe: einige

Land: Österreich
Kreis: - keine Angabe -
Standard: über Durchschnitt
Bauzeit: 39 Wochen
Kennwerte: bis 3. Ebene DIN276
veröffentlicht: BKI Objektdaten E4

BGF **1.892 €/m²**

* Nicht in der Auswertung enthalten

Planung: DI Walter Felder & DI Wise Geser; Egg

Generalsanierung: Thermische Sanierung der Außenwand, Erneuerung der Gebäudetechnik, kontrollierte Be- und Entlüftung, zeitgemäßer Brand- und Schallschutz. **Kosteneinfluss Nutzung:** Das Gebäude steht unter Denkmalschutz. Anbau einer Kleinturnhalle als formale und konstruktive Weiterführung des Bestandes. **Kosteneinfluss Grundstück:** Beengter Bauraum, steiles Gelände.

Bauwerk - Baukonstruktionen
Herstellen: Außentüren und -fenster 15%, Dachbekleidungen 9%, Außenwandbekleidungen außen 9%, Dachbeläge 7%, Tragende Außenwände 6%, Baugrubenherstellung 6%, Innenwandbekleidungen 6%, Baustelleneinrichtung 5%, Tragende Innenwände 4%, Dachkonstruktionen 3%, Innentüren und -fenster 3%, Deckenbekleidungen 3%, Außenwandbekleidungen innen 3%
Sonstige: 22%

Bauwerk - Technische Anlagen
Herstellen: Beleuchtungsanlagen 21%, Abwasseranlagen 19%, Lüftungsanlagen 17%, Niederspannungsinstallationsanlagen 13%, Wasseranlagen 6%
Sonstige: 25%

Objektübersicht zur Gebäudeart

4300-0010 Förderschule, Vereinsräume*

BRI 2.991m³ **BGF** 810m² **NUF** 636m²

Baujahr: 1966
Bauzustand: mittel
Aufwand: mittel
Nutzung während der Bauzeit: nein
Nutzungsänderung: nein
Grundrissänderungen: einige
Tragwerkseingriffe: wenige

Land: Baden-Württemberg
Kreis: Heilbronn
Standard: Durchschnitt
Bauzeit: 17 Wochen
Kennwerte: bis 3. Ebene DIN276
veröffentlicht: BKI Objektdaten A7

BGF 228 €/m²

* Nicht in der Auswertung enthalten

Modernisierung einer Förderschule mit 4 Klassen und 32 Schülern, sowie eines Vereinsheims mit zwei Gruppenräumen.

Bauwerk - Baukonstruktionen
Herstellen: Außentüren und -fenster 64%, Dachbekleidungen 11%, Sonnenschutz 7%
Sonstige: 19%

Bauwerk - Technische Anlagen
Herstellen: Beleuchtungsanlagen 45%, Niederspannungsinstallationsanlagen 42%, Übertragungsnetze 7%
Sonstige: 6%

4100-0106 Gymnasium (15 Klassen, 400 Schüler)

BRI 7.457m³ **BGF** 2.014m² **NUF** 1.267m²

Baujahr: 1972
Bauzustand: schlecht
Aufwand: mittel
Nutzung während der Bauzeit: nein
Nutzungsänderung: nein
Grundrissänderungen: einige
Tragwerkseingriffe: keine

Land: Nordrhein-Westfalen
Kreis: Recklinghausen
Standard: Durchschnitt
Bauzeit: 78 Wochen
Kennwerte: bis 3. Ebene DIN276
veröffentlicht: BKI Objektdaten A9

BGF 1.848 €/m²

Planung: Klein+Neubürger Architekten BDA; Bochum

Gymnasium mit 15 Klassen für 400 Schüler mit Aufenthaltsraum und Küche. **Kosteneinfluss Nutzung:** Baustraße erforderlich, Brand- und Wärmeschutzanforderungen

Bauwerk - Baukonstruktionen
Herstellen: Außentüren und -fenster 18%, Außenwandbekleidungen außen 12%, Dachbekleidungen 7%, Innenwandbekleidungen 7%, Elementierte Außenwände 7%, Innentüren und -fenster 7%, Deckenbeläge 5%, Deckenbekleidungen 4%, Bodenbeläge 4%, Nichttragende Innenwände 3%, Gerüste 3%
Sonstige: 21%

Bauwerk - Technische Anlagen
Herstellen: Wasseranlagen 32%, Beleuchtungsanlagen 26%, Gefahrenmelde- und Alarmanlagen 10%, Abwasseranlagen 7%
Sonstige: 24%

Modernisierungen

Schulen und Kindergärten

€/m² BGF
min	410	€/m²
von	700	€/m²
Mittel	1.060	€/m²
bis	1.690	€/m²
max	2.040	€/m²

Kosten:
Stand 2.Quartal 2018
Bundesdurchschnitt
inkl. 19% MwSt.

Objektübersicht zur Gebäudeart

4200-0028 Berufsschulzentrum für Technik
BRI 36.225m³ **BGF** 10.350m² **NUF** 7.475m²

Baujahr: 1910-12
Bauzustand: mittel
Aufwand: mittel
Nutzung während der Bauzeit: ja
Nutzungsänderung: nein
Grundrissänderungen: einige
Tragwerkseingriffe: einige

Land: Sachsen
Kreis: Chemnitz
Standard: Durchschnitt
Bauzeit: 47 Wochen
Kennwerte: bis 3. Ebene DIN276
veröffentlicht: BKI Objektdaten A9

BGF 676 €/m²

Planung: iproplan Planungsgesellschaft mbH; Chemnitz

Berufsschulzentrum für technisches Gymnasium, Berufsgrundbildungsjahr, Handwerksberufe wie Maler, Raumgestalter, Friseur, Körperpflege, Holztechnik, Metalltechnik. **Kosteneinfluss Nutzung:** Denkmalschutz

Bauwerk - Baukonstruktionen
Herstellen: Außentüren und -fenster 14%, Deckenbekleidungen 8%, Deckenbeläge 8%, Dachbeläge 5%, Innenwandbekleidungen 5%, Innentüren und -fenster 5%, Außenwandbekleidungen innen 4%, Dachbekleidungen 3%, Elementierte Innenwände 3%, Nichttragende Innenwände 2%, Tragende Innenwände 2%, Bodenbeläge 2%, Dachfenster, Dachöffnungen 2%, Baustelleneinrichtung 2%
Wiederherstellen: Außenwandbekleidungen außen 6%, Deckenbeläge 2%
Sonstige: 26%

Bauwerk - Technische Anlagen
Herstellen: Nutzungsspezifische Anlagen, sonstiges 30%, Niederspannungsinstallationsanlagen 11%, Beleuchtungsanlagen 6%, Wasseranlagen 6%, Automationssysteme 6%, Wärmeverteilnetze 5%, Raumheizflächen 5%, Lüftungsanlagen 5%, Aufzugsanlagen 4%
Sonstige: 21%

4200-0025 Berufsschulzentrum für Technik
BRI 41.895m³ **BGF** 11.970m² **NUF** 8.803m²

Baujahr: 1910-12
Bauzustand: mittel
Aufwand: mittel
Nutzung während der Bauzeit: ja
Nutzungsänderung: nein
Grundrissänderungen: einige
Tragwerkseingriffe: einige

Land: Sachsen
Kreis: Chemnitz
Standard: Durchschnitt
Bauzeit: 26 Wochen
Kennwerte: bis 3. Ebene DIN276
veröffentlicht: BKI Objektdaten A9

BGF 574 €/m²

Planung: iproplan Planungsgesellschaft mbH; Chemnitz

Berufsschulzentrum für technisches Gymnasium, Berufsgrundbildungsjahr, Handwerksberufe wie Farbtechniker, Raumgestalter, Bauzeichner, Körperpflege, Holztechnik, Metalltechnik. **Kosteneinfluss Nutzung:** Denkmalschutz

Bauwerk - Baukonstruktionen
Abbrechen: Deckenbeläge 2%
Herstellen: Außentüren und -fenster 12%, Deckenbeläge 10%, Innentüren und -fenster 8%, Innenwandbekleidungen 6%, Dachbeläge 5%, Deckenbekleidungen 5%, Außenwandbekleidungen innen 3%, Elementierte Innenwände 3%, Nichttragende Innenwände 3%, Besondere Einbauten 3%, Dachbekleidungen 2%, Deckenkonstruktionen 2%
Wiederherstellen: Außenwandbekleidungen außen 4%, Außentüren und -fenster 1%
Sonstige: 31%

Bauwerk - Technische Anlagen
Herstellen: Niederspannungsinstallationsanlagen 16%, Beleuchtungsanlagen 13%, Wasseranlagen 6%, Wärmeverteilnetze 6%, Übertragungsnetze 6%, Gefahrenmelde- und Alarmanlagen 6%, Raumheizflächen 6%, Lüftungsanlagen 5%, Abwasseranlagen 5%, Automationssysteme 4%, Teilklimaanlagen 4%
Sonstige: 22%

Objektübersicht zur Gebäudeart

4100-0066 Grundschule (15 Klassen) BRI 21.610m³ BGF 4.758m² NUF 2.717m²

Bauzustand: schlecht
Aufwand: hoch
Nutzung während der Bauzeit: ja
Nutzungsänderung: nein
Grundrissänderungen: einige
Tragwerkseingriffe: wenige

Land: Hessen
Kreis: Hochtaunus
Standard: Durchschnitt
Bauzeit: 91 Wochen
Kennwerte: bis 3. Ebene DIN276
veröffentlicht: BKI Objektdaten A5

BGF 1.205 €/m²

Planung: Dipl.-Ing. Architekten Pörtner + Lechmann BDA; Oberursel
Modernisierung und Instandsetzung einer Grundschule mit Schulsporthalle (288m²).

Bauwerk - Baukonstruktionen
Abbrechen: Deckenbekleidungen 5%, Deckenbeläge 2%
Herstellen: Außenwandbekleidungen außen 12%, Deckenbekleidungen 10%, Deckenbeläge 8%, Außentüren und -fenster 6%, Innenwandbekleidungen 6%, Innentüren und -fenster 4%
Wiederherstellen: Tragende Außenwände 2%, Außenwandbekleidungen außen 2%
Sonstige: 44%

Bauwerk - Technische Anlagen
Abbrechen: Wärmeerzeugungsanlagen 1%, Abwasseranlagen 1%
Herstellen: Niederspannungsinstallationsanlagen 12%, Automationssysteme 12%, Lüftungsanlagen 11%, Wasseranlagen 10%, Wärmeverteilnetze 9%, Wärmeerzeugungsanlagen 7%, Raumheizflächen 6%, Abwasseranlagen 6%, Beleuchtungsanlagen 6%
Sonstige: 21%

4500-0007 Sport- und Bildungsstätte BRI 19.466m³ BGF 4.741m² NUF 2.459m²

Baujahr: 1930
Bauzustand: schlecht
Aufwand: hoch
Nutzung während der Bauzeit: ja
Nutzungsänderung: nein
Grundrissänderungen: wenige
Tragwerkseingriffe: wenige

Land: Thüringen
Kreis: Greiz
Standard: Durchschnitt
Bauzeit: 104 Wochen
Kennwerte: bis 3. Ebene DIN276
veröffentlicht: BKI Objektdaten A6

BGF 1.183 €/m²

Planung: thoma architekten; Zeulenroda
Sport- und Bildungsstätte, Halle mit 598 Sitzplätzen oder 1.200 Stehplätzen, Zweifeldhalle (20x41m), zwei Schulungsräume 46 und 24 Sitzplätze, 10 Zweibettzimmer.

Bauwerk - Baukonstruktionen
Herstellen: Innentüren und -fenster 11%, Innenwandbekleidungen 10%, Deckenbeläge 9%, Außentüren und -fenster 8%, Deckenbekleidungen 8%, Dachbeläge 6%, Nichttragende Innenwände 6%, Dachkonstruktionen 5%, Gerüste 3%, Besondere Einbauten 3%, Dachbekleidungen 3%, Außenwandbekleidungen außen 3%, Bodenbeläge 3%
Sonstige: 21%

Bauwerk - Technische Anlagen
Herstellen: Lüftungsanlagen 20%, Wasseranlagen 15%, Beleuchtungsanlagen 14%, Niederspannungsinstallationsanlagen 12%, Abwasseranlagen 6%, Wärmeerzeugungsanlagen 5%, Automationssysteme 4%
Sonstige: 23%

Modernisierungen

Schulen und Kindergärten

€/m² BGF
min	410 €/m²
von	700 €/m²
Mittel	**1.060 €/m²**
bis	1.690 €/m²
max	2.040 €/m²

Kosten:
Stand 2.Quartal 2018
Bundesdurchschnitt
inkl. 19% MwSt.

Objektübersicht zur Gebäudeart

4100-0137 Grundschule, Heizzentrale (2 Klassen, 56 Schüler)

BRI 3.015m³   **BGF** 732m²   **NUF** 482m²

Land: Niedersachsen
Kreis: Gifhorn
Standard: Durchschnitt
Bauzeit: 60 Wochen
Kennwerte: bis 1. Ebene DIN276
veröffentlicht: BKI Objektdaten A8

BGF   2.039 €/m²

Planung: Planungsteam III Architekten und Ingenieure GmbH; Gifhorn

Grundschule mit 2 Klassen für 56 Kinder, Heizzentrale für mehrere angrenzende öffentl. Gebäude

Modernisierung

Modernisierungen

Sporthallen

Kostenkennwerte für die Kosten des Bauwerks (Kostengruppen 300+400 nach DIN 276)

BRI 140 €/m³
von 70 €/m³
bis 235 €/m³

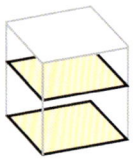

BGF 820 €/m²
von 350 €/m²
bis 1.300 €/m²

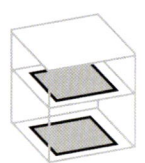

NUF 990 €/m²
von 520 €/m²
bis 1.690 €/m²

Kosten:
Stand 2.Quartal 2018
Bundesdurchschnitt
inkl. 19% MwSt.

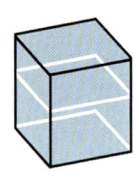

Objektbeispiele

5100-0093

5100-0041

5100-0075

Kosten der 7 Vergleichsobjekte — Seiten 274 bis 277

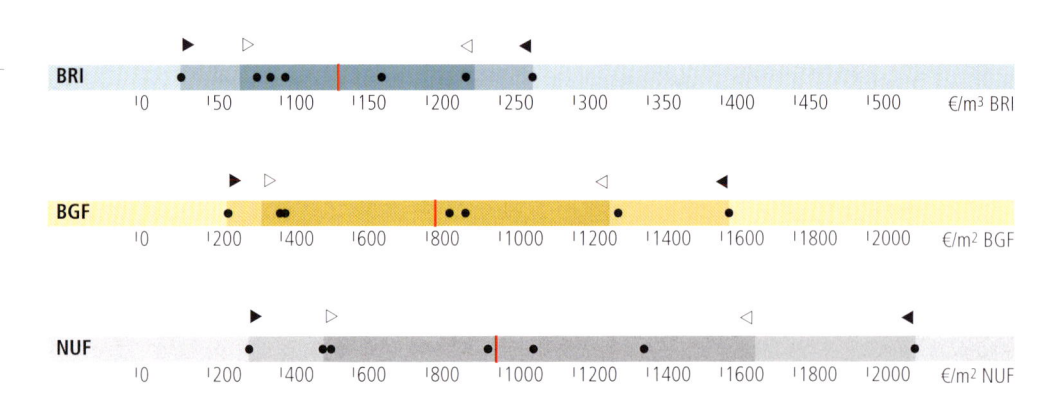

- ● KKW
- ▶ min
- ▷ von
- | Mittelwert
- ◁ bis
- ◀ max

BRI: €/m³ BRI
BGF: €/m² BGF
NUF: €/m² NUF

© BKI Baukosteninformationszentrum; Erläuterungen zu den Tabellen siehe Seite 22   Kosten: 2.Quartal 2018, Bundesdurchschnitt, **inkl. 19% MwSt.**

Kostenkennwerte für die Kostengruppen der 1. und 2. Ebene DIN 276

KG	Kostengruppen der 1. Ebene	Einheit	▷	€/Einheit	◁	▷	% an 300+400	◁
100	Grundstück	m² GF	–	–	–	–	–	–
200	Herrichten und Erschließen	m² GF	0	0	0	0,0	1,0	2,0
300	Bauwerk - Baukonstruktionen	m² BGF	320	597	1.024	65,7	74,4	83,5
400	Bauwerk - Technische Anlagen	m² BGF	66	227	385	16,5	25,6	34,3
	Bauwerk (300+400)	m² BGF	348	824	1.295		100,0	
500	Außenanlagen	m² AF	0	21	35	1,0	2,4	3,6
600	Ausstattung und Kunstwerke	m² BGF	3	10	25	0,4	1,3	1,8
700	Baunebenkosten	m² BGF	–	–	–	–	–	–

KG	Kostengruppen der 2. Ebene	Einheit	▷	€/Einheit	◁	▷	% an 300	◁
310	Baugrube	m³ BGI	91	109	140	0,0	0,9	2,6
320	Gründung	m² GRF	92	176	340	2,8	12,5	22,1
330	Außenwände	m² AWF	219	499	1.196	17,3	36,8	47,0
340	Innenwände	m² IWF	60	207	545	2,8	9,1	18,6
350	Decken	m² DEF	134	245	502	0,6	4,9	11,0
360	Dächer	m² DAF	147	253	522	20,2	29,1	39,1
370	Baukonstruktive Einbauten	m² BGF	3	12	36	0,3	1,5	3,4
390	Sonstige Baukonstruktionen	m² BGF	18	26	40	3,8	5,2	7,9
300	Bauwerk Baukonstruktionen	m² BGF					100,0	

KG	Kostengruppen der 2. Ebene	Einheit	▷	€/Einheit	◁	▷	% an 400	◁
410	Abwasser, Wasser, Gas	m² BGF	23	52	95	2,8	13,4	27,6
420	Wärmeversorgungsanlagen	m² BGF	32	75	149	10,8	28,6	68,3
430	Lufttechnische Anlagen	m² BGF	6	28	45	5,9	14,1	27,9
440	Starkstromanlagen	m² BGF	27	62	111	19,3	34,5	73,5
450	Fernmeldeanlagen	m² BGF	4	20	50	0,9	3,7	10,3
460	Förderanlagen	m² BGF	–	–	–	–	–	–
470	Nutzungsspezifische Anlagen	m² BGF	0	0	1	0,0	0,1	0,7
480	Gebäudeautomation	m² BGF	24	47	82	0,5	5,0	15,1
490	Sonstige Technische Anlagen	m² BGF	1	2	3	0,0	0,6	2,4
400	Bauwerk Technische Anlagen	m² BGF					100,0	

Prozentanteile der Kosten der 2. Ebene an den Kosten des Bauwerks nach DIN 276 (Von-, Mittel-, Bis-Werte)

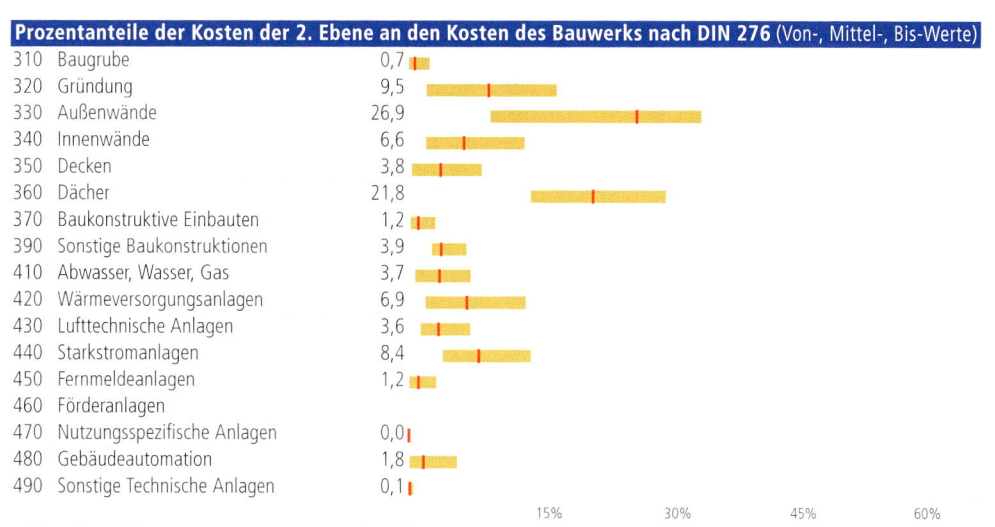

KG	Kostengruppe	Mittelwert
310	Baugrube	0,7
320	Gründung	9,5
330	Außenwände	26,9
340	Innenwände	6,6
350	Decken	3,8
360	Dächer	21,8
370	Baukonstruktive Einbauten	1,2
390	Sonstige Baukonstruktionen	3,9
410	Abwasser, Wasser, Gas	3,7
420	Wärmeversorgungsanlagen	6,9
430	Lufttechnische Anlagen	3,6
440	Starkstromanlagen	8,4
450	Fernmeldeanlagen	1,2
460	Förderanlagen	
470	Nutzungsspezifische Anlagen	0,0
480	Gebäudeautomation	1,8
490	Sonstige Technische Anlagen	0,1

© BKI Baukosteninformationszentrum; Erläuterungen zu den Tabellen siehe Seite 24   Kosten: 2.Quartal 2018, Bundesdurchschnitt, inkl. 19% MwSt.

Modernisierungen

Sporthallen

Kostenkennwerte für die Kostengruppen der 3. Ebene DIN 276

KG	Kostengruppen der 3. Ebene	Einheit	▷ von	Ø €/Einheit	◁ bis	▷	Ø €/m² BGF	◁
363	Dachbeläge	m²	106,93	**126,06**	162,03	42,92	**91,70**	114,78
335	Außenwandbekleidungen außen	m²	62,75	**129,28**	194,89	31,41	**81,27**	115,01
334	Außentüren und -fenster	m²	596,05	**754,73**	882,81	17,14	**70,91**	118,88
337	Elementierte Außenwände	m²	309,56	**417,99**	598,24	5,19	**67,33**	99,24
325	Bodenbeläge	m²	67,94	**129,87**	191,56	15,60	**62,97**	122,01
364	Dachbekleidungen	m²	23,68	**88,48**	148,17	7,87	**43,89**	93,10
481	Automationssysteme	m²	22,15	**43,31**	81,57	22,15	**43,31**	81,57
412	Wasseranlagen	m²	15,10	**42,20**	69,28	15,10	**42,20**	69,28
423	Raumheizflächen	m²	10,90	**37,37**	54,61	10,90	**37,37**	54,61
336	Außenwandbekleidungen innen	m²	45,23	**83,20**	147,56	9,90	**34,52**	79,29
422	Wärmeverteilnetze	m²	11,13	**26,33**	46,08	11,13	**26,33**	46,08
431	Lüftungsanlagen	m²	5,61	**26,24**	47,27	5,61	**26,24**	47,27
361	Dachkonstruktionen	m²	36,29	**86,90**	210,15	6,44	**26,03**	55,95
322	Flachgründungen	m²	59,51	**111,09**	162,67	1,02	**25,51**	50,00
346	Elementierte Innenwände	m²	244,37	**283,91**	350,22	2,07	**25,44**	72,18
421	Wärmeerzeugungsanlagen	m²	3,76	**23,81**	43,53	3,76	**23,81**	43,53
345	Innenwandbekleidungen	m²	23,12	**39,83**	73,94	6,81	**22,14**	64,53
444	Niederspannungsinstallationsanl.	m²	6,19	**21,53**	38,11	6,19	**21,53**	38,11
311	Baugrubenherstellung	m³	91,16	**108,58**	140,19	7,25	**21,16**	48,81
352	Deckenbeläge	m²	128,12	**133,95**	144,87	9,99	**18,97**	23,92
445	Beleuchtungsanlagen	m²	6,36	**18,92**	29,33	6,36	**18,92**	29,33
331	Tragende Außenwände	m²	85,53	**295,68**	493,53	3,37	**17,38**	44,07
411	Abwasseranlagen	m²	6,36	**16,30**	26,03	6,36	**16,30**	26,03
344	Innentüren und -fenster	m²	84,91	**489,65**	804,09	4,63	**16,05**	41,96
351	Deckenkonstruktionen	m²	466,87	**723,87**	1.378,81	4,06	**14,35**	44,49
456	Gefahrenmelde- und Alarmanlagen	m²	1,26	**14,07**	40,95	1,26	**14,07**	40,95
392	Gerüste	m²	6,93	**12,62**	17,28	6,93	**12,62**	17,28
482	Schaltschränke	m²	–	**11,64**	–	–	**11,64**	–
391	Baustelleneinrichtung	m²	2,17	**11,29**	24,98	2,17	**11,29**	24,98
372	Besondere Einbauten	m²	3,59	**11,11**	46,25	3,59	**11,11**	46,25
333	Außenstützen	m	270,70	**334,29**	397,88	3,24	**10,80**	18,36
446	Blitzschutz- und Erdungsanlagen	m²	6,19	**9,91**	16,50	6,19	**9,91**	16,50
353	Deckenbekleidungen	m²	24,43	**54,84**	94,73	3,23	**9,62**	15,65
369	Dächer, sonstiges	m²	1,97	**24,90**	93,69	1,56	**8,93**	30,81
342	Nichttragende Innenwände	m²	151,07	**242,50**	668,41	2,60	**8,65**	14,78
324	Unterböden und Bodenplatten	m²	111,01	**241,82**	612,77	2,40	**8,20**	18,16
371	Allgemeine Einbauten	m²	–	**7,54**	–	–	**7,54**	–
399	Sonstige Maßnahmen für Baukonstruktionen, sonstiges	m²	1,58	**6,45**	11,32	1,58	**6,45**	11,32
332	Nichttragende Außenwände	m²	249,85	**344,71**	516,78	3,32	**6,25**	11,48
338	Sonnenschutz	m²	7,33	**233,18**	358,70	1,79	**5,94**	10,50
454	Elektroakustische Anlagen	m²	1,31	**5,48**	7,56	1,31	**5,48**	7,56
419	Abwasser-, Wasser- und Gasanlagen, sonstiges	m²	–	**5,45**	–	–	**5,45**	–
359	Decken, sonstiges	m²	8,21	**29,78**	71,04	1,62	**5,33**	12,53
452	Such- und Signalanlagen	m²	–	**5,26**	–	–	**5,26**	–
339	Außenwände, sonstiges	m²	5,53	**28,82**	142,67	1,92	**5,16**	8,40
326	Bauwerksabdichtungen	m²	6,53	**18,71**	30,97	1,05	**4,99**	16,63
362	Dachfenster, Dachöffnungen	m²	450,60	**862,31**	1.567,51	0,98	**4,78**	7,27
341	Tragende Innenwände	m²	145,88	**422,99**	767,73	0,99	**4,72**	8,52

Kosten:
Stand 2. Quartal 2018
Bundesdurchschnitt
inkl. 19% MwSt.

▷ von
Ø Mittel
◁ bis

Kostenkennwerte für Leistungsbereiche nach StLB (Kosten des Bauwerks nach DIN 276)

LB	Leistungsbereiche	▷	€/m² BGF	◁	▷	% an 300+400	◁
000	Sicherheits-, Baustelleneinrichtungen inkl. 001	13	22	48	1,6	2,7	5,8
002	Erdarbeiten	0	7	29	0,0	0,9	3,6
006	Spezialtiefbauarbeiten inkl. 005	–	–	–	–	–	–
009	Entwässerungskanalarbeiten inkl. 011	–	–	–	–	–	–
010	Drän- und Versickerungsarbeiten	0	0	1	0,0	0,0	0,1
012	Mauerarbeiten	3	11	23	0,3	1,3	2,7
013	Betonarbeiten	3	24	92	0,4	2,9	11,1
014	Natur-, Betonwerksteinarbeiten	–	0	–	–	0,0	–
016	Zimmer- und Holzbauarbeiten	0	8	29	0,0	1,0	3,5
017	Stahlbauarbeiten	5	29	92	0,6	3,5	11,1
018	Abdichtungsarbeiten	0	5	9	0,0	0,5	1,1
020	Dachdeckungsarbeiten	–	7	28	–	0,8	3,4
021	Dachabdichtungsarbeiten	13	59	123	1,6	7,2	14,9
022	Klempnerarbeiten	2	11	20	0,2	1,3	2,4
	Rohbau	99	183	251	12,0	22,3	30,5
023	Putz- und Stuckarbeiten, Wärmedämmsysteme	7	39	68	0,8	4,8	8,3
024	Fliesen- und Plattenarbeiten	3	10	22	0,3	1,3	2,6
025	Estricharbeiten	0	4	13	0,1	0,5	1,6
026	Fenster, Außentüren inkl. 029, 032	26	68	122	3,2	8,3	14,8
027	Tischlerarbeiten	10	42	82	1,2	5,0	9,9
028	Parkettarbeiten, Holzpflasterarbeiten	0	29	110	0,0	3,5	13,3
030	Rollladenarbeiten	0	4	13	0,0	0,4	1,6
031	Metallbauarbeiten inkl. 035	9	31	102	1,1	3,7	12,4
034	Maler- und Lackiererarbeiten inkl. 037	9	27	27	1,1	3,3	3,3
036	Bodenbelagarbeiten	3	19	56	0,4	2,3	6,8
038	Vorgehängte hinterlüftete Fassaden	0	34	93	0,0	4,2	11,3
039	Trockenbauarbeiten	29	70	174	3,6	8,5	21,1
	Ausbau	349	378	473	42,3	45,9	57,3
040	Wärmeversorgungsanl. - Betriebseinr. inkl. 041	15	51	103	1,8	6,2	12,5
042	Gas- und Wasserinstallation, Leitungen inkl. 043	2	9	15	0,2	1,1	1,8
044	Abwasserinstallationsarbeiten - Leitungen	3	9	23	0,3	1,1	2,8
045	GWA-Einrichtungsgegenstände inkl. 046	0	10	24	0,0	1,2	2,9
047	Dämmarbeiten an betriebstechnischen Anlagen	1	3	7	0,1	0,4	0,8
049	Feuerlöschanlagen, Feuerlöschgeräte	0	0	0	0,0	0,0	0,0
050	Blitzschutz- und Erdungsanlagen	2	8	15	0,2	0,9	1,9
053	Niederspannungsanlagen inkl. 052, 054	13	29	50	1,6	3,5	6,1
055	Ersatzstromversorgungsanlagen	–	9	–	–	1,1	–
057	Gebäudesystemtechnik	0	7	32	0,0	0,9	3,9
058	Leuchten und Lampen inkl. 059	9	23	23	1,1	2,8	2,8
060	Elektroakustische Anlagen, Sprechanlagen	0	3	7	0,0	0,4	0,8
061	Kommunikationsnetze, inkl. 062	0	0	1	0,0	0,0	0,1
063	Gefahrenmeldeanlagen	1	6	23	0,1	0,7	2,8
069	Aufzüge	–	–	–	–	–	–
070	Gebäudeautomation	0	7	7	0,0	0,9	0,9
075	Raumlufttechnische Anlagen	10	27	54	1,2	3,2	6,6
	Technische Anlagen	132	201	268	16,0	24,4	32,6
084	Abbruch- und Rückbauarbeiten	35	56	87	4,2	6,8	10,5
	Sonstige Leistungsbereiche inkl. 008, 033, 051	1	7	15	0,1	0,8	1,9

© BKI Baukosteninformationszentrum; Erläuterungen zu den Tabellen siehe Seite 28   Kosten: 2. Quartal 2018, Bundesdurchschnitt, inkl. 19% MwSt.

Modernisierung

Modernisierungen

Sporthallen

€/m² BGF
min 250 €/m²
von 350 €/m²
Mittel **820 €/m²**
bis 1.300 €/m²
max 1.620 €/m²

Kosten:
Stand 2.Quartal 2018
Bundesdurchschnitt
inkl. 19% MwSt.

Objektübersicht zur Gebäudeart

5100-0101 Sporthalle (Zweifeldhalle)

BRI 16.607m³ **BGF** 2.064m² **NUF** 1.675m²

Baujahr: 1984
Bauzustand: mittel
Aufwand: mittel
Nutzung während der Bauzeit: nein
Nutzungsänderung: ja
Grundrissänderungen: wenige
Tragwerkseingriffe: keine

Land: Bayern
Kreis: Aschaffenburg
Standard: über Durchschnitt
Bauzeit: 8 Wochen
Kennwerte: bis 3. Ebene DIN276
vorgesehen: BKI Objektdaten A11

BGF 253 €/m²

Planung: Dillig Architekten GmbH; Simmern
Sporthalle (Zweifeldhalle) mit Tribüne

Bauwerk - Baukonstruktionen
Abbrechen: Dachbekleidungen 6%
Herstellen: Dachbekleidungen 31%, Bodenbeläge 26%, Deckenbeläge 10%, Gerüste 8%
Sonstige: 20%

Bauwerk - Technische Anlagen
Herstellen: Beleuchtungsanlagen 61%, Niederspannungsinstallationsanlagen 18%, Lüftungsanlagen 12%
Sonstige: 9%

5100-0075 Sporthalle

BRI 3.924m³ **BGF** 884m² **NUF** 706m²

Baujahr: 1975
Bauzustand: schlecht
Aufwand: mittel
Nutzung während der Bauzeit: ja
Nutzungsänderung: nein
Grundrissänderungen: wenige
Tragwerkseingriffe: keine

Land: Sachsen-Anhalt
Kreis: Magdeburg
Standard: Durchschnitt
Bauzeit: 30 Wochen
Kennwerte: bis 3. Ebene DIN276
veröffentlicht: BKI Objektdaten A9

BGF 411 €/m²

Planung: qbatur Planungsbüro GmbH; Quedlinburg
Sporthalle

Bauwerk - Baukonstruktionen
Abbrechen: Dachbeläge 9%
Herstellen: Dachbeläge 26%, Außenwandbekleidungen außen 21%, Außentüren und -fenster 21%
Sonstige: 23%

Bauwerk - Technische Anlagen
Herstellen: Raumheizflächen 58%, Wärmeverteilnetze 20%, Blitzschutz- und Erdungsanlagen 12%
Sonstige: 10%

Objektübersicht zur Gebäudeart

5100-0093 Sporthalle (Dreifeldhalle)   BRI 19.049m³   BGF 2.161m²   NUF 1.796m²

Baujahr: 1970
Bauzustand: schlecht
Aufwand: hoch
Nutzung während der Bauzeit: nein
Nutzungsänderung: nein
Grundrissänderungen: wenige
Tragwerkseingriffe: wenige

Land: Rheinland-Pfalz
Kreis: Rhein-Hunsrück
Standard: Durchschnitt
Bauzeit: 39 Wochen
Kennwerte: bis 3. Ebene DIN276
veröffentlicht: BKI Objektdaten A9

BGF   906 €/m²

Planung: Dillig Architekten GmbH; Simmern

Modernisierung einer Dreifeld-Sporthalle aus den 70er Jahren.

Bauwerk - Baukonstruktionen
Herstellen: Elementierte Außenwände 15%, Außenwandbekleidungen außen 15%, Dachbeläge 14%, Bodenbeläge 11%, Dachkonstruktionen 9%, Tragende Außenwände 8%, Außentüren und -fenster 5%
Wiederherstellen: Dachbeläge 3%
Sonstige: 20%

Bauwerk - Technische Anlagen
Herstellen: Starkstromanlagen 58%, Lufttechnische Anlagen 16%, Wärmeversorgungsanlagen 14%
Sonstige: 12%

5100-0046 Sporthalle   BRI 3.030m³   BGF 595m²   NUF 530m²

Baujahr: 1963
Bauzustand: mittel
Aufwand: mittel
Nutzung während der Bauzeit: nein
Nutzungsänderung: nein
Grundrissänderungen: keine
Tragwerkseingriffe: keine

Land: Hessen
Kreis: Wiesbaden
Standard: Durchschnitt
Bauzeit: 21 Wochen
Kennwerte: bis 3. Ebene DIN276
veröffentlicht: BKI Objektdaten A7

BGF   862 €/m²

Planung: gold diplomingenieure architekten; Hochheim

Sporthalle mit Nebenräumen

Bauwerk - Baukonstruktionen
Herstellen: Dachbekleidungen 21%, Außentüren und -fenster 20%, Außenwandbekleidungen außen 17%, Dachbeläge 16%
Sonstige: 25%

Bauwerk - Technische Anlagen
Herstellen: Raumheizflächen 18%, Wärmeverteilnetze 15%, Wärmeerzeugungsanlagen 14%, Niederspannungsinstallationsanlagen 12%, Automationssysteme 11%, Blitzschutz- und Erdungsanlagen 6%
Sonstige: 24%

Modernisierungen

Sporthallen

€/m² BGF
min	250 €/m²
von	350 €/m²
Mittel	**820 €/m²**
bis	1.300 €/m²
max	1.620 €/m²

Kosten:
Stand 2.Quartal 2018
Bundesdurchschnitt
inkl. 19% MwSt.

Objektübersicht zur Gebäudeart

5100-0044 Sporthalle
BRI 7.840m³ **BGF** 1.315m² **NUF** 1.000m²

Baujahr: 1981
Bauzustand: schlecht
Aufwand: hoch
Nutzung während der Bauzeit: nein
Nutzungsänderung: nein
Grundrissänderungen: einige
Tragwerkseingriffe: wenige

Land: Sachsen
Kreis: Flöha
Standard: Durchschnitt
Bauzeit: 47 Wochen
Kennwerte: bis 3. Ebene DIN276
veröffentlicht: BKI Objektdaten A7
BGF 1.621 €/m²

Planung: Bauplanungsbüro Dipl.-Ing. Udo Barth; Flöha
Modernisierung und Anbau einer Zweifeldschulsporthalle.

Bauwerk - Baukonstruktionen
Herstellen: Außenwandbekleidungen außen 11%, Bodenbeläge 9%, Elementierte Außenwände 7%, Außentüren und -fenster 6%, Dachbekleidungen 6%, Innenwandbekleidungen 6%, Elementierte Innenwände 6%, Dachbeläge 5%, Außenwandbekleidungen innen 4%, Baugrubenherstellung 4%, Flachgründungen 4%, Besondere Einbauten 4%, Deckenkonstruktionen 3%, Dächer, sonstiges 2%, Baustelleneinrichtung 2%
Sonstige: 21%

Bauwerk - Technische Anlagen
Herstellen: Wasseranlagen 22%, Lüftungsanlagen 17%, Raumheizflächen 12%, Beleuchtungsanlagen 10%, Niederspannungsinstallationsanlagen 8%, Wärmeverteilnetze 7%
Sonstige: 24%

5100-0041 Sporthalle
BRI 8.040m³ **BGF** 1.684m² **NUF** 1.245m²

Bauzustand: mittel
Aufwand: mittel
Nutzung während der Bauzeit: nein
Nutzungsänderung: nein
Grundrissänderungen: wenige
Tragwerkseingriffe: wenige

Land: Hessen
Kreis: Main-Taunus, Hofheim
Standard: Durchschnitt
Bauzeit: 74 Wochen
Kennwerte: bis 3. Ebene DIN276
veröffentlicht: BKI Objektdaten A6
BGF 397 €/m²

Planung: gold diplomingenieure architekten; Hochheim
Turnhalle mit Kegelbahn, Gaststätte und Umkleide- und Sanitärräumen, Pächterwohnung

Bauwerk - Baukonstruktionen
Herstellen: Außenwandbekleidungen außen 15%, Innentüren und -fenster 12%, Dachkonstruktionen 12%, Dachbeläge 8%, Außentüren und -fenster 6%, Deckenbekleidungen 5%, Nichttragende Innenwände 4%, Deckenbeläge 3%, Außenwände, sonstiges 3%, Dachfenster, Dachöffnungen 3%, Innenwandbekleidungen 3%, Sonnenschutz 3%, Deckenkonstruktionen 3%
Sonstige: 20%

Bauwerk - Technische Anlagen
Herstellen: Lüftungsanlagen 38%, Abwasseranlagen 15%, Wasseranlagen 14%, Niederspannungsinstallationsanlagen 9%
Sonstige: 24%

Objektübersicht zur Gebäudeart

5100-0039 Schulsporthalle

BRI 5.700m³ **BGF** 980m² **NUF** 930m²

Bauzustand: mittel
Aufwand: hoch
Nutzung während der Bauzeit: nein
Nutzungsänderung: nein
Grundrissänderungen: keine
Tragwerkseingriffe: keine

Land: Hessen
Kreis: Hochtaunus
Standard: Durchschnitt
Bauzeit: 21 Wochen
Kennwerte: bis 3. Ebene DIN276
veröffentlicht: BKI Objektdaten A5

BGF 1.319 €/m²

Planung: Dipl.-Ing. Architekten Pörtner + Lechmann BDA; Oberursel
Sporthalle für eine Grundschule

Bauwerk - Baukonstruktionen
Abbrechen: Dachbeläge 3%
Herstellen: Außentüren und -fenster 19%, Außenwandbekleidungen außen 13%, Bodenbeläge 12%, Außenwandbekleidungen innen 12%, Dachbeläge 11%, Innentüren und -fenster 6%, Innenwandbekleidungen 5%
Sonstige: 20%

Bauwerk - Technische Anlagen
Herstellen: Automationssysteme 16%, Wasseranlagen 13%, Raumheizflächen 12%, Gefahrenmelde- und Alarmanlagen 10%, Lüftungsanlagen 9%, Wärmeverteilnetze 8%, Niederspannungsinstallationsanlagen 8%
Sonstige: 26%

Modernisierungen

Ein- und Zweifamilienhäuser vor 1945

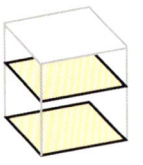

Kostenkennwerte für die Kosten des Bauwerks (Kostengruppen 300+400 nach DIN 276)

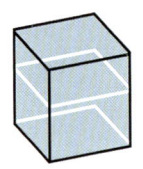

BRI 285 €/m³	**BGF** 760 €/m²	**NUF** 1.220 €/m²	**NE** 1.470 €/NE
von 195 €/m³	von 500 €/m²	von 820 €/m²	von 990 €/NE
bis 375 €/m³	bis 1.020 €/m²	bis 1.790 €/m²	bis 1.830 €/NE
			NE: Wohnfläche

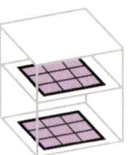

Objektbeispiele

6100-0910

6100-0851

6100-1187

Kosten:
Stand 2.Quartal 2018
Bundesdurchschnitt
inkl. 19% MwSt.

Kosten der 13 Vergleichsobjekte — Seiten 282 bis 288

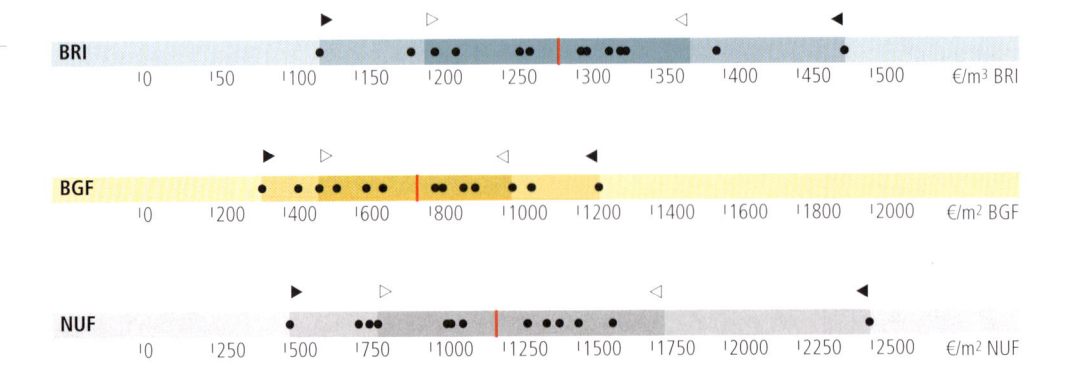

Legende:
- ● KKW
- ▶ min
- ▷ von
- | Mittelwert
- ◁ bis
- ◀ max

BRI: €/m³ BRI
BGF: €/m² BGF
NUF: €/m² NUF

© BKI Baukosteninformationszentrum; Erläuterungen zu den Tabellen siehe Seite 22
Kosten: 2.Quartal 2018, Bundesdurchschnitt, **inkl. 19% MwSt.**

Kostenkennwerte für die Kostengruppen der 1. und 2. Ebene DIN 276

KG	Kostengruppen der 1. Ebene	Einheit	▷	€/Einheit	◁	▷	% an 300+400	◁
100	Grundstück	m² GF	–	–	–	–	–	–
200	Herrichten und Erschließen	m² GF	–	3	–	–	0,5	–
300	Bauwerk - Baukonstruktionen	m² BGF	416	576	832	70,2	76,1	85,7
400	Bauwerk - Technische Anlagen	m² BGF	106	189	283	14,3	23,9	29,8
	Bauwerk (300+400)	m² BGF	495	764	1.019		100,0	
500	Außenanlagen	m² AF	18	32	80	2,8	7,6	29,6
600	Ausstattung und Kunstwerke	m² BGF	4	9	18	0,2	1,0	1,4
700	Baunebenkosten	m² BGF	–	–	–	–	–	–

KG	Kostengruppen der 2. Ebene	Einheit	▷	€/Einheit	◁	▷	% an 300	◁
310	Baugrube	m³ BGI	68	102	171	0,0	0,8	4,3
320	Gründung	m² GRF	85	215	405	0,8	4,4	15,0
330	Außenwände	m² AWF	197	289	350	26,1	38,0	45,3
340	Innenwände	m² IWF	62	160	302	4,6	9,8	15,8
350	Decken	m² DEF	110	214	335	5,0	13,3	22,4
360	Dächer	m² DAF	261	361	560	20,5	28,2	43,1
370	Baukonstruktive Einbauten	m² BGF	3	19	48	0,1	1,4	7,3
390	Sonstige Baukonstruktionen	m² BGF	16	24	39	2,9	4,2	6,5
300	**Bauwerk Baukonstruktionen**	**m² BGF**					**100,0**	

KG	Kostengruppen der 2. Ebene	Einheit	▷	€/Einheit	◁	▷	% an 400	◁
410	Abwasser, Wasser, Gas	m² BGF	7	36	60	6,3	20,4	36,1
420	Wärmeversorgungsanlagen	m² BGF	80	115	177	25,0	48,0	63,9
430	Lufttechnische Anlagen	m² BGF	17	37	57	5,9	16,2	27,2
440	Starkstromanlagen	m² BGF	9	28	40	5,5	13,8	33,0
450	Fernmeldeanlagen	m² BGF	1	4	10	0,3	1,6	4,1
460	Förderanlagen	m² BGF	–	–	–	–	–	–
470	Nutzungsspezifische Anlagen	m² BGF	–	–	–	–	–	–
480	Gebäudeautomation	m² BGF	–	–	–	–	–	–
490	Sonstige Technische Anlagen	m² BGF	–	–	–	–	–	–
400	**Bauwerk Technische Anlagen**	**m² BGF**					**100,0**	

Prozentanteile der Kosten der 2. Ebene an den Kosten des Bauwerks nach DIN 276 (Von-, Mittel-, Bis-Werte)

KG		Mittelwert
310	Baugrube	0,6
320	Gründung	3,2
330	Außenwände	28,4
340	Innenwände	7,4
350	Decken	10,5
360	Dächer	21,2
370	Baukonstruktive Einbauten	1,3
390	Sonstige Baukonstruktionen	3,2
410	Abwasser, Wasser, Gas	4,2
420	Wärmeversorgungsanlagen	12,7
430	Lufttechnische Anlagen	4,3
440	Starkstromanlagen	2,7
450	Fernmeldeanlagen	0,4
460	Förderanlagen	
470	Nutzungsspezifische Anlagen	
480	Gebäudeautomation	
490	Sonstige Technische Anlagen	

15% 30% 45% 60%

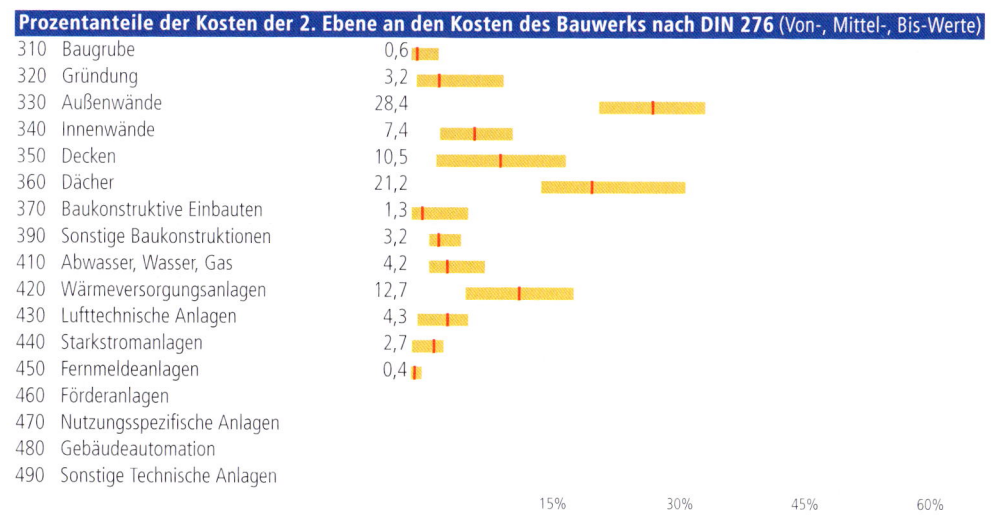

© BKI Baukosteninformationszentrum; Erläuterungen zu den Tabellen siehe Seite 24   Kosten: 2.Quartal 2018, Bundesdurchschnitt, inkl. 19% MwSt.

Modernisierungen

Ein- und Zweifamilienhäuser vor 1945

Kosten:
Stand 2. Quartal 2018
Bundesdurchschnitt
inkl. 19% MwSt.

▷ von
Ø Mittel
◁ bis

Kostenkennwerte für die Kostengruppen der 3. Ebene DIN 276

KG	Kostengruppen der 3. Ebene	Einheit	▷	Ø €/Einheit	◁	▷	Ø €/m² BGF	◁
363	Dachbeläge	m²	157,62	221,23	311,60	59,88	91,97	154,17
335	Außenwandbekleidungen außen	m²	65,56	137,01	178,08	44,31	91,21	130,68
334	Außentüren und -fenster	m²	397,32	668,32	796,33	65,33	87,24	112,38
421	Wärmeerzeugungsanlagen	m²	43,44	75,33	107,72	43,44	75,33	107,72
352	Deckenbeläge	m²	125,91	202,54	408,11	24,14	54,50	77,11
361	Dachkonstruktionen	m²	67,57	192,74	490,92	12,59	46,14	166,00
325	Bodenbeläge	m²	71,56	136,90	259,35	10,10	37,04	98,03
431	Lüftungsanlagen	m²	16,60	36,94	56,90	16,60	36,94	56,90
345	Innenwandbekleidungen	m²	28,38	48,89	94,91	19,61	32,88	62,09
351	Deckenkonstruktionen	m²	233,11	378,12	1.015,82	14,65	32,63	76,69
412	Wasseranlagen	m²	21,57	31,35	48,76	21,57	31,35	48,76
364	Dachbekleidungen	m²	53,36	81,17	127,54	18,82	29,96	62,75
444	Niederspannungsinstallationsanl.	m²	12,43	25,41	39,16	12,43	25,41	39,16
342	Nichttragende Innenwände	m²	110,30	130,30	161,53	8,42	24,02	51,74
353	Deckenbekleidungen	m²	28,63	50,96	70,64	9,40	20,32	26,48
331	Tragende Außenwände	m²	306,41	629,45	1.780,28	8,92	19,93	41,99
324	Unterböden und Bodenplatten	m²	174,11	263,84	353,58	11,34	19,58	27,82
362	Dachfenster, Dachöffnungen	m²	1.375,12	1.762,93	2.284,52	11,15	19,57	52,20
371	Allgemeine Einbauten	m²	3,11	19,28	47,66	3,11	19,28	47,66
344	Innentüren und -fenster	m²	276,41	457,31	646,86	6,09	17,46	28,52
338	Sonnenschutz	m²	182,91	288,35	555,96	3,96	16,05	28,07
423	Raumheizflächen	m²	5,62	15,62	29,48	5,62	15,62	29,48
336	Außenwandbekleidungen innen	m²	27,71	49,15	92,39	5,98	15,42	29,55
311	Baugrubenherstellung	m³	68,07	102,44	171,03	2,92	14,94	22,25
411	Abwasseranlagen	m²	6,30	14,39	33,99	6,30	14,39	33,99
429	Wärmeversorgungsanl., sonstiges	m²	7,98	14,01	32,99	7,98	14,01	32,99
392	Gerüste	m²	9,28	13,43	21,46	9,28	13,43	21,46
339	Außenwände, sonstiges	m²	5,36	15,82	37,63	4,71	13,36	27,44
422	Wärmeverteilnetze	m²	4,37	12,50	19,52	4,37	12,50	19,52
322	Flachgründungen	m²	33,66	499,70	795,07	3,13	9,18	20,64
327	Dränagen	m²	–	27,45	–	–	6,69	–
359	Decken, sonstiges	m²	5,45	14,47	21,55	2,63	6,67	11,68
369	Dächer, sonstiges	m²	4,45	19,19	71,96	2,20	6,38	21,19
394	Abbruchmaßnahmen	m²	0,41	6,32	24,02	0,41	6,32	24,02
391	Baustelleneinrichtung	m²	2,20	6,05	14,76	2,20	6,05	14,76
333	Außenstützen	m	–	343,03	–	–	5,65	–
341	Tragende Innenwände	m²	100,77	279,00	801,31	2,18	5,14	9,64
326	Bauwerksabdichtungen	m²	–	19,46	–	–	3,09	–
457	Übertragungsnetze	m²	1,73	3,04	4,35	1,73	3,04	4,35
455	Fernseh- und Antennenanlagen	m²	0,49	2,80	7,43	0,49	2,80	7,43
396	Materialentsorgung	m²	1,53	2,75	5,19	1,53	2,75	5,19
397	Zusätzliche Maßnahmen	m²	0,58	2,19	4,11	0,58	2,19	4,11
445	Beleuchtungsanlagen	m²	0,75	2,08	4,58	0,75	2,08	4,58
446	Blitzschutz- und Erdungsanlagen	m²	1,06	1,94	5,66	1,06	1,94	5,66
419	Abwasser-, Wasser- und Gasanlagen, sonstiges	m²	1,54	1,77	2,00	1,54	1,77	2,00
343	Innenstützen	m	37,28	63,35	89,43	0,90	1,29	1,67
452	Such- und Signalanlagen	m²	0,64	1,27	2,00	0,64	1,27	2,00
449	Starkstromanlagen, sonstiges	m²	–	1,13	–	–	1,13	–
454	Elektroakustische Anlagen	m²	–	0,92	–	–	0,92	–

© **BKI** Baukosteninformationszentrum; Erläuterungen zu den Tabellen siehe Seite 26   Kosten: 2.Quartal 2018, Bundesdurchschnitt, **inkl. 19% MwSt.**

Kostenkennwerte für Leistungsbereiche nach StLB (Kosten des Bauwerks nach DIN 276)

LB	Leistungsbereiche	▷	€/m² BGF	◁	▷	% an 300+400	◁
000	Sicherheits-, Baustelleneinrichtungen inkl. 001	10	20	34	1,3	2,6	4,4
002	Erdarbeiten	2	8	20	0,2	1,0	2,7
006	Spezialtiefbauarbeiten inkl. 005	–	–	–	–	–	–
009	Entwässerungskanalarbeiten inkl. 011	0	1	3	0,0	0,1	0,4
010	Drän- und Versickerungsarbeiten	–	1	–	–	0,1	–
012	Mauerarbeiten	1	12	30	0,1	1,6	3,9
013	Betonarbeiten	2	13	26	0,3	1,7	3,3
014	Natur-, Betonwerksteinarbeiten	0	3	11	0,0	0,4	1,5
016	Zimmer- und Holzbauarbeiten	10	39	89	1,3	5,1	11,7
017	Stahlbauarbeiten	0	7	7	0,0	0,9	0,9
018	Abdichtungsarbeiten	0	4	10	0,1	0,6	1,3
020	Dachdeckungsarbeiten	24	71	160	3,2	9,2	20,9
021	Dachabdichtungsarbeiten	1	5	22	0,1	0,6	2,8
022	Klempnerarbeiten	15	22	45	1,9	2,9	5,8
	Rohbau	155	205	294	20,3	26,8	38,4
023	Putz- und Stuckarbeiten, Wärmedämmsysteme	51	95	131	6,7	12,4	17,1
024	Fliesen- und Plattenarbeiten	1	8	23	0,2	1,1	3,0
025	Estricharbeiten	4	18	49	0,5	2,4	6,5
026	Fenster, Außentüren inkl. 029, 032	57	83	110	7,5	10,8	14,4
027	Tischlerarbeiten	2	28	63	0,3	3,6	8,3
028	Parkettarbeiten, Holzpflasterarbeiten	1	21	49	0,2	2,7	6,5
030	Rollladenarbeiten	0	6	22	0,0	0,8	2,9
031	Metallbauarbeiten inkl. 035	2	15	45	0,2	2,0	5,9
034	Maler- und Lackiererarbeiten inkl. 037	10	23	54	1,4	3,0	7,0
036	Bodenbelagarbeiten	0	1	4	0,0	0,1	0,5
038	Vorgehängte hinterlüftete Fassaden	–	–	–	–	–	–
039	Trockenbauarbeiten	26	46	64	3,4	6,0	8,4
	Ausbau	275	343	435	35,9	44,9	56,9
040	Wärmeversorgungsanl. - Betriebseinr. inkl. 041	47	91	137	6,2	12,0	18,0
042	Gas- und Wasserinstallation, Leitungen inkl. 043	1	9	16	0,1	1,2	2,1
044	Abwasserinstallationsarbeiten - Leitungen	1	6	22	0,2	0,7	2,8
045	GWA-Einrichtungsgegenstände inkl. 046	3	11	21	0,4	1,5	2,8
047	Dämmarbeiten an betriebstechnischen Anlagen	0	2	4	0,0	0,2	0,5
049	Feuerlöschanlagen, Feuerlöschgeräte	–	–	–	–	–	–
050	Blitzschutz- und Erdungsanlagen	0	1	3	0,0	0,1	0,4
053	Niederspannungsanlagen inkl. 052, 054	1	19	27	0,2	2,5	3,5
055	Ersatzstromversorgungsanlagen	–	–	–	–	–	–
057	Gebäudesystemtechnik	–	–	–	–	–	–
058	Leuchten und Lampen inkl. 059	0	1	3	0,0	0,1	0,4
060	Elektroakustische Anlagen, Sprechanlagen	0	0	1	0,0	0,1	0,2
061	Kommunikationsnetze, inkl. 062	1	3	11	0,1	0,3	1,4
063	Gefahrenmeldeanlagen	–	–	–	–	–	–
069	Aufzüge	–	–	–	–	–	–
070	Gebäudeautomation	–	–	–	–	–	–
075	Raumlufttechnische Anlagen	9	32	53	1,2	4,2	6,9
	Technische Anlagen	103	175	218	13,5	22,9	28,5
084	Abbruch- und Rückbauarbeiten	30	39	57	3,9	5,1	7,4
	Sonstige Leistungsbereiche inkl. 008, 033, 051	0	2	9	0,0	0,3	1,2

© BKI Baukosteninformationszentrum; Erläuterungen zu den Tabellen siehe Seite 28   Kosten: 2. Quartal 2018, Bundesdurchschnitt, **inkl.** 19% MwSt.

Modernisierungen

Ein- und Zweifamilienhäuser vor 1945

€/m² BGF

min	340	€/m²
von	500	€/m²
Mittel	**760**	€/m²
bis	1.020	€/m²
max	1.260	€/m²

Kosten:
Stand 2.Quartal 2018
Bundesdurchschnitt
inkl. 19% MwSt.

Objektübersicht zur Gebäudeart

6100-1126 Doppelhaushälfte   BRI 568m³   BGF 272m²   NUF 180m²

Baujahr: 1938
Bauzustand: mittel
Aufwand: hoch
Nutzung während der Bauzeit: ja
Nutzungsänderung: nein
Grundrissänderungen: keine
Tragwerkseingriffe: keine

Land: Hamburg
Kreis: Hamburg
Standard: unter Durchschnitt
Bauzeit: 17 Wochen
Kennwerte: bis 3. Ebene DIN276
veröffentlicht: BKI Objektdaten A10

BGF   545 €/m²

Planung: Hans-Jörg Peter, Dipl.-Ing. Architekt hh-Energieberatung.de; Hamburg
Dachsanierung einer Doppelhaushälfte

Bauwerk - Baukonstruktionen
Herstellen: Dachbeläge 31%, Außenwandbekleidungen außen 21%, Außentüren und -fenster 18%
Sonstige: 30%

Bauwerk - Technische Anlagen
Herstellen: Wärmeerzeugungsanlagen 50%, Lüftungsanlagen 34%, Wärmeversorgungsanlagen, sonstiges 6%
Sonstige: 11%

6100-1187 Einfamilienhaus   BRI 771m³   BGF 278m²   NUF 153m²

Baujahr: 1910
Bauzustand: mittel
Aufwand: mittel
Nutzungsänderung: nein
Grundrissänderungen: wenige
Tragwerkseingriffe: keine

Land: Baden-Württemberg
Kreis: Rems-Murr
Standard: Durchschnitt
Bauzeit: 17 Wochen
Kennwerte: bis 3. Ebene DIN276
veröffentlicht: BKI Objektdaten A10

BGF   891 €/m²

Planung: INEXarchitektur BDA; Mühlacker
Modernisierung eines Einfamilienhauses (122m² WFL)

Bauwerk - Baukonstruktionen
Herstellen: Außenwandbekleidungen außen 18%, Außentüren und -fenster 16%, Innenwandbekleidungen 10%, Dachkonstruktionen 9%, Dachbeläge 7%, Deckenbeläge 7%, Außenwandbekleidungen innen 5%, Sonnenschutz 4%, Deckenkonstruktionen 4%
Sonstige: 22%

Bauwerk - Technische Anlagen
Herstellen: Wärmeerzeugungsanlagen 35%, Lüftungsanlagen 27%, Wasseranlagen 17%
Sonstige: 22%

Objektübersicht zur Gebäudeart

6100-1127 Doppelhaushälfte - KfW 70

BRI 971m³ **BGF** 337m² **NUF** 200m²

Baujahr: 1886
Bauzustand: mittel
Aufwand: hoch
Nutzung während der Bauzeit: ja
Nutzungsänderung: nein
Grundrissänderungen: keine
Tragwerkseingriffe: wenige

Land: Hamburg
Kreis: Hamburg
Standard: Durchschnitt
Bauzeit: 17 Wochen
Kennwerte: bis 3. Ebene DIN276
veröffentlicht: BKI Objektdaten A9

BGF   627 €/m²

Planung: Hans-Jörg Peter Dipl.-Ing. Architekt hh-Energieberatung.de; Hamburg

Modernisierungen einer Doppelhaushälfte mit zwei Wohneinheiten. **Kosteneinfluss Nutzung:** Erhaltungssatzung

Bauwerk - Baukonstruktionen
Abbrechen: Außenwände, sonstiges 5%
Herstellen: Außenwandbekleidungen außen 24%, Außentüren und -fenster 17%, Dachbeläge 15%, Baugrubenherstellung 5%, Deckenbekleidungen 4%, Gerüste 4%, Bodenbeläge 4%
Sonstige: 22%

Bauwerk - Technische Anlagen
Herstellen: Wärmeerzeugungsanlagen 61%, Lüftungsanlagen 16%, Wärmeverteilnetze 10%
Sonstige: 12%

6100-1138 Einfamilienhaus

BRI 707m³ **BGF** 259m² **NUF** 185m²

Baujahr: 1944
Bauzustand: mittel
Aufwand: hoch
Nutzung während der Bauzeit: ja
Nutzungsänderung: ja
Grundrissänderungen: wenige
Tragwerkseingriffe: keine

Land: Hamburg
Kreis: Hamburg
Standard: Durchschnitt
Bauzeit: 8 Wochen
Kennwerte: bis 3. Ebene DIN276
veröffentlicht: BKI Objektdaten A10

BGF   1.074 €/m²

Planung: Hans-Jörg Peter Dipl.-Ing. Architekt hh-Energieberatung.de; Hamburg

Modernisierung eines Einfamilienhauses aus dem Jahr 1944

Bauwerk - Baukonstruktionen
Abbrechen: Bodenbeläge 3%, Dachbeläge 2%
Herstellen: Dachbeläge 24%, Außenwandbekleidungen außen 18%, Bodenbeläge 13%, Außentüren und -fenster 13%, Innenwandbekleidungen 2%, Deckenkonstruktionen 2%
Sonstige: 22%

Bauwerk - Technische Anlagen
Herstellen: Wärmeerzeugungsanlagen 39%, Lüftungsanlagen 24%, Niederspannungsinstallationsanlagen 11%
Sonstige: 26%

Modernisierungen

Ein- und Zweifamilienhäuser vor 1945

€/m² BGF

min	340 €/m²
von	500 €/m²
Mittel	**760 €/m²**
bis	1.020 €/m²
max	1.260 €/m²

Kosten:
Stand 2.Quartal 2018
Bundesdurchschnitt
inkl. 19% MwSt.

Objektübersicht zur Gebäudeart

6100-0951 Stadthaus (1 WE)

BRI 473m³   **BGF** 181m²   **NUF** 91m²

Bauzustand: schlecht
Aufwand: hoch
Nutzung während der Bauzeit: nein
Nutzungsänderung: nein
Grundrissänderungen: umfangreiche
Tragwerkseingriffe: einige

Land: Sachsen
Kreis: Zwickau
Standard: Durchschnitt
Bauzeit: 43 Wochen
Kennwerte: bis 3. Ebene DIN276
veröffentlicht: BKI Objektdaten A8

BGF   1.257 €/m²

Planung: ahoch4 Architekten Ingenieure Designer; Zwickau

Das Gebäude wurde umgebaut, es wird als Ferienhaus genutzt. Die Straßenseite steht unter Denkmalschutz.

Bauwerk - Baukonstruktionen
Herstellen: Dachkonstruktionen 19%, Deckenbeläge 8%, Dachbeläge 8%, Deckenkonstruktionen 7%, Allgemeine Einbauten 5%, Innenwandbekleidungen 5%, Tragende Außenwände 4%, Außentüren und -fenster 4%, Nichttragende Innenwände 4%, Außenwandbekleidungen außen 4%, Außenwandbekleidungen innen 3%, Deckenbekleidungen 3%, Dachbekleidungen 3%
Sonstige: 22%

Bauwerk - Technische Anlagen
Herstellen: Niederspannungsinstallationsanlagen 24%, Wärmeerzeugungsanlagen 17%, Wasseranlagen 15%, Wärmeverteilnetze 13%, Abwasseranlagen 8%
Sonstige: 23%

6100-0844 Einfamilienhaus

BRI 784m³   **BGF** 279m²   **NUF** 194m²

Baujahr: 1926
Bauzustand: mittel
Aufwand: mittel
Nutzung während der Bauzeit: ja
Nutzungsänderung: nein
Grundrissänderungen: wenige
Tragwerkseingriffe: wenige

Land: Baden-Württemberg
Kreis: Rhein-Neckar
Standard: Durchschnitt
Bauzeit: 30 Wochen
Kennwerte: bis 3. Ebene DIN276
veröffentlicht: BKI Objektdaten E4

BGF   923 €/m²

Planung: Eichinger + Schöchlin Freie Architekten BDA; Waghäusel

Das Haus aus dem 19. Jahrhundert wurde in den letzten 120 Jahren mehrfach umgebaut. Zuletzt erhielt das Gebäude 1960 ein bewohntes Obergeschoss. 2010 wurde das Gebäude umfassend energetisch saniert. Auszeichnung Beispielhaftes Bauen 2010.

Bauwerk - Baukonstruktionen
Herstellen: Außentüren und -fenster 14%, Außenwandbekleidungen außen 13%, Dachbeläge 9%, Deckenbeläge 9%, Deckenkonstruktionen 6%, Nichttragende Innenwände 6%, Dachbekleidungen 5%, Sonnenschutz 4%, Tragende Außenwände 3%, Innenwandbekleidungen 3%, Innentüren und -fenster 3%, Außenwände, sonstiges 3%
Sonstige: 21%

Bauwerk - Technische Anlagen
Herstellen: Niederspannungsinstallationsanlagen 20%, Wasseranlagen 19%, Wärmeerzeugungsanlagen 13%, Wärmeversorgungsanlagen, sonstiges 13%, Raumheizflächen 11%
Sonstige: 23%

Objektübersicht zur Gebäudeart

6100-0974 Doppelhaushälfte

BRI 1.024m³   **BGF** 333m²   **NUF** 237m²

Baujahr: 1932
Bauzustand: mittel
Aufwand: hoch
Nutzung während der Bauzeit: nein
Nutzungsänderung: nein
Grundrissänderungen: wenige
Tragwerkseingriffe: wenige

Land: Berlin
Kreis: Berlin
Standard: über Durchschnitt
Bauzeit: 34 Wochen
Kennwerte: bis 3. Ebene DIN276
veröffentlicht: BKI Objektdaten A8

BGF 1.024 €/m²

Planung: Jirka + Nadansky Architekten; Borgsdorf

Energetische Modernisierung einer Doppelhaushälfte (211m² WFL)

Bauwerk - Baukonstruktionen
Herstellen: Außenwandbekleidungen außen 24%, Außentüren und -fenster 19%, Dachbekleidungen 12%, Dachbeläge 6%, Dachkonstruktionen 6%, Nichttragende Innenwände 4%, Deckenbeläge 3%, Deckenkonstruktionen 3%, Baugrubenherstellung 3%
Sonstige: 22%

Bauwerk - Technische Anlagen
Herstellen: Wärmeerzeugungsanlagen 33%, Lüftungsanlagen 15%, Raumheizflächen 12%, Wärmeversorgungsanlagen, sonstiges 9%, Niederspannungsinstallationsanlagen 7%
Sonstige: 24%

6100-0851 Einfamilienhaus

BRI 710m³   **BGF** 262m²   **NUF** 171m²

Baujahr: 1902
Bauzustand: mittel
Aufwand: hoch
Nutzung während der Bauzeit: ja
Nutzungsänderung: nein
Grundrissänderungen: keine
Tragwerkseingriffe: keine

Land: Bayern
Kreis: München
Standard: Durchschnitt
Bauzeit: 26 Wochen
Kennwerte: bis 3. Ebene DIN276
veröffentlicht: BKI Objektdaten A8

BGF 338 €/m²

Planung: Planungsbüro Dipl.-Ing. (FH) Hanns-Peter Benl; Neuötting

Restaurierung und Modernisierung eines denkmalgeschützten Wohnhauses, Baujahr 1902. **Kosteneinfluss Nutzung:** Fassadenrestaurierung nach Befunduntersuchungen eines Restaurators mit Genehmigung durch die Untere Denkmalschutzbehörde.

Bauwerk - Baukonstruktionen
Herstellen: Deckenbeläge 16%, Allgemeine Einbauten 11%, Gerüste 6%, Deckenbekleidungen 5%, Innenwandbekleidungen 4%
Wiederherstellen: Außentüren und -fenster 22%, Außenwände, sonstiges 5%, Deckenbekleidungen 5%, Außenwandbekleidungen außen 5%
Sonstige: 21%

Bauwerk - Technische Anlagen
Herstellen: Wasseranlagen 54%, Niederspannungsinstallationsanlagen 38%, Starkstromanlagen, sonstiges 5%
Sonstige: 2%

© BKI Baukosteninformationszentrum; Erläuterungen zu den Tabellen siehe Seite 30   Kosten: 2.Quartal 2018, Bundesdurchschnitt, inkl. 19% MwSt.

Modernisierungen

Ein- und Zweifamilienhäuser vor 1945

€/m² BGF

min	340	€/m²
von	500	€/m²
Mittel	**760**	**€/m²**
bis	1.020	€/m²
max	1.260	€/m²

Kosten:
Stand 2.Quartal 2018
Bundesdurchschnitt
inkl. 19% MwSt.

Objektübersicht zur Gebäudeart

6100-0609 Einfamilienhaus

BRI 767m³ **BGF** 314m² **NUF** 196m²

Baujahr: 1910
Bauzustand: mittel
Aufwand: mittel
Nutzung während der Bauzeit: ja
Nutzungsänderung: nein
Grundrissänderungen: wenige
Tragwerkseingriffe: wenige

Land: Hessen
Kreis: Offenbach a. Main
Standard: Durchschnitt
Bauzeit: 17 Wochen
Kennwerte: bis 4. Ebene DIN276
veröffentlicht: BKI Objektdaten A5

BGF 497 €/m²

Planung: Dipl.-Ing. Architektin Gabriele zur Megede; Langen

Modernisierung eines freistehenden Einfamilienhauses aus 1910 zu einem Niedrigenergiehaus mit WDVS, Dachdämmung, Solaranlage, Lüftung mit Wärmerückgewinnung u.a..

Bauwerk - Baukonstruktionen
Herstellen: Dachbeläge 23%, Dachfenster, Dachöffnungen 18%, Außentüren und -fenster 13%, Außenwandbekleidungen außen 9%, Dachbekleidungen 8%, Deckenbekleidungen 5%
Sonstige: 24%

Bauwerk - Technische Anlagen
Herstellen: Wärmeerzeugungsanlagen 40%, Lüftungsanlagen 27%, Niederspannungsinstallationsanlagen 12%
Sonstige: 22%

6100-0798 Einfamilienhaus

BRI 778m³ **BGF** 289m² **NUF** 219m²

Baujahr: 1929
Bauzustand: mittel
Aufwand: hoch
Nutzung während der Bauzeit: nein
Nutzungsänderung: nein
Grundrissänderungen: wenige
Tragwerkseingriffe: wenige

Land: Nordrhein-Westfalen
Kreis: Köln
Standard: Durchschnitt
Bauzeit: 52 Wochen
Kennwerte: bis 3. Ebene DIN276
veröffentlicht: BKI Objektdaten A8

BGF 814 €/m²

Planung: Baumann Architektur; Köln

Modernisierung und energetische Sanierung eines 3-geschossigen Einfamilienhauses

Bauwerk - Baukonstruktionen
Abbrechen: Abbruchmaßnahmen 4%
Herstellen: Außenwandbekleidungen außen 15%, Außentüren und -fenster 13%, Dachbeläge 9%, Außenwände, sonstiges 5%, Dachbekleidungen 5%, Innenwandbekleidungen 5%, Deckenbeläge 4%, Innentüren und -fenster 4%, Dächer, sonstiges 4%
Wiederherstellen: Deckenbeläge 8%
Sonstige: 23%

Bauwerk - Technische Anlagen
Herstellen: Wärmeerzeugungsanlagen 29%, Abwasseranlagen 22%, Lüftungsanlagen 19%
Sonstige: 29%

Objektübersicht zur Gebäudeart

6100-0585 Einfamilienhaus mit ELW

BRI 1.027m³   **BGF** 377m²   **NUF** 226m²

Baujahr: 1930
Bauzustand: mittel
Aufwand: mittel
Nutzung während der Bauzeit: nein
Nutzungsänderung: nein
Grundrissänderungen: wenige
Tragwerkseingriffe: keine

Land: Sachsen-Anhalt
Kreis: Halle (Saale)
Standard: über Durchschnitt
Bauzeit: 34 Wochen
Kennwerte: bis 3. Ebene DIN276
veröffentlicht: BKI Objektdaten A5

BGF   834 €/m²

Planung: Johann-Christian Fromme Freier Architekt; Halle

Ökologische Modernisierung eines freistehenden Einfamilienhauses mit Einliegerwohnung, Baujahr 1930.
Kosteneinfluss Grundstück: Hoher Grundwasserstand.

Bauwerk - Baukonstruktionen
Herstellen: Außentüren und -fenster 15%, Außenwandbekleidungen außen 15%, Dachbeläge 9%, Innenwandbekleidungen 8%, Innentüren und -fenster 5%, Außenwandbekleidungen innen 4%, Deckenbekleidungen 4%, Dachkonstruktionen 3%, Nichttragende Innenwände 3%, Deckenkonstruktionen 3%
Wiederherstellen: Deckenbeläge 7%
Sonstige: 21%

Bauwerk - Technische Anlagen
Herstellen: Wärmeerzeugungsanlagen 35%, Wasseranlagen 23%, Niederspannungsinstallationsanlagen 9%, Lüftungsanlagen 8%
Sonstige: 24%

6100-1329 Reihenendhaus

BRI 815m³   **BGF** 324m²   **NUF** 196m²

Land: Baden-Württemberg
Kreis: Stuttgart
Standard: über Durchschnitt
Bauzeit: 39 Wochen
Kennwerte: bis 1. Ebene DIN276
vorgesehen: BKI Objektdaten A11

BGF   673 €/m²

Planung: AMUNT Nagel Theissen Architekten und Designer PartG mbB; Stuttgart

Reihenendhaus mit ca. 150m² WFL.

Modernisierungen

Ein- und Zweifamilienhäuser vor 1945

€/m² BGF

min	340 €/m²
von	500 €/m²
Mittel	**760 €/m²**
bis	1.020 €/m²
max	1.260 €/m²

Kosten:
Stand 2.Quartal 2018
Bundesdurchschnitt
inkl. 19% MwSt.

Objektübersicht zur Gebäudeart

6100-0910 Einfamilienhaus   **BRI** 795m³   **BGF** 340m²   **NUF** 197m²

Baujahr: 1910

Land: Nordrhein-Westfalen
Kreis: Bergisch Gladbach
Standard: über Durchschnitt
Bauzeit: 30 Wochen
Kennwerte: bis 1. Ebene DIN276
veröffentlicht: BKI Objektdaten A8
BGF   439 €/m²

Planung: Udo J. Schmühl Architekt Dipl. Ing.; Hoffnungsthal

Modernisierung eines bestehenden Einfamilienhauses aus dem Jahr 1910 (WFL 140m²). **Kosteneinfluss Nutzung:** Wohnhaus als KfW-Effizienzhaus 100. Die Modernisierung erfüllt 100% die Anforderungen an Neubau (EnEV 2007) **Kosteneinfluss Grundstück:** Bestehendes Gebäude (Baujahr 1910) in einer gewachsenen Dorfstruktur.

Modernisierung

Modernisierungen

Ein- und Zweifamilienhäuser nach 1945

Kostenkennwerte für die Kosten des Bauwerks (Kostengruppen 300+400 nach DIN 276)

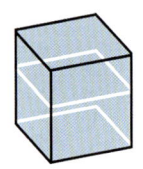

BRI 215 €/m³
von 130 €/m³
bis 335 €/m³

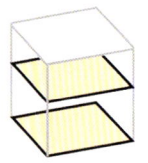

BGF 610 €/m²
von 380 €/m²
bis 1.020 €/m²

NUF 910 €/m²
von 520 €/m²
bis 1.470 €/m²

NE 1.210 €/NE
von 790 €/NE
bis 1.820 €/NE
NE: Wohnfläche

Kosten:
Stand 2.Quartal 2018
Bundesdurchschnitt
inkl. 19% MwSt.

Objektbeispiele

6100-1162

6100-0596

6100-0611

6100-1095

6100-0793

6100-1153

Kosten der 17 Vergleichsobjekte — Seiten 294 bis 302

- ● KKW
- ▶ min
- ▷ von
- | Mittelwert
- ◁ bis
- ◀ max

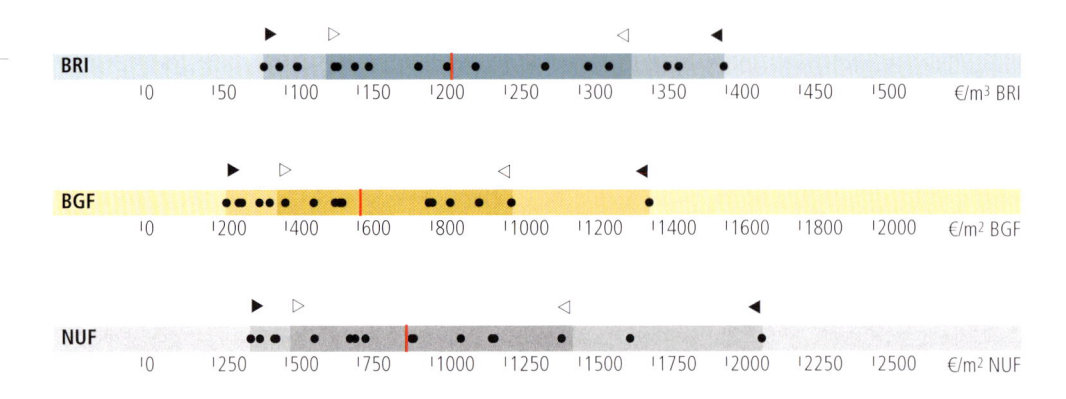

BRI — €/m³ BRI

BGF — €/m² BGF

NUF — €/m² NUF

© BKI Baukosteninformationszentrum; Erläuterungen zu den Tabellen siehe Seite 22   Kosten: 2.Quartal 2018, Bundesdurchschnitt, inkl. 19% MwSt.

Kostenkennwerte für die Kostengruppen der 1. und 2. Ebene DIN 276

KG	Kostengruppen der 1. Ebene	Einheit	▷	€/Einheit	◁	▷	% an 300+400	◁
100	Grundstück	m² GF	–	–	–	–	–	–
200	Herrichten und Erschließen	m² GF	0	0	1	0,1	0,1	0,2
300	Bauwerk - Baukonstruktionen	m² BGF	293	477	753	73,4	79,7	90,0
400	Bauwerk - Technische Anlagen	m² BGF	56	130	241	10,0	20,3	26,6
	Bauwerk (300+400)	m² BGF	378	606	1.018		100,0	
500	Außenanlagen	m² AF	6	56	354	0,5	2,1	3,5
600	Ausstattung und Kunstwerke	m² BGF	4	7	9	0,5	0,7	1,1
700	Baunebenkosten	m² BGF	–	–	–	–	–	–

KG	Kostengruppen der 2. Ebene	Einheit	▷	€/Einheit	◁	▷	% an 300	◁
310	Baugrube	m³ BGI	40	120	329	0,0	0,6	2,3
320	Gründung	m² GRF	77	196	396	0,3	2,8	8,9
330	Außenwände	m² AWF	208	317	525	41,0	55,4	76,2
340	Innenwände	m² IWF	103	246	478	0,9	7,8	17,7
350	Decken	m² DEF	90	145	301	1,8	8,7	15,9
360	Dächer	m² DAF	120	231	338	6,2	20,8	34,5
370	Baukonstruktive Einbauten	m² BGF	1	5	15	0,0	0,2	1,2
390	Sonstige Baukonstruktionen	m² BGF	10	17	51	1,7	3,7	8,1
300	**Bauwerk Baukonstruktionen**	**m² BGF**					100,0	

KG	Kostengruppen der 2. Ebene	Einheit	▷	€/Einheit	◁	▷	% an 400	◁
410	Abwasser, Wasser, Gas	m² BGF	11	35	79	4,6	16,3	32,3
420	Wärmeversorgungsanlagen	m² BGF	19	66	100	27,3	52,2	91,1
430	Lufttechnische Anlagen	m² BGF	8	28	53	1,0	11,3	50,7
440	Starkstromanlagen	m² BGF	13	29	45	5,0	17,8	32,4
450	Fernmeldeanlagen	m² BGF	1	6	9	0,2	2,1	5,9
460	Förderanlagen	m² BGF	–	–	–	–	–	–
470	Nutzungsspezifische Anlagen	m² BGF	–	–	–	–	–	–
480	Gebäudeautomation	m² BGF	–	–	–	–	–	–
490	Sonstige Technische Anlagen	m² BGF	–	10	–	–	0,3	–
400	**Bauwerk Technische Anlagen**	**m² BGF**					100,0	

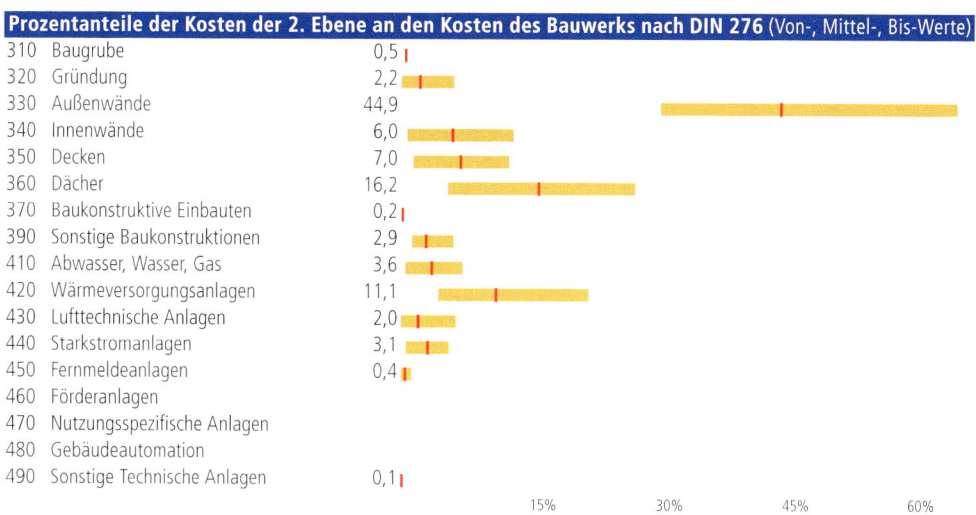

Prozentanteile der Kosten der 2. Ebene an den Kosten des Bauwerks nach DIN 276 (Von-, Mittel-, Bis-Werte)

KG	Bezeichnung	Mittelwert
310	Baugrube	0,5
320	Gründung	2,2
330	Außenwände	44,9
340	Innenwände	6,0
350	Decken	7,0
360	Dächer	16,2
370	Baukonstruktive Einbauten	0,2
390	Sonstige Baukonstruktionen	2,9
410	Abwasser, Wasser, Gas	3,6
420	Wärmeversorgungsanlagen	11,1
430	Lufttechnische Anlagen	2,0
440	Starkstromanlagen	3,1
450	Fernmeldeanlagen	0,4
460	Förderanlagen	
470	Nutzungsspezifische Anlagen	
480	Gebäudeautomation	
490	Sonstige Technische Anlagen	0,1

15%   30%   45%   60%

© BKI Baukosteninformationszentrum; Erläuterungen zu den Tabellen siehe Seite 24   Kosten: 2.Quartal 2018, Bundesdurchschnitt, inkl. 19% MwSt.

Modernisierungen

Ein- und Zweifamilienhäuser nach 1945

Kosten:
Stand 2.Quartal 2018
Bundesdurchschnitt
inkl. 19% MwSt.

Kostenkennwerte für die Kostengruppen der 3. Ebene DIN 276

KG	Kostengruppen der 3. Ebene	Einheit	▷	Ø €/Einheit	◁	▷	Ø €/m² BGF	◁
335	Außenwandbekleidungen außen	m²	82,96	**134,90**	189,13	46,51	**95,02**	179,92
334	Außentüren und -fenster	m²	517,92	**752,86**	1.321,16	53,79	**86,85**	154,02
337	Elementierte Außenwände	m²	529,50	**540,87**	552,23	12,21	**79,94**	147,66
363	Dachbeläge	m²	94,05	**181,19**	285,92	30,12	**74,56**	128,68
394	Abbruchmaßnahmen	m²	–	**66,56**	–	–	**66,56**	–
421	Wärmeerzeugungsanlagen	m²	16,89	**54,80**	90,91	16,89	**54,80**	90,91
325	Bodenbeläge	m²	47,58	**117,05**	182,18	11,94	**37,51**	106,58
412	Wasseranlagen	m²	18,19	**34,98**	76,42	18,19	**34,98**	76,42
352	Deckenbeläge	m²	64,34	**110,81**	195,52	12,22	**34,42**	65,76
345	Innenwandbekleidungen	m²	30,87	**61,22**	130,46	10,68	**32,41**	58,34
444	Niederspannungsinstallationsanl.	m²	14,67	**30,44**	43,10	14,67	**30,44**	43,10
431	Lüftungsanlagen	m²	5,83	**29,81**	54,02	5,83	**29,81**	54,02
342	Nichttragende Innenwände	m²	94,97	**176,78**	250,45	7,52	**28,23**	46,64
361	Dachkonstruktionen	m²	37,73	**85,76**	183,14	6,91	**26,36**	68,94
331	Tragende Außenwände	m²	137,78	**375,32**	864,58	7,39	**22,92**	58,64
336	Außenwandbekleidungen innen	m²	38,38	**63,95**	102,32	10,94	**21,82**	39,48
364	Dachbekleidungen	m²	41,58	**65,63**	135,14	7,81	**20,51**	60,08
344	Innentüren und -fenster	m²	208,47	**443,71**	1.072,97	6,59	**17,87**	34,79
423	Raumheizflächen	m²	7,86	**17,76**	31,49	7,86	**17,76**	31,49
339	Außenwände, sonstiges	m²	18,49	**99,49**	819,15	6,70	**16,34**	28,59
353	Deckenbekleidungen	m²	22,31	**37,91**	61,82	8,04	**15,08**	30,82
351	Deckenkonstruktionen	m²	47,42	**90,48**	174,34	8,83	**14,19**	21,03
324	Unterböden und Bodenplatten	m²	58,38	**75,43**	101,81	8,05	**13,94**	25,65
362	Dachfenster, Dachöffnungen	m²	1.004,39	**1.732,08**	2.364,67	6,45	**11,76**	24,17
338	Sonnenschutz	m²	91,12	**199,78**	338,66	3,20	**11,09**	23,41
494	Abbruchmaßnahmen	m²	–	**10,32**	–	–	**10,32**	–
322	Flachgründungen	m²	41,31	**64,82**	84,93	8,21	**9,51**	9,98
411	Abwasseranlagen	m²	3,33	**9,03**	20,52	3,33	**9,03**	20,52
392	Gerüste	m²	4,59	**8,86**	12,78	4,59	**8,86**	12,78
393	Sicherungsmaßnahmen	m²	–	**7,91**	–	–	**7,91**	–
311	Baugrubenherstellung	m³	40,12	**120,10**	329,18	3,63	**7,69**	11,67
422	Wärmeverteilnetze	m²	3,31	**7,33**	12,09	3,31	**7,33**	12,09
326	Bauwerksabdichtungen	m²	10,99	**31,42**	51,32	2,46	**6,37**	16,43
327	Dränagen	m²	2,66	**16,97**	26,23	1,77	**5,27**	11,91
429	Wärmeversorgungsanl., sonstiges	m²	2,64	**5,12**	9,10	2,64	**5,12**	9,10
341	Tragende Innenwände	m²	92,50	**167,92**	254,25	2,21	**4,86**	19,29
371	Allgemeine Einbauten	m²	1,42	**4,77**	14,63	1,42	**4,77**	14,63
419	Abwasser-, Wasser- und Gasanlagen, sonstiges	m²	3,50	**4,41**	5,61	3,50	**4,41**	5,61
359	Decken, sonstiges	m²	3,61	**7,99**	27,77	1,63	**4,23**	10,48
445	Beleuchtungsanlagen	m²	1,14	**4,07**	10,77	1,14	**4,07**	10,77
349	Innenwände, sonstiges	m²	–	**15,27**	–	–	**3,73**	–
391	Baustelleneinrichtung	m²	0,95	**3,62**	7,18	0,95	**3,62**	7,18
457	Übertragungsnetze	m²	2,11	**3,35**	4,67	2,11	**3,35**	4,67
369	Dächer, sonstiges	m²	2,35	**5,29**	8,75	1,63	**2,91**	5,12
455	Fernseh- und Antennenanlagen	m²	1,02	**2,86**	4,89	1,02	**2,86**	4,89
397	Zusätzliche Maßnahmen	m²	1,07	**2,34**	5,48	1,07	**2,34**	5,48
452	Such- und Signalanlagen	m²	0,54	**2,18**	3,76	0,54	**2,18**	3,76
332	Nichttragende Außenwände	m²	130,46	**158,12**	185,78	0,63	**1,59**	2,12
333	Außenstützen	m	64,77	**67,80**	70,84	0,91	**1,49**	2,07

▷ von
Ø Mittel
◁ bis

Kostenkennwerte für Leistungsbereiche nach StLB (Kosten des Bauwerks nach DIN 276)

LB	Leistungsbereiche	▷	€/m² BGF	◁	▷	% an 300+400	◁
000	Sicherheits-, Baustelleneinrichtungen inkl. 001	7	14	23	1,1	2,4	3,8
002	Erdarbeiten	0	4	15	0,1	0,7	2,5
006	Spezialtiefbauarbeiten inkl. 005	–	–	–	–	–	–
009	Entwässerungskanalarbeiten inkl. 011	0	1	6	0,0	0,1	1,1
010	Drän- und Versickerungsarbeiten	0	1	6	0,0	0,1	1,1
012	Mauerarbeiten	2	11	25	0,4	1,8	4,1
013	Betonarbeiten	1	10	56	0,2	1,7	9,2
014	Natur-, Betonwerksteinarbeiten	–	1	–	–	0,1	–
016	Zimmer- und Holzbauarbeiten	4	24	94	0,7	4,0	15,5
017	Stahlbauarbeiten	0	1	4	0,0	0,1	0,7
018	Abdichtungsarbeiten	0	1	3	0,0	0,1	0,5
020	Dachdeckungsarbeiten	7	43	99	1,2	7,2	16,4
021	Dachabdichtungsarbeiten	2	25	109	0,3	4,1	18,0
022	Klempnerarbeiten	6	15	27	0,9	2,5	4,4
	Rohbau	91	150	252	15,0	24,8	41,5
023	Putz- und Stuckarbeiten, Wärmedämmsysteme	46	98	209	7,6	16,1	34,5
024	Fliesen- und Plattenarbeiten	3	16	40	0,4	2,6	6,5
025	Estricharbeiten	1	5	14	0,1	0,8	2,3
026	Fenster, Außentüren inkl. 029, 032	62	93	133	10,2	15,3	21,9
027	Tischlerarbeiten	1	9	21	0,1	1,5	3,5
028	Parkettarbeiten, Holzpflasterarbeiten	1	11	38	0,1	1,7	6,2
030	Rollladenarbeiten	1	9	32	0,2	1,4	5,3
031	Metallbauarbeiten inkl. 035	1	6	20	0,2	1,1	3,4
034	Maler- und Lackiererarbeiten inkl. 037	6	21	67	1,0	3,5	11,0
036	Bodenbelagarbeiten	0	7	42	0,0	1,2	6,9
038	Vorgehängte hinterlüftete Fassaden	0	7	7	0,0	1,2	1,2
039	Trockenbauarbeiten	2	17	38	0,4	2,8	6,2
	Ausbau	204	299	374	33,6	49,3	61,7
040	Wärmeversorgungsanl. - Betriebseinr. inkl. 041	32	67	149	5,3	11,0	24,6
042	Gas- und Wasserinstallation, Leitungen inkl. 043	1	6	15	0,2	1,0	2,4
044	Abwasserinstallationsarbeiten - Leitungen	0	3	10	0,0	0,5	1,7
045	GWA-Einrichtungsgegenstände inkl. 046	1	11	32	0,2	1,7	5,3
047	Dämmarbeiten an betriebstechnischen Anlagen	0	1	2	0,0	0,1	0,4
049	Feuerlöschanlagen, Feuerlöschgeräte	–	–	–	–	–	–
050	Blitzschutz- und Erdungsanlagen	0	0	1	0,0	0,0	0,1
053	Niederspannungsanlagen inkl. 052, 054	3	17	32	0,5	2,8	5,3
055	Ersatzstromversorgungsanlagen	–	–	–	–	–	–
057	Gebäudesystemtechnik	–	–	–	–	–	–
058	Leuchten und Lampen inkl. 059	0	2	11	0,0	0,3	1,8
060	Elektroakustische Anlagen, Sprechanlagen	0	1	4	0,0	0,1	0,6
061	Kommunikationsnetze, inkl. 062	0	2	5	0,0	0,3	0,8
063	Gefahrenmeldeanlagen	–	0	–	–	0,0	–
069	Aufzüge	–	–	–	–	–	–
070	Gebäudeautomation	–	–	–	–	–	–
075	Raumlufttechnische Anlagen	0	13	39	0,0	2,2	6,5
	Technische Anlagen	80	122	163	13,1	20,2	26,8
084	Abbruch- und Rückbauarbeiten	21	35	57	3,5	5,8	9,4
	Sonstige Leistungsbereiche inkl. 008, 033, 051	0	0	2	0,0	0,0	0,4

© **BKI** Baukosteninformationszentrum; Erläuterungen zu den Tabellen siehe Seite 28   Kosten: 2.Quartal 2018, Bundesdurchschnitt, **inkl. 19% MwSt.**

Modernisierungen

Ein- und Zweifamilienhäuser nach 1945

€/m² BGF
min	240	€/m²
von	380	€/m²
Mittel	**610**	**€/m²**
bis	1.020	€/m²
max	1.390	€/m²

Kosten:
Stand 2.Quartal 2018
Bundesdurchschnitt
inkl. 19% MwSt.

Objektübersicht zur Gebäudeart

6100-1153 Einfamilienhaus - Effizienzhaus 70

BRI 989m³ **BGF** 381m² **NUF** 251m²

Baujahr: 1959
Bauzustand: mittel
Aufwand: mittel
Nutzung während der Bauzeit: nein
Nutzungsänderung: nein
Grundrissänderungen: umfangreiche
Tragwerkseingriffe: wenige

Land: Schleswig-Holstein
Kreis: Stormarn
Standard: Durchschnitt
Bauzeit: 13 Wochen
Kennwerte: bis 3. Ebene DIN276
veröffentlicht: BKI Objektdaten E6

BGF   793 €/m²

Planung: Hans-Jörg Peter Dipl.-Ing. Architekt hh-Energieberatung.de; Hamburg
Sanierung eines Zweifamilienhauses zum Einfamilienhaus als Effizienzhaus 70 mit 285m² WFL

Bauwerk - Baukonstruktionen
Abbrechen: Abbruchmaßnahmen 11%
Herstellen: Dachbeläge 20%, Außentüren und -fenster 13%, Außenwandbekleidungen außen 11%, Innenwandbekleidungen 7%, Deckenbeläge 6%, Nichttragende Innenwände 6%
Sonstige: 25%

Bauwerk - Technische Anlagen
Herstellen: Wärmeerzeugungsanlagen 28%, Niederspannungsinstallationsanlagen 16%, Lüftungsanlagen 16%, Raumheizflächen 10%, Wasseranlagen 9%
Sonstige: 22%

6100-1159 Einfamilienhaus - Effizienzhaus 40*

BRI 818m³ **BGF** 238m² **NUF** 186m²

Baujahr: 1967
Bauzustand: mittel
Aufwand: hoch
Nutzung während der Bauzeit: nein
Nutzungsänderung: nein
Grundrissänderungen: umfangreiche
Tragwerkseingriffe: wenige

Land: Hamburg
Kreis: Hamburg
Standard: über Durchschnitt
Bauzeit: 39 Wochen
Kennwerte: bis 3. Ebene DIN276
veröffentlicht: BKI Objektdaten E6

BGF   2.191 €/m²

* Nicht in der Auswertung enthalten

Planung: Hans-Jörg Peter Dipl.-Ing. Architekt hh-Energieberatung.de; Hamburg
Einfamilienhaus-Atrium-Bungalow KfW 40

Bauwerk - Baukonstruktionen
Herstellen: Bodenbeläge 20%, Dachbeläge 15%, Elementierte Außenwände 15%, Dachfenster, Dachöffnungen 8%, Außenwandbekleidungen außen 6%, Innenwandbekleidungen 5%, Außentüren und -fenster 5%, Dachbekleidungen 4%
Sonstige: 22%

Bauwerk - Technische Anlagen
Herstellen: Niederspannungsinstallationsanlagen 20%, Wärmeerzeugungsanlagen 15%, Lüftungsanlagen 13%, Wasseranlagen 13%, Abwasseranlagen 8%, Beleuchtungsanlagen 7%, Automationssysteme 6%
Sonstige: 20%

Objektübersicht zur Gebäudeart

6100-1162 Einfamilienhaus, Garage - Effizienzhaus 70   BRI 1.136m³   BGF 436m²   NUF 256m²

Baujahr: 1976
Bauzustand: gut
Aufwand: mittel
Nutzung während der Bauzeit: ja
Nutzungsänderung: nein
Grundrissänderungen: einige
Tragwerkseingriffe: wenige

Land: Hamburg
Kreis: Hamburg
Standard: Durchschnitt
Bauzeit: 8 Wochen
Kennwerte: bis 3. Ebene DIN276
veröffentlicht: BKI Objektdaten E6
BGF 548 €/m²

Planung: Hans-Jörg Peter Dipl.-Ing. Architekt hh-Energieberatung.de; Hamburg
Modernisierung eines Einfamilienhauses aus dem Jahr 1976 zu einem KfW 70 Haus.

Bauwerk - Baukonstruktionen
Abbrechen: Dachbeläge 4%, Tragende Außenwände 3%
Herstellen: Außenwandbekleidungen außen 21%, Dachbeläge 19%, Außentüren und -fenster 15%, Dachfenster, Dachöffnungen 7%, Deckenbeläge 4%, Elementierte Außenwände 3%, Dränagen 3%, Außenwände, sonstiges 3%
Sonstige: 20%

Bauwerk - Technische Anlagen
Herstellen: Lüftungsanlagen 44%, Niederspannungsinstallationsanlagen 22%, Raumheizflächen 17%
Sonstige: 17%

6100-1035 Reihenmittelhaus - Effizienzhaus 115   BRI 708m³   BGF 283m²   NUF 186m²

Baujahr: 1963
Bauzustand: gut
Aufwand: mittel
Nutzung während der Bauzeit: ja
Nutzungsänderung: nein
Grundrissänderungen: wenige
Tragwerkseingriffe: keine

Land: Rheinland-Pfalz
Kreis: Mainz
Standard: über Durchschnitt
Bauzeit: 8 Wochen
Kennwerte: bis 3. Ebene DIN276
veröffentlicht: BKI Objektdaten E5
BGF 269 €/m²

Planung: Dipl. Ing. Renate Lendner Architektur + Energieberatung; Nieder-Olm
Modernisierung eines Reihenmittelhauses (137m² WFL). Vollständige Dämmung; bei den Holzfenstern wurde wegen des guten Zustands nur die Verglasung ausgetauscht.

Bauwerk - Baukonstruktionen
Herstellen: Dachbeläge 25%, Außenwandbekleidungen außen 22%, Außentüren und -fenster 17%, Sonnenschutz 7%
Wiederherstellen: Außentüren und -fenster 10%
Sonstige: 20%

Bauwerk - Technische Anlagen
Herstellen: Wärmeversorgungsanlagen, sonstiges 14%, Raumheizflächen 7%
Wiederherstellen: Wärmeerzeugungsanlagen 72%
Sonstige: 6%

Modernisierungen

Ein- und Zweifamilienhäuser nach 1945

€/m² BGF

min	240	€/m²
von	380	€/m²
Mittel	**610**	**€/m²**
bis	1.020	€/m²
max	1.390	€/m²

Kosten:
Stand 2. Quartal 2018
Bundesdurchschnitt
inkl. 19% MwSt.

Objektübersicht zur Gebäudeart

6100-0915 Einfamilienhaus - Effizienzhaus 70

BRI 644m³ **BGF** 170m² **NUF** 111m²

Baujahr: 1974
Bauzustand: schlecht
Aufwand: hoch
Nutzung während der Bauzeit: nein
Nutzungsänderung: nein
Grundrissänderungen: wenige
Tragwerkseingriffe: keine

Land: Nordrhein-Westfalen
Kreis: Münster
Standard: Durchschnitt
Bauzeit: 21 Wochen
Kennwerte: bis 3. Ebene DIN276
veröffentlicht: BKI Objektdaten E5

BGF 1.390 €/m²

Planung: planungsbüro bau.RAUM Petra L. Müller; Münster

Modernisierung und teilweiser Umbau eines Einfamilienbungalows (110m² WFL). Die Formensprache der siebziger Jahre wurde erhalten.

Bauwerk - Baukonstruktionen
Herstellen: Außenwandbekleidungen außen 24%, Außentüren und -fenster 17%, Dachbeläge 15%, Bodenbeläge 13%, Dachbekleidungen 8%
Sonstige: 23%

Bauwerk - Technische Anlagen
Herstellen: Wärmeerzeugungsanlagen 34%, Wasseranlagen 24%, Niederspannungsinstallationsanlagen 14%
Sonstige: 27%

6100-0939 Reihenendhaus - Effizienzhaus 115

BRI 666m³ **BGF** 240m² **NUF** 149m²

Baujahr: 1971
Bauzustand: gut
Aufwand: mittel
Nutzung während der Bauzeit: ja
Nutzungsänderung: nein
Grundrissänderungen: keine
Tragwerkseingriffe: keine

Land: Nordrhein-Westfalen
Kreis: Münster
Standard: Durchschnitt
Bauzeit: 13 Wochen
Kennwerte: bis 3. Ebene DIN276
veröffentlicht: BKI Objektdaten E5

BGF 236 €/m²

Planung: planungsbüro bau.RAUM Petra L. Müller; Münster

Wärmeschutzsanierung eines Reihenendhauses mit WDVS, Flachdachsanierung und Dachbegrünung

Bauwerk - Baukonstruktionen
Herstellen: Dachbeläge 45%, Außenwandbekleidungen außen 32%, Außentüren und -fenster 11%
Sonstige: 11%

Bauwerk - Technische Anlagen
Herstellen: Wärmeerzeugungsanlagen 90%, Wärmeversorgungsanlagen, sonstiges 4%
Wiederherstellen: Raumheizflächen 4%
Sonstige: 2%

Objektübersicht zur Gebäudeart

6100-0825 Zweifamilienhaus

BRI 1.210m³   **BGF** 275m²   **NUF** 182m²

Baujahr: 1952
Bauzustand: gut
Aufwand: mittel
Nutzung während der Bauzeit: ja
Nutzungsänderung: nein
Grundrissänderungen: wenige
Tragwerkseingriffe: wenige

Land: Bayern
Kreis: Landsberg a. Lech
Standard: Durchschnitt
Bauzeit: 30 Wochen
Kennwerte: bis 3. Ebene DIN276
veröffentlicht: BKI Objektdaten A8

BGF   477 €/m²

Planung: Büro ArchitektenGrundRiss Gerhard Ringler; Landsberg am Lech

Das Zweifamilienhaus von Baujahr 1956 mit einem Anbau im Jahr 1966 wurde energetisch nach KfW-Förderprogramm 152 saniert.

Bauwerk - Baukonstruktionen
Abbrechen: Außentüren und -fenster 2%
Herstellen: Außentüren und -fenster 31%, Außenwandbekleidungen außen 10%, Deckenbeläge 8%, Innenwandbekleidungen 7%, Deckenkonstruktionen 4%, Außenwände, sonstiges 4%, Gerüste 3%, Bodenbeläge 2%
Wiederherstellen: Außenwandbekleidungen innen 4%, Innenwandbekleidungen 3%
Sonstige: 21%

Bauwerk - Technische Anlagen
Herstellen: Wasseranlagen 40%, Beleuchtungsanlagen 25%, Raumheizflächen 17%
Sonstige: 18%

6100-0897 Einfamilienhaus

BRI 610m³   **BGF** 233m²   **NUF** 177m²

Baujahr: 1972
Bauzustand: mittel
Aufwand: mittel
Nutzung während der Bauzeit: ja
Nutzungsänderung: nein
Grundrissänderungen: wenige
Tragwerkseingriffe: wenige

Land: Nordrhein-Westfalen
Kreis: Kleve
Standard: Durchschnitt
Bauzeit: 17 Wochen
Kennwerte: bis 3. Ebene DIN276
veröffentlicht: BKI Objektdaten A9

BGF   355 €/m²

Planung: Marc Gerlitzki mageso Energieberatung; Sonsbeck

Modernisierung eines Einfamilienhauses

Bauwerk - Baukonstruktionen
Herstellen: Außenwandbekleidungen außen 47%, Außentüren und -fenster 20%, Dachbeläge 18%
Sonstige: 15%

Bauwerk - Technische Anlagen
Abbrechen: Wärmeerzeugungsanlagen 8%
Herstellen: Wärmeerzeugungsanlagen 92%

Modernisierungen

Ein- und Zweifamilienhäuser nach 1945

€/m² BGF

min	240	€/m²
von	380	€/m²
Mittel	**610**	**€/m²**
bis	1.020	€/m²
max	1.390	€/m²

Kosten:
Stand 2.Quartal 2018
Bundesdurchschnitt
inkl. 19% MwSt.

Objektübersicht zur Gebäudeart

6100-0901 Doppelhaushälfte

BRI 699m³ **BGF** 299m² **NUF** 193m²

Baujahr: 1956
Bauzustand: mittel
Aufwand: mittel
Nutzung während der Bauzeit: nein
Nutzungsänderung: nein
Grundrissänderungen: einige
Tragwerkseingriffe: wenige

Land: Bayern
Kreis: Regensburg
Standard: Durchschnitt
Bauzeit: 39 Wochen
Kennwerte: bis 3. Ebene DIN276
veröffentlicht: BKI Objektdaten A9

BGF 930 €/m²

Planung: Löser-Schwarzott Energie.Bewusste.Architektur; Regenstauf
Doppelhaushälfte

Bauwerk - Baukonstruktionen
Abbrechen: Außenwandbekleidungen außen 4%, Nichttragende Innenwände 3%
Herstellen: Außentüren und -fenster 21%, Außenwandbekleidungen außen 11%, Dachbeläge 10%, Innenwandbekleidungen 9%, Deckenbeläge 6%, Dachbekleidungen 6%, Nichttragende Innenwände 5%, Außenwandbekleidungen innen 4%
Sonstige: 21%

Bauwerk - Technische Anlagen
Herstellen: Wärmeerzeugungsanlagen 32%, Niederspannungsinstallationsanlagen 19%, Wasseranlagen 17%, Raumheizflächen 8%
Sonstige: 24%

6100-0648 Zweifamilienhaus

BRI 576m³ **BGF** 230m² **NUF** 167m²

Land: Bayern
Kreis: München
Standard: Durchschnitt
Bauzeit: 21 Wochen
Kennwerte: bis 3. Ebene DIN276
veröffentlicht: BKI Objektdaten A6

BGF 801 €/m²

Planung: Dipl.-Ing. (FH) Hanns-Peter Benl edp ingenieure; Neuötting

Das Haus aus den 60er Jahren wurde vom Keller bis zum Obergeschoss komplett modernisiert. Es wurde ein Wintergarten angebaut. **Kosteneinfluss Nutzung:** Die Wohnung im DG war während der Bauzeit bewohnt und wurde nicht in die Modernisierung einbezogen.

Bauwerk - Baukonstruktionen
Herstellen: Elementierte Außenwände 25%, Deckenbeläge 14%, Innenwandbekleidungen 9%, Innentüren und -fenster 5%, Nichttragende Innenwände 5%, Außentüren und -fenster 4%, Außenwandbekleidungen innen 3%, Bodenbeläge 3%, Dachbeläge 2%, Deckenbekleidungen 2%
Wiederherstellen: Innentüren und -fenster 3%, Deckenbeläge 3%
Sonstige: 22%

Bauwerk - Technische Anlagen
Herstellen: Wasseranlagen 35%, Niederspannungsinstallationsanlagen 18%, Raumheizflächen 16%
Sonstige: 31%

Objektübersicht zur Gebäudeart

6100-0770 Einfamilienhaus

BRI 678m³   **BGF** 240m²   **NUF** 145m²

Baujahr: 1959
Bauzustand: mittel
Aufwand: mittel
Nutzung während der Bauzeit: ja
Nutzungsänderung: nein
Grundrissänderungen: wenige
Tragwerkseingriffe: keine

Land: Baden-Württemberg
Kreis: Biberach/Riß
Standard: Durchschnitt
Bauzeit: 108 Wochen
Kennwerte: bis 3. Ebene DIN276
veröffentlicht: BKI Objektdaten A7

BGF   1.016 €/m²

Planung: Bruno Maurer; Uttenweiler

Tieferlegung des Kellers, um die für die Wohnnutzung notwendige lichte Höhe zu erhalten. Besondere Fassadenausführung um die maximale Strahlungsausbeute zu erhalten. **Kosteneinfluss Nutzung:** Aufbringung einer Außendämmung als vorgehängte hinterlüftete Fassade, die über eine transparente Hülle Strahlungswärme gewinnt.

Bauwerk - Baukonstruktionen
Abbrechen: Unterböden und Bodenplatten 2%
Herstellen: Außenwandbekleidungen außen 31%, Dachbeläge 16%, Außentüren und -fenster 11%, Nichttragende Innenwände 6%, Außenwände, sonstiges 5%, Außenwandbekleidungen innen 4%, Innenwandbekleidungen 4%
Sonstige: 22%

Bauwerk - Technische Anlagen
Herstellen: Lüftungsanlagen 32%, Abwasseranlagen 14%, Wärmeerzeugungsanlagen 13%, Niederspannungsinstallationsanlagen 12%
Sonstige: 29%

6100-0983 Doppelhaushälfte, energ. Modernisierung

BRI 797m³   **BGF** 275m²   **NUF** 202m²

Baujahr: 1972
Bauzustand: mittel
Aufwand: mittel
Nutzung während der Bauzeit: ja
Nutzungsänderung: nein
Grundrissänderungen: keine
Tragwerkseingriffe: keine

Land: Bayern
Kreis: Altötting
Standard: Durchschnitt
Bauzeit: 13 Wochen
Kennwerte: bis 3. Ebene DIN276
veröffentlicht: BKI Objektdaten A8

BGF   278 €/m²

Planung: Planungsbüro Dipl.-Ing. (FH) Hanns-Peter Benl; Neuötting

Energetische Modernisierung und Renovierung einer Doppelhaushälfte

Bauwerk - Baukonstruktionen
Herstellen: Außenwandbekleidungen außen 47%, Außentüren und -fenster 19%, Deckenbeläge 7%, Außenwände, sonstiges 5%
Sonstige: 22%

Bauwerk - Technische Anlagen
Herstellen: Lüftungsanlagen 80%, Niederspannungsinstallationsanlagen 10%
Wiederherstellen: Niederspannungsinstallationsanlagen 5%
Sonstige: 5%

Modernisierungen

Ein- und Zweifamilienhäuser nach 1945

€/m² BGF

min	240	€/m²
von	380	€/m²
Mittel	**610**	**€/m²**
bis	1.020	€/m²
max	1.390	€/m²

Kosten:
Stand 2.Quartal 2018
Bundesdurchschnitt
inkl. 19% MwSt.

Objektübersicht zur Gebäudeart

6100-0611 Einfamilienhaus   BRI 731m³   BGF 299m²   NUF 212m²

Baujahr: 1959
Bauzustand: mittel
Aufwand: mittel
Nutzung während der Bauzeit: ja
Nutzungsänderung: nein

Land: Hessen
Kreis: Offenbach a. Main
Standard: Durchschnitt
Bauzeit: 8 Wochen
Kennwerte: bis 3. Ebene DIN276
veröffentlicht: BKI Objektdaten A5

BGF   327 €/m²

Planung: Dipl.-Ing. Architektin Gabriele zur Megede; Langen
Modernisierung eines freistehenden Einfamilienhauses aus 1959 zum Niedrigenergiehaus.

Bauwerk - Baukonstruktionen
Herstellen: Außenwandbekleidungen außen 39%, Außentüren und -fenster 21%, Deckenbekleidungen 14%
Sonstige: 27%

Bauwerk - Technische Anlagen
Herstellen: Abwasseranlagen 100%

6100-0793 Einfamilienhaus   BRI 897m³   BGF 371m²   NUF 219m²

Baujahr: 1958
Bauzustand: schlecht
Aufwand: mittel
Nutzung während der Bauzeit: nein
Nutzungsänderung: nein
Grundrissänderungen: einige
Tragwerkseingriffe: einige

Land: Nordrhein-Westfalen
Kreis: Rhein-Sieg
Standard: über Durchschnitt
Bauzeit: 13 Wochen
Kennwerte: bis 3. Ebene DIN276
veröffentlicht: BKI Objektdaten A7

BGF   556 €/m²

Planung: Architekturbüro Gudrun Langmack; Erftstadt
Energetische Modernisierung eines Einfamilienhauses, Baujahr 1958. Das Dach wurde zur Wohnraumerweiterung angehoben.

Bauwerk - Baukonstruktionen
Herstellen: Außentüren und -fenster 39%, Außenwandbekleidungen außen 21%, Dachbeläge 14%
Sonstige: 26%

Bauwerk - Technische Anlagen
Herstellen: Wärmeerzeugungsanlagen 80%, Wasseranlagen 17%, Abwasseranlagen 1%
Sonstige: 1%

Objektübersicht zur Gebäudeart

6100-0596 Einfamilienhaus **BRI** 1.200m³ **BGF** 344m² **NUF** 244m²

Baujahr: 1955
Bauzustand: mittel
Aufwand: mittel
Nutzung während der Bauzeit: nein
Nutzungsänderung: ja
Grundrissänderungen: einige
Tragwerkseingriffe: wenige

Land: Baden-Württemberg
Kreis: Ortenau, Offenburg
Standard: Durchschnitt
Bauzeit: 56 Wochen
Kennwerte: bis 3. Ebene DIN276
veröffentlicht: BKI Objektdaten A5

BGF 549 €/m²

Planung: Freier Architekt Rainer Roth; Offenburg

Bei dem Gebäude handelt es sich um das ehemalige Dorfhaus der Gemeinde Ortenberg, das zur Unterbringung der Lehrer der Dorfschule genutzt wurde. Im Zuge der Modernisierung wurde die gesamte Haustechnik erneuert. Anbau einer großen 3 geschossigen Balkonanlage und einer Doppelgarage.

Bauwerk - Baukonstruktionen
Abbrechen: Dachkonstruktionen 2%
Herstellen: Dachbeläge 16%, Dachkonstruktionen 15%, Außentüren und -fenster 15%, Tragende Außenwände 11%, Dachbekleidungen 3%, Außenwandbekleidungen innen 3%, Deckenkonstruktionen 3%, Decken, sonstiges 3%, Deckenbeläge 3%, Innentüren und -fenster 2%
Wiederherstellen: Außenwandbekleidungen außen 4%
Sonstige: 21%

Bauwerk - Technische Anlagen
Herstellen: Raumheizflächen 32%, Niederspannungsinstallationsanlagen 28%, Wärmeverteilnetze 16%
Sonstige: 25%

6100-0471 Reihenendhaus **BRI** 856m³ **BGF** 317m² **NUF** 211m²

Baujahr: 1972
Bauzustand: mittel
Aufwand: mittel
Nutzung während der Bauzeit: nein
Nutzungsänderung: nein
Grundrissänderungen: wenige
Tragwerkseingriffe: wenige

Land: Nordrhein-Westfalen
Kreis: Bonn
Standard: Durchschnitt
Bauzeit: 8 Wochen
Kennwerte: bis 4. Ebene DIN276
veröffentlicht: BKI Objektdaten E2

BGF 398 €/m²

Planung: Kopner Architekten; Bergisch Gladbach

Modernisierung und Instandsetzung eines Reihenendhauses von 1972 (181m² WFL). **Kosteneinfluss Grundstück:** Reihenendhaus in einer Reihe von vier Häusern.

Bauwerk - Baukonstruktionen
Herstellen: Außentüren und -fenster 27%, Außenwandbekleidungen außen 18%, Deckenbeläge 15%, Außenwände, sonstiges 10%, Innenwandbekleidungen 4%
Wiederherstellen: Innenwandbekleidungen 4%
Sonstige: 22%

Bauwerk - Technische Anlagen
Herstellen: Niederspannungsinstallationsanlagen 24%, Wasseranlagen 23%, Raumheizflächen 12%
Wiederherstellen: Niederspannungsinstallationsanlagen 15%
Sonstige: 26%

Modernisierungen

Ein- und Zweifamilienhäuser nach 1945

€/m² BGF
min	240	€/m²
von	380	€/m²
Mittel	**610**	**€/m²**
bis	1.020	€/m²
max	1.390	€/m²

Kosten:
Stand 2.Quartal 2018
Bundesdurchschnitt
inkl. 19% MwSt.

Objektübersicht zur Gebäudeart

6100-0469 Einfamilienhaus   BRI 1.095m³   BGF 356m²   NUF 249m²

Baujahr: 1955
Bauzustand: mittel
Aufwand: mittel
Nutzung während der Bauzeit: nein
Nutzungsänderung: nein
Grundrissänderungen: umfangreiche
Tragwerkseingriffe: einige

Land: Bayern
Kreis: Starnberg
Standard: Durchschnitt
Bauzeit: 21 Wochen
Kennwerte: bis 3. Ebene DIN276
veröffentlicht: BKI Objektdaten A5

BGF   850 €/m²

Planung: Architekturbüro Burkard Reineking; Gauting

Modernisierung und Erweiterung eines Einfamilienhauses. **Kosteneinfluss Grundstück:** Torf als Untergrund der Bodenplatte der Erweiterung.

Bauwerk - Baukonstruktionen
Abbrechen: Dachbeläge 5%
Herstellen: Außenwandbekleidungen außen 12%, Dachbeläge 11%, Außentüren und -fenster 10%, Tragende Außenwände 9%, Dachkonstruktionen 7%, Deckenbeläge 7%, Außenwandbekleidungen innen 6%, Nichttragende Innenwände 5%, Bodenbeläge 5%
Sonstige: 23%

Bauwerk - Technische Anlagen
Herstellen: Niederspannungsinstallationsanlagen 46%, Wasseranlagen 20%, Abwasseranlagen 16%
Sonstige: 18%

6100-1095 Zweifamilienhaus, Fassadensanierung   BRI 762m³   BGF 272m²   NUF 197m²

Baujahr: 1972
Bauzustand: schlecht
Aufwand: mittel
Nutzung während der Bauzeit: ja
Nutzungsänderung: nein
Grundrissänderungen: wenige
Tragwerkseingriffe: keine

Land: Schleswig-Holstein
Kreis: Segeberg
Standard: Durchschnitt
Bauzeit: 21 Wochen
Kennwerte: bis 2. Ebene DIN276
veröffentlicht: BKI Objektdaten A9

BGF   536 €/m²

Planung: Architekturbüro Thyroff-Krause; Kaltenkirchen

Fassadensanierung bei einem Zweifamilienhaus (219m² WFL)

Moderni-
sierung

Modernisierungen

Wohngebäude vor 1945

Kostenkennwerte für die Kosten des Bauwerks (Kostengruppen 300+400 nach DIN 276)

BRI 320 €/m³
von 215 €/m³
bis 465 €/m³

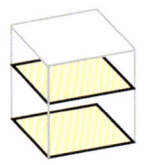

BGF 950 €/m²
von 690 €/m²
bis 1.300 €/m²

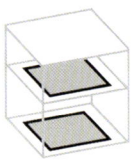

NUF 1.570 €/m²
von 1.070 €/m²
bis 2.280 €/m²

NE 1.820 €/NE
von 1.240 €/NE
bis 2.770 €/NE
NE: Wohnfläche

Kosten:
Stand 2. Quartal 2018
Bundesdurchschnitt
inkl. 19% MwSt.

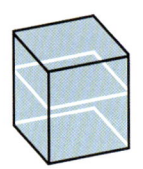

Objektbeispiele

6100-0856

6100-0287

6100-0233

Kosten der 12 Vergleichsobjekte — Seiten 308 bis 313

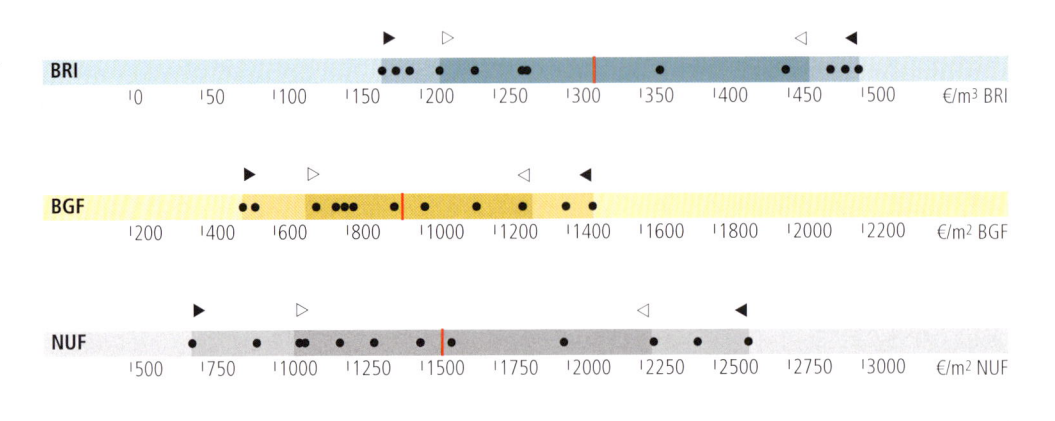

- ● KKW
- ▶ min
- ▷ von
- | Mittelwert
- ◁ bis
- ◀ max

BRI — €/m³ BRI
BGF — €/m² BGF
NUF — €/m² NUF

© BKI Baukosteninformationszentrum; Erläuterungen zu den Tabellen siehe Seite 22   Kosten: 2. Quartal 2018, Bundesdurchschnitt, **inkl. 19% MwSt.**

Kostenkennwerte für die Kostengruppen der 1. und 2. Ebene DIN 276

KG	Kostengruppen der 1. Ebene	Einheit	▷	€/Einheit	◁	▷	% an 300+400	◁
100	Grundstück	m² GF	–	–	–	–	–	–
200	Herrichten und Erschließen	m² GF	2	3	4	0,5	0,6	0,6
300	Bauwerk - Baukonstruktionen	m² BGF	513	748	999	70,5	78,8	83,9
400	Bauwerk - Technische Anlagen	m² BGF	132	200	307	16,1	21,2	29,5
	Bauwerk (300+400)	m² BGF	686	948	1.300		100,0	
500	Außenanlagen	m² AF	29	108	306	1,6	3,6	10,8
600	Ausstattung und Kunstwerke	m² BGF	2	7	11	0,2	0,6	0,9
700	Baunebenkosten	m² BGF	–	–	–	–	–	–

KG	Kostengruppen der 2. Ebene	Einheit	▷	€/Einheit	◁	▷	% an 300	◁
310	Baugrube	m³ BGI	58	147	238	0,1	0,8	1,9
320	Gründung	m² GRF	86	204	258	1,2	4,7	8,0
330	Außenwände	m² AWF	156	289	489	18,5	26,9	36,7
340	Innenwände	m² IWF	106	177	277	18,0	25,8	37,2
350	Decken	m² DEF	183	263	355	16,8	22,6	31,3
360	Dächer	m² DAF	162	337	513	5,3	13,7	20,7
370	Baukonstruktive Einbauten	m² BGF	3	14	34	0,1	1,2	5,3
390	Sonstige Baukonstruktionen	m² BGF	12	37	71	1,3	4,4	6,2
300	**Bauwerk Baukonstruktionen**	**m² BGF**					**100,0**	

KG	Kostengruppen der 2. Ebene	Einheit	▷	€/Einheit	◁	▷	% an 400	◁
410	Abwasser, Wasser, Gas	m² BGF	46	76	90	28,8	37,8	61,0
420	Wärmeversorgungsanlagen	m² BGF	40	71	112	20,9	31,1	36,8
430	Lufttechnische Anlagen	m² BGF	7	15	31	0,2	3,7	7,9
440	Starkstromanlagen	m² BGF	34	50	74	8,8	20,2	28,8
450	Fernmeldeanlagen	m² BGF	6	13	47	1,5	4,1	13,0
460	Förderanlagen	m² BGF	2	41	79	0,1	2,3	20,3
470	Nutzungsspezifische Anlagen	m² BGF	0	7	14	0,0	0,5	4,4
480	Gebäudeautomation	m² BGF	–	–	–	–	–	–
490	Sonstige Technische Anlagen	m² BGF	1	2	4	0,0	0,3	0,9
400	**Bauwerk Technische Anlagen**	**m² BGF**					**100,0**	

Prozentanteile der Kosten der 2. Ebene an den Kosten des Bauwerks nach DIN 276 (Von-, Mittel-, Bis-Werte)

KG	Kostengruppe	Mittelwert
310	Baugrube	0,6
320	Gründung	3,6
330	Außenwände	21,0
340	Innenwände	19,7
350	Decken	17,2
360	Dächer	10,6
370	Baukonstruktive Einbauten	0,9
390	Sonstige Baukonstruktionen	3,3
410	Abwasser, Wasser, Gas	8,3
420	Wärmeversorgungsanlagen	7,3
430	Lufttechnische Anlagen	0,9
440	Starkstromanlagen	4,8
450	Fernmeldeanlagen	0,9
460	Förderanlagen	0,6
470	Nutzungsspezifische Anlagen	0,1
480	Gebäudeautomation	
490	Sonstige Technische Anlagen	0,1

© BKI Baukosteninformationszentrum; Erläuterungen zu den Tabellen siehe Seite 24   Kosten: 2.Quartal 2018, Bundesdurchschnitt, **inkl. 19% MwSt.**

Modernisierungen

Wohngebäude vor 1945

Kostenkennwerte für die Kostengruppen der 3. Ebene DIN 276

KG	Kostengruppen der 3. Ebene	Einheit	▷ von	Ø €/Einheit	◁ bis	▷ von	Ø €/m² BGF	◁ bis
345	Innenwandbekleidungen	m²	37,82	56,49	89,51	73,24	91,70	127,42
334	Außentüren und -fenster	m²	583,57	747,19	1.095,83	42,30	85,80	123,05
352	Deckenbeläge	m²	97,24	148,29	187,48	48,08	82,52	101,07
335	Außenwandbekleidungen außen	m²	59,13	122,36	191,72	30,39	63,45	136,11
363	Dachbeläge	m²	130,98	177,36	221,71	38,23	60,99	90,32
351	Deckenkonstruktionen	m²	129,96	389,79	1.044,08	16,83	45,51	66,24
412	Wasseranlagen	m²	34,33	44,64	57,64	34,33	44,64	57,64
361	Dachkonstruktionen	m²	81,31	135,53	240,66	16,53	42,07	81,05
461	Aufzugsanlagen	m²	1,65	40,51	79,36	1,65	40,51	79,36
444	Niederspannungsinstallationsanl.	m²	26,51	40,35	52,71	26,51	40,35	52,71
344	Innentüren und -fenster	m²	173,47	324,70	459,92	20,26	36,41	56,69
331	Tragende Außenwände	m²	147,31	296,92	535,48	11,31	34,08	62,35
341	Tragende Innenwände	m²	156,02	352,53	1.373,47	12,03	30,85	56,67
336	Außenwandbekleidungen innen	m²	42,48	65,11	99,09	19,55	29,42	65,55
423	Raumheizflächen	m²	6,24	27,07	37,72	6,24	27,07	37,72
411	Abwasseranlagen	m²	8,16	25,56	46,96	8,16	25,56	46,96
353	Deckenbekleidungen	m²	37,75	55,48	70,62	18,33	25,23	31,21
421	Wärmeerzeugungsanlagen	m²	10,46	24,66	44,34	10,46	24,66	44,34
325	Bodenbeläge	m²	62,85	131,68	181,47	9,06	24,16	43,00
342	Nichttragende Innenwände	m²	96,11	141,95	241,91	13,62	23,17	45,65
364	Dachbekleidungen	m²	70,52	86,23	109,53	6,75	21,86	32,09
322	Flachgründungen	m²	100,33	290,45	497,12	6,93	18,81	30,39
422	Wärmeverteilnetze	m²	11,59	18,34	27,98	11,59	18,34	27,98
392	Gerüste	m²	6,59	18,12	24,83	6,59	18,12	24,83
395	Instandsetzungen	m²	–	17,42	–	–	17,42	–
371	Allgemeine Einbauten	m²	3,16	17,30	34,42	3,16	17,30	34,42
456	Gefahrenmelde- und Alarmanlagen	m²	1,84	15,88	43,80	1,84	15,88	43,80
338	Sonnenschutz	m²	165,39	236,08	343,89	2,62	15,62	29,02
431	Lüftungsanlagen	m²	5,74	15,23	31,25	5,74	15,23	31,25
362	Dachfenster, Dachöffnungen	m²	1.346,83	2.057,39	4.873,49	6,37	13,77	30,23
478	Entsorgungsanlagen	m²	–	13,52	–	–	13,52	–
339	Außenwände, sonstiges	m²	5,28	20,91	76,65	4,32	13,47	43,23
391	Baustelleneinrichtung	m²	4,19	11,19	17,93	4,19	11,19	17,93
324	Unterböden und Bodenplatten	m²	53,69	110,62	203,76	7,34	10,34	16,84
445	Beleuchtungsanlagen	m²	2,55	10,14	36,98	2,55	10,14	36,98
397	Zusätzliche Maßnahmen	m²	2,30	10,05	20,30	2,30	10,05	20,30
359	Decken, sonstiges	m²	8,03	14,07	22,80	4,03	8,89	15,39
393	Sicherungsmaßnahmen	m²	2,11	8,19	14,27	2,11	8,19	14,27
394	Abbruchmaßnahmen	m²	0,40	7,47	16,08	0,40	7,47	16,08
369	Dächer, sonstiges	m²	6,21	17,20	68,99	2,23	7,04	30,43
332	Nichttragende Außenwände	m²	488,07	520,67	553,27	2,02	6,55	13,59
429	Wärmeversorgungsanl., sonstiges	m²	3,53	6,49	18,62	3,53	6,49	18,62
413	Gasanlagen	m²	–	6,17	–	–	6,17	–
311	Baugrubenherstellung	m³	59,56	115,98	230,73	1,28	5,54	10,05
419	Abwasser-, Wasser- und Gasanlagen, sonstiges	m²	1,84	4,08	6,92	1,84	4,08	6,92
327	Dränagen	m²	–	14,09	–	–	3,50	–
494	Abbruchmaßnahmen	m²	–	3,44	–	–	3,44	–
326	Bauwerksabdichtungen	m²	4,97	11,68	20,98	1,17	3,05	5,64
455	Fernseh- und Antennenanlagen	m²	1,53	2,66	4,79	1,53	2,66	4,79

Kosten: Stand 2. Quartal 2018, Bundesdurchschnitt, inkl. 19% MwSt.

▷ von
Ø Mittel
◁ bis

Kostenkennwerte für Leistungsbereiche nach StLB (Kosten des Bauwerks nach DIN 276)

LB	Leistungsbereiche	▷	€/m² BGF	◁	▷	% an 300+400	◁
000	Sicherheits-, Baustelleneinrichtungen inkl. 001	7	21	34	0,8	2,2	3,6
002	Erdarbeiten	1	8	16	0,1	0,8	1,7
006	Spezialtiefbauarbeiten inkl. 005	–	–	–	–	–	–
009	Entwässerungskanalarbeiten inkl. 011	–	–	–	–	–	–
010	Drän- und Versickerungsarbeiten	–	0	–	–	0,1	–
012	Mauerarbeiten	23	43	78	2,5	4,5	8,2
013	Betonarbeiten	9	19	48	0,9	2,0	5,0
014	Natur-, Betonwerksteinarbeiten	0	1	4	0,0	0,1	0,4
016	Zimmer- und Holzbauarbeiten	11	45	126	1,2	4,8	13,3
017	Stahlbauarbeiten	0	6	22	0,0	0,6	2,3
018	Abdichtungsarbeiten	3	11	11	0,3	1,1	1,1
020	Dachdeckungsarbeiten	3	29	43	0,3	3,1	4,5
021	Dachabdichtungsarbeiten	1	8	17	0,1	0,9	1,8
022	Klempnerarbeiten	3	16	36	0,4	1,7	3,8
	Rohbau	109	208	277	11,5	22,0	29,2
023	Putz- und Stuckarbeiten, Wärmedämmsysteme	53	97	136	5,6	10,2	14,3
024	Fliesen- und Plattenarbeiten	15	31	54	1,5	3,3	5,7
025	Estricharbeiten	4	9	22	0,4	1,0	2,3
026	Fenster, Außentüren inkl. 029, 032	57	81	104	6,0	8,5	11,0
027	Tischlerarbeiten	23	48	84	2,4	5,0	8,8
028	Parkettarbeiten, Holzpflasterarbeiten	8	31	90	0,9	3,2	9,5
030	Rollladenarbeiten	0	6	19	0,0	0,6	2,0
031	Metallbauarbeiten inkl. 035	3	15	31	0,3	1,6	3,3
034	Maler- und Lackiererarbeiten inkl. 037	38	65	91	4,0	6,8	9,6
036	Bodenbelagarbeiten	5	28	56	0,5	2,9	5,9
038	Vorgehängte hinterlüftete Fassaden	–	–	–	–	–	–
039	Trockenbauarbeiten	20	45	73	2,1	4,7	7,7
	Ausbau	397	460	557	41,8	48,5	58,8
040	Wärmeversorgungsanl. - Betriebseinr. inkl. 041	39	64	93	4,2	6,7	9,8
042	Gas- und Wasserinstallation, Leitungen inkl. 043	11	16	24	1,2	1,7	2,5
044	Abwasserinstallationsarbeiten - Leitungen	7	20	53	0,7	2,1	5,6
045	GWA-Einrichtungsgegenstände inkl. 046	24	38	71	2,5	4,0	7,5
047	Dämmarbeiten an betriebstechnischen Anlagen	1	4	10	0,1	0,4	1,0
049	Feuerlöschanlagen, Feuerlöschgeräte	–	0	–	–	0,0	–
050	Blitzschutz- und Erdungsanlagen	0	1	2	0,0	0,1	0,2
053	Niederspannungsanlagen inkl. 052, 054	23	40	96	2,4	4,2	10,2
055	Ersatzstromversorgungsanlagen	–	–	–	–	–	–
057	Gebäudesystemtechnik	–	–	–	–	–	–
058	Leuchten und Lampen inkl. 059	1	5	16	0,1	0,5	1,7
060	Elektroakustische Anlagen, Sprechanlagen	0	1	5	0,0	0,1	0,5
061	Kommunikationsnetze, inkl. 062	1	3	6	0,1	0,3	0,6
063	Gefahrenmeldeanlagen	0	3	3	0,0	0,4	0,4
069	Aufzüge	–	6	◁	–	0,6	–
070	Gebäudeautomation	–	–	–	–	–	–
075	Raumlufttechnische Anlagen	1	8	20	0,1	0,9	2,1
	Technische Anlagen	153	209	289	16,2	22,0	30,5
084	Abbruch- und Rückbauarbeiten	34	69	87	3,6	7,2	9,2
	Sonstige Leistungsbereiche inkl. 008, 033, 051	2	8	36	0,2	0,8	3,8

© BKI Baukosteninformationszentrum; Erläuterungen zu den Tabellen siehe Seite 28   Kosten: 2.Quartal 2018, Bundesdurchschnitt, **inkl. 19% MwSt.**

Modernisierungen

Wohngebäude vor 1945

€/m² BGF

min	510 €/m²
von	690 €/m²
Mittel	**950 €/m²**
bis	1.300 €/m²
max	1.470 €/m²

Kosten:
Stand 2.Quartal 2018
Bundesdurchschnitt
inkl. 19% MwSt.

Objektübersicht zur Gebäudeart

6100-1203 Doppelhaushälfte

BRI 797m³ **BGF** 305m² **NUF** 196m²

Baujahr: 1929
Bauzustand: mittel
Aufwand: hoch
Nutzung während der Bauzeit: nein
Nutzungsänderung: nein
Grundrissänderungen: einige
Tragwerkseingriffe: einige

Land: Berlin
Kreis: Berlin
Standard: Durchschnitt
Bauzeit: 30 Wochen
Kennwerte: bis 3. Ebene DIN276
veröffentlicht: BKI Objektdaten A10
BGF 1.275 €/m²

Planung: Hertzberg Weber Architekten; Potsdam

Rückbau einer Doppelhaushälfte einer Versuchssiedlung aus dem Jahr 1929 auf das ursprüngliche Erscheinungsbild **Kosteneinfluss Nutzung:** Denkmalschutz

Bauwerk - Baukonstruktionen
Herstellen: Außentüren und -fenster 14%, Außenwandbekleidungen außen 11%, Außenwandbekleidungen innen 7%, Innenwandbekleidungen 7%, Dachbeläge 6%, Deckenbeläge 6%, Deckenkonstruktionen 3%, Dachbekleidungen 3%, Tragende Innenwände 3%, Dachkonstruktionen 2%, Deckenbekleidungen 2%, Gerüste 2%, Baustelleneinrichtung 2%, Dachfenster, Dachöffnungen 2%
Wiederherstellen: Tragende Außenwände 5%, Innentüren und -fenster 3%, Außenwandbekleidungen außen 3%
Sonstige: 20%

Bauwerk - Technische Anlagen
Herstellen: Wasseranlagen 26%, Niederspannungsinstallationsanlagen 23%, Raumheizflächen 15%, Wärmeerzeugungsanlagen 9%
Sonstige: 27%

6100-1308 Dreizimmerwohnung

BRI 217m³ **BGF** 77m² **NUF** 55m²

Baujahr: 1906-1907
Bauzustand: mittel
Aufwand: mittel
Nutzung während der Bauzeit: nein
Nutzungsänderung: nein
Grundrissänderungen: wenige
Tragwerkseingriffe: wenige

Land: Hamburg
Kreis: Hamburg
Standard: Durchschnitt
Bauzeit: 12 Wochen
Kennwerte: bis 3. Ebene DIN276
vorgesehen: BKI Objektdaten IR2
BGF 513 €/m²

Planung: Mannott + Mannott Dipl. Ingenieure, Architekten; Hamburg

Dreizimmerwohnung in einem gründerzeitlichen Mehrfamilienhaus **Kosteneinfluss Nutzung:** Das Gebäude steht unter Denkmalschutz. Deshalb sind alle Maßnahmen mit der Denkmalschutzbehörde abgestimmt worden.

Bauwerk - Baukonstruktionen
Herstellen: Deckenbeläge 18%, Innenwandbekleidungen 9%, Allgemeine Einbauten 5%, Baustelleneinrichtung 5%, Außenwandbekleidungen innen 5%
Wiederherstellen: Innenwandbekleidungen 11%, Innentüren und -fenster 10%, Deckenbeläge 8%, Deckenbekleidungen 6%
Sonstige: 23%

Bauwerk - Technische Anlagen
Herstellen: Niederspannungsinstallationsanlagen 33%, Wasseranlagen 20%, Wärmeverteilnetze 15%
Sonstige: 32%

Objektübersicht zur Gebäudeart

6100-1201 Wohnhaus für Frauen (11 WE)

BRI 4.670m³   **BGF** 1.426m²   **NUF** 800m²

Baujahr: 1883
Bauzustand: schlecht
Aufwand: mittel
Nutzung während der Bauzeit: nein
Nutzungsänderung: nein
Grundrissänderungen: umfangreiche
Tragwerkseingriffe: umfangreiche

Land: Hamburg
Kreis: Hamburg
Standard: über Durchschnitt
Bauzeit: 52 Wochen
Kennwerte: bis 3. Ebene DIN276
veröffentlicht: BKI Objektdaten A10

BGF   1.467 €/m²

Planung: pmp Projekt GmbH; Hamburg

Aufstockung und Modernisierung eines Wohnhauses für Frauen mit 11 WE für 24 Bewohner und 13 Verwaltungsplätzen

Bauwerk - Baukonstruktionen
Herstellen: Innenwandbekleidungen 8%, Außentüren und -fenster 8%, Tragende Innenwände 6%, Deckenkonstruktionen 6%, Deckenbeläge 5%, Dachkonstruktionen 5%, Tragende Außenwände 5%, Dachbeläge 4%, Nichttragende Innenwände 4%, Innentüren und -fenster 4%, Allgemeine Einbauten 3%, Deckenbekleidungen 3%, Außenwandbekleidungen außen 3%, Gerüste 2%, Bodenbeläge 2%, Zusätzliche Maßnahmen 2%
Wiederherstellen: Deckenbeläge 3%, Innentüren und -fenster 2%, Außenwandbekleidungen außen 2%
Sonstige: 22%

Bauwerk - Technische Anlagen
Herstellen: Niederspannungsinstallationsanlagen 16%, Gefahrenmelde- und Alarmanlagen 15%, Wasseranlagen 13%, Raumheizflächen 13%, Beleuchtungsanlagen 12%, Abwasseranlagen 10%
Sonstige: 21%

6100-1223 Gründerzeithaus (1 WE)

BRI 1.449m³   **BGF** 509m²   **NUF** 296m²

Baujahr: 1908
Bauzustand: mittel
Aufwand: niedrig
Nutzung während der Bauzeit: nein
Nutzungsänderung: nein
Grundrissänderungen: wenige
Tragwerkseingriffe: wenige

Land: Nordrhein-Westfalen
Kreis: Bonn
Standard: Durchschnitt
Bauzeit: 39 Wochen
Kennwerte: bis 3. Ebene DIN276
vorgesehen: BKI Objektdaten A11

BGF   547 €/m²

Planung: Concavis Architekten + Ingenieure; Bornheim

Das Gründerzeithaus (1 WE) wurde unter Berücksichtigung von Denkmalschutzauflagen saniert, erweitert und die Haustechnik erneuert.

Bauwerk - Baukonstruktionen
Abbrechen: Abbruchmaßnahmen 2%, Innenwandbekleidungen 2%, Tragende Außenwände 2%
Herstellen: Innenwandbekleidungen 14%, Außentüren und -fenster 12%, Deckenbeläge 8%, Außenwandbekleidungen innen 3%, Dachbeläge 3%, Deckenbekleidungen 3%, Außenwandbekleidungen außen 2%, Baugrubenherstellung 2%, Dachkonstruktionen 2%, Bodenbeläge 2%
Wiederherstellen: Deckenbeläge 12%, Außenwandbekleidungen außen 3%, Innenwandbekleidungen 2%
Sonstige: 25%

Bauwerk - Technische Anlagen
Herstellen: Wasseranlagen 25%, Niederspannungsinstallationsanlagen 22%, Wärmeerzeugungsanlagen 12%, Wärmeverteilnetze 10%, Abwasseranlagen 7%, Wärmeversorgungsanlagen, sonstiges 4%
Sonstige: 20%

Modernisierungen

Wohngebäude vor 1945

€/m² BGF
min	510	€/m²
von	690	€/m²
Mittel	**950**	**€/m²**
bis	1.300	€/m²
max	1.470	€/m²

Kosten:
Stand 2.Quartal 2018
Bundesdurchschnitt
inkl. 19% MwSt.

Objektübersicht zur Gebäudeart

6100-1147 Einfamilienhaus - Effizienzhaus 100

BRI 717m³   **BGF** 309m²   **NUF** 146m²

Baujahr: 1936
Bauzustand: schlecht
Aufwand: hoch
Nutzung während der Bauzeit: nein
Nutzungsänderung: nein
Grundrissänderungen: umfangreiche
Tragwerkseingriffe: keine

Land: Thüringen
Kreis: Erfurt
Standard: über Durchschnitt
Bauzeit: 74 Wochen
Kennwerte: bis 3. Ebene DIN276
veröffentlicht: BKI Objektdaten E7

BGF 1.151 €/m²

Planung: Funken Architekten; Erfurt
Modernisierung eines Einfamilienhauses

Bauwerk - Baukonstruktionen
Herstellen: Außentüren und -fenster 11%, Außenwandbekleidungen außen 10%, Innenwandbekleidungen 8%, Deckenkonstruktionen 7%, Dachbeläge 6%, Bodenbeläge 6%, Deckenbeläge 5%, Dachfenster, Dachöffnungen 4%, Dachkonstruktionen 4%, Deckenbekleidungen 3%, Sonnenschutz 3%, Tragende Innenwände 3%, Tragende Außenwände 3%, Außenwandbekleidungen innen 3%, Dachbekleidungen 3%, Nichttragende Innenwände 2%
Sonstige: 21%

Bauwerk - Technische Anlagen
Herstellen: Abwasseranlagen 15%, Wärmeerzeugungsanlagen 14%, Wasseranlagen 14%, Lüftungsanlagen 12%, Niederspannungsinstallationsanlagen 11%, Raumheizflächen 9%
Sonstige: 24%

6100-1202 Stadtvilla

BRI 1.644m³   **BGF** 564m²   **NUF** 343m²

Baujahr: 1938
Bauzustand: mittel
Aufwand: hoch
Nutzung während der Bauzeit: nein
Nutzungsänderung: nein
Grundrissänderungen: umfangreiche
Tragwerkseingriffe: umfangreiche

Land: Hessen
Kreis: Frankfurt a. Main
Standard: über Durchschnitt
Bauzeit: 52 Wochen
Kennwerte: bis 3. Ebene DIN276
vorgesehen: BKI Objektdaten A11

BGF 1.394 €/m²

Planung: Atzmüller Architekten Dipl.-Ing. Architekt Peter Atzmüller; Frankfurt a. Main
Stadtvilla (WFL 286m²) mit Garage

Bauwerk - Baukonstruktionen
Herstellen: Deckenbeläge 9%, Dachbeläge 9%, Innenwandbekleidungen 8%, Außentüren und -fenster 8%, Dachkonstruktionen 7%, Außenwandbekleidungen außen 6%, Deckenkonstruktionen 4%, Tragende Außenwände 4%, Außenwände, sonstiges 3%, Dachbekleidungen 3%, Sonnenschutz 3%, Dächer, sonstiges 3%, Deckenbekleidungen 3%, Flachgründungen 3%, Innentüren und -fenster 3%, Gerüste 3%
Sonstige: 21%

Bauwerk - Technische Anlagen
Herstellen: Aufzugsanlagen 20%, Wasseranlagen 15%, Wärmeerzeugungsanlagen 13%, Raumheizflächen 13%, Niederspannungsinstallationsanlagen 12%
Sonstige: 27%

Objektübersicht zur Gebäudeart

6100-0889 Mehrfamilienhaus (3 WE) - KfW 60*

BRI 1.252m³ **BGF** 452m² **NUF** 296m²

Baujahr: 1913
Bauzustand: schlecht
Aufwand: hoch
Nutzung während der Bauzeit: nein
Nutzungsänderung: nein
Grundrissänderungen: umfangreiche
Tragwerkseingriffe: einige

Land: Nordrhein-Westfalen
Kreis: Mönchengladbach
Standard: über Durchschnitt
Bauzeit: 69 Wochen
Kennwerte: bis 3. Ebene DIN276
veröffentlicht: BKI Objektdaten E5

BGF 2.074 €/m²

* Nicht in der Auswertung enthalten

Planung: bau grün ! energieeff. Gebäude Architekt D. Finocchiaro; Mönchengladbach

Umbau und Modernisierung Mehrfamilienhaus mit drei Wohneinheiten (218m² WFL). Die Gründung des Gebäudes wurde vollständig ersetzt.

Bauwerk - Baukonstruktionen
Abbrechen: Deckenbeläge 1%
Herstellen: Außentüren und -fenster 11%, Deckenbekleidungen 8%, Deckenbeläge 7%, Flachgründungen 6%, Allgemeine Einbauten 5%, Innenwandbekleidungen 4%, Innentüren und -fenster 4%, Außenwandbekleidungen außen 3%, Dachfenster, Dachöffnungen 3%, Dachbeläge 3%, Deckenkonstruktionen 3%, Dachkonstruktionen 3%, Außenwandbekleidungen innen 2%, Tragende Außenwände 2%
Wiederherstellen: Außenwandbekleidungen außen 3%
Sonstige: 32%

Bauwerk - Technische Anlagen
Herstellen: Starkstromanlagen 36%, Wärmeversorgungsanlagen 23%, Abwasser-, Wasser-, Gasanlagen 21%
Sonstige: 19%

6100-0856 Mehrfamilienhaus (3 WE)

BRI 2.340m³ **BGF** 647m² **NUF** 458m²

Baujahr: 1876
Bauzustand: schlecht
Aufwand: hoch
Nutzung während der Bauzeit: nein
Nutzungsänderung: nein
Grundrissänderungen: einige
Tragwerkseingriffe: keine

Land: Sachsen
Kreis: Freiberg
Standard: Durchschnitt
Bauzeit: 21 Wochen
Kennwerte: bis 3. Ebene DIN276
veröffentlicht: BKI Objektdaten A8

BGF 768 €/m²

Planung: Architekturbüro Dipl.-Ing. Evelyn Möhler; Kleinschirma

Wohngemeinschaft mit drei Wohneinheiten (416m² WFL) für Menschen mit Behinderungen zur selbstständigen Lebensführung.

Bauwerk - Baukonstruktionen
Abbrechen: Tragende Innenwände 2%
Herstellen: Außentüren und -fenster 17%, Innenwandbekleidungen 10%, Dachbeläge 9%, Außenwandbekleidungen außen 7%, Deckenbeläge 7%, Bodenbeläge 5%, Außenwandbekleidungen innen 4%, Innentüren und -fenster 4%, Deckenbekleidungen 4%, Tragende Innenwände 3%, Nichttragende Innenwände 3%
Wiederherstellen: Innentüren und -fenster 3%
Sonstige: 22%

Bauwerk - Technische Anlagen
Herstellen: Wasseranlagen 26%, Wärmeerzeugungsanlagen 15%, Niederspannungsinstallationsanlagen 15%, Raumheizflächen 15%, Abwasseranlagen 9%
Sonstige: 21%

© BKI Baukosteninformationszentrum; Erläuterungen zu den Tabellen siehe Seite 30   Kosten: 2.Quartal 2018, Bundesdurchschnitt, **inkl.** 19% MwSt.

Modernisierungen

Wohngebäude vor 1945

€/m² BGF

min	510 €/m²
von	690 €/m²
Mittel	950 €/m²
bis	1.300 €/m²
max	1.470 €/m²

Kosten:
Stand 2.Quartal 2018
Bundesdurchschnitt
inkl. 19% MwSt.

Objektübersicht zur Gebäudeart

6100-0314 Hausmeistergebäude

BRI 1.810m³   **BGF** 440m²   **NUF** 285m²

Baujahr: 1919
Bauzustand: mittel
Aufwand: mittel
Nutzung während der Bauzeit: nein
Nutzungsänderung: ja
Grundrissänderungen: wenige
Tragwerkseingriffe: keine

Land: Sachsen-Anhalt
Kreis: Magdeburg
Standard: Durchschnitt
Bauzeit: 26 Wochen
Kennwerte: bis 4. Ebene DIN276
veröffentlicht: BKI Objektdaten A1

BGF 715 €/m²

Planung: Dreischhoff + Partner Planungsgesellschaft mbH; Magdeburg

Wohnung im Erdgeschoss, dazu Hausanschlussraum im UG und Abstellraum im DG; Abstellräume für Schule (Objekt 4100-0036) im UG, OG und DG, daher sehr hoher Anteil Nebennutzfläche. **Kosteneinfluss Grundstück:** Das Hausmeistergebäude schließt an das Schulgebäude (Objekt 4100-0036) an; die Angabe der Grundstücksfläche bezieht sich auf den gesamten Komplex (s. Lageplan bei Objekt 4100-0036), eine Sporthalle befindet sich noch im Bau.

Bauwerk - Baukonstruktionen
Herstellen: Innenwandbekleidungen 22%, Deckenbeläge 13%, Außentüren und -fenster 12%, Innentüren und -fenster 7%, Dachbekleidungen 6%, Außenwandbekleidungen innen 4%, Nichttragende Innenwände 4%, Tragende Innenwände 4%
Wiederherstellen: Deckenkonstruktionen 6%
Sonstige: 22%

Bauwerk - Technische Anlagen
Herstellen: Abwasseranlagen 48%, Wasseranlagen 30%, Raumheizflächen 7%
Sonstige: 15%

6100-0510 Mehrfamilienhaus (5 WE)

BRI 1.129m³   **BGF** 406m²   **NUF** 255m²

Baujahr: 17.Jh
Bauzustand: schlecht
Aufwand: hoch
Nutzung während der Bauzeit: nein
Nutzungsänderung: nein
Grundrissänderungen: einige
Tragwerkseingriffe: einige

Land: Baden-Württemberg
Kreis: Reutlingen
Standard: Durchschnitt
Bauzeit: 78 Wochen
Kennwerte: bis 2. Ebene DIN276
veröffentlicht: BKI Objektdaten A4

BGF 1.009 €/m²

Planung: Hartmaier + Partner Freie Architekten; Münsingen

Modernisierung eines Mehrfamilienhauses in Fachwerkbauweise mit fünf Wohneinheiten. **Kosteneinfluss Nutzung:** Anpassung der alten Baukonstruktion an aktuelle Wohnbedingungen. **Kosteneinfluss Grundstück:** Bestehendes Gebäude in alter Innenstadt.

Objektübersicht zur Gebäudeart

6100-0233 Mehrfamilienhaus (12 WE)

BRI 5.701m³ **BGF** 1.652m² **NUF** 1.023m²

Baujahr: 1880
Bauzustand: mittel
Aufwand: mittel
Nutzung während der Bauzeit: nein
Nutzungsänderung: nein
Grundrissänderungen: wenige
Tragwerkseingriffe: einige

Land: Baden-Württemberg
Kreis: Stuttgart
Standard: Durchschnitt
Bauzeit: 43 Wochen
Kennwerte: bis 1. Ebene DIN276
veröffentlicht: BKI Objektdaten A1

BGF 927 €/m²

Planung: Lothar Pauls Freier Architekt; Stuttgart
Modernisierung mit Dachaufstockung.

6100-0235 Mehrfamilienhaus (7 WE)

BRI 2.448m³ **BGF** 710m² **NUF** 432m²

Baujahr: 1912
Bauzustand: mittel
Aufwand: mittel
Nutzung während der Bauzeit: nein
Nutzungsänderung: nein
Grundrissänderungen: einige
Tragwerkseingriffe: einige

Land: Baden-Württemberg
Kreis: Stuttgart
Standard: Durchschnitt
Bauzeit: 35 Wochen
Kennwerte: bis 1. Ebene DIN276
veröffentlicht: BKI Objektdaten A1

BGF 817 €/m²

Planung: Lothar Pauls Freier Architekt; Stuttgart
Modernisierung und Instandsetzung eines Mehrfamilienhauses mit 2x 3-Zimmerwohnungen (70m²), 2x 1-Zimmerwohnungen (36m²), 4-Zimmerwohnung (96m²), 2x 2-Zimmerwohnung (46-55m²); Keller- und Abstellräume, Waschküche.
Kosteneinfluss Grundstück: Eckgrundstück

6100-0287 Mehrfamilienhaus (40 WE)

BRI 16.250m³ **BGF** 5.580m² **NUF** 3.615m²

Baujahr: 1904
Bauzustand: mittel
Aufwand: mittel
Nutzung während der Bauzeit: nein
Nutzungsänderung: nein
Grundrissänderungen: wenige
Tragwerkseingriffe: keine

Land: Berlin
Kreis: Berlin
Standard: Durchschnitt
Bauzeit: 78 Wochen
Kennwerte: bis 1. Ebene DIN276
veröffentlicht: BKI Objektdaten A1

BGF 792 €/m²

Planung: Dr. Regina Bolck & Rüdiger Reißig Architekturbüro Civitas; Berlin
Wohnanlage, zwei spiegelgleiche Häuser, mit 40 Wohnungen (3.195m² WFL).

Modernisierungen

Wohngebäude nach 1945 nur Oberflächen

Kostenkennwerte für die Kosten des Bauwerks (Kostengruppen 300+400 nach DIN 276)

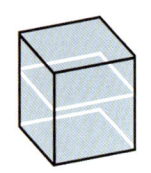

BRI 120 €/m³
von 50 €/m³
bis 210 €/m³

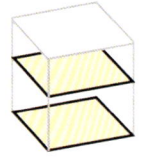

BGF 330 €/m²
von 170 €/m²
bis 600 €/m²

NUF 480 €/m²
von 220 €/m²
bis 830 €/m²

NE 680 €/NE
von 280 €/NE
bis 1.240 €/NE
NE: Wohnfläche

Kosten:
Stand 2.Quartal 2018
Bundesdurchschnitt
inkl. 19% MwSt.

Objektbeispiele

6100-1111
6100-1050 
6100-0857 
6100-0537 
6100-0460 
6100-0782 

Kosten der 19 Vergleichsobjekte — Seiten 318 bis 328

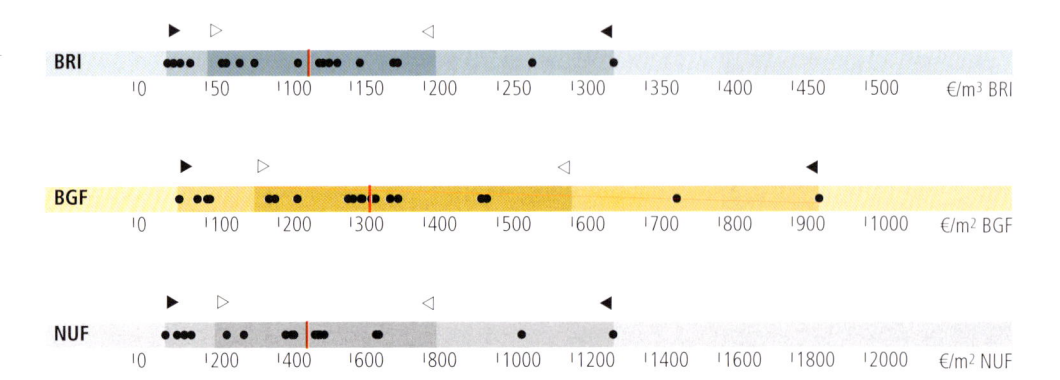

- ● KKW
- ▶ min
- ▷ von
- | Mittelwert
- ◁ bis
- ◀ max

BRI — €/m³ BRI
BGF — €/m² BGF
NUF — €/m² NUF

314

© BKI Baukosteninformationszentrum; Erläuterungen zu den Tabellen siehe Seite 22   Kosten: 2.Quartal 2018, Bundesdurchschnitt, **inkl. 19% MwSt.**

Kostenkennwerte für die Kostengruppen der 1. und 2. Ebene DIN 276

KG	Kostengruppen der 1. Ebene	Einheit	▷	€/Einheit	◁	▷	% an 300+400	◁
100	Grundstück	m² GF	–	–	–	–	–	–
200	Herrichten und Erschließen	m² GF	–	3	–	–	0,2	–
300	Bauwerk - Baukonstruktionen	m² BGF	135	**257**	432	65,0	**83,9**	95,6
400	Bauwerk - Technische Anlagen	m² BGF	21	**83**	180	7,3	**19,1**	36,8
	Bauwerk (300+400)	m² BGF	169	**327**	599		**100,0**	
500	Außenanlagen	m² AF	20	**68**	153	0,8	**3,0**	4,3
600	Ausstattung und Kunstwerke	m² BGF	0	**0**	0	0,0	**0,1**	0,1
700	Baunebenkosten	m² BGF	–	–	–	–	–	–

KG	Kostengruppen der 2. Ebene	Einheit	▷	€/Einheit	◁	▷	% an 300	◁
310	Baugrube	m³ BGI	34	**61**	109	0,0	**0,3**	1,3
320	Gründung	m² GRF	34	**166**	709	0,0	**0,4**	1,4
330	Außenwände	m² AWF	123	**242**	370	37,5	**56,5**	72,8
340	Innenwände	m² IWF	69	**213**	1.863	1,0	**7,0**	19,4
350	Decken	m² DEF	61	**131**	215	3,7	**11,3**	18,4
360	Dächer	m² DAF	101	**198**	301	6,4	**18,5**	43,5
370	Baukonstruktive Einbauten	m² BGF	0	**1**	2	0,0	**0,1**	0,5
390	Sonstige Baukonstruktionen	m² BGF	7	**15**	26	3,2	**6,1**	8,9
300	**Bauwerk Baukonstruktionen**	**m² BGF**					**100,0**	

KG	Kostengruppen der 2. Ebene	Einheit	▷	€/Einheit	◁	▷	% an 400	◁
410	Abwasser, Wasser, Gas	m² BGF	4	**21**	59	11,3	**31,2**	69,2
420	Wärmeversorgungsanlagen	m² BGF	14	**37**	79	8,6	**38,2**	57,6
430	Lufttechnische Anlagen	m² BGF	4	**19**	48	0,6	**7,9**	42,3
440	Starkstromanlagen	m² BGF	5	**17**	34	2,3	**13,6**	19,6
450	Fernmeldeanlagen	m² BGF	1	**5**	8	1,8	**7,0**	19,3
460	Förderanlagen	m² BGF	1	**21**	42	0,0	**2,0**	21,5
470	Nutzungsspezifische Anlagen	m² BGF	–	**0**	–	–	**0,0**	–
480	Gebäudeautomation	m² BGF	–	**13**	–	–	**0,3**	–
490	Sonstige Technische Anlagen	m² BGF	0	**1**	1	0,0	**0,1**	0,4
400	**Bauwerk Technische Anlagen**	**m² BGF**					**100,0**	

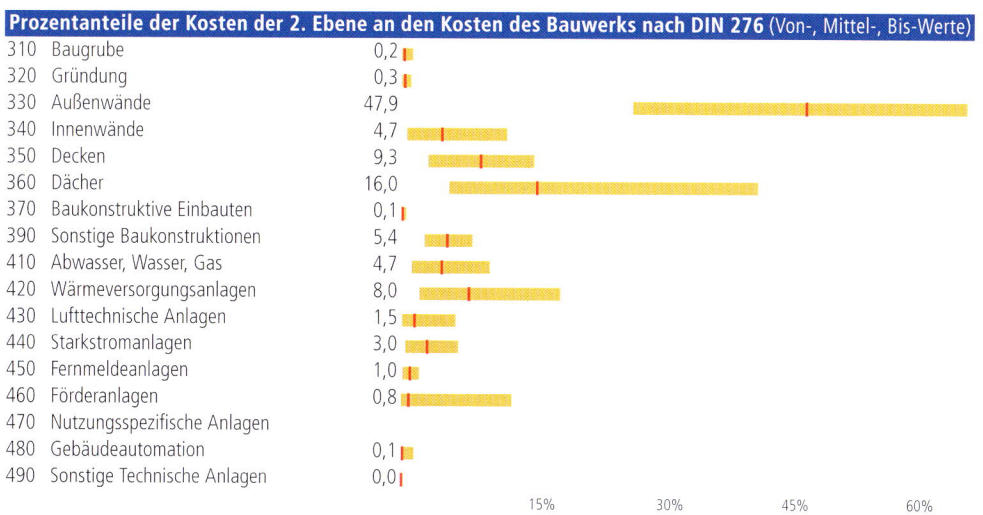

Prozentanteile der Kosten der 2. Ebene an den Kosten des Bauwerks nach DIN 276 (Von-, Mittel-, Bis-Werte)

KG		%
310	Baugrube	0,2
320	Gründung	0,3
330	Außenwände	47,9
340	Innenwände	4,7
350	Decken	9,3
360	Dächer	16,0
370	Baukonstruktive Einbauten	0,1
390	Sonstige Baukonstruktionen	5,4
410	Abwasser, Wasser, Gas	4,7
420	Wärmeversorgungsanlagen	8,0
430	Lufttechnische Anlagen	1,5
440	Starkstromanlagen	3,0
450	Fernmeldeanlagen	1,0
460	Förderanlagen	0,8
470	Nutzungsspezifische Anlagen	
480	Gebäudeautomation	0,1
490	Sonstige Technische Anlagen	0,0

© BKI Baukosteninformationszentrum; Erläuterungen zu den Tabellen siehe Seite 24   Kosten: 2.Quartal 2018, Bundesdurchschnitt, inkl. 19% MwSt.

Modernisierungen

Wohngebäude
nach 1945
nur Oberflächen

Kostenkennwerte für die Kostengruppen der 3. Ebene DIN 276

KG	Kostengruppen der 3. Ebene	Einheit	▷	Ø €/Einheit	◁	▷	Ø €/m² BGF	◁
335	Außenwandbekleidungen außen	m²	88,79	132,90	193,98	33,57	66,69	98,67
334	Außentüren und -fenster	m²	181,77	435,02	597,57	17,54	42,31	80,41
363	Dachbeläge	m²	95,96	152,20	280,98	9,11	27,65	51,44
461	Aufzugsanlagen	m²	0,50	21,48	42,46	0,50	21,48	42,46
421	Wärmeerzeugungsanlagen	m²	6,68	19,95	62,09	6,68	19,95	62,09
352	Deckenbeläge	m²	56,22	111,52	166,06	8,75	19,75	54,09
345	Innenwandbekleidungen	m²	23,70	43,67	70,08	6,98	19,30	52,40
431	Lüftungsanlagen	m²	3,58	18,51	48,12	3,58	18,51	48,12
412	Wasseranlagen	m²	3,15	17,77	43,79	3,15	17,77	43,79
339	Außenwände, sonstiges	m²	8,02	31,10	110,80	4,96	17,06	56,10
351	Deckenkonstruktionen	m²	119,66	400,39	637,71	6,31	16,92	29,15
444	Niederspannungsinstallationsanl.	m²	2,10	13,94	30,79	2,10	13,94	30,79
481	Automationssysteme	m²	–	12,83	–	–	12,83	–
337	Elementierte Außenwände	m²	865,60	1.237,51	1.695,01	3,57	12,24	37,48
331	Tragende Außenwände	m²	98,89	237,35	540,33	3,09	11,10	26,01
344	Innentüren und -fenster	m²	46,53	205,29	445,93	1,35	10,11	30,36
338	Sonnenschutz	m²	59,08	237,97	353,42	1,39	10,06	16,84
361	Dachkonstruktionen	m²	29,13	118,54	270,12	2,25	9,82	23,82
392	Gerüste	m²	6,42	9,77	16,76	6,42	9,77	16,76
353	Deckenbekleidungen	m²	23,86	46,88	75,15	4,76	9,66	14,96
336	Außenwandbekleidungen innen	m²	30,74	47,30	66,02	4,81	9,37	19,14
422	Wärmeverteilnetze	m²	1,41	9,36	20,80	1,41	9,36	20,80
423	Raumheizflächen	m²	2,37	8,30	13,74	2,37	8,30	13,74
342	Nichttragende Innenwände	m²	88,17	288,67	643,68	2,01	7,90	16,96
364	Dachbekleidungen	m²	36,35	69,01	98,57	1,71	7,86	21,34
359	Decken, sonstiges	m²	4,55	29,80	78,19	1,01	7,51	22,53
411	Abwasseranlagen	m²	3,33	7,32	20,38	3,33	7,32	20,38
341	Tragende Innenwände	m²	60,91	226,16	371,42	3,12	7,03	13,21
429	Wärmeversorgungsanl., sonstiges	m²	1,74	5,05	9,53	1,74	5,05	9,53
419	Abwasser-, Wasser- und Gas-anlagen, sonstiges	m²	3,34	4,48	5,62	3,34	4,48	5,62
442	Eigenstromversorgungsanlagen	m²	–	4,35	–	–	4,35	–
332	Nichttragende Außenwände	m²	294,11	2.268,16	12.068,94	2,56	3,98	5,36
362	Dachfenster, Dachöffnungen	m²	588,95	1.010,56	2.064,35	1,16	3,28	5,73
445	Beleuchtungsanlagen	m²	0,99	3,26	7,00	0,99	3,26	7,00
452	Such- und Signalanlagen	m²	1,34	3,14	4,61	1,34	3,14	4,61
397	Zusätzliche Maßnahmen	m²	0,83	3,11	6,60	0,83	3,11	6,60
391	Baustelleneinrichtung	m²	0,95	3,09	7,69	0,95	3,09	7,69
311	Baugrubenherstellung	m³	33,99	60,81	109,34	1,48	2,87	5,31
456	Gefahrenmelde- und Alarmanlagen	m²	0,84	2,12	3,40	0,84	2,12	3,40
322	Flachgründungen	m²	130,37	297,32	615,31	0,67	2,03	7,06
369	Dächer, sonstiges	m²	2,88	8,54	21,49	0,72	1,99	7,66
457	Übertragungsnetze	m²	–	1,80	–	–	1,80	–
396	Materialentsorgung	m²	0,61	1,73	3,81	0,61	1,73	3,81
349	Innenwände, sonstiges	m²	0,03	1,50	2,96	0,06	1,54	3,02
451	Telekommunikationsanlagen	m²	0,68	1,52	2,33	0,68	1,52	2,33
325	Bodenbeläge	m²	13,49	22,68	50,79	0,52	1,51	4,13
327	Dränagen	m²	–	512,36	–	–	1,41	–
324	Unterböden und Bodenplatten	m²	64,73	106,62	143,42	0,25	1,27	2,35
446	Blitzschutz- und Erdungsanlagen	m²	0,14	0,92	1,79	0,14	0,92	1,79

Kosten:
Stand 2.Quartal 2018
Bundesdurchschnitt
inkl. 19% MwSt.

▷ von
Ø Mittel
◁ bis

Kostenkennwerte für Leistungsbereiche nach StLB (Kosten des Bauwerks nach DIN 276)

LB	Leistungsbereiche	▷	€/m² BGF	◁	▷	% an 300+400	◁
000	Sicherheits-, Baustelleneinrichtungen inkl. 001	8	16	26	2,4	5,0	8,1
002	Erdarbeiten	0	1	4	0,0	0,3	1,3
006	Spezialtiefbauarbeiten inkl. 005	–	–	–	–	–	–
009	Entwässerungskanalarbeiten inkl. 011	0	0	3	0,0	0,1	1,0
010	Drän- und Versickerungsarbeiten	0	0	1	0,0	0,0	0,3
012	Mauerarbeiten	1	5	18	0,3	1,4	5,5
013	Betonarbeiten	0	4	17	0,1	1,3	5,3
014	Natur-, Betonwerksteinarbeiten	0	0	3	0,0	0,1	0,9
016	Zimmer- und Holzbauarbeiten	1	8	16	0,2	2,3	5,0
017	Stahlbauarbeiten	0	3	15	0,0	0,8	4,7
018	Abdichtungsarbeiten	0	1	2	0,0	0,3	0,8
020	Dachdeckungsarbeiten	3	20	66	0,9	6,2	20,1
021	Dachabdichtungsarbeiten	1	5	20	0,2	1,4	6,2
022	Klempnerarbeiten	4	12	23	1,2	3,8	7,0
	Rohbau	44	76	126	13,5	23,1	38,7
023	Putz- und Stuckarbeiten, Wärmedämmsysteme	44	89	187	13,4	27,3	57,2
024	Fliesen- und Plattenarbeiten	0	3	12	0,1	1,0	3,8
025	Estricharbeiten	0	1	5	0,1	0,4	1,7
026	Fenster, Außentüren inkl. 029, 032	12	32	57	3,7	9,7	17,4
027	Tischlerarbeiten	0	4	17	0,1	1,2	5,3
028	Parkettarbeiten, Holzpflasterarbeiten	–	1	–	–	0,2	–
030	Rollladenarbeiten	0	3	11	0,0	0,8	3,3
031	Metallbauarbeiten inkl. 035	3	13	34	0,8	3,9	10,5
034	Maler- und Lackiererarbeiten inkl. 037	8	16	27	2,3	5,0	8,4
036	Bodenbelagarbeiten	0	3	14	0,1	0,9	4,2
038	Vorgehängte hinterlüftete Fassaden	0	5	54	0,0	1,5	16,5
039	Trockenbauarbeiten	3	14	39	1,0	4,4	12,0
	Ausbau	125	185	246	38,2	56,5	75,3
040	Wärmeversorgungsanl. - Betriebseinr. inkl. 041	4	19	51	1,3	5,9	15,6
042	Gas- und Wasserinstallation, Leitungen inkl. 043	0	5	15	0,1	1,4	4,5
044	Abwasserinstallationsarbeiten - Leitungen	0	3	7	0,0	0,8	2,2
045	GWA-Einrichtungsgegenstände inkl. 046	0	2	11	0,0	0,8	3,3
047	Dämmarbeiten an betriebstechnischen Anlagen	0	1	5	0,0	0,4	1,4
049	Feuerlöschanlagen, Feuerlöschgeräte	–	–	–	–	–	–
050	Blitzschutz- und Erdungsanlagen	0	0	2	0,0	0,1	0,5
053	Niederspannungsanlagen inkl. 052, 054	1	6	17	0,2	1,9	5,3
055	Ersatzstromversorgungsanlagen	–	0	–	–	0,1	–
057	Gebäudesystemtechnik	–	–	–	–	–	–
058	Leuchten und Lampen inkl. 059	0	2	5	0,0	0,5	1,5
060	Elektroakustische Anlagen, Sprechanlagen	0	2	4	0,1	0,5	1,3
061	Kommunikationsnetze, inkl. 062	0	1	2	0,0	0,2	0,6
063	Gefahrenmeldeanlagen	0	0	2	0,0	0,0	0,6
069	Aufzüge	0	2	2	0,0	0,7	0,7
070	Gebäudeautomation	–	0	–	–	0,1	–
075	Raumlufttechnische Anlagen	0	4	18	0,1	1,2	5,6
	Technische Anlagen	11	47	114	3,4	14,5	34,7
084	Abbruch- und Rückbauarbeiten	8	18	31	2,3	5,5	9,6
	Sonstige Leistungsbereiche inkl. 008, 033, 051	0	2	10	0,1	0,6	3,1

© BKI Baukosteninformationszentrum; Erläuterungen zu den Tabellen siehe Seite 28   Kosten: 2.Quartal 2018, Bundesdurchschnitt, inkl. 19% MwSt.

Modernisierungen

Wohngebäude nach 1945 nur Oberflächen

€/m² BGF
min	63	€/m²
von	170	€/m²
Mittel	**330**	€/m²
bis	600	€/m²
max	940	€/m²

Kosten:
Stand 2.Quartal 2018
Bundesdurchschnitt
inkl. 19% MwSt.

Objektübersicht zur Gebäudeart

6100-1192 Mehrfamilienhaus, Dachsanierung*

BRI 6.064m³ **BGF** 2.195m² **NUF** 1.720m²

Baujahr: 1966
Bauzustand: mittel
Aufwand: mittel
Nutzung während der Bauzeit: ja
Nutzungsänderung: nein
Grundrissänderungen: keine
Tragwerkseingriffe: keine

Land: Nordrhein-Westfalen
Kreis: Münster
Standard: Durchschnitt
Bauzeit: 17 Wochen
Kennwerte: bis 3. Ebene DIN276
veröffentlicht: BKI Objektdaten A10

BGF 57 €/m²

* Nicht in der Auswertung enthalten

Planung: baukunst thomas serwe; Recklinghausen

Dachsanierung eines Mehrfamilienhauses mit 15 Wohnungen

Bauwerk - Baukonstruktionen
Abbrechen: Dachbeläge 4%
Herstellen: Dachbeläge 61%, Gerüste 32%
Sonstige: 3%

Bauwerk - Technische Anlagen
Herstellen: Wärmeversorgungsanlagen, sonstiges 38%, Blitzschutz- und Erdungsanlagen 28%, Abwasseranlagen 17%
Sonstige: 17%

6100-1193 Mehrfamilienhaus, Fassadensanierung*

BRI 6.064m³ **BGF** 2.195m² **NUF** 1.720m²

Baujahr: 1966
Bauzustand: mittel
Aufwand: mittel
Nutzung während der Bauzeit: ja
Nutzungsänderung: nein
Grundrissänderungen: keine
Tragwerkseingriffe: keine

Land: Nordrhein-Westfalen
Kreis: Münster
Standard: Durchschnitt
Bauzeit: 17 Wochen
Kennwerte: bis 3. Ebene DIN276
veröffentlicht: BKI Objektdaten A10

BGF 82 €/m²

* Nicht in der Auswertung enthalten

Planung: baukunst thomas serwe; Recklinghausen

Fassadensanierung eines Mehrfamilienhauses mit 15 Wohnungen

Bauwerk - Baukonstruktionen
Abbrechen: Außenwandbekleidungen außen 6%
Herstellen: Außenwandbekleidungen außen 82%, Außentüren und -fenster 7%
Sonstige: 4%

Bauwerk - Technische Anlagen
Herstellen: Niederspannungsinstallationsanlagen 57%, Beleuchtungsanlagen 14%
Wiederherstellen: Niederspannungsinstallationsanlagen 29%

Objektübersicht zur Gebäudeart

6100-1050 Mehrfamilienhaus (64 WE)

BRI 17.760m³   **BGF** 6.537m²   **NUF** 4.555m²

Baujahr: 1955/56
Bauzustand: mittel
Aufwand: mittel
Nutzung während der Bauzeit: ja
Nutzungsänderung: nein
Grundrissänderungen: wenige
Tragwerkseingriffe: keine

Land: Berlin
Kreis: Berlin
Standard: Durchschnitt
Bauzeit: 30 Wochen
Kennwerte: bis 3. Ebene DIN276
veröffentlicht: BKI Objektdaten A9

BGF   742 €/m²

Planung: WINFRIED BRENNE ARCHITEKTEN; Berlin

Modernisierung von Mehrfamilienhäusern (3 Häuser) mit 64 Wohneinheiten **Kosteneinfluss Nutzung:** Denkmalschutz

Bauwerk - Baukonstruktionen
Herstellen: Außentüren und -fenster 23%, Außenwandbekleidungen außen 12%, Innenwandbekleidungen 10%, Gerüste 5%, Decken, sonstiges 5%, Dachbeläge 4%, Außenwandbekleidungen innen 3%, Deckenbeläge 3%, Deckenbekleidungen 3%
Wiederherstellen: Elementierte Außenwände 7%, Sonnenschutz 4%
Sonstige: 21%

Bauwerk - Technische Anlagen
Herstellen: Wasseranlagen 26%, Niederspannungsinstallationsanlagen 19%, Wärmeverteilnetze 12%, Abwasseranlagen 11%, Raumheizflächen 7%
Sonstige: 25%

6100-0918 Mehrfamilienhaus (29 WE)

BRI 12.196m³   **BGF** 2.336m²   **NUF** 1.453m²

Baujahr: 1960
Bauzustand: mittel
Aufwand: mittel
Nutzung während der Bauzeit: ja
Nutzungsänderung: ja
Grundrissänderungen: wenige
Tragwerkseingriffe: keine

Land: Nordrhein-Westfalen
Kreis: Köln
Standard: Durchschnitt
Bauzeit: 43 Wochen
Kennwerte: bis 3. Ebene DIN276
veröffentlicht: BKI Objektdaten A8

BGF   316 €/m²

Planung: MEWarchitekten; Köln

Modernisierung von Mehrfamilienhaus zu einem KfW Effizienzhaus 115 durch Wärmedämmung der Fassade, der Kellerdecke, des Daches, Fenster mit Dreifachverglasung, feuchtigkeitsgesteuerte Abluftanlage, Brennertausch.

Bauwerk - Baukonstruktionen
Herstellen: Außenwandbekleidungen außen 32%, Außentüren und -fenster 26%, Dachbeläge 16%, Außenwände, sonstiges 6%
Sonstige: 20%

Bauwerk - Technische Anlagen
Herstellen: Lüftungsanlagen 60%, Beleuchtungsanlagen 14%
Wiederherstellen: Abwasseranlagen 8%
Sonstige: 19%

Modernisierungen

Wohngebäude nach 1945 nur Oberflächen

€/m² BGF
min	63 €/m²
von	170 €/m²
Mittel	**330 €/m²**
bis	600 €/m²
max	940 €/m²

Kosten:
Stand 2.Quartal 2018
Bundesdurchschnitt
inkl. 19% MwSt.

Objektübersicht zur Gebäudeart

6100-0859 Mehrfamilienhaus (21 WE)

BRI 6.988m³   **BGF** 2.588m²   **NUF** 1.829m²

Baujahr: 1954
Bauzustand: mittel
Aufwand: hoch
Nutzung während der Bauzeit: ja
Nutzungsänderung: nein
Grundrissänderungen: einige
Tragwerkseingriffe: einige

Land: Nordrhein-Westfalen
Kreis: Dortmund
Standard: Durchschnitt
Bauzeit: 69 Wochen
Kennwerte: bis 3. Ebene DIN276
veröffentlicht: BKI Objektdaten A9

BGF 364 €/m²

Planung: planungsbüro brenker hoppe tegethoff gbr; Dortmund
Mehrfamilienhäuser (3 Häuser) mit 21 Wohneinheiten

Bauwerk - Baukonstruktionen
Abbrechen: Dachbeläge 3%
Herstellen: Außenwandbekleidungen außen 24%, Dachbeläge 18%, Außentüren und -fenster 10%, Dachbekleidungen 6%, Decken, sonstiges 5%, Dachkonstruktionen 4%, Sonnenschutz 3%, Deckenbeläge 3%, Außenwände, sonstiges 3%
Sonstige: 21%

Bauwerk - Technische Anlagen
Herstellen: Wärmeversorgungsanlagen, sonstiges 35%, Such- und Signalanlagen 13%, Abwasseranlagen 12%, Beleuchtungsanlagen 10%, Wärmeerzeugungsanlagen 8%
Sonstige: 23%

6100-0931 Mehrfamilienhäuser (3 St, 18 WE)

BRI 6.698m³   **BGF** 2.705m²   **NUF** 2.039m²

Baujahr: 1965
Bauzustand: mittel
Aufwand: mittel
Nutzung während der Bauzeit: ja
Nutzungsänderung: nein
Grundrissänderungen: wenige
Tragwerkseingriffe: keine

Land: Niedersachsen
Kreis: Hildesheim
Standard: Durchschnitt
Bauzeit: 30 Wochen
Kennwerte: bis 3. Ebene DIN276
veröffentlicht: BKI Objektdaten E5

BGF 333 €/m²

Planung: Planungsgruppe Kammerer + Koenig Melanie Kammerer; Alfeld
Drei Mehrfamilienhäuser mit 18 Wohnungen wurden energetisch modernisiert.

Bauwerk - Baukonstruktionen
Abbrechen: Außenwände, sonstiges 5%
Herstellen: Außenwände, sonstiges 24%, Außenwandbekleidungen außen 23%, Außentüren und -fenster 16%, Deckenbeläge 4%, Dachbeläge 3%, Deckenbekleidungen 3%
Sonstige: 22%

Bauwerk - Technische Anlagen
Herstellen: Wärmeerzeugungsanlagen 34%, Niederspannungsinstallationsanlagen 24%, Raumheizflächen 11%, Abwasseranlagen 8%
Sonstige: 23%

Objektübersicht zur Gebäudeart

6100-1111 Wohnhochhaus (179 WE)

BRI 43.272m³ **BGF** 15.978m² **NUF** k.A.

Baujahr: 1971
Bauzustand: mittel
Aufwand: hoch
Nutzung während der Bauzeit: ja
Nutzungsänderung: nein
Grundrissänderungen: keine
Tragwerkseingriffe: keine

Land: Schleswig-Holstein
Kreis: Bad Segeberg
Standard: Durchschnitt
Bauzeit: 69 Wochen
Kennwerte: bis 3. Ebene DIN276
veröffentlicht: BKI Objektdaten A10

BGF 225 €/m²

Planung: Mannott + Mannott Dipl. Ingenieure, Architekten; Hamburg

Fassaden- und Dachsanierung eines Wohnhochhauses (179 WE)

Bauwerk - Baukonstruktionen
Herstellen: Außenwandbekleidungen außen 46%, Außentüren und -fenster 9%, Deckenbeläge 7%, Gerüste 7%, Dachbeläge 7%, Baustelleneinrichtung 4%
Sonstige: 20%

Bauwerk - Technische Anlagen
Herstellen: Abwasseranlagen 26%, Blitzschutz- und Erdungsanlagen 7%, Beleuchtungsanlagen 7%
Wiederherstellen: Raumheizflächen 39%
Sonstige: 20%

6100-0725 Mehrfamilienhaus (12 WE)

BRI 5.108m³ **BGF** 1.906m² **NUF** 1.352m²

Bauzustand: mittel
Aufwand: niedrig
Nutzung während der Bauzeit: ja
Nutzungsänderung: nein
Grundrissänderungen: wenige
Tragwerkseingriffe: wenige

Land: Berlin
Kreis: Berlin
Standard: über Durchschnitt
Bauzeit: 8 Wochen
Kennwerte: bis 3. Ebene DIN276
veröffentlicht: BKI Objektdaten A7

BGF 63 €/m²

Planung: TSSB architekten.ingenieure . Berlin; Berlin

Dachsanierung an einem Mehrfamilienhaus mit 12 Wohneinheiten. Die vorhandenen asbesthaltigen Baustoffe mussten entfernt werden.

Bauwerk - Baukonstruktionen
Abbrechen: Dachbeläge 15%
Herstellen: Dachbeläge 50%, Gerüste 8%, Dachbekleidungen 6%
Sonstige: 21%

Bauwerk - Technische Anlagen
Abbrechen: Wärmeversorgungsanlagen, sonstiges 28%
Herstellen: Abwasseranlagen 43%, Wärmeversorgungsanlagen, sonstiges 29%

Modernisierungen

Wohngebäude nach 1945 nur Oberflächen

€/m² BGF
- min: 63 €/m²
- von: 170 €/m²
- **Mittel: 330 €/m²**
- bis: 600 €/m²
- max: 940 €/m²

Kosten:
Stand 2.Quartal 2018
Bundesdurchschnitt
inkl. 19% MwSt.

Objektübersicht zur Gebäudeart

6100-0857 Mehrfamilienhaus (46 WE)

BRI 14.552m³ **BGF** 6.740m² **NUF** 4.690m²

Baujahr: 1954
Bauzustand: mittel
Aufwand: hoch
Nutzung während der Bauzeit: ja
Nutzungsänderung: nein
Grundrissänderungen: einige
Tragwerkseingriffe: wenige

Land: Nordrhein-Westfalen
Kreis: Dortmund
Standard: Durchschnitt
Bauzeit: 113 Wochen
Kennwerte: bis 3. Ebene DIN276
veröffentlicht: BKI Objektdaten A8

BGF 303 €/m²

Planung: planungsbüro brenker hoppe tegethoff gbr; Dortmund
Mehrfamilienhäuser (7 Häuser) mit 46 Wohneinheiten

Bauwerk - Baukonstruktionen
Herstellen: Außenwandbekleidungen außen 29%, Dachbeläge 14%, Außentüren und -fenster 14%, Dachbekleidungen 6%, Sonnenschutz 5%, Decken, sonstiges 4%, Deckenbeläge 4%, Dachkonstruktionen 3%
Sonstige: 22%

Bauwerk - Technische Anlagen
Herstellen: Wärmeerzeugungsanlagen 24%, Wärmeversorgungsanlagen, sonstiges 21%, Such- und Signalanlagen 16%, Abwasseranlagen 12%
Sonstige: 27%

6100-0858 Mehrfamilienhaus (19 WE)

BRI 7.091m³ **BGF** 2.617m² **NUF** 1.850m²

Baujahr: 1954
Bauzustand: mittel
Aufwand: hoch
Nutzung während der Bauzeit: ja
Nutzungsänderung: nein
Grundrissänderungen: einige
Tragwerkseingriffe: einige

Land: Nordrhein-Westfalen
Kreis: Dortmund
Standard: Durchschnitt
Bauzeit: 69 Wochen
Kennwerte: bis 3. Ebene DIN276
veröffentlicht: BKI Objektdaten A9

BGF 353 €/m²

Planung: planungsbüro brenker hoppe tegethoff gbr; Dortmund
Mehrfamilienhäuser (3 Häuser) mit 19 Wohneinheiten

Bauwerk - Baukonstruktionen
Abbrechen: Dachbeläge 3%
Herstellen: Außenwandbekleidungen außen 27%, Dachbeläge 15%, Außentüren und -fenster 11%, Dachbekleidungen 7%, Sonnenschutz 4%, Decken, sonstiges 4%, Deckenbeläge 4%, Deckenbekleidungen 3%
Sonstige: 22%

Bauwerk - Technische Anlagen
Herstellen: Wärmeerzeugungsanlagen 24%, Wärmeversorgungsanlagen, sonstiges 24%, Such- und Signalanlagen 11%, Beleuchtungsanlagen 8%, Abwasseranlagen 7%
Sonstige: 26%

Objektübersicht zur Gebäudeart

6100-0864 Mehrfamilienhaus (12 WE)

BRI 4.763m³   **BGF** 1.756m²   **NUF** 1.259m²

Baujahr: 1954
Bauzustand: mittel
Aufwand: mittel
Nutzung während der Bauzeit: nein
Nutzungsänderung: nein
Grundrissänderungen: wenige
Tragwerkseingriffe: wenige

Land: Brandenburg
Kreis: Brandenburg
Standard: Durchschnitt
Bauzeit: 30 Wochen
Kennwerte: bis 3. Ebene DIN276
veröffentlicht: BKI Objektdaten A8

BGF   485 €/m²

Planung: Märkplan GmbH; Brandenburg

Am Mehrfamilienhaus (12 WE) Baujahr 1954 wurde eine Modernisierung und Instandsetzung durchgeführt. Das Gebäude bekam eine Balkonanlage, eine Solaranlage und eine Pelletheizung.

Bauwerk - Baukonstruktionen
Herstellen: Außentüren und -fenster 14%, Deckenbeläge 12%, Außenwandbekleidungen außen 10%, Deckenkonstruktionen 9%, Außenwände, sonstiges 8%, Innentüren und -fenster 8%, Innenwandbekleidungen 6%, Dachbeläge 4%, Außenwandbekleidungen innen 3%, Nichttragende Innenwände 3%, Zusätzliche Maßnahmen 3%
Sonstige: 20%

Bauwerk - Technische Anlagen
Herstellen: Abwasser-, Wasser-, Gasanlagen 43%, Wärmeversorgungsanlagen 25%, Starkstromanlagen 19%
Sonstige: 12%

6100-0694 Zweifamilienhaus

BRI 1.098m³   **BGF** 417m²   **NUF** 298m²

Bauzustand: mittel
Aufwand: mittel
Nutzung während der Bauzeit: ja
Nutzungsänderung: nein
Grundrissänderungen: wenige
Tragwerkseingriffe: einige

Land: Bayern
Kreis: München
Standard: Durchschnitt
Bauzeit: 34 Wochen
Kennwerte: bis 3. Ebene DIN276
veröffentlicht: BKI Objektdaten A7

BGF   478 €/m²

Planung: Dipl.-Ing. (FH) Hanns-Peter Benl edp ingenieure; München

Das Zweifamilienhaus wurde energetisch modernisiert, mit Wärmedämmverbundsystem und Wärmepumpe. Das Dachgeschoss wurde zusätzlich aufgestockt und ausgebaut (siehe Objekt 6100-0785). **Kosteneinfluss Nutzung:** Das Zweifamilienhaus wurde energetisch modernisiert, um eine CO_2-Reduzierung zu erreichen.

Bauwerk - Baukonstruktionen
Herstellen: Außenwandbekleidungen außen 23%, Außentüren und -fenster 17%, Dachbeläge 12%, Deckenbeläge 8%, Dachkonstruktionen 8%, Dachbekleidungen 5%, Gerüste 4%
Sonstige: 22%

Bauwerk - Technische Anlagen
Herstellen: Wärmeerzeugungsanlagen 52%, Niederspannungsinstallationsanlagen 13%, Wärmeverteilnetze 10%
Sonstige: 25%

Modernisierungen

Wohngebäude nach 1945 nur Oberflächen

€/m² BGF
min	63 €/m²
von	170 €/m²
Mittel	**330 €/m²**
bis	600 €/m²
max	940 €/m²

Kosten:
Stand 2.Quartal 2018
Bundesdurchschnitt
inkl. 19% MwSt.

Objektübersicht zur Gebäudeart

6100-0782 Mehrfamilienhäuser (31 WE)   BRI 9.000m³   BGF 3.152m²   NUF 2.250m²

Land: Brandenburg
Kreis: Wittstock
Standard: Durchschnitt
Bauzeit: 65 Wochen
Kennwerte: bis 3. Ebene DIN276
veröffentlicht: BKI Objektdaten A8

BGF 937 €/m²

Planung: Architekturbüro Abel; Wittstock
Modernisierung von fünf Mehrfamilienhäusern

Bauwerk - Baukonstruktionen
Abbrechen: Tragende Außenwände 3%, Deckenbeläge 3%
Herstellen: Außentüren und -fenster 11%, Außenwandbekleidungen außen 11%, Deckenbeläge 9%, Innenwandbekleidungen 8%, Außenwände, sonstiges 7%, Dachbeläge 6%, Innentüren und -fenster 6%, Dachkonstruktionen 4%, Außenwandbekleidungen innen 3%, Deckenbekleidungen 3%, Tragende Außenwände 3%, Dachbekleidungen 2%
Sonstige: 22%

Bauwerk - Technische Anlagen
Herstellen: Lüftungsanlagen 26%, Wasseranlagen 14%, Niederspannungsinstallationsanlagen 13%, Abwasseranlagen 8%, Wärmeverteilnetze 8%, Wärmeerzeugungsanlagen 8%
Sonstige: 23%

6100-0620 Mehrfamilienhaus (40 WE), Fassade   BRI 14.206m³   BGF 5.489m²   NUF 3.941m²

Bauzustand: mittel
Aufwand: mittel
Nutzung während der Bauzeit: ja
Nutzungsänderung: nein
Grundrissänderungen: keine
Tragwerkseingriffe: keine

Land: Rheinland-Pfalz
Kreis: Bad Kreuznach
Standard: Durchschnitt
Bauzeit: 30 Wochen
Kennwerte: bis 3. Ebene DIN276
veröffentlicht: BKI Objektdaten A6

BGF 101 €/m²

Planung: Büro Gebhard & Wiechert Architekten GbR; Bad Kreuznach

Modernisierung und Instandsetzung eines Mehrfamilienhauses mit 40 Wohneinheiten. Abbruch Asbestfaserplatten, Wärmedämmung der Außenwände, Erneuerung der Dachbeläge.

Bauwerk - Baukonstruktionen
Herstellen: Außenwandbekleidungen außen 41%, Außenwände, sonstiges 13%, Außentüren und -fenster 12%, Dachbeläge 12%
Sonstige: 22%

Bauwerk - Technische Anlagen
Abbrechen: Abwasseranlagen 3%
Herstellen: Abwasseranlagen 97%

Objektübersicht zur Gebäudeart

6100-0658 Mehrfamilienhaus (60 WE)   BRI 6.157m³   BGF 2.095m²   NUF 1.525m²

Baujahr: 1958
Bauzustand: mittel
Aufwand: mittel
Nutzung während der Bauzeit: ja
Nutzungsänderung: nein
Grundrissänderungen: wenige
Tragwerkseingriffe: wenige

Land: Bayern
Kreis: München
Standard: Durchschnitt
Bauzeit: 17 Wochen
Kennwerte: bis 3. Ebene DIN276
veröffentlicht: BKI Objektdaten A7

BGF   187 €/m²

Planung: Planungsbüro Dipl.-Ing. (FH) Hanns-Peter Benl; Neuötting

Das Haus Baujahr 1958 wurde im Zuge der CO_2-Sanierung energetisch modernisiert. Dabei wurde die Fassade renoviert und mit einem Wärmedämmmverbundsystem versehen. Das Haus ist Bestandteil einer Wohnanlage mit circa 60 Wohnungen. **Kosteneinfluss Nutzung:** Das Heizsystem wurde auf Fernwärme umgestellt.

Bauwerk - Baukonstruktionen
Herstellen: Außenwandbekleidungen außen 72%, Deckenbekleidungen 8%, Gerüste 5%
Sonstige: 15%

Bauwerk - Technische Anlagen
Herstellen: Abwasseranlagen 23%
Wiederherstellen: Abwasseranlagen 48%, Fernseh- und Antennenanlagen 15%
Sonstige: 14%

6100-0597 Mehrfamilienhaus (3 WE)   BRI 894m³   BGF 341m²   NUF 241m²

Baujahr: 1920
Bauzustand: schlecht
Aufwand: hoch
Nutzung während der Bauzeit: ja
Nutzungsänderung: nein
Grundrissänderungen: umfangreiche
Tragwerkseingriffe: einige

Land: Baden-Württemberg
Kreis: Ortenau, Offenburg
Standard: Durchschnitt
Bauzeit: 26 Wochen
Kennwerte: bis 3. Ebene DIN276
veröffentlicht: BKI Objektdaten A5

BGF   296 €/m²

Planung: Freier Architekt Rainer Roth; Offenburg

Modernisierung und Instandsetzung eines Mehrfamilienhauses mit 3 Wohneinheiten, Anbau einer Balkonanlage, Erneuerung der Haustechnik.

Bauwerk - Baukonstruktionen
Abbrechen: Nichttragende Innenwände 7%
Herstellen: Außenwände, sonstiges 36%, Dachbekleidungen 20%, Innenwandbekleidungen 10%, Außentüren und -fenster 6%
Sonstige: 22%

Bauwerk - Technische Anlagen
Herstellen: Wärmeerzeugungsanlagen 40%, Wasseranlagen 20%, Niederspannungsinstallationsanlagen 16%
Sonstige: 24%

Modernisierungen

Wohngebäude
nach 1945
nur Oberflächen

€/m² BGF

min	63 €/m²
von	170 €/m²
Mittel	**330 €/m²**
bis	600 €/m²
max	940 €/m²

Kosten:
Stand 2.Quartal 2018
Bundesdurchschnitt
inkl. 19% MwSt.

Objektübersicht zur Gebäudeart

6100-0781 Mehrfamilienhaus (8 WE)

BRI 3.225m³ **BGF** 1.312m² **NUF** 805m²

Baujahr: 1956
Bauzustand: schlecht
Aufwand: mittel
Nutzung während der Bauzeit: nein
Nutzungsänderung: nein
Grundrissänderungen: wenige
Tragwerkseingriffe: keine

Land: Nordrhein-Westfalen
Kreis: Bielefeld
Standard: Durchschnitt
Bauzeit: 26 Wochen
Kennwerte: bis 3. Ebene DIN276
veröffentlicht: BKI Objektdaten A8

BGF 314 €/m²

Planung: Bielefelder Gemeinnützige Wohnungsgesellschaft mbH; Bielefeld
Umbau eines Bestandsgebäudes zu einem Drei-Liter-Haus mit einem Verbrauch von 32kWh/m²a nach Modernisierung.

Bauwerk - Baukonstruktionen
Herstellen: Außentüren und -fenster 31%, Außenwandbekleidungen außen 25%, Nichttragende Innenwände 7%, Außenwandbekleidungen innen 6%, Deckenbekleidungen 6%, Außenwände, sonstiges 4%
Sonstige: 22%

Bauwerk - Technische Anlagen
Herstellen: Lüftungsanlagen 26%, Wärmeerzeugungsanlagen 20%, Wasseranlagen 16%, Wärmeverteilnetze 13%
Sonstige: 25%

6100-0462 Mehrfamilienhaus (9 WE)

BRI 4.354m³ **BGF** 1.342m² **NUF** 880m²

Baujahr: 1971
Bauzustand: mittel
Aufwand: mittel
Nutzung während der Bauzeit: ja
Nutzungsänderung: nein
Grundrissänderungen: keine
Tragwerkseingriffe: keine

Land: Niedersachsen
Kreis: Hameln-Pyrmont
Standard: Durchschnitt
Bauzeit: 25 Wochen
Kennwerte: bis 4. Ebene DIN276
veröffentlicht: BKI Objektdaten A4

BGF 105 €/m²

Planung: Wohnungsgenossenschaft Hameln eG; Hameln
Modernisierung eines Mehrfamilienhauses einer Wohnungsgenossenschaft durch Wärmedämmung der Außenwände und Fensteraustausch. Instandsetzungsmaßnahmen. Keine Maßnahmen an Technischen Anlagen.
Kosteneinfluss Nutzung: Nur Kostengruppe 300, da reine Fassadensanierung.

Bauwerk - Baukonstruktionen
Herstellen: Außenwandbekleidungen außen 62%, Außentüren und -fenster 21%, Gerüste 6%
Sonstige: 11%

Objektübersicht zur Gebäudeart

6100-0465 Mehrfamilienhaus (8 WE)

BRI 2.290m³ **BGF** 856m² **NUF** 548m²

Baujahr: 1954
Bauzustand: mittel
Aufwand: mittel
Nutzung während der Bauzeit: ja
Nutzungsänderung: nein
Grundrissänderungen: keine
Tragwerkseingriffe: keine

Land: Niedersachsen
Kreis: Hameln-Pyrmont
Standard: Durchschnitt
Bauzeit: 25 Wochen
Kennwerte: bis 4. Ebene DIN276
veröffentlicht: BKI Objektdaten A4
BGF 195 €/m²

Planung: Wohnungsgenossenschaft Hameln eG; Hameln

Modernisierung eines Mehrfamilienhauses einer Wohnungsgenossenschaft durch Wärmedämmung und Fensteraustausch. Keine Maßnahmen an Technischen Anlagen. **Kosteneinfluss Nutzung:** Nur Kostengruppe 300, da reine Fassadensanierung.

Bauwerk - Baukonstruktionen
Herstellen: Außenwandbekleidungen außen 53%, Dachbeläge 17%, Gerüste 8%
Sonstige: 22%

6100-0537 Wohnhochhaus

BRI 88.114m³ **BGF** 41.928m² **NUF** 26.126m²

Land: Hessen
Kreis: Darmstadt
Standard: unter Durchschnitt
Bauzeit: 78 Wochen
Kennwerte: bis 3. Ebene DIN276
veröffentlicht: BKI Objektdaten A4
BGF 328 €/m²

Planung: B. Bärfacker GWH Gemeinnützige Wohnungsges. mbH; Frankfurt a. Main

Modernisierung und Instandsetzung eines Wohnhochhauses mit Sozialwohnungen; WDVS, Fensteraustausch und Austausch der Aufzüge. Erneuerung Technischer Anlagen. Das Parkhaus wurde flächenmäßig als Nebennutzfläche erfasst.
Kosteneinfluss Nutzung: Während der Sanierung waren 160 Wohnungen bewohnt.

Bauwerk - Baukonstruktionen
Außenwandbekleidungen außen 31%, Außentüren und -fenster 14%, Deckenkonstruktionen 11%, Innenwandbekleidungen 8%, Innentüren und -fenster 8%, Deckenbeläge 6%
Sonstige: 23%

Bauwerk - Technische Anlagen
Aufzugsanlagen 30%, Wasseranlagen 14%, Wärmeverteilnetze 12%, Niederspannungsinstallationsanlagen 11%, Beleuchtungsanlagen 7%, Abwasseranlagen 6%
Sonstige: 21%

Modernisierungen

Wohngebäude
nach 1945
nur Oberflächen

€/m² BGF

min	63	€/m²
von	170	€/m²
Mittel	**330**	**€/m²**
bis	600	€/m²
max	940	€/m²

Kosten:
Stand 2.Quartal 2018
Bundesdurchschnitt
inkl. 19% MwSt.

Objektübersicht zur Gebäudeart

6100-0460 Mehrfamilienhaus (12 WE)   **BRI** 4.894m³   **BGF** 1.541m²   **NUF** 1.122m²

Baujahr: 1967
Bauzustand: mittel
Aufwand: mittel
Nutzung während der Bauzeit: ja
Nutzungsänderung: nein
Grundrissänderungen: keine
Tragwerkseingriffe: keine

Land: Niedersachsen
Kreis: Hameln-Pyrmont
Standard: Durchschnitt
Bauzeit: 26 Wochen
Kennwerte: bis 4. Ebene DIN276
veröffentlicht: BKI Objektdaten A4

BGF   88 €/m²

Planung: Wohnungsgenossenschaft Hameln eG; Hameln

Modernisierung eines Mehrfamilienhauses einer Wohnungsgenossenschaft von 1967 mit Wärmedämmung an Außenwand, Dach und KG-Decke. Keine Maßnahmen an Technischen Anlagen. **Kosteneinfluss Nutzung:** Nur Kostengruppe 300, da reine Fassadensanierung.

Bauwerk - Baukonstruktionen
Herstellen: Außenwandbekleidungen außen 41%, Deckenbeläge 12%, Deckenbekleidungen 10%, Außentüren und -fenster 9%
Sonstige: 27%

Modernisierung

Modernisierungen

Wohngebäude nach 1945 mit Tragkonstruktion

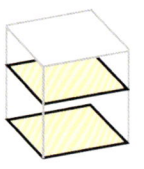

Kostenkennwerte für die Kosten des Bauwerks (Kostengruppen 300+400 nach DIN 276)

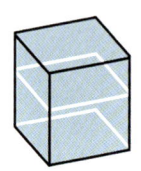

BRI 325 €/m³	**BGF** 920 €/m²	**NUF** 1.430 €/m²	**NE** 1.760 €/NE
von 255 €/m³	von 710 €/m²	von 1.070 €/m²	von 1.330 €/NE
bis 390 €/m³	bis 1.300 €/m²	bis 2.050 €/m²	bis 2.100 €/NE
			NE: Wohnfläche

Kosten: Stand 2. Quartal 2018, Bundesdurchschnitt inkl. 19% MwSt.

Objektbeispiele

- 6100-0489
- 6200-0055 
- 6400-0052 
- 6100-0814 
- 6100-0681 
- 6100-0631 

Kosten der 13 Vergleichsobjekte — Seiten 334 bis 340

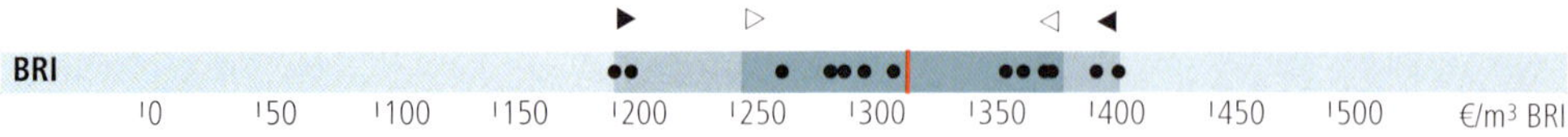

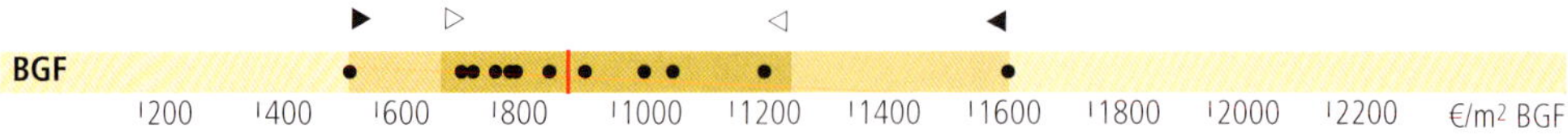

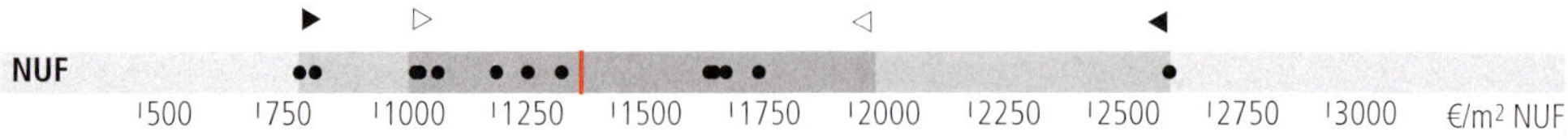

Legende:
- ● KKW
- ▶ min
- ▷ von
- | Mittelwert
- ◁ bis
- ◀ max

BRI (€/m³ BRI), BGF (€/m² BGF), NUF (€/m² NUF)

© BKI Baukosteninformationszentrum; Erläuterungen zu den Tabellen siehe Seite 22 — Kosten: 2. Quartal 2018, Bundesdurchschnitt, **inkl. 19% MwSt.**

Kostenkennwerte für die Kostengruppen der 1. und 2. Ebene DIN 276

KG	Kostengruppen der 1. Ebene	Einheit	▷	€/Einheit	◁	▷	% an 300+400	◁
100	Grundstück	m² GF	–	–	–	–	–	–
200	Herrichten und Erschließen	m² GF	1	**6**	13	0,1	**0,9**	1,2
300	Bauwerk - Baukonstruktionen	m² BGF	518	**674**	892	67,0	**73,8**	78,2
400	Bauwerk - Technische Anlagen	m² BGF	165	**248**	396	21,8	**26,2**	33,0
	Bauwerk (300+400)	m² BGF	710	**923**	1.298		**100,0**	
500	Außenanlagen	m² AF	58	**134**	493	3,5	**6,9**	21,2
600	Ausstattung und Kunstwerke	m² BGF	5	**24**	77	0,6	**2,1**	6,9
700	Baunebenkosten	m² BGF	–	–	–	–	–	–

KG	Kostengruppen der 2. Ebene	Einheit	▷	€/Einheit	◁	▷	% an 300	◁
310	Baugrube	m³ BGI	43	**79**	219	0,4	**1,1**	2,5
320	Gründung	m² GRF	88	**323**	577	1,8	**4,8**	13,4
330	Außenwände	m² AWF	245	**312**	424	32,1	**41,0**	56,2
340	Innenwände	m² IWF	96	**177**	282	9,3	**18,0**	26,7
350	Decken	m² DEF	163	**215**	300	11,1	**17,3**	24,7
360	Dächer	m² DAF	183	**304**	387	6,5	**12,8**	19,4
370	Baukonstruktive Einbauten	m² BGF	0	**4**	6	0,0	**0,1**	0,5
390	Sonstige Baukonstruktionen	m² BGF	18	**33**	56	2,8	**4,9**	7,8
300	**Bauwerk Baukonstruktionen**	m² BGF					**100,0**	

KG	Kostengruppen der 2. Ebene	Einheit	▷	€/Einheit	◁	▷	% an 400	◁
410	Abwasser, Wasser, Gas	m² BGF	36	**65**	119	13,3	**26,7**	32,3
420	Wärmeversorgungsanlagen	m² BGF	45	**69**	84	19,6	**35,3**	50,8
430	Lufttechnische Anlagen	m² BGF	12	**34**	79	2,5	**11,9**	20,5
440	Starkstromanlagen	m² BGF	22	**42**	83	11,2	**17,3**	24,7
450	Fernmeldeanlagen	m² BGF	6	**13**	47	2,5	**4,8**	8,7
460	Förderanlagen	m² BGF	31	**41**	51	0,0	**3,3**	18,3
470	Nutzungsspezifische Anlagen	m² BGF	3	**17**	32	0,0	**0,7**	4,5
480	Gebäudeautomation	m² BGF	–	–	–	–	–	–
490	Sonstige Technische Anlagen	m² BGF	0	**2**	3	0,0	**0,2**	1,2
400	**Bauwerk Technische Anlagen**	m² BGF					**100,0**	

Prozentanteile der Kosten der 2. Ebene an den Kosten des Bauwerks nach DIN 276 (Von-, Mittel-, Bis-Werte)

KG	Bezeichnung	%
310	Baugrube	0,9
320	Gründung	3,6
330	Außenwände	31,0
340	Innenwände	13,2
350	Decken	12,9
360	Dächer	9,6
370	Baukonstruktive Einbauten	0,1
390	Sonstige Baukonstruktionen	3,7
410	Abwasser, Wasser, Gas	6,8
420	Wärmeversorgungsanlagen	8,4
430	Lufttechnische Anlagen	3,1
440	Starkstromanlagen	4,5
450	Fernmeldeanlagen	1,2
460	Förderanlagen	0,9
470	Nutzungsspezifische Anlagen	0,2
480	Gebäudeautomation	
490	Sonstige Technische Anlagen	0,0

© BKI Baukosteninformationszentrum; Erläuterungen zu den Tabellen siehe Seite 24   Kosten: 2.Quartal 2018, Bundesdurchschnitt, inkl. 19% MwSt.

Modernisierungen

Wohngebäude nach 1945 mit Tragkonstruktion

Kostenkennwerte für die Kostengruppen der 3. Ebene DIN 276

KG	Kostengruppen der 3. Ebene	Einheit	▷ von	Ø €/Einheit	◁ bis	▷ von	Ø €/m² BGF	◁ bis
323	Tiefgründungen	m²	–	442,56	–	–	95,24	–
335	Außenwandbekleidungen außen	m²	122,05	155,80	243,80	49,20	85,80	97,44
334	Außentüren und -fenster	m²	488,87	587,97	768,03	44,32	67,80	92,64
352	Deckenbeläge	m²	92,98	133,38	176,11	30,59	53,90	79,78
412	Wasseranlagen	m²	29,73	49,94	87,70	29,73	49,94	87,70
351	Deckenkonstruktionen	m²	136,70	232,88	464,65	22,28	46,81	132,02
345	Innenwandbekleidungen	m²	27,00	43,96	70,65	24,87	44,99	56,99
363	Dachbeläge	m²	109,55	144,63	179,17	21,55	42,34	62,46
461	Aufzugsanlagen	m²	31,39	41,42	51,44	31,39	41,42	51,44
442	Eigenstromversorgungsanlagen	m²	5,52	35,79	66,05	5,52	35,79	66,05
331	Tragende Außenwände	m²	182,20	301,50	602,73	18,14	35,70	75,61
431	Lüftungsanlagen	m²	12,42	34,10	78,92	12,42	34,10	78,92
361	Dachkonstruktionen	m²	101,00	173,94	283,34	17,31	33,71	45,75
471	Küchentechnische Anlagen	m²	–	32,08	–	–	32,08	–
421	Wärmeerzeugungsanlagen	m²	10,66	31,85	57,20	10,66	31,85	57,20
444	Niederspannungsinstallationsanl.	m²	19,42	30,41	62,10	19,42	30,41	62,10
344	Innentüren und -fenster	m²	345,33	443,34	669,57	13,32	29,73	63,34
342	Nichttragende Innenwände	m²	92,44	124,59	173,54	12,37	26,80	52,62
341	Tragende Innenwände	m²	136,19	289,73	443,70	11,27	26,64	59,50
337	Elementierte Außenwände	m²	218,82	420,37	529,38	12,12	25,46	48,40
339	Außenwände, sonstiges	m²	6,72	32,15	105,24	5,77	25,40	80,04
336	Außenwandbekleidungen innen	m²	32,95	48,66	72,13	14,32	20,54	30,11
338	Sonnenschutz	m²	170,93	290,92	634,74	11,54	20,20	27,51
353	Deckenbekleidungen	m²	24,89	54,07	128,32	9,92	18,56	32,42
422	Wärmeverteilnetze	m²	10,25	16,84	34,96	10,25	16,84	34,96
411	Abwasseranlagen	m²	7,22	16,64	25,90	7,22	16,64	25,90
393	Sicherungsmaßnahmen	m²	–	15,40	–	–	15,40	–
423	Raumheizflächen	m²	8,49	14,82	19,48	8,49	14,82	19,48
392	Gerüste	m²	6,95	13,91	21,16	6,95	13,91	21,16
391	Baustelleneinrichtung	m²	5,92	13,87	27,11	5,92	13,87	27,11
324	Unterböden und Bodenplatten	m²	109,48	175,58	256,82	3,05	12,04	49,15
325	Bodenbeläge	m²	52,28	82,34	134,80	3,06	11,41	17,00
364	Dachbekleidungen	m²	45,21	64,04	104,15	4,41	9,80	16,00
456	Gefahrenmelde- und Alarmanlagen	m²	3,48	9,73	19,37	3,48	9,73	19,37
359	Decken, sonstiges	m²	3,19	15,47	50,57	1,54	8,80	26,60
311	Baugrubenherstellung	m³	42,52	78,03	217,18	2,97	7,59	15,81
362	Dachfenster, Dachöffnungen	m²	1.008,24	1.641,60	2.480,82	4,16	7,43	12,23
322	Flachgründungen	m²	93,52	215,40	452,06	3,18	7,36	14,05
429	Wärmeversorgungsanl., sonstiges	m²	1,87	6,30	12,18	1,87	6,30	12,18
457	Übertragungsnetze	m²	1,42	5,73	8,26	1,42	5,73	8,26
445	Beleuchtungsanlagen	m²	2,24	5,24	10,67	2,24	5,24	10,67
419	Abwasser-, Wasser- und Gas-anlagen, sonstiges	m²	2,36	5,02	9,81	2,36	5,02	9,81
452	Such- und Signalanlagen	m²	2,73	4,67	13,73	2,73	4,67	13,73
333	Außenstützen	m	80,50	156,40	296,25	0,75	4,56	10,64
397	Zusätzliche Maßnahmen	m²	0,90	4,34	8,77	0,90	4,34	8,77
326	Bauwerksabdichtungen	m²	9,83	26,79	58,70	0,38	4,12	12,92
371	Allgemeine Einbauten	m²	0,11	3,79	6,28	0,11	3,79	6,28
369	Dächer, sonstiges	m²	6,32	10,17	17,06	1,48	3,59	5,44
343	Innenstützen	m	125,21	170,87	216,53	0,71	3,49	11,67

Kosten: Stand 2. Quartal 2018 Bundesdurchschnitt inkl. 19% MwSt.

▷ von
Ø Mittel
◁ bis

© BKI Baukosteninformationszentrum; Erläuterungen zu den Tabellen siehe Seite 26   Kosten: 2.Quartal 2018, Bundesdurchschnitt, **inkl. 19% MwSt.**

Kostenkennwerte für Leistungsbereiche nach StLB (Kosten des Bauwerks nach DIN 276)

LB	Leistungsbereiche	▷	€/m² BGF	◁	▷	% an 300+400	◁
000	Sicherheits-, Baustelleneinrichtungen inkl. 001	16	29	48	1,8	3,1	5,2
002	Erdarbeiten	6	11	22	0,7	1,2	2,4
006	Spezialtiefbauarbeiten inkl. 005	–	–	–	–	–	–
009	Entwässerungskanalarbeiten inkl. 011	0	1	4	0,0	0,2	0,4
010	Drän- und Versickerungsarbeiten	0	1	3	0,0	0,1	0,3
012	Mauerarbeiten	15	34	67	1,7	3,7	7,2
013	Betonarbeiten	28	64	136	3,0	6,9	14,8
014	Natur-, Betonwerksteinarbeiten	0	2	6	0,0	0,3	0,6
016	Zimmer- und Holzbauarbeiten	10	48	125	1,1	5,2	13,5
017	Stahlbauarbeiten	0	9	33	0,1	1,0	3,5
018	Abdichtungsarbeiten	2	6	19	0,2	0,7	2,0
020	Dachdeckungsarbeiten	5	19	43	0,6	2,0	4,7
021	Dachabdichtungsarbeiten	5	15	28	0,5	1,7	3,0
022	Klempnerarbeiten	8	15	22	0,8	1,6	2,4
	Rohbau	177	255	316	19,2	27,7	34,2
023	Putz- und Stuckarbeiten, Wärmedämmsysteme	51	93	129	5,6	10,1	13,9
024	Fliesen- und Plattenarbeiten	17	31	62	1,8	3,4	6,7
025	Estricharbeiten	6	14	26	0,7	1,6	2,8
026	Fenster, Außentüren inkl. 029, 032	46	71	113	5,0	7,7	12,3
027	Tischlerarbeiten	9	27	43	0,9	2,9	4,7
028	Parkettarbeiten, Holzpflasterarbeiten	0	10	28	0,0	1,1	3,1
030	Rollladenarbeiten	3	15	32	0,3	1,6	3,5
031	Metallbauarbeiten inkl. 035	13	40	108	1,4	4,3	11,7
034	Maler- und Lackiererarbeiten inkl. 037	15	29	63	1,6	3,1	6,9
036	Bodenbelagarbeiten	1	12	25	0,1	1,3	2,7
038	Vorgehängte hinterlüftete Fassaden	0	7	40	0,0	0,7	4,3
039	Trockenbauarbeiten	18	39	64	1,9	4,3	7,0
	Ausbau	323	390	452	35,0	42,2	49,0
040	Wärmeversorgungsanl. - Betriebseinr. inkl. 041	38	66	99	4,2	7,2	10,7
042	Gas- und Wasserinstallation, Leitungen inkl. 043	9	18	25	1,0	2,0	2,7
044	Abwasserinstallationsarbeiten - Leitungen	5	10	14	0,5	1,1	1,6
045	GWA-Einrichtungsgegenstände inkl. 046	14	25	41	1,5	2,8	4,5
047	Dämmarbeiten an betriebstechnischen Anlagen	4	8	14	0,4	0,9	1,5
049	Feuerlöschanlagen, Feuerlöschgeräte	–	0	–	–	0,0	–
050	Blitzschutz- und Erdungsanlagen	0	1	2	0,0	0,1	0,2
053	Niederspannungsanlagen inkl. 052, 054	22	37	71	2,4	4,0	7,7
055	Ersatzstromversorgungsanlagen	–	0	–	–	0,0	–
057	Gebäudesystemtechnik	–	–	–	–	–	–
058	Leuchten und Lampen inkl. 059	1	4	8	0,1	0,4	0,9
060	Elektroakustische Anlagen, Sprechanlagen	1	3	6	0,1	0,3	0,7
061	Kommunikationsnetze, inkl. 062	2	6	13	0,2	0,6	1,4
063	Gefahrenmeldeanlagen	0	1	7	0,0	0,1	0,7
069	Aufzüge	0	8	45	0,0	0,9	4,9
070	Gebäudeautomation	–	–	–	–	–	–
075	Raumlufttechnische Anlagen	7	27	52	0,8	3,0	5,6
	Technische Anlagen	179	216	277	19,4	23,4	30,1
084	Abbruch- und Rückbauarbeiten	32	61	81	3,5	6,6	8,7
	Sonstige Leistungsbereiche inkl. 008, 033, 051	0	3	11	0,0	0,3	1,2

© BKI Baukosteninformationszentrum; Erläuterungen zu den Tabellen siehe Seite 28   Kosten: 2.Quartal 2018, Bundesdurchschnitt, **inkl. 19% MwSt.**

Modernisierungen

Wohngebäude nach 1945 mit Tragkonstruktion

€/m² BGF

min	550 €/m²
von	710 €/m²
Mittel	**920 €/m²**
bis	1.300 €/m²
max	1.660 €/m²

Kosten:
Stand 2.Quartal 2018
Bundesdurchschnitt
inkl. 19% MwSt.

Objektübersicht zur Gebäudeart

6100-1207 Wohn- und Geschäftshaus (5 WE)

BRI 2.576m³ **BGF** 881m² **NUF** 626m²

Baujahr: 1986
Bauzustand: mittel
Aufwand: mittel
Nutzung während der Bauzeit: ja
Nutzungsänderung: nein
Grundrissänderungen: einige
Tragwerkseingriffe: einige

Land: Brandenburg
Kreis: Brandenburg
Standard: Durchschnitt
Bauzeit: 43 Wochen
Kennwerte: bis 3. Ebene DIN276
vorgesehen: BKI Objektdaten A11

BGF 892 €/m²

Planung: Märkplan GmbH; Brandenburg an der Havel
Wohn- und Geschäftshaus (5 WE)

Bauwerk - Baukonstruktionen
Herstellen: Außenwandbekleidungen außen 13%, Deckenbeläge 11%, Außentüren und -fenster 9%, Innenwandbekleidungen 7%, Decken, sonstiges 5%, Deckenkonstruktionen 5%, Baustelleneinrichtung 5%, Dachbeläge 5%, Dachkonstruktionen 4%, Innentüren und -fenster 4%, Tragende Innenwände 3%, Gerüste 3%, Außenstützen 2%, Nichttragende Innenwände 2%
Sonstige: 21%

Bauwerk - Technische Anlagen
Herstellen: Niederspannungsinstallationsanlagen 24%, Wasseranlagen 19%, Lüftungsanlagen 16%, Raumheizflächen 9%, Abwasseranlagen 9%
Sonstige: 24%

6100-1139 Einfamilienhaus

BRI 781m³ **BGF** 373m² **NUF** 167m²

Baujahr: 1952
Bauzustand: schlecht
Aufwand: hoch
Nutzung während der Bauzeit: nein
Nutzungsänderung: nein
Grundrissänderungen: umfangreiche
Tragwerkseingriffe: einige

Land: Nordrhein-Westfalen
Kreis: Rhein-Sieg
Standard: Durchschnitt
Bauzeit: 12 Wochen
Kennwerte: bis 3. Ebene DIN276
veröffentlicht: BKI Objektdaten A10

BGF 763 €/m²

Planung: Pannhausen Architektur; Köln
Einfamilienhaus (WFL 123m²)

Bauwerk - Baukonstruktionen
Abbrechen: Tragende Außenwände 4%
Herstellen: Außenwandbekleidungen außen 18%, Dachbeläge 11%, Außentüren und -fenster 9%, Außenwandbekleidungen innen 6%, Dachkonstruktionen 6%, Innenwandbekleidungen 5%, Deckenkonstruktionen 5%, Tragende Außenwände 4%, Dachbekleidungen 3%, Deckenbeläge 3%, Nichttragende Innenwände 3%
Wiederherstellen: Tragende Außenwände 3%
Sonstige: 21%

Bauwerk - Technische Anlagen
Herstellen: Wärmeerzeugungsanlagen 27%, Wasseranlagen 16%, Niederspannungsinstallationsanlagen 13%, Abwasseranlagen 11%, Wärmeverteilnetze 9%
Sonstige: 24%

Objektübersicht zur Gebäudeart

6100-1160 Zweifamilienhaus

BRI 1.371 m³   **BGF** 499 m²   **NUF** 339 m²

Baujahr: 1960
Bauzustand: mittel
Aufwand: mittel
Nutzung während der Bauzeit: nein
Nutzungsänderung: nein
Grundrissänderungen: einige
Tragwerkseingriffe: einige

Land: Bayern
Kreis: München
Standard: über Durchschnitt
Bauzeit: 21 Wochen
Kennwerte: bis 3. Ebene DIN276
veröffentlicht: BKI Objektdaten A10

BGF   743 €/m²

Planung: christina patz architektur energieberatung; München
Zweifamilienhaus (WFL 218m²)

Bauwerk - Baukonstruktionen
Herstellen: Außenwandbekleidungen außen 18%, Außentüren und -fenster 14%, Dachbeläge 8%, Deckenbeläge 7%, Deckenkonstruktionen 5%, Innentüren und -fenster 4%, Innenwandbekleidungen 4%, Elementierte Außenwände 4%, Sonnenschutz 3%, Dachkonstruktionen 3%, Baugrubenherstellung 3%, Gerüste 3%, Tragende Außenwände 2%, Dachfenster, Dachöffnungen 2%
Sonstige: 21%

Bauwerk - Technische Anlagen
Herstellen: Wärmeerzeugungsanlagen 25%, Wasseranlagen 18%, Lüftungsanlagen 15%, Raumheizflächen 9%, Niederspannungsinstallationsanlagen 9%
Sonstige: 23%

6100-1051 Mehrfamilienhaus, Büro, Garage

BRI 1.952 m³   **BGF** 723 m²   **NUF** 535 m²

Baujahr: 1970
Bauzustand: mittel
Aufwand: hoch
Nutzung während der Bauzeit: ja
Nutzungsänderung: nein
Grundrissänderungen: einige
Tragwerkseingriffe: wenige

Land: Bayern
Kreis: München
Standard: Durchschnitt
Bauzeit: 52 Wochen
Kennwerte: bis 3. Ebene DIN276
veröffentlicht: BKI Objektdaten A10

BGF   802 €/m²

Planung: ABSB Michalik; Bad Elster
Modernisierung und Anbau eines Mehrfamilienhauses (5 WE), mit Büro und Garage (2 STP)

Bauwerk - Baukonstruktionen
Herstellen: Außenwandbekleidungen außen 16%, Außentüren und -fenster 13%, Dachkonstruktionen 7%, Dachbeläge 7%, Tragende Außenwände 6%, Deckenbeläge 5%, Baustelleneinrichtung 4%, Unterböden und Bodenplatten 4%, Innenwandbekleidungen 4%, Baugrubenherstellung 3%, Sonnenschutz 3%, Außenwandbekleidungen innen 3%, Flachgründungen 3%, Bauwerksabdichtungen 2%
Sonstige: 21%

Bauwerk - Technische Anlagen
Herstellen: Abwasseranlagen 17%, Wasseranlagen 15%, Raumheizflächen 14%, Niederspannungsinstallationsanlagen 12%, Wärmeversorgungsanlagen, sonstiges 12%, Beleuchtungsanlagen 7%
Sonstige: 23%

Modernisierungen

Wohngebäude nach 1945 mit Tragkonstruktion

€/m² BGF

min	550	€/m²
von	710	€/m²
Mittel	**920**	€/m²
bis	1.300	€/m²
max	1.660	€/m²

Kosten:
Stand 2.Quartal 2018
Bundesdurchschnitt
inkl. 19% MwSt.

Objektübersicht zur Gebäudeart

6100-0768 Mehrfamilienhaus (3 WE) - Passivhaus

BRI 1.548m³   **BGF** 687m²   **NUF** 413m²

Baujahr: 1938
Bauzustand: mittel
Aufwand: hoch
Nutzung während der Bauzeit: ja
Nutzungsänderung: ja
Grundrissänderungen: einige
Tragwerkseingriffe: einige

Land: Baden-Württemberg
Kreis: Bodensee
Standard: Durchschnitt
Bauzeit: 21 Wochen
Kennwerte: bis 3. Ebene DIN276
veröffentlicht: BKI Objektdaten E4

BGF   837 €/m²

Planung: Martin Wamsler Freier Architekt BDA Dipl.-Ing. (FH); Markdorf

Energetische Modernisierung eines Mehrfamilienhauses Baujahr 1938 zum Plusenergiehaus. Abbruch vom DG und Wiederaufbau im Passivhausstandard, Ausbau im UG zur Einliegerwohnung, Anbau im EG zur Vergrößerung des bestehenden Bades.

Bauwerk - Baukonstruktionen
Herstellen: Außenwandbekleidungen außen 14%, Innenwandbekleidungen 11%, Deckenbeläge 11%, Elementierte Außenwände 9%, Dachkonstruktionen 8%, Dachbeläge 6%, Außentüren und -fenster 6%, Nichttragende Innenwände 6%, Außenwandbekleidungen innen 4%, Bodenbeläge 4%
Sonstige: 21%

Bauwerk - Technische Anlagen
Herstellen: Eigenstromversorgungsanlagen 21%, Wasseranlagen 20%, Lüftungsanlagen 18%, Wärmeerzeugungsanlagen 18%
Sonstige: 22%

6100-0904 Mehrfamilienhaus (3 WE) - Effizienzhaus 70

BRI 1.578m³   **BGF** 569m²   **NUF** 362m²

Baujahr: 1958
Bauzustand: mittel
Aufwand: hoch
Nutzung während der Bauzeit: ja
Nutzungsänderung: nein
Grundrissänderungen: einige
Tragwerkseingriffe: wenige

Land: Baden-Württemberg
Kreis: Freiburg im Breisgau
Standard: über Durchschnitt
Bauzeit: 25 Wochen
Kennwerte: bis 3. Ebene DIN276
veröffentlicht: BKI Objektdaten E5

BGF   554 €/m²

Planung: Werkgruppe Freiburg Architekten; Freiburg

Energetische Sanierung des Bestandshauses und Neuerrichtung eines Anbaus in Holztafelbauweise

Bauwerk - Baukonstruktionen
Herstellen: Außenwandbekleidungen außen 21%, Außentüren und -fenster 19%, Außenwände, sonstiges 8%, Tragende Außenwände 7%, Sonnenschutz 7%, Dachbeläge 5%, Deckenbeläge 3%, Bodenbeläge 3%, Deckenkonstruktionen 2%
Wiederherstellen: Innenwandbekleidungen 4%
Sonstige: 21%

Bauwerk - Technische Anlagen
Herstellen: Wärmeerzeugungsanlagen 53%, Lüftungsanlagen 25%, Niederspannungsinstallationsanlagen 7%
Sonstige: 15%

Objektübersicht zur Gebäudeart

6200-0055 Alten- und Pflegeheim

BRI 22.000 m³   **BGF** 5.322 m²   **NUF** 3.317 m²

Land: Thüringen
Kreis: Altenburger Land
Standard: Durchschnitt
Bauzeit: 130 Wochen
Kennwerte: bis 3. Ebene DIN276
veröffentlicht: BKI Objektdaten A9

BGF   1.662 €/m²

Planung: iproplan Planungsgesellschaft mbH; Chemnitz

Alten- und Pflegeheim mit acht Hausgemeinschaften

Bauwerk - Baukonstruktionen
Herstellen: Deckenkonstruktionen 9%, Innentüren und -fenster 8%, Tiefgründungen 8%, Dachbeläge 7%, Außenwandbekleidungen außen 6%, Tragende Innenwände 6%, Tragende Außenwände 5%, Deckenbeläge 5%, Innenwandbekleidungen 5%, Unterböden und Bodenplatten 5%, Außentüren und -fenster 4%, Nichttragende Innenwände 4%, Dachkonstruktionen 4%
Sonstige: 23%

Bauwerk - Technische Anlagen
Herstellen: Wasseranlagen 23%, Lüftungsanlagen 17%, Niederspannungsinstallationsanlagen 16%, Abwasseranlagen 7%, Wärmeverteilnetze 7%, Küchentechnische Anlagen 6%, Gefahrenmelde- und Alarmanlagen 4%
Sonstige: 21%

6100-0681 Mehrfamilienhaus (6 WE)

BRI 2.059 m³   **BGF** 725 m²   **NUF** 530 m²

Baujahr: 1957
Bauzustand: schlecht
Aufwand: hoch
Nutzung während der Bauzeit: nein
Nutzungsänderung: nein
Grundrissänderungen: wenige
Tragwerkseingriffe: umfangreiche

Land: Baden-Württemberg
Kreis: Rottweil
Standard: Durchschnitt
Bauzeit: 43 Wochen
Kennwerte: bis 3. Ebene DIN276
veröffentlicht: BKI Objektdaten A7

BGF   826 €/m²

Planung: Werkgruppe Freiburg Architekten; Freiburg

Modernisierung eines Mehrfamilienhauses von 1957 mit 6 Wohneinheiten; Vollwärmeschutz, Anbau von Balkonen, Heiz-Kraft-Anlage.

Bauwerk - Baukonstruktionen
Herstellen: Außenwandbekleidungen außen 14%, Außentüren und -fenster 9%, Deckenbeläge 8%, Dachkonstruktionen 6%, Dachbeläge 6%, Innenwandbekleidungen 5%, Innentüren und -fenster 5%, Deckenkonstruktionen 5%, Gerüste 4%, Sonnenschutz 4%, Außenwandbekleidungen innen 3%, Dachbekleidungen 2%, Außenwände, sonstiges 2%, Nichttragende Innenwände 2%, Tragende Außenwände 2%
Wiederherstellen: Innenwandbekleidungen 2%
Sonstige: 20%

Bauwerk - Technische Anlagen
Herstellen: Wärmeerzeugungsanlagen 37%, Wasseranlagen 17%, Niederspannungsinstallationsanlagen 14%, Wärmeverteilnetze 7%
Sonstige: 25%

Modernisierungen

Wohngebäude nach 1945 mit Tragkonstruktion

€/m² BGF
min	550	€/m²
von	710	€/m²
Mittel	**920**	**€/m²**
bis	1.300	€/m²
max	1.660	€/m²

Kosten:
Stand 2.Quartal 2018
Bundesdurchschnitt
inkl. 19% MwSt.

Objektübersicht zur Gebäudeart

6100-0631 Mehrfamilienhaus (16 WE)   **BRI** 6.755m³   **BGF** 2.523m²   **NUF** 1.671m²

Bauzustand: mittel
Aufwand: mittel
Nutzung während der Bauzeit: ja
Nutzungsänderung: nein
Grundrissänderungen: keine
Tragwerkseingriffe: keine

Land: Baden-Württemberg
Kreis: Tübingen
Standard: Durchschnitt
Bauzeit: 48 Wochen
Kennwerte: bis 3. Ebene DIN276
veröffentlicht: BKI Objektdaten A6

BGF   554 €/m²

Planung: Walter Haller Architekturbüro; Albstadt

Modernisierung und Instandsetzung von Mehrfamilienhäusern mit Balkonerweiterung. Erneuerung u.a. der Bäder und Sanitäreinrichtung, Heizungsanlage, Elektroinstallation.

Bauwerk - Baukonstruktionen
Abbrechen: Tragende Innenwände 4%
Herstellen: Außenwände, sonstiges 22%, Innenwandbekleidungen 10%, Nichttragende Innenwände 9%, Deckenbeläge 9%, Außentüren und -fenster 8%, Innentüren und -fenster 7%, Außenwandbekleidungen innen 3%, Deckenbekleidungen 2%
Wiederherstellen: Außenwandbekleidungen außen 5%
Sonstige: 21%

Bauwerk - Technische Anlagen
Herstellen: Aufzugsanlagen 20%, Wasseranlagen 17%, Niederspannungsinstallationsanlagen 16%, Abwasseranlagen 9%, Raumheizflächen 7%, Wärmeverteilnetze 6%
Sonstige: 25%

6100-0814 Mehrfamilienhaus (10 WE) - Passivhaus   **BRI** 4.121m³   **BGF** 1.351m²   **NUF** 937m²

Baujahr: 1950
Bauzustand: schlecht
Aufwand: hoch
Nutzung während der Bauzeit: nein
Nutzungsänderung: nein
Grundrissänderungen: umfangreiche
Tragwerkseingriffe: wenige

Land: Niedersachsen
Kreis: Hannover
Standard: über Durchschnitt
Bauzeit: 52 Wochen
Kennwerte: bis 3. Ebene DIN276
veröffentlicht: BKI Objektdaten E5

BGF   1.254 €/m²

Planung: lindener baukontor; Hannover

Das Gebäude Baujahr 1950 wurde komplett modernisiert, es wurde der Passivhausstandard erreicht. Die Anzahl der Wohneinheiten wurde von 14 auf 10 reduziert.

Bauwerk - Baukonstruktionen
Herstellen: Deckenkonstruktionen 16%, Außenwände, sonstiges 10%, Außenwandbekleidungen außen 10%, Außentüren und -fenster 9%, Deckenbeläge 7%, Nichttragende Innenwände 6%, Tragende Innenwände 5%, Innenwandbekleidungen 4%, Deckenbekleidungen 3%, Dachbeläge 3%, Gerüste 2%, Tragende Außenwände 2%, Dachkonstruktionen 2%
Sonstige: 20%

Bauwerk - Technische Anlagen
Herstellen: Lüftungsanlagen 25%, Wasseranlagen 20%, Aufzugsanlagen 16%, Niederspannungsinstallationsanlagen 8%, Wärmeverteilnetze 6%
Sonstige: 24%

Objektübersicht zur Gebäudeart

6400-0052 Katholisches Pfarrhaus

BRI 1.926m³ **BGF** 770m² **NUF** 554m²

Land: Bayern
Kreis: Schwandorf
Standard: Durchschnitt
Bauzeit: 43 Wochen
Kennwerte: bis 4. Ebene DIN276
veröffentlicht: BKI Objektdaten A4

BGF 951 €/m²

Planung: Architekturbüro Popp Dipl.-Ing. Alfred Popp; Schwandorf

Mit der Sanierung ging eine Umplanung des bestehenden Raumprogramms einher, die sich an den Anforderungen einer zeitgemäßen Pfarramtsverwaltung orientiert. So entstand je 2-geschossig eine abgeschlossene Privatwohnung und ein abgeschlossenes Pfarrbüro mit Amtszimmer und Besprechungsräumen. Ein öffentliches Treppenhaus trennt den Privatbereich vom Büro. Die gesamte Haustechnik wurde erneuert.

Bauwerk - Baukonstruktionen
Herstellen: Außentüren und -fenster 13%, Deckenbeläge 11%, Außenwandbekleidungen außen 9%, Innentüren und -fenster 6%, Deckenkonstruktionen 6%, Dachbeläge 5%, Tragende Außenwände 4%, Innenwandbekleidungen 3%, Sonnenschutz 3%, Außenwandbekleidungen innen 3%
Wiederherstellen: Deckenbekleidungen 4%, Innenwandbekleidungen 4%, Außenwandbekleidungen außen 3%
Sonstige: 26%

Bauwerk - Technische Anlagen
Herstellen: Wasseranlagen 26%, Wärmeverteilnetze 16%, Niederspannungsinstallationsanlagen 14%, Wärmeerzeugungsanlagen 10%, Abwasseranlagen 10%
Sonstige: 24%

6200-0035 Studentenwohnheim

BRI 14.331m³ **BGF** 4.992m² **NUF** 3.160m²

Baujahr: 1965
Bauzustand: schlecht
Aufwand: hoch
Nutzung während der Bauzeit: nein
Nutzungsänderung: nein
Grundrissänderungen: einige
Tragwerkseingriffe: keine

Land: Baden-Württemberg
Kreis: Tübingen
Standard: Durchschnitt
Bauzeit: 52 Wochen
Kennwerte: bis 1. Ebene DIN276
veröffentlicht: BKI Objektdaten A6

BGF 1.101 €/m²

Planung: e + k Architekten k. ehring + m. knies; Reutlingen

Studentenwohnheim mit 137 Betten mit Gemeinschaftsküchen und Sanitärräumen; besondere Auflagen durch Brandschutz.
Kosteneinfluss Nutzung: Entwurfsidee/Vorgaben des Bauherrn: Erreichen eines hohen Energiestandards. Verbesserung der Wohnqualität über neue Einheiten von Wohngemeinschaften, größere Küchen und mehr Nasszellen. Komplettsanierung aller Sanitär-, Heizung- und Elektroleitungen mit jeweils neuen Sanitärobjekten, Heizkörpern und Beleuchtungen. Brandschutzsanierung.

Modernisierungen

Wohngebäude nach 1945 mit Tragkonstruktion

€/m² BGF

min	550 €/m²
von	710 €/m²
Mittel	**920 €/m²**
bis	1.300 €/m²
max	1.660 €/m²

Kosten:
Stand 2.Quartal 2018
Bundesdurchschnitt
inkl. 19% MwSt.

Objektübersicht zur Gebäudeart

6100-0489 Betreute Wohnanlage (24 WE)   **BRI** 8.646m³   **BGF** 2.608m²   **NUF** 1.601m²

Baujahr: 1960
Bauzustand: mittel
Aufwand: hoch
Nutzung während der Bauzeit: nein
Nutzungsänderung: ja
Grundrissänderungen: umfangreiche
Tragwerkseingriffe: einige

Land: Bayern
Kreis: Würzburg
Standard: über Durchschnitt
Bauzeit: 78 Wochen
Kennwerte: bis 1. Ebene DIN276
veröffentlicht: BKI Objektdaten A3

BGF   1.052 €/m²

Planung: Spath Architektur- und Ingenieurbüro; Würzburg

Modernisierung und Instandsetzung eines Wohnhauses für betreutes Wohnen von 1960 mit 24 Wohneinheiten. Asbestentsorgung, Wärmedämmung. Erneuerung aller Oberflächen und technischen Anlagen. **Kosteneinfluss Nutzung:** Erhöhte Auflagen für Brand-, Schall- und Wärmeschutz. **Kosteneinfluss Grundstück:** Gemeinsame Hoffläche mit Nachbarbebauung, nicht voll nutzbar.

Modernisierung

Modernisierungen

Fachwerkhäuser

Kostenkennwerte für die Kosten des Bauwerks (Kostengruppen 300+400 nach DIN 276)

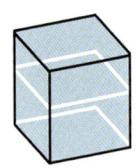

BRI 460 €/m³
von 360 €/m³
bis 565 €/m³

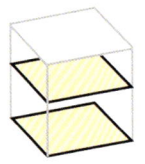

BGF 1.370 €/m²
von 1.060 €/m²
bis 1.800 €/m²

NUF 1.990 €/m²
von 1.600 €/m²
bis 2.530 €/m²

Objektbeispiele

6100-0480

6100-0288

6100-0220

Kosten:
Stand 2.Quartal 2018
Bundesdurchschnitt
inkl. 19% MwSt.

Kosten der 5 Vergleichsobjekte Seiten 346 bis 348

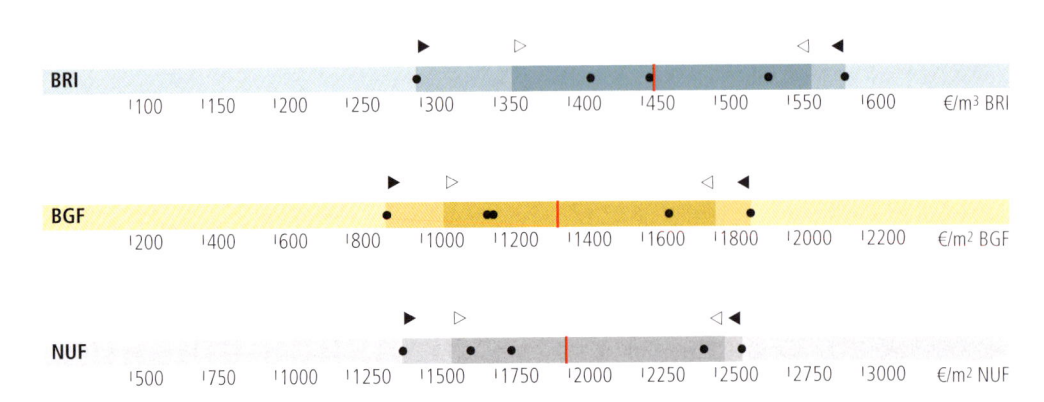

- ● KKW
- ▶ min
- ▷ von
- | Mittelwert
- ◁ bis
- ◀ max

BRI — €/m³ BRI
BGF — €/m² BGF
NUF — €/m² NUF

342 © BKI Baukosteninformationszentrum; Erläuterungen zu den Tabellen siehe Seite 22   Kosten: 2.Quartal 2018, Bundesdurchschnitt, **inkl. 19% MwSt.**

Kostenkennwerte für die Kostengruppen der 1. und 2. Ebene DIN 276

KG	Kostengruppen der 1. Ebene	Einheit	▷	€/Einheit	◁	▷	% an 300+400	◁
100	Grundstück	m² GF	–	–	–	–	–	–
200	Herrichten und Erschließen	m² GF	1	36	104	0,3	1,1	2,2
300	Bauwerk - Baukonstruktionen	m² BGF	887	**1.173**	1.586	82,4	**85,1**	87,6
400	Bauwerk - Technische Anlagen	m² BGF	167	**196**	221	12,4	**15,0**	17,6
	Bauwerk (300+400)	m² BGF	1.063	**1.370**	1.799		100,0	
500	Außenanlagen	m² AF	29	**184**	328	2,8	**3,5**	5,7
600	Ausstattung und Kunstwerke	m² BGF	–	–	–	–	–	–
700	Baunebenkosten	m² BGF	–	–	–	–	–	–

KG	Kostengruppen der 2. Ebene	Einheit	▷	€/Einheit	◁	▷	% an 300	◁
310	Baugrube	m³ BGI	–	**78**	–	–	**0,8**	–
320	Gründung	m² GRF	80	**169**	296	1,8	**3,3**	5,9
330	Außenwände	m² AWF	259	**415**	493	29,2	**34,6**	42,7
340	Innenwände	m² IWF	114	**214**	284	13,2	**15,7**	16,9
350	Decken	m² DEF	298	**371**	408	18,5	**20,8**	22,0
360	Dächer	m² DAF	206	**359**	455	10,0	**14,4**	23,1
370	Baukonstruktive Einbauten	m² BGF	3	**10**	17	0,1	**0,7**	1,7
390	Sonstige Baukonstruktionen	m² BGF	96	**107**	115	6,7	**9,8**	11,4
300	**Bauwerk Baukonstruktionen**	**m² BGF**					**100,0**	

KG	Kostengruppen der 2. Ebene	Einheit	▷	€/Einheit	◁	▷	% an 400	◁
410	Abwasser, Wasser, Gas	m² BGF	48	**81**	100	30,6	**38,8**	51,6
420	Wärmeversorgungsanlagen	m² BGF	50	**76**	88	28,1	**37,3**	50,8
430	Lufttechnische Anlagen	m² BGF	3	**3**	4	0,0	**1,1**	1,8
440	Starkstromanlagen	m² BGF	30	**40**	47	17,3	**19,3**	20,4
450	Fernmeldeanlagen	m² BGF	5	**7**	9	2,6	**3,5**	4,1
460	Förderanlagen	m² BGF	–	–	–	–	–	–
470	Nutzungsspezifische Anlagen	m² BGF	–	–	–	–	–	–
480	Gebäudeautomation	m² BGF	–	–	–	–	–	–
490	Sonstige Technische Anlagen	m² BGF	–	–	–	–	–	–
400	**Bauwerk Technische Anlagen**	**m² BGF**					**100,0**	

Prozentanteile der Kosten der 2. Ebene an den Kosten des Bauwerks nach DIN 276 (Von-, Mittel-, Bis-Werte)

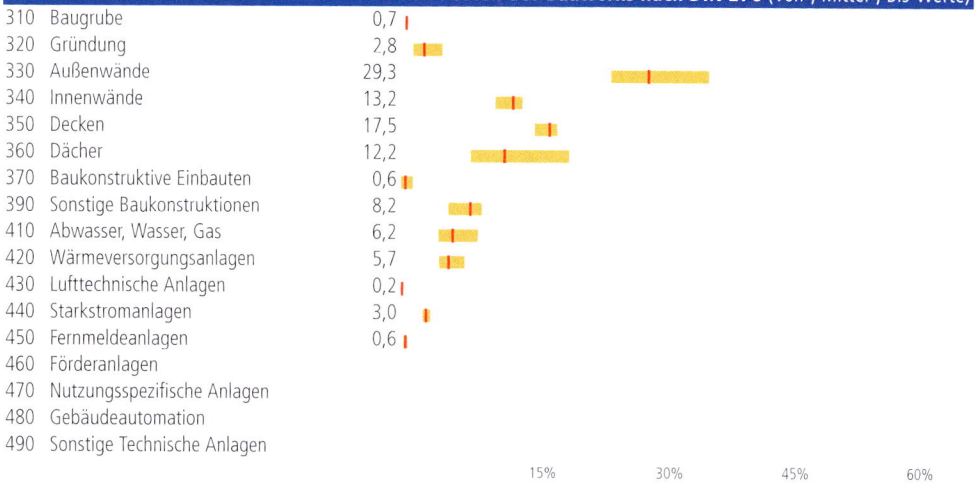

KG	Bezeichnung	%
310	Baugrube	0,7
320	Gründung	2,8
330	Außenwände	29,3
340	Innenwände	13,2
350	Decken	17,5
360	Dächer	12,2
370	Baukonstruktive Einbauten	0,6
390	Sonstige Baukonstruktionen	8,2
410	Abwasser, Wasser, Gas	6,2
420	Wärmeversorgungsanlagen	5,7
430	Lufttechnische Anlagen	0,2
440	Starkstromanlagen	3,0
450	Fernmeldeanlagen	0,6
460	Förderanlagen	
470	Nutzungsspezifische Anlagen	
480	Gebäudeautomation	
490	Sonstige Technische Anlagen	

© BKI Baukosteninformationszentrum; Erläuterungen zu den Tabellen siehe Seite 24 — Kosten: 2.Quartal 2018, Bundesdurchschnitt, inkl. 19% MwSt.

Modernisierungen

Fachwerkhäuser

Kostenkennwerte für die Kostengruppen der 3. Ebene DIN 276

KG	Kostengruppen der 3. Ebene	Einheit	▷	Ø €/Einheit	◁	▷	Ø €/m² BGF	◁
334	Außentüren und -fenster	m²	575,78	**945,12**	1.632,46	89,70	**135,13**	159,49
351	Deckenkonstruktionen	m²	193,63	**208,02**	236,64	52,11	**108,22**	137,26
335	Außenwandbekleidungen außen	m²	109,07	**117,24**	131,89	79,82	**104,80**	153,72
352	Deckenbeläge	m²	118,68	**144,13**	161,21	56,97	**88,22**	107,74
361	Dachkonstruktionen	m²	75,98	**172,66**	359,96	27,14	**85,09**	200,01
363	Dachbeläge	m²	118,62	**187,02**	304,33	46,63	**63,26**	90,89
345	Innenwandbekleidungen	m²	43,25	**58,03**	87,47	48,78	**62,40**	70,72
331	Tragende Außenwände	m²	194,41	**379,43**	679,44	41,62	**61,06**	72,28
412	Wasseranlagen	m²	31,84	**55,15**	67,30	31,84	**55,15**	67,30
342	Nichttragende Innenwände	m²	90,55	**98,42**	109,62	26,88	**51,35**	99,18
344	Innentüren und -fenster	m²	355,51	**409,64**	440,80	38,28	**43,00**	49,85
444	Niederspannungsinstallationsanl.	m²	25,81	**35,10**	40,22	25,81	**35,10**	40,22
353	Deckenbekleidungen	m²	44,32	**74,56**	92,63	25,12	**34,71**	39,51
392	Gerüste	m²	27,43	**34,44**	45,40	27,43	**34,44**	45,40
311	Baugrubenherstellung	m³	–	**77,92**	–	–	**34,26**	–
336	Außenwandbekleidungen innen	m²	34,03	**52,56**	89,51	22,73	**32,73**	52,31
393	Sicherungsmaßnahmen	m²	24,11	**32,50**	45,59	24,11	**32,50**	45,59
423	Raumheizflächen	m²	15,77	**32,22**	43,78	15,77	**32,22**	43,78
394	Abbruchmaßnahmen	m²	–	**27,36**	–	–	**27,36**	–
411	Abwasseranlagen	m²	19,17	**26,34**	36,80	19,17	**26,34**	36,80
339	Außenwände, sonstiges	m²	13,21	**17,66**	25,51	9,89	**20,87**	42,80
341	Tragende Innenwände	m²	117,79	**190,14**	326,27	19,07	**20,86**	23,93
421	Wärmeerzeugungsanlagen	m²	13,90	**19,30**	22,01	13,90	**19,30**	22,01
338	Sonnenschutz	m²	297,21	**404,43**	570,25	3,61	**17,98**	25,27
364	Dachbekleidungen	m²	14,85	**44,14**	58,80	4,76	**16,92**	39,08
324	Unterböden und Bodenplatten	m²	104,62	**106,42**	108,22	4,10	**16,55**	23,03
422	Wärmeverteilnetze	m²	9,45	**15,84**	19,76	9,45	**15,84**	19,76
391	Baustelleneinrichtung	m²	13,75	**15,48**	17,97	13,75	**15,48**	17,97
397	Zusätzliche Maßnahmen	m²	2,94	**14,39**	36,46	2,94	**14,39**	36,46
322	Flachgründungen	m²	19,01	**53,96**	121,14	4,88	**11,28**	23,49
332	Nichttragende Außenwände	m²	151,14	**603,72**	1.056,29	4,20	**11,00**	21,92
371	Allgemeine Einbauten	m²	3,17	**10,00**	16,82	3,17	**10,00**	16,82
369	Dächer, sonstiges	m²	6,63	**21,94**	48,94	2,45	**8,86**	21,10
429	Wärmeversorgungsanl., sonstiges	m²	4,32	**8,33**	15,92	4,32	**8,33**	15,92
359	Decken, sonstiges	m²	8,01	**9,74**	13,05	4,80	**6,08**	6,82
325	Bodenbeläge	m²	–	**70,46**	–	0,72	**5,75**	10,77
343	Innenstützen	m	–	**510,45**	–	–	**4,39**	–
455	Fernseh- und Antennenanlagen	m²	1,69	**3,85**	8,14	1,69	**3,85**	8,14
326	Bauwerksabdichtungen	m²	6,05	**15,34**	33,90	1,48	**3,65**	7,96
333	Außenstützen	m	–	**164,35**	–	–	**3,47**	–
396	Materialentsorgung	m²	–	**3,44**	–	–	**3,44**	–
431	Lüftungsanlagen	m²	3,09	**3,33**	3,56	3,09	**3,33**	3,56
362	Dachfenster, Dachöffnungen	m²	348,18	**557,74**	767,30	1,14	**3,20**	6,60
445	Beleuchtungsanlagen	m²	2,10	**3,17**	3,74	2,10	**3,17**	3,74
452	Such- und Signalanlagen	m²	1,26	**2,74**	5,58	1,26	**2,74**	5,58
327	Dränagen	m²	4,62	**7,74**	10,86	0,90	**2,11**	3,32
446	Blitzschutz- und Erdungsanlagen	m²	1,04	**1,99**	3,80	1,04	**1,99**	3,80
346	Elementierte Innenwände	m²	48,40	**60,17**	71,94	1,45	**1,73**	2,01
457	Übertragungsnetze	m²	–	**0,80**	–	–	**0,80**	–

Kosten:
Stand 2. Quartal 2018
Bundesdurchschnitt
inkl. 19% MwSt.

▷ von
Ø Mittel
◁ bis

Kostenkennwerte für Leistungsbereiche nach StLB (Kosten des Bauwerks nach DIN 276)

LB	Leistungsbereiche	▷	€/m² BGF	◁	▷	% an 300+400	◁
000	Sicherheits-, Baustelleneinrichtungen inkl. 001	44	**65**	65	3,2	**4,8**	4,8
002	Erdarbeiten	24	**24**	37	1,8	**1,8**	2,7
006	Spezialtiefbauarbeiten inkl. 005	–	**–**	–	–	**–**	–
009	Entwässerungskanalarbeiten inkl. 011	–	**4**	–	–	**0,3**	–
010	Drän- und Versickerungsarbeiten	–	**1**	–	–	**0,1**	–
012	Mauerarbeiten	45	**59**	59	3,3	**4,3**	4,3
013	Betonarbeiten	80	**100**	100	5,8	**7,3**	7,3
014	Natur-, Betonwerksteinarbeiten	–	**15**	–	–	**1,1**	–
016	Zimmer- und Holzbauarbeiten	144	**144**	196	10,5	**10,5**	14,3
017	Stahlbauarbeiten	–	**12**	–	–	**0,9**	–
018	Abdichtungsarbeiten	20	**20**	32	1,5	**1,5**	2,3
020	Dachdeckungsarbeiten	17	**33**	33	1,2	**2,4**	2,4
021	Dachabdichtungsarbeiten	–	**5**	–	–	**0,4**	–
022	Klempnerarbeiten	23	**23**	34	1,7	**1,7**	2,5
	Rohbau	426	**505**	505	31,1	**36,9**	36,9
023	Putz- und Stuckarbeiten, Wärmedämmsysteme	147	**147**	188	10,7	**10,7**	13,7
024	Fliesen- und Plattenarbeiten	25	**25**	33	1,8	**1,8**	2,4
025	Estricharbeiten	13	**13**	15	1,0	**1,0**	1,1
026	Fenster, Außentüren inkl. 029, 032	85	**117**	117	6,2	**8,6**	8,6
027	Tischlerarbeiten	67	**67**	74	4,9	**4,9**	5,4
028	Parkettarbeiten, Holzpflasterarbeiten	11	**27**	27	0,8	**1,9**	1,9
030	Rollladenarbeiten	18	**18**	27	1,3	**1,3**	2,0
031	Metallbauarbeiten inkl. 035	18	**18**	25	1,3	**1,3**	1,9
034	Maler- und Lackiererarbeiten inkl. 037	42	**42**	45	3,1	**3,1**	3,3
036	Bodenbelagarbeiten	6	**14**	14	0,4	**1,0**	1,0
038	Vorgehängte hinterlüftete Fassaden	1	**5**	5	0,1	**0,4**	0,4
039	Trockenbauarbeiten	66	**66**	104	4,8	**4,8**	7,6
	Ausbau	517	**559**	559	37,7	**40,8**	40,8
040	Wärmeversorgungsanl. - Betriebseinr. inkl. 041	52	**67**	67	3,8	**4,9**	4,9
042	Gas- und Wasserinstallation, Leitungen inkl. 043	17	**25**	25	1,2	**1,8**	1,8
044	Abwasserinstallationsarbeiten - Leitungen	16	**22**	22	1,2	**1,6**	1,6
045	GWA-Einrichtungsgegenstände inkl. 046	17	**27**	27	1,2	**2,0**	2,0
047	Dämmarbeiten an betriebstechnischen Anlagen	3	**3**	4	0,2	**0,2**	0,3
049	Feuerlöschanlagen, Feuerlöschgeräte	–	**–**	–	–	**–**	–
050	Blitzschutz- und Erdungsanlagen	1	**2**	2	0,1	**0,1**	0,1
053	Niederspannungsanlagen inkl. 052, 054	32	**36**	36	2,3	**2,6**	2,6
055	Ersatzstromversorgungsanlagen	–	**–**	–	–	**–**	–
057	Gebäudesystemtechnik	–	**–**	–	–	**–**	–
058	Leuchten und Lampen inkl. 059	3	**3**	3	0,2	**0,2**	0,2
060	Elektroakustische Anlagen, Sprechanlagen	1	**3**	3	0,1	**0,2**	0,2
061	Kommunikationsnetze, inkl. 062	2	**5**	5	0,2	**0,3**	0,3
063	Gefahrenmeldeanlagen	–	**–**	–	–	**–**	–
069	Aufzüge	–	**–**	–	–	**–**	–
070	Gebäudeautomation	–	**–**	–	–	**–**	–
075	Raumlufttechnische Anlagen	2	**2**	3	0,2	**0,2**	0,3
	Technische Anlagen	175	**195**	195	12,8	**14,2**	14,2
084	Abbruch- und Rückbauarbeiten	100	**100**	129	7,3	**7,3**	9,4
	Sonstige Leistungsbereiche inkl. 008, 033, 051	3	**10**	10	0,2	**0,8**	0,8

© BKI Baukosteninformationszentrum; Erläuterungen zu den Tabellen siehe Seite 28   Kosten: 2.Quartal 2018, Bundesdurchschnitt, **inkl. 19% MwSt.**

Modernisierungen

Fachwerkhäuser

Objektübersicht zur Gebäudeart

6100-0527 Mehrfamilienhaus BRI 2.792m³   BGF 970m²   NUF 642m²

€/m² BGF
min   910 €/m²
von   1.060 €/m²
Mittel 1.370 €/m²
bis   1.800 €/m²
max   1.900 €/m²

Kosten:
Stand 2.Quartal 2018
Bundesdurchschnitt
inkl. 19% MwSt.

Baujahr: 1870
Bauzustand: schlecht
Aufwand: hoch
Nutzung während der Bauzeit: nein
Nutzungsänderung: nein
Grundrissänderungen: wenige
Tragwerkseingriffe: wenige

Land: Brandenburg
Kreis: Cottbus
Standard: Durchschnitt
Bauzeit: 34 Wochen
Kennwerte: bis 4. Ebene DIN276
veröffentlicht: BKI Objektdaten A4

BGF   1.194 €/m²

Planung: Architekturwerkstatt Cottbus Planungsgesellschaft mbH; Cottbus

Modernisierung und Umbau eines Mehrfamilienhauses mit fünf Wohneinheiten (398m² WFL), zwei Büroeinheiten. Mit Aufstockung und Anbau von Balkonen.

Bauwerk - Baukonstruktionen
Abbrechen: Tragende Außenwände 2%
Herstellen: Außentüren und -fenster 11%, Deckenbeläge 8%, Außenwandbekleidungen außen 7%, Gerüste 4%, Dachbeläge 4%, Außenwände, sonstiges 4%, Deckenkonstruktionen 4%, Zusätzliche Maßnahmen 4%, Deckenbekleidungen 3%, Innentüren und -fenster 3%, Dachkonstruktionen 2%, Nichttragende Innenwände 2%
Wiederherstellen: Außenwandbekleidungen außen 8%, Außentüren und -fenster 5%, Innenwandbekleidungen 3%
Sonstige: 26%

Bauwerk - Technische Anlagen
Herstellen: Raumheizflächen 27%, Wasseranlagen 17%, Niederspannungsinstallationsanlagen 15%, Wärmeverteilnetze 12%, Abwasseranlagen 8%
Sonstige: 20%

6100-0480 Mehrfamilienhaus (5 WE)   BRI 1.600m³   BGF 563m²   NUF 363m²

Baujahr: 1574
Bauzustand: schlecht
Aufwand: hoch
Nutzung während der Bauzeit: nein
Nutzungsänderung: ja
Grundrissänderungen: einige
Tragwerkseingriffe: wenige

Land: Hessen
Kreis: Darmstadt
Standard: über Durchschnitt
Bauzeit: 91 Wochen
Kennwerte: bis 4. Ebene DIN276
veröffentlicht: BKI Objektdaten E2

BGF   1.673 €/m²

Planung: m+ architekten Klaus Mattern Eva Moos; Darmstadt

Modernisierung und Umbau eines ehemaligen Zollhauses der Hessischen Landgrafen, das als landwirtschaftliches Anwesen durch eine Großfamilie genutzt wurde, zu einem reinen Wohnhaus.

Bauwerk - Baukonstruktionen
Herstellen: Dachkonstruktionen 13%, Außentüren und -fenster 10%, Deckenkonstruktionen 9%, Deckenbeläge 8%, Außenwandbekleidungen außen 6%, Nichttragende Innenwände 6%, Dachbeläge 5%, Innenwandbekleidungen 4%, Innentüren und -fenster 3%, Sicherungsmaßnahmen 3%, Dachbekleidungen 3%, Baugrubenherstellung 2%, Gerüste 2%
Wiederherstellen: Tragende Außenwände 3%
Sonstige: 22%

Bauwerk - Technische Anlagen
Herstellen: Wasseranlagen 27%, Niederspannungsinstallationsanlagen 17%, Raumheizflächen 14%, Abwasseranlagen 11%, Wärmeerzeugungsanlagen 9%
Sonstige: 22%

Objektübersicht zur Gebäudeart

6100-0220 Mehrfamilienhaus (3 WE)

BRI 1.540m³   **BGF** 595m²   **NUF** 420m²

Baujahr: 1808
Bauzustand: schlecht
Aufwand: hoch
Nutzung während der Bauzeit: nein
Nutzungsänderung: ja
Grundrissänderungen: umfangreiche
Tragwerkseingriffe: umfangreiche

Land: Baden-Württemberg
Kreis: Rems-Murr
Standard: Durchschnitt
Bauzeit: 52 Wochen
Kennwerte: bis 4. Ebene DIN276
veröffentlicht: BKI Objektdaten A1

BGF   1.178 €/m²

Planung: Rolf Neddermann Dr.-Ing. Freier Architekt; Remshalden-Grunbach

Drei Mietwohnungen, eine Eigentumswohnung; Dachterrasse für alle Bewohner zugänglich und nutzbar; zentral gelegene Regenwassernutzungsanlage für alle Wohnungen. **Kosteneinfluss Nutzung:** Die Fenster in der Süd- und Westfassade wurden als Verbundfenster ausgeführt; das alte Scheunentor wurde durch ein großes Glaselement ersetzt. **Kosteneinfluss Grundstück:** Erhöhte Kosten durch Unterfangung des Erdgeschosses. Verdecktes Fachwerk musste teilweise erneuert werden.

Bauwerk - Baukonstruktionen
Abbrechen: Abbruchmaßnahmen 3%
Herstellen: Außentüren und -fenster 9%, Innenwandbekleidungen 7%, Deckenkonstruktionen 7%, Außenwandbekleidungen außen 7%, Außenwandbekleidungen innen 5%, Deckenbeläge 5%, Dachbeläge 4%, Innentüren und -fenster 4%
Wiederherstellen: Deckenkonstruktionen 6%, Tragende Außenwände 5%, Dachkonstruktionen 2%
Sonstige: 36%

Bauwerk - Technische Anlagen
Herstellen: Wasseranlagen 34%, Niederspannungsinstallationsanlagen 18%, Abwasseranlagen 18%, Wärmeerzeugungsanlagen 11%, Raumheizflächen 8%, Wärmeverteilnetze 5%, Fernseh- und Antennenanlagen 4%
Sonstige: 4%

6100-0358 Stadthaus (3 WE)

BRI 679m³   **BGF** 192m²   **NUF** 148m²

Baujahr: 1730
Bauzustand: schlecht
Aufwand: hoch
Nutzung während der Bauzeit: nein
Nutzungsänderung: nein
Grundrissänderungen: umfangreiche
Tragwerkseingriffe: einige

Land: Sachsen-Anhalt
Kreis: Halberstadt
Standard: Durchschnitt
Bauzeit: 34 Wochen
Kennwerte: bis 1. Ebene DIN276
veröffentlicht: BKI Objektdaten A2

BGF   1.896 €/m²

Planung: Jean-Elie Hamesse Architekt + Planer; Braunschweig

Modernisierung und Instandsetzung eines denkmalgeschützten Fachwerkhauses von 1730. **Kosteneinfluss Nutzung:** Besondere Auflagen des Denkmalschutzes, sowie des Brand-, Wärme- und Schallschutzes mussten beachtet werden. Der alte Gewölbekeller musste erhalten bleiben. **Kosteneinfluss Grundstück:** Sehr beschränkter Platz für Baustelleneinrichtung. Es wurde ein gegenüberliegendes Grundstück zur Lagerung gepachtet.

Modernisierungen

Fachwerkhäuser

Objektübersicht zur Gebäudeart

6100-0288 Einfamilienhaus mit ELW　　　　**BRI** 849m³　**BGF** 278m²　**NUF** 175m²

€/m² BGF
min	910 €/m²
von	1.060 €/m²
Mittel	**1.370 €/m²**
bis	1.800 €/m²
max	1.900 €/m²

Baujahr: 1850
Bauzustand: mittel
Aufwand: mittel
Nutzung während der Bauzeit: nein
Nutzungsänderung: ja
Grundrissänderungen: wenige
Tragwerkseingriffe: einige

Land: Niedersachsen
Kreis: Gifhorn
Standard: Durchschnitt
Bauzeit: 13 Wochen
Kennwerte: bis 1. Ebene DIN276
veröffentlicht: BKI Objektdaten A1

BGF   907 €/m²

Planung: Jean-Elie Hamesse Architekt + Planer; Braunschweig

Einfamilienwohnhaus mit Einliegerwohnung (197m² WFL), unterkellert.

Kosten:
Stand 2.Quartal 2018
Bundesdurchschnitt
inkl. 19% MwSt.

Modernisierung

Modernisierungen
Gewerbegebäude

Kostenkennwerte für die Kosten des Bauwerks (Kostengruppen 300+400 nach DIN 276)

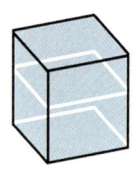

BRI 405 €/m³
von 385 €/m³
bis 430 €/m³

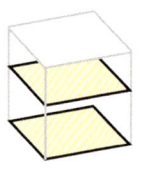

BGF 1.480 €/m²
von 1.420 €/m²
bis 1.650 €/m²

NUF 2.240 €/m²
von 2.100 €/m²
bis 2.580 €/m²

Kosten:
Stand 2.Quartal 2018
Bundesdurchschnitt
inkl. 19% MwSt.

Objektbeispiele

7200-0053

7700-0036

7600-0028

Kosten der 4 Vergleichsobjekte — Seiten 354 bis 356

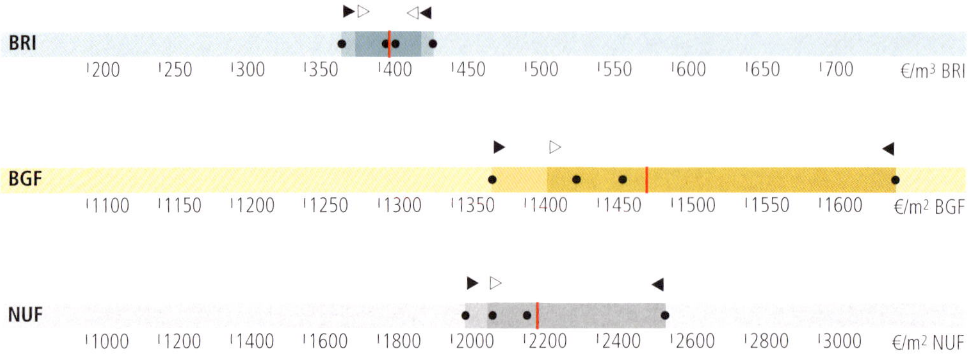

- ● KKW
- ▶ min
- ▷ von
- | Mittelwert
- ◁ bis
- ◀ max

BRI (€/m³ BRI): 200 – 700

BGF (€/m² BGF): 1100 – 1600

NUF (€/m² NUF): 1000 – 3000

© BKI Baukosteninformationszentrum; Erläuterungen zu den Tabellen siehe Seite 22

Kosten: 2.Quartal 2018, Bundesdurchschnitt, **inkl. 19% MwSt.**

Kostenkennwerte für die Kostengruppen der 1. und 2. Ebene DIN 276

KG	Kostengruppen der 1. Ebene	Einheit	▷	€/Einheit	◁	▷	% an 300+400	◁
100	Grundstück	m² GF	–	–	–	–	–	–
200	Herrichten und Erschließen	m² GF	–	17	–	–	1,4	–
300	Bauwerk - Baukonstruktionen	m² BGF	601	1.021	1.179	41,0	68,8	78,4
400	Bauwerk - Technische Anlagen	m² BGF	318	462	865	21,6	31,2	59,0
	Bauwerk (300+400)	m² BGF	1.415	1.483	1.652		100,0	
500	Außenanlagen	m² AF	146	146	146	0,2	5,0	9,8
600	Ausstattung und Kunstwerke	m² BGF	18	86	154	1,3	5,9	10,5
700	Baunebenkosten	m² BGF	–	–	–	–	–	–

KG	Kostengruppen der 2. Ebene	Einheit	▷	€/Einheit	◁	▷	% an 300	◁
310	Baugrube	m³ BGI	34	45	56	0,2	0,7	1,8
320	Gründung	m² GRF	199	217	235	0,3	1,8	4,9
330	Außenwände	m² AWF	137	278	546	1,4	16,8	27,3
340	Innenwände	m² IWF	110	167	272	10,8	20,0	36,1
350	Decken	m² DEF	248	612	1.332	25,7	29,2	34,4
360	Dächer	m² DAF	275	294	313	1,1	6,3	16,5
370	Baukonstruktive Einbauten	m² BGF	3	223	662	0,5	17,8	52,3
390	Sonstige Baukonstruktionen	m² BGF	52	62	79	4,5	7,4	13,2
300	**Bauwerk Baukonstruktionen**	m² BGF					100,0	

KG	Kostengruppen der 2. Ebene	Einheit	▷	€/Einheit	◁	▷	% an 400	◁
410	Abwasser, Wasser, Gas	m² BGF	37	87	137	0,0	8,9	14,0
420	Wärmeversorgungsanlagen	m² BGF	46	71	117	8,5	16,1	30,4
430	Lufttechnische Anlagen	m² BGF	136	251	366	0,0	27,5	41,2
440	Starkstromanlagen	m² BGF	126	176	268	23,1	39,7	69,3
450	Fernmeldeanlagen	m² BGF	1	17	33	0,2	1,4	3,8
460	Förderanlagen	m² BGF	15	19	23	0,0	2,4	3,8
470	Nutzungsspezifische Anlagen	m² BGF	3	46	90	0,3	3,7	10,4
480	Gebäudeautomation	m² BGF	–	–	–	–	–	–
490	Sonstige Technische Anlagen	m² BGF	–	10	–	–	0,4	–
400	**Bauwerk Technische Anlagen**	m² BGF					100,0	

Prozentanteile der Kosten der 2. Ebene an den Kosten des Bauwerks nach DIN 276 (Von-, Mittel-, Bis-Werte)

KG	Kostengruppe	Mittelwert %
310	Baugrube	0,5
320	Gründung	1,3
330	Außenwände	10,8
340	Innenwände	11,0
350	Decken	18,9
360	Dächer	4,5
370	Baukonstruktive Einbauten	13,5
390	Sonstige Baukonstruktionen	4,1
410	Abwasser, Wasser, Gas	4,0
420	Wärmeversorgungsanlagen	4,5
430	Lufttechnische Anlagen	11,5
440	Starkstromanlagen	11,4
450	Fernmeldeanlagen	0,8
460	Förderanlagen	0,9
470	Nutzungsspezifische Anlagen	2,1
480	Gebäudeautomation	
490	Sonstige Technische Anlagen	0,2

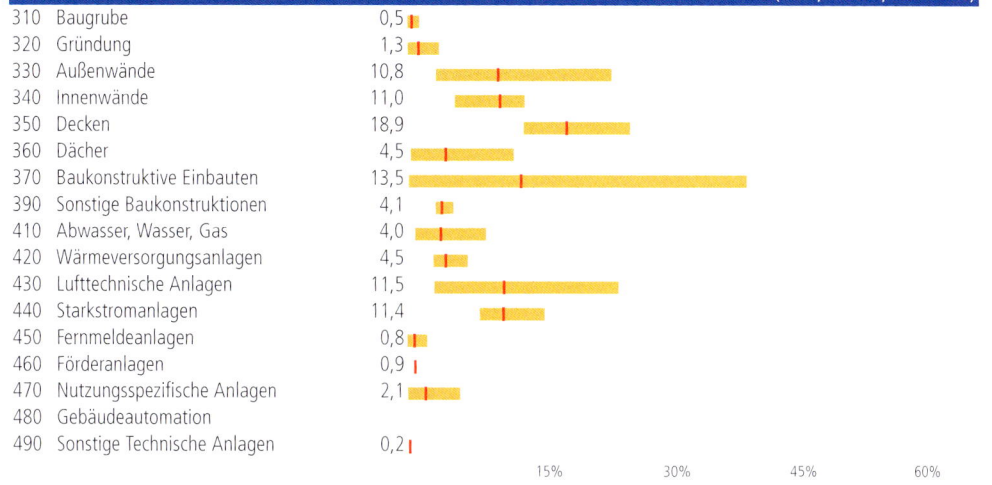

© **BKI** Baukosteninformationszentrum; Erläuterungen zu den Tabellen siehe Seite 24   Kosten: 2.Quartal 2018, Bundesdurchschnitt, inkl. 19% MwSt.

Modernisierungen Gewerbegebäude

Kostenkennwerte für die Kostengruppen der 3. Ebene DIN 276

KG	Kostengruppen der 3. Ebene	Einheit	▷	Ø €/Einheit	◁	▷	Ø €/m² BGF	◁
372	Besondere Einbauten	m²	4,57	333,48	662,38	4,57	333,48	662,38
431	Lüftungsanlagen	m²	–	212,27	–	–	212,27	–
434	Kälteanlagen	m²	–	153,70	–	–	153,70	–
351	Deckenkonstruktionen	m²	286,09	424,70	701,84	36,95	125,68	186,91
352	Deckenbeläge	m²	111,69	280,84	597,75	68,06	114,82	195,20
445	Beleuchtungsanlagen	m²	18,37	109,65	200,93	18,37	109,65	200,93
335	Außenwandbekleidungen außen	m²	51,38	167,96	284,54	28,64	104,56	180,48
444	Niederspannungsinstallationsanl.	m²	66,70	95,06	123,41	66,70	95,06	123,41
412	Wasseranlagen	m²	–	76,27	–	–	76,27	–
422	Wärmeverteilnetze	m²	40,71	68,87	97,03	40,71	68,87	97,03
473	Medienversorgungsanlagen	m²	–	68,55	–	–	68,55	–
363	Dachbeläge	m²	201,44	228,22	255,01	13,50	65,09	116,67
411	Abwasseranlagen	m²	–	60,28	–	–	60,28	–
345	Innenwandbekleidungen	m²	27,41	42,23	71,67	42,47	59,55	69,17
353	Deckenbekleidungen	m²	62,95	316,02	818,83	29,34	46,55	80,77
342	Nichttragende Innenwände	m²	77,02	90,96	118,43	22,53	40,64	76,80
341	Tragende Innenwände	m²	61,60	107,58	153,55	5,76	34,97	64,18
391	Baustelleneinrichtung	m²	20,62	32,48	56,20	20,62	32,48	56,20
334	Außentüren und -fenster	m²	139,69	256,85	464,26	17,40	30,15	38,47
343	Innenstützen	m	–	221,11	–	–	29,72	–
322	Flachgründungen	m²	–	125,68	–	–	28,50	–
344	Innentüren und -fenster	m²	8,25	183,95	286,63	5,86	27,82	69,63
331	Tragende Außenwände	m²	20,01	94,57	169,12	11,16	27,71	44,25
336	Außenwandbekleidungen innen	m²	30,94	35,85	40,76	21,64	24,71	27,78
339	Außenwände, sonstiges	m²	–	36,65	–	–	23,25	–
461	Aufzugsanlagen	m²	–	23,23	–	–	23,23	–
361	Dachkonstruktionen	m²	20,20	101,75	183,31	1,07	23,03	44,99
337	Elementierte Außenwände	m²	–	470,85	–	–	23,03	–
394	Abbruchmaßnahmen	m²	1,92	22,80	43,68	1,92	22,80	43,68
423	Raumheizflächen	m²	14,56	17,46	20,35	14,56	17,46	20,35
451	Telekommunikationsanlagen	m²	0,16	16,38	32,59	0,16	16,38	32,59
478	Entsorgungsanlagen	m²	–	16,30	–	–	16,30	–
392	Gerüste	m²	8,86	14,46	20,05	8,86	14,46	20,05
369	Dächer, sonstiges	m²	–	19,20	–	–	11,12	–
494	Abbruchmaßnahmen	m²	–	10,13	–	–	10,13	–
324	Unterböden und Bodenplatten	m²	88,23	122,07	155,91	1,20	8,93	16,66
443	Niederspannungsschaltanlagen	m²	–	8,84	–	–	8,84	–
338	Sonnenschutz	m²	103,67	174,02	244,37	5,80	8,77	11,73
311	Baugrubenherstellung	m³	33,80	38,29	42,78	2,27	8,63	14,98
364	Dachbekleidungen	m²	–	44,12	–	–	7,17	–
359	Decken, sonstiges	m²	5,68	7,62	9,56	4,90	6,67	8,43
349	Innenwände, sonstiges	m²	–	4,66	–	–	6,22	–
397	Zusätzliche Maßnahmen	m²	4,55	4,95	5,34	4,55	4,95	5,34
312	Baugrubenumschließung	m²	–	118,45	–	–	4,71	–
327	Dränagen	m²	–	14,82	–	–	3,36	–
477	Prozesswärme-, -kälte- und -luftanlagen	m²	–	2,86	–	–	2,86	–
475	Feuerlöschanlagen	m²	–	2,49	–	–	2,49	–
393	Sicherungsmaßnahmen	m²	–	1,58	–	–	1,58	–
346	Elementierte Innenwände	m²	–	135,95	–	–	1,33	–

Kosten: Stand 2. Quartal 2018 Bundesdurchschnitt inkl. 19% MwSt.

▷ von
Ø Mittel
◁ bis

© BKI Baukosteninformationszentrum; Erläuterungen zu den Tabellen siehe Seite 26   Kosten: 2.Quartal 2018, Bundesdurchschnitt, inkl. 19% MwSt.

Kostenkennwerte für Leistungsbereiche nach StLB (Kosten des Bauwerks nach DIN 276)

LB	Leistungsbereiche	▷	€/m² BGF	◁	▷	% an 300+400	◁
000	Sicherheits-, Baustelleneinrichtungen inkl. 001	35	**35**	47	2,4	**2,4**	3,2
002	Erdarbeiten	2	**8**	8	0,1	**0,5**	0,5
006	Spezialtiefbauarbeiten inkl. 005	–	**2**	–	–	**0,1**	–
009	Entwässerungskanalarbeiten inkl. 011	0	**1**	1	0,0	**0,1**	0,1
010	Drän- und Versickerungsarbeiten	–	**1**	–	–	**0,0**	–
012	Mauerarbeiten	51	**79**	79	3,4	**5,3**	5,3
013	Betonarbeiten	46	**101**	101	3,1	**6,8**	6,8
014	Natur-, Betonwerksteinarbeiten	120	**120**	186	8,1	**8,1**	12,5
016	Zimmer- und Holzbauarbeiten	–	**12**	–	–	**0,8**	–
017	Stahlbauarbeiten	1	**12**	12	0,0	**0,8**	0,8
018	Abdichtungsarbeiten	–	**1**	–	–	**0,1**	–
020	Dachdeckungsarbeiten	–	**6**	–	–	**0,4**	–
021	Dachabdichtungsarbeiten	4	**26**	26	0,3	**1,7**	1,7
022	Klempnerarbeiten	1	**15**	15	0,1	**1,0**	1,0
	Rohbau	210	**419**	419	14,2	**28,3**	28,3
023	Putz- und Stuckarbeiten, Wärmedämmsysteme	41	**41**	62	2,8	**2,8**	4,2
024	Fliesen- und Plattenarbeiten	15	**15**	23	1,0	**1,0**	1,5
025	Estricharbeiten	2	**9**	9	0,2	**0,6**	0,6
026	Fenster, Außentüren inkl. 029, 032	16	**28**	28	1,1	**1,9**	1,9
027	Tischlerarbeiten	30	**218**	218	2,0	**14,7**	14,7
028	Parkettarbeiten, Holzpflasterarbeiten	–	**–**	–	–	**–**	–
030	Rollladenarbeiten	2	**7**	7	0,1	**0,4**	0,4
031	Metallbauarbeiten inkl. 035	15	**15**	25	1,0	**1,0**	1,7
034	Maler- und Lackiererarbeiten inkl. 037	38	**44**	44	2,5	**2,9**	2,9
036	Bodenbelagarbeiten	3	**9**	9	0,2	**0,6**	0,6
038	Vorgehängte hinterlüftete Fassaden	–	**–**	–	–	**–**	–
039	Trockenbauarbeiten	50	**50**	82	3,4	**3,4**	5,5
	Ausbau	326	**437**	437	22,0	**29,4**	29,4
040	Wärmeversorgungsanl. - Betriebseinr. inkl. 041	47	**70**	70	3,2	**4,7**	4,7
042	Gas- und Wasserinstallation, Leitungen inkl. 043	6	**37**	37	0,4	**2,5**	2,5
044	Abwasserinstallationsarbeiten - Leitungen	4	**18**	18	0,3	**1,2**	1,2
045	GWA-Einrichtungsgegenstände inkl. 046	9	**9**	15	0,6	**0,6**	1,0
047	Dämmarbeiten an betriebstechnischen Anlagen	1	**18**	18	0,0	**1,2**	1,2
049	Feuerlöschanlagen, Feuerlöschgeräte	–	**1**	–	–	**0,1**	–
050	Blitzschutz- und Erdungsanlagen	–	**–**	–	–	**–**	–
053	Niederspannungsanlagen inkl. 052, 054	101	**101**	118	6,8	**6,8**	8,0
055	Ersatzstromversorgungsanlagen	–	**–**	–	–	**–**	–
057	Gebäudesystemtechnik	–	**–**	–	–	**–**	–
058	Leuchten und Lampen inkl. 059	8	**63**	63	0,6	**4,2**	4,2
060	Elektroakustische Anlagen, Sprechanlagen	0	**5**	5	0,0	**0,4**	0,4
061	Kommunikationsnetze, inkl. 062	–	**11**	–	–	**0,7**	–
063	Gefahrenmeldeanlagen	–	**1**	–	–	**0,1**	–
069	Aufzüge	–	**8**	–	–	**0,5**	–
070	Gebäudeautomation	–	**–**	–	–	**–**	–
075	Raumlufttechnische Anlagen	42	**142**	142	2,8	**9,6**	9,6
	Technische Anlagen	342	**484**	484	23,1	**32,6**	32,6
084	Abbruch- und Rückbauarbeiten	121	**121**	179	8,2	**8,2**	12,1
	Sonstige Leistungsbereiche inkl. 008, 033, 051	3	**23**	23	0,2	**1,5**	1,5

© BKI Baukosteninformationszentrum; Erläuterungen zu den Tabellen siehe Seite 28   Kosten: 2.Quartal 2018, Bundesdurchschnitt, inkl. 19% MwSt.

Modernisierungen

Gewerbegebäude

Objektübersicht zur Gebäudeart

7600-0066 Feuer- und Rettungswache*

BRI 8.042m³ **BGF** 2.530m² **NUF** 1.742m²

Bauzustand: mittel
Aufwand: mittel
Nutzung während der Bauzeit: ja
Nutzungsänderung: nein
Grundrissänderungen: keine
Tragwerkseingriffe: keine

Land: Nordrhein-Westfalen
Kreis: Recklinghausen
Standard: Durchschnitt
Bauzeit: 4 Wochen
Kennwerte: bis 3. Ebene DIN276
veröffentlicht: BKI Objektdaten A9

BGF 10 €/m²

* Nicht in der Auswertung enthalten

€/m² BGF
min   1.380 €/m²
von   1.420 €/m²
Mittel **1.480 €/m²**
bis   1.650 €/m²
max   1.650 €/m²

Kosten:
Stand 2.Quartal 2018
Bundesdurchschnitt
inkl. 19% MwSt.

Feuer- und Rettungswache, Fenstermodernisierung

Bauwerk - Baukonstruktionen
Abbrechen: Außentüren und -fenster 8%
Herstellen: Außentüren und -fenster 92%, Baustelleneinrichtung 1%

7100-0038 Fabrikgebäude Textilproduktion*

BRI 6.121m³ **BGF** 1.611m² **NUF** 1.128m²

Bauzustand: gut
Aufwand: mittel
Nutzung während der Bauzeit: nein
Nutzungsänderung: nein
Grundrissänderungen: wenige
Tragwerkseingriffe: keine

Land: Baden-Württemberg
Kreis: Zollernalb, Balingen
Standard: Durchschnitt
Bauzeit: 52 Wochen
Kennwerte: bis 3. Ebene DIN276
veröffentlicht: BKI Objektdaten A9

BGF 401 €/m²

* Nicht in der Auswertung enthalten

Planung: Architekturbüro Walter Haller; Albstadt

Fabrikgebäude für Textilproduktion

Bauwerk - Baukonstruktionen
Herstellen: Außenwandbekleidungen außen 39%, Deckenkonstruktionen 7%, Bodenbeläge 6%, Dachkonstruktionen 6%, Dachbeläge 6%, Innentüren und -fenster 5%, Außentüren und -fenster 4%, Gerüste 4%, Deckenbeläge 3%
Sonstige: 20%

Bauwerk - Technische Anlagen
Herstellen: Medienversorgungsanlagen 32%, Beleuchtungsanlagen 13%, Niederspannungsinstallationsanlagen 12%, Wärmeerzeugungsanlagen 12%
Wiederherstellen: Raumheizflächen 9%
Sonstige: 22%

Objektübersicht zur Gebäudeart

7200-0046 Apotheke

BRI 429m³ **BGF** 97m² **NUF** 76m²

Baujahr: 1898
Bauzustand: mittel
Aufwand: hoch
Nutzung während der Bauzeit: ja
Nutzungsänderung: nein
Grundrissänderungen: wenige
Tragwerkseingriffe: wenige

Land: Niedersachsen
Kreis: Harburg, Winsen/Luhe
Standard: über Durchschnitt
Bauzeit: 8 Wochen
Kennwerte: bis 3. Ebene DIN276
veröffentlicht: BKI Objektdaten A3

BGF 1.652 €/m²

Planung: Holst Becker Architekten holstbecker.de; Hamburg

Apotheke mit Büros, Labor und Nebenräume, Musikschule, zwei Wohnungen. **Kosteneinfluss Grundstück:** Innenstadtlage, Fußgängerzone, Nutzung der Fußgängerzone für Baustelleneinrichtung, Zuwegung über Fußgängerzone mit Sondererlaubnis.

Bauwerk - Baukonstruktionen
Abbrechen: Deckenkonstruktionen 8%
Herstellen: Deckenbeläge 12%
Wiederherstellen: Besondere Einbauten 52%
Sonstige: 27%

Bauwerk - Technische Anlagen
Herstellen: Beleuchtungsanlagen 52%, Wärmeverteilnetze 25%, Niederspannungsinstallationsanlagen 17%
Sonstige: 6%

7200-0053 Wohn- und Geschäftshaus

BRI 9.997m³ **BGF** 2.817m² **NUF** 1.984m²

Land: Sachsen
Kreis: Plauen
Standard: über Durchschnitt
Bauzeit: 65 Wochen
Kennwerte: bis 4. Ebene DIN276
veröffentlicht: BKI Objektdaten A3

BGF 1.435 €/m²

Planung: Architekturbüro Seiss; Plauen

Wohn- und Geschäftshaus, Sparkassengeschäftsstelle, acht Wohnungen, Tiefgarage.

Bauwerk - Baukonstruktionen
Herstellen: Außenwandbekleidungen außen 14%, Deckenkonstruktionen 12%, Dachbeläge 10%, Deckenbeläge 9%, Tragende Innenwände 5%, Dachkonstruktionen 4%, Außentüren und -fenster 4%, Tragende Außenwände 3%, Innenwandbekleidungen 3%, Innenstützen 3%, Flachgründungen 3%, Außenwandbekleidungen innen 3%, Deckenbekleidungen 2%, Außenwände, sonstiges 2%
Wiederherstellen: Außenwandbekleidungen außen 2%
Sonstige: 22%

Modernisierungen

Gewerbegebäude

Objektübersicht zur Gebäudeart

7700-0036 Laborgebäude   **BRI** 9.773m³   **BGF** 2.739m²   **NUF** 1.555m²

Baujahr: 1957
Bauzustand: mittel
Aufwand: hoch
Nutzung während der Bauzeit: ja
Nutzungsänderung: nein
Grundrissänderungen: wenige
Tragwerkseingriffe: keine

Land: Bayern
Kreis: Würzburg
Standard: über Durchschnitt
Bauzeit: 173 Wochen
Kennwerte: bis 4. Ebene DIN276
veröffentlicht: BKI Objektdaten A3
BGF   **1.466 €/m²**

€/m² BGF
min   1.380 €/m²
von   1.420 €/m²
Mittel   **1.480 €/m²**
bis   1.650 €/m²
max   1.650 €/m²

Kosten:
Stand 2.Quartal 2018
Bundesdurchschnitt
inkl. 19% MwSt.

Planung: Scholz & Völker Architektengemeinschaft; Würzburg
Institutsgebäude für die Universität, Labor-, Büro- und Sozialräume.

Bauwerk - Baukonstruktionen
Abbrechen: Abbruchmaßnahmen 7%
Herstellen: Deckenbekleidungen 13%, Innentüren und -fenster 9%, Nichttragende Innenwände 9%, Deckenbeläge 6%, Innenwandbekleidungen 6%, Außentüren und -fenster 5%
Wiederherstellen: Deckenkonstruktionen 5%, Außenwandbekleidungen außen 5%, Innenwandbekleidungen 4%
Sonstige: 30%

Bauwerk - Technische Anlagen
Abbrechen: Lüftungsanlagen 2%
Herstellen: Lüftungsanlagen 22%, Kälteanlagen 18%, Niederspannungsinstallationsanlagen 13%, Wasseranlagen 9%, Medienversorgungsanlagen 8%, Abwasseranlagen 7%, Wärmeverteilnetze 4%, Telekommunikationsanlagen 4%
Sonstige: 13%

7600-0028 Feuerwehrgerätehaus   **BRI** 1.830m³   **BGF** 580m²   **NUF** 362m²

Bauzustand: schlecht
Aufwand: hoch
Nutzung während der Bauzeit: nein
Nutzungsänderung: nein
Grundrissänderungen: einige
Tragwerkseingriffe: einige

Land: Sachsen
Kreis: Auerbach
Standard: Durchschnitt
Bauzeit: 26 Wochen
Kennwerte: bis 1. Ebene DIN276
veröffentlicht: BKI Objektdaten A1
BGF   **1.377 €/m²**

Planung: Bernd Riedl Dipl.-Ing. Arch.-u. Ing. Büro Dr. Obeth u. Riedl; Rodewisch
Modernisierung und Umbau eines Feuerwehrhauses mit Übergang zum Erweiterungsbau (Objekt 7600-0027); zwei Stellplätze, Wasch- und Pflegehalle, Batterieladeraum, Werkstatt, Fahrzeughalle für nachgeordnete Technik, Schlauchtrocknung, Raum für Feuerwehrjugend, Funkwerkstatt, Waschraum für Einsatzbekleidung, Vierzimmerwohnung.

Moderni-
sierung

Instandsetzungen

Wohngebäude

Kostenkennwerte für die Kosten des Bauwerks (Kostengruppen 300+400 nach DIN 276)

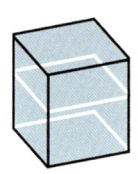

BRI 125 €/m³
von 45 €/m³
bis 295 €/m³

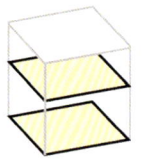

BGF 340 €/m²
von 140 €/m²
bis 760 €/m²

NUF 610 €/m²
von 240 €/m²
bis 1.060 €/m²

NE 1.890 €/NE
von 1.890 €/NE
bis 1.890 €/NE
NE: Wohnfläche

Kosten:
Stand 2. Quartal 2018
Bundesdurchschnitt
inkl. 19% MwSt.

Objektbeispiele

6100-0467
6100-0996 
6100-0695 
6100-0359 
6100-1113 
6400-0057 

Kosten der 10 Vergleichsobjekte — Seiten 362 bis 368

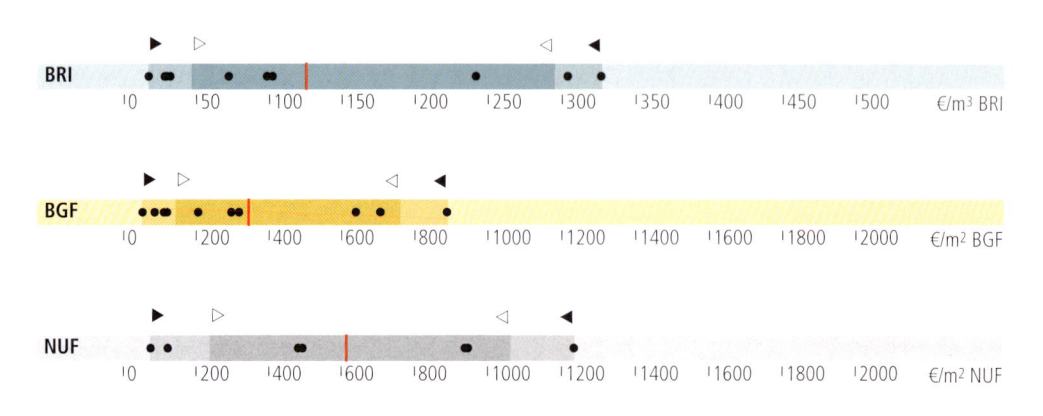

- ● KKW
- ▶ min
- ▷ von
- | Mittelwert
- ◁ bis
- ◀ max

BRI — €/m³ BRI
BGF — €/m² BGF
NUF — €/m² NUF

© BKI Baukosteninformationszentrum; Erläuterungen zu den Tabellen siehe Seite 22   Kosten: 2. Quartal 2018, Bundesdurchschnitt, **inkl. 19% MwSt.**

Kostenkennwerte für die Kostengruppen der 1. und 2. Ebene DIN 276

KG	Kostengruppen der 1. Ebene	Einheit	▷	€/Einheit	◁	▷	% an 300+400	◁
100	Grundstück	m² GF	–	–	–	–	–	–
200	Herrichten und Erschließen	m² GF	–	14	–	–	4,4	–
300	Bauwerk - Baukonstruktionen	m² BGF	131	280	603	77,3	88,4	97,9
400	Bauwerk - Technische Anlagen	m² BGF	20	77	176	5,3	14,5	24,4
	Bauwerk (300+400)	m² BGF	144	342	758		100,0	
500	Außenanlagen	m² AF	19	19	19	0,4	1,7	5,2
600	Ausstattung und Kunstwerke	m² BGF	1	2	2	0,3	0,5	0,7
700	Baunebenkosten	m² BGF	–	–	–	–	–	–

KG	Kostengruppen der 2. Ebene	Einheit	▷	€/Einheit	◁	▷	% an 300	◁
310	Baugrube	m³ BGI	10	68	98	0,0	2,7	14,1
320	Gründung	m² GRF	52	123	250	0,2	1,7	6,3
330	Außenwände	m² AWF	142	217	293	22,3	46,4	70,5
340	Innenwände	m² IWF	109	165	251	0,5	6,1	15,8
350	Decken	m² DEF	148	353	706	2,5	8,8	23,1
360	Dächer	m² DAF	166	298	502	5,8	26,8	48,8
370	Baukonstruktive Einbauten	m² BGF	5	22	54	0,0	1,1	6,6
390	Sonstige Baukonstruktionen	m² BGF	8	19	47	3,5	6,6	12,2
300	**Bauwerk Baukonstruktionen**	**m² BGF**					**100,0**	

KG	Kostengruppen der 2. Ebene	Einheit	▷	€/Einheit	◁	▷	% an 400	◁
410	Abwasser, Wasser, Gas	m² BGF	2	13	32	2,7	19,0	42,1
420	Wärmeversorgungsanlagen	m² BGF	7	25	52	6,1	31,2	67,4
430	Lufttechnische Anlagen	m² BGF	3	17	30	0,0	2,2	11,2
440	Starkstromanlagen	m² BGF	5	30	66	5,9	23,5	40,9
450	Fernmeldeanlagen	m² BGF	2	6	14	0,4	3,7	10,8
460	Förderanlagen	m² BGF	22	31	41	0,0	9,1	53,2
470	Nutzungsspezifische Anlagen	m² BGF	–	1	–	–	0,1	–
480	Gebäudeautomation	m² BGF	–	–	–	–	–	–
490	Sonstige Technische Anlagen	m² BGF	0	0	1	0,0	0,2	0,9
400	**Bauwerk Technische Anlagen**	**m² BGF**					**100,0**	

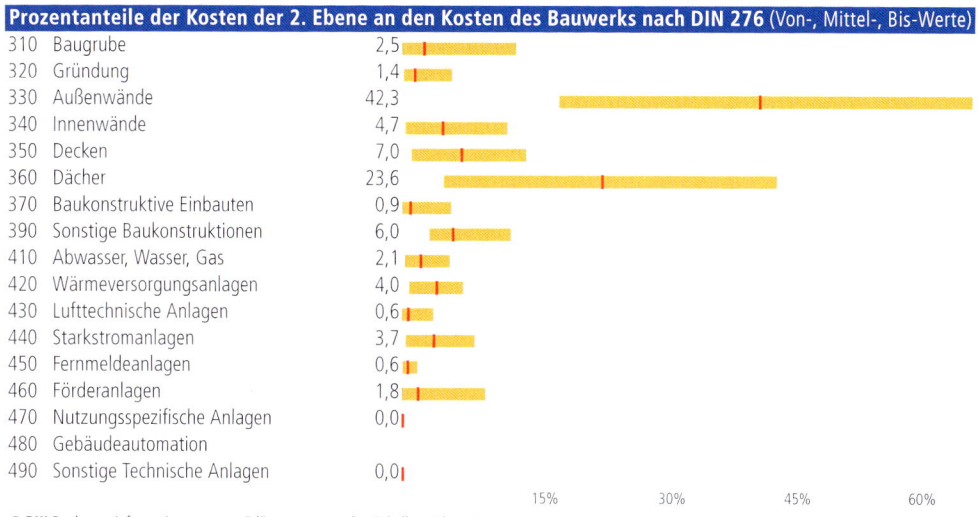

Prozentanteile der Kosten der 2. Ebene an den Kosten des Bauwerks nach DIN 276 (Von-, Mittel-, Bis-Werte)

KG	Kostengruppe	Mittelwert
310	Baugrube	2,5
320	Gründung	1,4
330	Außenwände	42,3
340	Innenwände	4,7
350	Decken	7,0
360	Dächer	23,6
370	Baukonstruktive Einbauten	0,9
390	Sonstige Baukonstruktionen	6,0
410	Abwasser, Wasser, Gas	2,1
420	Wärmeversorgungsanlagen	4,0
430	Lufttechnische Anlagen	0,6
440	Starkstromanlagen	3,7
450	Fernmeldeanlagen	0,6
460	Förderanlagen	1,8
470	Nutzungsspezifische Anlagen	0,0
480	Gebäudeautomation	
490	Sonstige Technische Anlagen	0,0

© BKI Baukosteninformationszentrum; Erläuterungen zu den Tabellen siehe Seite 24 Kosten: 2.Quartal 2018, Bundesdurchschnitt, inkl. 19% MwSt.

Instandsetzungen

Wohngebäude

Kosten:
Stand 2.Quartal 2018
Bundesdurchschnitt
inkl. 19% MwSt.

▷ von
Ø Mittel
◁ bis

Kostenkennwerte für die Kostengruppen der 3. Ebene DIN 276

KG	Kostengruppen der 3. Ebene	Einheit	▷	Ø €/Einheit	◁	▷	Ø €/m² BGF	◁
363	Dachbeläge	m²	100,62	168,50	230,04	24,24	54,86	107,55
335	Außenwandbekleidungen außen	m²	82,72	208,86	635,32	23,59	40,95	62,29
461	Aufzugsanlagen	m²	–	40,75	–	–	40,75	–
364	Dachbekleidungen	m²	89,64	126,36	170,86	11,11	38,85	89,06
442	Eigenstromversorgungsanlagen	m²	19,07	32,17	45,27	19,07	32,17	45,27
337	Elementierte Außenwände	m²	429,19	584,35	739,51	15,89	31,10	46,31
396	Materialentsorgung	m²	–	28,34	–	–	28,34	–
421	Wärmeerzeugungsanlagen	m²	8,84	27,63	46,42	8,84	27,63	46,42
345	Innenwandbekleidungen	m²	53,53	63,03	99,58	9,10	27,48	56,33
361	Dachkonstruktionen	m²	94,41	161,15	514,57	7,17	25,68	67,96
352	Deckenbeläge	m²	108,75	182,11	324,78	8,60	24,39	40,05
351	Deckenkonstruktionen	m²	194,12	415,98	849,51	2,95	23,14	53,90
334	Außentüren und -fenster	m²	274,44	407,44	579,49	7,44	22,65	46,94
371	Allgemeine Einbauten	m²	5,49	22,08	54,22	5,49	22,08	54,22
469	Förderanlagen, sonstiges	m²	–	21,81	–	–	21,81	–
331	Tragende Außenwände	m²	78,44	226,60	514,23	5,78	20,91	78,52
431	Lüftungsanlagen	m²	3,28	16,77	30,26	3,28	16,77	30,26
444	Niederspannungsinstallationsanl.	m²	4,19	16,57	34,18	4,19	16,57	34,18
412	Wasseranlagen	m²	5,13	16,49	33,48	5,13	16,49	33,48
423	Raumheizflächen	m²	14,66	16,11	18,91	14,66	16,11	18,91
362	Dachfenster, Dachöffnungen	m²	933,42	1.394,71	1.881,91	5,86	14,86	24,73
341	Tragende Innenwände	m²	180,48	414,38	880,96	6,69	14,68	29,27
346	Elementierte Innenwände	m²	–	347,28	–	–	12,31	–
394	Abbruchmaßnahmen	m²	2,62	11,77	20,92	2,62	11,77	20,92
353	Deckenbekleidungen	m²	24,96	55,01	82,91	4,18	11,52	43,46
344	Innentüren und -fenster	m²	105,33	314,29	478,10	3,86	11,36	23,61
342	Nichttragende Innenwände	m²	106,44	115,27	121,08	8,56	11,20	18,97
336	Außenwandbekleidungen innen	m²	28,75	57,78	101,04	2,25	10,31	22,38
392	Gerüste	m²	5,84	8,55	12,09	5,84	8,55	12,09
322	Flachgründungen	m²	237,82	257,16	276,50	4,32	8,46	12,60
325	Bodenbeläge	m²	21,91	43,49	65,06	6,59	7,74	8,89
445	Beleuchtungsanlagen	m²	0,70	7,25	26,77	0,70	7,25	26,77
311	Baugrubenherstellung	m³	10,40	68,18	97,58	2,63	6,66	14,06
395	Instandsetzungen	m²	–	6,45	–	–	6,45	–
422	Wärmeverteilnetze	m²	1,59	6,44	12,48	1,59	6,44	12,48
339	Außenwände, sonstiges	m²	5,83	14,98	25,31	2,32	6,01	10,75
429	Wärmeversorgungsanl., sonstiges	m²	2,34	4,25	6,11	2,34	4,25	6,11
359	Decken, sonstiges	m²	17,81	178,03	812,74	1,96	4,22	7,43
455	Fernseh- und Antennenanlagen	m²	1,12	4,16	11,77	1,12	4,16	11,77
397	Zusätzliche Maßnahmen	m²	0,96	4,11	15,97	0,96	4,11	15,97
338	Sonnenschutz	m²	490,47	548,08	605,68	1,10	3,85	6,59
391	Baustelleneinrichtung	m²	1,24	2,94	5,90	1,24	2,94	5,90
327	Dränagen	m²	6,32	20,69	43,17	0,45	2,87	7,65
456	Gefahrenmelde- und Alarmanlagen	m²	2,54	2,81	3,08	2,54	2,81	3,08
332	Nichttragende Außenwände	m²	55,56	89,55	135,35	1,01	2,68	4,40
369	Dächer, sonstiges	m²	3,79	8,04	14,09	1,11	2,63	4,77
411	Abwasseranlagen	m²	0,66	2,52	4,99	0,66	2,52	4,99
452	Such- und Signalanlagen	m²	0,47	1,54	4,50	0,47	1,54	4,50
451	Telekommunikationsanlagen	m²	0,56	1,33	2,86	0,56	1,33	2,86

Kostenkennwerte für Leistungsbereiche nach StLB (Kosten des Bauwerks nach DIN 276)

LB	Leistungsbereiche	▷	€/m² BGF	◁	▷	% an 300+400	◁
000	Sicherheits-, Baustelleneinrichtungen inkl. 001	5	**14**	25	1,5	**4,1**	7,4
002	Erdarbeiten	0	**9**	45	0,1	**2,6**	13,3
006	Spezialtiefbauarbeiten inkl. 005	–	**–**	–	–	**–**	–
009	Entwässerungskanalarbeiten inkl. 011	–	**0**	–	–	**0,0**	–
010	Drän- und Versickerungsarbeiten	0	**3**	3	0,0	**0,9**	0,9
012	Mauerarbeiten	4	**19**	48	1,1	**5,4**	13,9
013	Betonarbeiten	0	**2**	9	0,0	**0,6**	2,5
014	Natur-, Betonwerksteinarbeiten	0	**2**	9	0,0	**0,5**	2,6
016	Zimmer- und Holzbauarbeiten	5	**30**	73	1,5	**8,9**	21,3
017	Stahlbauarbeiten	–	**1**	–	–	**0,2**	–
018	Abdichtungsarbeiten	1	**8**	36	0,2	**2,2**	10,5
020	Dachdeckungsarbeiten	5	**35**	84	1,3	**10,2**	24,5
021	Dachabdichtungsarbeiten	0	**1**	4	0,0	**0,3**	1,1
022	Klempnerarbeiten	1	**14**	28	0,4	**4,2**	8,3
	Rohbau	95	**137**	223	27,8	**40,2**	65,3
023	Putz- und Stuckarbeiten, Wärmedämmsysteme	9	**24**	63	2,5	**7,1**	18,3
024	Fliesen- und Plattenarbeiten	0	**3**	8	0,0	**0,9**	2,3
025	Estricharbeiten	0	**3**	11	0,1	**0,9**	3,2
026	Fenster, Außentüren inkl. 029, 032	4	**25**	60	1,1	**7,4**	17,6
027	Tischlerarbeiten	1	**12**	29	0,4	**3,5**	8,5
028	Parkettarbeiten, Holzpflasterarbeiten	0	**2**	13	0,0	**0,7**	3,9
030	Rollladenarbeiten	0	**0**	2	0,0	**0,1**	0,6
031	Metallbauarbeiten inkl. 035	1	**7**	20	0,4	**2,2**	5,9
034	Maler- und Lackiererarbeiten inkl. 037	5	**23**	86	1,4	**6,8**	25,2
036	Bodenbelagarbeiten	0	**2**	7	0,0	**0,6**	2,2
038	Vorgehängte hinterlüftete Fassaden	–	**3**	–	–	**0,7**	–
039	Trockenbauarbeiten	2	**11**	37	0,5	**3,3**	10,7
	Ausbau	36	**117**	179	10,6	**34,3**	52,4
040	Wärmeversorgungsanl. - Betriebseinr. inkl. 041	0	**9**	28	0,0	**2,6**	8,1
042	Gas- und Wasserinstallation, Leitungen inkl. 043	0	**1**	6	0,0	**0,3**	1,6
044	Abwasserinstallationsarbeiten - Leitungen	–	**1**	4	–	**0,2**	1,2
045	GWA-Einrichtungsgegenstände inkl. 046	0	**4**	13	0,1	**1,0**	3,7
047	Dämmarbeiten an betriebstechnischen Anlagen	0	**0**	2	0,0	**0,1**	0,5
049	Feuerlöschanlagen, Feuerlöschgeräte	–	**–**	–	–	**–**	–
050	Blitzschutz- und Erdungsanlagen	–	**0**	–	–	**0,0**	–
053	Niederspannungsanlagen inkl. 052, 054	2	**8**	22	0,5	**2,3**	6,4
055	Ersatzstromversorgungsanlagen	–	**0**	–	–	**0,1**	–
057	Gebäudesystemtechnik	–	**–**	–	–	**–**	–
058	Leuchten und Lampen inkl. 059	0	**2**	2	0,0	**0,4**	0,4
060	Elektroakustische Anlagen, Sprechanlagen	0	**0**	1	0,0	**0,0**	0,2
061	Kommunikationsnetze, inkl. 062	0	**1**	2	0,0	**0,2**	0,5
063	Gefahrenmeldeanlagen	0	**0**	0	0,0	**0,1**	0,1
069	Aufzüge	0	**5**	32	0,0	**1,6**	9,5
070	Gebäudeautomation	–	**–**	–	–	**–**	–
075	Raumlufttechnische Anlagen	0	**2**	12	0,0	**0,6**	3,4
	Technische Anlagen	1	**33**	72	0,3	**9,7**	21,0
084	Abbruch- und Rückbauarbeiten	12	**23**	39	3,4	**6,7**	11,5
	Sonstige Leistungsbereiche inkl. 008, 033, 051	1	**32**	159	0,2	**9,4**	46,6

© **BKI** Baukosteninformationszentrum; Erläuterungen zu den Tabellen siehe Seite 28   Kosten: 2.Quartal 2018, Bundesdurchschnitt, inkl. **19% MwSt.**

Instandsetzungen

Wohngebäude

€/m² BGF

min	52 €/m²
von	140 €/m²
Mittel	**340 €/m²**
bis	760 €/m²
max	890 €/m²

Kosten:
Stand 2.Quartal 2018
Bundesdurchschnitt
inkl. 19% MwSt.

Objektübersicht zur Gebäudeart

6100-1150 Balkon (Mehrfamilienhaus)*

BRI k.A. **BGF** 38m² **NUF** 22m²

Bauzustand: schlecht
Aufwand: hoch
Nutzung während der Bauzeit: ja
Nutzungsänderung: nein
Grundrissänderungen: keine
Tragwerkseingriffe: wenige

Land: Berlin
Kreis: Berlin
Standard: unter Durchschnitt
Bauzeit: 8 Wochen
Kennwerte: bis 3. Ebene DIN276
veröffentlicht: BKI Objektdaten A10

BGF 1.202 €/m²

* Nicht in der Auswertung enthalten

Planung: Architekturbüro Geiger; Berlin

Sanierung eines Dachbalkons in einem Mehrfamilienhaus (5 WE)

Bauwerk - Baukonstruktionen
Abbrechen: Dachbeläge 13%
Herstellen: Dachbeläge 45%, Außenwandbekleidungen außen 10%, Dächer, sonstiges 8%
Sonstige: 23%

Bauwerk - Technische Anlagen
Herstellen: Abwasseranlagen 100%

6100-1099 Mehrfamilienhaus, Grundmauersanierung*

BRI 1.950m³ **BGF** 700m² **NUF** 458m²

Baujahr: 1911
Bauzustand: mittel
Aufwand: niedrig
Nutzung während der Bauzeit: ja
Nutzungsänderung: nein
Grundrissänderungen:
Tragwerkseingriffe:

Land: Baden-Württemberg
Kreis: Ortenau, Offenburg
Standard: über Durchschnitt
Bauzeit: 12 Wochen
Kennwerte: bis 3. Ebene DIN276
veröffentlicht: BKI Objektdaten A9

BGF 42 €/m²

* Nicht in der Auswertung enthalten

Planung: Dietmar Herz, Freier Landschaftsarchitekt BDLA; Baden-Baden

Mehrfamilienhaus

Bauwerk - Baukonstruktionen
Abbrechen: Dränagen 47%
Herstellen: Außenwandbekleidungen außen 53%

Bauwerk - Technische Anlagen
Wiederherstellen: Abwasseranlagen 100%

Objektübersicht zur Gebäudeart

6100-1112 Mehrfamilienhaus, Vorderfassade, Denkmalschutz* BRI 4.130m³ BGF 1.278m² NUF 926m²

Baujahr: 1892
Bauzustand: mittel
Aufwand: hoch
Nutzung während der Bauzeit: ja
Nutzungsänderung: nein
Grundrissänderungen: keine
Tragwerkseingriffe: keine

Land: Hamburg
Kreis: Hamburg
Standard: über Durchschnitt
Bauzeit: 13 Wochen
Kennwerte: bis 3. Ebene DIN276
veröffentlicht: BKI Objektdaten A9

BGF 74 €/m²

* Nicht in der Auswertung enthalten

Planung: Mannott + Mannott Dipl. Ingenieure, Architekten; Hamburg
Mehrfamilienhaus mit 12 WE, Denkmalschutz, Instandsetzung der Vorderfassade

Bauwerk - Baukonstruktionen
Herstellen: Gerüste 7%, Baustelleneinrichtung 6%
Wiederherstellen: Außenwandbekleidungen außen 80%
Sonstige: 7%

Bauwerk - Technische Anlagen
Wiederherstellen: Abwasseranlagen 87%, Niederspannungsinstallationsanlagen 13%

6100-1113 Wohn- und Geschäftshaus (21 WE) BRI 8.259m³ BGF 2.895m² NUF k.A.

Baujahr: 1951
Bauzustand: mittel
Aufwand: mittel
Nutzung während der Bauzeit: ja
Nutzungsänderung: nein
Grundrissänderungen: keine
Tragwerkseingriffe: keine

Land: Hamburg
Kreis: Hamburg
Standard: Durchschnitt
Bauzeit: 34 Wochen
Kennwerte: bis 3. Ebene DIN276
veröffentlicht: BKI Objektdaten A10

BGF 205 €/m²

Planung: Mannott + Mannott Dipl. Ingenieure, Architekten; Hamburg
Fassade- und Dachsanierung eines Wohn- und Geschäftshauses (21 WE)

Bauwerk - Baukonstruktionen
Herstellen: Außenwandbekleidungen außen 31%, Außentüren und -fenster 26%, Dachbeläge 14%, Dachkonstruktionen 8%
Sonstige: 21%

Bauwerk - Technische Anlagen
Herstellen: Abwasseranlagen 23%, Wärmeversorgungsanlagen, sonstiges 14%, Niederspannungsinstallationsanlagen 7%
Wiederherstellen: Wärmeversorgungsanlagen, sonstiges 33%
Sonstige: 24%

Instandsetzungen

Wohngebäude

Objektübersicht zur Gebäudeart

6100-0996 Mehrfamilienhaus (15 WE)

BRI 5.061m³   **BGF** 1.634m²   **NUF** 1.076m²

€/m² BGF
min 52 €/m²
von 140 €/m²
Mittel **340 €/m²**
bis 760 €/m²
max 890 €/m²

Baujahr: 1970
Bauzustand: mittel
Aufwand: mittel
Nutzung während der Bauzeit: ja
Nutzungsänderung: nein
Grundrissänderungen: keine
Tragwerkseingriffe: keine

Land: Baden-Württemberg
Kreis: Breisgau-Hochschwarzwald
Standard: Durchschnitt
Bauzeit: 30 Wochen
Kennwerte: bis 3. Ebene DIN276
veröffentlicht: BKI Objektdaten A9

BGF 316 €/m²

Kosten:
Stand 2.Quartal 2018
Bundesdurchschnitt
inkl. 19% MwSt.

Fassaden- und Dachsanierung eines Mehrfamilienhauses mit 15 Wohnungen

Bauwerk - Baukonstruktionen
Abbrechen: Außenwandbekleidungen außen 4%
Herstellen: Außenwandbekleidungen außen 25%, Elementierte Außenwände 18%, Dachbeläge 14%, Dachfenster, Dachöffnungen 5%, Außenwände, sonstiges 4%, Deckenbekleidungen 3%, Innenwandbekleidungen 3%
Wiederherstellen: Außentüren und -fenster 3%
Sonstige: 21%

Bauwerk - Technische Anlagen
Herstellen: Aufzugsanlagen 70%, Niederspannungsinstallationsanlagen 13%, Lüftungsanlagen 6%
Sonstige: 11%

6100-0686 Mehrfamilienhaus, Kellertrocknung

BRI 3.546m³   **BGF** 1.166m²   **NUF** 804m²

Baujahr: ca. 1900
Bauzustand: mittel
Aufwand: mittel
Nutzung während der Bauzeit: ja
Nutzungsänderung: nein
Grundrissänderungen: wenige
Tragwerkseingriffe: keine

Land: Berlin
Kreis: Berlin
Standard: Durchschnitt
Bauzeit: 4 Wochen
Kennwerte: bis 3. Ebene DIN276
veröffentlicht: BKI Objektdaten A7

BGF 52 €/m²

Planung: TSSB architekten.ingenieure . Berlin; Berlin

Bei einem Mehrfamilienhaus wurde der Keller trockengelegt. Es wurde nur ein Teil saniert. **Kosteneinfluss Nutzung:** Die Flächenangaben der DIN 277 beziehen sich auf den sanierten Bereich. **Kosteneinfluss Grundstück:** Das Gebäude ist von der Straße frei zugänglich. Für die Arbeiten im Hof müssen die Materialen von Hand transportiert werden.

Bauwerk - Baukonstruktionen
Herstellen: Baugrubenherstellung 9%, Außenwandbekleidungen außen 4%
Wiederherstellen: Außenwandbekleidungen außen 68%
Sonstige: 19%

Objektübersicht zur Gebäudeart

6100-0695 Mehrfamilienhaus, Kellertrocknung

BRI 3.192m³ **BGF** 1.050m² **NUF** 735m²

Baujahr: ca. 1905
Bauzustand: gut
Aufwand: niedrig
Nutzung während der Bauzeit: ja
Nutzungsänderung: nein
Grundrissänderungen: wenige
Tragwerkseingriffe: keine

Land: Berlin
Kreis: Berlin
Standard: Durchschnitt
Bauzeit: 4 Wochen
Kennwerte: bis 3. Ebene DIN276
veröffentlicht: BKI Objektdaten A7

BGF 86 €/m²

Planung: TSSB architekten.ingenieure . Berlin; Berlin

Bei einem Mehrfamilienhaus wurde der Keller trockengelegt. Von dem gesamten Gebäude wurde nur ein Seitenflügel saniert.
Kosteneinfluss Nutzung: Die Flächenangaben der DIN 277 beziehen sich nur auf den sanierten Flügel.

Bauwerk - Baukonstruktionen
Herstellen: Baugrubenherstellung 18%, Außenwandbekleidungen 13%
Wiederherstellen: Außenwandbekleidungen außen 45%
Sonstige: 24%

Bauwerk - Technische Anlagen
Herstellen: Wärmeversorgungsanlagen, sonstiges 100%

6100-0548 Mehrfamilienhaus

BRI 3.055m³ **BGF** 1.018m² **NUF** 608m²

Bauzustand: mittel
Aufwand: hoch
Nutzung während der Bauzeit: ja
Nutzungsänderung: nein
Grundrissänderungen: einige
Tragwerkseingriffe: einige

Land: Baden-Württemberg
Kreis: Rhein-Neckar
Standard: Durchschnitt
Bauzeit: 13 Wochen
Kennwerte: bis 3. Ebene DIN276
veröffentlicht: BKI Objektdaten A5

BGF 295 €/m²

Planung: Architekt Dipl.-Ing. Alexander Böhm; Heidelberg

Instandsetzung eines Mehrfamilienhauses mit Dachgeschossausbau zur Wohnraumerweiterung, Einbau von Gauben. **Kosteneinfluss Nutzung:** Die abgerechneten Kosten wurden in Bezug zu den Flächen des gesamten Hauses gesetzt.

Bauwerk - Baukonstruktionen
Herstellen: Dachbeläge 19%, Dachfenster, Dachöffnungen 12%, Außenwandbekleidungen außen 12%, Dachkonstruktionen 8%, Dachbekleidungen 8%, Deckenbeläge 8%, Gerüste 5%, Nichttragende Innenwände 3%, Innenwandbekleidungen 3%
Sonstige: 22%

Bauwerk - Technische Anlagen
Herstellen: Wasseranlagen 49%, Niederspannungsinstallationsanlagen 35%, Abwasseranlagen 14%
Sonstige: 3%

Instandsetzungen

Wohngebäude

€/m² BGF
min 52 €/m²
von 140 €/m²
Mittel **340 €/m²**
bis 760 €/m²
max 890 €/m²

Kosten:
Stand 2.Quartal 2018
Bundesdurchschnitt
inkl. 19% MwSt.

Objektübersicht zur Gebäudeart

6400-0057 Jugendzentrum

BRI 3.281m³   **BGF** 1.673m²   **NUF** 1.140m²

Bauzustand: mittel
Aufwand: mittel
Grundrissänderungen: keine
Tragwerkseingriffe: keine

Land: Sachsen-Anhalt
Kreis: Burgenlandkreis
Standard: Durchschnitt
Bauzeit: 56 Wochen
Kennwerte: bis 3. Ebene DIN276
veröffentlicht: BKI Objektdaten A6

BGF 639 €/m²

Planung: HGT Architekten und Ingenieure, Architekt M. Tränkner; Naumburg

Jugendzentrum mit Generationen übergreifender Nutzung. Es werden hier nicht nur Veranstaltungen für Kinder und Jugendliche, sondern auch "junggebliebene" Erwachsene angeboten.

Bauwerk - Baukonstruktionen
Herstellen: Außentüren und -fenster 12%, Deckenkonstruktionen 10%, Deckenbekleidungen 10%, Deckenbeläge 8%, Außenwandbekleidungen außen 6%, Innentüren und -fenster 5%, Nichttragende Innenwände 4%, Elementierte Außenwände 4%, Elementierte Innenwände 3%, Dachbeläge 3%
Wiederherstellen: Außenwandbekleidungen außen 4%, Deckenbeläge 2%
Sonstige: 31%

Bauwerk - Technische Anlagen
Abbrechen: Wärmeversorgungsanlagen, sonstiges 2%
Herstellen: Lüftungsanlagen 14%, Beleuchtungsanlagen 13%, Niederspannungsinstallationsanlagen 13%, Förderanlagen, sonstiges 10%, Wasseranlagen 10%, Eigenstromversorgungsanlagen 9%, Raumheizflächen 7%, Wärmeverteilnetze 7%
Sonstige: 15%

6100-0574 Einfamilienhaus, Brandschaden

BRI 834m³   **BGF** 285m²   **NUF** 212m²

Land: Nordrhein-Westfalen
Kreis: Düren
Standard: Durchschnitt
Bauzeit: 21 Wochen
Kennwerte: bis 3. Ebene DIN276
veröffentlicht: BKI Objektdaten A4

BGF 706 €/m²

Planung: Franke & Partner Planungsbüro, Andreas Franke AKNW.BDIA; Hürtgenwald

Rückbau des Objekts in großen Teilbereichen bis auf Rohbauflächen; Putzflächen, Gipskartonverkleidungen mit Mineralfaser-Dämmstoff, Wand- und Bodenbeläge mussten komplett erneuert werden. Tragende Konstruktionen und Dacheindeckung wurden im vorderen Anbau komplett erneuert; Fassadenflächen mussten komplett überarbeitet und neu gestrichen werden.

Bauwerk - Baukonstruktionen
Abbrechen: Dachbeläge 5%, Abbruchmaßnahmen 3%, Dachkonstruktionen 3%
Herstellen: Dachbekleidungen 17%, Dachbeläge 12%, Allgemeine Einbauten 9%, Innenwandbekleidungen 8%, Dachkonstruktionen 6%, Deckenbeläge 6%, Tragende Innenwände 5%, Dachfenster, Dachöffnungen 4%
Sonstige: 23%

Bauwerk - Technische Anlagen
Herstellen: Niederspannungsinstallationsanlagen 47%, Raumheizflächen 20%, Fernseh- und Antennenanlagen 13%
Sonstige: 21%

Objektübersicht zur Gebäudeart

6100-0456 Mehrfamilienhaus (3 WE)

BRI 1.478m³   **BGF** 505m²   **NUF** 364m²

Baujahr: 1920
Bauzustand: schlecht
Aufwand: hoch
Nutzung während der Bauzeit: nein
Nutzungsänderung: nein
Grundrissänderungen: wenige
Tragwerkseingriffe: wenige

Land: Rheinland-Pfalz
Kreis: Kaiserslautern
Standard: Durchschnitt
Bauzeit: 30 Wochen
Kennwerte: bis 4. Ebene DIN276
veröffentlicht: BKI Objektdaten E2

BGF   889 €/m²

Planung: Planwerk 3 Architekten und Ingenieure; Kaiserslautern

Mehrfamilienhaus mit 3 Wohneinheiten (237m² WFL).

Bauwerk - Baukonstruktionen
Abbrechen: Materialentsorgung 4%, Dachbeläge 2%
Herstellen: Dachbeläge 17%, Tragende Außenwände 10%, Dachkonstruktionen 9%, Dachbekleidungen 7%, Deckenkonstruktionen 6%, Innenwandbekleidungen 6%, Außenwandbekleidungen außen 5%, Deckenbeläge 4%, Außentüren und -fenster 4%, Außenwandbekleidungen innen 3%, Dachfenster, Dachöffnungen 2%
Sonstige: 20%

Bauwerk - Technische Anlagen
Herstellen: Wärmeerzeugungsanlagen 25%, Eigenstromversorgungsanlagen 24%, Wasseranlagen 17%, Niederspannungsinstallationsanlagen 9%
Sonstige: 24%

6100-0359 Mehrfamilienhaus (66 WE)

BRI 23.000m³   **BGF** 5.700m²   **NUF** k.A.

Baujahr: 1972
Bauzustand: schlecht
Aufwand: hoch
Nutzung während der Bauzeit: ja
Nutzungsänderung: nein
Grundrissänderungen: keine
Tragwerkseingriffe: wenige

Land: Baden-Württemberg
Kreis: Stuttgart
Standard: über Durchschnitt
Bauzeit: 47 Wochen
Kennwerte: bis 3. Ebene DIN276
veröffentlicht: BKI Objektdaten A2

BGF   120 €/m²

Planung: Architektengruppe Fiedler Frenkler Hagenlocher Stanger; Stuttgart

Instandsetzung der Fassaden und Dächer einer Wohnanlage mit 66 Wohneinheiten. **Kosteneinfluss Grundstück:** Wenig Lagerplatz und Stellfläche z. B. für Autokran, begrenzte Tragfähigkeit der Tiefgaragendecke im Hof, sehr schwer zugängliche Talseite, sehr große Störempfindlichkeit der Eigentümer.

Bauwerk - Baukonstruktionen
Herstellen: Dachbeläge 39%, Außenwandbekleidungen außen 27%, Dachfenster, Dachöffnungen 12%
Sonstige: 22%

Instandsetzungen

Wohngebäude

Objektübersicht zur Gebäudeart

6100-0467 Mehrfamilienhaus (48 WE), Fassadensanierung   **BRI** 17.861m³   **BGF** 5.137m²   **NUF** k.A.

Baujahr: 1910
Bauzustand: schlecht
Aufwand: hoch
Nutzung während der Bauzeit: ja
Nutzungsänderung: nein
Grundrissänderungen: keine
Tragwerkseingriffe: wenige

Land: Hamburg
Kreis: Hamburg
Standard: Durchschnitt
Bauzeit: 39 Wochen
Kennwerte: bis 3. Ebene DIN276
veröffentlicht: BKI Objektdaten A3

BGF   111 €/m²

€/m² BGF
min	52 €/m²
von	140 €/m²
Mittel	**340 €/m²**
bis	760 €/m²
max	890 €/m²

Kosten:
Stand 2.Quartal 2018
Bundesdurchschnitt
inkl. 19% MwSt.

Planung: Holst Becker Architekten holstbecker.de; Hamburg

Mehrfamilienhaus mit 48 Wohneinheiten und 3 Läden

Bauwerk - Baukonstruktionen
Wiederherstellen: Außenwandbekleidungen außen 28%, Außentüren und -fenster 12%, Gerüste 11%, Außenwände, sonstiges 11%, Dachbeläge 7%, Deckenbeläge 6%
Sonstige: 26%

Bauwerk - Technische Anlagen
Herstellen: Niederspannungsinstallationsanlagen 41%
Wiederherstellen: Abwasseranlagen 59%

Instand-
setzung

Instandsetzungen

Nichtwohngebäude

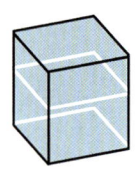

Kostenkennwerte für die Kosten des Bauwerks (Kostengruppen 300+400 nach DIN 276)

BRI 75 €/m³
von 20 €/m³
bis 130 €/m³

BGF 450 €/m²
von 140 €/m²
bis 880 €/m²

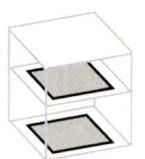

NUF 650 €/m²
von 220 €/m²
bis 1.260 €/m²

Kosten:
Stand 2. Quartal 2018
Bundesdurchschnitt
inkl. 19% MwSt.

Objektbeispiele

9100-0132

4100-0056

7300-0072

Kosten der 9 Vergleichsobjekte — Seiten 374 bis 379

- ● KKW
- ▶ min
- ▷ von
- | Mittelwert
- ◁ bis
- ◀ max

BRI — €/m³ BRI
BGF — €/m² BGF
NUF — €/m² NUF

© BKI Baukosteninformationszentrum; Erläuterungen zu den Tabellen siehe Seite 22   Kosten: 2.Quartal 2018, Bundesdurchschnitt, **inkl. 19% MwSt.**

Kostenkennwerte für die Kostengruppen der 1. und 2. Ebene DIN 276

KG	Kostengruppen der 1. Ebene	Einheit	▷	€/Einheit	◁	▷	% an 300+400	◁
100	Grundstück	m² GF	–	–	–	–	–	–
200	Herrichten und Erschließen	m² GF	0	**0**	0	0,0	**0,1**	0,1
300	Bauwerk - Baukonstruktionen	m² BGF	115	**371**	705	70,3	**82,9**	93,7
400	Bauwerk - Technische Anlagen	m² BGF	40	**94**	247	8,9	**19,3**	29,9
	Bauwerk (300+400)	m² BGF	144	**455**	881		**100,0**	
500	Außenanlagen	m² AF	17	**196**	493	3,4	**9,9**	39,1
600	Ausstattung und Kunstwerke	m² BGF	1	**4**	16	0,2	**0,7**	1,1
700	Baunebenkosten	m² BGF	–	–	–	–	–	–

KG	Kostengruppen der 2. Ebene	Einheit	▷	€/Einheit	◁	▷	% an 300	◁
310	Baugrube	m³ BGI	26	**49**	72	0,0	**0,2**	0,9
320	Gründung	m² GRF	49	**168**	345	1,3	**11,7**	40,5
330	Außenwände	m² AWF	53	**109**	233	12,0	**29,0**	51,7
340	Innenwände	m² IWF	33	**245**	648	3,8	**16,0**	42,6
350	Decken	m² DEF	64	**87**	131	2,2	**14,0**	44,8
360	Dächer	m² DAF	62	**154**	249	8,2	**19,4**	42,1
370	Baukonstruktive Einbauten	m² BGF	15	**39**	65	0,3	**3,1**	10,4
390	Sonstige Baukonstruktionen	m² BGF	9	**33**	84	3,2	**6,6**	11,7
300	**Bauwerk Baukonstruktionen**	**m² BGF**					**100,0**	

KG	Kostengruppen der 2. Ebene	Einheit	▷	€/Einheit	◁	▷	% an 400	◁
410	Abwasser, Wasser, Gas	m² BGF	7	**20**	47	9,6	**29,1**	63,8
420	Wärmeversorgungsanlagen	m² BGF	6	**29**	77	3,2	**15,6**	39,3
430	Lufttechnische Anlagen	m² BGF	9	**23**	48	0,0	**5,3**	15,0
440	Starkstromanlagen	m² BGF	19	**33**	64	11,2	**36,7**	59,6
450	Fernmeldeanlagen	m² BGF	4	**12**	21	0,8	**5,2**	11,9
460	Förderanlagen	m² BGF	–	–	–	–	–	–
470	Nutzungsspezifische Anlagen	m² BGF	1	**7**	19	0,3	**5,4**	40,5
480	Gebäudeautomation	m² BGF	1	**16**	32	0,1	**1,5**	10,7
490	Sonstige Technische Anlagen	m² BGF	0	**1**	2	0,0	**1,3**	5,1
400	**Bauwerk Technische Anlagen**	**m² BGF**					**100,0**	

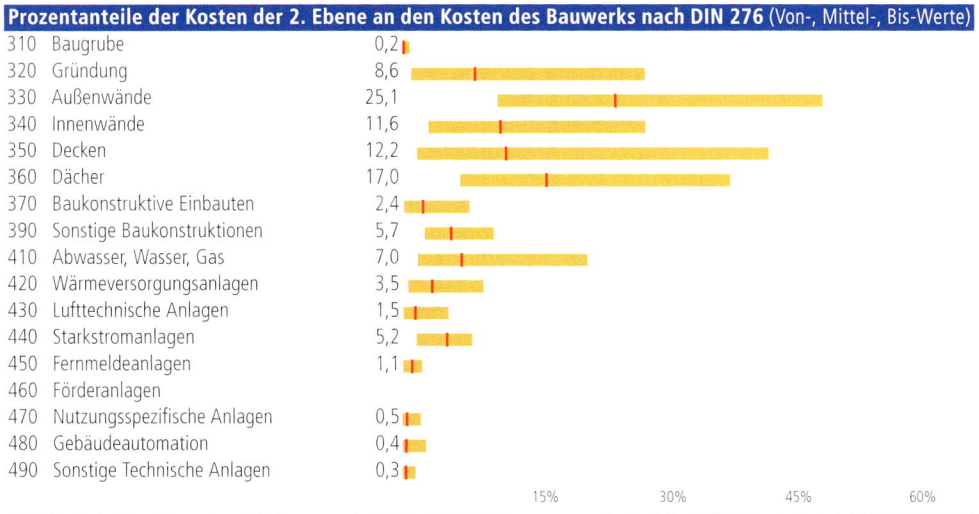

Prozentanteile der Kosten der 2. Ebene an den Kosten des Bauwerks nach DIN 276 (Von-, Mittel-, Bis-Werte)

KG	Bezeichnung	Mittelwert
310	Baugrube	0,2
320	Gründung	8,6
330	Außenwände	25,1
340	Innenwände	11,6
350	Decken	12,2
360	Dächer	17,0
370	Baukonstruktive Einbauten	2,4
390	Sonstige Baukonstruktionen	5,7
410	Abwasser, Wasser, Gas	7,0
420	Wärmeversorgungsanlagen	3,5
430	Lufttechnische Anlagen	1,5
440	Starkstromanlagen	5,2
450	Fernmeldeanlagen	1,1
460	Förderanlagen	–
470	Nutzungsspezifische Anlagen	0,5
480	Gebäudeautomation	0,4
490	Sonstige Technische Anlagen	0,3

© **BKI** Baukosteninformationszentrum; Erläuterungen zu den Tabellen siehe Seite 24   Kosten: 2.Quartal 2018, Bundesdurchschnitt, inkl. 19% MwSt.

Instandsetzungen

Nichtwohngebäude

Kostenkennwerte für die Kostengruppen der 3. Ebene DIN 276

KG	Kostengruppen der 3. Ebene	Einheit	▷	Ø €/Einheit	◁	▷	Ø €/m² BGF	◁
335	Außenwandbekleidungen außen	m²	69,73	**120,75**	264,62	42,23	**98,46**	252,00
363	Dachbeläge	m²	108,11	**225,17**	836,43	37,35	**91,52**	248,25
325	Bodenbeläge	m²	126,41	**212,18**	510,80	5,63	**37,62**	87,22
372	Besondere Einbauten	m²	10,02	**34,77**	59,51	10,02	**34,77**	59,51
324	Unterböden und Bodenplatten	m²	81,24	**356,19**	631,13	11,74	**33,69**	55,63
392	Gerüste	m²	7,07	**24,16**	58,61	7,07	**24,16**	58,61
337	Elementierte Außenwände	m²	313,27	**550,88**	788,50	19,06	**23,71**	28,36
361	Dachkonstruktionen	m²	62,77	**129,45**	162,86	2,05	**23,63**	88,37
431	Lüftungsanlagen	m²	9,41	**22,97**	47,81	9,41	**22,97**	47,81
344	Innentüren und -fenster	m²	471,26	**1.018,04**	1.755,77	2,40	**19,75**	34,08
362	Dachfenster, Dachöffnungen	m²	720,82	**860,68**	930,62	1,32	**19,69**	56,42
336	Außenwandbekleidungen innen	m²	13,66	**42,99**	85,29	4,33	**19,08**	43,50
481	Automationssysteme	m²	–	**18,92**	–	–	**18,92**	–
479	Nutzungsspezifische Anlagen, sonstiges	m²	–	**18,66**	–	–	**18,66**	–
342	Nichttragende Innenwände	m²	41,65	**86,88**	109,52	10,31	**18,14**	35,82
352	Deckenbeläge	m²	49,17	**69,33**	126,53	6,38	**16,86**	30,33
421	Wärmeerzeugungsanlagen	m²	5,41	**16,59**	32,91	5,41	**16,59**	32,91
353	Deckenbekleidungen	m²	14,78	**26,42**	34,46	7,94	**16,45**	20,72
327	Dränagen	m²	5,22	**22,41**	39,60	4,27	**16,21**	28,14
345	Innenwandbekleidungen	m²	21,48	**51,82**	154,06	4,94	**16,11**	34,91
412	Wasseranlagen	m²	6,22	**15,97**	34,32	6,22	**15,97**	34,32
444	Niederspannungsinstallationsanl.	m²	5,22	**15,77**	28,52	5,22	**15,77**	28,52
423	Raumheizflächen	m²	3,08	**15,33**	35,06	3,08	**15,33**	35,06
334	Außentüren und -fenster	m²	193,76	**746,95**	3.815,38	4,96	**14,22**	29,78
364	Dachbekleidungen	m²	24,20	**70,06**	183,62	1,86	**12,28**	28,62
391	Baustelleneinrichtung	m²	2,84	**12,25**	32,45	2,84	**12,25**	32,45
446	Blitzschutz- und Erdungsanlagen	m²	3,22	**11,00**	19,48	3,22	**11,00**	19,48
359	Decken, sonstiges	m²	7,43	**40,52**	92,74	3,92	**10,80**	19,76
422	Wärmeverteilnetze	m²	3,98	**10,25**	18,92	3,98	**10,25**	18,92
453	Zeitdienstanlagen	m²	0,87	**10,14**	16,19	0,87	**10,14**	16,19
333	Außenstützen	m	–	**272,56**	–	–	**9,18**	–
411	Abwasseranlagen	m²	4,08	**9,03**	16,86	4,08	**9,03**	16,86
369	Dächer, sonstiges	m²	7,91	**42,87**	147,31	3,26	**8,48**	13,59
339	Außenwände, sonstiges	m²	0,92	**5,09**	13,38	0,53	**7,99**	34,27
445	Beleuchtungsanlagen	m²	2,34	**7,97**	20,09	2,34	**7,97**	20,09
399	Sonstige Maßnahmen für Baukonstruktionen, sonstiges	m²	–	**7,91**	–	–	**7,91**	–
351	Deckenkonstruktionen	m²	78,67	**455,44**	832,21	7,16	**7,88**	9,31
482	Schaltschränke	m²	–	**7,69**	–	–	**7,69**	–
311	Baugrubenherstellung	m³	25,58	**48,66**	71,74	6,63	**7,22**	7,81
341	Tragende Innenwände	m²	217,56	**354,22**	490,87	1,95	**7,21**	28,00
331	Tragende Außenwände	m²	357,35	**514,58**	671,80	2,94	**7,10**	23,57
326	Bauwerksabdichtungen	m²	6,64	**13,18**	19,72	0,12	**7,00**	13,87
443	Niederspannungsschaltanlagen	m²	–	**6,98**	–	–	**6,98**	–
454	Elektroakustische Anlagen	m²	–	**6,46**	–	–	**6,46**	–
322	Flachgründungen	m²	–	**5,06**	–	3,47	**5,97**	8,47
338	Sonnenschutz	m²	73,62	**116,94**	160,26	2,46	**5,68**	8,89
371	Allgemeine Einbauten	m²	2,74	**5,51**	7,01	2,74	**5,51**	7,01
397	Zusätzliche Maßnahmen	m²	1,52	**4,64**	7,95	1,52	**4,64**	7,95

Kosten:
Stand 2. Quartal 2018
Bundesdurchschnitt
inkl. 19% MwSt.

▷ von
Ø Mittel
◁ bis

Kostenkennwerte für Leistungsbereiche nach StLB (Kosten des Bauwerks nach DIN 276)

LB	Leistungsbereiche	▷	€/m² BGF	◁	▷	% an 300+400	◁
000	Sicherheits-, Baustelleneinrichtungen inkl. 001	10	22	43	2,2	4,9	9,5
002	Erdarbeiten	0	2	7	0,0	0,5	1,6
006	Spezialtiefbauarbeiten inkl. 005	–	–	–	–	–	–
009	Entwässerungskanalarbeiten inkl. 011	0	4	22	0,0	0,9	4,9
010	Drän- und Versickerungsarbeiten	0	2	11	0,0	0,4	2,4
012	Mauerarbeiten	0	4	15	0,1	1,0	3,3
013	Betonarbeiten	1	7	21	0,2	1,6	4,6
014	Natur-, Betonwerksteinarbeiten	0	2	7	0,0	0,4	1,5
016	Zimmer- und Holzbauarbeiten	0	2	8	0,0	0,5	1,7
017	Stahlbauarbeiten	0	5	5	0,1	1,1	1,1
018	Abdichtungsarbeiten	0	5	10	0,0	1,1	2,3
020	Dachdeckungsarbeiten	3	29	142	0,6	6,3	31,2
021	Dachabdichtungsarbeiten	0	5	17	0,1	1,1	3,8
022	Klempnerarbeiten	3	25	82	0,8	5,5	18,1
	Rohbau	51	115	244	11,1	25,2	53,5
023	Putz- und Stuckarbeiten, Wärmedämmsysteme	5	39	111	1,1	8,7	24,3
024	Fliesen- und Plattenarbeiten	2	22	66	0,4	4,9	14,5
025	Estricharbeiten	0	2	7	0,0	0,5	1,5
026	Fenster, Außentüren inkl. 029, 032	2	15	61	0,5	3,3	13,5
027	Tischlerarbeiten	3	11	42	0,6	2,5	9,1
028	Parkettarbeiten, Holzpflasterarbeiten	0	0	2	0,0	0,1	0,5
030	Rollladenarbeiten	0	1	1	0,0	0,3	0,3
031	Metallbauarbeiten inkl. 035	4	18	43	0,9	4,0	9,4
034	Maler- und Lackiererarbeiten inkl. 037	12	38	95	2,7	8,4	21,0
036	Bodenbelagarbeiten	0	8	18	0,1	1,7	4,0
038	Vorgehängte hinterlüftete Fassaden	–	2	–	–	0,4	–
039	Trockenbauarbeiten	3	21	62	0,6	4,6	13,7
	Ausbau	72	180	257	15,7	39,5	56,6
040	Wärmeversorgungsanl. - Betriebseinr. inkl. 041	2	12	37	0,5	2,6	8,1
042	Gas- und Wasserinstallation, Leitungen inkl. 043	1	4	12	0,1	0,9	2,7
044	Abwasserinstallationsarbeiten - Leitungen	1	9	39	0,2	2,1	8,6
045	GWA-Einrichtungsgegenstände inkl. 046	2	9	34	0,4	2,0	7,4
047	Dämmarbeiten an betriebstechnischen Anlagen	0	1	4	0,0	0,3	0,9
049	Feuerlöschanlagen, Feuerlöschgeräte	–	0	–	–	0,0	–
050	Blitzschutz- und Erdungsanlagen	0	5	12	0,1	1,2	2,7
053	Niederspannungsanlagen inkl. 052, 054	1	12	27	0,2	2,6	5,9
055	Ersatzstromversorgungsanlagen	–	–	–	–	–	–
057	Gebäudesystemtechnik	–	–	–	–	–	–
058	Leuchten und Lampen inkl. 059	0	3	9	0,0	0,7	2,0
060	Elektroakustische Anlagen, Sprechanlagen	–	0	–	–	0,1	–
061	Kommunikationsnetze, inkl. 062	0	1	4	0,0	0,2	0,8
063	Gefahrenmeldeanlagen	0	1	3	0,0	0,2	0,6
069	Aufzüge	–	–	–	–	–	–
070	Gebäudeautomation	0	1	1	0,0	0,3	0,3
075	Raumlufttechnische Anlagen	0	6	23	0,1	1,2	5,2
	Technische Anlagen	19	66	122	4,2	14,4	26,9
084	Abbruch- und Rückbauarbeiten	22	49	85	4,8	10,8	18,7
	Sonstige Leistungsbereiche inkl. 008, 033, 051	6	46	46	1,3	10,2	10,2

Instandsetzungen

Nichtwohngebäude

Objektübersicht zur Gebäudeart

4400-0276 Kindertagesstätte, Entwässerungsarbeiten

BRI 2.403m³   BGF 812m²   NUF 460m²

€/m² BGF
min   17 €/m²
von   140 €/m²
Mittel   **450** €/m²
bis   880 €/m²
max   1.220 €/m²

Bauzustand: schlecht
Aufwand: mittel
Nutzung während der Bauzeit: ja
Nutzungsänderung: nein
Grundrissänderungen: wenige
Tragwerkseingriffe: wenige

Land: Sachsen
Kreis: Erzgebirgskreis
Standard: unter Durchschnitt
Bauzeit: 8 Wochen
Kennwerte: bis 3. Ebene DIN276
vorgesehen: BKI Objektdaten A11

BGF   46 €/m²

Planung: heine I reichold architekten Partnerschaftsgesellschaft mbB; Lichtenstein
Erneuerung/Umverlegung der Entwässerungsleitungen im Kindergarten (6 Gruppen, 72 Kinder)

Kosten:
Stand 2.Quartal 2018
Bundesdurchschnitt
inkl. 19% MwSt.

Bauwerk - Baukonstruktionen
Abbrechen: Unterböden und Bodenplatten 32%
Herstellen: Bodenbeläge 22%
Wiederherstellen: Innenwandbekleidungen 17%
Sonstige: 28%

Bauwerk - Technische Anlagen
Herstellen: Abwasseranlagen 46%, Provisorische Technische Anlagen 6%
Wiederherstellen: Wasseranlagen 32%
Sonstige: 16%

9100-0132 Kirche

BRI 3.920m³   BGF 502m²   NUF 411m²

Baujahr: 1962
Bauzustand: mittel
Aufwand: mittel
Nutzung während der Bauzeit: nein
Nutzungsänderung: nein
Grundrissänderungen: wenige
Tragwerkseingriffe: keine

Land: Niedersachsen
Kreis: Hildesheim
Standard: Durchschnitt
Bauzeit: 39 Wochen
Kennwerte: bis 3. Ebene DIN276
vorgesehen: BKI Objektdaten A11

BGF   718 €/m²

Planung: Architektur- und Ingenieurbüro Jörg Sauer; Hildesheim
Kirche **Kosteneinfluss Nutzung:** Denkmalschutz

Bauwerk - Baukonstruktionen
Abbrechen: Dachbeläge 5%, Außenwandbekleidungen außen 4%
Herstellen: Dachbeläge 41%, Gerüste 12%, Außenwandbekleidungen außen 7%
Wiederherstellen: Außenwandbekleidungen außen 7%
Sonstige: 23%

Bauwerk - Technische Anlagen
Herstellen: Wärmeversorgungsanlagen, sonstiges 11%
Wiederherstellen: Nutzungsspezifische Anlagen, sonstiges 40%, Blitzschutz- und Erdungsanlagen 40%
Sonstige: 8%

Objektübersicht zur Gebäudeart

9100-0137 Vereinsgebäude, Schwammsanierung

BRI 4.317m³   **BGF** 1.422m²   **NUF** 891m²

Baujahr: 1890
Bauzustand: schlecht
Aufwand: hoch
Nutzung während der Bauzeit: nein
Nutzungsänderung: ja
Grundrissänderungen: umfangreiche
Tragwerkseingriffe: umfangreiche

Land: Sachsen
Kreis: Erzgebirgskreis
Standard: über Durchschnitt
Bauzeit: 65 Wochen
Kennwerte: bis 3. Ebene DIN276
vorgesehen: BKI Objektdaten A11

BGF   17 €/m²

Planung: heine I reichold architekten Partnerschaftsgesellschaft mbB; Lichtenstein

Schwammsanierung im Zuge der denkmalgerechten Instandsetzung eines Ausstellungs- und Empfangsgebäudes

Bauwerk - Baukonstruktionen
Abbrechen: Deckenbeläge 9%
Wiederherstellen: Deckenkonstruktionen 54%, Dachkonstruktionen 8%
Sonstige: 28%

4100-0156 Realschule, Dachsanierung*

BRI k.A.   **BGF** k.A.   **NUF** k.A.

Bauzustand: schlecht
Aufwand: hoch
Nutzung während der Bauzeit: ja
Nutzungsänderung: nein
Grundrissänderungen: keine
Tragwerkseingriffe: keine

Land: Baden-Württemberg
Kreis: Stuttgart
Standard: Durchschnitt
Bauzeit: 65 Wochen
Kennwerte: bis 3. Ebene DIN276
veröffentlicht: BKI Objektdaten A9

BGF   0 €/m²

* Nicht in der Auswertung enthalten

Planung: ASS PLANUNGS GMBH FREIE ARCHITEKTEN; Stuttgart

Realschule mit Unterrichts- und Nebenräumen

Bauwerk - Baukonstruktionen
Abbrechen: Dachbeläge 23%
Herstellen: Dachbeläge 63%, Dächer, sonstiges 7%
Sonstige: 7%

Bauwerk - Technische Anlagen
Herstellen: Abwasseranlagen 61%, Blitzschutz- und Erdungsanlagen 23%
Wiederherstellen: Abwasseranlagen 8%
Sonstige: 7%

Instandsetzungen
Nichtwohngebäude

Objektübersicht zur Gebäudeart

5100-0077 Schulsporthalle (Dreifeldhalle) **BRI** 20.335m³ **BGF** 3.110m² **NUF** 2.113m²

€/m² BGF
min	17	€/m²
von	140	€/m²
Mittel	**450**	**€/m²**
bis	880	€/m²
max	1.220	€/m²

Kosten:
Stand 2.Quartal 2018
Bundesdurchschnitt
inkl. 19% MwSt.

Baujahr: 1974
Bauzustand: schlecht
Aufwand: hoch
Nutzung während der Bauzeit: nein
Nutzungsänderung: nein
Grundrissänderungen: umfangreiche
Tragwerkseingriffe: wenige

Land: Bayern
Kreis: Würzburg
Standard: Durchschnitt
Bauzeit: 43 Wochen
Kennwerte: bis 3. Ebene DIN276
veröffentlicht: BKI Objektdaten A10
BGF 1.217 €/m²

Planung: ARGE GHS Ochsenfurt Junk & Reich / Hartmann + Helm; Weimar
Instandsetzung einer Schulsporthalle (Dreifeldhalle)

Bauwerk - Baukonstruktionen
Herstellen: Dachbeläge 10%, Dachkonstruktionen 9%, Außenwandbekleidungen außen 8%, Bodenbeläge 7%, Dachfenster, Dachöffnungen 6%, Unterböden und Bodenplatten 5%, Besondere Einbauten 5%, Innentüren und -fenster 4%, Baustelleneinrichtung 4%, Innenwandbekleidungen 4%, Außenwandbekleidungen innen 4%, Elementierte Außenwände 3%, Deckenbekleidungen 2%, Dachbekleidungen 2%, Gerüste 2%, Tragende Innenwände 2%, Tragende Außenwände 2%
Sonstige: 21%

Bauwerk - Technische Anlagen
Herstellen: Lüftungsanlagen 15%, Wasseranlagen 13%, Niederspannungsinstallationsanlagen 10%, Beleuchtungsanlagen 8%, Raumheizflächen 8%, Wärmeverteilnetze 7%, Automationssysteme 6%, Abwasseranlagen 6%, Wärmeerzeugungsanlagen 5%
Sonstige: 20%

7300-0072 Lagerhalle, Werkstatt **BRI** 9.623m³ **BGF** 1.246m² **NUF** 1.045m²

Baujahr: 1965
Bauzustand: schlecht
Aufwand: mittel
Nutzung während der Bauzeit: ja
Nutzungsänderung: nein
Grundrissänderungen: wenige
Tragwerkseingriffe: keine

Land: Brandenburg
Kreis: Teltow-Fläming
Standard: Durchschnitt
Bauzeit: 25 Wochen
Kennwerte: bis 3. Ebene DIN276
veröffentlicht: BKI Objektdaten A9
BGF 185 €/m²

Planung: GRÜNHAUSARCHITEKTEN Wittram-Regenhardt + Gammelin; Potsdam
Lagerhalle mit Werkstatt

Bauwerk - Baukonstruktionen
Abbrechen: Dachbeläge 7%
Herstellen: Außenwandbekleidungen außen 30%, Dachbeläge 26%, Außentüren und -fenster 9%, Gerüste 6%
Sonstige: 21%

Bauwerk - Technische Anlagen
Abbrechen: Blitzschutz- und Erdungsanlagen 11%
Herstellen: Abwasseranlagen 38%, Blitzschutz- und Erdungsanlagen 35%
Sonstige: 16%

Objektübersicht zur Gebäudeart

9100-0091 Kirchturm*

BRI 653m³   **BGF** 50m²   **NUF** 27m²

Bauzustand: mittel
Aufwand: mittel

Land: Bayern
Kreis: Schwandorf
Standard: Durchschnitt
Bauzeit: 78 Wochen
Kennwerte: bis 3. Ebene DIN276
veröffentlicht: BKI Objektdaten A9

BGF   2.412 €/m²

* Nicht in der Auswertung enthalten

Planung: Architekturbüro Michael Dittmann; Amberg

Kirchturm

Bauwerk - Baukonstruktionen
Herstellen: Außenwände, sonstiges 26%, Gerüste 19%
Wiederherstellen: Außenwandbekleidungen außen 39%
Sonstige: 15%

Bauwerk - Technische Anlagen
Herstellen: Blitzschutz- und Erdungsanlagen 31%
Wiederherstellen: Zeitdienstanlagen 41%, Abwasseranlagen 16%
Sonstige: 12%

9100-0051 Evangelische Kirche

BRI 8.531m³   **BGF** 777m²   **NUF** 587m²

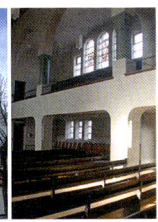

Baujahr: 1907
Bauzustand: mittel
Aufwand: mittel
Nutzung während der Bauzeit: nein
Nutzungsänderung: nein
Grundrissänderungen: wenige
Tragwerkseingriffe: keine

Land: Baden-Württemberg
Kreis: Zollernalb, Balingen
Standard: Durchschnitt
Bauzeit: 52 Wochen
Kennwerte: bis 3. Ebene DIN276
veröffentlicht: BKI Objektdaten A6

BGF   644 €/m²

Planung: Architekturbüro Walter Haller; Albstadt

Instandsetzung eines Kirchengebäudes von 1907 außen und innen.

Bauwerk - Baukonstruktionen
Herstellen: Bodenbeläge 20%, Außenwände, sonstiges 9%, Dachbeläge 8%
Wiederherstellen: Außenwandbekleidungen außen 16%, Besondere Einbauten 13%, Dachbeläge 7%, Außenwandbekleidungen innen 7%
Sonstige: 20%

Bauwerk - Technische Anlagen
Herstellen: Raumheizflächen 26%, Wärmeerzeugungsanlagen 18%, Blitzschutz- und Erdungsanlagen 8%, Niederspannungsinstallationsanlagen 7%, Abwasseranlagen 7%
Wiederherstellen: Zeitdienstanlagen 12%
Sonstige: 23%

Instandsetzungen

Nichtwohngebäude

Objektübersicht zur Gebäudeart

6200-0034 Soziotherapeutisches Zentrum | **BRI** 10.327m³ | **BGF** 3.557m² | **NUF** 2.019m²

€/m² BGF
min	17 €/m²
von	140 €/m²
Mittel	**450 €/m²**
bis	880 €/m²
max	1.220 €/m²

Kosten:
Stand 2.Quartal 2018
Bundesdurchschnitt
inkl. 19% MwSt.

Land: Hessen
Kreis: Darmstadt
Standard: Durchschnitt
Bauzeit: 35 Wochen
Kennwerte: bis 3. Ebene DIN276
veröffentlicht: BKI Objektdaten A6

BGF 251 €/m²

Planung: Dipl.-Ing. Architekt Knut Jahn; Mühltal

Soziotherapeutisches Zentrum mit 40 Betten für suchtkranke Frauen und Männer, Verwaltungsräume, Tiefgarage.
Kosteneinfluss Nutzung: Instandsetzung und Modernisierung eines bestehenden Zentrums.

Bauwerk - Baukonstruktionen
Herstellen: Nichttragende Innenwände 21%, Innentüren und -fenster 18%, Deckenbeläge 15%, Innenwandbekleidungen 14%, Deckenbekleidungen 5%, Dächer, sonstiges 4%
Sonstige: 22%

Bauwerk - Technische Anlagen
Herstellen: Niederspannungsinstallationsanlagen 27%, Wasseranlagen 21%, Abwasseranlagen 20%
Sonstige: 31%

9100-0044 Katholische Kirche | **BRI** 1.140m³ | **BGF** 213m² | **NUF** 151m²

Bauzustand: mittel
Aufwand: mittel
Nutzung während der Bauzeit: ja
Nutzungsänderung: nein
Grundrissänderungen: wenige
Tragwerkseingriffe: keine

Land: Niedersachsen
Kreis: Hildesheim
Standard: Durchschnitt
Bauzeit: 48 Wochen
Kennwerte: bis 3. Ebene DIN276
veröffentlicht: BKI Objektdaten A5

BGF 656 €/m²

Planung: Architekturbüro Jörg Sauer; Hildesheim

Instandsetzung eines Kirchengebäudes überwiegend an Außenwänden und Dachbelägen.

Bauwerk - Baukonstruktionen
Abbrechen: Außenwandbekleidungen außen 13%
Herstellen: Außenwandbekleidungen außen 37%, Dachbeläge 10%, Außenwandbekleidungen innen 9%, Gerüste 4%
Wiederherstellen: Besondere Einbauten 4%
Sonstige: 22%

Bauwerk - Technische Anlagen
Herstellen: Niederspannungsinstallationsanlagen 36%, Blitzschutz- und Erdungsanlagen 31%
Wiederherstellen: Zeitdienstanlagen 14%
Sonstige: 19%

Objektübersicht zur Gebäudeart

4100-0056 Schule, PCB-Sanierung

BRI 16.877m³   **BGF** 4.435m²   **NUF** 2.636m²

Bauzustand: schlecht
Aufwand: hoch
Nutzung während der Bauzeit: nein
Nutzungsänderung: nein
Grundrissänderungen: einige
Tragwerkseingriffe: einige

Land: Nordrhein-Westfalen
Kreis: Leverkusen
Standard: Durchschnitt
Bauzeit: 156 Wochen
Kennwerte: bis 3. Ebene DIN276
veröffentlicht: BKI Objektdaten A5

BGF   361 €/m²

Planung: Planungsgesellschaft für Hochbau mbH Wirtz+Kölsch; Leverkusen

Instandsetzung einer Schule für 650 Schüler nach PCB-Schaden und Modernisierung. Erneuerung des Innenausbaus und Wärmedämmmaßnahmen.

Bauwerk - Baukonstruktionen
Abbrechen: Deckenbeläge 2%
Herstellen: Außentüren und -fenster 13%, Außenwandbekleidungen außen 11%, Deckenbeläge 8%, Innentüren und -fenster 6%, Elementierte Außenwände 6%, Deckenbekleidungen 5%, Dachbeläge 5%, Nichttragende Innenwände 5%, Sonnenschutz 3%, Innenwandbekleidungen 3%
Wiederherstellen: Innenwandbekleidungen 7%
Sonstige: 25%

Bauwerk - Technische Anlagen
Herstellen: Niederspannungsinstallationsanlagen 21%, Beleuchtungsanlagen 19%, Raumheizflächen 16%, Wasseranlagen 10%, Lüftungsanlagen 9%, Wärmeverteilnetze 6%, Abwasseranlagen 6%, Sonstige Maßnahmen für Technische Anlagen, sonstiges 4%, Gefahrenmelde- und Alarmanlagen 2%, Gebäudeautomation, sonstiges 1%
Sonstige: 6%

Instandsetzungen mit Restaurierungsarbeiten

Kostenkennwerte für die Kosten des Bauwerks (Kostengruppen 300+400 nach DIN 276)

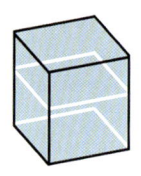

BRI 245 €/m³
von 95 €/m³
bis 540 €/m³

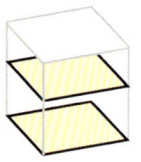

BGF 1.160 €/m²
von 800 €/m²
bis 1.830 €/m²

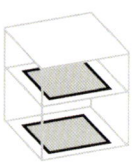

NUF 1.750 €/m²
von 1.190 €/m²
bis 3.090 €/m²

Objektbeispiele

9100-0138

9100-0039

1300-0215

Kosten:
Stand 2.Quartal 2018
Bundesdurchschnitt
inkl. 19% MwSt.

Kosten der 11 Vergleichsobjekte — Seiten 384 bis 390

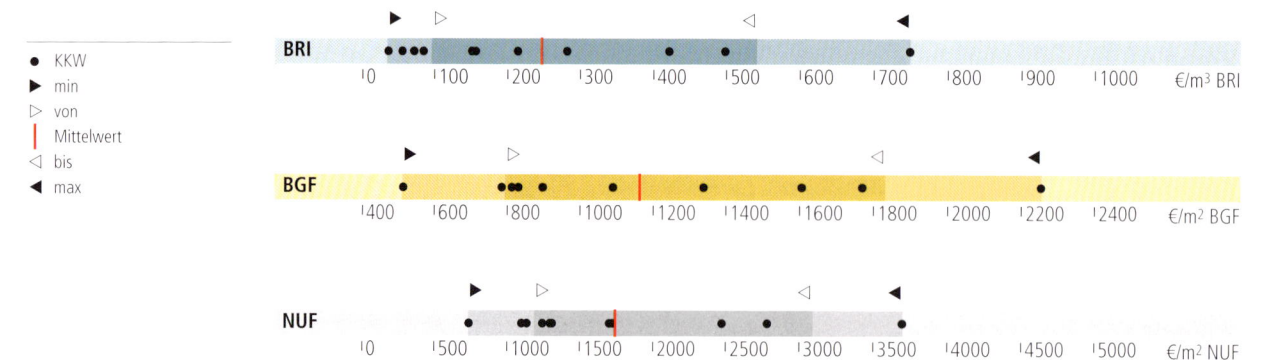

- ● KKW
- ▶ min
- ▷ von
- | Mittelwert
- ◁ bis
- ◀ max

© BKI Baukosteninformationszentrum; Erläuterungen zu den Tabellen siehe Seite 22 — Kosten: 2.Quartal 2018, Bundesdurchschnitt, **inkl. 19% MwSt.**

Kostenkennwerte für die Kostengruppen der 1. und 2. Ebene DIN 276

KG	Kostengruppen der 1. Ebene	Einheit	▷	€/Einheit	◁	▷	% an 300+400	◁
100	Grundstück	m² GF	–	–	–	–	–	–
200	Herrichten und Erschließen	m² GF	34	34	34	0,1	0,5	0,9
300	Bauwerk - Baukonstruktionen	m² BGF	624	998	1.493	77,4	85,3	94,7
400	Bauwerk - Technische Anlagen	m² BGF	70	165	309	5,3	14,7	22,6
	Bauwerk (300+400)	m² BGF	796	1.163	1.831		100,0	
500	Außenanlagen	m² AF	74	206	332	3,6	7,9	13,9
600	Ausstattung und Kunstwerke	m² BGF	11	55	268	0,8	5,6	29,9
700	Baunebenkosten	m² BGF	–	–	–	–	–	–

KG	Kostengruppen der 2. Ebene	Einheit	▷	€/Einheit	◁	▷	% an 300	◁
310	Baugrube	m³ BGI	–	439	–	–	0,1	–
320	Gründung	m² GRF	68	202	506	0,7	5,8	21,2
330	Außenwände	m² AWF	187	366	850	32,8	44,7	72,4
340	Innenwände	m² IWF	178	393	720	1,1	7,7	19,2
350	Decken	m² DEF	161	382	610	3,3	13,0	22,7
360	Dächer	m² DAF	97	263	542	7,6	16,4	27,2
370	Baukonstruktive Einbauten	m² BGF	5	24	82	0,4	2,7	12,8
390	Sonstige Baukonstruktionen	m² BGF	60	97	194	7,3	9,6	13,4
300	**Bauwerk Baukonstruktionen**	**m² BGF**					**100,0**	

KG	Kostengruppen der 2. Ebene	Einheit	▷	€/Einheit	◁	▷	% an 400	◁
410	Abwasser, Wasser, Gas	m² BGF	6	19	59	3,7	14,2	47,4
420	Wärmeversorgungsanlagen	m² BGF	16	47	88	1,4	14,8	31,7
430	Lufttechnische Anlagen	m² BGF	3	20	79	0,2	2,7	13,5
440	Starkstromanlagen	m² BGF	19	78	131	24,5	45,2	76,8
450	Fernmeldeanlagen	m² BGF	20	29	46	1,3	10,2	25,3
460	Förderanlagen	m² BGF	–	–	–	–	–	–
470	Nutzungsspezifische Anlagen	m² BGF	2	58	121	0,2	12,6	62,8
480	Gebäudeautomation	m² BGF	–	2	–	–	0,1	–
490	Sonstige Technische Anlagen	m² BGF	1	6	10	0,0	0,3	1,7
400	**Bauwerk Technische Anlagen**	**m² BGF**					**100,0**	

Prozentanteile der Kosten der 2. Ebene an den Kosten des Bauwerks nach DIN 276 (Von-, Mittel-, Bis-Werte)

KG	Bezeichnung	Wert
310	Baugrube	0,0
320	Gründung	4,5
330	Außenwände	38,2
340	Innenwände	6,2
350	Decken	10,8
360	Dächer	14,3
370	Baukonstruktive Einbauten	2,1
390	Sonstige Baukonstruktionen	8,1
410	Abwasser, Wasser, Gas	1,4
420	Wärmeversorgungsanlagen	2,8
430	Lufttechnische Anlagen	0,6
440	Starkstromanlagen	7,2
450	Fernmeldeanlagen	2,0
460	Förderanlagen	
470	Nutzungsspezifische Anlagen	1,9
480	Gebäudeautomation	0,0
490	Sonstige Technische Anlagen	0,1

© **BKI** Baukosteninformationszentrum; Erläuterungen zu den Tabellen siehe Seite 24   Kosten: 2.Quartal 2018, Bundesdurchschnitt, inkl. 19% MwSt.

Instandsetzungen mit Restaurierungsarbeiten

Kostenkennwerte für die Kostengruppen der 3. Ebene DIN 276

Kosten: Stand 2. Quartal 2018 Bundesdurchschnitt inkl. 19% MwSt.

▷ von
Ø Mittel
◁ bis

KG	Kostengruppen der 3. Ebene	Einheit	▷	Ø €/Einheit	◁	▷	Ø €/m² BGF	◁
335	Außenwandbekleidungen außen	m²	82,62	159,12	265,37	65,30	240,94	614,90
334	Außentüren und -fenster	m²	335,86	1.170,12	2.867,23	42,63	131,96	345,26
479	Nutzungsspezifische Anlagen, sonstiges	m²	83,91	113,58	143,25	83,91	113,58	143,25
361	Dachkonstruktionen	m²	66,22	200,62	393,17	37,57	97,94	178,55
363	Dachbeläge	m²	57,38	136,45	251,31	36,99	85,73	161,64
331	Tragende Außenwände	m²	229,28	688,07	1.380,75	12,24	84,74	153,83
352	Deckenbeläge	m²	92,16	221,60	312,90	17,97	65,25	144,53
351	Deckenkonstruktionen	m²	260,51	965,63	5.800,06	18,26	65,13	123,34
325	Bodenbeläge	m²	87,70	207,90	430,04	10,21	60,14	139,58
392	Gerüste	m²	29,85	58,72	129,82	29,85	58,72	129,82
336	Außenwandbekleidungen innen	m²	46,69	88,74	152,33	28,51	58,32	108,83
326	Bauwerksabdichtungen	m²	–	85,14	–	–	45,90	–
344	Innentüren und -fenster	m²	396,10	620,01	1.271,62	9,58	42,78	75,28
444	Niederspannungsinstallationsanl.	m²	15,03	39,08	93,10	15,03	39,08	93,10
353	Deckenbekleidungen	m²	57,01	117,53	221,29	14,39	36,52	79,81
445	Beleuchtungsanlagen	m²	5,22	36,52	63,41	5,22	36,52	63,41
345	Innenwandbekleidungen	m²	36,89	72,35	144,58	4,43	36,45	75,45
454	Elektroakustische Anlagen	m²	12,89	32,83	52,76	12,89	32,83	52,76
423	Raumheizflächen	m²	8,16	31,06	57,56	8,16	31,06	57,56
346	Elementierte Innenwände	m²	372,66	653,41	934,17	23,32	29,42	35,52
372	Besondere Einbauten	m²	7,67	28,83	70,34	7,67	28,83	70,34
364	Dachbekleidungen	m²	28,27	48,08	124,32	10,19	27,34	52,68
453	Zeitdienstanlagen	m²	25,01	25,27	25,52	25,01	25,27	25,52
394	Abbruchmaßnahmen	m²	3,37	24,92	46,47	3,37	24,92	46,47
391	Baustelleneinrichtung	m²	7,57	24,37	61,84	7,57	24,37	61,84
457	Übertragungsnetze	m²	–	24,17	–	–	24,17	–
371	Allgemeine Einbauten	m²	4,32	19,69	34,93	4,32	19,69	34,93
431	Lüftungsanlagen	m²	3,11	17,14	66,38	3,11	17,14	66,38
339	Außenwände, sonstiges	m²	3,83	15,06	88,07	2,70	15,76	39,60
342	Nichttragende Innenwände	m²	200,27	384,11	1.251,81	5,75	15,30	64,94
412	Wasseranlagen	m²	4,57	13,88	54,87	4,57	13,88	54,87
421	Wärmeerzeugungsanlagen	m²	2,49	13,11	27,75	2,49	13,11	27,75
327	Dränagen	m²	–	14,01	–	–	12,65	–
419	Abwasser-, Wasser- und Gasanlagen, sonstiges	m²	0,88	12,59	24,29	0,88	12,59	24,29
434	Kälteanlagen	m²	–	12,52	–	–	12,52	–
359	Decken, sonstiges	m²	9,80	43,76	93,59	2,38	12,37	17,85
393	Sicherungsmaßnahmen	m²	7,20	12,37	17,70	7,20	12,37	17,70
422	Wärmeverteilnetze	m²	4,23	11,42	23,47	4,23	11,42	23,47
324	Unterböden und Bodenplatten	m²	60,84	90,60	120,36	5,92	10,96	15,99
338	Sonnenschutz	m²	–	241,77	–	–	9,44	–
341	Tragende Innenwände	m²	162,12	764,73	1.563,47	2,17	9,23	36,82
491	Baustelleneinrichtung	m²	–	8,83	–	–	8,83	–
369	Dächer, sonstiges	m²	4,97	10,11	16,53	3,22	7,67	12,10
397	Zusätzliche Maßnahmen	m²	3,04	6,98	10,14	3,04	6,98	10,14
411	Abwasseranlagen	m²	2,00	6,68	13,83	2,00	6,68	13,83
446	Blitzschutz- und Erdungsanlagen	m²	1,62	6,27	10,34	1,62	6,27	10,34
456	Gefahrenmelde- und Alarmanlagen	m²	2,37	5,15	10,71	2,37	5,15	10,71
451	Telekommunikationsanlagen	m²	3,88	4,36	5,31	3,88	4,36	5,31

Kostenkennwerte für Leistungsbereiche nach StLB (Kosten des Bauwerks nach DIN 276)

LB	Leistungsbereiche	▷	€/m² BGF	◁	▷	% an 300+400	◁
000	Sicherheits-, Baustelleneinrichtungen inkl. 001	58	83	125	5,0	7,2	10,7
002	Erdarbeiten	0	1	3	0,0	0,1	0,3
006	Spezialtiefbauarbeiten inkl. 005	–	–	–	–	–	–
009	Entwässerungskanalarbeiten inkl. 011	0	1	3	0,0	0,0	0,2
010	Drän- und Versickerungsarbeiten	–	1	–	–	0,1	–
012	Mauerarbeiten	7	109	267	0,6	9,4	22,9
013	Betonarbeiten	2	19	63	0,1	1,6	5,4
014	Natur-, Betonwerksteinarbeiten	14	66	162	1,2	5,7	13,9
016	Zimmer- und Holzbauarbeiten	17	89	252	1,4	7,6	21,7
017	Stahlbauarbeiten	–	0	–	–	0,0	–
018	Abdichtungsarbeiten	–	4	–	–	0,3	–
020	Dachdeckungsarbeiten	5	39	104	0,4	3,3	9,0
021	Dachabdichtungsarbeiten	0	11	48	0,0	0,9	4,1
022	Klempnerarbeiten	2	23	56	0,2	2,0	4,8
	Rohbau	226	444	745	19,4	38,2	64,1
023	Putz- und Stuckarbeiten, Wärmedämmsysteme	58	109	191	5,0	9,4	16,4
024	Fliesen- und Plattenarbeiten	3	26	128	0,3	2,2	11,0
025	Estricharbeiten	0	6	6	0,0	0,5	0,5
026	Fenster, Außentüren inkl. 029, 032	13	106	230	1,1	9,1	19,8
027	Tischlerarbeiten	9	37	125	0,8	3,1	10,7
028	Parkettarbeiten, Holzpflasterarbeiten	1	17	50	0,1	1,5	4,3
030	Rollladenarbeiten	0	2	2	0,0	0,2	0,2
031	Metallbauarbeiten inkl. 035	7	34	113	0,6	2,9	9,7
034	Maler- und Lackiererarbeiten inkl. 037	34	68	120	2,9	5,9	10,3
036	Bodenbelagarbeiten	–	7	–	–	0,6	–
038	Vorgehängte hinterlüftete Fassaden	–	–	–	–	–	–
039	Trockenbauarbeiten	1	9	28	0,1	0,8	2,4
	Ausbau	161	426	627	13,8	36,6	53,9
040	Wärmeversorgungsanl. - Betriebseinr. inkl. 041	2	22	75	0,2	1,9	6,4
042	Gas- und Wasserinstallation, Leitungen inkl. 043	–	1	4	–	0,1	0,3
044	Abwasserinstallationsarbeiten - Leitungen	0	2	7	0,0	0,2	0,6
045	GWA-Einrichtungsgegenstände inkl. 046	0	4	14	0,0	0,3	1,2
047	Dämmarbeiten an betriebstechnischen Anlagen	0	1	5	0,0	0,1	0,4
049	Feuerlöschanlagen, Feuerlöschgeräte	–	0	–	–	0,0	–
050	Blitzschutz- und Erdungsanlagen	0	5	11	0,0	0,4	0,9
053	Niederspannungsanlagen inkl. 052, 054	14	53	138	1,2	4,6	11,9
055	Ersatzstromversorgungsanlagen	–	–	–	–	–	–
057	Gebäudesystemtechnik	–	–	–	–	–	–
058	Leuchten und Lampen inkl. 059	4	29	63	0,3	2,5	5,5
060	Elektroakustische Anlagen, Sprechanlagen	1	11	56	0,0	0,9	4,8
061	Kommunikationsnetze, inkl. 062	0	8	8	0,0	0,7	0,7
063	Gefahrenmeldeanlagen	–	1	–	–	0,1	–
069	Aufzüge	–	–	–	–	–	–
070	Gebäudeautomation	–	0	–	–	0,0	–
075	Raumlufttechnische Anlagen	0	3	3	0,0	0,2	0,2
	Technische Anlagen	38	138	266	3,2	11,9	22,8
084	Abbruch- und Rückbauarbeiten	24	54	100	2,1	4,7	8,6
	Sonstige Leistungsbereiche inkl. 008, 033, 051	17	104	104	1,5	9,0	9,0

© BKI Baukosteninformationszentrum; Erläuterungen zu den Tabellen siehe Seite 28   Kosten: 2.Quartal 2018, Bundesdurchschnitt, **inkl.** 19% MwSt.

Instandsetzungen mit Restaurierungsarbeiten

€/m² BGF
min	510	€/m²
von	800	€/m²
Mittel	1.160	€/m²
bis	1.830	€/m²
max	2.250	€/m²

Kosten:
Stand 2.Quartal 2018
Bundesdurchschnitt
inkl. 19% MwSt.

Objektübersicht zur Gebäudeart

9100-0138 Veranstaltungsraum, ehemalige Friedhofskapelle
BRI 300m³   **BGF** 63m²   **NUF** 48m²

Baujahr: 1927
Bauzustand: schlecht
Nutzung während der Bauzeit: nein
Nutzungsänderung: ja
Grundrissänderungen: wenige
Tragwerkseingriffe: keine

Land: Hamburg
Kreis: Hamburg
Standard: Durchschnitt
Bauzeit: 30 Wochen
Kennwerte: bis 3. Ebene DIN276
vorgesehen: BKI Objektdaten A11

BGF 1.339 €/m²

Planung: Atelier Donsbach; Hamburg

Veranstaltungsgebäude, ehemalige Friedhofskapelle **Kosteneinfluss Nutzung:** Denkmalschutz

Bauwerk - Baukonstruktionen
Herstellen: Außentüren und -fenster 36%
Wiederherstellen: Außenwandbekleidungen außen 26%, Außenwandbekleidungen innen 8%, Tragende Außenwände 7%
Sonstige: 23%

Bauwerk - Technische Anlagen
Herstellen: Beleuchtungsanlagen 49%, Niederspannungsinstallationsanlagen 37%
Wiederherstellen: Blitzschutz- und Erdungsanlagen 14%

9900-0004 Ateliergebäude
BRI 598m³   **BGF** 163m²   **NUF** 116m²

Baujahr: 1899
Bauzustand: schlecht
Aufwand: hoch
Nutzung während der Bauzeit: nein
Nutzungsänderung: nein
Grundrissänderungen: wenige
Tragwerkseingriffe: einige

Land: Brandenburg
Kreis: Brandenburg
Standard: Durchschnitt
Bauzeit: 21 Wochen
Kennwerte: bis 3. Ebene DIN276
veröffentlicht: BKI Objektdaten A10

BGF 784 €/m²

Planung: Märkplan GmbH; Brandenburg an der Havel

Sanierungsmaßnahme an leerstehendem denkmalgeschütztem Ateliergebäude

Bauwerk - Baukonstruktionen
Herstellen: Dachbeläge 12%, Dachkonstruktionen 11%, Deckenkonstruktionen 8%, Tragende Außenwände 6%, Dachbekleidungen 4%, Gerüste 4%
Wiederherstellen: Tragende Außenwände 17%, Außenwandbekleidungen außen 9%, Dachkonstruktionen 5%, Deckenkonstruktionen 4%
Sonstige: 21%

Bauwerk - Technische Anlagen
Abbrechen: Niederspannungsinstallationsanlagen 29%, Abwasseranlagen 9%
Herstellen: Abwasseranlagen 62%

Objektübersicht zur Gebäudeart

1300-0215 Büro (20 AP), Stadtvilla, Denkmalschutz

BRI 2.748m³   **BGF** 829m²   **NUF** 581m²

Baujahr: 1894/95
Bauzustand: mittel
Aufwand: hoch
Nutzung während der Bauzeit: nein
Nutzungsänderung: ja
Grundrissänderungen: wenige
Tragwerkseingriffe: wenige

Land: Nordrhein-Westfalen
Kreis: Duisburg
Standard: über Durchschnitt
Bauzeit: 30 Wochen
Kennwerte: bis 3. Ebene DIN276
veröffentlicht: BKI Objektdaten A10

BGF 515 €/m²

Planung: Druschke und Grosser Architekten BDA; Duisburg

Sanierung einer denkmalgeschützten Stadtvilla **Kosteneinfluss Nutzung:** Denkmalschutz, Brandschutz, Schallschutz

Bauwerk - Baukonstruktionen
Herstellen: Außentüren und -fenster 15%, Deckenbeläge 10%, Innentüren und -fenster 10%, Gerüste 2%, Sonnenschutz 2%
Wiederherstellen: Innenwandbekleidungen 7%, Außenwandbekleidungen außen 7%, Dachbeläge 6%, Außentüren und -fenster 5%, Deckenbeläge 5%, Außenwandbekleidungen innen 3%, Innentüren und -fenster 3%, Deckenbekleidungen 2%
Sonstige: 21%

Bauwerk - Technische Anlagen
Herstellen: Niederspannungsinstallationsanlagen 29%, Übertragungsnetze 25%, Wasseranlagen 13%, Abwasseranlagen 5%
Wiederherstellen: Raumheizflächen 4%
Sonstige: 23%

9100-0114 Glockenturm*

BRI 1.224m³   **BGF** 208m²   **NUF** 20m²

Baujahr: 1842
Bauzustand: schlecht
Aufwand: hoch
Nutzung während der Bauzeit: nein
Nutzungsänderung: nein
Grundrissänderungen: wenige
Tragwerkseingriffe: einige

Land: Schleswig-Holstein
Kreis: Pinneberg
Standard: Durchschnitt
Bauzeit: 47 Wochen
Kennwerte: bis 3. Ebene DIN276
veröffentlicht: BKI Objektdaten A10

BGF 829 €/m²

* Nicht in der Auswertung enthalten

Planung: Architektengruppe Plandreieck; Elmshorn

Erneuerung der Schwellen, Stiele und Streben im Glockenturm

Bauwerk - Baukonstruktionen
Herstellen: Außenwandbekleidungen außen 29%, Gerüste 25%
Wiederherstellen: Außentüren und -fenster 15%, Dachbeläge 11%
Sonstige: 21%

Bauwerk - Technische Anlagen
Herstellen: Blitzschutz- und Erdungsanlagen 8%
Wiederherstellen: Nutzungsspezifische Anlagen, sonstiges 88%, Niederspannungsinstallationsanlagen 2%
Sonstige: 2%

Instandsetzungen mit Restaurierungsarbeiten

€/m² BGF
min	510	€/m²
von	800	€/m²
Mittel	**1.160**	**€/m²**
bis	1.830	€/m²
max	2.250	€/m²

Kosten:
Stand 2.Quartal 2018
Bundesdurchschnitt
inkl. 19% MwSt.

Objektübersicht zur Gebäudeart

9100-0096 Museum   BRI 3.284m³   BGF 924m²   NUF 587m²

Baujahr: 1936
Bauzustand: mittel
Aufwand: hoch
Nutzung während der Bauzeit: nein
Nutzungsänderung: nein
Grundrissänderungen: wenige
Tragwerkseingriffe: einige

Land: Sachsen-Anhalt
Kreis: Wittenberg
Standard: über Durchschnitt
Bauzeit: 108 Wochen
Kennwerte: bis 3. Ebene DIN276
vorgesehen: BKI Objektdaten A11
BGF 1.770 €/m²

Planung: dietzsch & weber architekten bda; Halle (Saale)

Das Melanchtonhaus ist eine eigenständige museale Einrichtung, steht unter Denkmalschutz und zählt zum UNESCO-Welterbe.

Bauwerk - Baukonstruktionen
Herstellen: Gerüste 11%, Dachkonstruktionen 10%, Deckenkonstruktionen 9%, Tragende Außenwände 6%, Dachbeläge 4%, Baustelleneinrichtung 4%, Außenwandbekleidungen außen 4%, Innentüren und -fenster 4%, Deckenbeläge 3%, Deckenbekleidungen 3%, Innenwandbekleidungen 3%
Wiederherstellen: Deckenbeläge 8%, Tragende Außenwände 5%, Außentüren und -fenster 4%
Sonstige: 22%

Bauwerk - Technische Anlagen
Herstellen: Wärmeverteilnetze 35%, Raumheizflächen 35%, Wärmeversorgungsanlagen, sonstiges 12%
Sonstige: 17%

9100-0064 Evangelische Kirche   BRI 4.384m³   BGF 410m²   NUF 266m²

Baujahr: 1111
Bauzustand: mittel
Aufwand: hoch
Nutzung während der Bauzeit: ja
Nutzungsänderung: nein
Grundrissänderungen: keine
Tragwerkseingriffe: keine

Land: Baden-Württemberg
Kreis: Esslingen a.N.
Standard: Durchschnitt
Bauzeit: 69 Wochen
Kennwerte: bis 3. Ebene DIN276
veröffentlicht: BKI Objektdaten A9
BGF 1.606 €/m²

Planung: Graner Architekten Dipl.-Ing. Freie Architekten; Nürtingen

Kirche

Bauwerk - Baukonstruktionen
Herstellen: Dachbeläge 10%
Wiederherstellen: Außenwandbekleidungen außen 62%, Tragende Außenwände 8%
Sonstige: 20%

Bauwerk - Technische Anlagen
Herstellen: Abwasseranlagen 6%
Wiederherstellen: Nutzungsspezifische Anlagen, sonstiges 69%, Zeitdienstanlagen 12%
Sonstige: 13%

Objektübersicht zur Gebäudeart

9100-0088 Kapelle

BRI 10.400m³   **BGF** 420m²   **NUF** 290m²

Baujahr: 13.Jh.
Bauzustand: schlecht
Aufwand: mittel
Nutzung während der Bauzeit: nein
Nutzungsänderung: nein
Grundrissänderungen: wenige
Tragwerkseingriffe: wenige

Land: Brandenburg
Kreis: Brandenburg
Standard: Durchschnitt
Bauzeit: 82 Wochen
Kennwerte: bis 3. Ebene DIN276
veröffentlicht: BKI Objektdaten A9

BGF   897 €/m²

Planung: pmp Projekt GmbH; Brandenburg

Kapelle

Bauwerk - Baukonstruktionen
Herstellen: Bodenbeläge 23%, Außentüren und -fenster 8%, Gerüste 5%, Bauwerksabdichtungen 5%
Wiederherstellen: Tragende Außenwände 9%, Außentüren und -fenster 9%, Außenwandbekleidungen außen 6%, Deckenkonstruktionen 5%, Dachkonstruktionen 5%, Außenwandbekleidungen innen 5%
Sonstige: 22%

Bauwerk - Technische Anlagen
Herstellen: Raumheizflächen 23%, Beleuchtungsanlagen 20%, Wärmeerzeugungsanlagen 17%, Niederspannungsinstallationsanlagen 15%
Sonstige: 25%

6400-0058 Ev. Pfarrhaus, Fassadensanierung*

BRI 3.016m³   **BGF** 986m²   **NUF** 636m²

Baujahr: 15.Jh
Bauzustand: schlecht
Aufwand: mittel
Nutzung während der Bauzeit: ja
Nutzungsänderung: nein
Grundrissänderungen: keine
Tragwerkseingriffe: wenige

Land: Baden-Württemberg
Kreis: Böblingen
Standard: über Durchschnitt
Bauzeit: 52 Wochen
Kennwerte: bis 3. Ebene DIN276
veröffentlicht: BKI Objektdaten A8

BGF   141 €/m²

* Nicht in der Auswertung enthalten

Planung: Thomas Liedtke Dipl.-Ing. Freier Architekt; Leonberg

Fassadeninstandsetzung eines Pfarrhauses mit Putz-, Fachwerk- und Natursteinarbeiten

Bauwerk - Baukonstruktionen
Abbrechen: Außenwandbekleidungen außen 12%
Herstellen: Außenwandbekleidungen außen 44%, Gerüste 8%
Wiederherstellen: Tragende Außenwände 11%, Außenwandbekleidungen außen 5%
Sonstige: 21%

Bauwerk - Technische Anlagen
Abbrechen: Blitzschutz- und Erdungsanlagen 4%
Herstellen: Blitzschutz- und Erdungsanlagen 57%
Wiederherstellen: Abwasseranlagen 36%
Sonstige: 3%

Instandsetzungen mit Restaurierungsarbeiten

€/m² BGF
- min: 510 €/m²
- von: 800 €/m²
- Mittel: 1.160 €/m²
- bis: 1.830 €/m²
- max: 2.250 €/m²

Kosten:
Stand 2.Quartal 2018
Bundesdurchschnitt
inkl. 19% MwSt.

Objektübersicht zur Gebäudeart

9100-0039 Kirche, Fassadenarbeiten

BRI 7.730m³ **BGF** 620m² **NUF** 490m²

Baujahr: 1910
Bauzustand: mittel
Aufwand: hoch
Nutzung während der Bauzeit: ja
Nutzungsänderung: nein
Grundrissänderungen: keine
Tragwerkseingriffe: keine

Land: Baden-Württemberg
Kreis: Esslingen a.N.
Standard: Durchschnitt
Bauzeit: 34 Wochen
Kennwerte: bis 3. Ebene DIN276
veröffentlicht: BKI Objektdaten A6

BGF 898 €/m²

Planung: Habrik Architekten Helmut Habrik Freier Architekt BDA; Esslingen

Kirchengebäude von 1919. Turm und Kirchenschiff stehen unter Denkmalschutz. Die Fassade wurde instandgesetzt und teilweise restauriert. **Kosteneinfluss Nutzung:** Das Kirchenensemble mit Turm und Kirchenschiff stehen unter Denkmalschutz.

Bauwerk - Baukonstruktionen
Herstellen: Außenwandbekleidungen außen 30%, Dachbeläge 24%
Wiederherstellen: Außenwandbekleidungen außen 21%
Sonstige: 25%

Bauwerk - Technische Anlagen
Herstellen: Nutzungsspezifische Anlagen, sonstiges 54%, Abwasseranlagen 8%, Zeitdienstanlagen 7%
Wiederherstellen: Zeitdienstanlagen 10%
Sonstige: 21%

9100-0041 Veranstaltungsgebäude, Büros

BRI 6.497m³ **BGF** 2.157m² **NUF** 1.315m²

Baujahr: 1818
Bauzustand: schlecht
Aufwand: hoch
Nutzung während der Bauzeit: ja
Nutzungsänderung: ja
Grundrissänderungen: wenige
Tragwerkseingriffe: wenige

Land: Hessen
Kreis: Main-Taunus, Hofheim
Standard: über Durchschnitt
Bauzeit: 91 Wochen
Kennwerte: bis 3. Ebene DIN276
veröffentlicht: BKI Objektdaten A6

BGF 2.253 €/m²

Planung: Planergruppe Hytrek, Thomas, Weyell und Weyell GmbH; Wiesbaden

Instandsetzung eines denkmalgeschützten Veranstaltungsgebäudes mit umfangreichen Erhaltungsarbeiten an der Baukonstruktion und Restaurierungsarbeiten.

Bauwerk - Baukonstruktionen
Außentüren und -fenster 16%, Dachkonstruktionen 10%, Außenwandbekleidungen außen 8%, Bodenbeläge 7%, Deckenbeläge 7%, Tragende Außenwände 6%, Innentüren und -fenster 6%, Deckenkonstruktionen 5%, Innenwandbekleidungen 5%, Außenwandbekleidungen innen 4%, Deckenbekleidungen 4%
Sonstige: 20%

Bauwerk - Technische Anlagen
Beleuchtungsanlagen 19%, Raumheizflächen 16%, Niederspannungsinstallationsanlagen 15%, Lüftungsanlagen 14%, Wasseranlagen 12%
Sonstige: 25%

Objektübersicht zur Gebäudeart

9100-0033 Kirche, Brandschaden

BRI 19.551m³ **BGF** 1.314m² **NUF** 876m²

Baujahr: 1506/09
Bauzustand: schlecht
Aufwand: hoch
Nutzung während der Bauzeit: nein
Nutzungsänderung: nein
Grundrissänderungen: wenige
Tragwerkseingriffe: wenige

Land: Baden-Württemberg
Kreis: Esslingen a.N.
Standard: über Durchschnitt
Bauzeit: 39 Wochen
Kennwerte: bis 3. Ebene DIN276
veröffentlicht: BKI Objektdaten A3

BGF **830 €/m²**

Planung: Lothar Graner Dipl.-Ing. Freie Architekten; Nürtingen

Kosteneinfluss Nutzung: Evangelische Kirche, dreischiffig, mit Orgelempore und Lagerflächen unter Chor und Sakristei. Instandsetzung nach Brandschaden. Innensanierung nach Brandschaden (Orgelbrand auf der Empore), gleichzeitige Behebung von baulichen Mängeln und Korrekturen an Einbauten aus den 1950/60er Jahren. Beachtung der Auflagen des Landesdenkmalamtes.

Bauwerk - Baukonstruktionen
Herstellen: Außentüren und -fenster 13%
Wiederherstellen: Außentüren und -fenster 18%, Dachbekleidungen 12%, Besondere Einbauten 9%, Gerüste 8%, Dachkonstruktionen 8%, Außenwandbekleidungen innen 7%
Sonstige: 25%

Bauwerk - Technische Anlagen
Herstellen: Beleuchtungsanlagen 32%, Elektroakustische Anlagen 27%, Niederspannungsinstallationsanlagen 20%
Sonstige: 21%

9100-0035 Evangelische Kirche, Innenrestaurierung

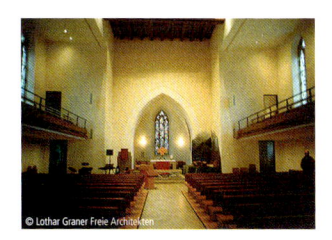

BRI 7.095m³ **BGF** 740m² **NUF** 459m²

Baujahr: 1601
Bauzustand: schlecht
Aufwand: hoch
Nutzung während der Bauzeit: nein
Nutzungsänderung: nein
Grundrissänderungen: wenige
Tragwerkseingriffe: wenige

Land: Baden-Württemberg
Kreis: Böblingen
Standard: über Durchschnitt
Bauzeit: 26 Wochen
Kennwerte: bis 3. Ebene DIN276
veröffentlicht: BKI Objektdaten A3

BGF **812 €/m²**

Planung: Lothar Graner Dipl.-Ing. Freie Architekten; Nürtingen

Denkmalgeschützte Kirche von 1601, einschiffig, mit Orgelempore und Emporen an den Längsseiten, Restaurierungen an Wänden und Fenstern. **Kosteneinfluss Nutzung:** Evangelische Kirche, einschiffig, mit Orgelempore und Emporen an den Längsseiten. Beachtung der Auflagen des Landesdenkmalamtes.

Bauwerk - Baukonstruktionen
Herstellen: Deckenkonstruktionen 11%, Gerüste 8%, Bodenbeläge 8%, Innentüren und -fenster 7%, Elementierte Innenwände 6%, Deckenbeläge 4%
Wiederherstellen: Außenwandbekleidungen innen 23%, Allgemeine Einbauten 6%, Decken, sonstiges 3%, Dachbekleidungen 3%
Sonstige: 21%

Bauwerk - Technische Anlagen
Herstellen: Niederspannungsinstallationsanlagen 53%, Raumheizflächen 17%, Beleuchtungsanlagen 17%
Sonstige: 12%

Instandsetzungen

mit Restaurierungs-arbeiten

€/m² BGF

min	510 €/m²
von	800 €/m²
Mittel	**1.160 €/m²**
bis	1.830 €/m²
max	2.250 €/m²

Kosten:
Stand 2.Quartal 2018
Bundesdurchschnitt
inkl. 19% MwSt.

Objektübersicht zur Gebäudeart

9100-0130 Windmühle (Baudenkmal) **BRI** 862m³ **BGF** 333m² **NUF** 213m²

Baujahr: 1741
Bauzustand: schlecht
Aufwand: hoch
Nutzung während der Bauzeit: nein
Nutzungsänderung: nein
Grundrissänderungen: wenige

Land: Niedersachsen
Kreis: Wittmund
Standard: Durchschnitt
Bauzeit: 65 Wochen
Kennwerte: bis 1. Ebene DIN276
veröffentlicht: BKI Objektdaten A10

BGF **1.091 €/m²**

Planung: Angelis & Partner Architekten mbB; Oldenburg

Windmühle (Baudenkmal) Galerieholländer

Neue Objekte
ohne Gebäudeartenzuordnung

Neue Gebäude ohne Gebäudeartenzuordnung

Objektübersicht zur Gebäudeart

5200-0013 Freibad

BRI 13.450m³ **BGF** 4.363m² **NUF** 3.440m²

Baujahr: 1968
Bauzustand: schlecht
Aufwand: hoch
Nutzung während der Bauzeit: nein
Nutzungsänderung: nein
Grundrissänderungen: umfangreiche
Tragwerkseingriffe: keine

Land: Baden-Württemberg
Kreis: Emmendingen
Standard: über Durchschnitt
Bauzeit: 82 Wochen
Kennwerte: bis 3. Ebene DIN276
vorgesehen: BKI Objektdaten A11

BGF 1.890 €/m²

Planung: Kauffmann Theilig & Partner Freie Architekten BDA; Ostfildern

Freibad mit Eingangsgebäude, Lounge, Schwimmer-, Erlebnis- und Sprungbecken sowie Außenanlagen

Kosten:
Stand 2.Quartal 2018
Bundesdurchschnitt
inkl. 19% MwSt.

Bauwerk - Baukonstruktionen
Herstellen: Baukonstruktive Einbauten, sonstiges 27%, Dachkonstruktionen 10%, Flachgründungen 7%, Tragende Außenwände 7%, Besondere Einbauten 6%, Bodenbeläge 4%, Baustelleneinrichtung 4%, Baugrubenherstellung 3%, Nichttragende Außenwände 2%, Allgemeine Einbauten 2%, Deckenbeläge 2%, Bauwerksabdichtungen 2%, Deckenkonstruktionen 2%
Sonstige: 21%

Bauwerk - Technische Anlagen
Herstellen: Wasseranlagen 30%, Badetechnische Anlagen 28%, Abwasseranlagen 8%, Wärmeerzeugungsanlagen 5%, Niederspannungsinstallationsanlagen 5%
Sonstige: 24%

9100-0125 Bürgerheim, Gaststätte, Veranstaltungsraum

BRI 1.150m³ **BGF** 321m² **NUF** 263m²

Baujahr: 1902
Bauzustand: mittel
Aufwand: hoch
Nutzung während der Bauzeit: nein
Nutzungsänderung: ja
Grundrissänderungen: umfangreiche
Tragwerkseingriffe: umfangreiche

Land: Bayern
Kreis: Landsberg a. Lech
Standard: über Durchschnitt
Bauzeit: 69 Wochen
Kennwerte: bis 3. Ebene DIN276
vorgesehen: BKI Objektdaten A11

BGF 1.892 €/m²

Planung: Büro ArchitektenGrundRiss Gerhard Ringler, Dipl.-Ing. Univ.; Landsberg

Bürgerheim mit Bürgerstube und Schießständen, wird vom Schützenverein genutzt

Bauwerk - Baukonstruktionen
Abbrechen: Dachkonstruktionen 3%
Herstellen: Tragende Außenwände 17%, Außentüren und -fenster 7%, Außenwandbekleidungen außen 7%, Deckenkonstruktionen 7%, Dachbeläge 5%, Dachkonstruktionen 5%, Bodenbeläge 4%, Dachfenster, Dachöffnungen 4%, Innenwandbekleidungen 4%, Dachbekleidungen 4%, Außenwandbekleidungen innen 3%, Baustelleneinrichtung 3%, Flachgründungen 3%, Tragende Innenwände 3%
Sonstige: 22%

Bauwerk - Technische Anlagen
Herstellen: Küchentechnische Anlagen 31%, Niederspannungsinstallationsanlagen 15%, Wasseranlagen 10%, Wärmeerzeugungsanlagen 9%, Abwasseranlagen 9%
Sonstige: 26%

Objektübersicht zur Gebäudeart

3200-0024 Notfall- und Diagnostikzentrum, Eingangshalle

BRI 18.405m³   **BGF** 4.614m²   **NUF** 1.842m²

Land: Niedersachsen
Kreis: Harburg
Standard: Durchschnitt
Bauzeit: 104 Wochen
Kennwerte: bis 1. Ebene DIN276
vorgesehen: BKI Objektdaten A11

BGF   **2.261 €/m²**

Planung: Reichardt + Partner Architekten; Hamburg

Notfall- und Diagnostikzentrum mit Eingangshalle als Erweiterungsbauten eines bestehenden Krankenhauses

Altbau
Bauelemente

Kostenkennwerte der Gebäudearten
für die Kostengruppen 300+400

311 Baugrubenherstellung

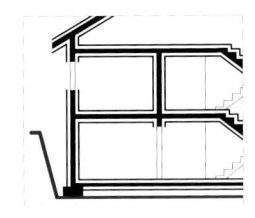

Kosten:
Stand 2.Quartal 2018
Bundesdurchschnitt
inkl. 19% MwSt.

Einheit: m³
Baugrubenrauminhalt

Gebäudeart	▷	€/Einheit	◁	KG an 300
Erweiterungen				
Büro- und Verwaltungsgebäude	34,00	**39,00**	51,00	1,8%
Schulen	22,00	**39,00**	57,00	2,4%
Kindergärten	37,00	**60,00**	75,00	3,7%
Wohngebäude: Anbau	60,00	**149,00**	558,00	2,2%
Wohngebäude: Aufstockung	67,00	**113,00**	158,00	0,2%
Wohngebäude: Dachausbau	–	–	–	–
Gewerbegebäude	22,00	**36,00**	59,00	1,4%
Gebäude anderer Art	33,00	**66,00**	100,00	1,0%
Umbauten				
Büro- und Verwaltungsgebäude	53,00	**79,00**	96,00	0,4%
Schulen	30,00	**48,00**	101,00	1,0%
Kindergärten	119,00	**148,00**	177,00	0,0%
Ein- und Zweifamilienhäuser	26,00	**38,00**	45,00	0,4%
Mehrfamilienhäuser	42,00	**71,00**	204,00	0,4%
Wohnungen	–	–	–	–
Gewerbegebäude	–	–	–	–
Gebäude anderer Art	56,00	**118,00**	161,00	1,7%
Modernisierungen				
Büro- und Verwaltungsgebäude	44,00	**53,00**	64,00	0,8%
Schulen und Kindergärten	19,00	**46,00**	61,00	0,8%
Sporthallen	91,00	**109,00**	140,00	0,9%
Ein- und Zweifamilienhäuser vor 1945	68,00	**102,00**	171,00	0,7%
Ein- und Zweifamilienhäuser nach 1945	40,00	**120,00**	329,00	0,6%
Wohngebäude vor 1945	60,00	**116,00**	231,00	0,7%
Wohngebäude nach 1945: nur Oberflächen	34,00	**61,00**	109,00	0,2%
Wohngebäude nach 1945: mit Tragkonstruktion	43,00	**78,00**	217,00	1,1%
Fachwerkhäuser	–	**78,00**	–	0,8%
Gewerbegebäude	34,00	**38,00**	43,00	0,5%
Instandsetzungen				
Wohngebäude	10,00	**68,00**	98,00	2,6%
Nichtwohngebäude	26,00	**49,00**	72,00	0,2%
mit Restaurierungsarbeiten	–	**439,00**	–	0,0%

▷ von
Ø Mittel
◁ bis

313 Wasserhaltung

Gebäudeart	▷	€/Einheit	◁	KG an 300
Erweiterungen				
Büro- und Verwaltungsgebäude	–	3,00	–	0,0%
Schulen	21,00	21,00	21,00	0,2%
Kindergärten	–	–	–	–
Wohngebäude: Anbau	–	1,70	–	0,0%
Wohngebäude: Aufstockung	–	–	–	–
Wohngebäude: Dachausbau	–	–	–	–
Gewerbegebäude	–	1,00	–	0,0%
Gebäude anderer Art	–	–	–	–
Umbauten				
Büro- und Verwaltungsgebäude	–	–	–	–
Schulen	2,40	4,10	5,80	0,0%
Kindergärten	–	–	–	–
Ein- und Zweifamilienhäuser	–	–	–	–
Mehrfamilienhäuser	–	1,30	–	0,0%
Wohnungen	–	–	–	–
Gewerbegebäude	–	–	–	–
Gebäude anderer Art	–	21,00	–	0,0%
Modernisierungen				
Büro- und Verwaltungsgebäude	–	–	–	–
Schulen und Kindergärten	1,30	27,00	52,00	0,1%
Sporthallen	–	0,60	–	0,0%
Ein- und Zweifamilienhäuser vor 1945	–	–	–	–
Ein- und Zweifamilienhäuser nach 1945	–	–	–	–
Wohngebäude vor 1945	–	–	–	–
Wohngebäude nach 1945: nur Oberflächen	–	–	–	–
Wohngebäude nach 1945: mit Tragkonstruktion	–	0,60	–	0,0%
Fachwerkhäuser	–	–	–	–
Gewerbegebäude	–	–	–	–
Instandsetzungen				
Wohngebäude	–	–	–	–
Nichtwohngebäude	–	–	–	–
mit Restaurierungsarbeiten	–	–	–	–

Einheit: m² Gründungsfläche

321 Baugrundverbesserung

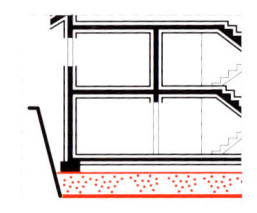

Kosten:
Stand 2.Quartal 2018
Bundesdurchschnitt
inkl. 19% MwSt.

Einheit: m²
Gründungsfläche

Gebäudeart	▷	€/Einheit	◁	KG an 300
Erweiterungen				
Büro- und Verwaltungsgebäude	–	–	–	–
Schulen	25,00	35,00	44,00	0,3%
Kindergärten	–	3,70	–	0,0%
Wohngebäude: Anbau	–	134,00	–	0,0%
Wohngebäude: Aufstockung	–	–	–	–
Wohngebäude: Dachausbau	–	–	–	–
Gewerbegebäude	–	49,00	–	0,3%
Gebäude anderer Art	–	–	–	–
Umbauten				
Büro- und Verwaltungsgebäude	–	–	–	–
Schulen	–	32,00	–	0,1%
Kindergärten	–	–	–	–
Ein- und Zweifamilienhäuser	–	–	–	–
Mehrfamilienhäuser	3,20	10,00	17,00	0,0%
Wohnungen	–	–	–	–
Gewerbegebäude	–	–	–	–
Gebäude anderer Art	–	19,00	–	0,0%
Modernisierungen				
Büro- und Verwaltungsgebäude	–	–	–	–
Schulen und Kindergärten	–	–	–	–
Sporthallen	–	1,70	–	0,0%
Ein- und Zweifamilienhäuser vor 1945	–	–	–	–
Ein- und Zweifamilienhäuser nach 1945	–	–	–	–
Wohngebäude vor 1945	–	–	–	–
Wohngebäude nach 1945: nur Oberflächen	–	–	–	–
Wohngebäude nach 1945: mit Tragkonstruktion	–	36,00	–	0,0%
Fachwerkhäuser	–	–	–	–
Gewerbegebäude	–	5,20	–	0,0%
Instandsetzungen				
Wohngebäude	–	–	–	–
Nichtwohngebäude	–	–	–	–
mit Restaurierungsarbeiten	–	–	–	–

▷ von
Ø Mittel
◁ bis

322 Flachgründungen

Gebäudeart	▷	€/Einheit	◁	KG an 300
Erweiterungen				
Büro- und Verwaltungsgebäude	47,00	**88,00**	123,00	1,7%
Schulen	105,00	**1.118,00**	6.182,00	4,2%
Kindergärten	34,00	**53,00**	81,00	2,4%
Wohngebäude: Anbau	82,00	**172,00**	268,00	2,4%
Wohngebäude: Aufstockung	114,00	**258,00**	586,00	0,1%
Wohngebäude: Dachausbau	–	–	–	–
Gewerbegebäude	63,00	**104,00**	188,00	7,0%
Gebäude anderer Art	66,00	**81,00**	97,00	1,5%
Umbauten				
Büro- und Verwaltungsgebäude	28,00	**82,00**	153,00	0,4%
Schulen	16,00	**243,00**	696,00	0,4%
Kindergärten	50,00	**175,00**	327,00	0,6%
Ein- und Zweifamilienhäuser	11,00	**219,00**	447,00	0,5%
Mehrfamilienhäuser	143,00	**625,00**	1.719,00	0,4%
Wohnungen	–	–	–	–
Gewerbegebäude	–	**4,50**	–	0,1%
Gebäude anderer Art	92,00	**169,00**	307,00	1,8%
Modernisierungen				
Büro- und Verwaltungsgebäude	52,00	**133,00**	162,00	1,1%
Schulen und Kindergärten	80,00	**228,00**	583,00	0,5%
Sporthallen	60,00	**111,00**	163,00	0,6%
Ein- und Zweifamilienhäuser vor 1945	34,00	**500,00**	795,00	0,2%
Ein- und Zweifamilienhäuser nach 1945	41,00	**65,00**	85,00	0,4%
Wohngebäude vor 1945	100,00	**290,00**	497,00	0,9%
Wohngebäude nach 1945: nur Oberflächen	130,00	**297,00**	615,00	0,1%
Wohngebäude nach 1945: mit Tragkonstruktion	94,00	**215,00**	452,00	0,8%
Fachwerkhäuser	19,00	**54,00**	121,00	1,0%
Gewerbegebäude	–	**126,00**	–	0,8%
Instandsetzungen				
Wohngebäude	238,00	**257,00**	276,00	0,2%
Nichtwohngebäude	5,10	**5,10**	5,10	0,1%
mit Restaurierungsarbeiten	10,00	**13,00**	15,00	0,0%

Einheit: m² Flachgründungsfläche

323 Tiefgründungen

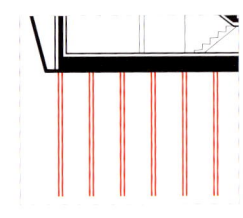

Kosten:
Stand 2.Quartal 2018
Bundesdurchschnitt
inkl. 19% MwSt.

Einheit: m²
Tiefgründungsfläche

Gebäudeart	▷	€/Einheit	◁	KG an 300
Erweiterungen				
Büro- und Verwaltungsgebäude	–	196,00	–	0,2%
Schulen		–		–
Kindergärten		–		–
Wohngebäude: Anbau		–		–
Wohngebäude: Aufstockung		–		–
Wohngebäude: Dachausbau		–		–
Gewerbegebäude		–		–
Gebäude anderer Art		–		–
Umbauten				
Büro- und Verwaltungsgebäude		–		–
Schulen	–	558,00	–	0,8%
Kindergärten		–		–
Ein- und Zweifamilienhäuser		–		–
Mehrfamilienhäuser		–		–
Wohnungen		–		–
Gewerbegebäude		–		–
Gebäude anderer Art		–		–
Modernisierungen				
Büro- und Verwaltungsgebäude		–		–
Schulen und Kindergärten		–		–
Sporthallen		–		–
Ein- und Zweifamilienhäuser vor 1945		–		–
Ein- und Zweifamilienhäuser nach 1945		–		–
Wohngebäude vor 1945		–		–
Wohngebäude nach 1945: nur Oberflächen		–		–
Wohngebäude nach 1945: mit Tragkonstruktion	–	443,00	–	0,7%
Fachwerkhäuser		–		–
Gewerbegebäude	–	92,00	–	0,0%
Instandsetzungen				
Wohngebäude		–		–
Nichtwohngebäude		–		–
mit Restaurierungsarbeiten		–		–

▷ von
ø Mittel
◁ bis

324 Unterböden und Bodenplatten

Gebäudeart	▷	€/Einheit	◁	KG an 300
Erweiterungen				
Büro- und Verwaltungsgebäude	92,00	**121,00**	198,00	1,3%
Schulen	107,00	**365,00**	1.131,00	2,6%
Kindergärten	54,00	**98,00**	181,00	4,2%
Wohngebäude: Anbau	55,00	**93,00**	124,00	2,3%
Wohngebäude: Aufstockung	238,00	**238,00**	238,00	0,0%
Wohngebäude: Dachausbau	–	**–**	–	–
Gewerbegebäude	66,00	**89,00**	103,00	5,1%
Gebäude anderer Art	56,00	**89,00**	154,00	1,2%
Umbauten				
Büro- und Verwaltungsgebäude	92,00	**225,00**	360,00	1,3%
Schulen	42,00	**87,00**	129,00	1,0%
Kindergärten	93,00	**113,00**	172,00	0,5%
Ein- und Zweifamilienhäuser	28,00	**96,00**	135,00	0,8%
Mehrfamilienhäuser	45,00	**87,00**	138,00	0,7%
Wohnungen	–	**0,00**	–	0,0%
Gewerbegebäude	162,00	**228,00**	295,00	1,0%
Gebäude anderer Art	57,00	**76,00**	101,00	1,5%
Modernisierungen				
Büro- und Verwaltungsgebäude	65,00	**79,00**	106,00	0,6%
Schulen und Kindergärten	92,00	**356,00**	889,00	1,0%
Sporthallen	111,00	**242,00**	613,00	0,7%
Ein- und Zweifamilienhäuser vor 1945	174,00	**264,00**	354,00	0,5%
Ein- und Zweifamilienhäuser nach 1945	58,00	**75,00**	102,00	0,4%
Wohngebäude vor 1945	54,00	**111,00**	204,00	0,6%
Wohngebäude nach 1945: nur Oberflächen	65,00	**107,00**	143,00	0,1%
Wohngebäude nach 1945: mit Tragkonstruktion	109,00	**176,00**	257,00	1,3%
Fachwerkhäuser	105,00	**106,00**	108,00	1,4%
Gewerbegebäude	88,00	**122,00**	156,00	0,5%
Instandsetzungen				
Wohngebäude	–	**0,00**	–	0,0%
Nichtwohngebäude	81,00	**356,00**	631,00	4,7%
mit Restaurierungsarbeiten	61,00	**91,00**	120,00	0,1%

Einheit: m² Bodenplattenfläche

325 Bodenbeläge

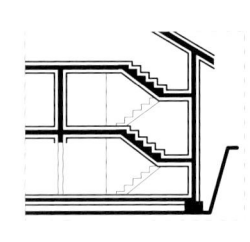

Kosten:
Stand 2. Quartal 2018
Bundesdurchschnitt
inkl. 19% MwSt.

Einheit: m²
Bodenbelagsfläche

Gebäudeart	▷	€/Einheit	◁	KG an 300
Erweiterungen				
Büro- und Verwaltungsgebäude	96,00	**118,00**	141,00	2,4%
Schulen	81,00	**144,00**	196,00	3,5%
Kindergärten	106,00	**129,00**	140,00	7,7%
Wohngebäude: Anbau	95,00	**157,00**	228,00	4,2%
Wohngebäude: Aufstockung	–	**40,00**	–	0,1%
Wohngebäude: Dachausbau	–	–	–	–
Gewerbegebäude	52,00	**87,00**	131,00	5,4%
Gebäude anderer Art	115,00	**189,00**	334,00	4,3%
Umbauten				
Büro- und Verwaltungsgebäude	64,00	**119,00**	202,00	4,6%
Schulen	82,00	**129,00**	268,00	4,0%
Kindergärten	71,00	**110,00**	147,00	9,6%
Ein- und Zweifamilienhäuser	69,00	**143,00**	168,00	2,9%
Mehrfamilienhäuser	28,00	**68,00**	111,00	0,9%
Wohnungen	–	**151,00**	–	1,2%
Gewerbegebäude	10,00	**75,00**	107,00	8,7%
Gebäude anderer Art	120,00	**188,00**	372,00	2,3%
Modernisierungen				
Büro- und Verwaltungsgebäude	104,00	**130,00**	183,00	2,9%
Schulen und Kindergärten	73,00	**119,00**	169,00	2,7%
Sporthallen	68,00	**130,00**	192,00	10,8%
Ein- und Zweifamilienhäuser vor 1945	72,00	**137,00**	259,00	3,4%
Ein- und Zweifamilienhäuser nach 1945	48,00	**117,00**	182,00	1,7%
Wohngebäude vor 1945	63,00	**132,00**	181,00	2,4%
Wohngebäude nach 1945: nur Oberflächen	13,00	**23,00**	51,00	0,1%
Wohngebäude nach 1945: mit Tragkonstruktion	52,00	**82,00**	135,00	1,3%
Fachwerkhäuser	70,00	**70,00**	70,00	0,3%
Gewerbegebäude	52,00	**65,00**	78,00	0,1%
Instandsetzungen				
Wohngebäude	22,00	**43,00**	65,00	0,3%
Nichtwohngebäude	126,00	**212,00**	511,00	5,9%
mit Restaurierungsarbeiten	88,00	**208,00**	430,00	4,8%

▷ von
ø Mittel
◁ bis

326 Bauwerksabdichtungen

Gebäudeart	▷	€/Einheit	◁	KG an 300
Erweiterungen				
Büro- und Verwaltungsgebäude	5,00	**17,00**	40,00	0,3%
Schulen	5,40	**20,00**	35,00	0,8%
Kindergärten	14,00	**44,00**	64,00	2,7%
Wohngebäude: Anbau	11,00	**22,00**	37,00	0,6%
Wohngebäude: Aufstockung	–	–	–	–
Wohngebäude: Dachausbau	–	–	–	–
Gewerbegebäude	19,00	**42,00**	92,00	2,5%
Gebäude anderer Art	7,10	**9,70**	14,00	0,3%
Umbauten				
Büro- und Verwaltungsgebäude	1,10	**1,60**	2,70	0,0%
Schulen	10,00	**18,00**	26,00	0,3%
Kindergärten	11,00	**14,00**	17,00	0,4%
Ein- und Zweifamilienhäuser	9,50	**26,00**	56,00	0,1%
Mehrfamilienhäuser	14,00	**41,00**	122,00	0,1%
Wohnungen	–	–	–	–
Gewerbegebäude	–	**0,70**	–	0,0%
Gebäude anderer Art	9,50	**17,00**	36,00	0,3%
Modernisierungen				
Büro- und Verwaltungsgebäude	7,70	**17,00**	25,00	0,2%
Schulen und Kindergärten	4,70	**13,00**	22,00	0,3%
Sporthallen	4,80	**12,00**	20,00	0,2%
Ein- und Zweifamilienhäuser vor 1945	–	**18,00**	–	0,0%
Ein- und Zweifamilienhäuser nach 1945	11,00	**31,00**	51,00	0,2%
Wohngebäude vor 1945	5,00	**12,00**	21,00	0,2%
Wohngebäude nach 1945: nur Oberflächen	1,00	**14,00**	26,00	0,0%
Wohngebäude nach 1945: mit Tragkonstruktion	3,30	**25,00**	52,00	0,3%
Fachwerkhäuser	6,10	**15,00**	34,00	0,2%
Gewerbegebäude	8,20	**21,00**	34,00	0,0%
Instandsetzungen				
Wohngebäude	4,10	**55,00**	158,00	0,0%
Nichtwohngebäude	3,00	**11,00**	20,00	0,2%
mit Restaurierungsarbeiten	–	**85,00**	–	0,6%

Einheit: m² Gründungsfläche

Kosten: 2.Quartal 2018, Bundesdurchschnitt, inkl. **19%** MwSt.

327 Dränagen

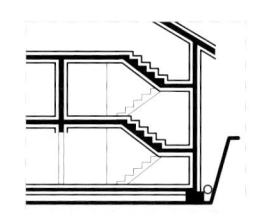

Kosten:
Stand 2.Quartal 2018
Bundesdurchschnitt
inkl. 19% MwSt.

Einheit: m² Gründungsfläche

Gebäudeart	▷	€/Einheit	◁	KG an 300
Erweiterungen				
Büro- und Verwaltungsgebäude	–	15,00	–	0,0%
Schulen	9,20	15,00	19,00	0,3%
Kindergärten	–	32,00	–	0,5%
Wohngebäude: Anbau	16,00	26,00	44,00	0,4%
Wohngebäude: Aufstockung	–	–	–	–
Wohngebäude: Dachausbau	–	–	–	–
Gewerbegebäude	3,80	13,00	18,00	0,1%
Gebäude anderer Art	–	–	–	–
Umbauten				
Büro- und Verwaltungsgebäude	–	–	–	–
Schulen	10,00	16,00	19,00	0,2%
Kindergärten	–	–	–	–
Ein- und Zweifamilienhäuser	9,30	13,00	21,00	0,1%
Mehrfamilienhäuser	–	34,00	–	0,1%
Wohnungen	–	–	–	–
Gewerbegebäude	–	–	–	–
Gebäude anderer Art	22,00	29,00	37,00	0,2%
Modernisierungen				
Büro- und Verwaltungsgebäude	1,30	9,80	18,00	0,0%
Schulen und Kindergärten	7,30	19,00	28,00	0,1%
Sporthallen	–	3,00	–	0,0%
Ein- und Zweifamilienhäuser vor 1945	–	27,00	–	0,1%
Ein- und Zweifamilienhäuser nach 1945	2,70	17,00	26,00	0,2%
Wohngebäude vor 1945	–	14,00	–	0,0%
Wohngebäude nach 1945: nur Oberflächen	–	512,00	–	0,0%
Wohngebäude nach 1945: mit Tragkonstruktion	6,40	11,00	16,00	0,1%
Fachwerkhäuser	4,60	7,70	11,00	0,1%
Gewerbegebäude	–	15,00	–	0,1%
Instandsetzungen				
Wohngebäude	6,30	21,00	43,00	0,9%
Nichtwohngebäude	5,20	22,00	40,00	0,6%
mit Restaurierungsarbeiten	–	14,00	–	0,0%

▷ von
∅ Mittel
◁ bis

331 Tragende Außenwände

Gebäudeart	▷	€/Einheit	◁	KG an 300
Erweiterungen				
Büro- und Verwaltungsgebäude	162,00	**323,00**	728,00	7,1%
Schulen	120,00	**211,00**	618,00	7,7%
Kindergärten	110,00	**150,00**	226,00	6,5%
Wohngebäude: Anbau	189,00	**339,00**	593,00	7,5%
Wohngebäude: Aufstockung	135,00	**184,00**	283,00	5,8%
Wohngebäude: Dachausbau	148,00	**527,00**	2.009,00	4,2%
Gewerbegebäude	111,00	**412,00**	1.940,00	4,8%
Gebäude anderer Art	66,00	**525,00**	983,00	7,4%
Umbauten				
Büro- und Verwaltungsgebäude	16,00	**143,00**	269,00	1,9%
Schulen	178,00	**301,00**	469,00	5,0%
Kindergärten	76,00	**225,00**	387,00	3,1%
Ein- und Zweifamilienhäuser	153,00	**265,00**	448,00	4,5%
Mehrfamilienhäuser	127,00	**234,00**	420,00	3,3%
Wohnungen	163,00	**209,00**	256,00	2,7%
Gewerbegebäude	168,00	**264,00**	430,00	1,7%
Gebäude anderer Art	189,00	**250,00**	315,00	6,8%
Modernisierungen				
Büro- und Verwaltungsgebäude	102,00	**137,00**	172,00	2,7%
Schulen und Kindergärten	251,00	**400,00**	566,00	1,5%
Sporthallen	86,00	**296,00**	494,00	1,8%
Ein- und Zweifamilienhäuser vor 1945	306,00	**629,00**	1.780,00	1,8%
Ein- und Zweifamilienhäuser nach 1945	138,00	**375,00**	865,00	1,7%
Wohngebäude vor 1945	147,00	**297,00**	535,00	3,1%
Wohngebäude nach 1945: nur Oberflächen	99,00	**237,00**	540,00	1,0%
Wohngebäude nach 1945: mit Tragkonstruktion	182,00	**302,00**	603,00	4,6%
Fachwerkhäuser	194,00	**379,00**	679,00	5,3%
Gewerbegebäude	20,00	**95,00**	169,00	1,9%
Instandsetzungen				
Wohngebäude	78,00	**227,00**	514,00	1,8%
Nichtwohngebäude	357,00	**515,00**	672,00	1,7%
mit Restaurierungsarbeiten	229,00	**688,00**	1.381,00	6,7%

Einheit: m² Außenwandfläche, tragend

332 Nichttragende Außenwände

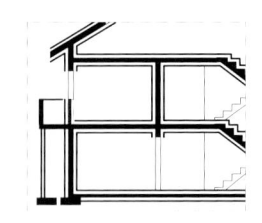

Kosten:
Stand 2.Quartal 2018
Bundesdurchschnitt
inkl. 19% MwSt.

Einheit: m² Außenwandfläche, nichttragend

Gebäudeart	▷	€/Einheit	◁	KG an 300
Erweiterungen				
Büro- und Verwaltungsgebäude	153,00	**231,00**	354,00	2,0%
Schulen	86,00	**122,00**	159,00	0,1%
Kindergärten	178,00	**178,00**	178,00	0,8%
Wohngebäude: Anbau	–	–	–	–
Wohngebäude: Aufstockung	–	**405,00**	–	0,5%
Wohngebäude: Dachausbau	65,00	**173,00**	281,00	0,1%
Gewerbegebäude	24,00	**97,00**	122,00	1,6%
Gebäude anderer Art	–	–	–	–
Umbauten				
Büro- und Verwaltungsgebäude	–	**377,00**	–	0,1%
Schulen	83,00	**211,00**	340,00	0,3%
Kindergärten	38,00	**38,00**	38,00	0,0%
Ein- und Zweifamilienhäuser	138,00	**138,00**	138,00	0,4%
Mehrfamilienhäuser	–	**611,00**	–	0,0%
Wohnungen	128,00	**146,00**	163,00	0,7%
Gewerbegebäude	133,00	**270,00**	406,00	0,1%
Gebäude anderer Art	–	–	–	–
Modernisierungen				
Büro- und Verwaltungsgebäude	–	**138,00**	–	0,1%
Schulen und Kindergärten	87,00	**228,00**	370,00	0,2%
Sporthallen	250,00	**345,00**	517,00	0,4%
Ein- und Zweifamilienhäuser vor 1945	–	–	–	–
Ein- und Zweifamilienhäuser nach 1945	130,00	**158,00**	186,00	0,0%
Wohngebäude vor 1945	488,00	**521,00**	553,00	0,3%
Wohngebäude nach 1945: nur Oberflächen	294,00	**2.268,00**	12.069,00	0,4%
Wohngebäude nach 1945: mit Tragkonstruktion	130,00	**173,00**	258,00	0,1%
Fachwerkhäuser	151,00	**604,00**	1.056,00	0,8%
Gewerbegebäude	–	**473,00**	–	0,0%
Instandsetzungen				
Wohngebäude	56,00	**90,00**	135,00	1,0%
Nichtwohngebäude	45,00	**125,00**	204,00	0,0%
mit Restaurierungsarbeiten	–	–	–	–

▷ von
Ø Mittel
◁ bis

© **BKI** Baukosteninformationszentrum; Erläuterungen zu den Tabellen siehe Seite 32

333 Außenstützen

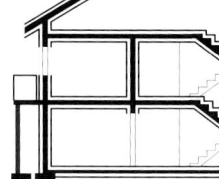

Gebäudeart	▷	€/Einheit	◁	KG an 300
Erweiterungen				
Büro- und Verwaltungsgebäude	–	**462,00**	–	0,4%
Schulen	157,00	**330,00**	934,00	1,8%
Kindergärten	–	**304,00**	–	0,1%
Wohngebäude: Anbau	62,00	**129,00**	174,00	0,4%
Wohngebäude: Aufstockung	115,00	**176,00**	276,00	0,3%
Wohngebäude: Dachausbau	–	–	–	–
Gewerbegebäude	128,00	**265,00**	540,00	1,2%
Gebäude anderer Art	–	–	–	–
Umbauten				
Büro- und Verwaltungsgebäude	–	**128,00**	–	0,0%
Schulen	89,00	**141,00**	231,00	0,0%
Kindergärten	87,00	**157,00**	202,00	0,2%
Ein- und Zweifamilienhäuser	–	**347,00**	–	0,0%
Mehrfamilienhäuser	121,00	**248,00**	483,00	0,1%
Wohnungen	–	–	–	–
Gewerbegebäude	100,00	**218,00**	336,00	0,2%
Gebäude anderer Art	51,00	**73,00**	96,00	0,3%
Modernisierungen				
Büro- und Verwaltungsgebäude	119,00	**119,00**	119,00	0,0%
Schulen und Kindergärten	52,00	**95,00**	163,00	0,2%
Sporthallen	271,00	**334,00**	398,00	0,3%
Ein- und Zweifamilienhäuser vor 1945	–	**343,00**	–	0,0%
Ein- und Zweifamilienhäuser nach 1945	65,00	**68,00**	71,00	0,0%
Wohngebäude vor 1945	70,00	**149,00**	190,00	0,1%
Wohngebäude nach 1945: nur Oberflächen	–	–	–	–
Wohngebäude nach 1945: mit Tragkonstruktion	81,00	**156,00**	296,00	0,5%
Fachwerkhäuser	–	**164,00**	–	0,1%
Gewerbegebäude	–	–	–	–
Instandsetzungen				
Wohngebäude	–	**314,00**	–	0,0%
Nichtwohngebäude	–	**273,00**	–	0,1%
mit Restaurierungsarbeiten	–	–	–	–

Einheit: m
Außenstützenlänge

Kosten: 2.Quartal 2018, Bundesdurchschnitt, **inkl. 19% MwSt.**

334 Außentüren und -fenster

Kosten:
Stand 2.Quartal 2018
Bundesdurchschnitt
inkl. 19% MwSt.

Einheit: m²
Außentüren- und -fensterfläche

Gebäudeart	▷	€/Einheit	◁	KG an 300
Erweiterungen				
Büro- und Verwaltungsgebäude	386,00	**682,00**	1.051,00	11,3%
Schulen	481,00	**739,00**	898,00	8,9%
Kindergärten	245,00	**397,00**	549,00	6,9%
Wohngebäude: Anbau	469,00	**691,00**	1.056,00	11,9%
Wohngebäude: Aufstockung	362,00	**516,00**	1.044,00	7,7%
Wohngebäude: Dachausbau	343,00	**772,00**	1.520,00	5,9%
Gewerbegebäude	364,00	**537,00**	794,00	6,2%
Gebäude anderer Art	1.434,00	**1.664,00**	1.894,00	2,8%
Umbauten				
Büro- und Verwaltungsgebäude	214,00	**520,00**	832,00	10,8%
Schulen	450,00	**678,00**	972,00	12,2%
Kindergärten	224,00	**533,00**	696,00	10,6%
Ein- und Zweifamilienhäuser	430,00	**612,00**	1.054,00	10,1%
Mehrfamilienhäuser	445,00	**652,00**	903,00	11,6%
Wohnungen	500,00	**609,00**	925,00	12,2%
Gewerbegebäude	621,00	**843,00**	1.389,00	7,4%
Gebäude anderer Art	782,00	**918,00**	1.309,00	8,8%
Modernisierungen				
Büro- und Verwaltungsgebäude	350,00	**836,00**	1.276,00	8,2%
Schulen und Kindergärten	641,00	**857,00**	1.292,00	12,8%
Sporthallen	596,00	**755,00**	883,00	11,8%
Ein- und Zweifamilienhäuser vor 1945	397,00	**668,00**	796,00	15,4%
Ein- und Zweifamilienhäuser nach 1945	518,00	**753,00**	1.321,00	19,8%
Wohngebäude vor 1945	584,00	**747,00**	1.096,00	11,1%
Wohngebäude nach 1945: nur Oberflächen	182,00	**435,00**	598,00	14,4%
Wohngebäude nach 1945: mit Tragkonstruktion	489,00	**588,00**	768,00	10,8%
Fachwerkhäuser	576,00	**945,00**	1.632,00	12,0%
Gewerbegebäude	140,00	**257,00**	464,00	3,4%
Instandsetzungen				
Wohngebäude	274,00	**407,00**	579,00	7,1%
Nichtwohngebäude	194,00	**747,00**	3.815,00	3,6%
mit Restaurierungsarbeiten	336,00	**1.170,00**	2.867,00	13,7%

▷ von
Ø Mittel
◁ bis

335 Außenwandbekleidungen außen

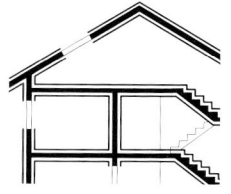

Einheit: m² Außenbekleidungsfläche Außenwand

Gebäudeart	▷	€/Einheit	◁	KG an 300
Erweiterungen				
Büro- und Verwaltungsgebäude	81,00	**157,00**	252,00	10,7%
Schulen	117,00	**180,00**	245,00	8,5%
Kindergärten	140,00	**187,00**	282,00	8,1%
Wohngebäude: Anbau	81,00	**149,00**	273,00	8,7%
Wohngebäude: Aufstockung	87,00	**124,00**	212,00	8,2%
Wohngebäude: Dachausbau	153,00	**189,00**	246,00	0,3%
Gewerbegebäude	73,00	**154,00**	473,00	6,2%
Gebäude anderer Art	–	**267,00**	–	2,2%
Umbauten				
Büro- und Verwaltungsgebäude	56,00	**93,00**	142,00	6,3%
Schulen	76,00	**120,00**	185,00	8,7%
Kindergärten	14,00	**78,00**	120,00	6,3%
Ein- und Zweifamilienhäuser	97,00	**133,00**	182,00	12,8%
Mehrfamilienhäuser	60,00	**102,00**	150,00	12,0%
Wohnungen	46,00	**75,00**	103,00	4,1%
Gewerbegebäude	20,00	**45,00**	71,00	1,9%
Gebäude anderer Art	89,00	**121,00**	154,00	7,5%
Modernisierungen				
Büro- und Verwaltungsgebäude	185,00	**246,00**	327,00	11,2%
Schulen und Kindergärten	108,00	**197,00**	448,00	16,0%
Sporthallen	63,00	**129,00**	195,00	13,6%
Ein- und Zweifamilienhäuser vor 1945	66,00	**137,00**	178,00	15,5%
Ein- und Zweifamilienhäuser nach 1945	83,00	**135,00**	189,00	22,6%
Wohngebäude vor 1945	59,00	**122,00**	192,00	6,3%
Wohngebäude nach 1945: nur Oberflächen	89,00	**133,00**	194,00	30,3%
Wohngebäude nach 1945: mit Tragkonstruktion	122,00	**156,00**	244,00	13,5%
Fachwerkhäuser	109,00	**117,00**	132,00	9,6%
Gewerbegebäude	51,00	**168,00**	285,00	7,0%
Instandsetzungen				
Wohngebäude	83,00	**209,00**	635,00	28,9%
Nichtwohngebäude	70,00	**121,00**	265,00	16,0%
mit Restaurierungsarbeiten	83,00	**159,00**	265,00	17,3%

© BKI Baukosteninformationszentrum; Erläuterungen zu den Tabellen siehe Seite 32   Kosten: 2.Quartal 2018, Bundesdurchschnitt, **inkl. 19% MwSt.**

336 Außenwandbekleidungen innen

Kosten:
Stand 2.Quartal 2018
Bundesdurchschnitt
inkl. 19% MwSt.

Einheit: m²
Innenbekleidungsfläche Außenwand

Gebäudeart	▷	€/Einheit	◁	KG an 300
Erweiterungen				
Büro- und Verwaltungsgebäude	40,00	**69,00**	125,00	2,3%
Schulen	21,00	**43,00**	59,00	1,2%
Kindergärten	31,00	**39,00**	53,00	1,9%
Wohngebäude: Anbau	27,00	**46,00**	98,00	3,4%
Wohngebäude: Aufstockung	31,00	**51,00**	74,00	1,9%
Wohngebäude: Dachausbau	20,00	**42,00**	64,00	0,7%
Gewerbegebäude	21,00	**40,00**	60,00	1,2%
Gebäude anderer Art	90,00	**98,00**	107,00	2,7%
Umbauten				
Büro- und Verwaltungsgebäude	11,00	**23,00**	43,00	1,0%
Schulen	32,00	**65,00**	91,00	2,2%
Kindergärten	35,00	**67,00**	144,00	3,5%
Ein- und Zweifamilienhäuser	35,00	**69,00**	131,00	4,2%
Mehrfamilienhäuser	17,00	**36,00**	56,00	2,3%
Wohnungen	38,00	**61,00**	116,00	6,3%
Gewerbegebäude	10,00	**15,00**	20,00	1,0%
Gebäude anderer Art	49,00	**70,00**	93,00	3,6%
Modernisierungen				
Büro- und Verwaltungsgebäude	36,00	**67,00**	103,00	2,8%
Schulen und Kindergärten	27,00	**57,00**	100,00	2,4%
Sporthallen	45,00	**83,00**	148,00	3,7%
Ein- und Zweifamilienhäuser vor 1945	28,00	**49,00**	92,00	2,1%
Ein- und Zweifamilienhäuser nach 1945	38,00	**64,00**	102,00	2,4%
Wohngebäude vor 1945	42,00	**65,00**	99,00	4,4%
Wohngebäude nach 1945: nur Oberflächen	31,00	**47,00**	66,00	2,0%
Wohngebäude nach 1945: mit Tragkonstruktion	33,00	**49,00**	72,00	3,2%
Fachwerkhäuser	34,00	**53,00**	90,00	3,1%
Gewerbegebäude	31,00	**36,00**	41,00	2,0%
Instandsetzungen				
Wohngebäude	29,00	**58,00**	101,00	1,7%
Nichtwohngebäude	14,00	**43,00**	85,00	4,0%
mit Restaurierungsarbeiten	47,00	**89,00**	152,00	5,6%

▷ von
Ø Mittel
◁ bis

337 Elementierte Außenwände

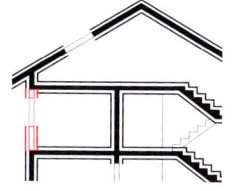

Gebäudeart	▷	€/Einheit	◁	KG an 300
Erweiterungen				
Büro- und Verwaltungsgebäude	499,00	**816,00**	1.091,00	3,3%
Schulen	386,00	**597,00**	707,00	8,0%
Kindergärten	–	**413,00**	–	7,1%
Wohngebäude: Anbau	226,00	**600,00**	850,00	7,6%
Wohngebäude: Aufstockung	–	–	–	–
Wohngebäude: Dachausbau	99,00	**658,00**	1.216,00	1,3%
Gewerbegebäude	419,00	**635,00**	754,00	5,0%
Gebäude anderer Art	787,00	**919,00**	1.051,00	14,4%
Umbauten				
Büro- und Verwaltungsgebäude	–	–	–	–
Schulen	233,00	**698,00**	1.046,00	3,6%
Kindergärten	–	–	–	–
Ein- und Zweifamilienhäuser	–	**674,00**	–	0,3%
Mehrfamilienhäuser	367,00	**729,00**	1.090,00	1,1%
Wohnungen	–	–	–	–
Gewerbegebäude	498,00	**778,00**	1.058,00	14,3%
Gebäude anderer Art	523,00	**631,00**	739,00	2,6%
Modernisierungen				
Büro- und Verwaltungsgebäude	712,00	**949,00**	1.186,00	2,5%
Schulen und Kindergärten	386,00	**757,00**	970,00	6,1%
Sporthallen	310,00	**418,00**	598,00	3,5%
Ein- und Zweifamilienhäuser vor 1945	–	–	–	–
Ein- und Zweifamilienhäuser nach 1945	529,00	**541,00**	552,00	1,8%
Wohngebäude vor 1945	–	–	–	–
Wohngebäude nach 1945: nur Oberflächen	866,00	**1.238,00**	1.695,00	0,6%
Wohngebäude nach 1945: mit Tragkonstruktion	219,00	**420,00**	529,00	1,2%
Fachwerkhäuser	–	–	–	–
Gewerbegebäude	–	**471,00**	–	0,7%
Instandsetzungen				
Wohngebäude	429,00	**584,00**	740,00	2,1%
Nichtwohngebäude	313,00	**551,00**	789,00	1,0%
mit Restaurierungsarbeiten	–	–	–	–

Einheit: m² Elementierte Außenwandfläche

338 Sonnenschutz

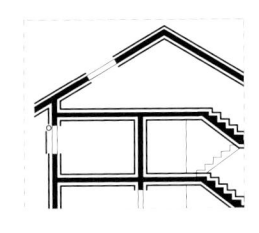

Kosten:
Stand 2.Quartal 2018
Bundesdurchschnitt
inkl. 19% MwSt.

Einheit: m²
Sonnengeschützte Fläche

Gebäudeart	▷	€/Einheit	◁	KG an 300
Erweiterungen				
Büro- und Verwaltungsgebäude	136,00	**235,00**	490,00	1,0%
Schulen	107,00	**238,00**	384,00	1,3%
Kindergärten	–	**123,00**	–	1,5%
Wohngebäude: Anbau	212,00	**282,00**	365,00	3,4%
Wohngebäude: Aufstockung	166,00	**284,00**	487,00	2,4%
Wohngebäude: Dachausbau	–	**491,00**	–	0,4%
Gewerbegebäude	224,00	**335,00**	633,00	1,0%
Gebäude anderer Art	195,00	**577,00**	958,00	1,6%
Umbauten				
Büro- und Verwaltungsgebäude	68,00	**184,00**	300,00	0,4%
Schulen	61,00	**108,00**	165,00	0,5%
Kindergärten	–	**235,00**	–	0,2%
Ein- und Zweifamilienhäuser	156,00	**200,00**	349,00	1,3%
Mehrfamilienhäuser	49,00	**243,00**	481,00	0,8%
Wohnungen	–	–	–	–
Gewerbegebäude	–	**414,00**	–	0,4%
Gebäude anderer Art	77,00	**122,00**	167,00	0,3%
Modernisierungen				
Büro- und Verwaltungsgebäude	155,00	**259,00**	456,00	2,4%
Schulen und Kindergärten	35,00	**88,00**	118,00	0,9%
Sporthallen	7,30	**233,00**	359,00	0,6%
Ein- und Zweifamilienhäuser vor 1945	183,00	**288,00**	556,00	0,9%
Ein- und Zweifamilienhäuser nach 1945	91,00	**200,00**	339,00	1,8%
Wohngebäude vor 1945	165,00	**236,00**	344,00	0,8%
Wohngebäude nach 1945: nur Oberflächen	59,00	**238,00**	353,00	1,1%
Wohngebäude nach 1945: mit Tragkonstruktion	171,00	**291,00**	635,00	2,3%
Fachwerkhäuser	297,00	**404,00**	570,00	1,5%
Gewerbegebäude	104,00	**174,00**	244,00	0,8%
Instandsetzungen				
Wohngebäude	490,00	**548,00**	606,00	0,1%
Nichtwohngebäude	74,00	**117,00**	160,00	0,3%
mit Restaurierungsarbeiten	–	**242,00**	–	0,2%

▷ von
ø Mittel
◁ bis

339 Außenwände, sonstiges

Gebäudeart	▷	€/Einheit	◁	KG an 300
Erweiterungen				
Büro- und Verwaltungsgebäude	4,60	**14,00**	37,00	0,8%
Schulen	3,30	**4,10**	4,50	0,1%
Kindergärten	–	**22,00**	–	0,6%
Wohngebäude: Anbau	5,30	**12,00**	27,00	1,1%
Wohngebäude: Aufstockung	24,00	**90,00**	377,00	2,4%
Wohngebäude: Dachausbau	22,00	**51,00**	79,00	0,4%
Gewerbegebäude	4,60	**18,00**	68,00	0,6%
Gebäude anderer Art	–	**–**	–	–
Umbauten				
Büro- und Verwaltungsgebäude	8,30	**37,00**	66,00	2,5%
Schulen	5,70	**13,00**	22,00	0,7%
Kindergärten	3,10	**13,00**	17,00	1,1%
Ein- und Zweifamilienhäuser	7,70	**23,00**	57,00	1,6%
Mehrfamilienhäuser	6,20	**19,00**	43,00	2,0%
Wohnungen	–	**11,00**	–	0,3%
Gewerbegebäude	3,40	**3,90**	4,40	0,1%
Gebäude anderer Art	8,00	**11,00**	17,00	0,5%
Modernisierungen				
Büro- und Verwaltungsgebäude	5,30	**11,00**	17,00	0,4%
Schulen und Kindergärten	4,60	**11,00**	23,00	1,2%
Sporthallen	5,50	**29,00**	143,00	0,8%
Ein- und Zweifamilienhäuser vor 1945	5,40	**16,00**	38,00	2,0%
Ein- und Zweifamilienhäuser nach 1945	11,00	**20,00**	37,00	2,3%
Wohngebäude vor 1945	5,30	**21,00**	77,00	0,9%
Wohngebäude nach 1945: nur Oberflächen	8,00	**31,00**	111,00	6,3%
Wohngebäude nach 1945: mit Tragkonstruktion	6,70	**32,00**	104,00	4,5%
Fachwerkhäuser	13,00	**18,00**	26,00	1,9%
Gewerbegebäude	–	**37,00**	–	0,7%
Instandsetzungen				
Wohngebäude	5,80	**15,00**	25,00	3,4%
Nichtwohngebäude	0,90	**5,10**	13,00	1,8%
mit Restaurierungsarbeiten	3,80	**15,00**	88,00	1,0%

Einheit: m² Außenwandfläche

Kosten: 2.Quartal 2018, Bundesdurchschnitt, **inkl.** 19% MwSt.

341 Tragende Innenwände

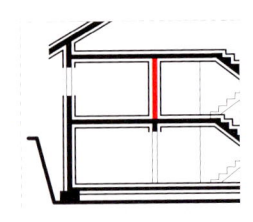

Kosten:
Stand 2.Quartal 2018
Bundesdurchschnitt
inkl. 19% MwSt.

Einheit: m²
Tragende
Innenwandfläche

Gebäudeart	▷	€/Einheit	◁	KG an 300
Erweiterungen				
Büro- und Verwaltungsgebäude	90,00	**160,00**	209,00	2,4%
Schulen	101,00	**173,00**	209,00	1,7%
Kindergärten	74,00	**95,00**	117,00	1,1%
Wohngebäude: Anbau	171,00	**291,00**	514,00	0,5%
Wohngebäude: Aufstockung	113,00	**143,00**	190,00	2,4%
Wohngebäude: Dachausbau	122,00	**264,00**	471,00	1,0%
Gewerbegebäude	103,00	**203,00**	511,00	1,5%
Gebäude anderer Art	–	**178,00**	–	0,1%
Umbauten				
Büro- und Verwaltungsgebäude	85,00	**156,00**	237,00	2,1%
Schulen	182,00	**259,00**	338,00	2,9%
Kindergärten	189,00	**340,00**	713,00	2,5%
Ein- und Zweifamilienhäuser	100,00	**136,00**	161,00	1,7%
Mehrfamilienhäuser	96,00	**153,00**	248,00	2,0%
Wohnungen	69,00	**136,00**	203,00	3,0%
Gewerbegebäude	172,00	**236,00**	350,00	2,4%
Gebäude anderer Art	92,00	**156,00**	232,00	2,1%
Modernisierungen				
Büro- und Verwaltungsgebäude	146,00	**239,00**	651,00	1,8%
Schulen und Kindergärten	214,00	**344,00**	575,00	1,9%
Sporthallen	146,00	**423,00**	768,00	0,4%
Ein- und Zweifamilienhäuser vor 1945	101,00	**279,00**	801,00	0,4%
Ein- und Zweifamilienhäuser nach 1945	92,00	**168,00**	254,00	0,3%
Wohngebäude vor 1945	156,00	**353,00**	1.373,00	3,8%
Wohngebäude nach 1945: nur Oberflächen	61,00	**226,00**	371,00	0,4%
Wohngebäude nach 1945: mit Tragkonstruktion	136,00	**290,00**	444,00	2,9%
Fachwerkhäuser	118,00	**190,00**	326,00	1,8%
Gewerbegebäude	62,00	**108,00**	154,00	2,2%
Instandsetzungen				
Wohngebäude	180,00	**414,00**	881,00	0,8%
Nichtwohngebäude	218,00	**354,00**	491,00	0,8%
mit Restaurierungsarbeiten	162,00	**765,00**	1.563,00	0,3%

▷ von
ø Mittel
◁ bis

342 Nichttragende Innenwände

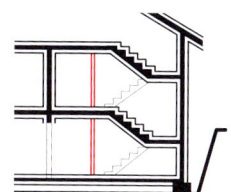

Gebäudeart	▷	€/Einheit	◁	KG an 300
Erweiterungen				
Büro- und Verwaltungsgebäude	76,00	**135,00**	316,00	2,9%
Schulen	64,00	**78,00**	99,00	1,0%
Kindergärten	53,00	**81,00**	109,00	0,8%
Wohngebäude: Anbau	113,00	**161,00**	325,00	2,1%
Wohngebäude: Aufstockung	72,00	**104,00**	172,00	3,9%
Wohngebäude: Dachausbau	60,00	**96,00**	136,00	4,0%
Gewerbegebäude	58,00	**105,00**	218,00	3,0%
Gebäude anderer Art	56,00	**213,00**	295,00	2,4%
Umbauten				
Büro- und Verwaltungsgebäude	59,00	**99,00**	137,00	10,9%
Schulen	80,00	**96,00**	108,00	3,4%
Kindergärten	91,00	**117,00**	153,00	7,1%
Ein- und Zweifamilienhäuser	96,00	**148,00**	296,00	2,5%
Mehrfamilienhäuser	79,00	**140,00**	314,00	3,9%
Wohnungen	47,00	**79,00**	95,00	2,6%
Gewerbegebäude	74,00	**120,00**	250,00	6,9%
Gebäude anderer Art	65,00	**88,00**	109,00	1,9%
Modernisierungen				
Büro- und Verwaltungsgebäude	62,00	**93,00**	135,00	3,7%
Schulen und Kindergärten	88,00	**134,00**	296,00	2,7%
Sporthallen	151,00	**243,00**	668,00	1,4%
Ein- und Zweifamilienhäuser vor 1945	110,00	**130,00**	162,00	2,3%
Ein- und Zweifamilienhäuser nach 1945	95,00	**177,00**	250,00	2,4%
Wohngebäude vor 1945	96,00	**142,00**	242,00	3,1%
Wohngebäude nach 1945: nur Oberflächen	88,00	**289,00**	644,00	1,5%
Wohngebäude nach 1945: mit Tragkonstruktion	92,00	**125,00**	174,00	4,0%
Fachwerkhäuser	91,00	**98,00**	110,00	4,1%
Gewerbegebäude	77,00	**91,00**	118,00	5,5%
Instandsetzungen				
Wohngebäude	106,00	**115,00**	121,00	1,0%
Nichtwohngebäude	42,00	**87,00**	110,00	3,3%
mit Restaurierungsarbeiten	200,00	**384,00**	1.252,00	1,0%

Einheit: m²
Nichttragende Innenwandfläche

343 Innenstützen

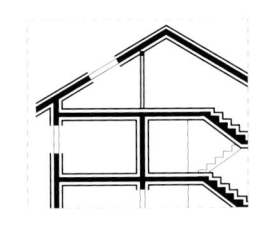

Kosten:
Stand 2.Quartal 2018
Bundesdurchschnitt
inkl. 19% MwSt.

Einheit: m
Innenstützenlänge

Gebäudeart	▷	€/Einheit	◁	KG an 300
Erweiterungen				
Büro- und Verwaltungsgebäude	129,00	**160,00**	177,00	0,4%
Schulen	155,00	**282,00**	409,00	0,1%
Kindergärten	–	**84,00**	–	0,1%
Wohngebäude: Anbau	229,00	**230,00**	231,00	0,4%
Wohngebäude: Aufstockung	66,00	**89,00**	112,00	0,0%
Wohngebäude: Dachausbau	–	**78,00**	–	0,2%
Gewerbegebäude	96,00	**212,00**	297,00	1,1%
Gebäude anderer Art	–	**260,00**	–	1,0%
Umbauten				
Büro- und Verwaltungsgebäude	–	–	–	–
Schulen	79,00	**132,00**	236,00	0,1%
Kindergärten	–	**164,00**	–	0,1%
Ein- und Zweifamilienhäuser	135,00	**202,00**	325,00	0,2%
Mehrfamilienhäuser	137,00	**197,00**	457,00	0,5%
Wohnungen	–	–	–	–
Gewerbegebäude	145,00	**211,00**	277,00	0,1%
Gebäude anderer Art	152,00	**228,00**	449,00	0,6%
Modernisierungen				
Büro- und Verwaltungsgebäude	180,00	**496,00**	1.335,00	0,2%
Schulen und Kindergärten	103,00	**134,00**	151,00	0,0%
Sporthallen	333,00	**384,00**	435,00	0,0%
Ein- und Zweifamilienhäuser vor 1945	37,00	**63,00**	89,00	0,0%
Ein- und Zweifamilienhäuser nach 1945	–	**32,00**	–	0,0%
Wohngebäude vor 1945	102,00	**154,00**	189,00	0,0%
Wohngebäude nach 1945: nur Oberflächen	–	–	–	–
Wohngebäude nach 1945: mit Tragkonstruktion	125,00	**171,00**	217,00	0,1%
Fachwerkhäuser	–	**510,00**	–	0,1%
Gewerbegebäude	–	**221,00**	–	0,9%
Instandsetzungen				
Wohngebäude	–	**65,00**	–	0,0%
Nichtwohngebäude	–	**71,00**	–	0,0%
mit Restaurierungsarbeiten	106,00	**127,00**	147,00	0,0%

▷ von
ø Mittel
◁ bis

344 Innentüren und -fenster

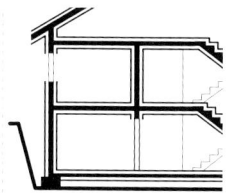

Gebäudeart	▷	€/Einheit	◁	KG an 300
Erweiterungen				
Büro- und Verwaltungsgebäude	484,00	**629,00**	761,00	5,5%
Schulen	509,00	**643,00**	809,00	2,4%
Kindergärten	1.039,00	**1.090,00**	1.141,00	4,6%
Wohngebäude: Anbau	447,00	**632,00**	997,00	2,3%
Wohngebäude: Aufstockung	277,00	**371,00**	482,00	3,8%
Wohngebäude: Dachausbau	319,00	**506,00**	743,00	2,6%
Gewerbegebäude	424,00	**668,00**	1.018,00	2,9%
Gebäude anderer Art	618,00	**1.063,00**	1.291,00	7,0%
Umbauten				
Büro- und Verwaltungsgebäude	218,00	**572,00**	882,00	8,9%
Schulen	465,00	**648,00**	816,00	6,5%
Kindergärten	396,00	**472,00**	659,00	8,2%
Ein- und Zweifamilienhäuser	265,00	**458,00**	959,00	2,8%
Mehrfamilienhäuser	282,00	**414,00**	622,00	4,3%
Wohnungen	288,00	**425,00**	754,00	7,6%
Gewerbegebäude	522,00	**668,00**	795,00	3,6%
Gebäude anderer Art	701,00	**793,00**	860,00	6,0%
Modernisierungen				
Büro- und Verwaltungsgebäude	735,00	**931,00**	1.063,00	10,4%
Schulen und Kindergärten	532,00	**770,00**	1.037,00	5,6%
Sporthallen	85,00	**490,00**	804,00	3,2%
Ein- und Zweifamilienhäuser vor 1945	276,00	**457,00**	647,00	2,2%
Ein- und Zweifamilienhäuser nach 1945	208,00	**444,00**	1.073,00	1,6%
Wohngebäude vor 1945	173,00	**325,00**	460,00	5,3%
Wohngebäude nach 1945: nur Oberflächen	47,00	**205,00**	446,00	1,6%
Wohngebäude nach 1945: mit Tragkonstruktion	345,00	**443,00**	670,00	3,8%
Fachwerkhäuser	356,00	**410,00**	441,00	3,8%
Gewerbegebäude	8,30	**184,00**	287,00	4,2%
Instandsetzungen				
Wohngebäude	105,00	**314,00**	478,00	1,2%
Nichtwohngebäude	471,00	**1.018,00**	1.756,00	3,5%
mit Restaurierungsarbeiten	396,00	**620,00**	1.272,00	3,3%

Einheit: m² Innentüren- und -fensterfläche

345 Innenwandbekleidungen

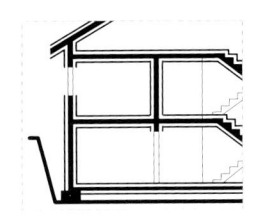

Kosten:
Stand 2.Quartal 2018
Bundesdurchschnitt
inkl. 19% MwSt.

Einheit: m²
Innenwand-
Bekleidungsfläche

Gebäudeart	▷	€/Einheit ⌀	◁	KG an 300
Erweiterungen				
Büro- und Verwaltungsgebäude	25,00	**35,00**	91,00	4,5%
Schulen	21,00	**41,00**	47,00	1,5%
Kindergärten	33,00	**34,00**	36,00	4,0%
Wohngebäude: Anbau	20,00	**36,00**	65,00	2,7%
Wohngebäude: Aufstockung	41,00	**60,00**	144,00	5,6%
Wohngebäude: Dachausbau	25,00	**56,00**	136,00	2,0%
Gewerbegebäude	30,00	**73,00**	304,00	2,8%
Gebäude anderer Art	32,00	**58,00**	83,00	2,0%
Umbauten				
Büro- und Verwaltungsgebäude	18,00	**37,00**	60,00	7,1%
Schulen	27,00	**40,00**	58,00	6,0%
Kindergärten	28,00	**46,00**	98,00	9,1%
Ein- und Zweifamilienhäuser	30,00	**66,00**	141,00	4,6%
Mehrfamilienhäuser	29,00	**43,00**	80,00	8,2%
Wohnungen	23,00	**54,00**	139,00	4,9%
Gewerbegebäude	19,00	**27,00**	38,00	3,9%
Gebäude anderer Art	22,00	**38,00**	43,00	4,7%
Modernisierungen				
Büro- und Verwaltungsgebäude	28,00	**38,00**	52,00	9,1%
Schulen und Kindergärten	23,00	**40,00**	82,00	5,8%
Sporthallen	23,00	**40,00**	74,00	2,9%
Ein- und Zweifamilienhäuser vor 1945	28,00	**49,00**	95,00	4,7%
Ein- und Zweifamilienhäuser nach 1945	31,00	**61,00**	130,00	3,8%
Wohngebäude vor 1945	38,00	**56,00**	90,00	14,1%
Wohngebäude nach 1945: nur Oberflächen	24,00	**44,00**	70,00	3,1%
Wohngebäude nach 1945: mit Tragkonstruktion	27,00	**44,00**	71,00	7,0%
Fachwerkhäuser	43,00	**58,00**	87,00	5,6%
Gewerbegebäude	27,00	**42,00**	72,00	6,7%
Instandsetzungen				
Wohngebäude	54,00	**63,00**	100,00	2,5%
Nichtwohngebäude	21,00	**52,00**	154,00	7,5%
mit Restaurierungsarbeiten	37,00	**72,00**	145,00	2,1%

▷ von
⌀ Mittel
◁ bis

346 Elementierte Innenwände

Gebäudeart	▷	€/Einheit	◁	KG an 300
Erweiterungen				
Büro- und Verwaltungsgebäude	273,00	**430,00**	814,00	0,6%
Schulen	–	**625,00**	–	0,1%
Kindergärten	255,00	**301,00**	346,00	1,4%
Wohngebäude: Anbau	–	**–**	–	–
Wohngebäude: Aufstockung	575,00	**575,00**	575,00	0,2%
Wohngebäude: Dachausbau	–	**–**	–	–
Gewerbegebäude	164,00	**428,00**	647,00	0,7%
Gebäude anderer Art	269,00	**687,00**	1.105,00	4,9%
Umbauten				
Büro- und Verwaltungsgebäude	198,00	**594,00**	1.080,00	9,2%
Schulen	142,00	**295,00**	608,00	0,5%
Kindergärten	231,00	**387,00**	699,00	2,1%
Ein- und Zweifamilienhäuser	–	**799,00**	–	0,4%
Mehrfamilienhäuser	121,00	**187,00**	308,00	0,3%
Wohnungen	–	**297,00**	–	0,3%
Gewerbegebäude	247,00	**342,00**	409,00	2,0%
Gebäude anderer Art	–	**654,00**	–	1,1%
Modernisierungen				
Büro- und Verwaltungsgebäude	319,00	**382,00**	429,00	2,2%
Schulen und Kindergärten	234,00	**383,00**	633,00	1,6%
Sporthallen	244,00	**284,00**	350,00	0,9%
Ein- und Zweifamilienhäuser vor 1945	–	**–**	–	–
Ein- und Zweifamilienhäuser nach 1945	–	**–**	–	–
Wohngebäude vor 1945	–	**0,00**	–	0,0%
Wohngebäude nach 1945: nur Oberflächen	154,00	**548,00**	1.697,00	0,0%
Wohngebäude nach 1945: mit Tragkonstruktion	49,00	**108,00**	285,00	0,1%
Fachwerkhäuser	48,00	**60,00**	72,00	0,1%
Gewerbegebäude	–	**136,00**	–	0,0%
Instandsetzungen				
Wohngebäude	–	**347,00**	–	0,2%
Nichtwohngebäude	116,00	**188,00**	275,00	0,5%
mit Restaurierungsarbeiten	373,00	**653,00**	934,00	0,7%

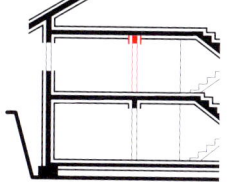

Einheit: m² Elementierte Innenwandfläche

© BKI Baukosteninformationszentrum; Erläuterungen zu den Tabellen siehe Seite 32
Kosten: 2.Quartal 2018, Bundesdurchschnitt, inkl. **19% MwSt.**

349 Innenwände, sonstiges

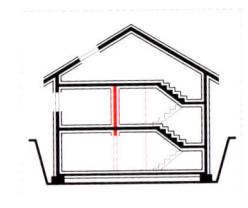

Kosten:
Stand 2.Quartal 2018
Bundesdurchschnitt
inkl. 19% MwSt.

Einheit: m² Innenwandfläche

Gebäudeart	▷	€/Einheit	◁	KG an 300
Erweiterungen				
Büro- und Verwaltungsgebäude	–	0,10	–	0,0%
Schulen	–	–	–	–
Kindergärten	–	28,00	–	0,3%
Wohngebäude: Anbau	–	–	–	–
Wohngebäude: Aufstockung	–	12,00	–	0,0%
Wohngebäude: Dachausbau	–	–	–	–
Gewerbegebäude	–	1,20	–	0,0%
Gebäude anderer Art	–	89,00	–	0,7%
Umbauten				
Büro- und Verwaltungsgebäude	1,30	38,00	75,00	0,8%
Schulen	2,50	3,70	5,90	0,2%
Kindergärten	–	1,10	–	0,0%
Ein- und Zweifamilienhäuser	–	–	–	–
Mehrfamilienhäuser	–	0,10	–	0,0%
Wohnungen	–	–	–	–
Gewerbegebäude	–	4,90	–	0,1%
Gebäude anderer Art	3,70	5,30	6,80	0,2%
Modernisierungen				
Büro- und Verwaltungsgebäude	–	0,80	–	0,0%
Schulen und Kindergärten	0,10	1,00	2,80	0,0%
Sporthallen	1,20	1,80	2,30	0,0%
Ein- und Zweifamilienhäuser vor 1945	–	–	–	–
Ein- und Zweifamilienhäuser nach 1945	–	15,00	–	0,0%
Wohngebäude vor 1945	–	–	–	–
Wohngebäude nach 1945: nur Oberflächen	0,00	1,50	3,00	0,0%
Wohngebäude nach 1945: mit Tragkonstruktion	–	0,70	–	0,0%
Fachwerkhäuser	–	–	–	–
Gewerbegebäude	–	4,70	–	0,1%
Instandsetzungen				
Wohngebäude	–	–	–	–
Nichtwohngebäude	0,40	1,10	1,80	0,0%
mit Restaurierungsarbeiten	–	11,00	–	0,0%

▷ von
ø Mittel
◁ bis

351 Deckenkonstruktionen

Gebäudeart	▷	€/Einheit	◁	KG an 300
Erweiterungen				
Büro- und Verwaltungsgebäude	204,00	**405,00**	1.359,00	5,1%
Schulen	172,00	**237,00**	349,00	6,1%
Kindergärten	–	**152,00**	–	2,2%
Wohngebäude: Anbau	233,00	**399,00**	960,00	3,7%
Wohngebäude: Aufstockung	170,00	**332,00**	625,00	4,9%
Wohngebäude: Dachausbau	332,00	**599,00**	1.139,00	5,5%
Gewerbegebäude	160,00	**254,00**	473,00	3,6%
Gebäude anderer Art	110,00	**188,00**	265,00	5,1%
Umbauten				
Büro- und Verwaltungsgebäude	77,00	**127,00**	207,00	3,1%
Schulen	128,00	**204,00**	268,00	4,3%
Kindergärten	189,00	**574,00**	1.932,00	3,2%
Ein- und Zweifamilienhäuser	326,00	**584,00**	1.178,00	8,1%
Mehrfamilienhäuser	176,00	**405,00**	754,00	7,4%
Wohnungen	449,00	**501,00**	552,00	2,8%
Gewerbegebäude	152,00	**1.166,00**	3.195,00	10,0%
Gebäude anderer Art	55,00	**268,00**	356,00	9,8%
Modernisierungen				
Büro- und Verwaltungsgebäude	196,00	**886,00**	4.321,00	3,9%
Schulen und Kindergärten	98,00	**242,00**	662,00	1,7%
Sporthallen	467,00	**724,00**	1.379,00	1,0%
Ein- und Zweifamilienhäuser vor 1945	233,00	**378,00**	1.016,00	2,5%
Ein- und Zweifamilienhäuser nach 1945	47,00	**90,00**	174,00	0,8%
Wohngebäude vor 1945	130,00	**390,00**	1.044,00	4,5%
Wohngebäude nach 1945: nur Oberflächen	120,00	**400,00**	638,00	1,5%
Wohngebäude nach 1945: mit Tragkonstruktion	137,00	**233,00**	465,00	5,5%
Fachwerkhäuser	194,00	**208,00**	237,00	9,4%
Gewerbegebäude	286,00	**425,00**	702,00	11,5%
Instandsetzungen				
Wohngebäude	194,00	**416,00**	850,00	2,6%
Nichtwohngebäude	79,00	**455,00**	832,00	6,8%
mit Restaurierungsarbeiten	261,00	**966,00**	5.800,00	5,3%

Einheit: m² Deckenkonstruktionsfläche

Kosten: 2.Quartal 2018, Bundesdurchschnitt, **inkl. 19% MwSt.**

352 Deckenbeläge

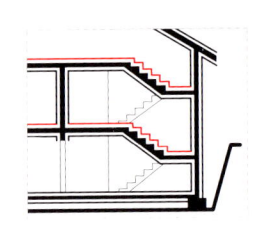

Kosten:
Stand 2.Quartal 2018
Bundesdurchschnitt
inkl. 19% MwSt.

Einheit: m²
Deckenbelagsfläche

Gebäudeart	▷	€/Einheit	◁	KG an 300
Erweiterungen				
Büro- und Verwaltungsgebäude	83,00	**109,00**	159,00	4,8%
Schulen	118,00	**129,00**	133,00	3,4%
Kindergärten	–	**69,00**	–	0,8%
Wohngebäude: Anbau	142,00	**193,00**	228,00	5,7%
Wohngebäude: Aufstockung	145,00	**177,00**	224,00	8,5%
Wohngebäude: Dachausbau	145,00	**173,00**	214,00	10,8%
Gewerbegebäude	83,00	**110,00**	149,00	2,3%
Gebäude anderer Art	150,00	**221,00**	291,00	6,3%
Umbauten				
Büro- und Verwaltungsgebäude	92,00	**132,00**	192,00	9,5%
Schulen	70,00	**90,00**	117,00	7,4%
Kindergärten	34,00	**75,00**	104,00	6,5%
Ein- und Zweifamilienhäuser	120,00	**168,00**	350,00	8,7%
Mehrfamilienhäuser	105,00	**125,00**	186,00	10,5%
Wohnungen	110,00	**138,00**	173,00	19,4%
Gewerbegebäude	85,00	**151,00**	272,00	8,0%
Gebäude anderer Art	92,00	**149,00**	191,00	8,2%
Modernisierungen				
Büro- und Verwaltungsgebäude	107,00	**142,00**	187,00	8,0%
Schulen und Kindergärten	62,00	**93,00**	159,00	6,7%
Sporthallen	128,00	**134,00**	145,00	2,2%
Ein- und Zweifamilienhäuser vor 1945	126,00	**203,00**	408,00	6,5%
Ein- und Zweifamilienhäuser nach 1945	64,00	**111,00**	196,00	5,4%
Wohngebäude vor 1945	97,00	**148,00**	187,00	13,0%
Wohngebäude nach 1945: nur Oberflächen	56,00	**112,00**	166,00	4,9%
Wohngebäude nach 1945: mit Tragkonstruktion	93,00	**133,00**	176,00	8,1%
Fachwerkhäuser	119,00	**144,00**	161,00	7,6%
Gewerbegebäude	112,00	**281,00**	598,00	10,9%
Instandsetzungen				
Wohngebäude	109,00	**182,00**	325,00	3,7%
Nichtwohngebäude	49,00	**69,00**	127,00	4,4%
mit Restaurierungsarbeiten	92,00	**222,00**	313,00	4,7%

▷ von
ø Mittel
◁ bis

353 Deckenbekleidungen

Gebäudeart	▷	€/Einheit	◁	KG an 300
Erweiterungen				
Büro- und Verwaltungsgebäude	30,00	**69,00**	132,00	2,3%
Schulen	16,00	**71,00**	92,00	1,6%
Kindergärten	–	**60,00**	–	0,6%
Wohngebäude: Anbau	11,00	**42,00**	99,00	0,7%
Wohngebäude: Aufstockung	23,00	**38,00**	61,00	1,0%
Wohngebäude: Dachausbau	45,00	**85,00**	138,00	0,6%
Gewerbegebäude	19,00	**39,00**	62,00	0,7%
Gebäude anderer Art	48,00	**205,00**	513,00	9,4%
Umbauten				
Büro- und Verwaltungsgebäude	43,00	**72,00**	121,00	3,3%
Schulen	35,00	**70,00**	98,00	5,6%
Kindergärten	36,00	**66,00**	132,00	5,2%
Ein- und Zweifamilienhäuser	12,00	**33,00**	59,00	1,7%
Mehrfamilienhäuser	19,00	**38,00**	76,00	3,2%
Wohnungen	5,80	**24,00**	42,00	0,8%
Gewerbegebäude	96,00	**111,00**	127,00	5,1%
Gebäude anderer Art	42,00	**52,00**	72,00	2,2%
Modernisierungen				
Büro- und Verwaltungsgebäude	40,00	**61,00**	82,00	3,5%
Schulen und Kindergärten	39,00	**70,00**	165,00	5,4%
Sporthallen	24,00	**55,00**	95,00	1,2%
Ein- und Zweifamilienhäuser vor 1945	29,00	**51,00**	71,00	3,4%
Ein- und Zweifamilienhäuser nach 1945	22,00	**38,00**	62,00	2,3%
Wohngebäude vor 1945	38,00	**55,00**	71,00	3,7%
Wohngebäude nach 1945: nur Oberflächen	24,00	**47,00**	75,00	3,4%
Wohngebäude nach 1945: mit Tragkonstruktion	25,00	**54,00**	128,00	2,6%
Fachwerkhäuser	44,00	**75,00**	93,00	3,0%
Gewerbegebäude	63,00	**316,00**	819,00	6,1%
Instandsetzungen				
Wohngebäude	25,00	**55,00**	83,00	1,6%
Nichtwohngebäude	15,00	**26,00**	34,00	1,5%
mit Restaurierungsarbeiten	57,00	**118,00**	221,00	1,9%

Einheit: m² Deckenbekleidungsfläche

© BKI Baukosteninformationszentrum; Erläuterungen zu den Tabellen siehe Seite 32   Kosten: 2.Quartal 2018, Bundesdurchschnitt, **inkl. 19% MwSt.**

359 Decken, sonstiges

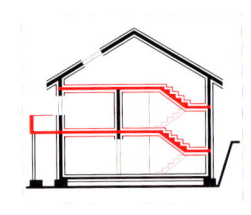

Kosten:
Stand 2.Quartal 2018
Bundesdurchschnitt
inkl. 19% MwSt.

Einheit: m² Deckenfläche

Gebäudeart	▷	€/Einheit	◁	KG an 300
Erweiterungen				
Büro- und Verwaltungsgebäude	7,30	**19,00**	37,00	0,6%
Schulen	23,00	**32,00**	41,00	0,4%
Kindergärten	–	**15,00**	–	0,2%
Wohngebäude: Anbau	10,00	**26,00**	56,00	0,2%
Wohngebäude: Aufstockung	6,90	**22,00**	29,00	0,9%
Wohngebäude: Dachausbau	46,00	**53,00**	59,00	0,7%
Gewerbegebäude	17,00	**33,00**	49,00	0,5%
Gebäude anderer Art	30,00	**57,00**	84,00	1,6%
Umbauten				
Büro- und Verwaltungsgebäude	9,50	**11,00**	13,00	0,4%
Schulen	7,70	**17,00**	26,00	1,0%
Kindergärten	9,00	**45,00**	107,00	1,6%
Ein- und Zweifamilienhäuser	10,00	**23,00**	41,00	1,0%
Mehrfamilienhäuser	3,80	**13,00**	26,00	0,9%
Wohnungen	8,20	**31,00**	75,00	1,7%
Gewerbegebäude	2,80	**5,30**	7,80	0,2%
Gebäude anderer Art	7,70	**24,00**	48,00	1,1%
Modernisierungen				
Büro- und Verwaltungsgebäude	9,30	**23,00**	45,00	1,0%
Schulen und Kindergärten	2,60	**9,20**	25,00	0,5%
Sporthallen	8,20	**30,00**	71,00	0,3%
Ein- und Zweifamilienhäuser vor 1945	5,40	**14,00**	22,00	0,7%
Ein- und Zweifamilienhäuser nach 1945	3,60	**8,00**	28,00	0,3%
Wohngebäude vor 1945	8,00	**14,00**	23,00	1,1%
Wohngebäude nach 1945: nur Oberflächen	4,50	**30,00**	78,00	1,2%
Wohngebäude nach 1945: mit Tragkonstruktion	3,20	**15,00**	51,00	0,9%
Fachwerkhäuser	8,00	**9,70**	13,00	0,5%
Gewerbegebäude	5,70	**7,60**	9,60	0,5%
Instandsetzungen				
Wohngebäude	18,00	**178,00**	813,00	0,6%
Nichtwohngebäude	7,40	**41,00**	93,00	1,1%
mit Restaurierungsarbeiten	9,20	**44,00**	94,00	0,9%

▷ von
Ø Mittel
◁ bis

361 Dachkonstruktionen

Gebäudeart	▷	€/Einheit	◁	KG an 300
Erweiterungen				
Büro- und Verwaltungsgebäude	81,00	**125,00**	187,00	4,2%
Schulen	102,00	**161,00**	196,00	7,3%
Kindergärten	92,00	**121,00**	176,00	6,4%
Wohngebäude: Anbau	100,00	**179,00**	339,00	4,9%
Wohngebäude: Aufstockung	86,00	**149,00**	238,00	8,6%
Wohngebäude: Dachausbau	60,00	**132,00**	242,00	13,2%
Gewerbegebäude	55,00	**105,00**	162,00	8,3%
Gebäude anderer Art	17,00	**192,00**	314,00	4,3%
Umbauten				
Büro- und Verwaltungsgebäude	1,20	**157,00**	244,00	0,5%
Schulen	48,00	**84,00**	98,00	1,9%
Kindergärten	38,00	**82,00**	153,00	2,0%
Ein- und Zweifamilienhäuser	54,00	**138,00**	201,00	3,4%
Mehrfamilienhäuser	120,00	**246,00**	1.164,00	4,6%
Wohnungen	25,00	**98,00**	242,00	3,5%
Gewerbegebäude	52,00	**276,00**	724,00	4,1%
Gebäude anderer Art	44,00	**106,00**	279,00	7,3%
Modernisierungen				
Büro- und Verwaltungsgebäude	136,00	**192,00**	244,00	3,7%
Schulen und Kindergärten	109,00	**163,00**	284,00	2,0%
Sporthallen	36,00	**87,00**	210,00	3,5%
Ein- und Zweifamilienhäuser vor 1945	68,00	**193,00**	491,00	3,9%
Ein- und Zweifamilienhäuser nach 1945	38,00	**86,00**	183,00	1,9%
Wohngebäude vor 1945	81,00	**136,00**	241,00	3,2%
Wohngebäude nach 1945: nur Oberflächen	29,00	**119,00**	270,00	1,8%
Wohngebäude nach 1945: mit Tragkonstruktion	101,00	**174,00**	283,00	4,2%
Fachwerkhäuser	76,00	**173,00**	360,00	6,4%
Gewerbegebäude	20,00	**102,00**	183,00	1,4%
Instandsetzungen				
Wohngebäude	94,00	**161,00**	515,00	4,0%
Nichtwohngebäude	63,00	**129,00**	163,00	2,2%
mit Restaurierungsarbeiten	66,00	**201,00**	393,00	5,9%

Einheit: m² Dachkonstruktionsfläche

362 Dachfenster, Dachöffnungen

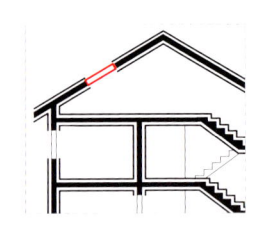

Kosten:
Stand 2.Quartal 2018
Bundesdurchschnitt
inkl. 19% MwSt.

Einheit: m²
Dachfenster-/
Dachöffnungsfläche

Gebäudeart	▷	€/Einheit	◁	KG an 300
Erweiterungen				
Büro- und Verwaltungsgebäude	897,00	1.750,00	2.673,00	0,1%
Schulen	–	–	–	–
Kindergärten	–	1.222,00	–	1,3%
Wohngebäude: Anbau	1.074,00	2.062,00	3.896,00	0,3%
Wohngebäude: Aufstockung	661,00	1.381,00	2.191,00	0,9%
Wohngebäude: Dachausbau	525,00	1.045,00	2.184,00	6,6%
Gewerbegebäude	492,00	933,00	2.033,00	1,7%
Gebäude anderer Art	669,00	1.772,00	2.876,00	0,5%
Umbauten				
Büro- und Verwaltungsgebäude	61,00	974,00	1.432,00	0,7%
Schulen	644,00	1.198,00	1.798,00	0,7%
Kindergärten	1.234,00	1.513,00	1.791,00	0,5%
Ein- und Zweifamilienhäuser	771,00	1.048,00	1.615,00	3,2%
Mehrfamilienhäuser	909,00	1.301,00	1.718,00	0,9%
Wohnungen	724,00	1.573,00	2.422,00	0,4%
Gewerbegebäude	–	556,00	–	1,8%
Gebäude anderer Art	659,00	1.323,00	1.656,00	0,6%
Modernisierungen				
Büro- und Verwaltungsgebäude	1.355,00	2.648,00	7.144,00	0,8%
Schulen und Kindergärten	541,00	938,00	1.466,00	2,5%
Sporthallen	451,00	862,00	1.568,00	0,9%
Ein- und Zweifamilienhäuser vor 1945	1.375,00	1.763,00	2.285,00	3,3%
Ein- und Zweifamilienhäuser nach 1945	1.004,00	1.732,00	2.365,00	2,2%
Wohngebäude vor 1945	1.347,00	2.057,00	4.873,00	1,2%
Wohngebäude nach 1945: nur Oberflächen	589,00	1.011,00	2.064,00	0,7%
Wohngebäude nach 1945: mit Tragkonstruktion	1.008,00	1.642,00	2.481,00	0,5%
Fachwerkhäuser	348,00	558,00	767,00	0,3%
Gewerbegebäude	–	780,00	–	0,0%
Instandsetzungen				
Wohngebäude	933,00	1.395,00	1.882,00	3,7%
Nichtwohngebäude	721,00	861,00	931,00	0,7%
mit Restaurierungsarbeiten	–	278,00	–	0,0%

▷ von
Ø Mittel
◁ bis

363 Dachbeläge

Gebäudeart	▷	€/Einheit	◁	KG an 300
Erweiterungen				
Büro- und Verwaltungsgebäude	137,00	**183,00**	276,00	6,7%
Schulen	131,00	**231,00**	334,00	9,5%
Kindergärten	102,00	**122,00**	155,00	6,3%
Wohngebäude: Anbau	108,00	**200,00**	294,00	9,5%
Wohngebäude: Aufstockung	141,00	**200,00**	326,00	13,7%
Wohngebäude: Dachausbau	138,00	**156,00**	177,00	20,0%
Gewerbegebäude	92,00	**124,00**	158,00	11,5%
Gebäude anderer Art	130,00	**173,00**	253,00	4,8%
Umbauten				
Büro- und Verwaltungsgebäude	63,00	**117,00**	194,00	2,7%
Schulen	113,00	**155,00**	211,00	6,6%
Kindergärten	71,00	**121,00**	172,00	6,2%
Ein- und Zweifamilienhäuser	133,00	**178,00**	283,00	11,2%
Mehrfamilienhäuser	100,00	**154,00**	219,00	7,2%
Wohnungen	90,00	**130,00**	209,00	7,3%
Gewerbegebäude	71,00	**301,00**	743,00	3,6%
Gebäude anderer Art	126,00	**152,00**	226,00	5,6%
Modernisierungen				
Büro- und Verwaltungsgebäude	105,00	**190,00**	258,00	4,5%
Schulen und Kindergärten	90,00	**156,00**	265,00	6,4%
Sporthallen	107,00	**126,00**	162,00	14,1%
Ein- und Zweifamilienhäuser vor 1945	158,00	**221,00**	312,00	14,6%
Ein- und Zweifamilienhäuser nach 1945	94,00	**181,00**	286,00	15,3%
Wohngebäude vor 1945	131,00	**177,00**	222,00	5,3%
Wohngebäude nach 1945: nur Oberflächen	96,00	**152,00**	281,00	12,2%
Wohngebäude nach 1945: mit Tragkonstruktion	110,00	**145,00**	179,00	6,3%
Fachwerkhäuser	119,00	**187,00**	304,00	5,4%
Gewerbegebäude	201,00	**228,00**	255,00	4,3%
Instandsetzungen				
Wohngebäude	101,00	**169,00**	230,00	14,7%
Nichtwohngebäude	108,00	**225,00**	836,00	14,1%
mit Restaurierungsarbeiten	57,00	**136,00**	251,00	7,0%

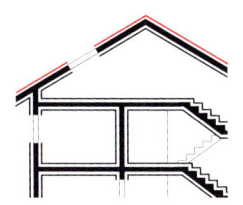

Einheit: m² Dachbelagsfläche

364 Dachbekleidungen

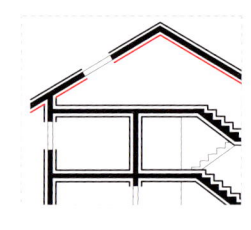

Kosten:
Stand 2.Quartal 2018
Bundesdurchschnitt
inkl. 19% MwSt.

Einheit: m²
Dachbekleidungsfläche

Gebäudeart	▷	€/Einheit	◁	KG an 300
Erweiterungen				
Büro- und Verwaltungsgebäude	32,00	**85,00**	134,00	4,5%
Schulen	66,00	**96,00**	116,00	2,7%
Kindergärten	55,00	**66,00**	86,00	3,8%
Wohngebäude: Anbau	32,00	**78,00**	127,00	2,5%
Wohngebäude: Aufstockung	30,00	**61,00**	90,00	3,2%
Wohngebäude: Dachausbau	71,00	**86,00**	109,00	9,5%
Gewerbegebäude	43,00	**69,00**	153,00	2,4%
Gebäude anderer Art	74,00	**142,00**	277,00	2,5%
Umbauten				
Büro- und Verwaltungsgebäude	22,00	**55,00**	80,00	3,0%
Schulen	17,00	**58,00**	91,00	2,1%
Kindergärten	46,00	**79,00**	130,00	3,7%
Ein- und Zweifamilienhäuser	53,00	**83,00**	119,00	3,5%
Mehrfamilienhäuser	28,00	**62,00**	89,00	2,7%
Wohnungen	58,00	**84,00**	129,00	8,2%
Gewerbegebäude	74,00	**82,00**	98,00	3,3%
Gebäude anderer Art	26,00	**48,00**	109,00	1,7%
Modernisierungen				
Büro- und Verwaltungsgebäude	66,00	**85,00**	108,00	1,9%
Schulen und Kindergärten	35,00	**69,00**	163,00	2,6%
Sporthallen	24,00	**88,00**	148,00	10,0%
Ein- und Zweifamilienhäuser vor 1945	53,00	**81,00**	128,00	3,4%
Ein- und Zweifamilienhäuser nach 1945	42,00	**66,00**	135,00	2,2%
Wohngebäude vor 1945	71,00	**86,00**	110,00	2,3%
Wohngebäude nach 1945: nur Oberflächen	36,00	**69,00**	99,00	3,2%
Wohngebäude nach 1945: mit Tragkonstruktion	45,00	**64,00**	104,00	1,3%
Fachwerkhäuser	15,00	**44,00**	59,00	1,2%
Gewerbegebäude	–	**44,00**	–	0,2%
Instandsetzungen				
Wohngebäude	90,00	**126,00**	171,00	3,7%
Nichtwohngebäude	24,00	**70,00**	184,00	1,3%
mit Restaurierungsarbeiten	28,00	**48,00**	124,00	2,7%

▷ von
Ø Mittel
◁ bis

Gebäudeart	▷	€/Einheit	◁	KG an 300
Erweiterungen				
Büro- und Verwaltungsgebäude	2,90	**7,90**	14,00	0,3%
Schulen	5,60	**12,00**	31,00	0,2%
Kindergärten	–	–	–	–
Wohngebäude: Anbau	4,50	**31,00**	84,00	0,5%
Wohngebäude: Aufstockung	10,00	**35,00**	132,00	2,2%
Wohngebäude: Dachausbau	2,00	**8,30**	17,00	0,4%
Gewerbegebäude	4,40	**13,00**	62,00	0,5%
Gebäude anderer Art	–	**9,70**	–	0,1%
Umbauten				
Büro- und Verwaltungsgebäude	13,00	**26,00**	48,00	0,1%
Schulen	4,70	**15,00**	50,00	0,4%
Kindergärten	3,30	**4,50**	5,70	0,1%
Ein- und Zweifamilienhäuser	2,60	**8,10**	29,00	0,3%
Mehrfamilienhäuser	4,70	**15,00**	32,00	0,5%
Wohnungen	–	–	–	–
Gewerbegebäude	2,10	**2,40**	2,70	0,1%
Gebäude anderer Art	6,30	**9,10**	12,00	0,1%
Modernisierungen				
Büro- und Verwaltungsgebäude	0,10	**2,40**	3,50	0,0%
Schulen und Kindergärten	2,30	**6,10**	11,00	0,2%
Sporthallen	2,00	**25,00**	94,00	0,4%
Ein- und Zweifamilienhäuser vor 1945	4,50	**19,00**	72,00	0,9%
Ein- und Zweifamilienhäuser nach 1945	2,30	**5,30**	8,70	0,3%
Wohngebäude vor 1945	6,20	**17,00**	69,00	0,5%
Wohngebäude nach 1945: nur Oberflächen	2,90	**8,50**	21,00	0,4%
Wohngebäude nach 1945: mit Tragkonstruktion	6,30	**10,00**	17,00	0,3%
Fachwerkhäuser	6,60	**22,00**	49,00	0,9%
Gewerbegebäude	–	**19,00**	–	0,3%
Instandsetzungen				
Wohngebäude	3,80	**8,00**	14,00	0,4%
Nichtwohngebäude	7,90	**43,00**	147,00	0,9%
mit Restaurierungsarbeiten	5,00	**10,00**	17,00	0,6%

369 Dächer, sonstiges

Einheit: m² Dachfläche

371 Allgemeine Einbauten

Kosten:
Stand 2.Quartal 2018
Bundesdurchschnitt
inkl. 19% MwSt.

Einheit: m² Brutto-Grundfläche

Gebäudeart	▷	€/Einheit	◁	KG an 300
Erweiterungen				
Büro- und Verwaltungsgebäude	5,40	**19,00**	81,00	1,5%
Schulen	–	**78,00**	–	0,7%
Kindergärten	22,00	**75,00**	127,00	4,3%
Wohngebäude: Anbau	23,00	**36,00**	72,00	1,1%
Wohngebäude: Aufstockung	8,80	**42,00**	109,00	2,2%
Wohngebäude: Dachausbau	13,00	**39,00**	82,00	1,3%
Gewerbegebäude	1,60	**12,00**	23,00	0,4%
Gebäude anderer Art	7,80	**91,00**	175,00	2,9%
Umbauten				
Büro- und Verwaltungsgebäude	8,10	**16,00**	21,00	1,7%
Schulen	1,10	**9,70**	24,00	1,7%
Kindergärten	6,30	**14,00**	19,00	1,3%
Ein- und Zweifamilienhäuser	–	**5,10**	–	0,0%
Mehrfamilienhäuser	0,50	**2,90**	6,30	0,1%
Wohnungen	2,80	**33,00**	93,00	6,3%
Gewerbegebäude	–	**–**	–	–
Gebäude anderer Art	0,50	**2,30**	4,00	0,1%
Modernisierungen				
Büro- und Verwaltungsgebäude	5,20	**40,00**	88,00	3,9%
Schulen und Kindergärten	1,20	**4,60**	10,00	0,5%
Sporthallen	–	**7,50**	–	0,1%
Ein- und Zweifamilienhäuser vor 1945	3,10	**19,00**	48,00	1,4%
Ein- und Zweifamilienhäuser nach 1945	1,40	**4,80**	15,00	0,2%
Wohngebäude vor 1945	3,20	**17,00**	34,00	1,3%
Wohngebäude nach 1945: nur Oberflächen	0,10	**0,90**	2,00	0,0%
Wohngebäude nach 1945: mit Tragkonstruktion	0,10	**3,80**	6,30	0,1%
Fachwerkhäuser	3,20	**10,00**	17,00	0,6%
Gewerbegebäude	0,70	**0,90**	1,20	0,0%
Instandsetzungen				
Wohngebäude	5,50	**22,00**	54,00	1,0%
Nichtwohngebäude	2,70	**5,50**	7,00	0,4%
mit Restaurierungsarbeiten	4,30	**20,00**	35,00	1,3%

▷ von
ø Mittel
◁ bis

372 Besondere Einbauten

Gebäudeart	▷	€/Einheit	◁	KG an 300
Erweiterungen				
Büro- und Verwaltungsgebäude	–	**4,70**	–	0,0%
Schulen	–	**16,00**	–	0,1%
Kindergärten	–	**24,00**	–	0,7%
Wohngebäude: Anbau	–	–	–	–
Wohngebäude: Aufstockung	6,20	**22,00**	50,00	0,5%
Wohngebäude: Dachausbau	–	–	–	–
Gewerbegebäude	–	**6,10**	–	0,0%
Gebäude anderer Art	–	**50,00**	–	1,6%
Umbauten				
Büro- und Verwaltungsgebäude	–	**4,10**	–	0,0%
Schulen	1,80	**3,90**	6,40	0,5%
Kindergärten	4,70	**7,30**	9,90	0,5%
Ein- und Zweifamilienhäuser	–	–	–	–
Mehrfamilienhäuser	–	–	–	–
Wohnungen	–	–	–	–
Gewerbegebäude	–	–	–	–
Gebäude anderer Art	–	**1,50**	–	0,0%
Modernisierungen				
Büro- und Verwaltungsgebäude	–	**1,60**	–	0,1%
Schulen und Kindergärten	1,80	**9,90**	18,00	0,7%
Sporthallen	3,60	**11,00**	46,00	1,3%
Ein- und Zweifamilienhäuser vor 1945	–	–	–	–
Ein- und Zweifamilienhäuser nach 1945	–	–	–	–
Wohngebäude vor 1945	–	–	–	–
Wohngebäude nach 1945: nur Oberflächen	–	**0,10**	–	0,0%
Wohngebäude nach 1945: mit Tragkonstruktion	–	–	–	–
Fachwerkhäuser	–	–	–	–
Gewerbegebäude	4,60	**333,00**	662,00	17,7%
Instandsetzungen				
Wohngebäude	–	–	–	–
Nichtwohngebäude	10,00	**35,00**	60,00	2,6%
mit Restaurierungsarbeiten	7,70	**29,00**	70,00	1,3%

Einheit: m² Brutto-Grundfläche

379 Baukonstruktive Einbauten, sonstiges

Kosten:
Stand 2.Quartal 2018
Bundesdurchschnitt
inkl. 19% MwSt.

Einheit: m²
Brutto-Grundfläche

Gebäudeart	▷	€/Einheit	◁	KG an 300
Erweiterungen				
Büro- und Verwaltungsgebäude	–	1,30	–	0,0%
Schulen	–	–	–	–
Kindergärten	–	–	–	–
Wohngebäude: Anbau	–	14,00	–	0,1%
Wohngebäude: Aufstockung	–	–	–	–
Wohngebäude: Dachausbau	–	–	–	–
Gewerbegebäude	–	–	–	–
Gebäude anderer Art	–	–	–	–
Umbauten				
Büro- und Verwaltungsgebäude	–	7,50	–	0,2%
Schulen	0,10	0,40	0,60	0,0%
Kindergärten	–	–	–	–
Ein- und Zweifamilienhäuser	–	–	–	–
Mehrfamilienhäuser	1,00	1,50	2,10	0,0%
Wohnungen	–	–	–	–
Gewerbegebäude	–	5,30	–	0,2%
Gebäude anderer Art	–	–	–	–
Modernisierungen				
Büro- und Verwaltungsgebäude	1,80	3,30	4,70	0,0%
Schulen und Kindergärten	–	–	–	–
Sporthallen	–	–	–	–
Ein- und Zweifamilienhäuser vor 1945	–	–	–	–
Ein- und Zweifamilienhäuser nach 1945	–	–	–	–
Wohngebäude vor 1945	–	–	–	–
Wohngebäude nach 1945: nur Oberflächen	–	0,20	–	0,0%
Wohngebäude nach 1945: mit Tragkonstruktion	–	–	–	–
Fachwerkhäuser	–	–	–	–
Gewerbegebäude	–	–	–	–
Instandsetzungen				
Wohngebäude	–	–	–	–
Nichtwohngebäude	–	–	–	–
mit Restaurierungsarbeiten	0,10	2,00	3,90	0,0%

▷ von
ø Mittel
◁ bis

391 Baustelleneinrichtung

Gebäudeart	▷	€/Einheit	◁	KG an 300
Erweiterungen				
Büro- und Verwaltungsgebäude	10,00	**25,00**	46,00	2,0%
Schulen	46,00	**81,00**	117,00	4,9%
Kindergärten	23,00	**34,00**	52,00	2,5%
Wohngebäude: Anbau	23,00	**48,00**	128,00	2,5%
Wohngebäude: Aufstockung	11,00	**35,00**	67,00	2,8%
Wohngebäude: Dachausbau	8,70	**26,00**	43,00	2,2%
Gewerbegebäude	6,00	**25,00**	64,00	2,1%
Gebäude anderer Art	7,40	**14,00**	27,00	1,0%
Umbauten				
Büro- und Verwaltungsgebäude	5,00	**11,00**	20,00	1,1%
Schulen	4,10	**13,00**	29,00	1,5%
Kindergärten	1,30	**3,80**	8,30	0,9%
Ein- und Zweifamilienhäuser	5,10	**14,00**	44,00	1,3%
Mehrfamilienhäuser	3,10	**6,30**	14,00	0,9%
Wohnungen	–	**1,50**	–	0,0%
Gewerbegebäude	4,50	**12,00**	19,00	1,9%
Gebäude anderer Art	17,00	**28,00**	39,00	2,7%
Modernisierungen				
Büro- und Verwaltungsgebäude	4,40	**9,30**	20,00	1,0%
Schulen und Kindergärten	2,80	**7,00**	18,00	1,0%
Sporthallen	2,20	**11,00**	25,00	0,9%
Ein- und Zweifamilienhäuser vor 1945	2,20	**6,10**	15,00	0,9%
Ein- und Zweifamilienhäuser nach 1945	1,00	**3,60**	7,20	0,4%
Wohngebäude vor 1945	4,20	**11,00**	18,00	1,2%
Wohngebäude nach 1945: nur Oberflächen	0,90	**3,10**	7,70	1,1%
Wohngebäude nach 1945: mit Tragkonstruktion	5,90	**14,00**	27,00	1,8%
Fachwerkhäuser	14,00	**15,00**	18,00	1,4%
Gewerbegebäude	21,00	**32,00**	56,00	3,2%
Instandsetzungen				
Wohngebäude	1,20	**2,90**	5,90	1,4%
Nichtwohngebäude	2,80	**12,00**	32,00	1,6%
mit Restaurierungsarbeiten	7,60	**24,00**	62,00	1,9%

Einheit: m² Brutto-Grundfläche

© BKI Baukosteninformationszentrum; Erläuterungen zu den Tabellen siehe Seite 32   Kosten: 2.Quartal 2018, Bundesdurchschnitt, **inkl. 19% MwSt.**

392 Gerüste

Kosten:
Stand 2.Quartal 2018
Bundesdurchschnitt
inkl. 19% MwSt.

Einheit: m² Brutto-Grundfläche

Gebäudeart	▷	€/Einheit	◁	KG an 300
Erweiterungen				
Büro- und Verwaltungsgebäude	10,00	**16,00**	29,00	1,2%
Schulen	31,00	**37,00**	47,00	1,9%
Kindergärten	–	**8,40**	–	0,2%
Wohngebäude: Anbau	7,60	**21,00**	33,00	1,2%
Wohngebäude: Aufstockung	16,00	**29,00**	70,00	2,6%
Wohngebäude: Dachausbau	17,00	**42,00**	92,00	3,3%
Gewerbegebäude	7,70	**15,00**	30,00	1,2%
Gebäude anderer Art	9,00	**10,00**	12,00	0,5%
Umbauten				
Büro- und Verwaltungsgebäude	7,40	**16,00**	22,00	1,1%
Schulen	8,20	**15,00**	39,00	1,6%
Kindergärten	1,40	**4,10**	14,00	0,4%
Ein- und Zweifamilienhäuser	7,30	**12,00**	15,00	1,5%
Mehrfamilienhäuser	4,80	**10,00**	16,00	1,5%
Wohnungen	9,50	**23,00**	37,00	1,8%
Gewerbegebäude	0,30	**4,70**	7,00	0,5%
Gebäude anderer Art	12,00	**26,00**	43,00	2,3%
Modernisierungen				
Büro- und Verwaltungsgebäude	6,00	**12,00**	33,00	1,0%
Schulen und Kindergärten	9,00	**17,00**	37,00	2,3%
Sporthallen	6,90	**13,00**	17,00	2,9%
Ein- und Zweifamilienhäuser vor 1945	9,30	**13,00**	21,00	2,4%
Ein- und Zweifamilienhäuser nach 1945	4,60	**8,90**	13,00	2,4%
Wohngebäude vor 1945	6,60	**18,00**	25,00	1,4%
Wohngebäude nach 1945: nur Oberflächen	6,40	**9,80**	17,00	4,2%
Wohngebäude nach 1945: mit Tragkonstruktion	7,00	**14,00**	21,00	2,1%
Fachwerkhäuser	27,00	**34,00**	45,00	3,1%
Gewerbegebäude	8,90	**14,00**	20,00	1,1%
Instandsetzungen				
Wohngebäude	5,80	**8,60**	12,00	3,3%
Nichtwohngebäude	7,10	**24,00**	59,00	3,5%
mit Restaurierungsarbeiten	30,00	**59,00**	130,00	6,1%

▷ von
ø Mittel
◁ bis

393 Sicherungsmaßnahmen

Gebäudeart	▷	€/Einheit	◁	KG an 300
Erweiterungen				
Büro- und Verwaltungsgebäude	–	**26,00**	–	0,3%
Schulen	14,00	**20,00**	26,00	0,4%
Kindergärten	–	**30,00**	–	0,5%
Wohngebäude: Anbau	–	**51,00**	–	0,2%
Wohngebäude: Aufstockung	–	**3,80**	–	0,0%
Wohngebäude: Dachausbau	–	**1,20**	–	0,0%
Gewerbegebäude	–	**0,60**	–	0,0%
Gebäude anderer Art	–	**2,00**	–	0,0%
Umbauten				
Büro- und Verwaltungsgebäude	–	**8,60**	–	0,1%
Schulen	3,50	**5,20**	8,40	0,3%
Kindergärten	2,70	**3,70**	4,60	0,1%
Ein- und Zweifamilienhäuser	15,00	**24,00**	34,00	0,3%
Mehrfamilienhäuser	2,20	**2,80**	3,30	0,0%
Wohnungen	–	**1,00**	–	0,0%
Gewerbegebäude	–	**–**	–	–
Gebäude anderer Art	2,60	**8,60**	20,00	0,6%
Modernisierungen				
Büro- und Verwaltungsgebäude	2,70	**4,40**	7,80	0,3%
Schulen und Kindergärten	0,50	**1,00**	2,30	0,0%
Sporthallen	–	**–**	–	–
Ein- und Zweifamilienhäuser vor 1945	–	**–**	–	–
Ein- und Zweifamilienhäuser nach 1945	–	**7,90**	–	0,0%
Wohngebäude vor 1945	2,10	**8,20**	14,00	0,2%
Wohngebäude nach 1945: nur Oberflächen	–	**–**	–	–
Wohngebäude nach 1945: mit Tragkonstruktion	–	**15,00**	–	0,1%
Fachwerkhäuser	24,00	**33,00**	46,00	2,8%
Gewerbegebäude	–	**1,60**	–	0,0%
Instandsetzungen				
Wohngebäude	–	**0,80**	–	0,0%
Nichtwohngebäude	–	**–**	–	–
mit Restaurierungsarbeiten	7,20	**12,00**	18,00	0,7%

Einheit: m² Brutto-Grundfläche

© BKI Baukosteninformationszentrum; Erläuterungen zu den Tabellen siehe Seite 32   Kosten: 2.Quartal 2018, Bundesdurchschnitt, **inkl.** 19% MwSt.

394 Abbruchmaßnahmen

Kosten:
Stand 2.Quartal 2018
Bundesdurchschnitt
inkl. 19% MwSt.

Einheit: m²
Brutto-Grundfläche

Gebäudeart	▷	€/Einheit	◁	KG an 300
Erweiterungen				
Büro- und Verwaltungsgebäude	4,00	**7,00**	9,90	0,1%
Schulen	–	**3,40**	–	0,0%
Kindergärten	–	**–**	–	–
Wohngebäude: Anbau	5,20	**35,00**	47,00	0,7%
Wohngebäude: Aufstockung	7,80	**15,00**	27,00	0,4%
Wohngebäude: Dachausbau	–	**85,00**	–	0,9%
Gewerbegebäude	–	**2,90**	–	0,0%
Gebäude anderer Art	–	**–**	–	–
Umbauten				
Büro- und Verwaltungsgebäude	6,00	**26,00**	45,00	0,8%
Schulen	3,60	**7,30**	14,00	0,4%
Kindergärten	–	**–**	–	–
Ein- und Zweifamilienhäuser	13,00	**39,00**	76,00	1,8%
Mehrfamilienhäuser	12,00	**35,00**	55,00	1,8%
Wohnungen	–	**7,40**	–	0,4%
Gewerbegebäude	–	**44,00**	–	1,5%
Gebäude anderer Art	–	**4,00**	–	0,0%
Modernisierungen				
Büro- und Verwaltungsgebäude	–	**11,00**	–	0,2%
Schulen und Kindergärten	0,60	**4,10**	7,60	0,1%
Sporthallen	0,70	**0,90**	1,00	0,0%
Ein- und Zweifamilienhäuser vor 1945	0,40	**6,30**	24,00	0,4%
Ein- und Zweifamilienhäuser nach 1945	–	**67,00**	–	0,7%
Wohngebäude vor 1945	0,40	**7,50**	16,00	0,5%
Wohngebäude nach 1945: nur Oberflächen	–	**–**	–	–
Wohngebäude nach 1945: mit Tragkonstruktion	0,60	**2,60**	5,20	0,1%
Fachwerkhäuser	–	**27,00**	–	0,9%
Gewerbegebäude	1,90	**23,00**	44,00	2,4%
Instandsetzungen				
Wohngebäude	2,60	**12,00**	21,00	0,4%
Nichtwohngebäude	–	**1,50**	–	0,0%
mit Restaurierungsarbeiten	3,40	**25,00**	46,00	0,3%

▷ von
ø Mittel
◁ bis

Instandsetzungen

Gebäudeart	▷	€/Einheit	◁	KG an 300
Erweiterungen				
Büro- und Verwaltungsgebäude	–	**5,10**	–	0,0%
Schulen	–	–	–	–
Kindergärten	–	–	–	–
Wohngebäude: Anbau	–	–	–	–
Wohngebäude: Aufstockung	–	**36,00**	–	0,3%
Wohngebäude: Dachausbau	–	–	–	–
Gewerbegebäude	–	–	–	–
Gebäude anderer Art	–	–	–	–
Umbauten				
Büro- und Verwaltungsgebäude	1,20	**4,00**	8,00	0,2%
Schulen	–	–	–	–
Kindergärten	–	–	–	–
Ein- und Zweifamilienhäuser	–	**3,50**	–	0,0%
Mehrfamilienhäuser	–	–	–	–
Wohnungen	–	–	–	–
Gewerbegebäude	–	**0,30**	–	0,0%
Gebäude anderer Art	–	–	–	–
Modernisierungen				
Büro- und Verwaltungsgebäude	–	–	–	–
Schulen und Kindergärten	–	**0,70**	–	0,0%
Sporthallen	–	–	–	–
Ein- und Zweifamilienhäuser vor 1945	–	–	–	–
Ein- und Zweifamilienhäuser nach 1945	–	–	–	–
Wohngebäude vor 1945	–	**17,00**	–	0,1%
Wohngebäude nach 1945: nur Oberflächen	–	–	–	–
Wohngebäude nach 1945: mit Tragkonstruktion	–	–	–	–
Fachwerkhäuser	–	–	–	–
Gewerbegebäude	–	–	–	–
Instandsetzungen				
Wohngebäude	–	**6,50**	–	0,0%
Nichtwohngebäude	–	**1,60**	–	0,1%
mit Restaurierungsarbeiten	–	–	–	–

Einheit: m² Brutto-Grundfläche

396 Materialentsorgung

Kosten:
Stand 2.Quartal 2018
Bundesdurchschnitt
inkl. 19% MwSt.

Einheit: m²
Brutto-Grundfläche

Gebäudeart	▷	€/Einheit	◁	KG an 300
Erweiterungen				
Büro- und Verwaltungsgebäude	0,80	**1,50**	2,20	0,0%
Schulen	–	–	–	–
Kindergärten	–	**64,00**	–	1,2%
Wohngebäude: Anbau	–	–	–	–
Wohngebäude: Aufstockung	0,20	**0,40**	0,50	0,0%
Wohngebäude: Dachausbau	–	–	–	–
Gewerbegebäude	–	–	–	–
Gebäude anderer Art	–	–	–	–
Umbauten				
Büro- und Verwaltungsgebäude	–	**3,00**	–	0,0%
Schulen	–	–	–	–
Kindergärten	–	**8,60**	–	0,3%
Ein- und Zweifamilienhäuser	–	–	–	–
Mehrfamilienhäuser	1,00	**4,30**	8,00	0,2%
Wohnungen	–	**8,70**	–	0,3%
Gewerbegebäude	–	**29,00**	–	1,1%
Gebäude anderer Art	–	–	–	–
Modernisierungen				
Büro- und Verwaltungsgebäude	–	–	–	–
Schulen und Kindergärten	0,50	**2,40**	5,40	0,1%
Sporthallen	–	**0,20**	–	0,0%
Ein- und Zweifamilienhäuser vor 1945	1,50	**2,80**	5,20	0,1%
Ein- und Zweifamilienhäuser nach 1945	0,40	**0,90**	1,40	0,0%
Wohngebäude vor 1945	–	–	–	–
Wohngebäude nach 1945: nur Oberflächen	0,60	**1,70**	3,80	0,0%
Wohngebäude nach 1945: mit Tragkonstruktion	–	–	–	–
Fachwerkhäuser	–	**3,40**	–	0,0%
Gewerbegebäude	–	**1,20**	–	0,0%
Instandsetzungen				
Wohngebäude	–	**28,00**	–	0,4%
Nichtwohngebäude	0,70	**3,90**	13,00	0,3%
mit Restaurierungsarbeiten	0,30	**2,10**	3,90	0,0%

▷ von
Ø Mittel
◁ bis

Zusätzliche Maßnahmen

Gebäudeart	▷	€/Einheit	◁	KG an 300
Erweiterungen				
Büro- und Verwaltungsgebäude	6,10	**9,40**	18,00	0,7%
Schulen	2,40	**12,00**	26,00	0,5%
Kindergärten	–	**1,90**	–	0,0%
Wohngebäude: Anbau	6,80	**14,00**	18,00	0,4%
Wohngebäude: Aufstockung	1,50	**3,00**	4,30	0,2%
Wohngebäude: Dachausbau	9,10	**21,00**	37,00	0,8%
Gewerbegebäude	2,20	**9,00**	22,00	0,5%
Gebäude anderer Art	1,00	**4,20**	11,00	0,3%
Umbauten				
Büro- und Verwaltungsgebäude	6,20	**10,00**	21,00	0,8%
Schulen	3,70	**8,80**	16,00	1,0%
Kindergärten	0,80	**3,50**	9,70	0,5%
Ein- und Zweifamilienhäuser	1,20	**2,70**	4,00	0,1%
Mehrfamilienhäuser	1,70	**4,40**	7,10	0,7%
Wohnungen	–	**0,30**	–	0,0%
Gewerbegebäude	8,00	**11,00**	17,00	1,2%
Gebäude anderer Art	3,80	**8,50**	13,00	0,8%
Modernisierungen				
Büro- und Verwaltungsgebäude	4,40	**11,00**	23,00	1,2%
Schulen und Kindergärten	2,10	**5,30**	7,80	0,7%
Sporthallen	1,90	**3,60**	7,80	0,7%
Ein- und Zweifamilienhäuser vor 1945	0,60	**2,20**	4,10	0,2%
Ein- und Zweifamilienhäuser nach 1945	1,10	**2,30**	5,50	0,2%
Wohngebäude vor 1945	2,30	**10,00**	20,00	0,9%
Wohngebäude nach 1945: nur Oberflächen	0,80	**3,10**	6,60	0,5%
Wohngebäude nach 1945: mit Tragkonstruktion	0,90	**4,30**	8,80	0,5%
Fachwerkhäuser	2,90	**14,00**	36,00	1,4%
Gewerbegebäude	4,60	**5,00**	5,30	0,4%
Instandsetzungen				
Wohngebäude	1,00	**4,10**	16,00	0,7%
Nichtwohngebäude	1,50	**4,60**	7,90	0,8%
mit Restaurierungsarbeiten	3,00	**7,00**	10,00	0,4%

Einheit: m² Brutto-Grundfläche

© BKI Baukosteninformationszentrum; Erläuterungen zu den Tabellen siehe Seite 32   Kosten: 2.Quartal 2018, Bundesdurchschnitt, inkl. **19% MwSt.**

398 Provisorische Baukonstruktionen

Kosten:
Stand 2.Quartal 2018
Bundesdurchschnitt
inkl. 19% MwSt.

Einheit: m²
Brutto-Grundfläche

Gebäudeart	▷	€/Einheit	◁	KG an 300
Erweiterungen				
Büro- und Verwaltungsgebäude	–	0,90	–	0,0%
Schulen	–	–	–	–
Kindergärten	–	–	–	–
Wohngebäude: Anbau	–	–	–	–
Wohngebäude: Aufstockung	–	–	–	–
Wohngebäude: Dachausbau	–	–	–	–
Gewerbegebäude	2,40	10,00	25,00	0,2%
Gebäude anderer Art	–	–	–	–
Umbauten				
Büro- und Verwaltungsgebäude	–	–	–	–
Schulen	0,20	0,70	1,70	0,0%
Kindergärten	–	–	–	–
Ein- und Zweifamilienhäuser	–	–	–	–
Mehrfamilienhäuser	0,30	1,20	2,00	0,0%
Wohnungen	–	–	–	–
Gewerbegebäude	–	–	–	–
Gebäude anderer Art	–	5,90	–	0,1%
Modernisierungen				
Büro- und Verwaltungsgebäude	0,10	0,40	0,70	0,0%
Schulen und Kindergärten	0,40	4,10	12,00	0,0%
Sporthallen	–	–	–	–
Ein- und Zweifamilienhäuser vor 1945	–	–	–	–
Ein- und Zweifamilienhäuser nach 1945	1,00	1,40	1,80	0,0%
Wohngebäude vor 1945	–	0,20	–	0,0%
Wohngebäude nach 1945: nur Oberflächen	–	–	–	–
Wohngebäude nach 1945: mit Tragkonstruktion	0,60	2,80	7,20	0,1%
Fachwerkhäuser	–	–	–	–
Gewerbegebäude	–	–	–	–
Instandsetzungen				
Wohngebäude	–	–	–	–
Nichtwohngebäude	–	0,30	–	0,0%
mit Restaurierungsarbeiten	0,20	1,00	1,80	0,0%

▷ von
ø Mittel
◁ bis

399 Sonstige Maßnahmen für Baukonstruktionen, sonstiges

Gebäudeart	▷	€/Einheit	◁	KG an 300
Erweiterungen				
Büro- und Verwaltungsgebäude	–	–	–	–
Schulen	–	–	–	–
Kindergärten	–	–	–	–
Wohngebäude: Anbau	–	–	–	–
Wohngebäude: Aufstockung	–	–	–	–
Wohngebäude: Dachausbau	–	–	–	–
Gewerbegebäude	–	–	–	–
Gebäude anderer Art	–	–	–	–
Umbauten				
Büro- und Verwaltungsgebäude	5,20	**13,00**	22,00	0,3%
Schulen	–	–	–	–
Kindergärten	–	–	–	–
Ein- und Zweifamilienhäuser	–	–	–	–
Mehrfamilienhäuser	–	–	–	–
Wohnungen	–	–	–	–
Gewerbegebäude	–	–	–	–
Gebäude anderer Art	–	–	–	–
Modernisierungen				
Büro- und Verwaltungsgebäude	–	–	–	–
Schulen und Kindergärten	7,50	**8,20**	8,90	0,2%
Sporthallen	1,60	**6,50**	11,00	0,5%
Ein- und Zweifamilienhäuser vor 1945	–	–	–	–
Ein- und Zweifamilienhäuser nach 1945	–	–	–	–
Wohngebäude vor 1945	–	–	–	–
Wohngebäude nach 1945: nur Oberflächen	–	**0,50**	–	0,0%
Wohngebäude nach 1945: mit Tragkonstruktion	–	–	–	–
Fachwerkhäuser	–	–	–	–
Gewerbegebäude	–	–	–	–
Instandsetzungen				
Wohngebäude	–	–	–	–
Nichtwohngebäude	–	**7,90**	–	0,1%
mit Restaurierungsarbeiten	–	**2,60**	–	0,0%

Einheit: m² Brutto-Grundfläche

411 Abwasseranlagen

Kosten:
Stand 2.Quartal 2018
Bundesdurchschnitt
inkl. 19% MwSt.

Einheit: m²
Brutto-Grundfläche

Gebäudeart	▷	€/Einheit	◁	KG an 400
Erweiterungen				
Büro- und Verwaltungsgebäude	8,80	**17,00**	38,00	5,7%
Schulen	15,00	**30,00**	52,00	13,8%
Kindergärten	16,00	**28,00**	34,00	11,7%
Wohngebäude: Anbau	5,40	**17,00**	31,00	4,6%
Wohngebäude: Aufstockung	8,80	**13,00**	21,00	5,7%
Wohngebäude: Dachausbau	6,00	**10,00**	20,00	6,1%
Gewerbegebäude	14,00	**21,00**	30,00	8,4%
Gebäude anderer Art	11,00	**20,00**	37,00	38,9%
Umbauten				
Büro- und Verwaltungsgebäude	7,50	**16,00**	32,00	3,9%
Schulen	13,00	**19,00**	25,00	6,9%
Kindergärten	6,50	**11,00**	20,00	7,4%
Ein- und Zweifamilienhäuser	8,20	**13,00**	20,00	8,7%
Mehrfamilienhäuser	11,00	**18,00**	27,00	11,8%
Wohnungen	8,80	**11,00**	12,00	7,0%
Gewerbegebäude	6,30	**13,00**	15,00	3,5%
Gebäude anderer Art	10,00	**24,00**	40,00	5,6%
Modernisierungen				
Büro- und Verwaltungsgebäude	4,60	**13,00**	16,00	3,7%
Schulen und Kindergärten	4,10	**10,00**	22,00	3,3%
Sporthallen	6,40	**16,00**	26,00	3,9%
Ein- und Zweifamilienhäuser vor 1945	6,30	**14,00**	34,00	5,9%
Ein- und Zweifamilienhäuser nach 1945	3,30	**9,00**	21,00	4,5%
Wohngebäude vor 1945	8,20	**26,00**	47,00	13,0%
Wohngebäude nach 1945: nur Oberflächen	3,30	**7,30**	20,00	17,9%
Wohngebäude nach 1945: mit Tragkonstruktion	7,20	**17,00**	26,00	7,5%
Fachwerkhäuser	19,00	**26,00**	37,00	12,6%
Gewerbegebäude	–	**60,00**	–	2,3%
Instandsetzungen				
Wohngebäude	0,70	**2,50**	5,00	9,9%
Nichtwohngebäude	4,10	**9,00**	17,00	15,4%
mit Restaurierungsarbeiten	2,00	**6,70**	14,00	10,2%

▷ von
Ø Mittel
◁ bis

412 Wasseranlagen

Gebäudeart	▷	€/Einheit	◁	KG an 400
Erweiterungen				
Büro- und Verwaltungsgebäude	5,40	**17,00**	53,00	8,7%
Schulen	12,00	**31,00**	60,00	9,5%
Kindergärten	41,00	**63,00**	85,00	14,7%
Wohngebäude: Anbau	34,00	**58,00**	79,00	13,5%
Wohngebäude: Aufstockung	35,00	**63,00**	116,00	23,8%
Wohngebäude: Dachausbau	23,00	**48,00**	81,00	25,8%
Gewerbegebäude	8,20	**18,00**	71,00	6,7%
Gebäude anderer Art	9,00	**45,00**	81,00	10,6%
Umbauten				
Büro- und Verwaltungsgebäude	8,50	**16,00**	22,00	6,2%
Schulen	26,00	**33,00**	43,00	11,5%
Kindergärten	32,00	**40,00**	85,00	24,4%
Ein- und Zweifamilienhäuser	21,00	**37,00**	61,00	20,0%
Mehrfamilienhäuser	26,00	**35,00**	48,00	21,1%
Wohnungen	22,00	**27,00**	39,00	18,3%
Gewerbegebäude	26,00	**34,00**	54,00	8,5%
Gebäude anderer Art	15,00	**23,00**	29,00	6,6%
Modernisierungen				
Büro- und Verwaltungsgebäude	14,00	**24,00**	42,00	7,1%
Schulen und Kindergärten	8,50	**23,00**	56,00	7,2%
Sporthallen	15,00	**42,00**	69,00	7,9%
Ein- und Zweifamilienhäuser vor 1945	22,00	**31,00**	49,00	14,3%
Ein- und Zweifamilienhäuser nach 1945	18,00	**35,00**	76,00	12,2%
Wohngebäude vor 1945	34,00	**45,00**	58,00	22,5%
Wohngebäude nach 1945: nur Oberflächen	3,10	**18,00**	44,00	5,8%
Wohngebäude nach 1945: mit Tragkonstruktion	30,00	**50,00**	88,00	17,9%
Fachwerkhäuser	32,00	**55,00**	67,00	26,2%
Gewerbegebäude	–	**76,00**	–	2,9%
Instandsetzungen				
Wohngebäude	5,10	**16,00**	33,00	7,1%
Nichtwohngebäude	6,20	**16,00**	34,00	9,5%
mit Restaurierungsarbeiten	4,60	**14,00**	55,00	3,3%

Einheit: m² Brutto-Grundfläche

Kosten: 2.Quartal 2018, Bundesdurchschnitt, inkl. 19% MwSt.

421 Wärmeerzeugungsanlagen

Kosten:
Stand 2.Quartal 2018
Bundesdurchschnitt
inkl. 19% MwSt.

Einheit: m²
Brutto-Grundfläche

Gebäudeart	▷	€/Einheit	◁	KG an 400
Erweiterungen				
Büro- und Verwaltungsgebäude	3,60	**15,00**	26,00	0,9%
Schulen	2,70	**15,00**	28,00	1,7%
Kindergärten	–	**5,90**	–	1,0%
Wohngebäude: Anbau	32,00	**102,00**	287,00	17,3%
Wohngebäude: Aufstockung	25,00	**34,00**	47,00	9,4%
Wohngebäude: Dachausbau	1,60	**28,00**	62,00	5,9%
Gewerbegebäude	8,60	**23,00**	35,00	6,3%
Gebäude anderer Art	–	**6,20**	–	1,1%
Umbauten				
Büro- und Verwaltungsgebäude	15,00	**23,00**	31,00	6,2%
Schulen	6,50	**11,00**	16,00	3,8%
Kindergärten	3,90	**18,00**	37,00	6,2%
Ein- und Zweifamilienhäuser	10,00	**34,00**	54,00	17,6%
Mehrfamilienhäuser	8,90	**23,00**	35,00	13,1%
Wohnungen	38,00	**46,00**	54,00	29,6%
Gewerbegebäude	17,00	**30,00**	36,00	6,3%
Gebäude anderer Art	17,00	**27,00**	37,00	7,4%
Modernisierungen				
Büro- und Verwaltungsgebäude	4,20	**13,00**	20,00	3,9%
Schulen und Kindergärten	2,00	**11,00**	24,00	4,1%
Sporthallen	3,80	**24,00**	44,00	3,6%
Ein- und Zweifamilienhäuser vor 1945	43,00	**75,00**	108,00	32,2%
Ein- und Zweifamilienhäuser nach 1945	17,00	**55,00**	91,00	29,0%
Wohngebäude vor 1945	10,00	**25,00**	44,00	9,0%
Wohngebäude nach 1945: nur Oberflächen	6,70	**20,00**	62,00	12,4%
Wohngebäude nach 1945: mit Tragkonstruktion	11,00	**32,00**	57,00	17,2%
Fachwerkhäuser	14,00	**19,00**	22,00	9,2%
Gewerbegebäude	–	–	–	–
Instandsetzungen				
Wohngebäude	8,80	**28,00**	46,00	2,9%
Nichtwohngebäude	5,40	**17,00**	33,00	3,5%
mit Restaurierungsarbeiten	2,50	**13,00**	28,00	3,1%

▷ von
Ø Mittel
◁ bis

422 Wärmeverteilnetze

Gebäudeart	▷	€/Einheit	◁	KG an 400
Erweiterungen				
Büro- und Verwaltungsgebäude	11,00	**25,00**	42,00	7,6%
Schulen	5,10	**33,00**	41,00	9,2%
Kindergärten	15,00	**30,00**	61,00	10,6%
Wohngebäude: Anbau	6,30	**14,00**	32,00	3,2%
Wohngebäude: Aufstockung	8,00	**18,00**	33,00	6,4%
Wohngebäude: Dachausbau	19,00	**32,00**	48,00	7,7%
Gewerbegebäude	9,40	**20,00**	29,00	6,8%
Gebäude anderer Art	–	**25,00**	–	4,5%
Umbauten				
Büro- und Verwaltungsgebäude	7,40	**15,00**	31,00	6,5%
Schulen	20,00	**28,00**	35,00	9,7%
Kindergärten	3,10	**10,00**	17,00	7,1%
Ein- und Zweifamilienhäuser	6,20	**15,00**	26,00	6,5%
Mehrfamilienhäuser	8,30	**18,00**	66,00	9,0%
Wohnungen	8,20	**18,00**	45,00	10,6%
Gewerbegebäude	7,00	**25,00**	33,00	6,4%
Gebäude anderer Art	9,60	**19,00**	28,00	6,7%
Modernisierungen				
Büro- und Verwaltungsgebäude	11,00	**21,00**	34,00	5,8%
Schulen und Kindergärten	11,00	**16,00**	26,00	5,1%
Sporthallen	11,00	**26,00**	46,00	8,2%
Ein- und Zweifamilienhäuser vor 1945	4,40	**13,00**	20,00	4,6%
Ein- und Zweifamilienhäuser nach 1945	3,30	**7,30**	12,00	1,6%
Wohngebäude vor 1945	12,00	**18,00**	28,00	8,7%
Wohngebäude nach 1945: nur Oberflächen	1,40	**9,40**	21,00	3,7%
Wohngebäude nach 1945: mit Tragkonstruktion	10,00	**17,00**	35,00	7,3%
Fachwerkhäuser	9,50	**16,00**	20,00	7,9%
Gewerbegebäude	41,00	**69,00**	97,00	9,9%
Instandsetzungen				
Wohngebäude	1,60	**6,40**	12,00	1,9%
Nichtwohngebäude	4,00	**10,00**	19,00	2,8%
mit Restaurierungsarbeiten	4,20	**11,00**	23,00	3,3%

Einheit: m² Brutto-Grundfläche

423 Raumheizflächen

Kosten:
Stand 2.Quartal 2018
Bundesdurchschnitt
inkl. 19% MwSt.

Einheit: m²
Brutto-Grundfläche

Gebäudeart	▷	€/Einheit	◁	KG an 400
Erweiterungen				
Büro- und Verwaltungsgebäude	12,00	**23,00**	35,00	6,5%
Schulen	22,00	**33,00**	73,00	11,7%
Kindergärten	19,00	**27,00**	31,00	11,5%
Wohngebäude: Anbau	31,00	**50,00**	107,00	23,8%
Wohngebäude: Aufstockung	8,50	**25,00**	43,00	7,9%
Wohngebäude: Dachausbau	16,00	**35,00**	59,00	13,8%
Gewerbegebäude	15,00	**25,00**	49,00	9,9%
Gebäude anderer Art	30,00	**38,00**	46,00	10,6%
Umbauten				
Büro- und Verwaltungsgebäude	10,00	**21,00**	32,00	8,1%
Schulen	14,00	**18,00**	23,00	6,1%
Kindergärten	14,00	**24,00**	39,00	14,5%
Ein- und Zweifamilienhäuser	18,00	**30,00**	52,00	12,8%
Mehrfamilienhäuser	12,00	**23,00**	31,00	13,0%
Wohnungen	17,00	**18,00**	19,00	12,1%
Gewerbegebäude	4,00	**16,00**	20,00	4,1%
Gebäude anderer Art	10,00	**26,00**	42,00	6,2%
Modernisierungen				
Büro- und Verwaltungsgebäude	12,00	**25,00**	57,00	6,1%
Schulen und Kindergärten	8,40	**14,00**	25,00	5,2%
Sporthallen	11,00	**37,00**	55,00	14,3%
Ein- und Zweifamilienhäuser vor 1945	5,60	**16,00**	29,00	6,1%
Ein- und Zweifamilienhäuser nach 1945	7,90	**18,00**	31,00	8,9%
Wohngebäude vor 1945	6,20	**27,00**	38,00	11,5%
Wohngebäude nach 1945: nur Oberflächen	2,40	**8,30**	14,00	5,4%
Wohngebäude nach 1945: mit Tragkonstruktion	8,50	**15,00**	19,00	7,4%
Fachwerkhäuser	16,00	**32,00**	44,00	16,2%
Gewerbegebäude	15,00	**17,00**	20,00	2,3%
Instandsetzungen				
Wohngebäude	15,00	**16,00**	19,00	3,5%
Nichtwohngebäude	3,10	**15,00**	35,00	5,9%
mit Restaurierungsarbeiten	8,20	**31,00**	58,00	7,8%

▷ von
ø Mittel
◁ bis

429 Wärmeversorgungsanlagen, sonstiges

Gebäudeart	▷	€/Einheit	◁	KG an 400
Erweiterungen				
Büro- und Verwaltungsgebäude	–	1,90	–	0,1%
Schulen	–	–	–	–
Kindergärten	–	–	–	–
Wohngebäude: Anbau	10,00	32,00	69,00	4,9%
Wohngebäude: Aufstockung	2,70	5,30	13,00	1,1%
Wohngebäude: Dachausbau	12,00	23,00	27,00	6,5%
Gewerbegebäude	5,10	6,30	7,00	0,6%
Gebäude anderer Art	–	5,90	–	1,0%
Umbauten				
Büro- und Verwaltungsgebäude	1,00	1,60	2,20	0,2%
Schulen	0,30	1,10	1,80	0,2%
Kindergärten	1,00	2,80	5,00	0,8%
Ein- und Zweifamilienhäuser	4,30	15,00	20,00	3,2%
Mehrfamilienhäuser	2,10	5,60	7,40	3,3%
Wohnungen	–	6,80	–	1,1%
Gewerbegebäude	1,00	2,40	5,20	0,4%
Gebäude anderer Art	2,50	5,20	10,00	0,8%
Modernisierungen				
Büro- und Verwaltungsgebäude	–	0,80	–	0,0%
Schulen und Kindergärten	0,50	1,80	3,20	0,5%
Sporthallen	0,50	1,00	1,90	0,3%
Ein- und Zweifamilienhäuser vor 1945	8,00	14,00	33,00	5,0%
Ein- und Zweifamilienhäuser nach 1945	2,60	5,10	9,10	2,5%
Wohngebäude vor 1945	3,50	6,50	19,00	2,1%
Wohngebäude nach 1945: nur Oberflächen	1,70	5,10	9,50	8,7%
Wohngebäude nach 1945: mit Tragkonstruktion	1,90	6,30	12,00	3,1%
Fachwerkhäuser	4,30	8,30	16,00	3,8%
Gewerbegebäude	–	–	–	–
Instandsetzungen				
Wohngebäude	2,30	4,30	6,10	15,9%
Nichtwohngebäude	1,70	3,10	5,30	1,5%
mit Restaurierungsarbeiten	0,60	3,80	7,00	0,5%

Einheit: m² Brutto-Grundfläche

431 Lüftungsanlagen

Kosten:
Stand 2.Quartal 2018
Bundesdurchschnitt
inkl. 19% MwSt.

Einheit: m²
Brutto-Grundfläche

Gebäudeart	▷	€/Einheit	◁	KG an 400
Erweiterungen				
Büro- und Verwaltungsgebäude	21,00	**48,00**	112,00	7,2%
Schulen	4,50	**17,00**	29,00	1,4%
Kindergärten	–	**6,90**	–	1,1%
Wohngebäude: Anbau	–	**10,00**	–	0,2%
Wohngebäude: Aufstockung	11,00	**33,00**	64,00	11,1%
Wohngebäude: Dachausbau	–	**6,80**	–	0,4%
Gewerbegebäude	4,00	**17,00**	52,00	2,5%
Gebäude anderer Art	–	–	–	–
Umbauten				
Büro- und Verwaltungsgebäude	15,00	**36,00**	49,00	9,1%
Schulen	14,00	**20,00**	29,00	6,7%
Kindergärten	2,60	**4,40**	7,50	1,3%
Ein- und Zweifamilienhäuser	13,00	**23,00**	30,00	2,8%
Mehrfamilienhäuser	1,80	**4,80**	14,00	1,6%
Wohnungen	–	–	–	–
Gewerbegebäude	35,00	**83,00**	109,00	17,5%
Gebäude anderer Art	3,30	**18,00**	48,00	5,9%
Modernisierungen				
Büro- und Verwaltungsgebäude	5,60	**25,00**	79,00	6,0%
Schulen und Kindergärten	11,00	**32,00**	82,00	9,6%
Sporthallen	5,60	**26,00**	47,00	11,8%
Ein- und Zweifamilienhäuser vor 1945	17,00	**37,00**	57,00	16,1%
Ein- und Zweifamilienhäuser nach 1945	5,80	**30,00**	54,00	11,4%
Wohngebäude vor 1945	5,70	**15,00**	31,00	3,5%
Wohngebäude nach 1945: nur Oberflächen	3,60	**19,00**	48,00	6,6%
Wohngebäude nach 1945: mit Tragkonstruktion	12,00	**34,00**	79,00	11,8%
Fachwerkhäuser	3,10	**3,30**	3,60	1,1%
Gewerbegebäude	–	**212,00**	–	8,1%
Instandsetzungen				
Wohngebäude	3,30	**17,00**	30,00	2,0%
Nichtwohngebäude	9,40	**23,00**	48,00	4,7%
mit Restaurierungsarbeiten	3,10	**17,00**	66,00	2,4%

▷ von
Ø Mittel
◁ bis

443 Niederspannungsschaltanlagen

Gebäudeart	▷	€/Einheit	◁	KG an 400
Erweiterungen				
Büro- und Verwaltungsgebäude	–	–	–	–
Schulen	–	–	–	–
Kindergärten	–	–	–	–
Wohngebäude: Anbau	–	–	–	–
Wohngebäude: Aufstockung	–	**2,40**	–	0,0%
Wohngebäude: Dachausbau	–	–	–	–
Gewerbegebäude	–	**4,80**	–	0,1%
Gebäude anderer Art	–	–	–	–
Umbauten				
Büro- und Verwaltungsgebäude	–	–	–	–
Schulen	–	**2,20**	–	0,1%
Kindergärten	–	–	–	–
Ein- und Zweifamilienhäuser	–	–	–	–
Mehrfamilienhäuser	–	–	–	–
Wohnungen	–	–	–	–
Gewerbegebäude	11,00	**15,00**	18,00	1,6%
Gebäude anderer Art	10,00	**16,00**	21,00	1,9%
Modernisierungen				
Büro- und Verwaltungsgebäude	3,40	**14,00**	24,00	0,8%
Schulen und Kindergärten	–	**14,00**	–	0,3%
Sporthallen	–	–	–	–
Ein- und Zweifamilienhäuser vor 1945	–	–	–	–
Ein- und Zweifamilienhäuser nach 1945	–	–	–	–
Wohngebäude vor 1945	–	–	–	–
Wohngebäude nach 1945: nur Oberflächen	–	–	–	–
Wohngebäude nach 1945: mit Tragkonstruktion	–	–	–	–
Fachwerkhäuser	–	–	–	–
Gewerbegebäude	–	**8,80**	–	0,3%
Instandsetzungen				
Wohngebäude	–	–	–	–
Nichtwohngebäude	–	**7,00**	–	0,2%
mit Restaurierungsarbeiten	–	–	–	–

Einheit: m² Brutto-Grundfläche

444 Niederspannungsinstallationsanlagen

Kosten:
Stand 2.Quartal 2018
Bundesdurchschnitt
inkl. 19% MwSt.

Einheit: m²
Brutto-Grundfläche

Gebäudeart	▷	€/Einheit	◁	KG an 400
Erweiterungen				
Büro- und Verwaltungsgebäude	43,00	**66,00**	91,00	18,9%
Schulen	31,00	**68,00**	101,00	24,8%
Kindergärten	44,00	**81,00**	100,00	33,9%
Wohngebäude: Anbau	26,00	**39,00**	66,00	15,7%
Wohngebäude: Aufstockung	26,00	**51,00**	84,00	17,5%
Wohngebäude: Dachausbau	22,00	**44,00**	63,00	17,5%
Gewerbegebäude	26,00	**43,00**	62,00	17,1%
Gebäude anderer Art	21,00	**50,00**	78,00	12,6%
Umbauten				
Büro- und Verwaltungsgebäude	41,00	**59,00**	108,00	26,8%
Schulen	32,00	**46,00**	58,00	15,4%
Kindergärten	16,00	**23,00**	38,00	14,5%
Ein- und Zweifamilienhäuser	15,00	**29,00**	45,00	15,1%
Mehrfamilienhäuser	22,00	**30,00**	39,00	17,3%
Wohnungen	15,00	**29,00**	43,00	18,1%
Gewerbegebäude	25,00	**45,00**	64,00	11,9%
Gebäude anderer Art	36,00	**48,00**	80,00	14,0%
Modernisierungen				
Büro- und Verwaltungsgebäude	48,00	**78,00**	113,00	23,8%
Schulen und Kindergärten	22,00	**40,00**	70,00	14,2%
Sporthallen	6,20	**22,00**	38,00	8,5%
Ein- und Zweifamilienhäuser vor 1945	12,00	**25,00**	39,00	12,4%
Ein- und Zweifamilienhäuser nach 1945	15,00	**30,00**	43,00	14,3%
Wohngebäude vor 1945	27,00	**40,00**	53,00	16,6%
Wohngebäude nach 1945: nur Oberflächen	2,10	**14,00**	31,00	5,8%
Wohngebäude nach 1945: mit Tragkonstruktion	19,00	**30,00**	62,00	13,1%
Fachwerkhäuser	26,00	**35,00**	40,00	16,8%
Gewerbegebäude	67,00	**95,00**	123,00	10,5%
Instandsetzungen				
Wohngebäude	4,20	**17,00**	34,00	16,0%
Nichtwohngebäude	5,20	**16,00**	29,00	13,4%
mit Restaurierungsarbeiten	15,00	**39,00**	93,00	21,1%

▷ von
ø Mittel
◁ bis

445 Beleuchtungsanlagen

Gebäudeart	▷	€/Einheit	◁	KG an 400
Erweiterungen				
Büro- und Verwaltungsgebäude	17,00	**42,00**	67,00	11,5%
Schulen	61,00	**79,00**	110,00	16,7%
Kindergärten	9,60	**16,00**	28,00	6,0%
Wohngebäude: Anbau	3,70	**8,30**	19,00	1,1%
Wohngebäude: Aufstockung	4,70	**13,00**	45,00	2,4%
Wohngebäude: Dachausbau	6,50	**8,90**	11,00	0,7%
Gewerbegebäude	10,00	**24,00**	41,00	8,8%
Gebäude anderer Art	46,00	**46,00**	46,00	13,5%
Umbauten				
Büro- und Verwaltungsgebäude	14,00	**36,00**	61,00	15,1%
Schulen	25,00	**38,00**	47,00	12,7%
Kindergärten	9,80	**24,00**	46,00	13,5%
Ein- und Zweifamilienhäuser	1,20	**2,00**	2,40	0,2%
Mehrfamilienhäuser	0,40	**2,60**	4,70	1,3%
Wohnungen	1,80	**3,10**	4,40	1,0%
Gewerbegebäude	22,00	**48,00**	113,00	11,1%
Gebäude anderer Art	21,00	**36,00**	56,00	9,6%
Modernisierungen				
Büro- und Verwaltungsgebäude	24,00	**49,00**	104,00	12,3%
Schulen und Kindergärten	16,00	**33,00**	52,00	11,1%
Sporthallen	6,40	**19,00**	29,00	13,1%
Ein- und Zweifamilienhäuser vor 1945	0,80	**2,10**	4,60	0,4%
Ein- und Zweifamilienhäuser nach 1945	1,10	**4,10**	11,00	1,8%
Wohngebäude vor 1945	2,60	**10,00**	37,00	2,2%
Wohngebäude nach 1945: nur Oberflächen	1,00	**3,30**	7,00	3,8%
Wohngebäude nach 1945: mit Tragkonstruktion	2,20	**5,20**	11,00	1,8%
Fachwerkhäuser	2,10	**3,20**	3,70	1,5%
Gewerbegebäude	18,00	**110,00**	201,00	18,0%
Instandsetzungen				
Wohngebäude	0,70	**7,30**	27,00	1,6%
Nichtwohngebäude	2,30	**8,00**	20,00	4,5%
mit Restaurierungsarbeiten	5,20	**37,00**	63,00	14,8%

Einheit: m² Brutto-Grundfläche

446 Blitzschutz- und Erdungsanlagen

Kosten:
Stand 2.Quartal 2018
Bundesdurchschnitt
inkl. 19% MwSt.

Einheit: m²
Brutto-Grundfläche

Gebäudeart	▷	€/Einheit	◁	KG an 400
Erweiterungen				
Büro- und Verwaltungsgebäude	1,60	**2,80**	4,10	0,4%
Schulen	3,20	**12,00**	19,00	4,1%
Kindergärten	5,30	**13,00**	28,00	4,4%
Wohngebäude: Anbau	3,00	**4,70**	11,00	1,3%
Wohngebäude: Aufstockung	1,00	**2,40**	3,40	0,5%
Wohngebäude: Dachausbau	1,00	**3,00**	6,40	0,4%
Gewerbegebäude	2,50	**8,50**	17,00	2,4%
Gebäude anderer Art	–	**0,30**	–	0,0%
Umbauten				
Büro- und Verwaltungsgebäude	2,00	**3,30**	5,60	0,8%
Schulen	1,80	**4,00**	8,20	1,3%
Kindergärten	0,40	**2,30**	8,00	1,5%
Ein- und Zweifamilienhäuser	1,70	**2,20**	2,70	0,1%
Mehrfamilienhäuser	0,60	**1,50**	4,50	0,7%
Wohnungen	–	**0,20**	–	0,0%
Gewerbegebäude	0,80	**1,70**	2,70	0,2%
Gebäude anderer Art	3,00	**5,50**	8,00	1,8%
Modernisierungen				
Büro- und Verwaltungsgebäude	2,10	**4,70**	7,30	1,2%
Schulen und Kindergärten	1,40	**3,50**	5,60	1,1%
Sporthallen	6,20	**9,90**	16,00	4,1%
Ein- und Zweifamilienhäuser vor 1945	1,10	**1,90**	5,70	0,4%
Ein- und Zweifamilienhäuser nach 1945	0,20	**0,60**	1,10	0,1%
Wohngebäude vor 1945	0,90	**1,40**	2,10	0,5%
Wohngebäude nach 1945: nur Oberflächen	0,10	**0,90**	1,80	0,5%
Wohngebäude nach 1945: mit Tragkonstruktion	0,30	**1,30**	4,50	0,2%
Fachwerkhäuser	1,00	**2,00**	3,80	0,9%
Gewerbegebäude	–	**–**	–	–
Instandsetzungen				
Wohngebäude	–	**1,10**	–	0,0%
Nichtwohngebäude	3,20	**11,00**	19,00	14,2%
mit Restaurierungsarbeiten	1,60	**6,30**	10,00	3,0%

▷ von
ø Mittel
◁ bis

449 Starkstromanlagen, sonstiges

Gebäudeart	▷	€/Einheit	◁	KG an 400
Erweiterungen				
Büro- und Verwaltungsgebäude	–	–	–	–
Schulen	–	–	–	–
Kindergärten	–	–	–	–
Wohngebäude: Anbau	–	–	–	–
Wohngebäude: Aufstockung	–	–	–	–
Wohngebäude: Dachausbau	–	–	–	–
Gewerbegebäude	–	–	–	–
Gebäude anderer Art	–	–	–	–
Umbauten				
Büro- und Verwaltungsgebäude	–	–	–	–
Schulen	–	–	–	–
Kindergärten	–	–	–	–
Ein- und Zweifamilienhäuser	–	–	–	–
Mehrfamilienhäuser	–	–	–	–
Wohnungen	–	–	–	–
Gewerbegebäude	–	–	–	–
Gebäude anderer Art	–	–	–	–
Modernisierungen				
Büro- und Verwaltungsgebäude	–	–	–	–
Schulen und Kindergärten	–	–	–	–
Sporthallen	–	–	–	–
Ein- und Zweifamilienhäuser vor 1945	–	**1,10**	–	0,4%
Ein- und Zweifamilienhäuser nach 1945	–	–	–	–
Wohngebäude vor 1945	–	–	–	–
Wohngebäude nach 1945: nur Oberflächen	–	–	–	–
Wohngebäude nach 1945: mit Tragkonstruktion	–	–	–	–
Fachwerkhäuser	–	–	–	–
Gewerbegebäude	–	–	–	–
Instandsetzungen				
Wohngebäude	–	–	–	–
Nichtwohngebäude	–	**2,00**	–	0,1%
mit Restaurierungsarbeiten	–	–	–	–

Einheit: m² Brutto-Grundfläche

451 Telekommunikationsanlagen

Kosten:
Stand 2.Quartal 2018
Bundesdurchschnitt
inkl. 19% MwSt.

Einheit: m²
Brutto-Grundfläche

Gebäudeart	▷	€/Einheit	◁	KG an 400
Erweiterungen				
Büro- und Verwaltungsgebäude	0,50	**3,90**	7,60	0,7%
Schulen	1,50	**13,00**	25,00	1,1%
Kindergärten	0,80	**0,80**	0,90	0,2%
Wohngebäude: Anbau	0,80	**1,50**	2,40	0,3%
Wohngebäude: Aufstockung	1,10	**2,60**	6,10	0,8%
Wohngebäude: Dachausbau	1,20	**1,80**	2,80	0,2%
Gewerbegebäude	0,80	**2,30**	3,30	0,6%
Gebäude anderer Art	–	**1,20**	–	0,2%
Umbauten				
Büro- und Verwaltungsgebäude	0,60	**1,40**	2,40	0,5%
Schulen	2,20	**3,20**	4,30	0,9%
Kindergärten	0,20	**0,30**	0,50	0,1%
Ein- und Zweifamilienhäuser	1,00	**1,30**	1,80	0,2%
Mehrfamilienhäuser	0,30	**0,60**	0,90	0,2%
Wohnungen	0,50	**1,20**	1,80	0,3%
Gewerbegebäude	2,30	**3,60**	4,30	0,7%
Gebäude anderer Art	0,00	**0,80**	1,50	0,0%
Modernisierungen				
Büro- und Verwaltungsgebäude	3,40	**4,80**	5,90	1,1%
Schulen und Kindergärten	0,40	**1,00**	2,00	0,2%
Sporthallen	0,20	**0,20**	0,20	0,0%
Ein- und Zweifamilienhäuser vor 1945	0,30	**0,70**	1,20	0,2%
Ein- und Zweifamilienhäuser nach 1945	0,30	**1,10**	1,90	0,2%
Wohngebäude vor 1945	0,20	**0,70**	1,30	0,2%
Wohngebäude nach 1945: nur Oberflächen	0,70	**1,50**	2,30	1,2%
Wohngebäude nach 1945: mit Tragkonstruktion	0,60	**2,50**	9,40	0,6%
Fachwerkhäuser	0,20	**0,70**	1,20	0,2%
Gewerbegebäude	0,20	**16,00**	33,00	1,2%
Instandsetzungen				
Wohngebäude	0,60	**1,30**	2,90	0,2%
Nichtwohngebäude	0,10	**0,80**	1,20	0,1%
mit Restaurierungsarbeiten	3,90	**4,40**	5,30	0,6%

▷ von
Ø Mittel
◁ bis

452 Such- und Signalanlagen

Gebäudeart	▷	€/Einheit	◁	KG an 400
Erweiterungen				
Büro- und Verwaltungsgebäude	1,20	**2,70**	4,30	0,4%
Schulen	–	–	–	
Kindergärten	–	**1,50**	–	0,2%
Wohngebäude: Anbau	0,70	**2,90**	4,00	0,3%
Wohngebäude: Aufstockung	2,80	**5,20**	11,00	1,5%
Wohngebäude: Dachausbau	1,70	**5,40**	15,00	1,1%
Gewerbegebäude	0,70	**1,50**	2,90	0,2%
Gebäude anderer Art	0,50	**1,90**	3,30	0,4%
Umbauten				
Büro- und Verwaltungsgebäude	0,60	**2,40**	6,10	1,0%
Schulen	0,60	**1,60**	5,50	0,6%
Kindergärten	0,50	**2,10**	3,80	1,0%
Ein- und Zweifamilienhäuser	0,60	**1,00**	1,50	0,2%
Mehrfamilienhäuser	0,60	**2,60**	3,80	1,4%
Wohnungen	–	**0,30**	–	0,0%
Gewerbegebäude	1,00	**3,00**	5,00	0,3%
Gebäude anderer Art	1,30	**1,30**	1,30	0,2%
Modernisierungen				
Büro- und Verwaltungsgebäude	0,30	**2,40**	4,00	0,7%
Schulen und Kindergärten	0,50	**1,80**	3,80	0,2%
Sporthallen	–	**5,30**	–	0,1%
Ein- und Zweifamilienhäuser vor 1945	0,60	**1,30**	2,00	0,2%
Ein- und Zweifamilienhäuser nach 1945	0,50	**2,20**	3,80	0,8%
Wohngebäude vor 1945	0,50	**2,60**	5,00	0,7%
Wohngebäude nach 1945: nur Oberflächen	1,30	**3,10**	4,60	3,2%
Wohngebäude nach 1945: mit Tragkonstruktion	2,70	**4,70**	14,00	1,4%
Fachwerkhäuser	1,30	**2,70**	5,60	1,2%
Gewerbegebäude	–	**1,30**	–	0,1%
Instandsetzungen				
Wohngebäude	0,50	**1,50**	4,50	0,5%
Nichtwohngebäude	–	**1,30**	–	0,0%
mit Restaurierungsarbeiten	–	**2,20**	–	0,2%

Einheit: m² Brutto-Grundfläche

454 Elektroakustische Anlagen

Kosten:
Stand 2.Quartal 2018
Bundesdurchschnitt
inkl. 19% MwSt.

Einheit: m²
Brutto-Grundfläche

Gebäudeart	▷	€/Einheit	◁	KG an 400
Erweiterungen				
Büro- und Verwaltungsgebäude	–	1,40	–	0,0%
Schulen	–	13,00	–	0,5%
Kindergärten	–	–	–	–
Wohngebäude: Anbau	0,50	4,60	8,10	0,7%
Wohngebäude: Aufstockung	–	1,20	–	0,0%
Wohngebäude: Dachausbau	–	–	–	–
Gewerbegebäude	–	12,00	–	0,2%
Gebäude anderer Art	–	–	–	–
Umbauten				
Büro- und Verwaltungsgebäude	–	20,00	–	0,6%
Schulen	2,30	6,30	20,00	2,0%
Kindergärten	–	0,60	–	0,0%
Ein- und Zweifamilienhäuser	–	1,70	–	0,0%
Mehrfamilienhäuser	–	–	–	–
Wohnungen	–	–	–	–
Gewerbegebäude	2,30	3,90	5,50	0,4%
Gebäude anderer Art	–	4,10	–	0,4%
Modernisierungen				
Büro- und Verwaltungsgebäude	–	30,00	–	0,7%
Schulen und Kindergärten	3,20	8,80	16,00	1,8%
Sporthallen	1,30	5,50	7,60	0,8%
Ein- und Zweifamilienhäuser vor 1945	–	0,90	–	0,0%
Ein- und Zweifamilienhäuser nach 1945	–	–	–	–
Wohngebäude vor 1945	–	–	–	–
Wohngebäude nach 1945: nur Oberflächen	–	–	–	–
Wohngebäude nach 1945: mit Tragkonstruktion	–	1,10	–	0,0%
Fachwerkhäuser	–	–	–	–
Gewerbegebäude	–	–	–	–
Instandsetzungen				
Wohngebäude	–	0,10	–	0,0%
Nichtwohngebäude	–	6,50	–	0,2%
mit Restaurierungsarbeiten	13,00	33,00	53,00	3,2%

▷ von
Ø Mittel
◁ bis

455 Fernseh- und Antennenanlagen

Gebäudeart	▷	€/Einheit	◁	KG an 400
Erweiterungen				
Büro- und Verwaltungsgebäude	–	**9,10**	–	0,3%
Schulen	–	**–**	–	–
Kindergärten	1,30	**4,20**	9,80	2,1%
Wohngebäude: Anbau	1,70	**4,90**	7,70	1,6%
Wohngebäude: Aufstockung	1,60	**3,50**	6,10	1,5%
Wohngebäude: Dachausbau	2,60	**4,00**	6,20	0,5%
Gewerbegebäude	1,60	**2,70**	3,50	0,2%
Gebäude anderer Art	–	**0,20**	–	0,0%
Umbauten				
Büro- und Verwaltungsgebäude	1,40	**9,70**	18,00	0,7%
Schulen	0,50	**0,70**	1,00	0,2%
Kindergärten	0,40	**0,50**	0,70	0,2%
Ein- und Zweifamilienhäuser	0,70	**1,60**	2,00	0,2%
Mehrfamilienhäuser	1,00	**1,80**	4,00	0,9%
Wohnungen	1,10	**1,50**	1,70	0,6%
Gewerbegebäude	–	**0,60**	–	0,0%
Gebäude anderer Art	1,00	**1,70**	2,80	0,5%
Modernisierungen				
Büro- und Verwaltungsgebäude	0,60	**1,40**	3,90	0,1%
Schulen und Kindergärten	0,20	**0,60**	0,90	0,0%
Sporthallen	–	**0,00**	–	0,0%
Ein- und Zweifamilienhäuser vor 1945	0,50	**2,80**	7,40	0,9%
Ein- und Zweifamilienhäuser nach 1945	1,00	**2,90**	4,90	0,7%
Wohngebäude vor 1945	1,50	**2,70**	4,80	1,0%
Wohngebäude nach 1945: nur Oberflächen	0,20	**0,70**	2,00	1,0%
Wohngebäude nach 1945: mit Tragkonstruktion	1,60	**2,90**	4,60	1,3%
Fachwerkhäuser	1,70	**3,90**	8,10	1,8%
Gewerbegebäude	–	**–**	–	–
Instandsetzungen				
Wohngebäude	1,10	**4,20**	12,00	1,8%
Nichtwohngebäude	0,50	**0,90**	1,50	0,2%
mit Restaurierungsarbeiten	–	**–**	–	–

Einheit: m² Brutto-Grundfläche

456 Gefahrenmelde- und Alarmanlagen

Kosten:
Stand 2.Quartal 2018
Bundesdurchschnitt
inkl. 19% MwSt.

Einheit: m²
Brutto-Grundfläche

Gebäudeart	▷	€/Einheit	◁	KG an 400
Erweiterungen				
Büro- und Verwaltungsgebäude	2,50	**13,00**	26,00	2,4%
Schulen	3,50	**9,20**	15,00	1,2%
Kindergärten	–	**1,30**	–	0,2%
Wohngebäude: Anbau	–	**–**	–	–
Wohngebäude: Aufstockung	2,20	**4,90**	7,70	0,5%
Wohngebäude: Dachausbau	–	**–**	–	–
Gewerbegebäude	9,70	**17,00**	21,00	1,6%
Gebäude anderer Art	–	**26,00**	–	4,7%
Umbauten				
Büro- und Verwaltungsgebäude	8,70	**20,00**	46,00	3,4%
Schulen	6,30	**15,00**	29,00	4,7%
Kindergärten	3,00	**5,70**	9,10	4,0%
Ein- und Zweifamilienhäuser	–	**–**	–	–
Mehrfamilienhäuser	0,30	**0,90**	1,20	0,1%
Wohnungen	–	**3,10**	–	0,5%
Gewerbegebäude	3,30	**6,80**	16,00	1,9%
Gebäude anderer Art	1,60	**5,00**	11,00	0,9%
Modernisierungen				
Büro- und Verwaltungsgebäude	7,80	**24,00**	56,00	5,4%
Schulen und Kindergärten	5,10	**11,00**	18,00	3,7%
Sporthallen	1,30	**14,00**	41,00	2,4%
Ein- und Zweifamilienhäuser vor 1945	–	**–**	–	–
Ein- und Zweifamilienhäuser nach 1945	–	**0,70**	–	0,0%
Wohngebäude vor 1945	1,80	**16,00**	44,00	2,0%
Wohngebäude nach 1945: nur Oberflächen	0,80	**2,10**	3,40	0,1%
Wohngebäude nach 1945: mit Tragkonstruktion	3,50	**9,70**	19,00	0,6%
Fachwerkhäuser	–	**–**	–	–
Gewerbegebäude	–	**0,60**	–	0,0%
Instandsetzungen				
Wohngebäude	2,50	**2,80**	3,10	0,5%
Nichtwohngebäude	1,60	**4,00**	8,80	0,8%
mit Restaurierungsarbeiten	2,40	**5,20**	11,00	0,6%

▷ von
ø Mittel
◁ bis

461 Aufzugsanlagen

Gebäudeart	▷	€/Einheit	◁	KG an 400
Erweiterungen				
Büro- und Verwaltungsgebäude	–	5,60	–	0,2%
Schulen	–	–	–	–
Kindergärten	–	–	–	–
Wohngebäude: Anbau	–	–	–	–
Wohngebäude: Aufstockung	–	16,00	–	0,5%
Wohngebäude: Dachausbau	–	–	–	–
Gewerbegebäude	40,00	58,00	77,00	4,8%
Gebäude anderer Art	–	–	–	–
Umbauten				
Büro- und Verwaltungsgebäude	–	17,00	–	0,5%
Schulen	8,10	11,00	15,00	1,6%
Kindergärten	–	0,20	–	0,0%
Ein- und Zweifamilienhäuser	–	–	–	–
Mehrfamilienhäuser	–	15,00	–	0,9%
Wohnungen	–	–	–	–
Gewerbegebäude	1,10	5,70	15,00	1,1%
Gebäude anderer Art	38,00	39,00	40,00	5,7%
Modernisierungen				
Büro- und Verwaltungsgebäude	13,00	31,00	47,00	6,7%
Schulen und Kindergärten	9,30	15,00	29,00	2,0%
Sporthallen	–	–	–	–
Ein- und Zweifamilienhäuser vor 1945	–	–	–	–
Ein- und Zweifamilienhäuser nach 1945	–	–	–	–
Wohngebäude vor 1945	1,70	41,00	79,00	2,6%
Wohngebäude nach 1945: nur Oberflächen	0,50	21,00	42,00	1,6%
Wohngebäude nach 1945: mit Tragkonstruktion	31,00	41,00	51,00	3,2%
Fachwerkhäuser	–	–	–	–
Gewerbegebäude	–	23,00	–	0,9%
Instandsetzungen				
Wohngebäude	–	41,00	–	7,1%
Nichtwohngebäude	–	–	–	–
mit Restaurierungsarbeiten	–	–	–	–

Einheit: m²
Brutto-Grundfläche

Kosten: 2.Quartal 2018, Bundesdurchschnitt, inkl. 19% MwSt.

471 Küchentechnische Anlagen

Kosten:
Stand 2.Quartal 2018
Bundesdurchschnitt
inkl. 19% MwSt.

Einheit: m²
Brutto-Grundfläche

Gebäudeart	▷	€/Einheit	◁	KG an 400
Erweiterungen				
Büro- und Verwaltungsgebäude	–	–	–	–
Schulen	–	–	–	–
Kindergärten	–	–	–	–
Wohngebäude: Anbau	–	–	–	–
Wohngebäude: Aufstockung	–	–	–	–
Wohngebäude: Dachausbau	–	–	–	–
Gewerbegebäude	–	–	–	–
Gebäude anderer Art	–	**2,80**	–	0,5%
Umbauten				
Büro- und Verwaltungsgebäude	–	–	–	–
Schulen	2,90	**7,40**	25,00	2,3%
Kindergärten	–	–	–	–
Ein- und Zweifamilienhäuser	–	–	–	–
Mehrfamilienhäuser	–	–	–	–
Wohnungen	–	–	–	–
Gewerbegebäude	–	**41,00**	–	3,1%
Gebäude anderer Art	–	**248,00**	–	9,6%
Modernisierungen				
Büro- und Verwaltungsgebäude	–	–	–	–
Schulen und Kindergärten	1,20	**1,70**	2,70	0,1%
Sporthallen	–	–	–	–
Ein- und Zweifamilienhäuser vor 1945	–	–	–	–
Ein- und Zweifamilienhäuser nach 1945	–	–	–	–
Wohngebäude vor 1945	–	–	–	–
Wohngebäude nach 1945: nur Oberflächen	–	–	–	–
Wohngebäude nach 1945: mit Tragkonstruktion	–	**32,00**	–	0,5%
Fachwerkhäuser	–	–	–	–
Gewerbegebäude	–	–	–	–
Instandsetzungen				
Wohngebäude	–	–	–	–
Nichtwohngebäude	–	**2,30**	–	0,2%
mit Restaurierungsarbeiten	–	**2,30**	–	0,0%

▷ von
ø Mittel
◁ bis

473 Medienversorgungsanlagen

Gebäudeart	▷	€/Einheit	◁	KG an 400
Erweiterungen				
Büro- und Verwaltungsgebäude	–	–	–	–
Schulen	–	–	–	–
Kindergärten	–	–	–	–
Wohngebäude: Anbau	–	–	–	–
Wohngebäude: Aufstockung	–	–	–	–
Wohngebäude: Dachausbau	–	–	–	–
Gewerbegebäude	6,40	**7,50**	8,50	0,4%
Gebäude anderer Art	–	–	–	–
Umbauten				
Büro- und Verwaltungsgebäude	–	–	–	–
Schulen	–	**0,90**	–	0,0%
Kindergärten	–	–	–	–
Ein- und Zweifamilienhäuser	–	–	–	–
Mehrfamilienhäuser	–	–	–	–
Wohnungen	–	–	–	–
Gewerbegebäude	19,00	**22,00**	24,00	3,3%
Gebäude anderer Art	–	–	–	–
Modernisierungen				
Büro- und Verwaltungsgebäude	–	–	–	–
Schulen und Kindergärten	–	**5,20**	–	0,2%
Sporthallen	–	–	–	–
Ein- und Zweifamilienhäuser vor 1945	–	–	–	–
Ein- und Zweifamilienhäuser nach 1945	–	–	–	–
Wohngebäude vor 1945	–	–	–	–
Wohngebäude nach 1945: nur Oberflächen	–	–	–	–
Wohngebäude nach 1945: mit Tragkonstruktion	–	–	–	–
Fachwerkhäuser	–	–	–	–
Gewerbegebäude	–	**69,00**	–	2,6%
Instandsetzungen				
Wohngebäude	–	**0,80**	–	0,0%
Nichtwohngebäude	–	–	–	–
mit Restaurierungsarbeiten	–	–	–	–

Einheit: m² Brutto-Grundfläche

475 Feuerlöschanlagen

Kosten:
Stand 2.Quartal 2018
Bundesdurchschnitt
inkl. 19% MwSt.

Einheit: m²
Brutto-Grundfläche

Gebäudeart	▷	€/Einheit	◁	KG an 400
Erweiterungen				
Büro- und Verwaltungsgebäude	0,90	**1,00**	1,00	0,0%
Schulen	2,70	**3,60**	4,60	0,3%
Kindergärten	–	–	–	–
Wohngebäude: Anbau	–	–	–	–
Wohngebäude: Aufstockung	–	–	–	–
Wohngebäude: Dachausbau	–	–	–	–
Gewerbegebäude	0,60	**1,10**	1,50	0,1%
Gebäude anderer Art	–	–	–	–
Umbauten				
Büro- und Verwaltungsgebäude	–	**1,00**	–	0,0%
Schulen	1,10	**1,60**	3,20	0,4%
Kindergärten	–	**3,20**	–	0,1%
Ein- und Zweifamilienhäuser	–	–	–	–
Mehrfamilienhäuser	–	–	–	–
Wohnungen	–	–	–	–
Gewerbegebäude	0,10	**26,00**	52,00	2,5%
Gebäude anderer Art	0,60	**0,80**	1,00	0,1%
Modernisierungen				
Büro- und Verwaltungsgebäude	1,00	**29,00**	57,00	1,4%
Schulen und Kindergärten	0,30	**1,00**	1,40	0,2%
Sporthallen	0,30	**0,50**	0,70	0,1%
Ein- und Zweifamilienhäuser vor 1945	–	–	–	–
Ein- und Zweifamilienhäuser nach 1945	–	–	–	–
Wohngebäude vor 1945	–	**0,10**	–	0,0%
Wohngebäude nach 1945: nur Oberflächen	–	–	–	–
Wohngebäude nach 1945: mit Tragkonstruktion	–	**0,10**	–	0,0%
Fachwerkhäuser	–	–	–	–
Gewerbegebäude	–	**2,50**	–	0,1%
Instandsetzungen				
Wohngebäude	–	–	–	–
Nichtwohngebäude	–	**0,70**	–	0,0%
mit Restaurierungsarbeiten	1,00	**1,40**	1,70	0,0%

▷ von
ø Mittel
◁ bis

479 Nutzungsspezifische Anlagen, sonstiges

Gebäudeart	▷	€/Einheit	◁	KG an 400
Erweiterungen				
Büro- und Verwaltungsgebäude	–	22,00	–	0,8%
Schulen	–	–	–	–
Kindergärten	–	–	–	–
Wohngebäude: Anbau	–	–	–	–
Wohngebäude: Aufstockung	–	–	–	–
Wohngebäude: Dachausbau	–	–	–	–
Gewerbegebäude	31,00	66,00	101,00	3,8%
Gebäude anderer Art	–	–	–	–
Umbauten				
Büro- und Verwaltungsgebäude	–	30,00	–	0,9%
Schulen	–	2,80	–	0,2%
Kindergärten	–	–	–	–
Ein- und Zweifamilienhäuser	–	–	–	–
Mehrfamilienhäuser	–	–	–	–
Wohnungen	–	–	–	–
Gewerbegebäude	0,90	2,30	3,70	0,3%
Gebäude anderer Art	–	–	–	–
Modernisierungen				
Büro- und Verwaltungsgebäude	–	2,70	–	0,0%
Schulen und Kindergärten	2,70	40,00	78,00	3,1%
Sporthallen	–	–	–	–
Ein- und Zweifamilienhäuser vor 1945	–	–	–	–
Ein- und Zweifamilienhäuser nach 1945	–	–	–	–
Wohngebäude vor 1945	–	–	–	–
Wohngebäude nach 1945: nur Oberflächen	–	–	–	–
Wohngebäude nach 1945: mit Tragkonstruktion	–	–	–	–
Fachwerkhäuser	–	–	–	–
Gewerbegebäude	–	–	–	–
Instandsetzungen				
Wohngebäude	–	0,10	–	0,0%
Nichtwohngebäude	–	19,00	–	4,5%
mit Restaurierungsarbeiten	84,00	114,00	143,00	12,4%

Einheit: m² Brutto-Grundfläche

© BKI Baukosteninformationszentrum; Erläuterungen zu den Tabellen siehe Seite 32   Kosten: 2.Quartal 2018, Bundesdurchschnitt, inkl. 19% MwSt.

Altbau Ausführungsarten
Abbrechen

Ausführungsarten
zur 3. Ebene DIN 276
für die Kostengruppen 300+400+500

322 Flachgründungen

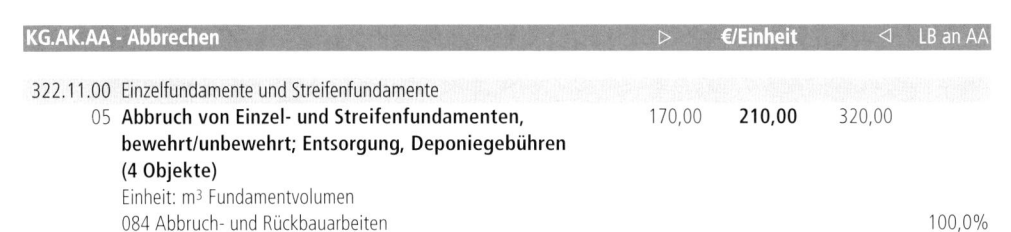

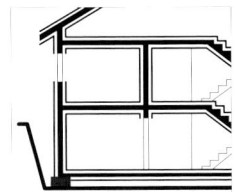

Kosten:
Stand 2.Quartal 2018
Bundesdurchschnitt
inkl. 19% MwSt.

KG.AK.AA - Abbrechen	▷	€/Einheit	◁	LB an AA
322.11.00 Einzelfundamente und Streifenfundamente				
05 **Abbruch von Einzel- und Streifenfundamenten, bewehrt/unbewehrt; Entsorgung, Deponiegebühren (4 Objekte)**	170,00	**210,00**	320,00	
Einheit: m³ Fundamentvolumen				
084 Abbruch- und Rückbauarbeiten				100,0%

▷ von
Ø Mittel
◁ bis

KG.AK.AA - Abbrechen	▷	€/Einheit	◁	LB an AA

324 Unterböden und Bodenplatten

324.15.00 Stahlbeton, Ortbeton, Platten
   02 **Abbruch von Betonplatten, d=15-20cm; Entsorgung, Deponiegebühren (7 Objekte)**   25,00   **33,00**   43,00
      Einheit: m² Plattenfläche
      084 Abbruch- und Rückbauarbeiten   100,0%
   03 **Abbruch von Betonplatten, d=10-20cm, Fußbodenaufbau; Entsorgung, Deponiegebühren (3 Objekte)**   50,00   **70,00**   80,00
      Einheit: m² Plattenfläche
      084 Abbruch- und Rückbauarbeiten   100,0%

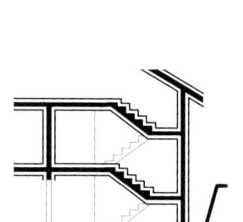

325 Bodenbeläge

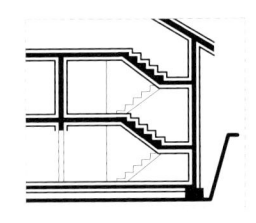

Kosten:
Stand 2.Quartal 2018
Bundesdurchschnitt
inkl. 19% MwSt.

▷ von
ø Mittel
◁ bis

KG.AK.AA - Abbrechen	▷	€/Einheit	◁	LB an AA
325.21.00 Estrich				
06 **Abbruch von Zementverbundestrich, d=5-10cm; Entsorgung, Deponiegebühren (10 Objekte)**	23,00	**25,00**	27,00	
Einheit: m² Abgebrochene Fläche				
084 Abbruch- und Rückbauarbeiten				100,0%
325.31.00 Fliesen und Platten				
05 **Abbruch von Plattenbelägen; Entsorgung, Deponiegebühren (6 Objekte)**	19,00	**25,00**	34,00	
Einheit: m² Abgebrochene Fläche				
084 Abbruch- und Rückbauarbeiten				100,0%
06 **Abbruch von Plattenbelägen, Mörtelbett, d=5-7cm; Entsorgung, Deponiegebühren (7 Objekte)**	13,00	**27,00**	47,00	
Einheit: m² Abgebrochene Fläche				
084 Abbruch- und Rückbauarbeiten				100,0%
325.41.00 Naturstein				
04 **Abbruch von Natursteinbelag, Unterbau; Entsorgung, Deponiegebühren (2 Objekte)**	39,00	**48,00**	57,00	
Einheit: m² Abgebrochene Fläche				
084 Abbruch- und Rückbauarbeiten				100,0%
325.51.00 Betonwerkstein				
04 **Abbruch von Betonwerksteinbelag, Terrazzobelag; Entsorgung, Deponiegebühren (4 Objekte)**	13,00	**17,00**	30,00	
Einheit: m² Belegte Fläche				
084 Abbruch- und Rückbauarbeiten				100,0%
325.61.00 Textil				
03 **Abbruch von Textilbelägen; Entsorgung, Deponiegebühren (5 Objekte)**	7,20	**9,60**	17,00	
Einheit: m² Abgebrochene Fläche				
084 Abbruch- und Rückbauarbeiten				100,0%
325.71.00 Holz				
07 **Abbruch von Holzdielen; Entsorgung, Deponiegebühren (4 Objekte)**	8,00	**12,00**	25,00	
Einheit: m² Abgebrochene Fläche				
084 Abbruch- und Rückbauarbeiten				100,0%
08 **Abbruch von Holzparkett; Entsorgung, Deponiegebühren (5 Objekte)**	13,00	**18,00**	29,00	
Einheit: m² Abgebrochene Fläche				
084 Abbruch- und Rückbauarbeiten				100,0%
325.81.00 Hartbeläge				
02 **Abbruch von PVC-Belag oder Linoleum; Entsorgung, Deponiegebühren (17 Objekte)**	5,00	**6,80**	10,00	
Einheit: m² Abgebrochene Fläche				
084 Abbruch- und Rückbauarbeiten				100,0%

KG.AK.AA - Abbrechen	▷	€/Einheit	◁	LB an AA

325 Bodenbeläge

325.92.00 Ziegelbeläge
  02 **Abbruch von Flach- oder Rollschichtziegelpflaster, Sandbettung, d=12cm; Entsorgung, Deponiegebühren (7 Objekte)**   10,00   **18,00**   30,00
  Einheit: m² Abgebrochene Fläche
  084 Abbruch- und Rückbauarbeiten   100,0%

331 Tragende Außenwände

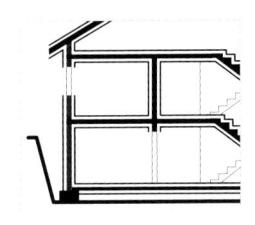

Kosten:
Stand 2.Quartal 2018
Bundesdurchschnitt
inkl. 19% MwSt.

KG.AK.AA - Abbrechen	▷	€/Einheit	◁	LB an AA
331.14.00 Mauerwerkswand, Kalksandsteine				
13 **Abbruch von KS-Mauerwerk, d=30cm, Putz; Entsorgung, Deponiegebühren (2 Objekte)**	58,00	**67,00**	77,00	
Einheit: m² Abgebrochene Fläche				
084 Abbruch- und Rückbauarbeiten				100,0%
331.16.00 Mauerwerkswand, Mauerziegel				
11 **Abbruch vom Ziegelmauerwerk, d=25cm; Entsorgung, Deponiegebühren (6 Objekte)**	42,00	**56,00**	72,00	
Einheit: m² Abgebrochene Fläche				
084 Abbruch- und Rückbauarbeiten				100,0%
12 **Abbruch von Ziegelmauerwerk, d=30-60cm; Entsorgung, Deponiegebühren (11 Objekte)**	68,00	**83,00**	98,00	
Einheit: m² Abgebrochene Fläche				
084 Abbruch- und Rückbauarbeiten				100,0%
331.21.00 Betonwand, Ortbetonwand, schwer				
01 **Abbruch von Stahlbetonwänden, d=40cm, Kleinmengen, Öffnungen; Entsorgung, Deponiegebühren (3 Objekte)**	260,00	**330,00**	440,00	
Einheit: m² Abgebrochene Fläche				
084 Abbruch- und Rückbauarbeiten				100,0%
09 **Abbruch von Stahlbetonwänden, d=35cm; Entsorgung, Deponiegebühren (3 Objekte)**	110,00	**130,00**	140,00	
Einheit: m² Abgebrochene Fläche				
084 Abbruch- und Rückbauarbeiten				100,0%

▷ von
Ø Mittel
◁ bis

332 Nichttragende Außenwände

KG.AK.AA - Abbrechen	▷	€/Einheit	◁	LB an AA

332.12.00 Mauerwerkswand, Porenbeton
01 **Abbruch von Porenbeton-Mauerwerk, d=17,5-25cm; Entsorgung, Deponiegebühren (3 Objekte)**   73,00   **110,00**   170,00
Einheit: m² Abgebrochene Fläche
084 Abbruch- und Rückbauarbeiten   100,0%

332.16.00 Mauerwerkswand, Mauerziegel
02 **Abbruch von Ziegelmauerwerk, d=11,5cm; Entsorgung, Deponiegebühren (1 Objekt)**   –   **34,00**   –
Einheit: m² Abgebrochene Fläche
084 Abbruch- und Rückbauarbeiten   100,0%

332.19.00 Mauerwerkswand, sonstiges
81 **Abbruch von Fensterstürzen aus Beton; Entsorgung, Deponiegebühren (1 Objekt)**   –   **190,00**   –
Einheit: St Fensterstürze
084 Abbruch- und Rückbauarbeiten   100,0%

332.51.00 Glaswand, Glasmauersteine
02 **Abbruch von Glassteinwand; Entsorgung, Deponiegebühren (2 Objekte)**   63,00   **73,00**   83,00
Einheit: m² Abgebrochene Fläche
084 Abbruch- und Rückbauarbeiten   100,0%

333 Außenstützen

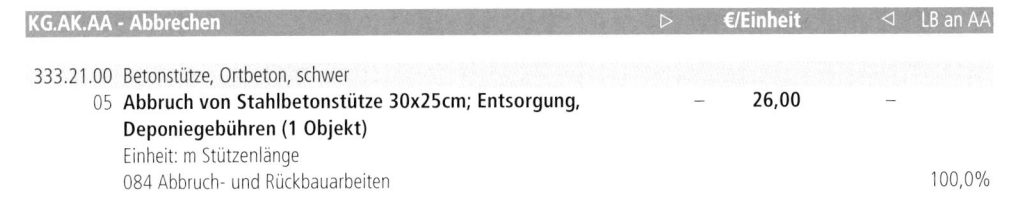

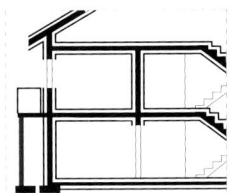

Kosten:
Stand 2.Quartal 2018
Bundesdurchschnitt
inkl. 19% MwSt.

KG.AK.AA - Abbrechen	▷	€/Einheit	◁ LB an AA
333.21.00 Betonstütze, Ortbeton, schwer			
05 **Abbruch von Stahlbetonstütze 30x25cm; Entsorgung, Deponiegebühren (1 Objekt)**	–	26,00	–
Einheit: m Stützenlänge			
084 Abbruch- und Rückbauarbeiten			100,0%

▷ von
Ø Mittel
◁ bis

334 Außentüren und -fenster

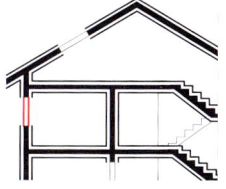

KG.AK.AA - Abbrechen	▷	€/Einheit	◁	LB an AA
334.12.00 Türen, Holz				
01 Abbruch von Holz-Kastendoppeltür; Entsorgung, Deponiegebühren (2 Objekte)	46,00	**59,00**	73,00	
Einheit: m² Türfläche				
084 Abbruch- und Rückbauarbeiten				100,0%
07 Abbruch von Holzhaustür; Entsorgung, Deponiegebühren (4 Objekte)	24,00	**28,00**	32,00	
Einheit: m² Türfläche				
084 Abbruch- und Rückbauarbeiten				100,0%
334.22.00 Fenstertüren, Holz				
04 Abbruch von Holzfenstertüren, Zargen, Rahmenaufdoppelung, Innenfutter; Entsorgung, Deponiegebühren (2 Objekte)	73,00	**110,00**	140,00	
Einheit: m² Türfläche				
084 Abbruch- und Rückbauarbeiten				100,0%
05 Abbruch von Holzfenstertüren; Entsorgung, Deponiegebühren (3 Objekte)	27,00	**30,00**	35,00	
Einheit: m² Türfläche				
084 Abbruch- und Rückbauarbeiten				100,0%
334.62.00 Fenster, Holz				
03 Abbruch von Holz-Einfachfenster, Fensterbank; Entsorgung, Deponiegebühren (7 Objekte)	42,00	**50,00**	69,00	
Einheit: m² Fensterfläche				
084 Abbruch- und Rückbauarbeiten				100,0%
334.63.00 Fenster, Kunststoff				
04 Abbruch von Kunststofffenster, Fensterbank; Entsorgung, Deponiegebühren (7 Objekte)	24,00	**32,00**	40,00	
Einheit: m² Fensterfläche				
084 Abbruch- und Rückbauarbeiten				100,0%

335 Außenwandbekleidungen außen

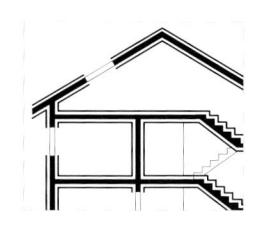

Kosten:
Stand 2.Quartal 2018
Bundesdurchschnitt
inkl. 19% MwSt.

KG.AK.AA - Abbrechen	▷	€/Einheit	◁ LB an AA
335.31.00 Putz			
02 **Abschlagen von Außenputz, bis auf das Mauerwerk;** Entsorgung, Deponiegebühren (11 Objekte)	8,70	**11,00**	14,00
Einheit: m² Abgebrochene Fläche			
084 Abbruch- und Rückbauarbeiten			100,0%
335.41.00 Bekleidung auf Unterkonstruktion, Faserzement			
02 **Ausbau von Faserzement-Fassadenplatten,** asbesthaltig, Holzunterkonstruktion; Entsorgung als Sondermüll, Deponiegebühren (4 Objekte)	21,00	**25,00**	26,00
Einheit: m² Abgebrochene Fläche			
084 Abbruch- und Rückbauarbeiten			100,0%
335.44.00 Bekleidung auf Unterkonstruktion, Holz			
81 **Abbruch von Holzwerkstoff-Bekleidung;** Entsorgung, Deponiegebühren (1 Objekt)	–	**7,40**	–
Einheit: m² Abgebrochene Fläche			
084 Abbruch- und Rückbauarbeiten			100,0%
335.47.00 Bekleidung auf Unterkonstruktion, Metall			
02 **Abbruch von Zinkabdeckungen;** Entsorgung, Deponiegebühren (3 Objekte)	9,10	**9,40**	10,00
Einheit: m² Abgebrochene Fläche			
084 Abbruch- und Rückbauarbeiten			100,0%

▷ von
Ø Mittel
◁ bis

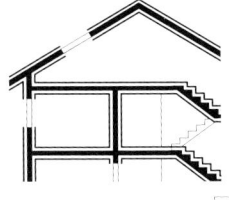

KG.AK.AA - Abbrechen	▷	€/Einheit	◁	LB an AA

336 Außenwandbekleidungen innen

336.17.00 Dämmung
02 **Abbruch von Polystyrolplatten; Entsorgung, Deponiegebühren (1 Objekt)** — 12,00 —
Einheit: m² Abgebrochene Fläche
084 Abbruch- und Rückbauarbeiten — 100,0%

336.21.00 Beschichtung
04 **Abbeizen von Ölfarbe, Leimfarbe von Wänden (2 Objekte)** 4,70 8,70 13,00
Einheit: m² Abgebrochene Fläche
084 Abbruch- und Rückbauarbeiten — 100,0%

05 **Entfernen von Beschichtung, Mineralfarbe an Wänden bis auf sauberen Untergrund, Untergrund reinigen, verputzen (1 Objekt)** — 2,70 —
Einheit: m² Abgebrochene Fläche
084 Abbruch- und Rückbauarbeiten — 100,0%

336.31.00 Putz
04 **Abschlagen von Wandputz, d bis 20mm; Entsorgung (13 Objekte)** 12,00 15,00 20,00
Einheit: m² Abgebrochene Fläche
084 Abbruch- und Rückbauarbeiten — 100,0%

336.33.00 Putz, Fliesen und Platten
03 **Abbruch von Wandfliesen, Mörtelbett; Entsorgung, Deponiegebühren (9 Objekte)** 13,00 19,00 24,00
Einheit: m² Abgebrochene Fläche
084 Abbruch- und Rückbauarbeiten — 100,0%

336.44.00 Bekleidung auf Unterkonstruktion, Holz
02 **Abbruch von Holz-Bekleidung, d=4cm; Entsorgung, Deponiegebühren (3 Objekte)** 4,20 8,30 11,00
Einheit: m² Abgebrochene Fläche
084 Abbruch- und Rückbauarbeiten — 100,0%

336.61.00 Tapeten
02 **Entfernen von Tapete, teilweise mehrlagig; Entsorgung (8 Objekte)** 3,10 4,20 5,70
Einheit: m² Abgebrochene Fläche
084 Abbruch- und Rückbauarbeiten — 100,0%

336.62.00 Tapeten, Beschichtung
82 **Entfernen von Tapete, beschichtet, Putzuntergrund vorbereiten; Entsorgung (8 Objekte)** 11,00 12,00 15,00
Einheit: m² Abgebrochene Fläche
084 Abbruch- und Rückbauarbeiten — 100,0%

338 Sonnenschutz

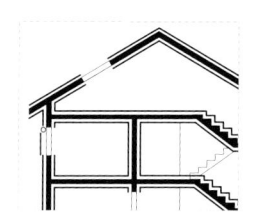

KG.AK.AA - Abbrechen	▷	€/Einheit	◁	LB an AA
338.12.00 Rollläden				
07 **Abbruch von Holz-Rollladen, Welle, Gurt, Gurtkasten; Entsorgung, Deponiegebühren (3 Objekte)**	12,00	**18,00**	27,00	
Einheit: m² Abgebrochene Fläche				
084 Abbruch- und Rückbauarbeiten				100,0%
10 **Abbruch von Rollladenkästen im Mauerwerk; Entsorgung, Deponiegebühren (2 Objekte)**	48,00	**58,00**	68,00	
Einheit: m Rollladenkästen				
084 Abbruch- und Rückbauarbeiten				100,0%

Kosten:
Stand 2.Quartal 2018
Bundesdurchschnitt
inkl. 19% MwSt.

▷ von
ø Mittel
◁ bis

KG.AK.AA - Abbrechen — €/Einheit — LB an AA

339 Außenwände, sonstiges

339.12.00 Kellerlichtschächte
03 **Abbruch von Kellerlichtschacht; Entsorgung, Deponiegebühren (4 Objekte)** — 100,00 — **130,00** — 160,00
Einheit: m³ Lichtschachtvolumen
084 Abbruch- und Rückbauarbeiten — 100,0%

339.22.00 Geländer
02 **Abbruch von Balkongeländer; Entsorgung, Deponiegebühren (2 Objekte)** — 44,00 — **48,00** — 51,00
Einheit: m² Abgebrochene Fläche
084 Abbruch- und Rückbauarbeiten — 100,0%

339.32.00 Gitterroste
81 **Abbruch von Stahlfenstergitter; Entsorgung, Deponiegebühren (3 Objekte)** — 3,90 — **23,00** — 34,00
Einheit: m² Abgebrochene Fläche
084 Abbruch- und Rückbauarbeiten — 100,0%

341 Tragende Innenwände

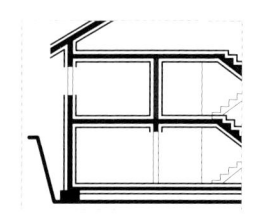

Kosten:
Stand 2.Quartal 2018
Bundesdurchschnitt
inkl. 19% MwSt.

KG.AK.AA - Abbrechen	▷	€/Einheit	◁	LB an AA

341.14.00 Mauerwerkswand, Kalksandsteine

09 **Abbruch von KS-Mauerwerk, d=24cm, Putz; Entsorgung, Deponiegebühren (3 Objekte)** — 60,00 / **67,00** / 77,00
Einheit: m² Abgebrochene Fläche
084 Abbruch- und Rückbauarbeiten — 100,0%

341.16.00 Mauerwerkswand, Mauerziegel

03 **Abbruch von Ziegelmauerwerk, d=24-28cm; Entsorgung, Deponiegebühren (10 Objekte)** — 50,00 / **69,00** / 88,00
Einheit: m² Abgebrochene Fläche
084 Abbruch- und Rückbauarbeiten — 100,0%

05 **Abbruch von Ziegelmauerwerk, d=40-63cm; Entsorgung, Deponiegebühren (8 Objekte)** — 81,00 / **110,00** / 150,00
Einheit: m² Abgebrochene Fläche
084 Abbruch- und Rückbauarbeiten — 100,0%

341.19.00 Mauerwerkswand, sonstiges

81 **Durchbrüche in Mauerwerkswänden, d=20-40cm, Größe bis 0,50m², Schuttentsorgung (7 Objekte)** — 51,00 / **91,00** / 150,00
Einheit: St Durchbrüche
084 Abbruch- und Rückbauarbeiten — 100,0%

82 **Abbruch von Mauerwerk, d bis 20cm; Entsorgung, Deponiegebühren (7 Objekte)** — 33,00 / **49,00** / 65,00
Einheit: m² Abgebrochene Fläche
084 Abbruch- und Rückbauarbeiten — 100,0%

341.35.00 Holzwand, Fachwerk einschl. Ausfachung

01 **Abbruch von Holzfachwerkwänden, d=24cm, mit Türen; Entsorgung, Deponiegebühren (2 Objekte)** — 59,00 / **60,00** / 62,00
Einheit: m² Abgebrochene Fläche
084 Abbruch- und Rückbauarbeiten — 100,0%

▷ von
Ø Mittel
◁ bis

342 Nichttragende Innenwände

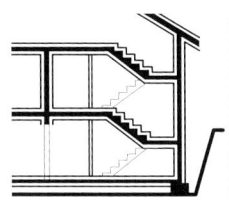

KG.AK.AA - Abbrechen | ▷ €/Einheit ◁ LB an AA

342.14.00 Mauerwerkswand, Kalksandsteine
03 Abbruch von KS-Mauerwerk, d=11,5cm; Entsorgung, Deponiegebühren (2 Objekte) — 39,00 | 43,00 | 47,00
Einheit: m² Abgebrochene Fläche
084 Abbruch- und Rückbauarbeiten — 100,0%

342.16.00 Mauerwerkswand, Mauerziegel
05 Abbruch von Ziegelmauerwerk, d=11,5-20cm; Entsorgung, Deponiegebühren (10 Objekte) — 31,00 | 39,00 | 47,00
Einheit: m² Abgebrochene Fläche
084 Abbruch- und Rückbauarbeiten — 100,0%

342.21.00 Betonwand, Ortbeton, schwer
01 Abbruch von Stahlbetonwänden, d=15cm; Entsorgung, Deponiegebühren (1 Objekt) — – | 120,00 | –
Einheit: m² Abgebrochene Fläche
084 Abbruch- und Rückbauarbeiten — 100,0%

342.51.00 Holzständerwand, einfach beplankt
01 Abbruch von Holzständerwänden, Befestigungsteile, Beplankung, Dämmung; Entsorgung, Deponiegebühren (7 Objekte) — 41,00 | 49,00 | 55,00
Einheit: m² Abgebrochene Fläche
084 Abbruch- und Rückbauarbeiten — 100,0%

342.69.00 Metallständerwand, sonstiges
81 Abbruch von Leichtbauwänden aus Holzwerkstoff; Entsorgung, Deponiegebühren (1 Objekt) — – | 20,00 | –
Einheit: m² Abgebrochene Fläche
084 Abbruch- und Rückbauarbeiten — 100,0%

342.71.00 Glassteinkonstruktionen
02 Abbruch von Glasbausteinen, d=11,5cm; Entsorgung, Deponiegebühren (3 Objekte) — 22,00 | 30,00 | 35,00
Einheit: m² Abgebrochene Fläche
084 Abbruch- und Rückbauarbeiten — 100,0%

344 Innentüren und -fenster

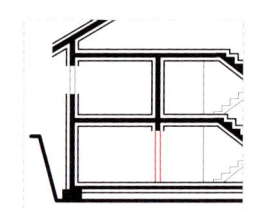

Kosten:
Stand 2.Quartal 2018
Bundesdurchschnitt
inkl. 19% MwSt.

KG.AK.AA - Abbrechen	▷	€/Einheit	◁	LB an AA
344.12.00 Türen, Holz				
04 **Abbruch von Holztür, Holz- oder Stahlzarge; Entsorgung, Deponiegebühren (14 Objekte)**	21,00	**25,00**	29,00	
Einheit: m² Türfläche				
084 Abbruch- und Rückbauarbeiten				100,0%
344.14.00 Türen, Metall				
05 **Abbruch von Stahltür, Zarge; Entsorgung, Deponiegebühren (3 Objekte)**	27,00	**36,00**	53,00	
Einheit: m² Türfläche				
084 Abbruch- und Rückbauarbeiten				100,0%
344.21.00 Schiebetüren				
02 **Abbruch von Holzschiebetür; Entsorgung, Deponiegebühren (1 Objekt)**	–	**11,00**	–	
Einheit: m² Türfläche				
084 Abbruch- und Rückbauarbeiten				100,0%
344.32.00 Brandschutztüren, -tore, T30				
05 **Abbruch von Stahltür T30, Stahlzarge; Entsorgung, Deponiegebühren (3 Objekte)**	19,00	**24,00**	27,00	
Einheit: m² Türfläche				
084 Abbruch- und Rückbauarbeiten				100,0%
344.51.00 Fenster, Ganzglas				
01 **Abbruch von Glasbausteinen; Entsorgung, Deponiegebühren (1 Objekt)**	–	**13,00**	–	
Einheit: m² Fensterfläche				
084 Abbruch- und Rückbauarbeiten				100,0%
344.52.00 Fenster, Holz				
01 **Abbruch von Holzfenster, Einfachverglasung; Entsorgung, Deponiegebühren (2 Objekte)**	33,00	**33,00**	34,00	
Einheit: m² Fensterfläche				
084 Abbruch- und Rückbauarbeiten				100,0%

▷ von
ø Mittel
◁ bis

345 Innenwandbekleidungen

KG.AK.AA - Abbrechen	▷	€/Einheit	◁	LB an AA

345.21.00 Beschichtung

05 **Abbeizen von Beschichtung, Dispersion auf Putzflächen; Entsorgung (3 Objekte)** — 1,90 — **2,50** — 2,70
Einheit: m² Behandelte Fläche
084 Abbruch- und Rückbauarbeiten — 100,0%

06 **Abbeizen von Ölfarbe (1 Objekt)** — – — **13,00** — –
Einheit: m² Behandelte Fläche
084 Abbruch- und Rückbauarbeiten — 100,0%

07 **Abbeizen von Leimfarbe (3 Objekte)** — 4,00 — **4,70** — 5,70
Einheit: m² Behandelte Fläche
084 Abbruch- und Rückbauarbeiten — 100,0%

345.31.00 Putz

05 **Abschlagen von Innenputz, d=15-20mm; Entsorgung (11 Objekte)** — 14,00 — **19,00** — 23,00
Einheit: m² Abgebrochene Fläche
084 Abbruch- und Rückbauarbeiten — 100,0%

345.33.00 Putz, Fliesen und Platten

07 **Abbruch von Wandfliesen, mit Mörtelbett, d bis 30mm, abstemmen; Entsorgung, Deponiegebühren (15 Objekte)** — 13,00 — **19,00** — 26,00
Einheit: m² Abgebrochene Fläche
084 Abbruch- und Rückbauarbeiten — 100,0%

08 **Abbruch von Wandfliesen, Wandputz bis auf Mauerwerk; Entsorgung, Deponiegebühren (4 Objekte)** — 12,00 — **19,00** — 26,00
Einheit: m² Abgebrochene Fläche
084 Abbruch- und Rückbauarbeiten — 100,0%

345.44.00 Bekleidung auf Unterkonstruktion, Holz

02 **Abbruch von Holz-Bekleidung, Unterkonstruktion; Entsorgung, Deponiegebühren (5 Objekte)** — 17,00 — **24,00** — 31,00
Einheit: m² Abgebrochene Fläche
084 Abbruch- und Rückbauarbeiten — 100,0%

345.48.00 Bekleidung auf Unterkonstruktion, mineralisch

02 **Abbruch von GK-Bekleidung, Unterkonstruktion; Entsorgung, Deponiegebühren (1 Objekt)** — – — **34,00** — –
Einheit: m² Abgebrochene Fläche
084 Abbruch- und Rückbauarbeiten — 100,0%

345.61.00 Tapeten

02 **Entfernen von Tapete, teilweise mehrlagig; Entsorgung, Deponiegebühren (15 Objekte)** — 2,90 — **4,30** — 5,50
Einheit: m² Abgebrochene Fläche
084 Abbruch- und Rückbauarbeiten — 100,0%

345 Innenwandbekleidungen

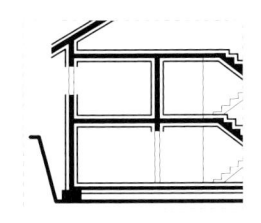

Kosten:
Stand 2.Quartal 2018
Bundesdurchschnitt
inkl. 19% MwSt.

KG.AK.AA - Abbrechen	▷	€/Einheit	◁	LB an AA
345.62.00 Tapeten, Beschichtung				
82 **Entfernen von Tapete, beschichtet, Putzuntergrund vorbereiten; Entsorgung, Deponiegebühren (8 Objekte)**	11,00	**12,00**	15,00	
Einheit: m² Abgebrochene Fläche				
084 Abbruch- und Rückbauarbeiten				100,0%
345.92.00 Vorsatzschalen für Installationen				
03 **Abbruch von Vormauerung für Sanitärbereiche; Entsorgung, Deponiegebühren (1 Objekt)**	–	**66,00**	–	
Einheit: m² Abgebrochene Fläche				
084 Abbruch- und Rückbauarbeiten				100,0%

▷ von
Ø Mittel
◁ bis

KG.AK.AA - Abbrechen

346 Elementierte Innenwände

	▷	€/Einheit	◁	LB an AA

346.13.00 Montagewände, Holz-Mischkonstruktion
  02 **Abbruch von Holz-Glas-Trennwänden mit Türen; Entsorgung, Deponiegebühren (2 Objekte)** — 11,00 | **14,00** | 16,00
  Einheit: m² Abgebrochene Fläche
  084 Abbruch- und Rückbauarbeiten — 100,0%

346.33.00 Sanitärtrennwände, Holz-Mischkonstruktion
  02 **Abbruch von WC-Holztrennwänden, d bis 15cm; Entsorgung, Deponiegebühren (3 Objekte)** — 27,00 | **29,00** | 30,00
  Einheit: m² Abgebrochene Fläche
  084 Abbruch- und Rückbauarbeiten — 100,0%
  03 **Abbruch von Sanitärtrennwänden mit Türen, Holz-Metallkonstruktion; Entsorgung, Deponiegebühren (3 Objekte)** — 25,00 | **30,00** | 40,00
  Einheit: m² Abgebrochene Fläche
  084 Abbruch- und Rückbauarbeiten — 100,0%

351 Deckenkonstruktionen

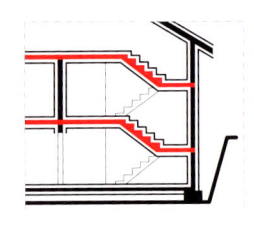

Kosten:
Stand 2.Quartal 2018
Bundesdurchschnitt
inkl. 19% MwSt.

▷ von
ø Mittel
◁ bis

KG.AK.AA - Abbrechen	▷	€/Einheit	◁	LB an AA
351.15.00 Stahlbeton, Ortbeton, Platten				
05 **Abbruch von Stb-Decken, d=18-25cm; Entsorgung, Deponiegebühren (7 Objekte)**	76,00	**110,00**	160,00	
Einheit: m² Abgebrochene Fläche				
084 Abbruch- und Rückbauarbeiten				100,0%
351.17.00 Stahlbeton, Ortbeton, Rippen				
01 **Abbruch von Stahl-Rippendecken, d=18-32cm; Entsorgung, Deponiegebühren (3 Objekte)**	53,00	**58,00**	62,00	
Einheit: m² Abgebrochene Fläche				
084 Abbruch- und Rückbauarbeiten				100,0%
351.41.00 Vollholzbalken				
82 **Abbruch von Holzbalkendecken; Entsorgung, Deponiegebühren (3 Objekte)**	54,00	**89,00**	150,00	
Einheit: m² Abgebrochene Fläche				
084 Abbruch- und Rückbauarbeiten				100,0%
351.42.00 Vollholzbalken, Schalung				
02 **Abbruch von Holzbalkendecken, Balkenlage, Deckenfüllung, Schalung, Bodenaufbau; Entsorgung, Deponiegebühren (6 Objekte)**	49,00	**83,00**	100,00	
Einheit: m² Abgebrochene Fläche				
084 Abbruch- und Rückbauarbeiten				100,0%
351.51.00 Treppen, gerade, Ortbeton				
02 **Abbruch von Stb-Treppe, Stahlbetonkeilstufen; Entsorgung, Deponiegebühren (6 Objekte)**	59,00	**83,00**	110,00	
Einheit: m² Abgebrochene Fläche				
084 Abbruch- und Rückbauarbeiten				100,0%
351.69.00 Treppen, Beton-Fertigteil, sonstiges				
81 **Abbruch von Stb-Treppe; Entsorgung, Deponiegebühren (3 Objekte)**	150,00	**250,00**	320,00	
Einheit: m² Abgebrochene Fläche				
084 Abbruch- und Rückbauarbeiten				100,0%
351.81.00 Treppen, Holzkonstruktion, gestemmt				
02 **Abbruch von Holztreppe, Trittstufen, Geländer; Entsorgung, Deponiegebühren (9 Objekte)**	35,00	**55,00**	110,00	
Einheit: m² Abgebrochene Fläche				
084 Abbruch- und Rückbauarbeiten				100,0%
351.91.00 Sonstige Deckenkonstruktionen				
84 **Abbruch von Ziegel-Kappendecken, d=20-40cm; Entsorgung, Deponiegebühren (3 Objekte)**	64,00	**110,00**	130,00	
Einheit: m² Abgebrochene Fläche				
084 Abbruch- und Rückbauarbeiten				100,0%

KG.AK.AA - Abbrechen

352 Deckenbeläge

Pos.	Beschreibung	▷	€/Einheit	◁	LB an AA

352.21.00 Estrich

05 **Abbruch von Spanplatten; Entsorgung, Deponiegebühren (1 Objekt)**
Einheit: m² Abgebrochene Fläche
084 Abbruch- und Rückbauarbeiten
— | **9,60** | —
100,0%

07 **Abbruch von Estrich, d=2-7cm, Dämmung; Entsorgung, Deponiegebühren (5 Objekte)**
Einheit: m² Abgebrochene Fläche
084 Abbruch- und Rückbauarbeiten
7,40 | **10,00** | 13,00
100,0%

352.31.00 Fliesen und Platten

05 **Abbruch von einzelnen Fliesen, Mörtelbett; Entsorgung, Deponiegebühren (2 Objekte)**
Einheit: m² Abgebrochene Fläche
084 Abbruch- und Rückbauarbeiten
85,00 | **97,00** | 110,00
100,0%

08 **Abbruch von Bodenfliesen, Mörtelbett; Entsorgung, Deponiegebühren (4 Objekte)**
Einheit: m² Abgebrochene Fläche
084 Abbruch- und Rückbauarbeiten
26,00 | **32,00** | 38,00
100,0%

352.32.00 Fliesen und Platten, Estrich

01 **Abbruch von Bodenfliesen, Estrich, d bis 10cm, teilweise Gefälleestrich; Entsorgung, Deponiegebühren (7 Objekte)**
Einheit: m² Abgebrochene Fläche
084 Abbruch- und Rückbauarbeiten
14,00 | **24,00** | 32,00
100,0%

352.41.00 Naturstein

03 **Abbruch von Natursteinbelag, d bis 40mm, Mörtelbett; Entsorgung, Deponiegebühren (5 Objekte)**
Einheit: m² Abgebrochene Fläche
084 Abbruch- und Rückbauarbeiten
21,00 | **27,00** | 37,00
100,0%

352.51.00 Betonwerkstein

82 **Abbruch von Betonwerksteinbelag; Entsorgung, Deponiegebühren (3 Objekte)**
Einheit: m² Abgebrochene Fläche
084 Abbruch- und Rückbauarbeiten
12,00 | **20,00** | 36,00
100,0%

352.61.00 Textil

04 **Abbruch von Teppichboden; Entsorgung, Deponiegebühren (7 Objekte)**
Einheit: m² Abgebrochene Fläche
084 Abbruch- und Rückbauarbeiten
7,00 | **8,60** | 11,00
100,0%

352.62.00 Textil, Estrich

81 **Abbruch von Textilbelag auf schwimmendem Estrich, Holzdielung; Entsorgung, Deponiegebühren (1 Objekt)**
Einheit: m² Abgebrochene Fläche
084 Abbruch- und Rückbauarbeiten
— | **100,00** | —
100,0%

© BKI Baukosteninformationszentrum; Erläuterungen zu den Tabellen siehe Seite 34   Kostenstand: 2.Quartal 2018, Bundesdurchschnitt, **inkl. 19% MwSt.**

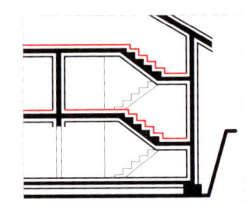

352 Deckenbeläge

Kosten:
Stand 2.Quartal 2018
Bundesdurchschnitt
inkl. 19% MwSt.

KG.AK.AA - Abbrechen	▷	€/Einheit	◁	LB an AA

352.71.00 Holz

08 **Abbruch von Spanplatten, Fußbodenbelag; Entsorgung, Deponiegebühren (3 Objekte)**   9,00   **14,00**   16,00
Einheit: m² Abgebrochene Fläche
084 Abbruch- und Rückbauarbeiten   100,0%

10 **Abbruch von Parkett mit Kleber, Sockelleisten; Entsorgung, Deponiegebühren (4 Objekte)**   18,00   **24,00**   28,00
Einheit: m² Abgebrochene Fläche
084 Abbruch- und Rückbauarbeiten   100,0%

11 **Abbruch von genagelten Holzdielen, d=22-25mm; Entsorgung, Deponiegebühren (6 Objekte)**   9,00   **13,00**   15,00
Einheit: m² Abgebrochene Fläche
084 Abbruch- und Rückbauarbeiten   100,0%

352.81.00 Hartbeläge

05 **Abbruch von PVC-Belag, Sockelleisten; Entsorgung, Deponiegebühren (10 Objekte)**   5,50   **7,60**   10,00
Einheit: m² Abgebrochene Fläche
084 Abbruch- und Rückbauarbeiten   100,0%

352.82.00 Hartbeläge, Estrich

82 **Kunststoffbelag, vorhandenen Unterboden (Estrich) reinigen und spachteln, teilweise vorhandenen Oberbelag (Textil, Linoleum) aufnehmen, entsorgen (5 Objekte)**   53,00   **64,00**   82,00
Einheit: m² Abgebrochene Fläche
084 Abbruch- und Rückbauarbeiten   100,0%

352.91.00 Sonstige Deckenbeläge

81 **Abbruch von Textil- oder Kunststoffbelag; Entsorgung, Deponiegebühren (5 Objekte)**   5,20   **9,30**   13,00
Einheit: m² Abgebrochene Fläche
084 Abbruch- und Rückbauarbeiten   100,0%

▷ von
∅ Mittel
◁ bis

KG.AK.AA - Abbrechen	▷	€/Einheit	◁	LB an AA

353 Deckenbekleidungen

353.21.00 Beschichtung
  06 **Abbeizen von Leimfarbe an Decken (3 Objekte)**   2,90   **4,30**   5,10
    Einheit: m² Behandelte Fläche
    084 Abbruch- und Rückbauarbeiten   100,0%

  07 **Abbeizen von Beschichtung, Dispersion, kleine Oberflächenschäden ausbessern, Unebenheiten spachteln (2 Objekte)**   5,50   **5,70**   5,90
    Einheit: m² Behandelte Fläche
    084 Abbruch- und Rückbauarbeiten   100,0%

353.31.00 Putz
  04 **Abschlagen von Deckenputz; Entsorgung (6 Objekte)**   12,00   **16,00**   24,00
    Einheit: m² Abgebrochene Fläche
    084 Abbruch- und Rückbauarbeiten   100,0%

353.48.00 Bekleidung auf Unterkonstruktion, mineralisch
  02 **Abbruch von GK-Decke, Unterkonstruktion; Entsorgung, Deponiegebühren (10 Objekte)**   12,00   **16,00**   20,00
    Einheit: m² Abgebrochene Fläche
    084 Abbruch- und Rückbauarbeiten   100,0%

353.61.00 Tapeten
  02 **Entfernen von Raufasertapete an Deckenflächen; Entsorgung (5 Objekte)**   3,50   **4,20**   5,10
    Einheit: m² Abgebrochene Fläche
    084 Abbruch- und Rückbauarbeiten   100,0%

353.62.00 Tapeten, Beschichtung
  81 **Entfernen von Tapete, beschichtet, entsorgen, Putzuntergrund vorbereiten (3 Objekte)**   11,00   **11,00**   11,00
    Einheit: m² Abgebrochene Fläche
    084 Abbruch- und Rückbauarbeiten   100,0%

353.82.00 Abgehängte Bekleidung, Holz
  01 **Abbruch von abgehängten Holzdecken; Entsorgung, Deponiegebühren (3 Objekte)**   20,00   **25,00**   28,00
    Einheit: m² Abgebrochene Fläche
    084 Abbruch- und Rückbauarbeiten   100,0%

353.84.00 Abgehängte Bekleidung, Metall
  83 **Abbruch von abgehängten Decken aus Alu-Paneelen; Entsorgung, Deponiegebühren (1 Objekt)**   –   **17,00**   –
    Einheit: m² Abgebrochene Fläche
    084 Abbruch- und Rückbauarbeiten   100,0%

353 Deckenbekleidungen

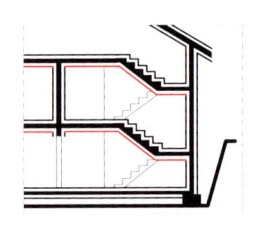

KG.AK.AA - Abbrechen	▷	€/Einheit	◁	LB an AA
353.87.00 Abgehängte Bekleidung, mineralisch				
06 **Abbruch von abgehängten GK-Decken, Unterkonstruktion, Wandanschlusselemente; Entsorgung, Deponiegebühren (3 Objekte)**	21,00	**29,00**	33,00	
Einheit: m² Abgebrochene Fläche				
084 Abbruch- und Rückbauarbeiten				100,0%
83 **Abbruch von abgehängten Decken aus Mineralfaser oder Gipskarton; Entsorgung, Deponiegebühren (4 Objekte)**	14,00	**20,00**	40,00	
Einheit: m² Abgebrochene Fläche				
084 Abbruch- und Rückbauarbeiten				100,0%

Kosten:
Stand 2.Quartal 2018
Bundesdurchschnitt
inkl. 19% MwSt.

▷ von
Ø Mittel
◁ bis

KG.AK.AA - Abbrechen	▷	€/Einheit	◁	LB an AA

359 Decken, sonstiges

359.22.00 Geländer
  03 **Abbruch von Stahl-Treppengeländer, Handlauf, zerlegen; Entsorgung, Deponiegebühren (2 Objekte)**   5,20   5,90   6,70
    Einheit: m Geländer
    084 Abbruch- und Rückbauarbeiten   100,0%

359.23.00 Handläufe
  02 **Demontage von Handläufen; Entsorgung, Deponiegebühren (2 Objekte)**   8,30   15,00   21,00
    Einheit: m Handlauflänge
    084 Abbruch- und Rückbauarbeiten   100,0%

359.43.00 Treppengeländer, Metall
  81 **Demontage von Stahl- oder Leichtmetallgeländern; Entsorgung, Deponiegebühren (3 Objekte)**   9,00   14,00   18,00
    Einheit: m² Abgebrochene Fläche
    084 Abbruch- und Rückbauarbeiten   100,0%

361 Dachkonstruktionen

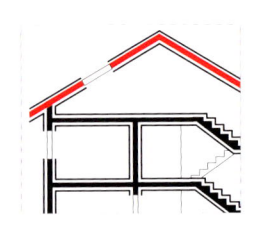

Kosten:
Stand 2.Quartal 2018
Bundesdurchschnitt
inkl. 19% MwSt.

KG.AK.AA - Abbrechen	▷	€/Einheit	◁	LB an AA
361.34.00 Metallträger, Blechkonstruktion				
03 **Abbruch von Blechdach, eben oder leicht geneigt; Entsorgung, Deponiegebühren (2 Objekte)**	11,00	**12,00**	13,00	
Einheit: m² Dachfläche				
084 Abbruch- und Rückbauarbeiten				100,0%
361.42.00 Vollholzbalken, Schalung				
02 **Abbruch von Holzdachkonstruktion, Kanthölzer, Sparren, Pfetten, Balken, Dachschalung; Entsorgung, Deponiegebühren (9 Objekte)**	22,00	**32,00**	46,00	
Einheit: m² Dachfläche				
084 Abbruch- und Rückbauarbeiten				100,0%
361.61.00 Steildach, Vollholz, Sparrenkonstruktion				
02 **Abbruch von Sparrenkonstruktion, Schalung, Deckung; Entsorgung, Deponiegebühren (3 Objekte)**	46,00	**54,00**	58,00	
Einheit: m² Dachfläche				
084 Abbruch- und Rückbauarbeiten				100,0%

▷ von
ø Mittel
◁ bis

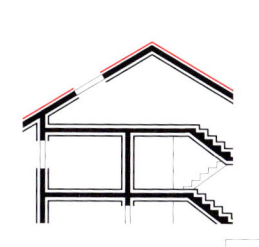

KG.AK.AA - Abbrechen	▷	€/Einheit	◁	LB an AA

363 Dachbeläge

363.11.00 Abdichtung
02 **Ausbau von Bitumenabdichtungen auf Flachdächern (4 Objekte)** — 18,00 / **20,00** / 22,00
Einheit: m² Abgebrochene Fläche
084 Abbruch- und Rückbauarbeiten — 100,0%

363.21.00 Abdichtung, Wärmedämmung
01 **Ausbau von Abdichtungen aus mehrlagigen Bitumendachdichtungsbahnen, Dämmung (4 Objekte)** — 26,00 / **31,00** / 46,00
Einheit: m² Abgebrochene Fläche
084 Abbruch- und Rückbauarbeiten — 100,0%

363.22.00 Abdichtung, Wärmedämmung, Kiesfilter
03 **Ausbau von Kiesschüttung, Abdichtung, Wärmedämmung; Entsorgung, Deponiegebühren (2 Objekte)** — 31,00 / **33,00** / 35,00
Einheit: m² Abgebrochene Fläche
084 Abbruch- und Rückbauarbeiten — 100,0%

363.23.00 Abdichtung, Wärmedämmung, Belag begehbar
03 **Abbruch von Betonverbundpflastersteinen im Mörtelbett, einschl. Wärmedämmung und Abdichtung (1 Objekt)** — – / **81,00** / –
Einheit: m² Abgebrochene Fläche
084 Abbruch- und Rückbauarbeiten — 100,0%

363.31.00 Ziegel
01 **Abbruch von Ziegeldeckung; Entsorgung, Deponiegebühren (12 Objekte)** — 11,00 / **15,00** / 20,00
Einheit: m² Abgebrochene Fläche
084 Abbruch- und Rückbauarbeiten — 100,0%

363.32.00 Ziegel, Wärmedämmung
03 **Abbruch von Ziegeldeckung, Dach- und Konterlatten, Wärmedämmung; Entsorgung, Deponiegebühren (1 Objekt)** — – / **33,00** / –
Einheit: m² Abgebrochene Fläche
084 Abbruch- und Rückbauarbeiten — 100,0%

363.33.00 Betondachstein
01 **Abbruch von Betonsteindeckung; Entsorgung, Deponiegebühren (2 Objekte)** — 11,00 / **12,00** / 14,00
Einheit: m² Abgebrochene Fläche
084 Abbruch- und Rückbauarbeiten — 100,0%

363.43.00 Schindeln, Faserzement
01 **Abbruch von Faserzementplatten; Entsorgung, Deponiegebühren (2 Objekte)** — 24,00 / **25,00** / 25,00
Einheit: m² Abgebrochene Fläche
084 Abbruch- und Rückbauarbeiten — 100,0%

© **BKI** Baukosteninformationszentrum; Erläuterungen zu den Tabellen siehe Seite 34   Kostenstand: 2.Quartal 2018, Bundesdurchschnitt, **inkl. 19% MwSt.**

363 Dachbeläge

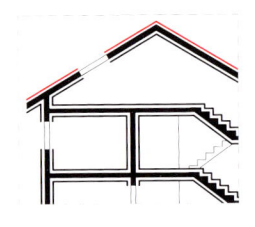

Kosten:
Stand 2.Quartal 2018
Bundesdurchschnitt
inkl. 19% MwSt.

KG.AK.AA - Abbrechen	▷	€/Einheit	◁	LB an AA
363.47.00 Schindeln, Schiefer				
01 **Abbruch von Schieferdeckungen, Vordeckung, Pappe; Entsorgung, Deponiegebühren (2 Objekte)**	10,00	**16,00**	22,00	
Einheit: m² Abgebrochene Fläche				
084 Abbruch- und Rückbauarbeiten				100,0%
363.57.00 Zink				
02 **Abbruch von Zinkeindeckung; Entsorgung, Deponiegebühren (3 Objekte)**	12,00	**19,00**	33,00	
Einheit: m² Abgebrochene Fläche				
084 Abbruch- und Rückbauarbeiten				100,0%
363.63.00 Wellabdeckungen, Faserzement				
01 **Abbruch von Wellasbestplatten, Unterkonstruktion; Entsorgung, Deponiegebühren (2 Objekte)**	20,00	**21,00**	21,00	
Einheit: m² Abgebrochene Fläche				
084 Abbruch- und Rückbauarbeiten				100,0%
363.71.00 Dachentwässerung, Titanzink				
04 **Ausbau von Zink-Außendachrinnen; Entsorgung, Deponiegebühren (10 Objekte)**	4,60	**6,00**	7,50	
Einheit: m Rinnenlänge				
084 Abbruch- und Rückbauarbeiten				100,0%
363.73.00 Dachentwässerung, PVC				
01 **Ausbau von PVC-Dachrinnen und -Fallrohre; Entsorgung, Deponiegebühren (1 Objekt)**	–	**12,00**	–	
Einheit: m Rinnenlänge				
084 Abbruch- und Rückbauarbeiten				100,0%
363.91.00 Sonstige Dachbeläge				
81 **Abbruch von Dachbelag; Entsorgung, Deponiegebühren (3 Objekte)**	5,90	**10,00**	13,00	
Einheit: m² Abgebrochene Fläche				
084 Abbruch- und Rückbauarbeiten				100,0%

▷ von
Ø Mittel
◁ bis

364 Dachbekleidungen

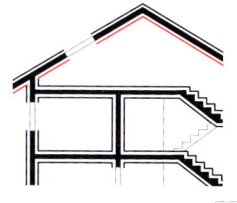

KG.AK.AA - Abbrechen | ▷ €/Einheit ◁ LB an AA

364.31.00 Putz
- **81 Abschlagen von Putz; Entsorgung (5 Objekte)** — 12,00 | **23,00** | 38,00
  Einheit: m² Abgebrochene Fläche
  084 Abbruch- und Rückbauarbeiten — 100,0%

364.44.00 Bekleidung auf Unterkonstruktion, Holz
- **04 Abbruch von Holzverkleidung, Nut und Feder; Entsorgung, Deponiegebühren (4 Objekte)** — 27,00 | **31,00** | 41,00
  Einheit: m² Abgebrochene Fläche
  084 Abbruch- und Rückbauarbeiten — 100,0%

364.48.00 Bekleidung auf Unterkonstruktion, mineralisch
- **04 Abbruch von GK-Bekleidung in Dachschrägen; Entsorgung, Deponiegebühren (3 Objekte)** — 18,00 | **23,00** | 30,00
  Einheit: m² Abgebrochene Fläche
  084 Abbruch- und Rückbauarbeiten — 100,0%

364.62.00 Tapeten, Beschichtung
- **81 Entfernen von Tapete, beschichtet, entsorgen, Putzuntergrund vorbereiten (3 Objekte)** — 11,00 | **11,00** | 11,00
  Einheit: m² Abgebrochene Fläche
  084 Abbruch- und Rückbauarbeiten — 100,0%

364.84.00 Abgehängte Bekleidung, Metall
- **83 Abbruch von abgehängter Decke aus Alu-Paneelen; Entsorgung, Deponiegebühren (1 Objekt)** — – | **17,00** | –
  Einheit: m² Abgebrochene Fläche
  084 Abbruch- und Rückbauarbeiten — 100,0%

364.87.00 Abgehängte Bekleidung, mineralisch
- **84 Abbruch von abgehängter Decke aus Mineralfaser oder Gipskarton; Entsorgung, Deponiegebühren (5 Objekte)** — 14,00 | **24,00** | 39,00
  Einheit: m² Abgebrochene Fläche
  084 Abbruch- und Rückbauarbeiten — 100,0%

369 Dächer, sonstiges

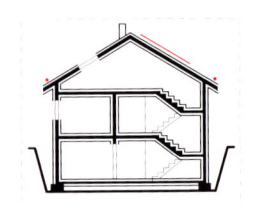

KG.AK.AA - Abbrechen	▷	€/Einheit	◁	LB an AA
369.81.00 Gitterroste				
01 **Abbruch von Laufrosten für Schornsteinfeger, einschl. Stützen; Entsorgung, Deponiegebühren (4 Objekte)**	6,10	**14,00**	21,00	
Einheit: m Laufrost				
084 Abbruch- und Rückbauarbeiten				100,0%
369.85.00 Schneefang				
04 **Abbruch von Schneefanggittern; Entsorgung, Deponiegebühren (5 Objekte)**	3,20	**5,30**	7,10	
Einheit: m Schneefanglänge				
084 Abbruch- und Rückbauarbeiten				100,0%

Kosten:
Stand 2.Quartal 2018
Bundesdurchschnitt
inkl. 19% MwSt.

▷ von
ø Mittel
◁ bis

KG.AK.AA - Abbrechen	▷	€/Einheit	◁	LB an AA
391.11.00 Baustelleneinrichtung, pauschal				
02 **Baustelleneinrichtung für Abbrucharbeiten (2 Objekte)**	0,50	**4,40**	8,40	
Einheit: m² Brutto-Grundfläche				
084 Abbruch- und Rückbauarbeiten				100,0%

391 Baustelleneinrichtung

394 Abbruchmaßnahmen

KG.AK.AA - Abbrechen	▷	€/Einheit	◁ LB an AA
394.11.00 Abbruchmaßnahmen			
03 **Abbruch von Befestigungsmitteln, Haken, Türangeln, Dübel, Rohrhülsen, Konsolen, Steigeisen; Entsorgung, Deponiegebühren (4 Objekte)**	4,60	**7,60**	8,80
Einheit: St Einzelteil			
084 Abbruch- und Rückbauarbeiten			100,0%
394.31.00 Abfuhr Abbruchmaterial			
01 **Schuttcontainer aufstellen, Abfuhr Abbruchmaterial, Deponiegebühren (7 Objekte)**	39,00	**61,00**	95,00
Einheit: m³ Abfuhrvolumen			
084 Abbruch- und Rückbauarbeiten			100,0%

Kosten:
Stand 2.Quartal 2018
Bundesdurchschnitt
inkl. 19% MwSt.

▷ von
ø Mittel
◁ bis

KG.AK.AA - Abbrechen	▷	€/Einheit	◁	LB an AA

411
Abwasseranlagen

411.12.00 Abwasserleitungen - Schmutzwasser
  04 **Demontage von Abwasserleitungen, PVC- oder Guss-**   5,70   **8,60**   12,00
      leitungen DN70-150; Entsorgung, Deponiegebühren
      (7 Objekte)
      Einheit: m Abwasserleitung
      084 Abbruch- und Rückbauarbeiten   100,0%

411.13.00 Abwasserleitungen - Regenwasser
  04 **Demontage von Regenfallrohren; Entsorgung,**   3,90   **4,70**   5,90
      Deponiegebühren (20 Objekte)
      Einheit: m Regenfallrohr
      084 Abbruch- und Rückbauarbeiten   100,0%

411.21.00 Grundleitungen - Schmutz-/Regenwasser
  05 **Demontage von Grundleitungen DN100-150;**   9,50   **11,00**   16,00
      Entsorgung, Deponiegebühren (4 Objekte)
      Einheit: m Grundleitung
      084 Abbruch- und Rückbauarbeiten   100,0%

412 Wasseranlagen

Kosten:
Stand 2.Quartal 2018
Bundesdurchschnitt
inkl. 19% MwSt.

KG.AK.AA - Abbrechen	▷	€/Einheit	◁	LB an AA
412.41.00 Wasserleitungen, Kaltwasser				
03 **Demontage von Stahlrohren DN15-40, verzinkt; Entsorgung, Deponiegebühren (5 Objekte)**	5,20	**6,90**	8,40	
Einheit: m Wasserleitung				
084 Abbruch- und Rückbauarbeiten				100,0%
412.43.00 Wasserleitungen, Warmwasser/Zirkulation				
02 **Demontage von Stahlrohren DN15-40, verzinkt, Rohrdämmung; Entsorgung, Deponiegebühren (6 Objekte)**	6,30	**9,30**	15,00	
Einheit: m Wasserleitung				
084 Abbruch- und Rückbauarbeiten				100,0%
412.61.00 Ausgussbecken				
03 **Demontage von Ausgussbecken; Entsorgung, Deponiegebühren (3 Objekte)**	6,00	**8,00**	9,10	
Einheit: St Ausgussbecken				
084 Abbruch- und Rückbauarbeiten				100,0%
412.62.00 Waschtische, Waschbecken				
02 **Demontage von Waschtischen; Entsorgung, Deponiegebühren (8 Objekte)**	10,00	**23,00**	36,00	
Einheit: St Waschbecken				
084 Abbruch- und Rückbauarbeiten				100,0%
412.65.00 WC-Becken				
03 **Demontage von WC-Becken, Spülkasten, Anschlüssen, WC-Stutzen; Entsorgung, Deponiegebühren (6 Objekte)**	34,00	**50,00**	63,00	
Einheit: St WC-Becken				
084 Abbruch- und Rückbauarbeiten				100,0%
412.67.00 Badewannen				
02 **Demontage von eingemauerten Badewannen; Entsorgung, Deponiegebühren (3 Objekte)**	57,00	**58,00**	58,00	
Einheit: St Badewanne				
084 Abbruch- und Rückbauarbeiten				100,0%

▷ von
ø Mittel
◁ bis

421 Wärmeerzeugungsanlagen

KG.AK.AA - Abbrechen	▷	€/Einheit	◁	LB an AA

421.12.00 Heizölversorgungsanlagen

01 **Demontage von Heizkessel, Regelarmaturen; Entsorgung, Deponiegebühren (4 Objekte)**   1.550,00   **1.710,00**   2.080,00
Einheit: St Heizkessel
084 Abbruch- und Rückbauarbeiten   100,0%

02 **Demontage eines Öltanks, Entleerung, Reinigung; Entsorgung Altöl, Deponiegebühren (3 Objekte)**   0,20   **0,30**   0,30
Einheit: l Tankinhalt
084 Abbruch- und Rückbauarbeiten   100,0%

421.61.00 Wassererwärmungsanlagen

03 **Demontage von Warmwasserspeicher; Entsorgung, Deponiegebühren (2 Objekte)**   230,00   **270,00**   310,00
Einheit: St Warmwasserspeicher
084 Abbruch- und Rückbauarbeiten   100,0%

421.99.00 Sonstige Wärmeerzeugungsanlagen, sonstiges

01 **Demontage von Kachelöfen mit Stb-Bodenplatte, Kaminöffnungen schließen; Entsorgung, Deponiegebühren (3 Objekte)**   78,00   **100,00**   150,00
Einheit: St Kachelofen
084 Abbruch- und Rückbauarbeiten   100,0%

422
Wärmeverteilnetze

KG.AK.AA - Abbrechen	▷	€/Einheit	◁	LB an AA
422.21.00 Rohrleitungen für Raumheizflächen				
04 **Demontage von Rohrleitungen DN15-32, Formstücken, Halterungen, ohne Dämmung; Entsorgung, Deponiegebühren (6 Objekte)**	5,80	**7,30**	10,00	
Einheit: m Leitung				
084 Abbruch- und Rückbauarbeiten				100,0%

Kosten:
Stand 2.Quartal 2018
Bundesdurchschnitt
inkl. 19% MwSt.

▷ von
Ø Mittel
◁ bis

KG.AK.AA - Abbrechen	▷	€/Einheit	◁	LB an AA

423 Raumheizflächen

423.11.00 Radiatoren
- 03 **Demontage von Heizkörpern, Ventilen, Halterungen, Konsolen, Schuttentsorgung (8 Objekte)**   26,00   **40,00**   55,00
  Einheit: St Heizkörper
  084 Abbruch- und Rückbauarbeiten   100,0%

429 Wärmeversorgungsanlagen, sonstiges

KG.AK.AA - Abbrechen	▷	€/Einheit	◁	LB an AA
429.11.00 Schornsteine, Mauerwerk				
02 **Demontage von gemauerten Schornsteinen, Mauerwerk bis 25cm; Entsorgung, Deponiegebühren (13 Objekte)**	220,00	**270,00**	320,00	
Einheit: m³ Schornsteinanlage				
084 Abbruch- und Rückbauarbeiten				100,0%

Kosten:
Stand 2.Quartal 2018
Bundesdurchschnitt
inkl. 19% MwSt.

▷ von
Ø Mittel
◁ bis

KG.AK.AA - Abbrechen	▷	€/Einheit	◁	LB an AA

444 Niederspannungs-installations-anlagen

444.11.00 Kabel und Leitungen
    05 **Demontage von Mantelleitungen NYM 3x1,5mm² bis 5x2,5mm²; Entsorgung, Deponiegebühren (7 Objekte)**   0,40   **0,60**   0,70
    Einheit: m Leitung
    084 Abbruch- und Rückbauarbeiten   100,0%

444.21.00 Unterverteiler
    09 **Demontage von Unterverteilungen, Sicherungen, Schuttentsorgung (6 Objekte)**   28,00   **34,00**   40,00
    Einheit: St Unterverteilungen
    084 Abbruch- und Rückbauarbeiten   100,0%

444.41.00 Installationsgeräte
    06 **Demontage von Schaltern, Steckdosen; Entsorgung, Deponiegebühren (2 Objekte)**   17,00   **19,00**   22,00
    Einheit: St Installationsgerät
    084 Abbruch- und Rückbauarbeiten   100,0%

445 Beleuchtungsanlagen

KG.AK.AA - Abbrechen	▷	€/Einheit	◁	LB an AA
445.11.00 Ortsfeste Leuchten, Allgemeinbeleuchtung				
07 **Demontage von Leuchtstofflampen; Entsorgung, Deponiegebühren (4 Objekte)**	5,10	**7,50**	10,00	
Einheit: St Leuchte				
084 Abbruch- und Rückbauarbeiten				100,0%
08 **Demontage von Decken- und Wandleuchten; Entsorgung, Deponiegebühren (4 Objekte)**	6,20	**7,90**	10,00	
Einheit: St Leuchte				
084 Abbruch- und Rückbauarbeiten				100,0%

Kosten:
Stand 2.Quartal 2018
Bundesdurchschnitt
inkl. 19% MwSt.

▷ von
Ø Mittel
◁ bis

446 Blitzschutz- und Erdungsanlagen

KG.AK.AA - Abbrechen	▷ €/Einheit ◁	LB an AA

446.11.00 Auffangeinrichtungen, Ableitungen
  03 **Demontage von Fang- oder Ableitungen, Haltern, Anschlussklemmen; Entsorgung, Deponiegebühren (5 Objekte)**   2,40   **3,20**   4,50
  Einheit: m Leitung
  084 Abbruch- und Rückbauarbeiten   100,0%

521
Wege

KG.AK.AA - Abbrechen	▷	€/Einheit	◁	LB an AA
521.41.00 Deckschicht Asphalt				
01 **Abbruch von bituminöser Befestigung, d=10-15cm, Unterbau, senkrechten Abkantungen; Entsorgung, Deponiegebühren (2 Objekte)**	6,60	**7,20**	7,80	
Einheit: m² Abgebrochene Fläche				
084 Abbruch- und Rückbauarbeiten				100,0%
521.51.00 Deckschicht Pflaster				
02 **Abbruch von Betonpflastersteinen, Unterbau; Entsorgung, Deponiegebühren (3 Objekte)**	9,20	**11,00**	13,00	
Einheit: m² Abgebrochene Fläche				
003 Landschaftsbauarbeiten				50,0%
084 Abbruch- und Rückbauarbeiten				50,0%
521.71.00 Deckschicht Plattenbelag				
04 **Abbruch von Betonsteinplatten, Unterbau; Entsorgung, Deponiegebühren (5 Objekte)**	6,30	**8,20**	11,00	
Einheit: m² Abgebrochene Fläche				
084 Abbruch- und Rückbauarbeiten				100,0%
521.81.00 Beton-Bordsteine				
03 **Abbruch von Betonbordsteinen, Betonbettung und Rückenstütze; Entsorgung, Deponiegebühren (4 Objekte)**	7,20	**9,90**	13,00	
Einheit: m Begrenzung				
084 Abbruch- und Rückbauarbeiten				100,0%

Kosten:
Stand 2.Quartal 2018
Bundesdurchschnitt
inkl. 19% MwSt.

▷ von
Ø Mittel
◁ bis

KG.AK.AA - Abbrechen	▷ €/Einheit ◁	LB an AA	523 Plätze, Höfe

523.41.00 Deckschicht Asphalt
 01 **Abbruch von Asphaltflächen, Tragschichten, d=8-20cm; Entsorgung, Deponiegebühren (4 Objekte)** 5,50 **7,50** 13,00
  Einheit: m² Abgebrochene Fläche
  084 Abbruch- und Rückbauarbeiten 100,0%

523.51.00 Deckschicht Pflaster
 01 **Abbruch von Beton-Verbundsteinpflaster, Unterbau; Entsorgung, Deponiegebühren (9 Objekte)** 4,00 **6,80** 9,00
  Einheit: m² Abgebrochene Fläche
  084 Abbruch- und Rückbauarbeiten 100,0%

523.71.00 Deckschicht Plattenbelag
 01 **Abbruch von Betonplatten im Mörtelbett; Entsorgung, Deponiegebühren (1 Objekt)** – **18,00** –
  Einheit: m² Abgebrochene Fläche
  084 Abbruch- und Rückbauarbeiten 100,0%

523.81.00 Beton-Bordsteine
 02 **Abbruch von Betonbordsteinen, Unterbau, d=15cm, Betonrückenstütze; Entsorgung, Deponiegebühren (7 Objekte)** 4,30 **6,10** 7,50
  Einheit: m Begrenzung
  084 Abbruch- und Rückbauarbeiten 100,0%

Altbau Ausführungsarten
Wiederherstellen

**Ausführungsarten
zur 3. Ebene DIN 276
für die Kostengruppen 300+400+500**

324 Unterböden und Bodenplatten

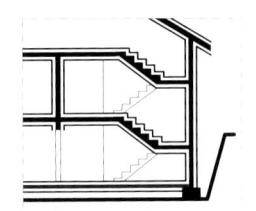

Kosten:
Stand 2.Quartal 2018
Bundesdurchschnitt
inkl. 19% MwSt.

KG.AK.AA - Wiederherstellen	▷	€/Einheit	◁ LB an AA
324.91.00 Sonstige Unterböden und Bodenplatten			
82 **Bodenplatte als Fundamentplatte, Ortbeton, teilweise Unterfangung mit Mauerwerk, Abbruch der vorhandenen Bodenplatte (2 Objekte)** Einheit: m² Bodenplattenfläche	210,00	**220,00**	220,00
012 Mauerarbeiten			21,0%
013 Betonarbeiten			79,0%

▷ von
ø Mittel
◁ bis

KG.AK.AA - Wiederherstellen	▷	€/Einheit	◁	LB an AA

325 Bodenbeläge

325.21.00 Estrich
- 07 **Ausbessern von Estrich, d bis 5cm, Kleinflächen (1 Objekt)** — 12,00 —
  Einheit: m² Ausgebesserte Fläche
  025 Estricharbeiten 100,0%

325.41.00 Naturstein
- 02 **Granitplatten und Stufen von Verunreinigungen reinigen, teilweise mehrschichtige Farbreste (1 Objekt)** — 34,00 —
  Einheit: m² Belegte Fläche
  014 Natur-, Betonwerksteinarbeiten 100,0%
- 05 **Steinfußboden abschleifen, neue Beläge an Übergängen, Metallrahmen abkleben, schwarz lackieren (1 Objekt)** — 48,00 —
  Einheit: m² Belegte Fläche
  014 Natur-, Betonwerksteinarbeiten 92,0%
  034 Maler- und Lackierarbeiten - Beschichtungen 8,0%

325.61.00 Textil
- 82 **Estrich reinigen, spachteln, teilweise vorhandenen Oberbelag aus Textil, Linoleum aufnehmen, entsorgen, neuen Textilbelag verlegen (3 Objekte)** 50,00 60,00 79,00
  Einheit: m² Belegte Fläche
  026 Fenster, Außentüren 7,0%
  036 Bodenbelagarbeiten 93,0%

325.65.00 Textil, Estrich, Dämmung
- 81 **Holzdielen aufnehmen, entsorgen, Unterboden aus Spanplatten, Einschub mit Wärmedämmung herstellen, Textilbelag (2 Objekte)** 120,00 120,00 120,00
  Einheit: m² Belegte Fläche
  016 Zimmer- und Holzbauarbeiten 59,0%
  036 Bodenbelagarbeiten 41,0%

325.71.00 Holz
- 02 **Parkett abschleifen, Fugen säubern, auskitten, grundieren, imprägnierend versiegeln, 2x filmbildend versiegeln (1 Objekt)** — 27,00 —
  Einheit: m² Belegte Fläche
  028 Parkett-, Holzpflasterarbeiten 100,0%

325.81.00 Hartbeläge
- 82 **Vorhandene Holzdielen aufnehmen, überarbeiten, wieder einbauen, Oberfläche behandeln (3 Objekte)** 55,00 140,00 190,00
  Einheit: m² Belegte Fläche
  016 Zimmer- und Holzbauarbeiten 82,0%
  034 Maler- und Lackierarbeiten - Beschichtungen 18,0%

325 Bodenbeläge

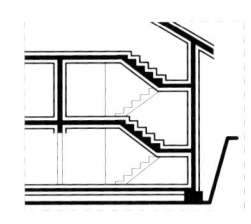

Kosten:
Stand 2.Quartal 2018
Bundesdurchschnitt
inkl. 19% MwSt.

KG.AK.AA - Wiederherstellen	▷	€/Einheit	◁	LB an AA
325.82.00 Hartbeläge, Estrich				
84 **Textilbelag, Linoleum, teilweise aufnehmen, entsorgen, Estrich reinigen, spachteln, Kunststoffbelag verlegen (5 Objekte)**	53,00	**64,00**	82,00	
Einheit: m² Belegte Fläche				
036 Bodenbelagarbeiten				100,0%
325.93.00 Sportböden				
01 **Parkettboden in vier Schleifgängen maschinell abschleifen, dreimalige Versiegelung, farbige Spielfeldmarkierungslinien aufbringen (2 Objekte)**	35,00	**36,00**	37,00	
Einheit: m² Belegte Fläche				
028 Parkett-, Holzpflasterarbeiten				50,0%
034 Maler- und Lackierarbeiten - Beschichtungen				8,0%
036 Bodenbelagarbeiten				42,0%

▷ von
Ø Mittel
◁ bis

KG.AK.AA - Wiederherstellen	▷	€/Einheit	◁	LB an AA

331 Tragende Außenwände

331.16.00 Mauerwerkswand, Mauerziegel

04 **Ausmauern von Fehlstellen bis 1/2 Stein mit Ziegelmauerwerk, Kleinflächen bis 0,2m² (4 Objekte)** — 80,00 — 110,00 — 150,00
Einheit: m² Wandfläche
012 Mauerarbeiten — 100,0%

05 **Fenster- oder Türstürze erneuern, Stahlträger ausbauen, neue Stahlträger einbauen, verputzen (1 Objekt)** — – — 84,00 — –
Einheit: m Sturzlänge
012 Mauerarbeiten — 100,0%

06 **Fensterstürze bearbeiten, entfernen loser Putz- und Mauerwerksteile, entrosten, Korrosionsbeschichtung, verputzen (3 Objekte)** — 47,00 — 68,00 — 110,00
Einheit: m Sturzlänge
012 Mauerarbeiten — 100,0%

331.17.00 Mauerwerkswand, Natursteine

81 **Ausbesserung Bruchsteinmauerwerk, Erneuerung einzelner Steine, Sichtverfugung (1 Objekt)** — – — 510,00 — –
Einheit: m² Ausgebesserte Wandfläche
014 Natur-, Betonwerksteinarbeiten — 100,0%

82 **Ausbesserung Natursteinmauerwerk, Sichtverfugung (2 Objekte)** — 150,00 — 170,00 — 190,00
Einheit: m² Ausgebesserte Wandfläche
014 Natur-, Betonwerksteinarbeiten — 100,0%

331.19.00 Mauerwerkswand, sonstiges

02 **Schwammbekämpfung im Mauerwerk, d=36-50cm, Bohrlochtränkung, Bohrlöcher in versetzten Reihen (3 Objekte)** — 88,00 — 120,00 — 150,00
Einheit: m² Wandfläche
012 Mauerarbeiten — 34,0%
016 Zimmer- und Holzbauarbeiten — 33,0%
018 Abdichtungsarbeiten — 33,0%

83 **Schadhaftes Mauerwerk in Teilstücken erneuern, Beimauerungen (5 Objekte)** — 90,00 — 110,00 — 120,00
Einheit: m² Wandfläche
012 Mauerarbeiten — 100,0%

331.31.00 Holzwand, Blockkonstruktion, Vollholz

82 **Ausbesserung Holzfachwerk, schadhafte Holzteile erneuern, Untermauerung von Holzschwellen herstellen, Holzoberfläche reinigen, imprägnieren (1 Objekt)** — – — 230,00 — –
Einheit: m² Ausgebesserte Wandfläche
012 Mauerarbeiten — 9,0%
016 Zimmer- und Holzbauarbeiten — 91,0%

334 Außentüren und -fenster

Kosten:
Stand 2.Quartal 2018
Bundesdurchschnitt
inkl. 19% MwSt.

KG.AK.AA - Wiederherstellen	▷	€/Einheit	◁	LB an AA

334.12.00 Türen, Holz

02 Demontage von Vollholztüren zur Wiederverwendung, Transport zur Aufarbeitung; Beschichtung beseitigen, umbauen, Profilquerschnitte den alten anpassen, Türbeschläge den Denkmalschutzauflagen anpassen, Holzfehlstellenausbesserung, Beschichtung; Wiedereinbau (2 Objekte)
Einheit: m² Türfläche
740,00 960,00 1.190,00
026 Fenster, Außentüren — 100,0%

03 Türflächen, Beschichtung entfernen, säubern, anschleifen, beschichten (4 Objekte)
Einheit: m² Türfläche
20,00 24,00 33,00
034 Maler- und Lackierarbeiten - Beschichtungen — 100,0%

82 Beidseitige Erneuerungsbeschichtung mit notwendigen Vorarbeiten, Beschläge reparieren (3 Objekte)
Einheit: m² Türfläche
140,00 190,00 270,00
029 Beschlagarbeiten — 64,0%
034 Maler- und Lackierarbeiten - Beschichtungen — 36,0%

83 Vorhandene Holztüren z.T. mit Glasausschnitt instandsetzen, schadhafte Holzteile ausbessern, Beschläge und Beschichtung erneuern (2 Objekte)
Einheit: m² Türfläche
430,00 460,00 480,00
026 Fenster, Außentüren — 88,0%
029 Beschlagarbeiten — 13,0%

84 Einflüglige Tür mit Oberlicht, Türblatt: Holz mit Glasausschnitt, Instandsetzung in denkmalgerechter Ausführung, Ausbau, Wiedereinbau (2 Objekte)
Einheit: m² Türfläche
1.060,00 1.160,00 1.270,00
026 Fenster, Außentüren — 100,0%

334.22.00 Fenstertüren, Holz

03 Holzfenstertüren überarbeiten, Dichtungen entfernen zur besseren Durchlüftung, Beschläge reinigen, ölen, teilweise ersetzen, streichen (1 Objekt)
Einheit: m² Fensterfläche
– 45,00 –
026 Fenster, Außentüren — 61,0%
034 Maler- und Lackierarbeiten - Beschichtungen — 39,0%

▷ von
ø Mittel
◁ bis

KG.AK.AA - Wiederherstellen	▷	€/Einheit	◁	LB an AA

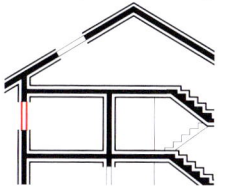

334 Außentüren und -fenster

334.62.00 Fenster, Holz

04 Demontieren von Holz-Einfachfenster zur Wiederverwendung, Abtransport zur Aufarbeitung; Aufarbeitung, Beschichtung entfernen, Beschläge instandsetzen, neue Beschichtung, Einglasung, Wiedereinbau (2 Objekte)
  360,00   **400,00**   430,00
  Einheit: m² Fensterfläche
  026 Fenster, Außentüren   100,0%

82 Holz-Einfachfenster, beidseitige Erneuerungsbeschichtung, notwendige Vorarbeiten (3 Objekte)
  49,00   **69,00**   100,00
  Einheit: m² Fensterfläche
  034 Maler- und Lackierarbeiten - Beschichtungen   100,0%

83 Holz-Kastenfenster, beidseitige Erneuerungsbeschichtung, notwendige Vorarbeiten, Rahmen und Beschläge reparieren (4 Objekte)
  180,00   **250,00**   320,00
  Einheit: m² Fensterfläche
  026 Fenster, Außentüren   38,0%
  029 Beschlagarbeiten   3,0%
  034 Maler- und Lackierarbeiten - Beschichtungen   59,0%

84 Holz-Kastenfenster, mehrflügig, Sprossenteilung in Einfachverglasung, Instandsetzung in denkmalgerechter Ausführung, Ausbau, Wiedereinbau (1 Objekt)
  –   **1.210,00**   –
  Einheit: m² Fensterfläche
  026 Fenster, Außentüren   63,0%
  034 Maler- und Lackierarbeiten - Beschichtungen   37,0%

85 Einfach- teils Verbundfenster in denkmalgerechter Ausführung, Isolier- teils Einfachverglasung, Fensterbänke, Naturwerkstein bzw. Blechabdeckung, Beiputz, Ausbau der vorhandenen Fenster (5 Objekte)
  690,00   **820,00**   1.010,00
  Einheit: m² Fensterfläche
  014 Natur-, Betonwerksteinarbeiten   2,0%
  023 Putz- und Stuckarbeiten, Wärmedämmsysteme   4,0%
  026 Fenster, Außentüren   81,0%
  034 Maler- und Lackierarbeiten - Beschichtungen   12,0%

86 Instandsetzung Holz-Einfachfenster, teils mit Sprossenteilung in denkmalgerechter Ausführung, Einfachverglasung, Klein- und Sonderformate (1 Objekt)
  –   **1.490,00**   –
  Einheit: m² Fensterfläche
  022 Klempnerarbeiten   25,0%
  026 Fenster, Außentüren   75,0%

87 Denkmalgerechte Restaurierung farbiger Bleiverglasungen in Holzrahmen (1 Objekt)
  –   **1.620,00**   –
  Einheit: m² Fensterfläche
  026 Fenster, Außentüren   100,0%

334 Außentüren und -fenster

Kosten:
Stand 2.Quartal 2018
Bundesdurchschnitt
inkl. 19% MwSt.

KG.AK.AA - Wiederherstellen	▷	€/Einheit	◁	LB an AA
334.64.00 Fenster, Metall				
82 **Einfachfenster in Stahl oder Leichtmetallausführung instandsetzen, Isolierverglasung, Ausbau alter Fenster und Fenstergitter, Beiputz (4 Objekte)**	380,00	**720,00**		990,00
Einheit: m² Fensterfläche				
023 Putz- und Stuckarbeiten, Wärmedämmsysteme				5,0%
026 Fenster, Außentüren				95,0%

▷ von
∅ Mittel
◁ bis

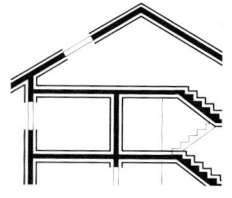

335 Außenwandbekleidungen außen

KG.AK.AA - Wiederherstellen	▷	€/Einheit	◁	LB an AA

335.12.00 Abdichtung, Schutzschicht
- 02 **Reinigen des Mauerwerkes mit Hochdruckreiniger, Fugen auskratzen, mit Sperrmörtel schließen, Dickbeschichtung, Drän- und Schutzmatten anbauen (2 Objekte)** — 100,00 | **110,00** | 110,00
  Einheit: m² Bekleidete Fläche
  086 Bauwerkstrockenlegungen und Bauaustrocknungen — 100,0%

335.13.00 Abdichtung, Dämmung
- 02 **Kellerwände, Trockenlegung, reinigen, hydrophobieren, mit Feinschlämme beschichten, Perimeterdämmung PS aufkleben, d=60mm (1 Objekt)** — – | **110,00** | –
  Einheit: m² Bekleidete Fläche
  086 Bauwerkstrockenlegungen und Bauaustrocknungen — 100,0%

335.21.00 Beschichtung
- 04 **Zementschlämme mit Wasserhochdruckstrahlen entfernen, Salzausblühungen trocken abbürsten, Putzrisse ausbessern, Grund-, Zwischen- und Schlussbeschichtung (1 Objekt)** — – | **31,00** | –
  Einheit: m² Bekleidete Fläche
  023 Putz- und Stuckarbeiten, Wärmedämmsysteme — 47,0%
  034 Maler- und Lackierarbeiten - Beschichtungen — 53,0%
- 82 **Holzfachwerk streichen und imprägnieren, Fugenversiegelung (1 Objekt)** — – | **70,00** | –
  Einheit: m² Bekleidete Fläche
  034 Maler- und Lackierarbeiten - Beschichtungen — 100,0%

335.32.00 Putz, Beschichtung
- 02 **Schadhaften Putz abschlagen, Putz auf Hohlstellen prüfen, Schadbereich erneuern, Risse sanieren, Putzflächen reinigen, Sanierputz, d=15mm, Oberputz, Grundierung, Schlussbeschichtung (4 Objekte)** — 91,00 | **120,00** | 150,00
  Einheit: m² Bekleidete Fläche
  023 Putz- und Stuckarbeiten, Wärmedämmsysteme — 77,0%
  033 Baureinigungsarbeiten — 7,0%
  034 Maler- und Lackierarbeiten - Beschichtungen — 16,0%
- 82 **Beschichtung, vorhandene Putzflächen reinigen, teilweise ausbessern (4 Objekte)** — 32,00 | **50,00** | 93,00
  Einheit: m² Bekleidete Fläche
  023 Putz- und Stuckarbeiten, Wärmedämmsysteme — 38,0%
  034 Maler- und Lackierarbeiten - Beschichtungen — 62,0%

335.34.00 Isolierputz
- 81 **Beschichtung mit wasserabweisendem Putz, vorhandenen Putz abschlagen, Untergrund reinigen und vorbehandeln (2 Objekte)** — 190,00 | **210,00** | 230,00
  Einheit: m² Bekleidete Fläche
  002 Erdarbeiten — 28,0%
  023 Putz- und Stuckarbeiten, Wärmedämmsysteme — 72,0%

335 Außenwandbekleidungen außen

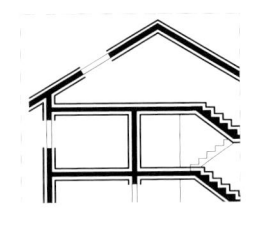

Kosten:
Stand 2.Quartal 2018
Bundesdurchschnitt
inkl. 19% MwSt.

KG.AK.AA - Wiederherstellen	▷	€/Einheit	◁ LB an AA
335.54.00 Verblendung, Mauerwerk			
83 **Ziegelbekleidungen, schadhafte Stellen ausbessern, reinigen, verfugen, imprägnieren, teilweise Fensterbänke mit Blechabdeckung erneuern (4 Objekte)**	110,00	**170,00**	250,00
Einheit: m² Bekleidete Fläche			
012 Mauerarbeiten			77,0%
034 Maler- und Lackierarbeiten - Beschichtungen			23,0%
335.55.00 Verblendung, Naturstein			
01 **Natursteine, softstrahlen, scharieren, von Farb- und Zementresten reinigen, ausbessern von Fehl- und Schadstellen, versiegeln, Verfestigung und Hydrophobierung, neu verfugen (3 Objekte)**	130,00	**160,00**	170,00
Einheit: m² Bekleidete Fläche			
014 Natur-, Betonwerksteinarbeiten			79,0%
023 Putz- und Stuckarbeiten, Wärmedämmsysteme			21,0%
02 **Natursteinfläche mit Hochdruck reinigen, imprägnieren (2 Objekte)**	16,00	**24,00**	32,00
Einheit: m² Bekleidete Fläche			
014 Natur-, Betonwerksteinarbeiten			41,0%
033 Baureinigungsarbeiten			59,0%

▷ von
ø Mittel
◁ bis

KG.AK.AA - Wiederherstellen	€/Einheit	LB an AA

336.21.00 Beschichtung
  06 **Ausbessern kleiner Putzschäden, grundieren, aufrauen, beschichten, Dispersion (3 Objekte)** — 7,30 | **12,00** | 15,00
  Einheit: m² Bekleidete Fläche
  023 Putz- und Stuckarbeiten, Wärmedämmsysteme — 49,0%
  034 Maler- und Lackierarbeiten - Beschichtungen — 51,0%

336.31.00 Putz
  84 **Putzausbesserungen, Flächen bis 2m² (6 Objekte)** — 42,00 | **64,00** | 78,00
  Einheit: m² Bekleidete Fläche
  023 Putz- und Stuckarbeiten, Wärmedämmsysteme — 100,0%

336.32.00 Putz, Beschichtung
  83 **Putz abdichten, Altputz abschlagen, Untergrund vorbereiten (4 Objekte)** — 75,00 | **110,00** | 130,00
  Einheit: m² Bekleidete Fläche
  023 Putz- und Stuckarbeiten, Wärmedämmsysteme — 93,0%
  034 Maler- und Lackierarbeiten - Beschichtungen — 7,0%

336.33.00 Putz, Fliesen und Platten
  83 **Keramikbeläge erneuern, teilweise festigen und ausgleichen des Untergrunds mit Putz (1 Objekt)** — – | **160,00** | –
  Einheit: m² Bekleidete Fläche
  023 Putz- und Stuckarbeiten, Wärmedämmsysteme — 18,0%
  024 Fliesen- und Plattenarbeiten — 82,0%

336.44.00 Bekleidung auf Unterkonstruktion, Holz
  03 **Beschichtung bis auf sauberen Untergrund entfernen, reinigen, Grund-, Zwischen- und Schlussbeschichtung, Alkydharz-Lack (2 Objekte)** — 34,00 | **37,00** | 39,00
  Einheit: m² Bekleidete Fläche
  034 Maler- und Lackierarbeiten - Beschichtungen — 100,0%
  83 **Profilierte Wandvertäfelung instandsetzen, Beschichtung erneuern (1 Objekt)** — – | **660,00** | –
  Einheit: m² Bekleidete Fläche
  027 Tischlerarbeiten — 73,0%
  034 Maler- und Lackierarbeiten - Beschichtungen — 27,0%
  84 **Holzbekleidung ausbessern, Beschichtung erneuern (1 Objekt)** — – | **110,00** | –
  Einheit: m² Bekleidete Fläche
  027 Tischlerarbeiten — 4,0%
  034 Maler- und Lackierarbeiten - Beschichtungen — 96,0%

336 Außenwandbekleidungen innen

© **BKI** Baukosteninformationszentrum; Erläuterungen zu den Tabellen siehe Seite 34   Kostenstand: 2.Quartal 2018, Bundesdurchschnitt, **inkl. 19% MwSt.**

338 Sonnenschutz

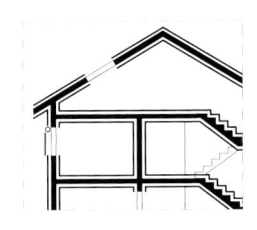

KG.AK.AA - Wiederherstellen	▷	€/Einheit	◁	LB an AA

338.12.00 Rollläden

81 **Holz-Rollladen streichen, notwendige Vorarbeiten** — 37,00 — **48,00** — 59,00
(2 Objekte)
Einheit: m² Geschützte Fläche
030 Rollladenarbeiten — 50,0%
034 Maler- und Lackierarbeiten - Beschichtungen — 50,0%

338.21.00 Jalousien

02 **Ausbau von Jalousien, Transport zur Werkstatt, kürzen, Rücktransport, Einbau mit neuen Stahlhaltewinkeln** — – — **53,00** — –
(1 Objekt)
Einheit: m² Geschützte Fläche
030 Rollladenarbeiten — 100,0%

Kosten:
Stand 2.Quartal 2018
Bundesdurchschnitt
inkl. 19% MwSt.

▷ von
ø Mittel
◁ bis

339 Außenwände, sonstiges

KG.AK.AA - Wiederherstellen — ▷ €/Einheit ◁ LB an AA

339.21.00 Brüstungen

02 Brüstungsgitter, Metall, Schadstellen entrosten, lackieren (2 Objekte) — 71,00 | 86,00 | 100,00
Einheit: m² Brüstungsfläche
031 Metallbauarbeiten — 55,0%
034 Maler- und Lackierarbeiten - Beschichtungen — 45,0%

339.41.00 Eingangstreppen, -podeste

02 Einzelne Blockstufen aufnehmen, Untergrund im JOS-Verfahren reinigen, Auflager richten, im Mörtelbett wieder verlegen (1 Objekt) — – | 350,00 | –
Einheit: m² Treppenfläche
014 Natur-, Betonwerksteinarbeiten — 100,0%

03 Stufen aufnehmen, Auflager abgleichen, Stufen säubern, im Mörtelbett wieder verlegen (2 Objekte) — 510,00 | 570,00 | 630,00
Einheit: m² Treppenfläche
014 Natur-, Betonwerksteinarbeiten — 100,0%

© **BKI** Baukosteninformationszentrum; Erläuterungen zu den Tabellen siehe Seite 34   Kostenstand: 2.Quartal 2018, Bundesdurchschnitt, **inkl. 19% MwSt.**

341 Tragende Innenwände

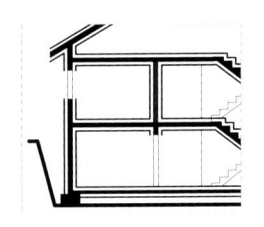

Kosten:
Stand 2.Quartal 2018
Bundesdurchschnitt
inkl. 19% MwSt.

KG.AK.AA - Wiederherstellen	▷	€/Einheit	◁	LB an AA
341.16.00 Mauerwerkswand, Mauerziegel				
04 **Fenster- oder Türstürze erneuern, Stahlträger ausbauen, neue Stahlträger einbauen (1 Objekt)**	–	**110,00**	–	
Einheit: m Sturzlänge				
012 Mauerarbeiten				100,0%
341.19.00 Mauerwerkswand, sonstiges				
85 **Mauerwerk, d=20-40cm, teilweise ausgleichen vorhandener Wände (2 Objekte)**	170,00	**200,00**	240,00	
Einheit: m² Wandfläche				
012 Mauerarbeiten				100,0%
341.39.00 Holzwand, sonstiges				
89 **Ausbesserung von Holzfachwerk, schadhafte Holzteile erneuern, Untermauerung von Holzschwellen herstellen, Holzoberfläche reinigen, imprägnieren (1 Objekt)**	–	**36,00**	–	
Einheit: m² Wandfläche				
012 Mauerarbeiten				27,0%
016 Zimmer- und Holzbauarbeiten				73,0%

▷ von
ø Mittel
◁ bis

| KG.AK.AA - Wiederherstellen | ▷ | €/Einheit | ◁ | LB an AA |

342 Nichttragende Innenwände

342.19.00 Mauerwerkswand, sonstiges
   82 **Schadhaftes Mauerwerk in Teilstücken erneuern, Beimauerungen (1 Objekt)** — 320,00 —
      Einheit: m² Wandfläche
      039 Trockenbauarbeiten   100,0%

342.39.00 Holzwand, sonstiges
   81 **Mauerwerk von Holzfachwerk instandsetzen, schadhafte Stellen ausbessern, Wanddicke 20cm (1 Objekt)** — 160,00 —
      Einheit: m² Wandfläche
      012 Mauerarbeiten   100,0%

344 Innentüren und -fenster

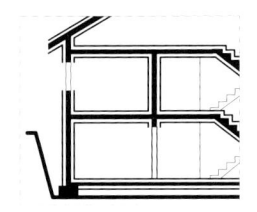

Kosten:
Stand 2.Quartal 2018
Bundesdurchschnitt
inkl. 19% MwSt.

▷ von
Ø Mittel
◁ bis

KG.AK.AA - Wiederherstellen	▷	€/Einheit	◁	LB an AA
344.12.00 Türen, Holz				
01 Demontieren von Vollholztüren, komplett mit Blendrahmen ausbauen, zur Aufarbeitung abtransportieren, Anschläge säubern; Aufarbeitung, Beschichtung entfernen, Fehlstellen ergänzen, spachteln, Holzprofile und Fitschenbänder instandsetzen, neue Schlösser einbauen, Wiedereinbau (3 Objekte)	310,00	**450,00**	660,00	
Einheit: m² Türfläche				
012 Mauerarbeiten				7,0%
027 Tischlerarbeiten				93,0%
82 Beidseitige Erneuerungsbeschichtung, notwendige Vorarbeiten (2 Objekte)	51,00	**63,00**	75,00	
Einheit: m² Türfläche				
034 Maler- und Lackierarbeiten - Beschichtungen				100,0%
83 Beidseitige Erneuerungsbeschichtung, notwendige Vorarbeiten, gangbar machen, Beschläge erneuern (4 Objekte)	160,00	**200,00**	280,00	
Einheit: m² Türfläche				
027 Tischlerarbeiten				51,0%
029 Beschlagarbeiten				20,0%
034 Maler- und Lackierarbeiten - Beschichtungen				30,0%
85 Holztüren, historisch, ein- und zweiflüglig, schadhafte Holzteile ausbessern, Originalbeschichtung freilegen, restaurieren, teilweise Beschläge erneuern (1 Objekt)	–	**960,00**	–	
Einheit: m² Türfläche				
027 Tischlerarbeiten				19,0%
029 Beschlagarbeiten				16,0%
032 Verglasungsarbeiten				3,0%
034 Maler- und Lackierarbeiten - Beschichtungen				62,0%
344.14.00 Türen, Metall				
04 Beschichtung entfernen, schleifen, grundieren, kleinere Beschädigungen spachteln, neu beschichten (4 Objekte)	27,00	**30,00**	34,00	
Einheit: m² Türfläche				
034 Maler- und Lackierarbeiten - Beschichtungen				100,0%
344.52.00 Fenster, Holz				
03 Aufarbeitung Holzfenster, Beschichtung entfernen, Beschläge instandsetzen, neue Beschichtung, teilweise neue Einglasung mit Floatglas 4mm (1 Objekt)	–	**300,00**	–	
Einheit: m² Fensterfläche				
027 Tischlerarbeiten				100,0%

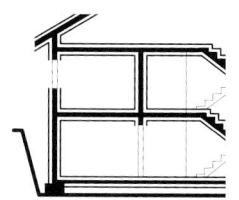

345 Innenwandbekleidungen

KG.AK.AA - Wiederherstellen | ▷ | €/Einheit | ◁ | LB an AA

345.21.00 Beschichtung

04 **Industriereinigung von Ziegel- und Klinkersteinen, entfernen von Ölfarbe, Kalkfarbe oder Ruß (1 Objekt)** — 30,00 —
Einheit: m² Bekleidete Fläche
034 Maler- und Lackierarbeiten - Beschichtungen 100,0%

08 **Ausbessern von kleinen Putzschäden, spachteln, schleifen grundieren mit Putzgrund, Beschichtung zweifach (1 Objekt)** — 7,90 —
Einheit: m² Bekleidete Fläche
034 Maler- und Lackierarbeiten - Beschichtungen 100,0%

09 **Wandflächen nässen, abstoßen, nachwaschen, Grundbeschichtung zur Erreichung eines festen Untergrundes, Beschichtung, Dispersion (1 Objekt)** — 6,10 —
Einheit: m² Bekleidete Fläche
034 Maler- und Lackierarbeiten - Beschichtungen 100,0%

345.31.00 Putz

82 **Putzausbesserungen, Flächen bis 2m² (6 Objekte)** 42,00 **64,00** 78,00
Einheit: m² Bekleidete Fläche
023 Putz- und Stuckarbeiten, Wärmedämmsysteme 100,0%

345.32.00 Putz, Beschichtung

83 **Putz abdichtend, Altputz abschlagen, Untergrundvorbehandlung (4 Objekte)** 75,00 **110,00** 130,00
Einheit: m² Bekleidete Fläche
023 Putz- und Stuckarbeiten, Wärmedämmsysteme 93,0%
034 Maler- und Lackierarbeiten - Beschichtungen 7,0%

345.33.00 Putz, Fliesen und Platten

03 **Klinker säubern, spachteln, abklopfen, abwaschen (1 Objekt)** — 8,90 —
Einheit: m² Bekleidete Fläche
024 Fliesen- und Plattenarbeiten 100,0%

82 **Keramikbeläge erneuern, teilweise festigen und ausgleichen des Untergrunds mit Putz (1 Objekt)** — 160,00 —
Einheit: m² Bekleidete Fläche
023 Putz- und Stuckarbeiten, Wärmedämmsysteme 18,0%
024 Fliesen- und Plattenarbeiten 82,0%

345.44.00 Bekleidung auf Unterkonstruktion, Holz

83 **Holzbekleidungen ausbessern, Beschichtung erneuern (1 Objekt)** — 110,00 —
Einheit: m² Bekleidete Fläche
023 Putz- und Stuckarbeiten, Wärmedämmsysteme 4,0%
034 Maler- und Lackierarbeiten - Beschichtungen 96,0%

84 **Profilierte Wandvertäfelung instandsetzen, Beschichtung erneuern (1 Objekt)** — 660,00 —
Einheit: m² Bekleidete Fläche
027 Tischlerarbeiten 73,0%
034 Maler- und Lackierarbeiten - Beschichtungen 27,0%

345 Innenwandbekleidungen

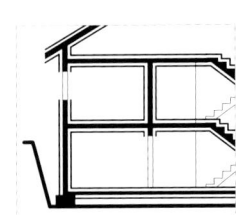

Kosten:
Stand 2.Quartal 2018
Bundesdurchschnitt
inkl. 19% MwSt.

KG.AK.AA - Wiederherstellen	▷	€/Einheit	◁	LB an AA
345.61.00 Tapeten				
04 **Vorhandene Raufaser streichen, Bodenabdeckungen (1 Objekt)**	–	9,20	–	
Einheit: m² Bekleidete Fläche				
037 Tapezierarbeiten				100,0%

▷ von
Ø Mittel
◁ bis

KG.AK.AA - Wiederherstellen	▷	€/Einheit	◁	LB an AA

349.22.00 Geländer

02 **Beschichtung, Lackfarbe von Geländer bis auf sauberen Untergrund entfernen, Untergrund reinigen, entrosten, wenn erforderlich, aufrauen durch Anlaugen oder Schleifen; Grundierung, Beschichtung (3 Objekte)**
Einheit: m² Geländerfläche
034 Maler- und Lackierarbeiten - Beschichtungen

21,00   **32,00**   53,00

100,0%

03 **Metall-Schutzgeländer, säubern, entrosten, grundieren, beschichten (3 Objekte)**
Einheit: m² Geländerfläche
034 Maler- und Lackierarbeiten - Beschichtungen

20,00   **22,00**   24,00

100,0%

351 Deckenkonstruktionen

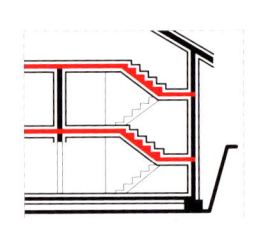

KG.AK.AA - Wiederherstellen	▷	€/Einheit	◁	LB an AA
351.15.00 Stahlbeton, Ortbeton, Platten				
82 **Sanierung von Plattendecken aus Stahlbeton (1 Objekt)**	–	110,00	–	
Einheit: m² Deckenfläche				
013 Betonarbeiten				100,0%
351.42.00 Vollholzbalken, Schalung				
81 **Sanierung von Holzbalkendecken mit Brettschalung, Spannweiten bis 5,00m, Abbruch der vorhandenen Holzbalkendecke, Schuttbeseitigung (6 Objekte)**	120,00	220,00	310,00	
Einheit: m² Deckenfläche				
016 Zimmer- und Holzbauarbeiten				100,0%
351.89.00 Treppen, sonstiges				
82 **Historische Holztreppe mit Galerie inkl. Geländer grundinstandsetzen (1 Objekt)**	–	2.140,00	–	
Einheit: m² Treppenfläche				
016 Zimmer- und Holzbauarbeiten				18,0%
034 Maler- und Lackierarbeiten - Beschichtungen				82,0%
351.94.00 Treppen, Mischkonstruktionen				
81 **Gemauerte Treppe aus Ziegelsteinen instandsetzen (1 Objekt)**	–	190,00	–	
Einheit: m² Treppenfläche				
012 Mauerarbeiten				100,0%

Kosten:
Stand 2.Quartal 2018
Bundesdurchschnitt
inkl. 19% MwSt.

▷ von
Ø Mittel
◁ bis

352 Deckenbeläge

KG.AK.AA - Wiederherstellen — ▷ €/Einheit ◁ LB an AA

352.12.00 Beschichtung, Estrich
   83 **Beschichtung (Farbe, ggf. Flüssigkunststoff), vorhandenen Unterboden (Estrich) reinigen, spachteln (7 Objekte)** — 9,30 **13,00** 18,00
      Einheit: m^2 Belegte Fläche
      034 Maler- und Lackierarbeiten - Beschichtungen   100,0%

352.21.00 Estrich
   08 **Ausbesserung von Estrichschäden in Teilflächen, d=30-50mm, durch Abklopfen auf Hohlstellen untersuchen, Risse verfugen (3 Objekte)** — 25,00 **41,00** 63,00
      Einheit: m^2 Belegte Fläche
      025 Estricharbeiten   100,0%

352.31.00 Fliesen und Platten
   01 **Fliesen in Fehlstellen einsetzen bis zu 5 Platten im Mörtelbett, teilweise Aufnahme von vorhandenen Fliesen zur Wiederverwendung (2 Objekte)** — 140,00 **170,00** 190,00
      Einheit: m^2 Behandelte Fläche
      012 Mauerarbeiten   8,0%
      024 Fliesen- und Plattenarbeiten   92,0%
   04 **Industriereinigung von Steinzeugfliesen (2 Objekte)** — 2,10 **4,10** 6,20
      Einheit: m^2 Behandelte Fläche
      024 Fliesen- und Plattenarbeiten   50,0%
      036 Bodenbelagarbeiten   50,0%

352.41.00 Naturstein
   04 **Granit-Treppenstufen und Antrittplatten reinigen (2 Objekte)** — 79,00 **80,00** 80,00
      Einheit: m^2 Belegte Fläche
      014 Natur-, Betonwerksteinarbeiten   50,0%
      036 Bodenbelagarbeiten   50,0%

352.51.00 Betonwerkstein
   01 **Terrazzobelag restaurieren, Hohlräume verpressen (2 Objekte)** — 65,00 **67,00** 68,00
      Einheit: m^2 Belegte Fläche
      014 Natur-, Betonwerksteinarbeiten   100,0%

352.61.00 Textil
   81 **Textilbelag aufnehmen, entsorgen, Estrich reinigen, spachteln, neuen Textilbelag verlegen (3 Objekte)** — 50,00 **60,00** 79,00
      Einheit: m^2 Belegte Fläche
      036 Bodenbelagarbeiten   100,0%
   82 **Textilbelag, vorhandenen Unterboden (Treppe) reinigen und spachteln (2 Objekte)** — 70,00 **76,00** 82,00
      Einheit: m^2 Belegte Fläche
      027 Tischlerarbeiten   4,0%
      034 Maler- und Lackierarbeiten - Beschichtungen   3,0%
      036 Bodenbelagarbeiten   93,0%

© **BKI** Baukosteninformationszentrum; Erläuterungen zu den Tabellen siehe Seite 34   Kostenstand: 2.Quartal 2018, Bundesdurchschnitt, **inkl.** 19% **MwSt.**

352 Deckenbeläge

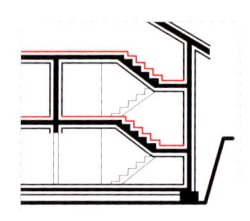

Kosten:
Stand 2.Quartal 2018
Bundesdurchschnitt
inkl. 19% MwSt.

KG.AK.AA - Wiederherstellen	▷	€/Einheit	◁	LB an AA
352.65.00 Textil, Estrich, Dämmung				
82 **Textilbelag, Unterboden aus Spanplatten, Einschub mit Wärmedämmung herstellen, vorhandene Holzdielung aufnehmen, entsorgen (2 Objekte)**	120,00	120,00	120,00	
Einheit: m² Belegte Fläche				
016 Zimmer- und Holzbauarbeiten				59,0%
036 Bodenbelagarbeiten				41,0%
352.71.00 Holz				
06 **Parkettboden ausbessern, schleifen, versiegeln, Sockelleisten (8 Objekte)**	26,00	33,00	43,00	
Einheit: m² Belegte Fläche				
028 Parkett-, Holzpflasterarbeiten				100,0%
81 **Holzdielen aufnehmen, überarbeiten und wieder einbauen, Oberfläche behandeln (3 Objekte)**	55,00	140,00	190,00	
Einheit: m² Belegte Fläche				
016 Zimmer- und Holzbauarbeiten				82,0%
034 Maler- und Lackierarbeiten - Beschichtungen				18,0%
352.81.00 Hartbeläge				
04 **Untergrund spachteln, PVC-Belag auf Treppenstufen erneuern, Silikonverfugung (1 Objekt)**	–	180,00	–	
Einheit: m² Belegte Fläche				
027 Tischlerarbeiten				100,0%
06 **Textilbeläge entfernen, Fußboden grundieren, spachteln, schleifen, Linoleumbelag 2,5mm neu verlegen (2 Objekte)**	54,00	63,00	72,00	
Einheit: m² Belegte Fläche				
036 Bodenbelagarbeiten				100,0%

▷ von
Ø Mittel
◁ bis

KG.AK.AA - Wiederherstellen	▷	€/Einheit	◁	LB an AA

353 Deckenbekleidungen

353.21.00 Beschichtung
08 **Deckenflächen, nässen, abstoßen, nachwaschen, mit Spachtelmasse beispachteln, nachschleifen, ausbessern kleiner Putzschäden, Grundierung, Beschichtung, Dispersion (3 Objekte)** — 9,80 | **15,00** | 18,00
Einheit: m² Bekleidete Fläche
034 Maler- und Lackierarbeiten - Beschichtungen — 100,0%

353.31.00 Putz
03 **Deckenputz auf Altbaudecken von kleinen schadhaften Putzflächen bis 2m² abschlagen; einschl. Schuttbeseitigung, Kippgebühr, zweilagiger Neuputz, Spritzbewurf, Angleichen an den vorhandenen Putz (3 Objekte)** — 47,00 | **65,00** | 100,00
Einheit: m² Behandelte Fläche
023 Putz- und Stuckarbeiten, Wärmedämmsysteme — 100,0%

353.32.00 Putz, Beschichtung
84 **Putzausbesserungen mit Beschichtung in Teilflächen (1 Objekt)** — – | **22,00** | –
Einheit: m² Bekleidete Fläche
023 Putz- und Stuckarbeiten, Wärmedämmsysteme — 46,0%
034 Maler- und Lackierarbeiten - Beschichtungen — 54,0%

353.44.00 Bekleidung auf Unterkonstruktion, Holz
82 **Holzbekleidungen ausbessern, Beschichtung erneuern (1 Objekt)** — – | **48,00** | –
Einheit: m² Bekleidete Fläche
034 Maler- und Lackierarbeiten - Beschichtungen — 75,0%
039 Trockenbauarbeiten — 25,0%

353.47.00 Bekleidung auf Unterkonstruktion, Metall
81 **Abgehängte Alu-Paneeldecken ausbessern (1 Objekt)** — – | **27,00** | –
Einheit: m² Bekleidete Fläche
039 Trockenbauarbeiten — 100,0%

353.91.00 Sonstige Deckenbekleidungen
81 **Historische Stuckdecke mit Profilen, Rosetten und Zahnfriesen restaurieren (1 Objekt)** — – | **350,00** | –
Einheit: m² Bekleidete Fläche
023 Putz- und Stuckarbeiten, Wärmedämmsysteme — 90,0%
034 Maler- und Lackierarbeiten - Beschichtungen — 10,0%

359 Decken, sonstiges

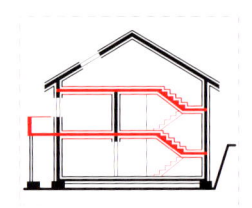

KG.AK.AA - Wiederherstellen	▷	€/Einheit	◁	LB an AA
359.23.00 Handläufe				
03 **Massiv-Rund-Holzhandlauf, d=60mm, demontieren, Ölfarbreste entfernen, aufarbeiten, Schadstellen ausbessern, Montage (2 Objekte)**	96,00	**130,00**	160,00	
Einheit: m Handlauflänge				
027 Tischlerarbeiten				100,0%
04 **Metallhandläufe, Beschichtung entfernen, schadhafte Grundbeschichtung ausbessern, Zwischen-und Schlussbeschichtung (4 Objekte)**	7,20	**8,90**	9,50	
Einheit: m Handlauflänge				
031 Metallbauarbeiten				50,0%
034 Maler- und Lackierarbeiten - Beschichtungen				50,0%

Kosten:
Stand 2.Quartal 2018
Bundesdurchschnitt
inkl. 19% MwSt.

▷ von
∅ Mittel
◁ bis

KG.AK.AA - Wiederherstellen	▷	€/Einheit	◁	LB an AA

361.15.00 Stahlbeton, Ortbeton, Platten

04 **Betonsanierung Flachdach, Entfernen aller losen Teile, Freilegen korrodierter Bewehrung, Entrosten, zweimaliges Streichen mit Korrosionsschutz, Betonausbruchstellen mit Reparaturmörtel verfüllen und nachbehandeln, mit kunststoffmodifizierter Spachtelmasse egalisieren (1 Objekt)** — 86,00 —
Einheit: m² Dachfläche
013 Betonarbeiten 100,0%

361.42.00 Vollholzbalken, Schalung

81 **Instandsetzung Turmdächer mit Holzdachstuhl, Steildach, pyramidenförmig, Holzdachstuhl mit Brettschalung, Abbruch des vorhandenen Dachstuhls, Schuttbeseitigung (1 Objekt)** — 290,00 —
Einheit: m² Dachfläche
016 Zimmer- und Holzbauarbeiten 100,0%

361.49.00 Holzbalkenkonstruktionen, sonstiges

82 **Satteldächer mit Holzdachstühlen in Stand setzen, einschl. Auswechselung schadhafter Holzteile (4 Objekte)** 43,00 **84,00** 120,00
Einheit: m² Dachfläche
016 Zimmer- und Holzbauarbeiten 100,0%

83 **Steildächer verschiedener Konstruktionsarten in Stand setzen, einschl. Auswechselung und Imprägnierung schadhafter Holzteile (3 Objekte)** 6,40 **11,00** 21,00
Einheit: m² Dachfläche
016 Zimmer- und Holzbauarbeiten 100,0%

361.91.00 Sonstige Dachkonstruktionen

85 **Holzdachstühle mit Stahlbindern verstärken (1 Objekt)** — 300,00 —
Einheit: m² Dachfläche
017 Stahlbauarbeiten 100,0%

361 Dachkonstruktionen

363 Dachbeläge

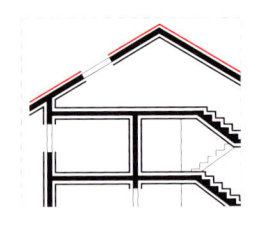

Kosten:
Stand 2.Quartal 2018
Bundesdurchschnitt
inkl. 19% MwSt.

▷ von
∅ Mittel
◁ bis

KG.AK.AA - Wiederherstellen	▷	€/Einheit	◁	LB an AA
363.31.00 Ziegel				
81 **Dachdeckung geneigter Dächer aus Dachziegeln oder Schiefer mit Traufblechen, schadhafte Stellen ausbessern (2 Objekte)**	5,20	**6,10**	7,00	
Einheit: m² Gedeckte Fläche				
020 Dachdeckungsarbeiten				75,0%
022 Klempnerarbeiten				26,0%
363.32.00 Ziegel, Wärmedämmung				
82 **Erneuerung Dachdeckung geneigter Dächer, einschl. Unterspannbahn, Dachlattung bzw. Brettschalung, Dachpfannen bzw. Schiefer, Mineralfaserisolierung, verzinkte Dachrinnen und Blechabdeckungen, Aufnehmen des alten Dachbelags, Schuttbeseitigung (1 Objekt)**	–	**220,00**	–	
Einheit: m² Gedeckte Fläche				
021 Dachabdichtungsarbeiten				100,0%

KG.AK.AA - Wiederherstellen	€/Einheit	LB an AA

364 Dachbekleidungen

364.32.00 Putz, Beschichtung
    84 **Putzausbesserungen mit Beschichtung in Teilflächen (1 Objekt)** — 22,00 —
        Einheit: m² Bekleidete Fläche
        023 Putz- und Stuckarbeiten, Wärmedämmsysteme   46,0%
        034 Maler- und Lackierarbeiten - Beschichtungen   54,0%

364.44.00 Bekleidung auf Unterkonstruktion, Holz
    82 **Holzbekleidungen ausbessern, Beschichtung erneuern (1 Objekt)** — 48,00 —
        Einheit: m² Bekleidete Fläche
        034 Maler- und Lackierarbeiten - Beschichtungen   75,0%
        039 Trockenbauarbeiten   25,0%

364.47.00 Bekleidung auf Unterkonstruktion, Metall
    81 **Abgehängte Alu-Paneeldecken ausbessern (1 Objekt)** — 27,00 —
        Einheit: m² Bekleidete Fläche
        039 Trockenbauarbeiten   100,0%

364.91.00 Sonstige Dachbekleidungen
    81 **Historische Stuckdecke mit Profilen, Rosetten und Zahnfriesen restaurieren (1 Objekt)** — 350,00 —
        Einheit: m² Bekleidete Fläche
        023 Putz- und Stuckarbeiten, Wärmedämmsysteme   90,0%
        034 Maler- und Lackierarbeiten - Beschichtungen   10,0%

391 Baustelleneinrichtung

KG.AK.AA - Wiederherstellen	▷	€/Einheit	◁	LB an AA
391.11.00 Baustelleneinrichtung, pauschal				
82 **Baustelleneinrichtung für Bauerneuerungsmaßnahmen (4 Objekte)**	2,50	**9,00**	28,00	
Einheit: m² Brutto-Grundfläche				
000 Sicherheitseinrichtungen, Baustelleneinrichtungen				100,0%

Kosten:
Stand 2.Quartal 2018
Bundesdurchschnitt
inkl. 19% MwSt.

▷ von
Ø Mittel
◁ bis

KG.AK.AA - Wiederherstellen	▷	€/Einheit	◁	LB an AA
392.11.00 Standgerüste, Fassadengerüste				
82 **Gerüste für Bauerneuerungsmaßnahmen (3 Objekte)**	6,40	**11,00**	21,00	
Einheit: m² Brutto-Grundfläche				
001 Gerüstarbeiten				100,0%

397 Zusätzliche Maßnahmen

KG.AK.AA - Wiederherstellen	▷	€/Einheit	◁ LB an AA
397.12.00 Schutz bestehender Bausubstanz			
02 **Bauzeitenschutz von Fenstern und Türen (1 Objekt)**	–	0,40	–
Einheit: m² Brutto-Grundfläche			
012 Mauerarbeiten			100,0%
397.13.00 Schutz von fertiggestellten Bauteilen			
05 **Schutz der neuen Fenster und Türen während der Sanierung (1 Objekt)**	–	5,60	–
Einheit: m² Brutto-Grundfläche			
012 Mauerarbeiten			100,0%

Kosten:
Stand 2.Quartal 2018
Bundesdurchschnitt
inkl. 19% MwSt.

▷ von
ø Mittel
◁ bis

423 Raumheizflächen

KG.AK.AA - Wiederherstellen	▷	€/Einheit	◁	LB an AA

423.11.00 Radiatoren
01 **Heizkörper, einschl. Anschlussleitungen, entfernen von Beschichtung, ohne Beschädigung des Untergrunds, neu Beschichtung mit Heizkörperlack (3 Objekte)** — 12,00 — **17,00** — 20,00
Einheit: m² Heizkörperfläche
034 Maler- und Lackierarbeiten - Beschichtungen — 51,0%
041 Wärmeversorgungsanlagen - Leitungen, Armaturen, Heizflächen — 49,0%

521 Wege

KG.AK.AA - Wiederherstellen	▷	€/Einheit	◁	LB an AA
521.51.00 Deckschicht Pflaster				
03 **Betonpflastersteine aufnehmen, säubern, lagern, wieder im Sandbett verlegen (3 Objekte)**	60,00	**70,00**	87,00	
Einheit: m² Wegefläche				
014 Natur-, Betonwerksteinarbeiten				50,0%
080 Straßen, Wege, Plätze				50,0%

Kosten:
Stand 2.Quartal 2018
Bundesdurchschnitt
inkl. 19% MwSt.

▷ von
ø Mittel
◁ bis

Altbau Ausführungsarten
Herstellen

Ausführungsarten
zur 3. Ebene DIN 276
für die Kostengruppen 300+400

311 Baugrubenherstellung

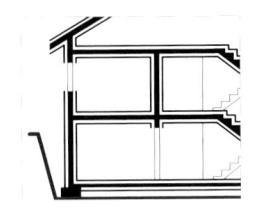

Kosten:
Stand 2.Quartal 2018
Bundesdurchschnitt
inkl. 19% MwSt.

▷ von
Ø Mittel
◁ bis

KG.AK.AA - Herstellen	▷	€/Einheit	◁	LB an AA
311.12.00 Oberbodenabtrag BK 1, lagern				
02 **Oberboden, abtragen, lagern (6 Objekte)**	2,10	**3,00**	3,90	
Einheit: m² Abtragsfläche				
002 Erdarbeiten				100,0%
311.13.00 Oberbodenabtrag BK 1, lagern und einbauen				
02 **Oberboden, abtragen, lagern, einbauen (3 Objekte)**	2,00	**4,10**	8,10	
Einheit: m² Abtragsfläche				
002 Erdarbeiten				100,0%
311.14.00 Oberbodenabtrag BK 1, Abtransport				
02 **Oberboden, d=20-30cm, abtragen, laden, entsorgen (5 Objekte)**	3,00	**5,10**	7,40	
Einheit: m² Abtragsfläche				
002 Erdarbeiten				100,0%
311.21.00 Aushub Baugrube BK 2-5				
02 **Baugrube, ausheben (7 Objekte)**	1,90	**5,50**	11,00	
Einheit: m³ Aushub				
002 Erdarbeiten				100,0%
311.22.00 Aushub Baugrube BK 2-5, lagern				
02 **Baugrube, ausheben, lagern (19 Objekte)**	5,90	**11,00**	19,00	
Einheit: m³ Aushub				
002 Erdarbeiten				100,0%
311.23.00 Aushub Baugrube BK 2-5, lagern, hinterfüllen				
02 **Baugrube an Außenwand, ausheben, lagern, hinterfüllen (11 Objekte)**	37,00	**50,00**	65,00	
Einheit: m³ Aushubvolumen				
002 Erdarbeiten				100,0%
311.24.00 Aushub Baugrube BK 2-5, Abtransport				
02 **Boden, ausheben, im Gebäude (4 Objekte)**	99,00	**110,00**	160,00	
Einheit: m³ Aushub				
002 Erdarbeiten				100,0%
05 **Boden, ausheben, entsorgen, in Handarbeit (12 Objekte)**	66,00	**85,00**	110,00	
Einheit: m³ Aushub				
002 Erdarbeiten				100,0%
06 **Baugrube, ausheben, entsorgen (28 Objekte)**	23,00	**36,00**	52,00	
Einheit: m³ Aushub				
002 Erdarbeiten				100,0%
311.41.00 Hinterfüllen mit Siebschutt				
03 **Hinterfüllung, im Gebäude, Kies, geliefert (5 Objekte)**	47,00	**60,00**	71,00	
Einheit: m³ Auffüllmenge				
002 Erdarbeiten				51,0%
012 Mauerarbeiten				49,0%

KG.AK.AA - Herstellen ▷ €/Einheit ◁ LB an AA

322 Flachgründungen

322.11.00 Einzelfundamente und Streifenfundamente

07 **Fundamente, Ortbeton, Schalung, Bewehrung**   180,00   **200,00**   230,00
(5 Objekte)
Einheit: m³ Fundamentvolumen
013 Betonarbeiten   100,0%

08 **Streifenfundamente, Ortbeton, Schalung, Bewehrung, Verzahnung mit bestehenden Fundamenten**   510,00   **560,00**   640,00
(3 Objekte)
Einheit: m³ Fundamentvolumen
013 Betonarbeiten   100,0%

09 **Aushub, Fundamente, im Gebäude, in Handaushub**   97,00   **130,00**   150,00
(5 Objekte)
Einheit: m³ Aushub
002 Erdarbeiten   100,0%

324 Unterböden und Bodenplatten

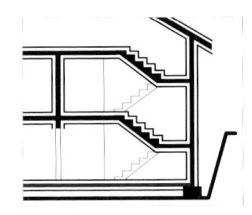

Kosten:
Stand 2.Quartal 2018
Bundesdurchschnitt
inkl. 19% MwSt.

KG.AK.AA - Herstellen	▷	€/Einheit	◁	LB an AA
324.15.00 Stahlbeton, Ortbeton, Platten				
04 **Bodenplatte, Ortbeton, d=15cm, Schalung, Bewehrung, innerhalb von Gebäude, Ergänzungen zum Bestand (7 Objekte)**	40,00	**61,00**	87,00	
Einheit: m² Plattenfläche				
013 Betonarbeiten				100,0%
05 **Bodenplatte, Ortbeton, d=16-25cm, Schalung, Bewehrung, im vorhandenen Gebäude (7 Objekte)**	73,00	**100,00**	130,00	
Einheit: m² Plattenfläche				
013 Betonarbeiten				100,0%
06 **Bodenplatte, WU-Ortbeton, d=20-25cm, Schalung, Bewehrung, Dehnfugen abdichten, Erweiterung für Anbau (2 Objekte)**	150,00	**180,00**	210,00	
Einheit: m² Plattenfläche				
013 Betonarbeiten				100,0%
07 **Bodenplatte, Ortbeton, d=12-16cm, Schalung, Bewehrung, auf verdichteter Kiesfilterschicht (3 Objekte)**	62,00	**85,00**	98,00	
Einheit: m² Plattenfläche				
013 Betonarbeiten				100,0%

▷ von
ø Mittel
◁ bis

325 Bodenbeläge

KG.AK.AA - Herstellen	▷	€/Einheit	◁	LB an AA

325.11.00 Beschichtung
06 **Bodenbeschichtung auf Estrichflächen, reinigen, Grund- und Schlussbeschichtung (6 Objekte)** — 11,00 | **13,00** | 17,00
Einheit: m² Belegte Fläche
034 Maler- und Lackierarbeiten - Beschichtungen — 100,0%

325.15.00 Beschichtung, Estrich, Dämmung
02 **Wärme- und Trittschalldämmung, d=60mm, Estrich, Beschichtung (1 Objekt)** — – | **66,00** | –
Einheit: m² Belegte Fläche
025 Estricharbeiten — 70,0%
034 Maler- und Lackierarbeiten - Beschichtungen — 30,0%

325.21.00 Estrich
09 **Zementestrich, d=45-60mm, bewehrt (4 Objekte)** — 35,00 | **37,00** | 39,00
Einheit: m² Belegte Fläche
025 Estricharbeiten — 100,0%

325.24.00 Estrich, Dämmung
02 **Wärme- und Trittschalldämmung, Zementestrich, d=50mm, Bewehrung (4 Objekte)** — 37,00 | **45,00** | 53,00
Einheit: m² Belegte Fläche
025 Estricharbeiten — 100,0%

325.26.00 Dämmung
05 **Wärmedämmung WLG 035 oder 040, d=100-160mm (8 Objekte)** — 14,00 | **22,00** | 33,00
Einheit: m² Belegte Fläche
025 Estricharbeiten — 100,0%
06 **Wärmedämmung WLG 035 oder 040, d=60-80mm (7 Objekte)** — 9,90 | **13,00** | 20,00
Einheit: m² Belegte Fläche
025 Estricharbeiten — 100,0%
07 **Wärmedämmung WLG 035 oder 040, d=20-50mm (7 Objekte)** — 4,70 | **6,00** | 12,00
Einheit: m² Belegte Fläche
025 Estricharbeiten — 100,0%
08 **Trittschalldämmung, d=20-50mm (6 Objekte)** — 3,00 | **5,00** | 9,60
Einheit: m² Belegte Fläche
025 Estricharbeiten — 100,0%

© BKI Baukosteninformationszentrum; Erläuterungen zu den Tabellen siehe Seite 34   Kostenstand: 2.Quartal 2018, Bundesdurchschnitt, **inkl. 19% MwSt.**

325 Bodenbeläge

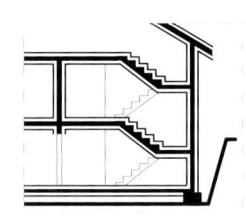

Kosten:
Stand 2.Quartal 2018
Bundesdurchschnitt
inkl. 19% MwSt.

▷ von
Ø Mittel
◁ bis

KG.AK.AA - Herstellen	▷	€/Einheit	◁	LB an AA
325.31.00 Fliesen und Platten				
02 **Bodenfliesen im Dickbett, säure- und laugenbeständig, rutschhemmend R 10, Verfugung, Sockelfliesen, Untergrundvorbereitung, dauerelastische Silikonverfugung, AKS-Gitter, Dehnfugenprofil (3 Objekte)**	130,00	**170,00**	190,00	
Einheit: m² Belegte Fläche				
024 Fliesen- und Plattenarbeiten				100,0%
07 **Bodenfliesen im Dünnbett auf Estrich verlegen (12 Objekte)**	53,00	**67,00**	83,00	
Einheit: m² Belegte Fläche				
024 Fliesen- und Plattenarbeiten				100,0%
325.34.00 Fliesen und Platten, Estrich, Abdichtung, Dämmung				
01 **Untergrundvorbereitung, Wärme- und Trittschalldämmung, d=50mm, Abdichtung, Zementestrich, d=50mm, Bewehrung, Bodenfliesen, Trenn- und Dehnungsschienen, Sockelfliesen (4 Objekte)**	160,00	**170,00**	170,00	
Einheit: m² Belegte Fläche				
013 Betonarbeiten				17,0%
018 Abdichtungsarbeiten				12,0%
024 Fliesen- und Plattenarbeiten				51,0%
025 Estricharbeiten				20,0%
325.41.00 Naturstein				
03 **Natursteinbelag im Mörtelbett, Granit 50x50cm, Natursteinsockel, Vorreinigung, Fluatierung (2 Objekte)**	250,00	**250,00**	260,00	
Einheit: m² Belegte Fläche				
014 Natur-, Betonwerksteinarbeiten				100,0%
325.51.00 Betonwerkstein				
02 **Betonwerksteinbelag in Dickbett, rutschhemmend, Betonwerksteinsockel, Vorreinigung, Fluatierung (2 Objekte)**	89,00	**97,00**	110,00	
Einheit: m² Belegte Fläche				
014 Natur-, Betonwerksteinarbeiten				100,0%
325.53.00 Betonwerkstein, Estrich, Abdichtung				
01 **Untergrundvorbereitung, Abdichtung, Fließestrich, d=60mm, Bewehrung, Betonwerksteinbelag, Trenn- und Dehnungsschienen, Betonwerksteinsockel (1 Objekt)**	–	**200,00**	–	
Einheit: m² Belegte Fläche				
014 Natur-, Betonwerksteinarbeiten				74,0%
025 Estricharbeiten				26,0%

325 Bodenbeläge

KG.AK.AA - Herstellen — €/Einheit — LB an AA

325.55.00 Betonwerkstein, Estrich, Dämmung
01 Untergrundvorbereitung, Wärme- und Trittschalldämmung, d=130mm, Zementestrich, d=55mm, Bewehrung, Betonwerksteinbelag, Trenn- und Dehnungsschienen, Betonwerksteinsockel (1 Objekt) — – | 150,00 | –

Einheit: m² Belegte Fläche
- 014 Natur-, Betonwerksteinarbeiten — 67,0%
- 024 Fliesen- und Plattenarbeiten — 1,0%
- 025 Estricharbeiten — 33,0%

325.61.00 Textil
02 Teppichboden, Sockelleisten (2 Objekte) — 30,00 | 30,00 | 30,00

Einheit: m² Belegte Fläche
- 036 Bodenbelagarbeiten — 100,0%

325.62.00 Textil, Estrich
83 Textilbelag, Unterboden aus Spanplatten (3 Objekte) — 69,00 | 75,00 | 83,00

Einheit: m² Belegte Fläche
- 016 Zimmer- und Holzbauarbeiten — 27,0%
- 036 Bodenbelagarbeiten — 73,0%

325.64.00 Textil, Estrich, Abdichtung, Dämmung
02 Wärme- und Trittschalldämmung, Feuchtigkeitsabdichtung, Bitumenschweißbahn, Zementestrich, Teppichboden, Teppichsockel (1 Objekt) — – | 60,00 | –

Einheit: m² Belegte Fläche
- 018 Abdichtungsarbeiten — 21,0%
- 025 Estricharbeiten — 55,0%
- 036 Bodenbelagarbeiten — 24,0%

325.71.00 Holz
03 Parkett auf vorhandenem Estrich, Untergrundvorbereitung, Unebenheiten ausgleichen, Sockelleisten, Messing-Trennschienen (2 Objekte) — 47,00 | 66,00 | 85,00

Einheit: m² Belegte Fläche
- 027 Tischlerarbeiten — 50,0%
- 028 Parkett-, Holzpflasterarbeiten — 50,0%

325.81.00 Hartbeläge
03 Voranstrich, Fläche spachteln, Linoleum, d=3,2mm, Verfugung, Erstpflege, Sockelleisten (8 Objekte) — 34,00 | 50,00 | 59,00

Einheit: m² Belegte Fläche
- 036 Bodenbelagarbeiten — 100,0%

325.85.00 Hartbeläge, Estrich, Dämmung
01 Untergrund reinigen, Wärmedämmung, d=60mm, Zementestrich, d=50mm, Linoleum, d=3,2mm, Fugen verschweißen, Sockelleisten (2 Objekte) — 63,00 | 77,00 | 90,00

Einheit: m² Belegte Fläche
- 025 Estricharbeiten — 51,0%
- 036 Bodenbelagarbeiten — 49,0%

325 Bodenbeläge

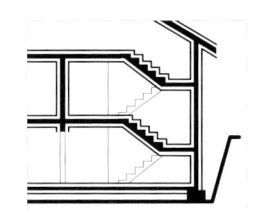

Kosten:
Stand 2.Quartal 2018
Bundesdurchschnitt
inkl. 19% MwSt.

KG.AK.AA - Herstellen	▷	€/Einheit	◁	LB an AA
325.92.00 Ziegelbeläge				
01 **Ziegelpflaster, Mz 12/1,6, als Flachschicht in Mörtel- oder Sandbett verlegen, d=2cm, Fugenverguss (2 Objekte)**	40,00	**44,00**	49,00	
Einheit: m² Belegte Fläche				
012 Mauerarbeiten				100,0%
325.93.00 Sportböden				
03 **Flächenelastischer Sportboden, Höhenausgleich des Unterbodens, Doppelschwingelemente zwei Schwingträger, Träger-Spanplatte, Sperrholz elastisch, Dämmung, Spezial-Linoleum, Beanspruchungsgruppe K5, Erstpflege, Hartholz-Fußleisten, Spielfeldmarkierungen als farbige PUR-Beschichtung (2 Objekte)**	94,00	**110,00**	120,00	
Einheit: m² Belegte Fläche				
036 Bodenbelagarbeiten				100,0%

▷ von
Ø Mittel
◁ bis

KG.AK.AA - Herstellen	▷	€/Einheit	◁	LB an AA
326.21.00 Filterschicht				
03 **Kiesfilterschicht, d=10-15cm (4 Objekte)**	6,30	**9,50**	13,00	
Einheit: m² Schichtfläche				
012 Mauerarbeiten				50,0%
013 Betonarbeiten				50,0%
326.22.00 Filterschicht, Abdichtung				
01 **Kiesfilterschicht, Körnung 16/32mm, d=10-15cm, PE-Folie, d=0,25mm, zweilagig (2 Objekte)**	16,00	**17,00**	19,00	
Einheit: m² Schichtfläche				
013 Betonarbeiten				50,0%
018 Abdichtungsarbeiten				50,0%
326.31.00 Sauberkeitsschicht				
02 **Sauberkeitsschicht, Ortbeton, d=5-10cm, unbewehrt (7 Objekte)**	9,70	**13,00**	16,00	
Einheit: m² Schichtfläche				
013 Betonarbeiten				100,0%
326.51.00 Planum herstellen				
01 **Planum der Baugrubensohle, Höhendifferenz max. +/-2cm (1 Objekt)**	–	**1,10**	–	
Einheit: m² Planumfläche				
002 Erdarbeiten				100,0%

326 Bauwerksabdichtungen

327 Dränagen

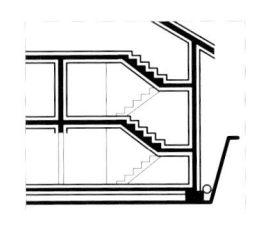

KG.AK.AA - Herstellen	▷	€/Einheit	◁	LB an AA
327.11.00 Dränageleitungen				
03 **Dränageleitungen DN100, PVC, gewellt (5 Objekte)**	7,00	**10,00**	12,00	
Einheit: m Leitung				
010 Drän- und Versickerarbeiten				100,0%
327.12.00 Dränageleitungen mit Kiesumhüllung				
02 **Dränageleitungen DN100, PVC, gewellt, Kiesumhüllung, Körnung 16-32mm (7 Objekte)**	20,00	**26,00**	33,00	
Einheit: m Leitung				
010 Drän- und Versickerarbeiten				100,0%
327.21.00 Dränageschächte				
03 **Dränagekontrollschächte DN300-315, mit Sandfang und Schachtabdeckung (3 Objekte)**	130,00	**190,00**	220,00	
Einheit: m Tiefe				
009 Entwässerungskanalarbeiten				51,0%
010 Drän- und Versickerarbeiten				49,0%

Kosten:
Stand 2.Quartal 2018
Bundesdurchschnitt
inkl. 19% MwSt.

▷ von
Ø Mittel
◁ bis

331 Tragende Außenwände

KG.AK.AA - Herstellen ▷ €/Einheit ◁ LB an AA

			Von	Mittel	Bis	Anteil
331.14.00		Mauerwerkswand, Kalksandsteine				
	06	Öffnungen in KS-Außenmauerwerk herstellen, d=38-64cm (2 Objekte)	52,00	**53,00**	55,00	
		Einheit: m² Wandfläche				
		012 Mauerarbeiten				100,0%
	07	Öffnungen mit KS-Mauerwerk schließen, d=30-51cm (2 Objekte)	310,00	**330,00**	340,00	
		Einheit: m² Wandfläche				
		012 Mauerarbeiten				100,0%
	09	KS-Leichtmauerwerk, d=24-30cm, Leichtmörtel LM 21 (2 Objekte)	100,00	**120,00**	130,00	
		Einheit: m² Wandfläche				
		012 Mauerarbeiten				100,0%
	10	KS-Mauerwerk, d=24cm, min. Abstand zum vorhandenen Mauerwerk 3cm, Ringbalken, Ankerschienen, l=40-180cm (4 Objekte)	100,00	**110,00**	130,00	
		Einheit: m² Wandfläche				
		012 Mauerarbeiten				86,0%
		013 Betonarbeiten				14,0%
331.16.00		Mauerwerkswand, Mauerziegel				
	02	Öffnungen bis 5m² in Ziegelmauerwerk, d=24-51cm, mit Sturzüberdeckung herstellen (2 Objekte)	290,00	**290,00**	300,00	
		Einheit: m² Wandfläche				
		012 Mauerarbeiten				100,0%
	03	Durchbrüche mit Ziegelmauerwerk nach Installation bis 600cm² schließen (1 Objekt)	–	**560,00**	–	
		Einheit: m² Wandfläche				
		012 Mauerarbeiten				100,0%
	13	Wärmedämmziegeln, d=24cm, Mörtelgruppe II (6 Objekte)	71,00	**100,00**	120,00	
		Einheit: m² Wandfläche				
		012 Mauerarbeiten				100,0%
331.19.00		Mauerwerkswand, sonstiges				
	82	Öffnungen für Türen und Fenster, mit Überdeckungen in vorhandenen Mauerwerkswänden, d=20-40cm, herstellen (4 Objekte)	170,00	**180,00**	190,00	
		Einheit: m² Öffnungsfläche				
		012 Mauerarbeiten				100,0%
	84	Öffnungen in Mauerwerkswände schließen, d=20-40cm (1 Objekt)	–	**170,00**	–	
		Einheit: m² Öffnungsfläche				
		012 Mauerarbeiten				100,0%
331.21.00		Betonwand, Ortbetonwand, schwer				
	08	Betonwände, Sichtbeton, d=25cm, Schalung, Bewehrung (2 Objekte)	190,00	**220,00**	240,00	
		Einheit: m² Wandfläche				
		013 Betonarbeiten				100,0%

332 Nichttragende Außenwände

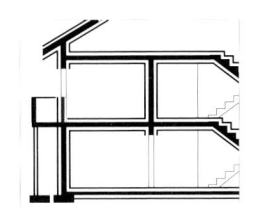

Kosten:
Stand 2.Quartal 2018
Bundesdurchschnitt
inkl. 19% MwSt.

KG.AK.AA - Herstellen	▷	€/Einheit	◁ LB an AA
332.12.00 Mauerwerkswand, Porenbeton			
03 **Porenbeton-Mauerwerk G4, d=24cm, Mörtelgruppe II** (1 Objekt)	–	92,00	–
Einheit: m² Wandfläche			
012 Mauerarbeiten			100,0%
332.19.00 Mauerwerkswand, sonstiges			
82 **Öffnungen in Mauerwerk schließen, d=11,5cm** (1 Objekt)	–	100,00	–
Einheit: m² Öffnungsfläche			
012 Mauerarbeiten			100,0%

▷ von
Ø Mittel
◁ bis

333 Außenstützen

KG.AK.AA - Herstellen	▷ €/Einheit ◁ LB an AA

333.16.00 Mauerwerksstütze, Mauerziegel
01 Mauerwerkstütze 24x24cm (1 Objekt) — 180,00 —
Einheit: m Stützenlänge
012 Mauerarbeiten — 100,0%

333.21.00 Betonstütze, Ortbeton, schwer
04 Betonstütze, Ortbeton, Querschnitt 600-1.100cm², Sichtschalung, Bewehrung (3 Objekte) — 130,00 150,00 190,00
Einheit: m Stützenlänge
013 Betonarbeiten — 100,0%

333.32.00 Holzstütze, Brettschichtholz
02 Rechteck-Holzstütze 8x10-8x20cm, Brettschichtholz, Gewindehülsen, Stützenfüße, Holzschutzbehandlung (3 Objekte) — 38,00 67,00 84,00
Einheit: m Stützenlänge
016 Zimmer- und Holzbauarbeiten — 50,0%
020 Dachdeckungsarbeiten — 47,0%
022 Klempnerarbeiten — 3,0%

333.41.00 Metallstütze, Profilstahl
02 Stahlstütze 80x10cm, Kopf- und Fußplatte (1 Objekt) — — 310,00 —
Einheit: m Stützenlänge
031 Metallbauarbeiten — 100,0%

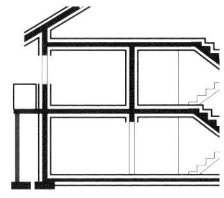

334 Außentüren und -fenster

Kosten:
Stand 2.Quartal 2018
Bundesdurchschnitt
inkl. 19% MwSt.

▷ von
ø Mittel
◁ bis

KG.AK.AA - Herstellen	▷	€/Einheit	◁	LB an AA
334.12.00 Türen, Holz				
05 **Kiefer-Holzaußentür, zweiteilig, Drehtür, Glasausschnitte, Oberlicht, Isolierverglasung (7 Objekte)**	760,00	950,00	1.340,00	
Einheit: m² Türfläche				
026 Fenster, Außentüren				92,0%
034 Maler- und Lackierarbeiten - Beschichtungen				8,0%
334.13.00 Türen, Kunststoff				
01 **Nebeneingangstür, Kunststoff, Glasausschnitt (2 Objekte)**	560,00	580,00	610,00	
Einheit: m² Türfläche				
026 Fenster, Außentüren				100,0%
334.14.00 Türen, Metall				
02 **Stahltür, Kelleraußentür, zweiflüglig, reinigen, grundieren, spachteln, Vorlack, Schlussbeschichtung (4 Objekte)**	330,00	580,00	690,00	
Einheit: m² Türfläche				
026 Fenster, Außentüren				95,0%
034 Maler- und Lackierarbeiten - Beschichtungen				5,0%
334.62.00 Fenster, Holz				
07 **Holzfenster, ein- und zweiflüglig, Dreh-Kippbeschlag, Isolierverglasung, Fensterbänke innen und außen, Wandanschlüsse anpassen (8 Objekte)**	390,00	490,00	650,00	
Einheit: m² Fensterfläche				
026 Fenster, Außentüren				99,0%
034 Maler- und Lackierarbeiten - Beschichtungen				1,0%
334.63.00 Fenster, Kunststoff				
03 **Kunststofffenster, Dreh-Kipp-Flügel, Fensterbänke, innen und außen, Wärmeschutzverglasung (5 Objekte)**	430,00	500,00	600,00	
Einheit: m² Fensterfläche				
026 Fenster, Außentüren				100,0%
334.65.00 Fenster, Mischkonstruktionen				
02 **Holz-Alu-Fenster, Alu-Oberfläche pulverbeschichtet (3 Objekte)**	490,00	570,00	690,00	
Einheit: m² Fensterfläche				
022 Klempnerarbeiten				11,0%
026 Fenster, Außentüren				89,0%
334.71.00 Schiebefenster				
01 **Holz-Schiebetür, Isolierverglasung, Hebetürbeschlag (2 Objekte)**	390,00	470,00	560,00	
Einheit: m² Fensterfläche				
026 Fenster, Außentüren				100,0%

KG.AK.AA - Herstellen	▷	€/Einheit	◁	LB an AA
334.74.00 Kellerfenster				
02 **Kellerfenster, kleinteilig in Holz, Drehflügel, Mäusegitter (3 Objekte)**	460,00	**550,00**	690,00	
Einheit: m² Fensterfläche				
012 Mauerarbeiten				58,0%
026 Fenster, Außentüren				42,0%
334.93.00 Schließanlage				
02 **Doppel- und Halbzylinder, General- und Hauptschlüssel (Anteil für Außentüren) (3 Objekte)**	48,00	**52,00**	61,00	
Einheit: St Schließzylinder				
026 Fenster, Außentüren				50,0%
029 Beschlagarbeiten				50,0%

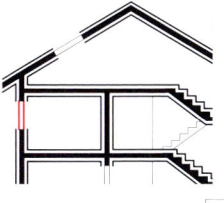

334 Außentüren und -fenster

335 Außenwandbekleidungen außen

Kosten:
Stand 2.Quartal 2018
Bundesdurchschnitt
inkl. 19% MwSt.

▷ von
Ø Mittel
◁ bis

KG.AK.AA - Herstellen	▷	€/Einheit	◁	LB an AA
335.21.00 Beschichtung				
05 **Grundierung, Grundbeschichtung, Schlussbeschichtung auf Putzwände (5 Objekte)**	12,00	**14,00**	16,00	
Einheit: m² Bekleidete Fläche				
034 Maler- und Lackierarbeiten - Beschichtungen				100,0%
06 **Beschichtung, Acryl auf Holzflächen, Untergrundvorbehandlung (2 Objekte)**	7,90	**8,80**	9,80	
Einheit: m² Bekleidete Fläche				
034 Maler- und Lackierarbeiten - Beschichtungen				100,0%
07 **Beschichtung auf Sichtbetonflächen (2 Objekte)**	12,00	**16,00**	19,00	
Einheit: m² Bekleidete Fläche				
034 Maler- und Lackierarbeiten - Beschichtungen				100,0%
335.31.00 Putz				
03 **Kalkzementputz, zweilagig, Kantenschutzprofile, Dehnfugen (5 Objekte)**	43,00	**50,00**	55,00	
Einheit: m² Bekleidete Fläche				
023 Putz- und Stuckarbeiten, Wärmedämmsysteme				100,0%
335.36.00 Wärmedämmung, Putz				
02 **Prüfen des Untergrundes auf Schmutz-, Staub-, Öl- und Fettfreiheit, Wärmedämmung, d=60-100mm, Putz, Eckschutzschienen, Laibungen (9 Objekte)**	73,00	**86,00**	100,00	
Einheit: m² Bekleidete Fläche				
023 Putz- und Stuckarbeiten, Wärmedämmsysteme				100,0%
335.37.00 Wärmedämmung, Putz, Beschichtung				
06 **Wärmedämmverbundsystem, PS-Hartschaumplatten WLG 035 oder 040, d=100-200mm (18 Objekte)**	92,00	**110,00**	120,00	
Einheit: m² Bekleidete Fläche				
023 Putz- und Stuckarbeiten, Wärmedämmsysteme				90,0%
034 Maler- und Lackierarbeiten - Beschichtungen				10,0%
335.41.00 Bekleidung auf Unterkonstruktion, Faserzement				
03 **Unterkonstruktion, Wärmedämmung, d=80-100mm, Faserzementplatten (4 Objekte)**	120,00	**160,00**	200,00	
Einheit: m² Bekleidete Fläche				
038 Vorgehängte hinterlüftete Fassaden				100,0%
335.44.00 Bekleidung auf Unterkonstruktion, Holz				
02 **Holz-Bekleidung auf Unterkonstruktion, hinterlüftet, Wärmedämmung, Fensterlaibungen, Insektenschutzgitter (5 Objekte)**	86,00	**110,00**	190,00	
Einheit: m² Bekleidete Fläche				
038 Vorgehängte hinterlüftete Fassaden				100,0%

336 Außenwandbekleidungen innen

KG.AK.AA - Herstellen	▷	€/Einheit	◁	LB an AA

336.21.00 Beschichtung
07 **Beschichtung, Dispersion, Grundierung, Schlussbeschichtung auf geputzte Wände (10 Objekte)**   4,90   5,60   6,30
Einheit: m² Bekleidete Fläche
034 Maler- und Lackierarbeiten - Beschichtungen   100,0%

336.31.00 Putz
02 **Putz an Tür- oder Fensterleibungen, d=20-66cm, nach Einbau der Türen oder Fenster (4 Objekte)**   32,00   49,00   56,00
Einheit: m² Bekleidete Fläche
023 Putz- und Stuckarbeiten, Wärmedämmsysteme   100,0%

03 **Innenwandputz, zweilagig, Spritzbewurf, Eckschutzschienen, Untergrund Ziegelmauerwerk (6 Objekte)**   24,00   26,00   29,00
Einheit: m² Bekleidete Fläche
023 Putz- und Stuckarbeiten, Wärmedämmsysteme   100,0%

336.33.00 Putz, Fliesen und Platten
01 **Wandputz, einlagig, d=10-15mm, Eckschutzschienen, Wandfliesen im Dünnbett, Schlüterschienen an Kanten, dauerelastische Verfugung (6 Objekte)**   94,00   110,00   130,00
Einheit: m² Bekleidete Fläche
023 Putz- und Stuckarbeiten, Wärmedämmsysteme   24,0%
024 Fliesen- und Plattenarbeiten   76,0%

336.35.00 Putz, Tapeten, Beschichtung
02 **Gipsputz als Maschinenputz, einlagig, d=15mm, Eckschutzschienen, Raufasertapete, Beschichtung, Dispersion (6 Objekte)**   21,00   26,00   31,00
Einheit: m² Bekleidete Fläche
023 Putz- und Stuckarbeiten, Wärmedämmsysteme   52,0%
034 Maler- und Lackierarbeiten - Beschichtungen   22,0%
037 Tapezierarbeiten   26,0%

336.62.00 Tapeten, Beschichtung
01 **Untergrund spachteln, Grundierung, Raufasertapete, Beschichtung, Dispersion (9 Objekte)**   11,00   14,00   18,00
Einheit: m² Bekleidete Fläche
034 Maler- und Lackierarbeiten - Beschichtungen   55,0%
037 Tapezierarbeiten   45,0%

338 Sonnenschutz

Kosten:
Stand 2.Quartal 2018
Bundesdurchschnitt
inkl. 19% MwSt.

KG.AK.AA - Herstellen	▷	€/Einheit	◁	LB an AA
338.11.00 Klappläden				
02 **Holzklappläden, Rahmen mit abgeplatteter Füllung, schräg eingeschobenen Lamellen, Beschläge (3 Objekte)**	530,00	**570,00**	630,00	
Einheit: m² Geschützte Fläche				
030 Rollladenarbeiten				100,0%
338.12.00 Rollläden				
08 **Alu-Rollläden, doppelwandig, Rohrmotoren (4 Objekte)**	250,00	**310,00**	380,00	
Einheit: m² Geschützte Fläche				
012 Mauerarbeiten				19,0%
030 Rollladenarbeiten				81,0%
338.33.00 Rollmarkise				
02 **Senkrechtmarkisen als außenliegende Sonnenschutzanlage, Elektroantrieb (1 Objekt)**	–	**220,00**	–	
Einheit: m² Geschützte Fläche				
031 Metallbauarbeiten				100,0%

▷ von
Ø Mittel
◁ bis

341 Tragende Innenwände

KG.AK.AA - Herstellen	▷	€/Einheit	◁	LB an AA
341.14.00 Mauerwerkswand, Kalksandsteine				
04 Öffnungen mit KS-Mauerwerk schließen, d=24-42cm (1 Objekt)	–	210,00	–	
Einheit: m² Wandfläche				
012 Mauerarbeiten				100,0%
05 KS-Mauerwerk, d=17,5-24cm, teilweise mit Anschluss an vorhandenes Mauerwerk (8 Objekte)	67,00	86,00	100,00	
Einheit: m² Wandfläche				
012 Mauerarbeiten				100,0%
06 Öffnungen in KS-Mauerwerk herstellen, d=24-64cm (1 Objekt)	–	86,00	–	
Einheit: m² Wandfläche				
012 Mauerarbeiten				100,0%
341.16.00 Mauerwerkswand, Mauerziegel				
07 Hlz-Mauerwerk, d=17,5-24cm, MG II-III, Sturzüberdeckung (4 Objekte)	68,00	77,00	87,00	
Einheit: m² Wandfläche				
012 Mauerarbeiten				100,0%
341.19.00 Mauerwerkswand, sonstiges				
84 Schlitze in Mauerwerk, Schlitzbreite bis 20cm, Schlitztiefe bis 10cm, Schuttentsorgung (7 Objekte)	26,00	31,00	35,00	
Einheit: m Schlitze				
012 Mauerarbeiten				100,0%
86 Öffnungen mit Mauerwerk schließen, d=20-40cm (5 Objekte)	180,00	240,00	350,00	
Einheit: m² Öffnungsfläche				
012 Mauerarbeiten				100,0%
87 Öffnungen in Mauerwerk schließen, d=20-40cm, Größe bis 0,50m² (4 Objekte)	37,00	43,00	49,00	
Einheit: St Durchbrüche				
012 Mauerarbeiten				100,0%
88 Schlitze in Mauerwerk schließen, Schlitzbreite bis 20cm (7 Objekte)	23,00	33,00	46,00	
Einheit: m Schlitze				
012 Mauerarbeiten				56,0%
023 Putz- und Stuckarbeiten, Wärmedämmsysteme				44,0%
341.21.00 Betonwand, Ortbeton, schwer				
02 Betonwände, Ortbeton, d=15-20cm, Sichtschalung, Bewehrung (3 Objekte)	160,00	170,00	190,00	
Einheit: m² Wandfläche				
013 Betonarbeiten				100,0%
07 Betonwände, Ortbeton, d=20-24cm, Schalung, Bewehrung, Wandöffnungen (4 Objekte)	150,00	180,00	250,00	
Einheit: m² Wandfläche				
013 Betonarbeiten				100,0%

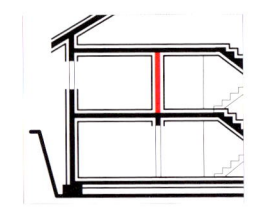

341 Tragende Innenwände

KG.AK.AA - Herstellen ▷ **€/Einheit** ◁ LB an AA

341.29.00 Betonwand, sonstiges
  81 **Durchbrüche in Betonwänden, d=20cm,** — 140,00 —
     Größe bis 0,10m², Schuttentsorgung (1 Objekt)
     Einheit: St Durchbrüche
     013 Betonarbeiten 100,0%

Kosten:
Stand 2.Quartal 2018
Bundesdurchschnitt
inkl. 19% MwSt.

▷ von
Ø Mittel
◁ bis

342 Nichttragende Innenwände

KG.AK.AA - Herstellen	▷	€/Einheit	◁	LB an AA
342.14.00 Mauerwerkswand, Kalksandsteine				
01 **KS-Mauerwerk, d=11,5cm, teilweise mit Verbund zum vorhandenen Mauerwerk (7 Objekte)**	55,00	**71,00**	99,00	
Einheit: m² Wandfläche				
012 Mauerarbeiten				100,0%
342.16.00 Mauerwerkswand, Mauerziegel				
03 **Hlz-Mauerwerk, d=11,5cm (5 Objekte)**	66,00	**73,00**	83,00	
Einheit: m² Wandfläche				
012 Mauerarbeiten				100,0%
04 **Öffnungen mit Hlz-Mauerwerk schließen, d=11,5cm, Größe bis 0,50m² (2 Objekte)**	81,00	**98,00**	120,00	
Einheit: m² Wandfläche				
012 Mauerarbeiten				100,0%
342.61.00 Metallständerwand, einfach beplankt				
02 **Metallständerwände, Dämmung, d=125mm, Gipskartonplatten, einfach beplankt, d=12,5mm (6 Objekte)**	50,00	**55,00**	65,00	
Einheit: m² Wandfläche				
039 Trockenbauarbeiten				100,0%
342.62.00 Metallständerwand, doppelt beplankt				
02 **Metallständerwände, Dämmung, d=125mm, Gipskartonplatten, doppelt beplankt, d=12,5mm (10 Objekte)**	66,00	**77,00**	86,00	
Einheit: m² Wandfläche				
039 Trockenbauarbeiten				100,0%
342.65.00 Metallständerwand, F90				
01 **Metallständerwände, Mineralfaserdämmung, Gipskartonplatten F90, Türöffnungen (3 Objekte)**	52,00	**66,00**	92,00	
Einheit: m² Wandfläche				
039 Trockenbauarbeiten				100,0%
342.92.00 Vormauerung für Installationen				
03 **Installationsvormauerungen, Hlz-Mauerwerk, d=11,5cm (3 Objekte)**	84,00	**85,00**	86,00	
Einheit: m² Wandfläche				
012 Mauerarbeiten				50,0%
039 Trockenbauarbeiten				50,0%

343 Innenstützen

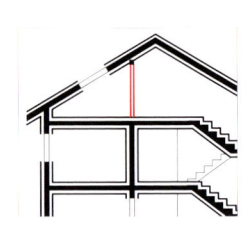

KG.AK.AA - Herstellen	▷	€/Einheit	◁	LB an AA
343.21.00 Betonstütze, Ortbeton, schwer				
83 **Betonstütze, Ortbeton, in vorhandenen Bauten einbauen (1 Objekt)** Einheit: m Stützenlänge	–	150,00	–	
013 Betonarbeiten				100,0%
343.41.00 Metallstütze, Profilstahl				
81 **Stahlstützen in vorhandene Wände einbauen (1 Objekt)** Einheit: m Stützenlänge	–	160,00	–	
017 Stahlbauarbeiten				100,0%

Kosten:
Stand 2.Quartal 2018
Bundesdurchschnitt
inkl. 19% MwSt.

▷ von
Ø Mittel
◁ bis

KG.AK.AA - Herstellen	▷	€/Einheit	◁ LB an AA

344 Innentüren und -fenster

344.11.00 Türen, Ganzglas
  02 **Ganzglastür, ESG, Holzzarge (2 Objekte)** — 560,00 | **640,00** | 720,00
   Einheit: m² Türfläche
   027 Tischlerarbeiten — 50,0%
   031 Metallbauarbeiten — 50,0%

344.12.00 Türen, Holz
  05 **Holztür, Türblatt Röhrenspan, Holzzarge, Beschläge, Oberflächen endbehandelt (8 Objekte)** — 240,00 | **270,00** | 380,00
   Einheit: m² Türfläche
   027 Tischlerarbeiten — 100,0%

344.14.00 Türen, Metall
  03 **Stahltür, einflüglig, Stahlzarge, Beschichtung (4 Objekte)** — 320,00 | **350,00** | 370,00
   Einheit: m² Türfläche
   027 Tischlerarbeiten — 50,0%
   031 Metallbauarbeiten — 50,0%

344.31.00 Türen, Tore, rauchdicht
  02 **Türen, rauchdicht, Bodenabdichtung, Zargen, Beschichtung, automatischer Türschließer (5 Objekte)** — 620,00 | **740,00** | 830,00
   Einheit: m² Türfläche
   027 Tischlerarbeiten — 42,0%
   031 Metallbauarbeiten — 58,0%

344.32.00 Brandschutztüren, -tore, T30
  04 **Stahltür T30 mit Zulassung, Stahlzarge, Beschläge (7 Objekte)** — 420,00 | **480,00** | 570,00
   Einheit: m² Türfläche
   027 Tischlerarbeiten — 49,0%
   031 Metallbauarbeiten — 47,0%
   034 Maler- und Lackierarbeiten - Beschichtungen — 4,0%

344.42.00 Kipptore
  02 **Geräteraumtor als Schwebetoranlage mit Gegengewichten und Blendrahmen, Holzbekleidung (4 Objekte)** — 580,00 | **600,00** | 660,00
   Einheit: m² Torfläche
   027 Tischlerarbeiten — 100,0%

344.74.00 Brandschutzfenster, F90
  01 **Brandschutzverglasung F90, festverglast (1 Objekt)** — – | **900,00** | –
   Einheit: m² Fensterfläche
   027 Tischlerarbeiten — 11,0%
   031 Metallbauarbeiten — 89,0%

© BKI Baukosteninformationszentrum; Erläuterungen zu den Tabellen siehe Seite 34   Kostenstand: 2.Quartal 2018, Bundesdurchschnitt, inkl. **19% MwSt.**

345 Innenwandbekleidungen

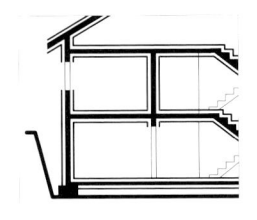

Kosten:
Stand 2.Quartal 2018
Bundesdurchschnitt
inkl. 19% MwSt.

KG.AK.AA - Herstellen	▷	€/Einheit	◁ LB an AA
345.21.00 Beschichtung			
10 Beschichtung mineralischer Untergründe (Putz, Gipskarton), Grund-, Zwischen- und Schlussbeschichtung, scheuerbeständig (10 Objekte)	4,00	**4,80**	5,50
Einheit: m² Bekleidete Fläche			
034 Maler- und Lackierarbeiten - Beschichtungen			100,0%
345.31.00 Putz			
04 Wandschlitze bis 15cm auswerfen und verputzen (1 Objekt)	–	**70,00**	–
Einheit: m² Bekleidete Fläche			
023 Putz- und Stuckarbeiten, Wärmedämmsysteme			100,0%
07 Innenwandputz, zweilagig, Spritzbewurf, Eckschutzschienen, Untergrund Ziegelmauerwerk (6 Objekte)	16,00	**20,00**	24,00
Einheit: m² Bekleidete Fläche			
023 Putz- und Stuckarbeiten, Wärmedämmsysteme			100,0%
345.32.00 Putz, Beschichtung			
05 Innenwandputz, d=15mm, zweilagig, Untergrundvorbehandlung, Beschichtung, Dispersion (4 Objekte)	31,00	**35,00**	39,00
Einheit: m² Bekleidete Fläche			
023 Putz- und Stuckarbeiten, Wärmedämmsysteme			83,0%
034 Maler- und Lackierarbeiten - Beschichtungen			17,0%
345.33.00 Putz, Fliesen und Platten			
04 Wandfliesen im Dünnbettverfahren verlegt, Schutzgrundierung, Eckschienen, dauerelastische Verfugung (7 Objekte)	68,00	**81,00**	88,00
Einheit: m² Bekleidete Fläche			
024 Fliesen- und Plattenarbeiten			100,0%
05 Kalkzementputz, zweilagig, d=12-15mm, Wandfliesen, Eckschienen, dauerelastische Verfugung (4 Objekte)	100,00	**120,00**	150,00
Einheit: m² Bekleidete Fläche			
014 Natur-, Betonwerksteinarbeiten			44,0%
023 Putz- und Stuckarbeiten, Wärmedämmsysteme			15,0%
024 Fliesen- und Plattenarbeiten			41,0%
345.35.00 Putz, Tapeten, Beschichtung			
01 Kalkzementputz, Raufasertapete, Grundierung, Beschichtung, Dispersion (2 Objekte)	29,00	**31,00**	33,00
Einheit: m² Bekleidete Fläche			
023 Putz- und Stuckarbeiten, Wärmedämmsysteme			53,0%
034 Maler- und Lackierarbeiten - Beschichtungen			28,0%
037 Tapezierarbeiten			18,0%
345.48.00 Bekleidung auf Unterkonstruktion, mineralisch			
04 Gipskartonbeplankung an vorhandene Unterkonstruktion, Faserdämmstoff (4 Objekte)	29,00	**31,00**	33,00
Einheit: m² Bekleidete Fläche			
039 Trockenbauarbeiten			100,0%

▷ von
ø Mittel
◁ bis

KG.AK.AA - Herstellen	▷	€/Einheit	◁	LB an AA

345 Innenwandbekleidungen

345.62.00 Tapeten, Beschichtung
   03 **Wandfläche spachteln, Raufasertapete, Beschichtung, Dispersion (10 Objekte)**   8,10   **10,00**   12,00
      Einheit: m² Bekleidete Fläche
      034 Maler- und Lackierarbeiten - Beschichtungen   53,0%
      037 Tapezierarbeiten   47,0%

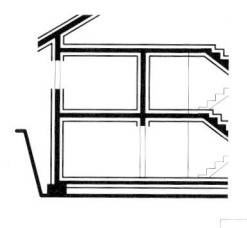

346 Elementierte Innenwände

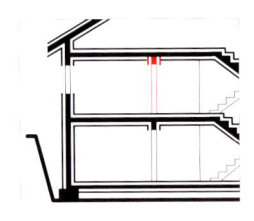

KG.AK.AA - Herstellen	▷	€/Einheit	◁ LB an AA
346.12.00 Montagewände, Holz			
02 **Lattenverschlag zur Unterteilung von Kellerräumen, Türen, Überwurfschloss (2 Objekte)**	48,00	**57,00**	65,00
Einheit: m² Elementierte Wandfläche			
027 Tischlerarbeiten			100,0%
346.34.00 Sanitärtrennwände, Kunststoff			
02 **WC-Trennwände, d=13mm, Melamin-Vollkunststoffplatten, Türen (2 Objekte)**	220,00	**220,00**	220,00
Einheit: m² Elementierte Wandfläche			
027 Tischlerarbeiten			50,0%
039 Trockenbauarbeiten			50,0%

Kosten:
Stand 2.Quartal 2018
Bundesdurchschnitt
inkl. 19% MwSt.

▷ von
Ø Mittel
◁ bis

351 Deckenkonstruktionen

KG.AK.AA - Herstellen	▷	€/Einheit	◁	LB an AA
351.15.00 Stahlbeton, Ortbeton, Platten				
04 **Deckenauflager in Mauerwerkswänden herstellen, Stahlbetondecke, d=18-25cm, Unterzüge, Schalung, Bewehrung (9 Objekte)** Einheit: m² Deckenfläche 013 Betonarbeiten	140,00	**160,00**	220,00	100,0%
351.19.00 Stahlbeton, Ortbeton, sonstiges				
85 **Durchbrüche in Betondecken, Deckenstärke 15-20cm, Größe bis 0,10m² (4 Objekte)** Einheit: St Durchbrüche 013 Betonarbeiten	50,00	**67,00**	88,00	100,0%
86 **Durchbrüche in Betondecken schließen, Deckenstärke 20cm, Größe bis 0,50m² (3 Objekte)** Einheit: St Durchbrüche 013 Betonarbeiten	39,00	**46,00**	58,00	100,0%
87 **Durchbrüche in Betondecken, Deckenstärke 15-20cm, Größe 0,10-0,20m² (3 Objekte)** Einheit: St Durchbrüche 013 Betonarbeiten	83,00	**100,00**	140,00	100,0%
88 **Durchbrüche in Betondecken schließen, Deckenstärke 20cm, Größe 0,5-1,0m² (4 Objekte)** Einheit: St Durchbrüche 013 Betonarbeiten	51,00	**58,00**	65,00	100,0%
89 **Vorhandene Betondecken mit Stahlträgern verstärken (1 Objekt)** Einheit: m² Deckenfläche 017 Stahlbauarbeiten	–	**220,00**	–	100,0%
351.51.00 Treppen, gerade, Ortbeton				
03 **Betontreppe, Ortbeton, gerade, Podeste, Bewehrung (3 Objekte)** Einheit: m² Treppenfläche 013 Betonarbeiten	330,00	**350,00**	390,00	100,0%
351.52.00 Treppen, gewendelt, Ortbeton				
01 **Betontreppe, Ortbeton, gewendelt, Schalung, Bewehrung (1 Objekt)** Einheit: m² Treppenfläche 013 Betonarbeiten	–	**580,00**	–	100,0%

352 Deckenbeläge

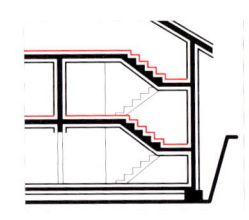

Kosten:
Stand 2.Quartal 2018
Bundesdurchschnitt
inkl. 19% MwSt.

▷ von
ø Mittel
◁ bis

KG.AK.AA - Herstellen	▷	€/Einheit	◁	LB an AA
352.11.00 Beschichtung				
01 **Untergrundbehandlung, Fußbodenbeschichtung mit ölbeständiger Dispersionsfarbe (2 Objekte)**	9,40	**11,00**	12,00	
Einheit: m² Belegte Fläche				
034 Maler- und Lackierarbeiten - Beschichtungen				100,0%
352.21.00 Estrich				
06 **Schwimmender Zementestrich, d=45-85mm (3 Objekte)**	22,00	**29,00**	42,00	
Einheit: m² Belegte Fläche				
025 Estricharbeiten				100,0%
352.26.00 Dämmung				
02 **Wärmedämmung WLG 035 oder 040, d=20-90mm (6 Objekte)**	4,70	**6,20**	8,00	
Einheit: m² Belegte Fläche				
025 Estricharbeiten				100,0%
03 **Wärmedämmung WLG 035 oder 040, d=100-200mm (5 Objekte)**	14,00	**18,00**	20,00	
Einheit: m² Belegte Fläche				
025 Estricharbeiten				100,0%
04 **Trittschalldämmung, d=20-50mm (16 Objekte)**	3,70	**5,20**	7,80	
Einheit: m² Belegte Fläche				
025 Estricharbeiten				100,0%
352.31.00 Fliesen und Platten				
07 **Untergrundvorbereitung, Bodenfliesen im Dünnbett, Sockelfliesen, dauerelastische Verfugung, Trennschienen (5 Objekte)**	89,00	**98,00**	110,00	
Einheit: m² Belegte Fläche				
024 Fliesen- und Plattenarbeiten				100,0%
352.35.00 Fliesen und Platten, Estrich, Dämmung				
01 **Untergrundvorbereitung, Wärme- und Trittschalldämmung, d=40mm, Zementestrich, d=45mm, Bodenfliesen, Sockelfliesen, Trennschienen (4 Objekte)**	77,00	**100,00**	110,00	
Einheit: m² Belegte Fläche				
024 Fliesen- und Plattenarbeiten				42,0%
025 Estricharbeiten				18,0%
039 Trockenbauarbeiten				41,0%
352.51.00 Betonwerkstein				
02 **Betonwerksteinbelag auf Treppen und Podesten im Mörtelbett, Stufensockel (2 Objekte)**	280,00	**290,00**	290,00	
Einheit: m² Belegte Fläche				
014 Natur-, Betonwerksteinarbeiten				100,0%

352 Deckenbeläge

KG.AK.AA - Herstellen — ▷ €/Einheit ◁ LB an AA

352.61.00 Textil
03 Klebstoffrückstände schleifen, reinigen, entfernen, Risse und Fehlstellen der vorh. Estrichunterböden schließen, Haftgrund, Teppichboden, Sockelleisten (4 Objekte) — 50,00 | **55,00** | 70,00
Einheit: m² Belegte Fläche
027 Tischlerarbeiten — 28,0%
036 Bodenbelagarbeiten — 72,0%

352.62.00 Textil, Estrich
82 Textilbelag, Unterboden aus Spanplatten (3 Objekte) — 69,00 | **75,00** | 83,00
Einheit: m² Belegte Fläche
016 Zimmer- und Holzbauarbeiten — 27,0%
036 Bodenbelagarbeiten — 73,0%

352.71.00 Holz
07 Parkettbelag, d=13-20mm, schleifen, versiegeln, Holzsockelleisten (6 Objekte) — 90,00 | **110,00** | 150,00
Einheit: m² Belegte Fläche
025 Estricharbeiten — 7,0%
028 Parkett-, Holzpflasterarbeiten — 93,0%

352.81.00 Hartbeläge
03 Risse und Fehlstellen schleifen, reinigen, schließen, Klebstoffrückstände von vorhandenen Estrich entfernen, Haftgrund, Linoleumbelag, Verfugung, Grundreinigung, Erstpflege, Sockelleisten (4 Objekte) — 51,00 | **91,00** | 110,00
Einheit: m² Belegte Fläche
036 Bodenbelagarbeiten — 100,0%

04 Untergrund spachteln, PVC-Belag auf Treppenstufen erneuern, Silikonverfugung (2 Objekte) — 200,00 | **220,00** | 240,00
Einheit: m² Belegte Fläche
036 Bodenbelagarbeiten — 100,0%

352.85.00 Hartbeläge, Estrich, Dämmung
01 Trockenestrich, Höhenausgleichsschüttung, Terraplanschüttung bis 70mm, PVC-Belag, Erstpflege, Hartsockelleisten (1 Objekt) — – | **96,00** | –
Einheit: m² Belegte Fläche
025 Estricharbeiten — 33,0%
036 Bodenbelagarbeiten — 42,0%
039 Trockenbauarbeiten — 25,0%

352.97.00 Fußabstreifer
02 Fußabstreifer im Eingangsbereich (3 Objekte) — 350,00 | **460,00** | 530,00
Einheit: m² Belegte Fläche
014 Natur-, Betonwerksteinarbeiten — 50,0%
036 Bodenbelagarbeiten — 50,0%

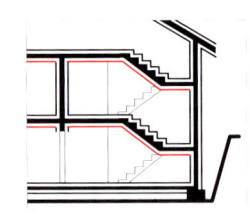

353 Deckenbekleidungen

Kosten:
Stand 2.Quartal 2018
Bundesdurchschnitt
inkl. 19% MwSt.

▷ von
Ø Mittel
◁ bis

KG.AK.AA - Herstellen	▷	€/Einheit	◁	LB an AA
353.17.00 Dämmung				
05 **Wärmedämmung aus Polystyrol-Hartschaum, WLG 035 oder 040, d=50-60mm (2 Objekte)**	17,00	**19,00**	22,00	
Einheit: m² Bekleidete Fläche				
023 Putz- und Stuckarbeiten, Wärmedämmsysteme				50,0%
027 Tischlerarbeiten				50,0%
353.21.00 Beschichtung				
04 **Altbeschichtung, nässen, abstoßen, nachwaschen; Grundierung, Zwischen- und Schlussbeschichtung (1 Objekt)**	–	**11,00**	–	
Einheit: m² Bekleidete Fläche				
034 Maler- und Lackierarbeiten - Beschichtungen				100,0%
05 **Beschichtung auf Innenholzwerk, schleifen und säubern der Holzflächen, Grundierung, Vor- und Schlusslackierung (3 Objekte)**	18,00	**24,00**	36,00	
Einheit: m² Bekleidete Fläche				
023 Putz- und Stuckarbeiten, Wärmedämmsysteme				50,0%
034 Maler- und Lackierarbeiten - Beschichtungen				50,0%
09 **Beschichtung mineralischer Untergründe (Putz, Gipskarton), Untergrundvorbehandlung (5 Objekte)**	5,70	**6,40**	7,30	
Einheit: m² Bekleidete Fläche				
034 Maler- und Lackierarbeiten - Beschichtungen				100,0%
353.32.00 Putz, Beschichtung				
02 **Gipsdeckenputz, auffüllen von Unebenheiten, Untergrundvorbereitung, Beschichtung, Dispersion (5 Objekte)**	21,00	**25,00**	32,00	
Einheit: m² Bekleidete Fläche				
023 Putz- und Stuckarbeiten, Wärmedämmsysteme				59,0%
034 Maler- und Lackierarbeiten - Beschichtungen				41,0%
353.62.00 Tapeten, Beschichtung				
02 **Putzuntergrund spachteln, Raufasertapete, Beschichtung, Dispersion (7 Objekte)**	9,50	**13,00**	16,00	
Einheit: m² Bekleidete Fläche				
034 Maler- und Lackierarbeiten - Beschichtungen				52,0%
037 Tapezierarbeiten				48,0%
353.84.00 Abgehängte Bekleidung, Metall				
01 **Abgehängte Alu-Paneel-Decke, Unterkonstruktion, Randanschlüsse, Aussparungen für Beleuchtungskörper (5 Objekte)**	61,00	**68,00**	89,00	
Einheit: m² Bekleidete Fläche				
039 Trockenbauarbeiten				100,0%
353.87.00 Abgehängte Bekleidung, mineralisch				
04 **Abgehängte Mineralfaserdecke, tapezierfertig, Unterkonstruktion, Aussparungen für Beleuchtungskörper (9 Objekte)**	52,00	**69,00**	84,00	
Einheit: m² Bekleidete Fläche				
039 Trockenbauarbeiten				100,0%

361 Dachkonstruktionen

KG.AK.AA - Herstellen	▷	€/Einheit	◁	LB an AA
361.42.00 Vollholzbalken, Schalung				
03 **Holzdachkonstruktion, abbinden, aufstellen, Holzschutz, Dachschalung, d=24mm, Kleineisenteile (6 Objekte)**	61,00	**78,00**	110,00	
Einheit: m² Dachfläche				
016 Zimmer- und Holzbauarbeiten				100,0%
04 **Dachüberstand an der best. Dachkonstruktion ergänzen, Kantholz, abbinden, aufstellen, verlegen, imprägnieren, Befestigungsmittel, Brettschalung, d=24mm (1 Objekt)**	–	**200,00**	–	
Einheit: m² Dachfläche				
016 Zimmer- und Holzbauarbeiten				85,0%
020 Dachdeckungsarbeiten				15,0%

362 Dachfenster, Dachöffnungen

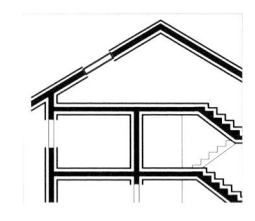

Kosten:
Stand 2.Quartal 2018
Bundesdurchschnitt
inkl. 19% MwSt.

KG.AK.AA - Herstellen	▷	€/Einheit	◁	LB an AA
362.13.00 Dachflächenfenster, Holz-Metall				
02 **Wohnraumdachfenster, Klapp-Schwingfenster, Alu-Eindeckrahmen, Wärmeschutzglas, u-Wert=1,4W/m²K, Jalousette (3 Objekte)**	1.060,00	**1.080,00**	1.120,00	
Einheit: m² Öffnungsfläche				
020 Dachdeckungsarbeiten				100,0%
362.24.00 Lichtkuppeln, Kunststoff				
03 **Lichtkuppel, zweischalig, Acrylglas, lichtdurchlässig, Aufsetzkranz (2 Objekte)**	330,00	**340,00**	360,00	
Einheit: m² Öffnungsfläche				
020 Dachdeckungsarbeiten				50,0%
021 Dachabdichtungsarbeiten				50,0%
362.51.00 Dachausstieg				
02 **Dachausstiegsluken, Eindeckrahmen, Einfachverglasung (5 Objekte)**	650,00	**710,00**	850,00	
Einheit: m² Öffnungsfläche				
020 Dachdeckungsarbeiten				100,0%

▷ von
ø Mittel
◁ bis

363 Dachbeläge

KG.AK.AA - Herstellen	▷	€/Einheit	◁	LB an AA

363.32.00 Ziegel, Wärmedämmung
  02 **Konter-, Dachlattung, Wärmedämmung, Dachziegel, Ortgangziegel Lüftungsziegel (4 Objekte)** — 97,00 | **110,00** | 130,00
  Einheit: m² Gedeckte Fläche
  020 Dachdeckungsarbeiten — 100,0%

363.53.00 Kupfer
  01 **Kupferblech auf Holzschalung, Stehfalzdeckung, seitliche Aufkantungen und Anschlüsse (2 Objekte)** — 93,00 | **100,00** | 120,00
  Einheit: m² Gedeckte Fläche
  022 Klempnerarbeiten — 100,0%

363.71.00 Dachentwässerung, Titanzink
  05 **Hängerinne, Titanzink, halbrund, mit Rinnenstutzen, Endstücken, Formstücken und Einlaufblech (12 Objekte)** — 43,00 | **59,00** | 73,00
  Einheit: m Rinnenlänge
  020 Dachdeckungsarbeiten — 50,0%
  022 Klempnerarbeiten — 50,0%

363.72.00 Dachentwässerung, Kupfer
  02 **Kupfer-Hängedachrinne, halbrund, Laubfangkörbe, Rinnenhalter, Dehnungsausgleicher, Endstücke, Abläufe (5 Objekte)** — 60,00 | **80,00** | 93,00
  Einheit: m Rinnenlänge
  022 Klempnerarbeiten — 100,0%

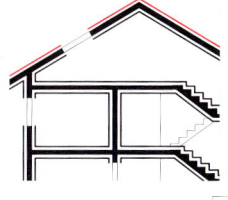

© **BKI** Baukosteninformationszentrum; Erläuterungen zu den Tabellen siehe Seite 34   Kostenstand: 2.Quartal 2018, Bundesdurchschnitt, **inkl. 19% MwSt.**

364 Dachbekleidungen

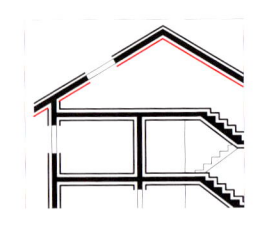

Kosten:
Stand 2.Quartal 2018
Bundesdurchschnitt
inkl. 19% MwSt.

▷ von
ø Mittel
◁ bis

KG.AK.AA - Herstellen	▷	€/Einheit	◁	LB an AA
364.17.00 Dämmung				
02 **Mineralwolle zwischen den Sparren, WLG 035 oder 040, d=100-180mm (5 Objekte)**	13,00	**17,00**	24,00	
Einheit: m² Bekleidete Fläche				
039 Trockenbauarbeiten				100,0%
364.21.00 Beschichtung				
09 **Sichtbare Holzteile mit Holzschutzlasur gestrichen (5 Objekte)**	13,00	**15,00**	18,00	
Einheit: m² Bekleidete Fläche				
034 Maler- und Lackierarbeiten - Beschichtungen				100,0%
364.44.00 Bekleidung auf Unterkonstruktion, Holz				
06 **Holzschalung in den Dachschrägen (3 Objekte)**	27,00	**28,00**	31,00	
Einheit: m² Bekleidete Fläche				
016 Zimmer- und Holzbauarbeiten				33,0%
020 Dachdeckungsarbeiten				33,0%
027 Tischlerarbeiten				34,0%
364.48.00 Bekleidung auf Unterkonstruktion, mineralisch				
03 **Gipskartonbekleidung an Dachschrägen, Mineralfaserdämmung (6 Objekte)**	56,00	**72,00**	100,00	
Einheit: m² Bekleidete Fläche				
039 Trockenbauarbeiten				100,0%
364.62.00 Tapeten, Beschichtung				
02 **Raufasertapete, Beschichtung, Dispersion (6 Objekte)**	5,40	**8,50**	11,00	
Einheit: m² Bekleidete Fläche				
034 Maler- und Lackierarbeiten - Beschichtungen				57,0%
037 Tapezierarbeiten				43,0%
364.87.00 Abgehängte Bekleidung, mineralisch				
02 **Abgehängte GK-Decken, d=12,5mm, Metall-Unterkonstruktion, Abhänghöhe 15-70cm (5 Objekte)**	39,00	**49,00**	63,00	
Einheit: m² Bekleidete Fläche				
039 Trockenbauarbeiten				100,0%

411 Abwasseranlagen

KG.AK.AA - Herstellen	▷	€/Einheit	◁ LB an AA

411.11.00 Abwasserleitungen - Schmutz-/Regenwasser
- 04 **SML-Rohr DN50-150, Formstücke, Sandbettung, teilweise Rohrgrabenaushub innerhalb von Gebäude, Bodenbeläge aufnehmen, Befestigungen (1 Objekt)** — **110,00** —
  Einheit: m Abwasserleitung
  042 Gas- und Wasseranlagen; Leitungen, Armaturen … 2,0%
  044 Abwasseranlagen - Leitungen, Abläufe, Armaturen … 97,0%

411.12.00 Abwasserleitungen - Schmutzwasser
- 02 **SML-Abwasserleitungen DN70-125, Formstücke (3 Objekte)** 32,00 **43,00** 49,00
  Einheit: m Abwasserleitung
  044 Abwasseranlagen - Leitungen, Abläufe, Armaturen … 100,0%
- 03 **Abwasserleitungen, HT-Rohr DN50-100, Formstücke (6 Objekte)** 22,00 **35,00** 42,00
  Einheit: m Abwasserleitung
  044 Abwasseranlagen - Leitungen, Abläufe, Armaturen … 100,0%

411.13.00 Abwasserleitungen - Regenwasser
- 05 **Regenfallrohre DN100, Kupfer, Bögen, Standrohre, inkl. Kappen, Fallrohrschellen (4 Objekte)** 52,00 **64,00** 97,00
  Einheit: m Abwasserleitung
  022 Klempnerarbeiten … 79,0%
  045 GWE; Einrichtungsgegenstände, Sanitärausstattungen … 21,0%
- 06 **Regenfallrohre DN85-120, Titanzink, Bögen, Regenabweiser, Standrohrkappen, Fallrohrschellen (9 Objekte)** 25,00 **32,00** 38,00
  Einheit: m Abwasserleitung
  022 Klempnerarbeiten … 100,0%

411.21.00 Grundleitungen - Schmutz-/Regenwasser
- 06 **Rohrgrabenaushub bis 1m tief, innerhalb vom Gebäude (3 Objekte)** 97,00 **140,00** 160,00
  Einheit: m³ Grabenaushub
  002 Erdarbeiten … 50,0%
  009 Entwässerungskanalarbeiten … 50,0%
- 07 **Gräben für Grundleitungen, außerhalb vom Gebäude (4 Objekte)** 37,00 **54,00** 70,00
  Einheit: m³ Grabenaushub
  002 Erdarbeiten … 72,0%
  044 Abwasseranlagen - Leitungen, Abläufe, Armaturen … 28,0%
- 08 **KG-Grundleitung DN100-200, Formstücke (5 Objekte)** 29,00 **47,00** 59,00
  Einheit: m Grundleitung
  009 Entwässerungskanalarbeiten … 50,0%
  044 Abwasseranlagen - Leitungen, Abläufe, Armaturen … 50,0%
- 09 **Grundleitung DN100-150, Steinzeug, Formstücke (3 Objekte)** 36,00 **52,00** 63,00
  Einheit: m Grundleitung
  012 Mauerarbeiten … 17,0%
  022 Klempnerarbeiten … 44,0%
  044 Abwasseranlagen - Leitungen, Abläufe, Armaturen … 39,0%

411
Abwasseranlagen

KG.AK.AA - Herstellen	▷	€/Einheit	◁	LB an AA

411.24.00 Ab-/Einläufe für Grundleitungen
   02 **Guss-Bodenablauf DN100 mit Geruchsverschluss und Rückstauklappe (5 Objekte)**   210,00   **270,00**   320,00
      Einheit: St Bodeneilauf
      009 Entwässerungskanalarbeiten   49,0%
      044 Abwasseranlagen - Leitungen, Abläufe, Armaturen   51,0%

411.52.00 Abwasserhebeanlagen
   02 **Fäkalienhebeanlage mit allen Anschlüssen, elektrische Schalteinrichtung, Alarmanlage (6 Objekte)**   7.270,00   **10.410,00**   13.330,00
      Einheit: St Fäkalienhebeanlage
      044 Abwasseranlagen - Leitungen, Abläufe, Armaturen   50,0%
      046 GWE; Betriebseinrichtungen   50,0%

Kosten:
Stand 2.Quartal 2018
Bundesdurchschnitt
inkl. 19% MwSt.

▷ von
Ø Mittel
◁ bis

412 Wasseranlagen

KG.AK.AA - Herstellen	▷ €/Einheit ◁	LB an AA

412.41.00 Wasserleitungen, Kaltwasser
  07 **Kupferleitungen 18x1 bis 35x1,5mm, Formstücke, Befestigungen (5 Objekte)**   20,00   **23,00**   28,00
   Einheit: m Wasserleitung
   042 Gas- und Wasseranlagen; Leitungen, Armaturen   100,0%

412.43.00 Wasserleitungen, Warmwasser/Zirkulation
  03 **Kupferleitungen 18x1 bis 35x1,5mm, Formstücke, Befestigungen, Stundenlohnarbeiten für Stemmarbeiten, Mauerdurchbrüche und Kernbohrungen (4 Objekte)**   22,00   **34,00**   70,00
   Einheit: m Wasserleitung
   012 Mauerarbeiten   18,0%
   042 Gas- und Wasseranlagen; Leitungen, Armaturen   68,0%
   044 Abwasseranlagen - Leitungen, Abläufe, Armaturen   15,0%

412.51.00 Elektrowarmwasserspeicher
  03 **Elektrowarmwasserspeicher 5l, drucklos für Untertischmontage, stufenlose Temperatureinstellung, Abschaltautomatik (4 Objekte)**   160,00   **200,00**   250,00
   Einheit: St Warmwasserspeicher
   040 Wärmeversorgungsanlagen - Betriebseinrichtungen   50,0%
   045 GWE; Einrichtungsgegenstände, Sanitärausstattungen   50,0%

412.52.00 Elektro-Durchlauferhitzer
  02 **Elektrischer Druck-Durchlauferhitzer 6-24kW, 380V, Anschlüsse (3 Objekte)**   410,00   **540,00**   780,00
   Einheit: St Durchlauferhitzer
   042 Gas- und Wasseranlagen; Leitungen, Armaturen   50,0%
   045 GWE; Einrichtungsgegenstände, Sanitärausstattungen   50,0%

412.61.00 Ausgussbecken
  04 **Ausgussbecken aus Stahlblech, Einlegeroste (5 Objekte)**   61,00   **71,00**   78,00
   Einheit: St Ausgussbecken
   045 GWE; Einrichtungsgegenstände, Sanitärausstattungen   100,0%

412.62.00 Waschtische, Waschbecken
  03 **Handwaschbecken 55x46cm-60x50cm mit Befestigungen, Eckventile, Geruchsverschluss, Einhandhebelmischer (10 Objekte)**   430,00   **540,00**   670,00
   Einheit: St Waschbecken
   045 GWE; Einrichtungsgegenstände, Sanitärausstattungen   100,0%

412 Wasseranlagen

KG.AK.AA - Herstellen	▷	€/Einheit	◁ LB an AA

412.64.00 Urinale
02 **Urinal, Anschlussgarnitur, automatische Spülung (3 Objekte)** — 1.200,00 | **1.320,00** | 1.380,00
Einheit: St Urinal
045 GWE; Einrichtungsgegenstände, Sanitärausstattungen — 100,0%

03 **Urinalbecken, Installationsblöcke, UP-Druckspüler (3 Objekte)** — 700,00 | **770,00** | 820,00
Einheit: St Urinal
045 GWE; Einrichtungsgegenstände, Sanitärausstattungen — 100,0%

412.65.00 WC-Becken
04 **Tiefspülklosett, Spülkästen, Schallschutzset, Klosettsitz mit Deckel, Installationsblöcke (6 Objekte)** — 430,00 | **510,00** | 610,00
Einheit: St WC-Becken
045 GWE; Einrichtungsgegenstände, Sanitärausstattungen — 100,0%

412.66.00 Duschen
02 **Stahl-Duschwanne 80x80x15cm, Einhand-Brausegarnitur, Wandstange (4 Objekte)** — 460,00 | **490,00** | 510,00
Einheit: St Duschwanne
045 GWE; Einrichtungsgegenstände, Sanitärausstattungen — 100,0%

412.67.00 Badewannen
03 **Stahl-Badewanne 170x75cm, Wandbatterien (3 Objekte)** — 870,00 | **870,00** | 880,00
Einheit: St Badewanne
045 GWE; Einrichtungsgegenstände, Sanitärausstattungen — 100,0%

412.68.00 Behinderten-Einrichtungen
02 **Tiefspül-WC, Waschtischanlage, Stützgriffe, Kristallglasspiegel (2 Objekte)** — 1.630,00 | **1.860,00** | 2.090,00
Einheit: St Behinderten-WC
045 GWE; Einrichtungsgegenstände, Sanitärausstattungen — 100,0%

412.92.00 Seifenspender
02 **Seifenspender, Erstbefüllung (8 Objekte)** — 87,00 | **100,00** | 130,00
Einheit: St Seifenspender
045 GWE; Einrichtungsgegenstände, Sanitärausstattungen — 100,0%

412.93.00 Handtuchspender
02 **Papier-Handtuchspender, Erstbestückung (6 Objekte)** — 81,00 | **110,00** | 130,00
Einheit: St Handtuchspender
045 GWE; Einrichtungsgegenstände, Sanitärausstattungen — 100,0%

Kosten:
Stand 2.Quartal 2018
Bundesdurchschnitt
inkl. 19% MwSt.

▷ von
Ø Mittel
◁ bis

421 Wärmeerzeugungsanlagen

KG.AK.AA - Herstellen ▷ €/Einheit ◁ LB an AA

421.21.00 Fernwärmeübergabestationen
01 **Fernwärmeübergabestation, Rohrbündel-Wärmetauscher 2.000kW, Heizung und WW-Bereitung, Verteiler, Sammler, Sinus-Lufttöpfe DN80-150 (2 Objekte)** — 17.090,00 **18.300,00** 19.510,00
Einheit: St Fernwärmeübergabestation
040 Wärmeversorgungsanlagen - Betriebseinrichtungen — 100,0%

421.31.00 Heizkesselanlagen gasförmige/flüssige Brennstoffe
04 **Gas-Brennwertheizkessel, Regelung, Zubehör (3 Objekte)** — 170,00 **190,00** 220,00
Einheit: kW Heizleistung
040 Wärmeversorgungsanlagen - Betriebseinrichtungen — 50,0%
041 Wärmeversorgungsanlagen - Leitungen, Armaturen, Heizflächen — 50,0%

06 **Gas-Brennwertkessel, Kompaktgerät mit Trinkwassererwärmung oder mit separaten Warmwasserspeicher 3,4-35kW, Regelung, Druckausgleichsgefäß, Gasleitung, Abgasrohr, Elektroarbeiten (12 Objekte)** — 6.820,00 **9.160,00** 11.480,00
Einheit: St Heizkessel
040 Wärmeversorgungsanlagen - Betriebseinrichtungen — 100,0%

421.51.00 Solaranlagen
02 **Aufdach-Solarkollektoren, Regelung, Befestigungsmaterial, Befüllung, Ausdehnungsgefäß, Anschlussleitungen (3 Objekte)** — 980,00 **1.120,00** 1.390,00
Einheit: m² Absorberfläche
040 Wärmeversorgungsanlagen - Betriebseinrichtungen — 97,0%
041 Wärmeversorgungsanlagen - Leitungen, Armaturen, Heizflächen — 3,0%

421.61.00 Wassererwärmungsanlagen
02 **Speicher-Brauchwasserspeicher, Druckausdehnungsgefäß (3 Objekte)** — 4,70 **6,80** 11,00
Einheit: l Speichervolumen
040 Wärmeversorgungsanlagen - Betriebseinrichtungen — 100,0%

422 Wärmeverteilnetze

KG.AK.AA - Herstellen	▷	€/Einheit	◁	LB an AA
422.21.00 Rohrleitungen für Raumheizflächen				
05 **Nahtlose Gewinderohrleitungen DN10-40, Form-stücke, Befestigung, Deckendurchbrüche (5 Objekte)**	23,00	**29,00**	35,00	
Einheit: m Leitung				
041 Wärmeversorgungsanlagen - Leitungen, Armaturen, Heizflächen				100,0%
06 **Kupferrohrleitungen 18x1-35x1,5mm, Formstücke, Befestigungen, Deckendurchbrüche, Mauerschlitze, Kernbohrungen (8 Objekte)**	26,00	**30,00**	34,00	
Einheit: m Leitung				
041 Wärmeversorgungsanlagen - Leitungen, Armaturen, Heizflächen				100,0%
07 **Stahlrohr DN20-32 (2 Objekte)**	29,00	**31,00**	33,00	
Einheit: m Leitung				
041 Wärmeversorgungsanlagen - Leitungen, Armaturen, Heizflächen				100,0%

Kosten:
Stand 2.Quartal 2018
Bundesdurchschnitt
inkl. 19% MwSt.

▷ von
Ø Mittel
◁ bis

431 Lüftungsanlagen

KG.AK.AA - Herstellen	▷	€/Einheit	◁	LB an AA
431.22.00 Ablufteinzelgeräte				
02 **Einzelraumlüfter, Zeit-Nachlaufschalter, Kunststoffgehäuse (9 Objekte)**	220,00	**240,00**	270,00	
Einheit: St Lüfter				
075 Raumlufttechnische Anlagen				100,0%
431.41.00 Zuluftleitungen, rund				
02 **Flexible Lüftungsrohre NW200, Formstücke (2 Objekte)**	18,00	**19,00**	20,00	
Einheit: m Leitung				
075 Raumlufttechnische Anlagen				100,0%
03 **Wickelfalzrohr NW100-355, Abzweige, Steckverbinder, Enddeckel, Bögen (7 Objekte)**	43,00	**55,00**	78,00	
Einheit: m Leitung				
075 Raumlufttechnische Anlagen				100,0%

444 Niederspannungs-installations-anlagen

Kosten:
Stand 2.Quartal 2018
Bundesdurchschnitt
inkl. 19% MwSt.

KG.AK.AA - Herstellen	▷	€/Einheit	◁	LB an AA
444.11.00 Kabel und Leitungen				
06 **Mantelleitungen NYM-J 3x1,5 bis 5x2,5 mm², in Kabelwannen oder Leerrohr verlegt (6 Objekte)**	2,10	**2,30**	2,40	
Einheit: m Leitung				
053 Niederspannungsanlagen; Kabel, Verlegesysteme				100,0%
07 **Erdkabel 4x35-4x50mm² (2 Objekte)**	21,00	**23,00**	26,00	
Einheit: m Leitung				
053 Niederspannungsanlagen; Kabel, Verlegesysteme				100,0%
08 **Kabel JYSTY 2x2x0,6 bis 8x2x0,8mm² (4 Objekte)**	1,50	**1,60**	1,80	
Einheit: m Leitung				
053 Niederspannungsanlagen; Kabel, Verlegesysteme				100,0%
444.41.00 Installationsgeräte				
07 **Aus-, Wechsel-, Serien- und Kreuzschalter, Taster, Steckdosen unter Putz, Schalterdose 55mm (7 Objekte)**	15,00	**19,00**	29,00	
Einheit: St Installationsgerät				
054 Niederspannungsanlagen; Verteilersysteme und Einbaugeräte				100,0%

▷ von
Ø Mittel
◁ bis

446 Blitzschutz- und Erdungsanlagen

KG.AK.AA - Herstellen	▷	€/Einheit	◁	LB an AA

446.11.00 Auffangeinrichtungen, Ableitungen

    04 **Ableitungen Alu, d=8mm, Rohrschellen (2 Objekte)**   4,80   **6,10**   7,40
        Einheit: m Leitung
        050 Blitzschutz- / Erdungsanlagen, Überspannungsschutz   100,0%

    05 **Auffangleitung Alu, d=8mm, Universalverbinder,**   7,00   **7,30**   7,90
        Dachleiterungshalter, Dachleiterungsstützen
        (3 Objekte)
        Einheit: m Leitung
        050 Blitzschutz- / Erdungsanlagen, Überspannungsschutz   100,0%

    06 **Auffangleitung Cu, d=8mm, Universalverbinder, Dach-**   20,00   **21,00**   22,00
        leiterungshalter, Dachleiterungsstützen (2 Objekte)
        Einheit: m Leitung
        050 Blitzschutz- / Erdungsanlagen, Überspannungsschutz   100,0%

451 Telekommunikationsanlagen

KG.AK.AA - Herstellen	▷	€/Einheit	◁	LB an AA
451.11.00 Telekommunikationsanlagen				
05 **FM-Installationsleitung J-Y(ST)Y 2x2x0,8mm** **(4 Objekte)**	1,50	**1,80**	2,20	
Einheit: m Leitung				
061 Kommunikationsnetze				100,0%
06 **Fernsprechanlage: 5 Standardtelefone, 8 Kompakttelefone, 1 Systemtelefon, zentrale Vermittlungseinheit, TAE-Dosen, FM-Installationsleitungen** **(1 Objekt)**	–	**12.720,00**	–	
Einheit: St Fernsprechanlage				
061 Kommunikationsnetze				100,0%

Kosten:
Stand 2.Quartal 2018
Bundesdurchschnitt
inkl. 19% MwSt.

▷ von
Ø Mittel
◁ bis

KG.AK.AA - Herstellen	▷	€/Einheit	◁ LB an AA
452.31.00 Türsprech- und Türöffneranlagen			
01 **Tür-Sprech-Öffneranlage, Türkontakt mit Entriegelung, Türsprechstationen, Haussprechapparaten, Netzgerät, Leitungen (5 Objekte)**	460,00	**530,00**	610,00
Einheit: St Haussprechapparat			
060 Elektroakustische Anlagen, Sprechanlagen, Personenrufanlagen			100,0%

**452
Such- und
Signalanlagen**

475 Feuerlöschanlagen

KG.AK.AA - Herstellen	▷	€/Einheit	◁	LB an AA
475.51.00 Handfeuerlöscher				
02 **Pulverfeuerlöscher 6kg, Brandklasse A,B,C, Wandhalterung (5 Objekte)**	130,00	**150,00**	160,00	
Einheit: St Feuerlöscher				
049 Feuerlöschanlagen, Feuerlöschgeräte				100,0%

Kosten:
Stand 2.Quartal 2018
Bundesdurchschnitt
inkl. 19% MwSt.

▷ von
Ø Mittel
◁ bis

Anhang

Regionalfaktoren

Regionalfaktoren Deutschland

Diese Faktoren geben Aufschluss darüber, inwieweit die Baukosten in einer bestimmten Region Deutschlands teurer oder günstiger liegen als im Bundesdurchschnitt. Sie können dazu verwendet werden, die BKI Baukosten an das besondere Baupreisniveau einer Region anzupassen.

Hinweis: Alle Angaben wurden durch Untersuchungen des BKI weitgehend verifiziert. Dennoch können Abweichungen zu den angegebenen Werten entstehen. In Grenznähe zu einem Land-/Stadtkreis mit anderen Baupreisfaktoren sollte dessen Baupreisniveau mit berücksichtigt werden, da die Übergänge zwischen den Land-/Stadtkreisen fließend sind. Die Besonderheiten des Einzelfalls können ebenfalls zu Abweichungen führen.

Für die größeren Inseln Deutschlands wurden separate Regionalfaktoren ermittelt. Dazu wurde der zugehörige Landkreis in Festland und Inseln unterteilt. Alle Inseln eines Landkreises erhalten durch dieses Verfahren den gleichen Regionalfaktor. Der Regionalfaktor des Festlandes erhält keine Inseln mehr und ist daher gegenüber früheren Ausgaben verringert.

Land- / Stadtkreis / Insel	Bundeskorrekturfaktor
Ahrweiler	1,025
Aichach-Friedberg	1,083
Alb-Donau-Kreis	1,011
Altenburger Land	0,910
Altenkirchen	0,936
Altmarkkreis Salzwedel	0,834
Altötting	0,947
Alzey-Worms	1,003
Amberg, Stadt	0,988
Amberg-Sulzbach	0,991
Ammerland	0,907
Amrum, Insel	1,481
Anhalt-Bitterfeld	0,628
Ansbach	1,047
Ansbach, Stadt	1,092
Aschaffenburg	1,074
Aschaffenburg, Stadt	1,108
Augsburg	1,085
Augsburg, Stadt	1,076
Aurich, Festlandanteil	0,784
Aurich, Inselanteil	1,312
Bad Dürkheim	1,045
Bad Kissingen	1,071
Bad Kreuznach	1,058
Bad Tölz-Wolfratshausen	1,169
Baden-Baden, Stadt	1,033
Baltrum, Insel	1,312
Bamberg	1,057
Bamberg, Stadt	1,074
Barnim	0,910
Bautzen	0,884
Bayreuth	1,055
Bayreuth, Stadt	1,127
Berchtesgadener Land	1,079
Bergstraße	1,029
Berlin, Stadt	1,036
Bernkastel-Wittlich	1,103
Biberach	1,015
Bielefeld, Stadt	0,937
Birkenfeld	0,992
Bochum, Stadt	0,895
Bodenseekreis	1,030
Bonn, Stadt	1,006
Borken	0,920
Borkum, Insel	1,099
Bottrop, Stadt	0,906
Brandenburg an der Havel, Stadt	0,858
Braunschweig, Stadt	0,886
Breisgau-Hochschwarzwald	1,061
Bremen, Stadt	1,017
Bremerhaven, Stadt	0,936
Burgenlandkreis	0,821
Böblingen	1,073
Börde	0,822
Calw	1,024
Celle	0,859
Cham	0,895
Chemnitz, Stadt	0,893
Cloppenburg	0,794
Coburg	1,049
Coburg, Stadt	1,126
Cochem-Zell	1,002
Coesfeld	0,951
Cottbus, Stadt	0,801
Cuxhaven	0,856
Dachau	1,126
Dahme-Spreewald	0,906
Darmstadt, Stadt	1,067

Darmstadt-Dieburg	1,031
Deggendorf	1,001
Delmenhorst, Stadt	0,792
Dessau-Roßlau, Stadt	0,846
Diepholz	0,836
Dillingen a.d.Donau	1,054
Dingolfing-Landau	0,966
Dithmarschen	1,037
Donau-Ries	1,005
Donnersbergkreis	1,010
Dortmund, Stadt	0,849
Dresden, Stadt	0,868
Duisburg, Stadt	0,964
Düren	0,965
Düsseldorf, Stadt	0,971
Ebersberg	1,179
Eichsfeld	0,850
Eichstätt	1,090
Eifelkreis Bitburg-Prüm	1,019
Eisenach, Stadt	0,876
Elbe-Elster	0,836
Emden, Stadt	0,787
Emmendingen	1,062
Emsland	0,820
Ennepe-Ruhr-Kreis	0,932
Enzkreis	1,058
Erding	1,079
Erfurt, Stadt	0,871
Erlangen, Stadt	1,075
Erlangen-Höchstadt	1,015
Erzgebirgskreis	0,890
Essen, Stadt	0,942
Esslingen	1,049
Euskirchen	0,959
Fehmarn, Insel	1,195
Flensburg, Stadt	0,922
Forchheim	1,070
Frankenthal (Pfalz), Stadt	0,914
Frankfurt (Oder), Stadt	0,871
Frankfurt am Main, Stadt	1,097
Freiburg im Breisgau, Stadt	1,133
Freising	1,091
Freudenstadt	1,041
Freyung-Grafenau	0,920
Friesland, Festlandanteil	0,895
Friesland, Inselanteil	1,695
Fulda	1,012
Föhr, Insel	1,481
Fürstenfeldbruck	1,196
Fürth	1,103
Fürth, Stadt	0,959

Garmisch-Partenkirchen	1,213
Gelsenkirchen, Stadt	0,877
Gera, Stadt	0,911
Germersheim	1,011
Gießen	1,011
Gifhorn	0,891
Goslar	0,835
Gotha	0,959
Grafschaft Bentheim	0,847
Greiz	0,864
Groß-Gerau	1,020
Göppingen	1,028
Görlitz	0,829
Göttingen	0,837
Günzburg	1,095
Gütersloh	0,948
Hagen, Stadt	0,955
Halle (Saale), Stadt	0,869
Hamburg, Stadt	1,094
Hameln-Pyrmont	0,853
Hamm, Stadt	0,912
Hannover, Region	0,925
Harburg	1,058
Harz	0,800
Havelland	0,882
Haßberge	1,114
Heidekreis	0,872
Heidelberg, Stadt	1,060
Heidenheim	1,041
Heilbronn	1,021
Heilbronn, Stadt	1,021
Heinsberg	0,956
Helgoland, Insel	1,986
Helmstedt	0,900
Herford	0,942
Herne, Stadt	0,953
Hersfeld-Rotenburg	1,020
Herzogtum Lauenburg	0,962
Hiddensee, Insel	1,098
Hildburghausen	0,949
Hildesheim	0,860
Hochsauerlandkreis	0,924
Hochtaunuskreis	1,034
Hof	1,121
Hof, Stadt	1,218
Hohenlohekreis	1,025
Holzminden	0,955
Höxter	0,928
Ilm-Kreis	0,882
Ingolstadt, Stadt	1,094

Jena, Stadt	0,947
Jerichower Land	0,792
Juist, Insel	1,312
Kaiserslautern	0,992
Kaiserslautern, Stadt	0,992
Karlsruhe	1,022
Karlsruhe, Stadt	1,082
Kassel	1,013
Kassel, Stadt	1,020
Kaufbeuren, Stadt	1,074
Kelheim	1,016
Kempten (Allgäu), Stadt	1,008
Kiel, Stadt	0,978
Kitzingen	1,109
Kleve	0,935
Koblenz, Stadt	1,052
Konstanz	1,106
Krefeld, Stadt	0,962
Kronach	1,133
Kulmbach	1,074
Kusel	0,980
Kyffhäuserkreis	0,870
Köln, Stadt	0,940
Lahn-Dill-Kreis	1,021
Landau in der Pfalz, Stadt	1,002
Landsberg am Lech	1,137
Landshut	0,968
Landshut, Stadt	1,143
Langeoog, Insel	1,416
Leer, Festlandanteil	0,799
Leer, Inselanteil	1,099
Leipzig	0,966
Leipzig, Stadt	0,807
Leverkusen, Stadt	0,914
Lichtenfels	1,034
Limburg-Weilburg	0,996
Lindau (Bodensee)	1,115
Lippe	0,913
Ludwigsburg	1,031
Ludwigshafen am Rhein, Stadt	0,918
Ludwigslust-Parchim	0,931
Lörrach	1,111
Lübeck, Stadt	1,013
Lüchow-Dannenberg	0,866
Lüneburg	0,871
Magdeburg, Stadt	0,878
Main-Kinzig-Kreis	1,021
Main-Spessart	1,088
Main-Tauber-Kreis	1,065
Main-Taunus-Kreis	1,026
Mainz, Stadt	1,026
Mainz-Bingen	1,043
Mannheim, Stadt	0,972
Mansfeld-Südharz	0,829
Marburg-Biedenkopf	1,057
Mayen-Koblenz	1,019
Mecklenburgische Seenplatte	0,886
Meißen	0,920
Memmingen, Stadt	1,078
Merzig-Wadern	1,043
Mettmann	0,929
Miesbach	1,234
Miltenberg	1,103
Minden-Lübbecke	0,891
Mittelsachsen	0,924
Märkisch-Oderland	0,885
Märkischer Kreis	0,958
Mönchengladbach, Stadt	0,980
Mühldorf a.Inn	1,072
Mülheim an der Ruhr, Stadt	0,960
München	1,228
München, Stadt	1,459
Münster, Stadt	0,950
Neckar-Odenwald-Kreis	1,043
Neu-Ulm	1,131
Neuburg-Schrobenhausen	1,058
Neumarkt i.d.OPf.	1,039
Neumünster, Stadt	0,813
Neunkirchen	0,987
Neustadt a.d.Aisch-Bad Windsheim	1,133
Neustadt a.d.Waldnaab	0,982
Neustadt an der Weinstraße, Stadt	1,031
Neuwied	0,995
Nienburg (Weser)	0,594
Norderney, Insel	1,312
Nordfriesland, Festlandanteil	1,131
Nordfriesland, Inselanteil	1,481
Nordhausen	0,867
Nordsachsen	0,935
Nordwest-Mecklenburg, Festlandanteil	0,895
Nordwest-Mecklenburg, Inselanteil	1,145
Northeim	0,939
Nürnberg, Stadt	1,004
Nürnberger Land	0,999
Oberallgäu	1,060
Oberbergischer Kreis	0,961
Oberhausen, Stadt	0,892
Oberhavel	0,914
Oberspreewald-Lausitz	0,908
Odenwaldkreis	1,009
Oder-Spree	0,869

Ort	Faktor
Offenbach	0,998
Offenbach am Main, Stadt	1,015
Oldenburg	0,853
Oldenburg, Stadt	0,942
Olpe	1,063
Ortenaukreis	1,040
Osnabrück	0,857
Osnabrück, Stadt	0,890
Ostalbkreis	1,055
Ostallgäu	1,077
Osterholz	0,891
Ostholstein, Festlandanteil	0,945
Ostholstein, Inselanteil	1,195
Ostprignitz-Ruppin	0,853
Paderborn	0,932
Passau	0,939
Passau, Stadt	1,045
Peine	0,879
Pellworm, Insel	1,481
Pfaffenhofen a.d.Ilm	1,061
Pforzheim, Stadt	1,005
Pinneberg, Festlandanteil	0,986
Pinneberg, Inselanteil	1,986
Pirmasens, Stadt	0,957
Plön	0,968
Poel, Insel	1,145
Potsdam, Stadt	0,948
Potsdam-Mittelmark	0,912
Prignitz	0,734
Rastatt	1,024
Ravensburg	1,049
Recklinghausen	0,899
Regen	0,990
Regensburg	1,029
Regensburg, Stadt	1,094
Regionalverband Saarbrücken	1,009
Rems-Murr-Kreis	1,003
Remscheid, Stadt	0,925
Rendsburg-Eckernförde	0,907
Reutlingen	1,057
Rhein-Erft-Kreis	0,972
Rhein-Hunsrück-Kreis	0,989
Rhein-Kreis Neuss	0,901
Rhein-Lahn-Kreis	0,986
Rhein-Neckar-Kreis	1,023
Rhein-Pfalz-Kreis	1,006
Rhein-Sieg-Kreis	0,977
Rheingau-Taunus-Kreis	1,016
Rheinisch-Bergischer Kreis	1,006
Rhön-Grabfeld	1,053
Rosenheim	1,141
Rosenheim, Stadt	1,116
Rostock	0,904
Rostock, Stadt	0,960
Rotenburg (Wümme)	0,806
Roth	1,074
Rottal-Inn	0,951
Rottweil	1,045
Rügen, Insel	1,098
Saale-Holzland-Kreis	0,905
Saale-Orla-Kreis	0,940
Saalekreis	0,912
Saalfeld-Rudolstadt	0,882
Saarlouis	1,015
Saarpfalz-Kreis	0,997
Salzgitter, Stadt	0,807
Salzlandkreis	0,818
Schaumburg	0,891
Schleswig-Flensburg	0,860
Schmalkalden-Meiningen	0,903
Schwabach, Stadt	1,052
Schwalm-Eder-Kreis	0,985
Schwandorf	0,971
Schwarzwald-Baar-Kreis	1,000
Schweinfurt	1,099
Schweinfurt, Stadt	1,029
Schwerin, Stadt	0,932
Schwäbisch Hall	1,013
Segeberg	0,958
Siegen-Wittgenstein	1,043
Sigmaringen	1,049
Soest	0,937
Solingen, Stadt	0,934
Sonneberg	1,006
Speyer, Stadt	1,021
Spiekeroog, Insel	1,416
Spree-Neiße	0,822
St. Wendel	0,997
Stade	0,863
Starnberg	1,336
Steinburg	0,914
Steinfurt	0,907
Stendal	0,745
Stormarn	1,026
Straubing, Stadt	1,121
Straubing-Bogen	0,984
Stuttgart, Stadt	1,108
Städteregion Aachen, Stadt	0,952
Suhl, Stadt	1,003
Sylt, Insel	1,481
Sächsische Schweiz-Osterzgebirge	0,945
Sömmerda	0,853
Südliche Weinstraße	1,025
Südwestpfalz	0,991

Teltow-Fläming 0,898
Tirschenreuth 1,006
Traunstein 1,103
Trier, Stadt 1,077
Trier-Saarburg 1,094
Tuttlingen 1,045
Tübingen 1,049

Uckermark 0,831
Uelzen 0,894
Ulm, Stadt 1,083
Unna 0,934
Unstrut-Hainich-Kreis 0,843
Unterallgäu 1,038
Usedom, Insel 1,086

Vechta 0,878
Verden 0,833
Viersen 0,958
Vogelsbergkreis 0,967
Vogtlandkreis 0,911
Vorpommern-Greifswald, Festlandanteil 0,836
Vorpommern-Greifswald, Inselanteil 1,086
Vorpommern-Rügen, Festlandanteil 0,848
Vorpommern-Rügen, Inselanteil 1,098
Vulkaneifel 1,022

Waldeck-Frankenberg 1,020
Waldshut 1,110
Wangerooge, Insel 1,695
Warendorf 0,946
Wartburgkreis 0,917
Weiden i.d.OPf., Stadt 0,951
Weilheim-Schongau 1,124
Weimar, Stadt 0,947
Weimarer Land 0,927
Weißenburg-Gunzenhausen 1,090
Werra-Meißner-Kreis 1,009
Wesel 0,939
Wesermarsch 0,830
Westerwaldkreis 0,971
Wetteraukreis 1,026
Wiesbaden, Stadt 1,002
Wilhelmshaven, Stadt 0,803
Wittenberg 0,800
Wittmund, Festlandanteil 0,786
Wittmund, Inselanteil 1,416
Wolfenbüttel 0,903
Wolfsburg, Stadt 0,998
Worms, Stadt 0,907
Wunsiedel i.Fichtelgebirge 1,050
Wuppertal, Stadt 0,923
Würzburg 1,092
Würzburg, Stadt 1,208

Zingst, Insel 1,098
Zollernalbkreis 1,062
Zweibrücken, Stadt 1,050
Zwickau 0,931

Regionalfaktoren Österreich

Bundesland   **Korrekturfaktor**

Burgenland 0,843
Kärnten 0,868
Niederösterreich 0,848
Oberösterreich 0,865
Salzburg 0,863
Steiermark 0,891
Tirol 0,871
Vorarlberg 0,901
Wien 0,866